VDE-Schriftenreihe **140**

Zu den Autoren

Werner Hörmann wirkte als langjähriger Vorsitzender des DKE-Unterkomitees 221.1 „Schutz gegen elektrischen Schlag" und langjähriger Mitarbeiter im DKE-Komitee 221 „Elektrische Anlagen und Schutz gegen elektrischen Schlag", im DKE-Unterkomitee 221.2 „Schutz gegen thermische Auswirkungen/Sachschutz" und in vielen Arbeitskreisen an der Entwicklung der DIN VDE 0100 (VDE 0100) auf internationaler, europäischer und nationaler Ebene mit. Im Rahmen des DKE-Telefonservice gibt er nun Hilfestellungen für Anfragen zu DIN VDE 0100 (VDE 0100) und den übrigen Normen der Gruppen 1 und 6 des VDE-Vorschriftenwerks.

Dipl.-Ing. **Heinz Nienhaus** war mehr als drei Jahrzehnte bei der RWE Energie AG tätig, zunächst als Leiter der Kundenberatung und Anlagenprüfung in einer Betriebsverwaltung, danach 13 Jahre im Bereich Elektrizitätsanwendung der Hauptverwaltung. Über viele Jahre arbeitete er in maßgeblichen Positionen mehrerer Gremien der DKE (Deutsche Kommission Elektrotechnik Elektronik Informationstechnik im DIN und VDE). Unter anderem leitete er als Vorsitzender das DKE-Gremium UK 221.8 „Kabel- und Leitungsanlagen" (heute: UK 221.2) und zeichnete damit verantwortlich für die nationalen DIN-VDE-Errichtungsbestimmungen in diesem Sektor. Darüber hinaus war er Mitglied in den DKE-Gremien UK 221.1 „Schutz gegen elektrischen Schlag" und UK 521.4 „Leuchten". Nienhaus war Vortragender auf Fachtagungen und auf zahlreichen Seminaren im gesamten Bundesgebiet (Technische Akademien, VDE, TÜV, HdT, VdS u. a.), er ist Mitautor mehrerer Fachbücher und veröffentlichte mehr als 400 Beiträge in Fachzeitschriften und Tagungsbänden.

Dipl.-Ing. **Bernd Schröder**, DKE-Referent des DKE-Komitees 221 „Elektrische Anlagen und Schutz gegen elektrischen Schlag" mit all seinen Unterkomitees und Arbeitskreisen, betreut seit Jahrzehnten hauptamtlich die Normungsarbeit an DIN VDE 0100 (VDE 0100).

VDE-Schriftenreihe Normen verständlich **140**

Schnelleinstieg in die neue DIN VDE 0100-410 (VDE 0100-410):2007-06

Schutz gegen elektrischen Schlag

Werner Hörmann
Dipl.-Ing. Heinz Nienhaus
Dipl.-Ing. Bernd Schröder

3., vollständig überarbeitete Auflage 2007

VDE VERLAG GMBH • Berlin • Offenbach

Auszüge aus DIN-Normen mit VDE-Klassifikation sind für die angemeldete limitierte Auflage wiedergegeben mit Genehmigung 222.006 des DIN Deutsches Institut für Normung e. V. und des VDE Verband der Elektrotechnik Elektronik Informationstechnik e. V. Für weitere Wiedergaben oder Auflagen ist eine gesonderte Genehmigung erforderlich.

Die zusätzlichen Erläuterungen geben die Auffassung der Autoren wieder. Maßgebend für das Anwenden der Normen sind deren Fassungen mit dem neuesten Ausgabedatum, die bei der VDE VERLAG GMBH, Bismarckstraße 33, 10625 Berlin und der Beuth Verlag GmbH, Burggrafenstraße 6, 10787 Berlin erhältlich sind.

Bibliografische Information der Deutschen Nationalbibliothek
Die Deutsche Nationalbibliothek verzeichnet diese Publikation in der Deutschen Nationalbibliografie; detaillierte bibliografische Daten sind im Internet über http://dnb.d-nb.de abrufbar

ISBN 978-3-8007-3002-5

ISSN 0506-6719

© 2007 VDE VERLAG GMBH, Berlin und Offenbach
Bismarckstraße 33, 10625 Berlin

Alle Rechte vorbehalten

Satz: VDE VERLAG GMBH, Berlin
Druck: Gallus Druckerei KG, Berlin   2007-05

Vorwort

Die 1. Ausgabe dieses Buchs kam begleitend zur damals neuen Norm DIN VDE 0100-410 (VDE 0100-410):1997-01 – einer wichtigen Norm mit seinerzeit Pilotfunktion bezüglich des Schutzes gegen elektrischen Schlag – heraus und sollte aufgrund der vielen Änderungen zur Vorgängernorm als „Schnelleinstieg" den Wechsel erleichtern. Mit der 2. Auflage dieses Buchs sollte dem Normenanwender durch Einarbeitung von Erfahrungen mit dieser Norm und ihrer Änderung von 2003-06 praxisgerechte Unterstützung gegeben werden. Mit der nun vorliegenden 3. Auflage dieses Buchs soll erneut ein „Schnelleinstieg" in die nun veröffentlichte neue DIN VDE 0100-410 (VDE 0100-410):2007-06 mit ihren zahlreichen Änderungen gegenüber der vorherigen Norm zur Verfügung stehen. Damit sollen den Normenanwendern die neuen, teilweise doch wesentlich geänderten, Anforderungen praxisgerecht erläutert werden. Der Umgang mit der ungewohnten neuen Struktur soll erleichtert werden, denn nichts steht mehr an der Stelle, wo man es gewohnt war und bisher gefunden hatte.

Normungspolitisch ist bereits bei der Vorgängernorm zum 01.08.2001 eine Änderung eingetreten:

Die frühere Pilotfunktion zum Schutz gegen elektrischen Schlag sowohl für elektrische Betriebsmittel als auch für elektrische Anlagen ist zum 01.08.2001 der Sicherheitsgrundnorm DIN EN 61140 (VDE 0140-1) übertragen worden. Somit hat DIN VDE 0100-410 (VDE 0100-410) seitdem nur noch die der Pilotfunktion nachgeordnete Gruppenfunktion zum Schutz gegen elektrischen Schlag für die Errichtung elektrischer Anlagen inne. Daher ist auch die neu erschienene DIN VDE 0100-410 (VDE 0100-410):2007-06 nicht mehr die Sicherheitsgrundnorm für elektrische Betriebsmittel, obwohl die darin enthaltenen Anforderungen weitreichenden Einfluss auf die auszuwählenden Betriebsmittel haben, weil elektrische Betriebsmittel in Abhängigkeit von den Umgebungseinflüssen in der elektrischen Anlage konzipiert und entsprechend ausgewählt werden müssen.

Normen – auch die Norm DIN VDE 0100-410 (VDE 0100-410) – sind immer wieder im Pflegezyklus und werden überarbeitet. Bei der neuen Ausgabe handelt es sich darüber hinaus um strukturelle Änderungen, z. B. bei der Abschnittsnummerierung und auch bei der Einteilung der Norm. So wurde z. B. auch von der bisherigen Reihenfolge in der Norm

- Schutz durch Kleinspannung
- Schutz gegen direktes Berühren
- Schutz bei indirektem Berühren

Vorwort

auf Wunsch der deutschen Elektrotechnikerhandwerker abgegangen, siehe Abschnitt 2.3 dieses Buchs.

Die Autoren kommentieren mit dieser 3. Auflage aktuell die neu erschienene DIN VDE 0100-410 (VDE 0100-410):2007-06. Wie bereits in der 2. Auflage erwähnt, hat sich auch die Schreibweise der DIN-Normen mit VDE-Klassifikation zum 01.01.2005 entsprechend der im Januar 2005 erschienenen Neuausgabe der DIN 820-11 „Normungsarbeit – Teil 11: Gestaltung von Normen mit sicherheitstechnischen Festlegungen, die VDE-Bestimmungen oder VDE-Leitlinien sind" geändert.

Dabei wird, wie bei DIN-Normen ohne VDE-Klassifikation bereits vor einigen Jahren eingeführt, in der Nummer der VDE-Klassifikation das Wort „Teil" durch einen einfachen Bindestrich ersetzt. Beispiele für diese Schreibweise sind:

DIN-EN-Norm mit VDE-Klassifikation:
- datiert: DIN EN 61140 (VDE 0140-1):2007-03
- undatiert: DIN EN 61140 (VDE 0140-1)

DIN-VDE-Norm mit rein nationaler Nummer:
- datiert: DIN VDE 0100-410 (VDE 0100-410):2007-06
- undatiert: DIN VDE 0100-410 (VDE 0100-410)

Diese Schreibweise wird auch angewendet, wenn auf ältere Normen mit „alten" Schreibweisen verwiesen wird. Somit ergibt sich z. B., dass anstelle von DIN EN 61140 (VDE 0140 Teil 1) nun DIN EN 61140 (VDE 0140-1) geschrieben wird.

Die neue Schreibweise wird auch in dieser Auflage des Bandes 140 angewendet. Die Norm DIN VDE 0100-410 (VDE 0100-410) wird in der 3. Auflage nun vollständig in der Reihenfolge der jeweiligen Abschnitte der veröffentlichten Norm kommentiert, praxisnah interpretiert und mit anschaulichen und konkretisierenden Bildern verdeutlicht. Die bisher in DIN VDE 0100-470 (VDE 0100-470):1996-02 gesondert behandelte „Anwendung der Schutzmaßnahmen" ist nun in die neue DIN VDE 0100-410 (VDE 0100-410) integriert. Da neuerdings in den Normen die Verweisungen auf Normen und Abschnitte von IEC oder CENELEC durch Verweisungen auf nationale Normen ersetzt sind, wurde das in der zweiten Auflage dieser Schriftenreihe enthaltene „Kapitel 8" mit den Auszügen aus den Normen mit Änderung der internationalen und regionalen Verweisungen in solche auf entsprechende Deutsche Normen, die in der Form von den Autoren aufgearbeitet wurden, entbehrlich und ist nun nicht mehr in diesem Buch enthalten.

Um den Lesern dieses Buchs die Erfassung der Inhalte zu erleichtern – insbesondere um das „Blättern" in den verschiedenen Unterlagen zu vermeiden –, werden die jeweils zu erläuternden Abschnitte der Norm abschnittsweise wiedergegeben und direkt nachfolgend kommentiert und interpretiert. Die Reihenfolge der behandelten Themen wurde der neuen Sortierung in DIN VDE 0100-410 (VDE 0100-410):2007-06 angeglichen.

Vorwort

Das völlig überarbeitete Stichwortverzeichnis am Ende des Buchs ermöglicht ein schnelles und zeitsparendes Auffinden gesuchter Textstellen.

Um die Grundlagen und Hintergründe der elektrotechnischen Sicherheit bei der Errichtung elektrischer Anlagen zu verstehen, ist das Verständnis für die Anforderungen der DIN VDE 0100-410 (VDE 0100-410) eine unabdingbare Voraussetzung. Dieses Buch bietet dabei eine wertvolle Hilfe.

Dank gilt allen Kollegen – insbesondere denen aus dem DKE-Unterkomitee 221.1 „Schutz gegen elektrischen Schlag", die durch Fachdiskussionen zur Lösung vieler Sachfragen beigetragen haben. Ebenso sei Herrn Dipl.-Ing. R. Werner, VDE VERLAG GMBH, für die gute Zusammenarbeit beim Entstehen dieses Buchs gedankt.

Juni 2007   Die Verfasser

Inhalt

1	**Begriffe**	**13**
1.1	Einführung zum Thema Begriffe	13
1.2	Benennung von Fehlerstrom-Schutzeinrichtungen (RCDs)	41
1.3	Bemessungsdifferenzstrom – Nennfehlerstrom – Auslösestrom	45
1.4	IP-Code	46
2	**Gestaltung der DIN VDE 0100-410 (VDE 0100-410):2007-06**	**49**
2.1	Einführung	49
2.2	Beginn der Gültigkeit	52
2.3	Benummerung	53
2.4	Neue Struktur	56
2.5	Informative Elemente	63
3	**410 Einleitung**	**65**
4	**410.1 Anwendungsbereich**	**71**
5	**410.2 Normative Verweisungen**	**73**
6	**410.3 Allgemeine Anforderungen**	**75**
6.1	Zu 410.3.1	75
6.2	Zu 410.3.2	75
6.3	Zu 410.3.3	78
6.4	Zu 410.3.4	81
6.5	Zu 410.3.5	81
6.6	Zu 410.3.6	83
6.7	Zu 410.3.7	84
6.8	Zu 410.3.8	84
6.9	Zu 410.3.9	85
7	**411 Schutzmaßnahme: Automatische Abschaltung im Fehlerfall**	**87**
7.1	Zu 411.1 Allgemeines	87
7.2	Zu 411.2 Anforderungen an den Basisschutz	93
7.3	Zu 411.3 Anforderungen an den Fehlerschutz	94
7.3.1	Zu 411.3.1 Schutzerdung und Schutzpotentialausgleich	94
7.3.2	Zu 411.3.2 Automatische Abschaltung im Fehlerfall	113
7.3.3	Zu 411.3.3 Zusätzlicher Schutz	122
7.4	Zu 411.4 TN-Systeme	145
7.4.1	Zu 411.4.1	148
7.4.2	Zu 411.4.2	152
7.4.3	Zu 411.4.3	157
7.4.4	Zu 411.4.4	159
7.4.5	Zu 411.4.5	165
7.5	Zu 411.5 TT-Systeme	169
7.5.1	Zu 411.5.1	171
7.5.2	Zu 411.5.2	173
7.5.3	Zu 411.5.3	176

Inhalt

7.5.4	Zu 411.5.4	184
7.6	Zu 411.6 IT-Systeme	186
7.6.1	Zu 411.6.1	188
7.6.2	Zu 411.6.2	190
7.6.3	Zu 411.6.3	191
7.6.3.1	Zu 411.6.3.1	196
7.6.3.2	Zu 411.6.3.2	198
7.6.4	Zu 411.6.4	200
7.7	Zu 411.7 FELV	209
7.7.1	Zu 411.7.1 Allgemeines	209
7.7.2	Zu 411.7.2 Anforderungen an den Basisschutz (Schutz gegen direktes Berühren)	215
7.7.3	Zu 411.7.3 Anforderungen an den Fehlerschutz (Schutz bei indirektem Berühren)	215
7.7.4	Zu 411.7.4 Stromquellen	216
7.7.5	Zu 411.7.5 Stecker und Steckdosen	218
8	**412 Schutzmaßnahme: Doppelte oder verstärkte Isolierung**	**219**
8.1	Zu 412.1 Allgemeines	220
8.1.1	Zu 412.1.1	220
8.1.2	Zu 412.1.2	222
8.1.3	Zu 412.1.3	223
8.2	Zu 412.2 Anforderungen an den Basisschutz und den Fehlerschutz	225
8.2.1	Zu 412.2.1 Elektrische Betriebsmittel	225
8.2.1.1	Zu 412.2.1.1	226
8.2.1.2	Zu 412.2.1.2	227
8.2.1.3	Zu 412.2.1.3	228
8.2.2	Zu 412.2.2 Umhüllungen	229
8.2.2.1	Zu 412.2.2.1	229
8.2.2.2	Zu 412.2.2.2	230
8.2.2.3	Zu 412.2.2.3	231
8.2.2.4	Zu 412.2.2.4	231
8.2.2.5	Zu 412.2.2.5	233
8.2.3	Zu 412.2.3 Errichtung	234
8.2.3.1	Zu 412.2.3.1	234
8.2.3.2	Zu 412.2.3.2	234
8.2.4	Zu 412.2.4 Kabel- und Leitungsanlagen	236
8.2.4.1	Zu 412.2.4.1	236
9	**413 Schutzmaßnahme: Schutztrennung**	**241**
9.1	Zu 413.1 Allgemeines	241
9.1.1	Zu 413.1.1	242
9.1.2	Zu 413.1.2	245
9.1.3	Zu 413.1.3	246
9.2	Zu 413.2 Anforderungen an den Basisschutz	247
9.2.1	Zu 413.2.1	247
9.3	Zu 413.3 Anforderungen an den Fehlerschutz	247
9.3.1	Zu 413.3.1	247
9.3.2	Zu 413.3.2	247

9.3.3	Zu 413.3.3	248
9.3.4	Zu 413.3.4	248
9.3.5	Zu 413.3.5	249
9.3.6	Zu 413.3.6	250
10	**414 Schutzmaßnahme: Schutz durch Kleinspannung mittels SELV oder PELV**	**253**
10.1	Zu 414.1 Allgemeines	253
10.1.1	Zu 414.1.1	253
10.1.2	Zu 414.1.2	258
10.2	Zu 414.2 Anforderungen an den Basisschutz und an den Fehlerschutz	259
10.3	Zu 414.3 Stromquellen an SELV und PELV	261
10.3.1	Zu 414.3.1	261
10.3.2	Zu 414.3.2	262
10.3.3	Zu 414.3.3	262
10.3.4	Zu 414.3.4	262
10.3.5	Zu 414.3.5	264
10.4	Zu 414.4 Anforderungen an SELV- und PELV-Stromkreise	265
10.4.1	Zu 414.4.1	265
10.4.2	Zu 414.4.2	267
10.4.3	Zu 414.4.3	268
10.4.4	Zu 414.4.4	269
10.4.5	Zu 414.4.5	269
10.6	Häufige Fragen und Antworten aus Sicht der Autoren	274
11	**415 Zusätzlicher Schutz**	**277**
11.1	Zu 415.1 Fehlerstrom-Schutzeinrichtungen (RCDs)	278
11.1.1	Zu 415.1.1	278
11.1.2	Zu 415.1.2	283
11.2	Zu 415.2 Zusätzlicher Potentialausgleich	290
11.2.1	Zu 415.2.1	292
11.2.2	Zu 415.2.2	296
12	**Anhang A Vorkehrungen für den Basisschutz unter normalen Bedingungen**	**301**
12.1	Zu A.1 Basisisolierung aktiver Teile	302
12.2	Zu A.2 Abdeckungen oder Umhüllungen	303
12.2.1	Zu A.2.1	306
12.2.2	Zu A.2.2	309
12.2.3	Zu A.2.3	310
12.2.4	Zu A.2.4	310
12.2.5	Zu A.2.5	311
12.2.6	Häufig gestellte Fragen mit Antworten aus Sicht der Autoren	313
13	**Anhang B Vorkehrungen für den Basisschutz unter besonderen Bedingungen**	**317**
13.1	Zu B.1 Anwendung	317
13.2	Zu B.2 Hindernisse	319
13.2.1	Zu B.2.1	319

Inhalt

13.2.2	Zu B.2.2.	322
13.3	Zu B.3 Anordnung außerhalb des Handbereichs	323
13.3.1	Zu B.3.1.	324
13.3.2	Zu B.3.2.	327
13.3.3	Zu B.3.3.	329
14	**Anhang C Schutzmaßnahmen zur ausschließlichen Anwendung, wenn die Anlage nur durch Elektrofachkräfte oder elektrotechnisch unterwiesene Personen betrieben und überwacht wird**	**333**
14.1	Zu C.1 Nicht leitende Umgebung	334
14.1.1	Zu C.1.1.	335
14.1.2	Zu C.1.2.	335
14.1.3	Zu C.1.3.	337
14.1.4	Zu C.1.4.	337
14.1.5	Zu C 1.5.	339
14.1.6	Zu C.1.6.	341
14.1.7	Zu C.1.7.	342
14.2	Zu C.2 Schutz durch erdfreien örtlichen Schutzpotentialausgleich	343
14.2.1	Zu C.2.1.	343
14.2.2	Zu C.2.2.	344
14.2.3	Zu C.2.3.	345
14.2.4	Zu C.2.4.	346
14.3	Zu C.3 Schutztrennung mit mehr als einem Verbrauchsmittel	347
14.3.1	Zu C.3.1.	349
14.3.2	Zu C.3.2.	350
14.3.3	Zu C.3.3.	350
14.3.4	Zu C.3.4.	350
14.3.5	Zu C.3.5.	352
14.3.6	Zu C.3.6.	353
14.3.7	Zu C.3.7.	353
14.3.8	Zu C.3.8.	355
15	**Anhang D Vergleich alte mit neuer Struktur**	**357**
16	**Anhang ZA Besondere Nationale Bedingungen**	**361**
17	**Anhang ZB A-Abweichungen**	**371**
18	**Häufige Fragen und dazugehörige Antworten**	**377**
19	**Literatur**	**409**
19.1	Normen, Entwürfe, Beiblätter	409
19.2	Weitere Literatur	429
19.3	Bildnachweis	433
20	**Stichwortverzeichnis**	**435**

1 Begriffe

1.1 Einführung zum Thema Begriffe

Damit die Anforderungen der Normen eindeutig von den Anwendern verstanden werden, ist es erforderlich, verwendete Begriffe, deren Bedeutung nicht als eindeutig bekannt vorausgesetzt werden kann, zu erklären. Generell werden Begriffe der Elektrotechnik im Internationalen Elektrotechnischen Wörterbuch (englisch: International Electrotechnical Vocabulary), dem **IEV** mit der Hauptnummer IEC 60050, definiert. Das Kapitel IEC 60050-826 enthält Begriffe für „Elektrische Anlagen". IEC 60050-826 ist in Deutschland in die Norm DIN VDE 0100-200 (VDE 0100-200):2006-06 überführt worden, wobei in diesem Buch nur die Begriffe nach DIN VDE 0100-200 (VDE 0100-200):2006-06 wiedergegeben sind, die in diesem Buch verwendet werden. Zum Teil sind Hinweise und – für die Interpretation der Normen – kleine Ergänzungen aufgenommen worden.

Durch DIN VDE 0100-200 (VDE 0100-200):2006-06 haben sich die Benummerung der Begriffe, aber auch die Begriffsbestimmungen zum Teil erheblich geändert, sodass die Autoren in diesem Buch, um den Lesern den Umgang mit den Begriffen zu erleichtern, sowohl die alten als auch die neuen Begriffserklärungen mit den jeweiligen IEV-Nummern aufgeführt haben. Die alten Begriffe wurden in *kursiver Schrift und mit der Angabe „alt"* vor dem jeweiligen bisherigen Begriff einschließlich seiner früheren IEV-Abschnitts-Nr. angeordnet, was einen schnelleren Vergleich ermöglichen soll und das Blättern in vielen Unterlagen entbehrlich macht.

Bei den nachfolgend aufgeführten Begriffen ist jeweils unter dem Begriff in [ ] die jeweilige Nummer des IEV (Internationales Elektrotechnisches Wörterbuch) angegeben. Nummern mit

- „neu [826 …" beginnend stammen aus der deutschen Ausgabe der IEC 60050-826:2004-08 und sind somit auch in DIN VDE 0100-200 (VDE 0100-200): 2006-06 enthalten
- „alt [826…" beginnend stammen aus der bisherigen deutschen Ausgabe der IEC 60050-826:1982 + A1:1990-07 + A2:1995 + A3:1999-04 und waren somit in DIN VDE 0100-200 (VDE 0100-200):1998-06 enthalten
- „195" beginnend stammen aus der deutschen Ausgabe der IEC 60050-195:1998-08 + A1:2001-01, veröffentlicht auf der IEV-CD des VDE VERLAGs und des Beuth-Verlags
- „NC." beginnend stammen aus dem nationalen Anhang von DIN VDE 0100-200 (VDE 0100-200):2006-06, d. h., es sind reine nationale Festlegungen

1 Begriffe

Hiervon abweichende Angaben zeigen auf, aus welchen anderen Normen die Begriffe stammen. Außerdem sind nachfolgend auch Begriffe, für die es in den Normen keine Begriffserklärungen gibt, von den Autoren mit einer Begriffserklärung versehen worden. In diesen Fällen entfällt eine Quellenangabe in eckigen Klammern.

Begriff	Begriffserklärung
Abdeckung *alt [826-03-13]*	*Teil, durch das Schutz gegen direktes Berühren in allen üblichen Zugangs- oder Zugriffsrichtungen gewährt wird.* Nationale ANMERKUNG: IEC 60050(826):1982 enthält fälschlicherweise unter 826-03-13 die deutsche Benennung „Umhüllung". Hinweise der Autoren: Inzwischen wird der Begriff „elektrische Schutzabdeckung" verwendet.
Ableitstrom neu [826-11-20]	Strom in einem unerwünschten Strompfad unter üblichen Betriebsbedingungen [IEV 195-05-15]
Ableitstrom *(in einer Anlage)* *alt [826-03-08]*	*Strom, der in einem fehlerfreien Stromkreis zur Erde oder zu einem fremden leitfähigen Teil fließt.* ANMERKUNG: Dieser Strom kann eine kapazitive Komponente haben, insbesondere bedingt durch die Verwendung von Kondensatoren.
aktives Teil neu [826-12-08]	Leiter oder leitfähiges Teil, der/das dazu vorgesehen ist, im üblichen Betrieb unter Spannung zu stehen, einschließlich eines Neutralleiters, vereinbarungsgemäß jedoch nicht eines PEN-Leiters, PEM-Leiters oder PEL-Leiters [IEV 195-02-19]
Aktives Teil *alt [826-03-01]*	*Leiter oder leitfähiges Teil, der/das dazu bestimmt ist, bei ungestörtem Betrieb unter Spannung zu stehen, einschließlich des Neutralleiters, aber vereinbarungsgemäß nicht der PEN-Leiter.* ANMERKUNG: Dieser Begriff besagt nicht unbedingt, dass die Gefahr eines elektrischen Schlages besteht.
Ausbreitungswiderstand *alt [A.5.10]*	*Ausbreitungswiderstand eines Erders ist der Widerstand der Erde zwischen dem Erder und der Bezugserde.*

Begriff	Begriffserklärung
	ANMERKUNG: „Erde" ist hier die Bezeichnung für die Erde als Stoff [826-04-01]).
Außenleiter neu [826-14-09]	Leiter, der im üblichen Betrieb unter Spannung steht und in der Lage ist, zur Übertragung oder Verteilung elektrischer Energie beizutragen, aber kein Neutralleiter oder Mittelleiter ist [IEV 195-02-08]
Außenleiter alt [A.3.1]	*Sind Leiter, die Stromquellen mit Verbrauchsmitteln verbinden, aber nicht vom Mittel- oder Sternpunkt ausgehen.*
Ausreichender Abstand als Schutz gegen Zugang zu gefährlichen Teilen [DIN EN 60529 (VDE 0470-1):2000-09, 3.7]	Ein Abstand, um das Berühren oder Annähern einer Zugangssonde mit einem gefährlichen Teil zu verhindern.
automatische Abschaltung der Stromversorgung, automatische Ausschaltung der Stromversorgung (AT) neu [826-12-18]	Unterbrechung eines oder mehrerer Außenleiter durch selbsttätiges Ansprechen einer Schutzeinrichtung im Falle eines Fehlzustands [IEV 195-04-10] Hinweis der Autoren: Die 2. Benennung ist in Österreich (= AT) gebräuchlich.
Basisisolierung neu [826-12-14]	Isolierung von gefährlichen aktiven Teilen als Basisschutz [IEV 195-06-06]
Basisisolierung alt [826-03-17]	*Isolierung, die bei aktiven Teilen als grundlegender Schutz (Basisschutz) gegen elektrischen Schlag angewendet wird.* ANMERKUNG Basisisolierung schließt nicht die Isolierung ein, die nur aus Funktionsgründen gebraucht wird.
Basisschutz neu [826-12-05]	Schutz gegen elektrischen Schlag, wenn keine Fehlzustände vorliegen [IEV 195-06-01] Anmerkung (nur in DIN EN 61140 (VDE 0140-1): 2007-03, 3.1): Basisschutz entspricht für Anlagen, Betriebsmittel und Systeme der Niederspannung im All-

1 Begriffe

Begriff	Begriffserklärung
	gemeinen dem Schutz gegen direktes Berühren, wie er in IEC 60364-4-41 verwendet wird. Hinweis der Autoren: IEC 60364-4-41 entspricht sachlich der DIN VDE 0100-410 (VDE 0100-410).
Berührungsspannung neu [826-11-05]	Spannung zwischen leitfähigen Teilen, wenn diese gleichzeitig von einem Menschen oder einem Tier berührt werden [IEV 195-05-11]
Berührungsspannung *alt [826-02-02]*	*Spannung, die zwischen gleichzeitig berührbaren Teilen während eines Isolationsfehlers auftreten kann.* *ANMERKUNG 1: Vereinbarungsgemäß wird dieser Begriff nur im Zusammenhang mit Schutzmaßnahmen bei indirektem Berühren angewendet.* *ANMERKUNG 2: Es gibt Fälle, in denen der Wert der Berührungsspannung durch die Impedanz der Person, die mit diesen Teilen in Berührung ist, erheblich beeinflusst werden kann.*
Betriebserdung eines Netzes, Netzbetriebserdung neu [826-13-11]	Schutzerdung und Funktionserdung eines oder mehrerer Punkte in einem Elektrizitätsversorgungsnetz [IEV 195-01-14]
Betriebserdung *alt [DIN VDE 0100-200 (VDE 0100-200):1993-11, A.5.3, ersetzt durch Ausgabe 1998-06, in der dieser Begriff nicht mehr vorkommt]*	*Betriebserdung ist die Erdung eines Punktes des Betriebsstromkreises, die für den ordnungsgemäßen Betrieb von Geräten oder Anlagen notwendig ist. Sie wird bezeichnet:* *– als **unmittelbar**, wenn sie außer dem Erdungswiderstand keine weiteren Widerstände enthält* *– als **mittelbar**, wenn sie über zusätzliche ohmsche, induktive oder kapazitive Widerstände hergestellt ist*
Betriebsmittel	Hinweis der Autoren: siehe „elektrisches Betriebsmittel"
Differenzstrom neu [826-11-19]	algebraische Summe der Augenblickswerte der Ströme, die zur selben Zeit in allen aktiven Leitern an einem gegebenen Punkt eines Stromkreises in einer elektrischen Anlage fließen
Differenzstrom *alt [826-03-09]*	*Summe der Momentanwerte von Strömen, die an einer Stelle der elektrischen Anlage durch alle aktiven Leiter eines Stromkreises fließen.*

1 Begriffe

Begriff	Begriffserklärung
	NATIONALE ANMERKUNG: Bei Fehlerstrom-Schutzeinrichtungen nach den Normen der Reihe DIN VDE 0664 wird der Differenzstrom mit „Fehlerstrom" bezeichnet.
	Bei der Summe handelt es sich um die vektorielle Summe (Betrag und Phasenlage) der Ströme, die in anderen Sprachen „algebraische Summe" genannt wird.
direktes Berühren neu [826-12-03}	Berühren aktiver Teile durch Menschen oder Tiere [IEV 195-06-03]
Direktes Berühren *alt [826-03-05]*	*Berühren aktiver Teile durch Personen oder Nutztiere (Haustiere).*
doppelte Isolierung neu [826-12-16]	Isolierung, die aus der Basisisolierung und der zusätzlichen Isolierung besteht [IEV 195-06-08]
Einzelfehlerbedingungen [IEC Guide 104: 1997-08, 2.8]	Bedingung, bei der **eine** Schutzvorkehrung gegen Gefahr defekt ist oder **ein** Fehler vorhanden ist, der eine Gefahr hervorrufen kann.
	ANMERKUNG: Wenn eine Einzelfehlerbedingung unvermeidbar aus einer oder mehreren anderen Fehlerbedingungen resultiert, werden alle zusammen als eine Einzelfehlerbedingung betrachtet.
[DIN EN 61140 (VDE 0140-1): 2007-03, 4.2]	Einzelfehler müssen berücksichtigt werden, wenn – ein berührbares, nicht gefährliches aktives Teil zu einem gefährlichen aktiven Teil wird (z. B. durch Fehler bei der Begrenzung von Beharrungsberührungsstrom und Ladung), oder – ein berührbares leitfähiges Teil, das unter normalen Bedingungen nicht aktiv ist, gefährlich aktiv wird (z. B. durch Fehler der Basisisolierung gegen Körper), oder – ein gefährliches aktives Teil berührbar wird (z. B. durch mechanische Fehler einer Umhüllung)
elektrische Anlage neu [826-10-01]	Gesamtheit der zugeordneten elektrischen Betriebsmittel mit abgestimmten Kenngrößen zur Erfüllung bestimmter Zwecke
Elektrische Anlagen *(von Gebäuden)* *alt [826-01-01]*	*Sind alle einander zugeordneten elektrischen Betriebsmittel für einen bestimmten Zweck und mit koordinierten Kenngrößen.*

1 Begriffe

Begriff	Begriffserklärung
elektrisches Betriebsmittel neu [826-16-01]	Produkt, das zum Zweck der Erzeugung, Umwandlung Übertragung, Verteilung oder Anwendung von elektrischer Energie benutzt wird, z. B. Maschinen, Transformatoren, Schaltgeräte und Steuergeräte, Messgeräte, Schutzeinrichtungen, Kabel und Leitungen, elektrische Verbrauchsmittel
Elektrische Betriebsmittel alt [826-07-01]	*sind alle Gegenstände, die zum Zwecke der Erzeugung, Umwandlung, Übertragung, Verteilung und Anwendung von elektrischer Energie benutzt werden, z. B. Maschinen, Transformatoren, Schaltgeräte, Messgeräte, Schutzeinrichtungen, Kabel und Leitungen, Stromverbrauchsgeräte (meist nur Verbrauchsmittel genannt, siehe IEV 826-07-01).*
Elektrisch unabhängige Erder alt [826-04-04]	*Erder, die in einem solchen Abstand voneinander angebracht sind, dass der höchste Strom, der durch einen Erder fließen kann, das Potential der anderen Erder nicht nennenswert beeinflusst.*
elektrischer Schlag neu [826-12-01]	physiologische Wirkung, hervorgerufen von einem elektrischen Strom durch den Körper eines Menschen oder Tieres [IEV 195-01-04]
Elektrischer Schlag alt [826-03-04]	*pathophysiologischer Effekt, der durch einen elektrischen Strom ausgelöst wird, der den menschlichen Körper oder den Körper eines Tieres durchfließt.*
(elektrischer) Stromkreis (einer Anlage) alt [826-05-01]	*Gesamtheit der elektrischen Betriebsmittel einer Anlage, die von demselben Speisepunkt versorgt und durch dieselbe(n) Überstrom-Schutzeinrichtung(en) geschützt wird.* NATIONALE ANMERKUNG: Je nach Art des Anschlusses der Verbrauchsmittel kann ein Stromkreis aus einem Außenleiter (L1, L2 oder L3) und dem Neutralleiter (N) oder aus mehreren oder sämtlichen Außenleitern mit oder ohne Neutralleiter bestehen. Sind jedoch in einem Drehstromnetz z. B. drei zweipolige Verbrauchsmittel, und zwar eines zwischen L1 und N, ein weiteres zwischen L2 und N und das andere zwischen L3 und N, angeschlossen und ist jeder dieser Anschlüsse für sich abgesichert, so handelt es sich um drei verschiedene Stromkreise. *Hinweis der Autoren: Siehe auch den neuen Begriff „Stromkreis (einer elektrischen Anlage)".*

1 Begriffe

Begriff	Begriffserklärung
elektrische Schutzabdeckung neu [826-12-23]	Teil, das Schutz gegen direktes Berühren aus allen üblichen Zugriffsrichtungen bietet [IEV 195-06-15]
elektrisches Schutzhindernis neu [826-12-24]	Teil, das unabsichtliches direktes Berühren, nicht aber direktes Berühren durch eine absichtliche Handlung, verhindert. [195-06-16]
elektrische Schutztrennung neu [826-16-02]	Schutzmaßnahme, bei der gefährliche aktive Teile eines Stromkreises gegenüber allen anderen Stromkreisen und Teilen, gegen örtliche Erde und gegen Berührung isoliert sind. [195-06-16] Hinweis der Autoren: Die Benennung „Schutztrennung" statt „elektrische Schutztrennung" wird für die Schutzmaßnahme in DIN VDE 0100-410 (VDE 0100-410):2007-06 angewendet. „Schutztrennung ist definiert als Schutzmaßnahme, bei der ein Stromkreis, der gefährlich aktiv ist, gegenüber allen anderen Stromkreisen und Teilen, gegen Erde und gegen Berührung isoliert ist. Siehe auch unter „Schutztrennung"!
elektrisches Verbrauchsmittel neu [826-16-02]	elektrisches Betriebsmittel, das dazu bestimmt ist, elektrische Energie in eine andere Energieform umzuwandeln, zum Beispiel in Licht, Wärme oder in mechanische Energie
Elektrische Verbrauchsmittel alt [826-07-02]	*Betriebsmittel, die dazu bestimmt sind, elektrische Energie in andere Formen der Energie umzuwandeln, z. B. in Licht, Wärme oder in mechanische Energie.*
Elektrofachkraft neu [826-18-01]	Person, die aufgrund ihrer Ausbildung und Erfahrung befähigt ist, Risiken zu erkennen und mögliche Gefährdungen durch Elektrizität zu vermeiden. [IEV 195-04-01] Nationale Fußnote N1): Siehe DIN VDE 0105-100 (VDE 0105-100):2005-06: „Für Deutschland ersetzt durch: Elektrofachkraft ist, wer aufgrund seiner fachlichen Ausbildung, Kenntnisse und Erfahrungen sowie Kenntnis der einschlägigen Normen die ihm übertragenen Arbeiten beurteilen und mögliche Gefahren erkennen kann. ANMERKUNG: Zur Beurteilung der fachlichen Ausbildung kann auch eine mehrjährige Tätigkeit auf dem betreffenden Arbeitsgebiet herangezogen werden."

1 Begriffe

Begriff	Begriffserklärung
Elektrofachkraft *alt [826-09-01]*	*Person, die aufgrund ihrer fachlichen Ausbildung, Kenntnisse und Erfahrungen sowie Kenntnis der einschlägigen Normen die ihr übertragenen Arbeiten beurteilen und mögliche Gefahren durch Elektrizität erkennen kann.*
elektrotechnisch unterwiesene Person neu [826-18-02]	Person, die durch Elektrofachkräfte ausreichend informiert oder beaufsichtigt ist und damit befähigt wird, Risiken zu erkennen und Gefährdungen durch Elektrizität zu vermeiden. [IEV 195-04-02] Nationale Fußnote N2): Siehe DIN VDE 0105-100 (VDE 0105-100):2005-06: „Für Deutschland ersetzt durch: Elektrotechnisch unterwiesene Person ist, wer durch eine Elektrofachkraft über die ihr übertragenen Aufgaben und die möglichen Gefahren bei unsachgemäßem Verhalten unterrichtet und erforderlichenfalls angelernt sowie über die notwendigen Schutzeinrichtungen und Schutzmaßnahmen belehrt wurde."
Elektrotechnisch unterwiesene Person *alt [826-09-02]*	*Person, die durch eine Elektrofachkraft über die ihr übertragenen Aufgaben und die möglichen Gefahren durch Elektrizität bei unsachgemäßem Verhalten unterrichtet und erforderlichenfalls angelernt sowie über die notwendigen Schutzeinrichtungen belehrt wurde.*
Endstromkreis neu [826-14-03]	Stromkreis, der dafür vorgesehen ist, elektrische Verbrauchsmittel oder Steckdosen unmittelbar mit Strom zu versorgen
Endstromkreis *(eines Gebäudes)* *alt [826-05-03]*	*Ein Stromkreis, an den unmittelbar Stromverbrauchsmittel oder Steckdosen angeschlossen sind.*
örtliche Erde, Erde neu [826-13-02]	Teil der Erde, der sich in elektrischem Kontakt mit einem Erder befindet und dessen elektrisches Potential nicht notwendigerweise null ist [IEV 195-01-03]
Erde *alt [826-04-01]*	*Das leitfähige Erdreich, dessen elektrisches Potential an jedem Punkt vereinbarungsgemäß gleich null gesetzt wird.* *Hinweis 1: Das Wort „Erde" ist auch die Bezeichnung sowohl für die Erde als Ort als auch für die Erde als Stoff, z. B. die Bodenarten Humus, Lehm, Sand, Kies, Gestein.*

1 Begriffe

Begriff	Begriffserklärung
	Hinweis 2: Der Definitionstext setzt vereinbarungsgemäß den stromlosen Zustand des Erdreichs voraus. Im Bereich von Erdern oder Erdungsanlagen kann das Erdreich ein von null abweichendes Potential haben. Für diesen Begriff wurde früher der Begriff „Bezugserde" verwendet.
erden, Verb neu [826-13-03]	Herstellen einer elektrischen Verbindung zwischen einem gegebenen Punkt in einem Netz, in einer Anlage oder in einem Betriebsmittel und der örtlichen Erde
erden alt [A.5.1]	*Erden heißt, einen elektrisch leitfähigen Teil über eine Erdungsanlage mit der Erde zu verbinden.*
Erder neu [826-13-05]	leitfähiges Teil, das in das Erdreich oder in ein anderes bestimmtes leitfähiges Medium, zum Beispiel Beton oder Koks, das in elektrischem Kontakt mit der Erde steht, eingebettet ist [IEV 195-02-01 MOD]
Erder alt [826-04-02]	*leitfähiges Teil oder mehrere leitfähige Teile, die in gutem Kontakt mit Erde sind und mit dieser eine elektrische Verbindung bilden.*
Erdschluss neu [826-14-13]	unbeabsichtigtes Auftreten eines Strompfads zwischen einem aktiven Leiter und Erde [IEV 195-04-14]
Erdschluss alt [A.7.7]	*Erdschluss ist eine durch einen Fehler, auch über einen Lichtbogen, entstandene leitende Verbindung eines Außenleiters oder eines betriebsmäßig isolierten Neutralleiters mit Erde oder geerdeten Teilen.*
Erdschlussstrom *alt [DIN VDE 0100-200 (VDE 0100-200):1993-11, A.7.10, ersetzt durch Ausgabe 1998-06, in der dieser Begriff nicht mehr vorkam]*	*Erdschlussstrom ist der Strom, der infolge eines Erdschlusses zum Fließen kommt.*
Erdung alt [826-04]	*Erdung ist die Gesamtheit aller Mittel und Maßnahmen zum Erden. Sie wird als offen bezeichnet, wenn Überspannungs-Schutzeinrichtungen, z. B. Schutzfunkenstrecken, in die Erdungsleitung eingebaut sind.* *Hinweis der Autoren: Siehe „Schutzerdung".*

1 Begriffe

Begriff	Begriffserklärung
Erdungsanlage neu [826-13-04]	Gesamtheit der zum Erden eines Netzes, einer Anlage oder eines Betriebsmittels verwendeten elektrischen Verbindungen und Einrichtungen [IEV 195-02-20]
Erdungsanlage *alt [A.5.8]*	*Erdungsanlage ist eine örtlich abgegrenzte Gesamtheit miteinander leitend verbundener Erder oder in gleicher Weise wirkender Metallteile (z. B. Mastfüße, Bewehrungen, Kabelmetallmäntel) und Erdungsleiter.*
Erdungsleiter neu [826-13-12]	Leiter, der einen Strompfad oder einen Teil des Strompfads zwischen einem gegebenen Punkt eines Netzes, einer Anlage oder eines Betriebsmittels und einem Erder oder einem Erdernetz herstellt [IEV 195-02-03 MOD]
Erdungsleiter *alt [A.5.8]*	*Ein Schutzleiter, der die Haupterdungsklemme oder -schiene mit dem Erder verbindet.*
Fehlerschutz neu [826-12-06]	Schutz gegen elektrischen Schlag unter den Bedingun- Bedingungen eines Einzelfehlers [IEV 195-06-02] Hinweis der Autoren: Fehlerschutz entspricht für Anlagen, Betriebsmittel und Systeme der Niederspannung im Allgemeinen dem Schutz bei indirektem Berühren, wie er in DIN VDE 0100-410 (VDE 0100-410) verwendet wird, hauptsächlich bei fehlerhafter Basisisolierung.
Fehlerspannung neu [826-11-02]	Spannung zwischen einer gegebenen Fehlerstelle und der Bezugserde bei einem Isolationsfehler
Fehlerstrom neu [826-11-11]	Strom, der über eine gegebene Fehlerstelle aufgrund eines Isolationsfehlers fließt
Fehlerstrom *alt [A.7.9]*	*Fehlerstrom ist der Strom, der durch einen Isolationsfehler zum Fließen kommt (siehe auch den Hinweis unter der Begriffserklärung des Differenzstroms).*
fest angebrachtes elektrisches Betriebsmittel, fest angebrachtes Betriebsmittel neu [826-16-07]	Elektrisches Betriebsmittel, das auf einer Haltevorrichtung angebracht oder in einer anderen Weise fest an einer bestimmten Stelle montiert ist

1 Begriffe

Begriff	Begriffserklärung
Fest angebrachte Betriebsmittel alt *[826-07-07]*	*Betriebsmittel, die auf einer Haltevorrichtung angebracht oder in einer anderen Weise fest an einer bestimmten Stelle montiert sind.*
feuchter Raum neu [NC.3.4]	Raum oder ein bestimmter Bereich innerhalb eines Raumes, in dem die Sicherheit der elektrischen Betriebsmittel durch Feuchtigkeit, Kondenswasser oder ähnliche klimatische Einflüsse beeinträchtigt werden kann
Feuchte und nasse Räume alt *[A.6.4]*	*sind Räume oder Orte, in denen die Sicherheit der Betriebsmittel durch Feuchtigkeit, Kondenswasser, chemische oder ähnliche Einflüsse beeinträchtigt werden kann.* *ANMERKUNG Hierzu können z. B. gehören: Großküchen, Spülküchen, Kornspeicher, Düngerschuppen, Milchkammern, Futterküchen, Waschküchen, Backstuben, Kühlräume, Pumpenräume, unbeheizte oder unbelüftbare Keller, Räume, deren Fußböden, Wände und möglicherweise auch Einrichtungen zu Reinigungszwecken abgespritzt werden: Bier- und Weinkeller, Nasswerkstätten, Wagenwaschräume, Gewächshäuser, ferner Räume oder Bereiche in Bade- und Waschanstalten, Duschecken, galvanische Betriebe.* *Hinweis der Autoren: Inzwischen gibt es für diese Räume eigenständige Begriffserklärungen für „feuchter Raum" und „nasser Raum"; siehe jeweils dort.*
fremdes leitfähiges Teil neu [826-12-11]	leitfähiges Teil, das nicht zur elektrischen Anlage gehört, das jedoch ein elektrisches Potential, im Allgemeinen das einer örtlichen Erde, einführen kann [IEV 195-06-11]
Fremdes leitfähiges Teil alt *[826-03-03]*	*Leitfähiges Teil, das nicht zur elektrischen Anlage gehört, das jedoch ein elektrisches Potential einschließlich des Erdpotentials einführen kann.* *NATIONALE ANMERKUNG: Zu den fremden leitfähigen Teilen gehören auch leitfähige Fußböden und Wände, wenn über diese ein elektrisches Potential einschließlich des Erdpotentials eingeführt werden kann.*
Fundamenterder neu [826-13-08]	leitfähiges Teil, das unter einem Gebäudefundament in das Erdreich oder bevorzugt im Beton eines Gebäudefundaments, im Allgemeinen als geschlossener Ring, eingebettet ist

1 Begriffe

Begriff	Begriffserklärung
Fundamenterder alt *[A.5.5]*	*Fundamenterder ist ein Leiter, der in Beton eingebettet ist, der mit der Erde großflächig in Berührung steht.*
Gefahr alt *[DIN VDE 31000-2 (VDE 1000-2):1987-12, 2.4, zurückgezogen 2005-04)]*	*Gefahr ist eine Sachlage, bei der das Risiko größer als das Grenzrisiko ist.*
Gefährlicher Körperstrom alt *[826-03-07]*	Strom, der den Körper eines Menschen oder Tieres durchfließt und der Merkmale hat, die üblicherweise einen pathophysiologischen (schädigenden) Effekt auslösen.
gefährliches aktives Teil neu [826-12-13]	aktives Teil, von dem unter bestimmten Bedingungen ein schädlicher elektrischer Schlag ausgehen kann [IEV 195-06-05]
Gefährliches aktives Teil alt *[826-03-15]*	*Aktives Teil, von dem unter bestimmten Bedingungen äußerer Einflüsse ein elektrischer Schlag ausgehen kann.*
Gefährliches mechanisches Teil [DIN EN 50529 (VDE 0470-1):2000-09, 3.5.2]	Ein sich bewegendes Teil, außer einer glatten, sich drehenden Welle, das zu berühren gefährlich ist.
Gefährliches Teil [DIN EN 50529 (VDE 0470-1):2000-09, 3.5]	Ein Teil, dem sich zu nähern oder das zu berühren gefährlich ist.
Gehäuse	Hinweis der Autoren: siehe unter „Umhüllung" insbesondere Hinweis 1
Gesamterdungswiderstand alt *[826-04-03]*	*Der Widerstand zwischen der Haupterdungsklemme oder -schiene und Erde.* *Nationale ANMERKUNG 1: Das Wort „Erde" ist hier im Sinne der Begriffserklärung von „Erde" als leitfähiges Erdreich angewendet, d. h., der Ausbreitungswiderstand wird mit berücksichtigt.* *Nationale ANMERKUNG 2: Im VDE-Vorschriftenwerk wird im Allgemeinen anstelle des Begriffs „Haupterdungsklemme" der Begriff „Potentialausgleichsschiene" verwendet.*

1 Begriffe

Begriff	Begriffserklärung
gleichzeitig berührbare leitfähige Teile neu [826-12-12]	Leiter oder leitfähige Teile, die gleichzeitig durch eine Person oder, wo zutreffend, durch ein Tier berührt werden können
Gleichzeitig berührbare Teile alt [826-03-10]	*Leiter oder leitfähige Teile, die von einer Person – gegebenenfalls auch von Nutztieren (Haustieren) – gleichzeitig berührt werden können.* ANMERKUNG: *Gleichzeitig berührbare Teile können sein:* – *aktive Teile* – *Körper von elektrischen Betriebsmitteln* – *fremde leitfähige Teile* – *Schutzleiter* – *Erder*
Grenzrisiko alt [DIN VDE 31000-2 (VDE 1000-2):1987-12, 2.3, zurückgezogen 2005-04)]	*Grenzrisiko ist das größte noch vertretbare Risiko eines bestimmten technischen Vorgangs oder Zustands, Im Allgemeinen lässt sich das Grenzrisiko nicht quantitativ erfassen. Es wird in der Regel indirekt durch sicherheitstechnische Festlegungen beschrieben.*
Handbereich neu [826-12-19]	der Berührung zugänglicher Bereich, der sich von Standflächen aus erstreckt, die üblicherweise betreten werden, und dessen Grenzen eine Person in allen Richtungen ohne Hilfsmittel mit der Hand erreichen kann [IEV 195-06-12] Hinweis der Autoren: siehe auch Bild 1.1
Handbereich alt [826-03-11]	*Bereich, der sich von Standflächen aus erstreckt, die üblicherweise betreten werden, und dessen Grenzen eine Person in allen Richtungen ohne Hilfsmittel mit der Hand erreichen kann.* Nationale ANMERKUNG: *Der Handbereich ist in DIN VDE 0100-410 (VDE 0100-410):1997-01, Bild 41C dargestellt.* Hinweis der Autoren: Siehe auch Bild 1.2
Handgeräte alt [826-07-05]	*Ortsveränderliche Betriebsmittel, die dazu bestimmt sind, während des üblichen Gebrauchs in der Hand gehalten zu werden, und bei denen ein gegebenenfalls eingebauter Motor einen festen Bestandteil des Betriebsmittels bildet.* Nationale ANMERKUNG: *Ortsveränderliche Betriebsmittel können nicht nur Motoren, sondern auch z. B. Heizeinrichtungen enthalten, da das Kriterium für Handgeräte nicht nur von motorischen Antrieben abhängt, z. B. beim Lötkolben oder Frisierstab.*

1 Begriffe

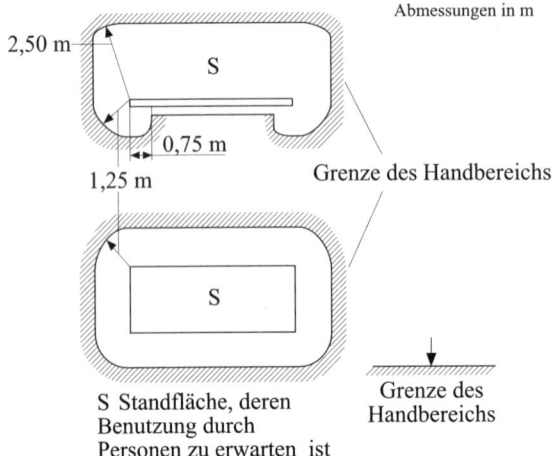

Bild 1.1 Darstellung des Handbereichs nach DIN VDE 0100-410 (VDE 0100-410):2007-06, Bild B.1

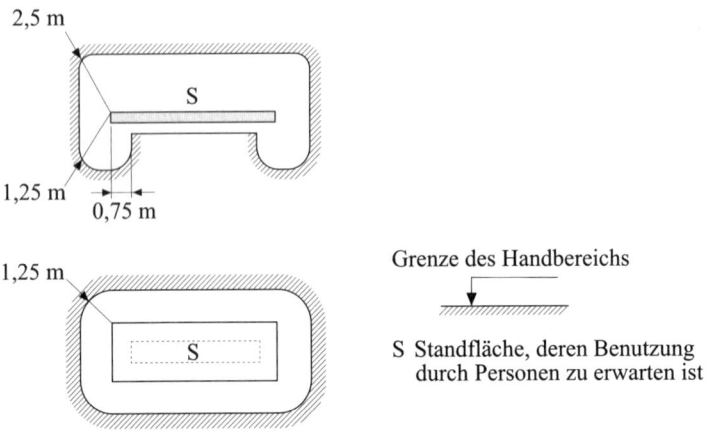

Bild 1.2 Darstellung des Handbereichs nach DIN VDE 0100-410 (VDE 0100-410):1997-01, Bild 41C

1 Begriffe

Begriff	Begriffserklärung
Haupterdungsanschlusspunkt, Haupterdungsklemme, Haupterdungsschiene, Potentialausgleichsschiene (abgelehnt) neu [826-13-1]	Anschlusspunkt, Klemme oder Schiene, die Teil der Erdungsanlage einer Anlage ist und die elektrische Verbindung von mehreren Leitern zu Erdungszwecken ermöglicht [IEV 195-02-33]
Haupterdungsklemme Haupterdungsschiene alt [826-04-08]	*Klemme oder Schiene, die vorgesehen ist, die Schutzleiter, die Potentialausgleichsleiter und gegebenenfalls die Leiter für die Funktionserdung mit der Erdungsanlage zu verbinden.*
Hauptpotentialausgleichsschiene	Hinweis der Autoren: Diese wird normativ als Haupterdungsklemme oder Haupterdungsschiene bezeichnet, siehe oben.
Hausanschlusskasten [DIN VDE 0100-732 (VDE 0100-732):1995-07]	Hausanschlusskasten ist die Übergabestelle vom Verteilungsnetz zur Verbraucheranlage.
Hindernis alt [826-03-14]	*Teil, das ein unbeabsichtigtes direktes Berühren verhindert, nicht aber eine absichtliche Handlung.*
indirektes Berühren neu [826-12-04]	Berühren von Körpern elektrischer Betriebsmittel, die infolge eines Fehlzustands unter Spannung stehen, durch Menschen oder Tiere [IEV 195-06-04]
Indirektes Berühren alt [826-03-06]	*Berühren von Körpern elektrischer Betriebsmittel, die infolge eines Fehlers unter Spannung stehen, durch Personen oder Nutztiere (Haustiere)*
Installationsgeräte	Hinweis der Autoren: Unter Installationsgeräte ist elektrisches Installationsmaterial zu verstehen, wie Kabelführungssysteme, Stecker, Steckdosen, Schalter, Abzweigdosen, Anschluss- und Verbindungsdosen, Verbindungsmaterial
IP-Code [DIN EN 60529 (VDE 0470-1]:2000-09, Abschnitt 3.4]	Ein Bezeichnungssystem, um die Schutzgrade durch ein Gehäuse gegen den Zugang zu gefährlichen Teilen, Eindringen von festen Fremdkörpern und Eindringen von Wasser anzuzeigen und zusätzliche Informationen in Verbindung mit einem solchen Schutz anzugeben.

1 Begriffe

Begriff	Begriffserklärung
Kabel- und Leitungsanlage neu [826-15-01]	Gesamtheit, bestehend aus einem oder mehreren isolierten Leitern, Kabeln und Leitungen oder Stromschienen und deren Befestigungsmittel sowie, falls notwendig, deren mechanischer Schutz
Kabel- und Leitungssystem Kabel- und Leitungsanlage alt *[826-06-01]*	*die Gesamtheit eines und/oder mehrerer Kabel oder Leitungen oder Stromschienen und deren Befestigungsmittel sowie gegebenenfalls deren mechanischer Schutz.* Nationale ANMERKUNG: *Hierzu gehören sowohl Kabel- und Leitungsnetze allgemein als auch Kabel und Leitungen der Stromverteilung in Gebäuden.*
Klassische Nullung	Hinweis der Autoren: Siehe Nullung! Bei der klassischen Nullung waren Neutralleiter und Schutzleiter (auch bei Querschnitten < 10 mm² Cu) in einem Nullleiter (frühere Bezeichnung für PEN-Leiter) vereint.
Kleinspannung ELV (Abkürzung) neu [826-12-30]	Spannung, die die in IEC 60449 für den Spannungsbereich I festgelegten Spannungsgrenzwerte nicht überschreitet
Kleinspannung (abgekürzt ELV) [nach DIN EN 61140 (VDE 0140-1):2007-03 Abschnitt 3.26]	jede Spannung, die nicht die in IEC 61201 festgelegten Spannungsgrenzwerte überschreitet. Hinweis der Autoren: Nach DIN VDE 0100-410 (VDE 0100-410) fällt unter den Schutz durch Kleinspannung SELV und PELV. Als Nennspannungen sind AC 50 V und DC 120 V für normale Umgebung festgelegt. DIN VDE 0100-701 (VDE 0100-701):2002-02 fordert für Verbrauchsmittel in Bereich 0 Nennspannung AC 12 V oder DC 30 V (nur SELV) und für die meisten Verbrauchsmittel im Bereich 1 AC 25 V oder DC 60 V (SELV oder PELV).
Körper (eines elektrischen Betriebsmittels) neu [826-12-10]	leitfähiges Teil eines elektrischen Betriebsmittels, das berührt werden kann und üblicherweise nicht unter Spannung steht, aber unter Spannung geraten kann, wenn die Basisisolierung versagt [IEV 195-06-10]
Körper (eines elektrischen Betriebsmittels) alt *[826-03-02]*	*berührbares, leitfähiges Teil eines elektrischen Betriebsmittels, das normalerweise nicht unter Spannung steht, das jedoch im Fehlerfall unter Spannung stehen kann.*

1 Begriffe

Begriff	Begriffserklärung
	ANMERKUNG: Ein leitfähiges Teil eines elektrischen Betriebsmittels, das im Fehlerfall nur über andere Körper unter Spannung geraten kann, ist nicht als Körper anzusehen. NATIONALE ANMERKUNG: Das Wort „Körper" wird auch entsprechend der allgemeinen Umgangssprache für den menschlichen Körper oder den Körper eines Tieres angewendet, z. B: auch in zusammengesetzten Wörtern wie „Körperstrom".
Körperschluss *alt [A.7.2]*	*Körperschluss ist eine durch einen Fehler entstandene leitende Verbindung zwischen Körper und aktiven Teilen elektrischer Betriebsmittel.*
Kurzschluss neu [826-14-10]	zufällig oder absichtlich entstandener Strompfad zwischen zwei oder mehreren leitfähigen Teilen, durch den die elektrischen Potentialdifferenzen zwischen diesen leitfähigen Teilen auf einen Wert gleich null oder nahezu null abfallen [IEV 195-04-11]
Kurzschluss *alt [A.7.4]*	*Kurzschluss ist eine durch einen Fehler entstandene leitende Verbindung zwischen betriebsmäßig gegeneinander unter Spannung stehenden Leitern (aktiven Teilen), wenn im Fehlerstromkreis kein Nutzwiderstand liegt.*
Kurzschlussstrom neu [826-11-16]	Strom im Kurzschlussfall [IEV 195-05-18]
Kurzschlussstrom *(unbeeinflusster,* *vollkommener)* *alt [826-05-08]*	*Überstrom, der durch einen Fehler vernachlässigbarer Impedanz zwischen aktiven Leitern verursacht wird, die im ungestörten Betrieb unterschiedliches Potential haben.*
Laie neu [826-18-03]	Person, die weder eine Elektrofachkraft noch eine elektrotechnisch unterwiesene Person ist [IEV 195-04-03] Nationale Fußnote N3): Hier handelt es sich um einen Laien in Hinblick auf die Elektrotechnik.
Laie *alt [826-09-03]*	*Person, die weder eine Elektrofachkraft noch eine elektrotechnisch unterwiesene Person ist.* Nationale ANMERKUNG: Hier handelt es sich um den Laien im Hinblick auf die Elektrotechnik.

1 Begriffe

Begriff	Begriffserklärung
Leiterschluss *alt [A.7.3]*	*Leiterschluss ist eine durch einen Fehler entstandene leitende Verbindung zwischen betriebsmäßig gegeneinander unter Spannung stehenden Leitern (aktiven Teilen), wenn im Fehlerstromkreis ein Nutzwiderstand liegt, z. B. Glühlampen oder dergleichen.*
leitfähiges Teil neu [826-12-09]	Teil, das elektrischen Strom führen kann [IEV 195-01-06]
Mittelpunkt neu [826-14-04]	gemeinsamer Punkt zwischen zwei zueinander symmetrischen Stromkreiselementen, deren andere Enden mit zwei verschiedenen Außenleitern desselben Stromkreises elektrisch verbunden sind [IEV 195-02-04]
nasser Raum neu [NC.3.5]	Raum oder ein bestimmter Bereich innerhalb eines Raumes, dessen Fußboden – mitunter auch dessen Wände und/oder Einrichtungen – aus betrieblichen, hygienischen oder anderen Gründen mit Wasser abgespritzt werden
Natürlicher Erder *alt [A.5.4]*	*Natürlicher Erder ist ein mit der Erde oder mit Wasser unmittelbar oder über Beton in Verbindung stehendes Metallteil, dessen ursprünglicher Zweck nicht die Erdung ist, das aber als Erder wirkt.*
Neutralleiter neu [826-14-07]	Leiter, der mit dem Neutralpunkt elektrisch verbunden und in der Lage ist, zur Verteilung elektrischer Energie beizutragen [IEV 195-02-06]
Neutralleiter *(Symbol N)* *alt [826-01-03]*	*mit dem Mittelpunkt bzw. Sternpunkt des Netzes verbundener Leiter, der geeignet ist, zur Übertragung elektrischer Energie beizutragen.* *Nationale ANMERKUNG: Da bei IEC die Benennung „point neutre" bzw. „neutral point" bisher nicht erklärt ist, wurden für den deutschen Text die Wörter „Mittelpunkt, Sternpunkt" gewählt.*
Neutralpunkt neu [826-14-05]	gemeinsamer Punkt eines in Stern geschalteten Mehrphasensystems oder geerdeter Mittelpunkt eines Einphasensystems [IEV 195-02-05]

1 Begriffe

Begriff	Begriffserklärung
Nullung	ANMERKUNG 1 Der gemeinsame Punkt eines in Stern geschalteten Mehrphasensystems wird auch als Sternpunkt bezeichnet. ANMERKUNG 2 In Deutschland wird auch der nicht geerdete Mittelpunkt eines Einphasensystems als „Neutralpunkt" bezeichnet. Hinweis der Autoren: Nullung ist die Bezeichnung für Schutzmaßnahmen gegen elektrischen Schlag mit Überstrom-Schutzeinrichtungen im TN-System vor Herausgabe der DIN VDE 0100-410 (VDE 0100-410):1983-11. Damals war die Klassifizierung der Systeme nach Art der Erdverbindung noch nicht eingeführt.
ortsfestes Betriebsmittel neu [826-16-06]	fest angebrachtes elektrisches Betriebsmittel oder elektrisches Betriebsmittel ohne Tragevorrichtung, dessen Masse so groß ist, dass es nicht leicht bewegt werden kann
ortsfeste Betriebsmittel *alt [826-07-06]*	*fest angebrachte Betriebsmittel oder Betriebsmittel, die keine Tragevorrichtung haben und deren Masse so groß ist, dass sie nicht leicht bewegt werden können.* *Beispiel: Der Wert dieser Masse wird in IEC-Normen für Geräte für den Hausgebrauch mit 18 kg festgelegt.*
ortsveränderliches Betriebsmittel neu [826-16-04]	elektrisches Betriebsmittel, das während des Betriebs bewegt wird oder leicht von einem Platz zu einem anderen gebracht werden kann, während es an den Versorgungsstromkreis angeschlossen ist
ortsveränderliche Betriebsmittel *alt [826-07-04]*	*Betriebsmittel, die während des Betriebs bewegt werden oder die leicht von einem Platz zu einem anderen gebracht werden können, während sie an den Versorgungsstromkreis angeschlossen sind.*
PELV-System neu [826-12-32]	elektrisches System, in dem die Spannung die Grenzwerte für Kleinspannung (ELV) nicht überschreitet
PELV-System [nach DIN EN 61140 (VDE 0140-1): 2007-03, 3.26.2]	elektrisches System, in dem die Spannung die ELV-Werte nicht überschreitet: – unter normalen Bedingungen und – unter Bedingungen eines Einzelfehlers, ausgenommen bei Erdschlüssen in anderen Stromkreisen
PEN-Leiter neu [826-13-25]	Leiter, der zugleich die Funktionen eines Schutzerdungsleiters und eines Neutralleiters erfüllt [IEV 195-02-12]

1 Begriffe

Begriff	Begriffserklärung
PEN-Leiter alt [826-04-06]	*geerdeter Leiter, der zugleich die Funktionen des Schutzleiters und des Neutralleiters erfüllt.* ANMERKUNG: Die Bezeichnung PEN resultiert aus der Kombination der beiden Symbole PE für den Schutzleiter und N für den Neutralleiter.
Potentialausgleich neu [826-13-19]	Herstellen elektrischer Verbindungen zwischen leitfähigen Teilen, um Potentialgleichheit zu erzielen [IEV 195-01-10]
Potentialausgleich alt [826-04-09]	*elektrische Verbindung, die die Körper elektrischer Betriebsmittel und fremde leitfähige Teile auf gleiches oder annähernd gleiches Potential bringt*
Potentialausgleichsleiter alt [826-04-10]	*Schutzleiter zum Sicherstellen des Potentialausgleichs.*
Potentialgleichheit neu [826-13-18]	Zustand, bei dem leitfähige Teile annähernd gleiches elektrisches Potential haben
Potentialsteuerung alt [A.5.11]	*Potentialausgleichssteuerung ist die Beeinflussung des Erdpotentials, insbesondere des Erdoberflächenpotentials, durch Erder*
RCD	Hinweis der Autoren: Siehe Abschnitt 1.3 dieses Buchs.
Risiko alt [DIN VDE 31000-2 (VDE 1000-2): 1987-12, 2.2, zurückgezogen 2005-04)]	*Das Risiko, das mit einem bestimmten technischen Vorgang oder Zustand verbunden ist, wird zusammenfassend durch eine Wahrscheinlichkeitsaussage beschrieben, die* *– die zu erwartende Häufigkeit des Eintritts eines zum Schaden führenden Ereignisses und* *– das beim Ereigniseintritt zu erwartende Schadensausmaß berücksichtigt.*
Schaltgerät, Steuergerät neu [826-16-03]	elektrisches Betriebsmittel, das in einem Stromkreis eingesetzt wird, um eine oder mehrere der folgenden Funktionen zu erfüllen: Schützen, Steuern, Trennen, Schalten
Schalt- und Steuergeräte alt [826-07-03]	*Betriebsmittel, die in einem elektrischen Stromkreis eingesetzt werden, um eine oder mehrere der folgenden Funktionen zu erfüllen: Schützen, Steuern, Trennen, Schalten.*

1 Begriffe

Begriff	Begriffserklärung
Schleifenimpedanz neu [NC.2.1]	Summe der Impedanzen (Scheinwiderstände) in einer Stromschleife, bestehend aus der Impedanz der Stromquelle, der Impedanz des Außenleiters von einem Pol der Stromquelle bis zur Messstelle und der Impedanz der Rückleitung (z. B. Schutzleiter, Erder und Erde) von der Messstelle bis zum anderen Pol der Stromquelle
Schutz alt *[DIN VDE 31000-2 (VDE 1000-2):1987-12, 2.7, zurückgezogen 2005-04)]*	*Schutz ist die Verringerung des Risikos durch Maßnahmen, die entweder die Eintrittshäufigkeit oder das Ausmaß des Schadens oder beides einschränken. Oftmals lässt sich nur durch das Zusammenwirken mehrerer derartiger Maßnahmen Sicherheit erreichen.*
Schutz gegen direktes Berühren	Hinweis der Autoren: Dies ist eine gleichwertige Benennung (synonym) zum „Basisschutz". Siehe auch „indirektes Berühren".
Schutz bei direktem Berühren	Hinweis der Autoren: Hierunter wird fachsprachlich – wenn auch nicht definiert – der zusätzliche Schutz durch Fehlerstrom-Schutzeinrichtungen (RCDs) mit einem Bemessungsdifferenzstrom, der 30 mA nicht überschreitet, verstanden, der im Falle des einpoligen direkten Berührens wirksam wird. Siehe auch „direktes Berühren".
Schutz bei indirektem Berühren	Hinweis der Autoren: Dies ist eine gleichwertige Benennung (synonym) zum „Fehlerschutz". Siehe auch „indirektes Berühren".
Schutz gegen elektrischen Schlag neu [826-12-02]	Maßnahmen, die das Risiko eines elektrischen Schlags vermindern [IEV 195-01-05]
Schutzart, Schutzgrad [DIN EN 60529 (VDE 0470-1);2000-09, 3.3]	Umfang des Schutzes durch ein Gehäuse gegen den Zugang zu gefährlichen Teilen, gegen Eindringen von festen Fremdkörpern und/oder gegen Eindringen von Wasser, nachgewiesen durch genormte Prüfverfahren.
Schutzerdung neu [826-13-09]	Erdung eines Punktes oder mehrerer Punkte eines Netzes, einer Anlage oder eines Betriebsmittels zu Zwecken der elektrischen Sicherheit [IEV 195-01-11] Hinweis der Autoren: Deutsch redaktionell anders als in IEV 195 (siehe nachfolgend), aber besser ans Französische angepasst, das hier zutreffender als das Englische ist. 195-01-11 Erdung eines oder mehrer Punkte in einem Netz, in einer

1 Begriffe

Begriff	Begriffserklärung
	Anlage oder in einem Betriebsmittel zum Zweck der elektrischen Sicherheit.
Schutzerdungsleiter neu [826-13-13]	Schutzleiter zum Zweck der Schutzerdung [IEV 195-02-11 MOD]
Schutzisolierung alt [DIN VDE 0100-200 (VDE 0100-200):1993-11, A.8.5, ersetzt durch Ausgabe 1998-06, in der dieser Begriff nicht mehr vorkam]	*Schutzisolierung ist eine Schutzmaßnahme (Basis- und Fehlerschutz)* *– durch eine zusätzliche Isolierung zur Basisisolierung oder* *– durch eine Verstärkung der Basisisolierung in einer solchen Art, dass bei einem Versagen der einfachen Basisisolierung keine gefährlichen Körperströme zum Fließen kommen.* *Hinweis der Autoren: Mit der „Schutzisolierung" ist die heutige Schutzmaßnahme „Doppelte oder verstärkte Isolierung" vergleichbar; siehe hierzu Abschnitt 412 der Norm bzw. Kapitel 8 dieses Buchs.*
Schutzklasse	Hinweis der Autoren: Nach DIN EN 61140-1 (VDE 0140-1):2007-03, Abschnitt 7, werden zum Schutz gegen elektrischen Schlag Betriebsmittel klassifiziert in Betriebsmittel der Schutzklassen 0, I, II und III. Betriebsmittel werden hinsichtlich ihrer Schutzklasse durch folgende Symbole gekennzeichnet: – Schutzklasse II: ☐ (IEC-60417-5172) – Schutzklasse III: ⬨ (IEC-60417-5180) Betriebsmittel der Schutzklasse I haben keine spezifizierende Kennzeichnung, sind aber am Vorhandensein eines Schutzleiteranschlusses erkennbar, der mit ⏚ (IEC-60417-5019) gekennzeichnet ist.
Schutzklasse 0 [DIN EN 61140 (VDE 0140-1):2007-03, 7.1]	**Betriebsmittel der Schutzklasse 0** Betriebsmittel mit Basisisolierung als Vorkehrung für den Basisschutz, aber ohne Vorkehrung für den Fehlerschutz.
Schutzklasse I [DIN EN 61140 (VDE 0140-1):2007-03, 7.2]	**Betriebsmittel der Schutzklasse I** Betriebsmittel mit Basisisolierung als Vorkehrung für den Basisschutz und einer Schutzverbindung als Vorkehrung für den Fehlerschutz.
Schutzklasse II [DIN EN 61140 (VDE 0140-1):2007-03, 7.3]	**Betriebsmittel der Schutzklasse II** Betriebsmittel mit – Basisisolierung als Vorkehrung für den Basisschutz und

1 Begriffe

Begriff	Begriffserklärung
	– zusätzlicher Isolierung als Vorkehrung für den Fehlerschutz oder bei denen – der Basis- und Fehlerschutz durch verstärkte Isolierung bewirkt werden
Schutzklasse III [DIN EN 61140 (VDE 0140-1):2007-03, 7.4]	**Betriebsmittel der Schutzklasse III** Betriebsmittel mit Begrenzung der Spannung auf Werte von ELV als Vorkehrung für den Basisschutz, aber ohne Vorkehrung für den Fehlerschutz. Hinweis der Autoren: Spannungsgrenzwerte für Kleinspannung sind in IEC 61201 enthalten, wiedergegeben im nationalen Vorwort von DIN EN 61140 (VDE 0140-1):2007-03.
Schutzkleinspannung *alt [DIN VDE 0100-200* *(VDE 0100-200):1993-11,* *A.8.7, ersetzt durch* *Ausgabe 1998-06,* *in der dieser Begriff* *nicht mehr vorkam]*	*Schutzkleinspannung ist eine Schutzmaßnahme, bei der Stromkreise mit Nennspannung bis 50 V Wechselspannung bzw. 120 V Gleichspannung ungeerdet betrieben werden und die Speisung aus Stromkreisen höherer Spannung von diesen sicher getrennt ist.* *Hinweis der Autoren: Dieser Begriff wird in den Normen der Reihe DIN VDE 0100 (VDE 0100) nicht mehr angewendet, da diese Schutzmaßnahme durch die Schutzmaßnahme SELV abgelöst wurde, die jedoch nur bedingt mit der Schutzkleinspannung übereinstimmt.*
Schutzleiter (Bezeichnung: PE) neu [826-13-22]	Leiter zum Zweck der Sicherheit, zum Beispiel zum Schutz gegen elektrischen Schlag [IEV 195-02-09]
Schutzleiter *(Symbol PE)* *alt [826-04-05]*	*Leiter, der für einige Schutzmaßnahmen gegen gefährliche Körperströme erforderlich ist, um die elektrische Verbindung zu einem der nachfolgenden Teile herzustellen:* *– Körper der elektrischen Betriebsmittel* *– fremde leitfähige Teile* *– Haupterdungsklemme* *– Erder* *– geerdeter Punkt der Stromquelle oder künstlicher Sternpunkt*
Schutzleiterstrom neu [826-11-21]	Strom, der als Ableitstrom oder als elektrischer Strom infolge eines Isolationsfehlers im Schutzleiter auftritt
Schutzpotentialausgleich neu [826-13-20]	Potentialausgleich zum Zweck der Sicherheit [IEV 195-01-15]

1 Begriffe

Begriff	Begriffserklärung
	Hinweis der Autoren: Dies ist der neue Begriff für alle Potentialausgleiche zum Zwecke der Sicherheit, wobei unter Abschnitt 411.3.1.2 der DIN VDE 0100-410 (VDE 0100-410):2007-06 nur der Schutzpotentialausgleich über die Haupterdungsschiene behandelt wird, vergleichbar mit den früheren Anforderungen zum „Hauptpotentialausgleich"; siehe auch Abschnitt 7.3.1 dieses Buchs.
Schutzpotential- **ausgleichsleiter** neu [826-13-24]	Schutzleiter zur Herstellung des Schutzpotentialausgleichs [IEV 195-02-10]
Schutztrennung [DIN EN 61140 (VDE 0140-1):2007-03, 3.25]	Schutzmaßnahme, bei der ein Stromkreis, der gefährlich aktiv ist, gegenüber allen anderen Stromkreisen und Teilen, gegen Erde und gegen Berührung isoliert ist. Hinweis der Autoren: Diese Schutzmaßnahme wird in DIN VDE 0100-410 (VDE 0100-410):2007-06 in den Abschnitten 413 und C.3 behandelt (siehe Kapitel 9 und Abschnitt 14.3 dieses Buchs). Der Begriff „elektrische Schutztrennung" [826-12-27] als Schutzmaßnahme, bei der gefährliche aktive Teile eines Stromkreises gegenüber allen anderen Stromkreisen und Teilen, gegen örtliche Erde und gegen Berührung isoliert sind, wird in DIN VDE 0100-410 (VDE 0100-410):2007-06 nicht angewendet. Siehe auch „elektrische Schutztrennung".
SELV-System neu [826-12-31]	elektrisches System, in dem die Spannung die Grenzwerte für Kleinspannung (ELV) nicht überschreitet: – unter üblichen Bedingungen und – unter Einzelfehlerbedingungen, auch bei Erdschlüssen in anderen Stromkreisen ANMERKUNG: SELV ist die Abkürzung für Sicherheitskleinspannung in einem nicht geerdeten System.
SELV-System [DIN EN 61140 (VDE 0140-1):2007-03, 3.26.1]	elektrisches System, in dem die Spannung die ELV-Werte nicht überschreitet: – unter normalen Bedingungen und – unter Bedingungen eines Einzelfehlers, einschließlich von Erdschlüssen in anderen Stromkreisen
Sicherheit *alt [DIN VDE 31000-2 (VDE 1000-2):1987-12, 2.5, zurückgezogen 2005-04)]*	*Sicherheit ist eine Sachlage, bei der das Risiko nicht größer als das Grenzrisiko ist.*
Sicherheitstechnische *Festlegungen*	*Sicherheitstechnische Festlegungen sind Angaben über technische Werte und Maßnahmen sowie Verhal-*

1 Begriffe

Begriff	Begriffserklärung
alt [DIN VDE 31000-2 (VDE 1000-2):1987-12, 2.6, zurückgezogen 2005-04)]	*tensanweisungen, deren Einhaltung im Rahmen des jeweiligen technischen Konzepts sicherstellen soll, dass das Grenzrisiko nicht überschritten wird.*
Speisepunkt (der elektrischen Anlage) neu [826-10-02]	Punkt, an dem elektrische Energie in die elektrische Anlage eingespeist wird
Speisepunkt (Anfang) einer elektrischen Anlage alt [826-01-02]	*Der Punkt, an dem elektrische Energie in eine Anlage eingespeist wird.*
Starkstromanlagen [NC.1.1]	elektrische Anlage mit Betriebsmitteln zum Erzeugen, Umwandeln, Speichern, Fortleiten, Verteilen und Verbrauchen elektrischer Energie mit dem Zweck des Verrichtens von Arbeit – z. B. in Form von mechanischer Arbeit, zur Wärme- und Lichterzeugung oder bei elektrochemischen Vorgängen
Steuererder alt [A.5.6]	*Steuererder ist ein Erder, der nach Form und Anordnung mehr zur Potentialsteuerung als zur Einhaltung eines bestimmten Ausbreitungswiderstands dient.*
Stromkreis (einer elektrischen Anlage) neu [826-14-01]	Gesamtheit der elektrischen Betriebsmittel einer elektrischen Anlage, die gegen Überströme durch dieselbe(n) Schutzeinrichtung(en) geschützt wird.
Stromverteilungsnetz neu [NC.1.2]	Gesamtheit aller Leitungen und Kabel vom Stromerzeuger bis zur Verbraucheranlage ausschließlich
Trennen neu [826-17-01]	Funktion, die dazu bestimmt ist, aus Gründen der Sicherheit die Stromversorgung von allen Abschnitten oder von einem einzelnen Abschnitt der elektrischen Anlage zu unterbrechen, indem die elektrische Anlage oder deren Abschnitte von jeder elektrischen Stromquelle abgetrennt wird
Trennen alt [826-08-01]	*Funktion, die dazu bestimmt ist, aus Gründen der Sicherheit die Stromversorgung von allen Abschnitten oder von einem einzelnen Abschnitt der Anlage zu unterbrechen, indem die Anlage oder deren Abschnitte von jeder elektrischen Stromquelle abgetrennt werden.*

1 Begriffe

Begriff	Begriffserklärung
trockener Raum [NC.3.3]	Raum oder bestimmter Bereich innerhalb eines Raums, in dem in der Regel kein Kondenswasser auftritt oder in dem die Luft nicht mit Feuchtigkeit gesättigt ist. ANMERKUNG: Hierzu gehören z. B. Wohnräume (auch Hotelzimmer), Büros; weiterhin können hierzu gehören: – Geschäftsräume, Verkaufsräume, Dachböden, Treppenhäuser, bebeheizte und belüftbare Keller – Küchen in Wohnungen und Baderäume in Wohnungen und Hotels gelten in Bezug auf die Installation als trockene Räume, da in ihnen nur zeitweise Feuchtigkeit auftritt
Überstrom neu [826-11-14]	Strom, der den Bemessungswert des Stroms übersteigt
Überstrom alt [826-05-06]	*Strom, der den Bemessungswert überschreitet. Der Bemessungswert für Leiter ist die zulässige Strombelastbarkeit.* Nationale ANMERKUNG: „Überstrom" ist der Oberbegriff für Überlaststrom und Kurzschlussstrom.
Umgebungstemperatur neu [826-10-03]	mittlere Temperatur der Luft oder eines anderen Mediums in der Umgebung von elektrischen Betriebsmitteln
Umgebungstemperatur alt [826-01-04]	*Temperatur der Luft oder eines anderen Mediums, in dem das Betriebsmittel verwendet wird.*
Umhüllung neu [826-12-20]	Gebilde, das die Schutzart sicherstellt, die für den vorgesehenen Verwendungszweck geeignet ist [IEV 195-02-35] Hinweis 1 der Autoren: Für diese Definition wird bei den IP-Schutzarten auch die Benennung „Gehäuse" verwendet. Hinweis 2 der Autoren: Umhüllungen (Gehäuse) bieten Personen oder Nutztieren (Haustieren) Schutz gegen den Zugang zu gefährlichen Teilen. Hinweis 3 der Autoren: Abdeckungen, Gestaltung der Öffnungen oder beliebige andere Maßnahmen – ob an den Umhüllungen (dem Gehäuse) angebracht oder durch das umschlossene Betriebsmittel gebildet –, die geeignet sind, das Eindringen der festgelegten Prüfsonden zu verhindern oder zu begrenzen, gelten als ein Teil der Umhüllung (des Gehäuses), es sei denn, sie können ohne Anwendung eines Schlüssels oder Werkzeugs entfernt werden.
Umhüllung alt [826-03-12]	*Ein Teil, das ein Betriebsmittel gegen bestimmte äußere Einflüsse schützt und durch das Schutz gegen direktes Berühren in allen Richtungen gewährt wird.*

1 Begriffe

Begriff	Begriffserklärung
Unbeeinflusster, vollkommener Kurzschlussstrom alt *[826-05-08]*	Ein Überstrom, verursacht durch einen Fehler vernachlässigbarer Impedanz zwischen aktiven Leitern, die im ungestörten Betrieb unterschiedliches Potential haben.
unterwiesene Person	Hinweis der Autoren: Siehe „elektrotechnisch unterwiesene Person".
Verbraucher	Hinweis der Autoren: Siehe „elektrisches Verbrauchsmittel".
Verbraucheranlage [NC.1.4]	Gesamtheit aller elektrischen Betriebsmittel hinter dem Hausanschlusskasten oder, wo dieser nicht benötigt wird, hinter den Ausgangsklemmen der letzten Verteilung vor den Verbrauchsmitteln.
Verbrauchsmittel	Hinweis der Autoren: Siehe „elektrisches Verbrauchsmittel".
vereinbarter Grenzwert der unbeeinflussten Berührungsspannung neu [826-11-04]	vereinbarter Höchstwert der unbeeinflussten Berührungsspannung, der bei festgelegten äußeren Einflussbedingungen zeitlich unbegrenzt bestehen bleiben darf [IEV 195-05-10 MOD]
vereinbarte Grenze der Berührungsspannung (U_L) alt *[826-02-04]*	Höchstwert der Berührungsspannung, der zeitlich unbegrenzt bestehen bleiben darf. ANMERKUNG: Der zulässige Wert hängt von den Bedingungen der äußeren Einflüsse ab, darf aber maximal nur 50 V Wechselspannung oder 120 V Gleichspannung sein.
Vereinbarter Ansprechstrom alt *[826-05-09]*	Ein festgelegter Wert des Stroms, der die Schutzeinrichtung innerhalb einer festgelegten Zeit, der so genannten „vereinbarten Zeit", zum Ansprechen bringt. Hinweis der Autoren: Siehe „vereinbarter Wert des Auslösestroms (einer Schutzeinrichtung)".
vereinbarter Wert des Auslösestroms (einer Schutzeinrichtung) neu [826-11-17]	Wert des elektrischen Stroms, der zu einer Auslösung einer Schutzeinrichtung innerhalb einer festgelegten Zeitdauer führt
Verteilungsnetz alt *[A.1.2]*	Verteilungsnetz ist die Gesamtheit aller Leitungen und Kabel vom Stromerzeuger bis zur Verbraucheranlage ausschließlich. Hinweis der Autoren: Siehe „Stromverteilungsnetz".

1 Begriffe

Begriff	Begriffserklärung
zentral geerdetes TN-S-System	Hinweis der Autoren: Für diesen Begriff gibt es noch keine Begriffserklärung in DIN VDE 0100-200 (VDE 0100-200), da das Thema „Mehrfacheinspeisung" bei einem EMV-gerechten TN-System normativ noch nicht behandelt wurde. Nach derzeitigem Normenstand lassen sich Mehrfacheinspeisungen nur im TN-C-Bereich realisieren oder bei nur zwei Einspeisungen durch vierpolige Umschaltung. Ein TN-S-System wird bei Mehrfacheinspeisung derzeit durch die Verbindung der PEN-Leiter aller Stromquellen an einer isoliert aufgebauten Schiene/Anschlussstelle, und diese PEN-Schiene wird nur an einer Stelle (nur einmal) mit dem geerdeten Schutzleiter verbunden, realisiert. Im allgemeinem Sprachjargon ist daraus das „zentral geerdete TN-S-System" entstanden.
Zu erwartende Berührungsspanung alt [826-02-03]	*Die höchste Berührungsspannung, die im Falle eines Fehlers mit vernachlässigbarer Impedanz in einer elektrischen Anlage je auftreten kann.*
zusätzliche Isolierung neu [826-12-15]	unabhängige Isolierung, die zusätzlich zur Basisisolierung als Fehlerschutz angewendet wird [IEV 195-06-07]
Zusätzlicher Potentialausgleich	Hinweis der Autoren: Siehe „Potentialausgleich" und „zusätzlicher Schutzpotentialausgleich"
Zusätzlicher Schutzpotentialausgleich	Hinweis der Autoren: Es ist lediglich der „Schutzpotentialausgleich" definiert (siehe dort). Der „zusätzliche Schutzpotentialausgleich" ist ein „zusätzlicher Schutz" (siehe dort), bei dem alle gleichzeitig berührbaren Körper fest angebrachter Betriebsmittel und „fremde leitfähige Teile", einschließlich – soweit praktikabel – die metallene Hauptbewehrung von Stahlbeton, miteinander elektrisch verbunden sind. Die Schutzpotentialausgleichsanlage muss mit den Schutzleitern aller Betriebsmittel, eingeschlossen die Schutzleiter der Steckdosen, verbunden werden.
zusätzlicher Schutz neu [826-12-07]	Schutzmaßnahme zusätzlich zum Basisschutz und/oder Fehlerschutz

1.2 Benennung von Fehlerstrom-Schutzeinrichtungen (RCDs)

Fehlerstrom-Schutzeinrichtung (RCD) [Plural: Fehlerstrom-Schutzeinrichtungen (RCDs)] ist seit 2002 in DIN VDE 0100 (VDE 0100) der Sammelbegriff für

- solche mit Hilfsspannungsquelle, die als „Differenzstrom-Schutzeinrichtungen" bezeichnet werden, und
- solche ohne Hilfsspannungsquelle, die als „Fehlerstrom-Schutzeinrichtungen" (ohne RCD in Klammer) bezeichnet werden

Dies war in älteren Normen der DIN VDE 0100 (VDE 0100), z. B. auch im Nationalen Vorwort der DIN VDE 0100-410 (VDE 0100-410):1997-01, noch anders erklärt, denn dort wird als Sammelbegriff für alle Fehlerstrom-Schutzeinrichtungen (RCDs) das Kürzel „RCDs" (ohne weiteren Zusatz) verwendet.

Man darf sich durch die Verwendung des Sammelbegriffs für netzspannungsunabhängige und netzspannungsabhängige Fehlerstrom-Schutzeinrichtungen (RCDs) in den Normen der Reihe DIN VDE 0100 (VDE 0100) und in anderen Normen nicht täuschen lassen. Fakt ist, dass derzeit für die Schutzmaßnahmen zum Schutz gegen elektrischen Schlag ausschließlich die netzspannungs**un**abhängigen Fehlerstrom-Schutzeinrichtungen (RCDs) zugelassen sind. Nur diese erfüllen die Anforderungen nach der autonomen nationalen Norm DIN VDE 0100-530 (VDE 0100-530): 2005-06. Diese Norm ist noch nicht harmonisiert, basiert jedoch auf der entsprechenden IEC-Publikation IEC 60364-5-53:2001-08.

Warum wird aber nicht die Schreibweise „Fehlerstrom-Schutzeinrichtung" ohne die angefügte Klammerangabe „(RCD)" verwendet? Das hängt mit der einheitlichen europäischen Harmonisierung zusammen. In den Harmonisierungsdokumenten, die für die DIN VDE 0100 (VDE 0100) zu Grunde liegen, wird grundsätzlich der Sammelbegriff für netzspannungsabhängige und netzspannungsunabhängige Fehlerstrom-Schutzeinrichtungen (englisch: r. c. d) verwendet, da in einigen europäischen Ländern netzspannungsabhängige RCDs genormt und zugelassen sind, sodass in diesen Ländern deren Einsatz, gegebenenfalls mit dort genannten Einschränkungen, zulässig ist. Für Deutschland handelt es sich durch die Verwendung des Sammelbegriffs „Fehlerstrom-Schutzeinrichtungen (RCDs)" um eine Offenhaltung der Möglichkeit, dass eines Tages auch netzspannungsabhängige genormt und zugelassen sind. Dann müssen wegen der Verwendung des Sammelbegriffs „Fehlerstrom-Schutzeinrichtungen (RCDs)" anstelle des Begriffs „Fehlerstrom-Schutzeinrichtungen" ohne die Hinzufügung „(RCD)" für die netzspannungsabhängige Variante nicht alle Normen geändert werden. Daher haben die Autoren in diesem Buch ebenfalls durchgängig diese Schreibweise „Fehlerstrom-Schutzeinrichtungen (RCDs)" angewendet.

Ob die Öffnung der Schutzmaßnahmen für netzspannungsabhängige Fehlerstrom-Schutzeinrichtungen (RCDs) [„Differenzstrom-Schutzeinrichtungen"] in Deutsch-

1 Begriffe

land kommen wird, hängt von der Entstehung Europäischer Normen (EN) für netzspannungsabhängige Fehlerstrom-Schutzeinrichtungen (RCDs) und parallel der entsprechenden europäischen Harmonisierung der Norm DIN VDE 0100-530 (VDE 0100-530) ab, die zz. autonom national ist. Die Hilfsspannungsquelle ist üblicherweise das Versorgungsnetz, daher die Bezeichnung „netzspannungsabhängig".

Es muss noch einmal deutlich hervorgehoben werden:

Wenn Fehlerstrom-Schutzeinrichtungen (RCDs) oder in früheren Normen RCDs ohne weitere Angaben zwingend gefordert sind, dürfen die Differenzstrom-Schutzeinrichtungen (netzspannungsabhängige Fehlerstrom-Schutzeinrichtungen (RCDs)) nicht verwendet werden. Sie werden erst dann verwendet werden dürfen, wenn sie genormt sind und DIN VDE 0100-530 (VDE 0100-530) in einer Folgeausgabe zur Ausgabe 2005-06 ihrer Anwendung nicht entgegensteht. Für den Zweck der Normen der Reihe DIN VDE 0100 (VDE 0100) sind folgende Fehlerstrom-Schutzeinrichtungen (RCDs) zulässig:

a) Netzspannungs**un**abhängige Fehlerstrom-Schutzschalter (im weiteren Text richtig mit Fehlerstrom-Schutzeinrichtung (RCD) bezeichnet) Typ A zur Auslösung bei Wechselfehlerströmen und pulsierenden Gleichfehlerströmen, siehe **Bild 1.3**
 – ohne eingebaute Überstrom-Schutzeinrichtung (RCCB) nach DIN EN 61008-1 (VDE 0664-10) und DIN EN 61008-2-1 (VDE 0664-11)
 – mit eingebauter Überstrom-Schutzeinrichtung (RCBO) nach DIN EN 61009-1 (VDE 0664-20) und DIN EN 61009-2-1 (VDE 0664-21)

b) Fehlerstrom-Schutzschalter (im weiteren Text richtig mit Fehlerstrom-Schutzeinrichtung (RCD) bezeichnet) Typ B zur Auslösung bei Wechselfehlerströmen, pulsierenden und glatten Gleichfehlerströmen, siehe **Bild 1.4** und **Bild 1.5,**
 – ohne eingebaute Überstrom-Schutzeinrichtung (RCCB); dieser arbeitet bei Wechsel- und pulsierenden Gleichfehlerströmen netzspannungsunabhängig, bei glatten Gleichfehlerströmen netzspannungsabhängig nach E DIN VDE 0664-100 (VDE 0664-100)
 – mit eingebauter Überstrom-Schutzeinrichtung (RCBO); dieser arbeitet bei Wechsel- und pulsierenden Gleichfehlerströmen netzspannungsunabhängig, bei glatten Gleichfehlerströmen netzspannungsabhängig nach E DIN VDE 0664-200 (VDE 0664-200)

c) Fehlerstrom-Auslöser (RCUs oder RC Units) zum Anbau an Leitungsschutzschalter nach DIN EN 61009-1 (VDE 0664-20):2005-06, Anhang G

d) Leistungsschalter mit Fehlerstrom-Auslösern (CBRs) nach DIN EN 60947-2 (VDE 0660-101):2004-03, Anhang B

Fehlerstrom-Schutzeinrichtungen (RCDs) nach a) bis d) können eine Mindestverzugszeit bei der Auslösung aufweisen (selektive und kurzzeitverzögerte Typen). Die zulässige Verzugszeit ist jedoch auf 1 s begrenzt.

Für die geforderten Schutzmaßnahmen nach den Normen der Reihe DIN VDE 0100 (VDE 0100) – also Schutz gegen elektrischen Schlag einerseits und Brand-

1 Begriffe

Bild 1.3 Beispiel einer Fehlerstrom-Schutzeinrichtung (RCD) vom Typ A, d. h. pulsstromsensitiv, mit einem Bemessungsstrom von 40 A und einem Bemessungsdifferenzstrom $I_{\Delta N}$ = 30 mA
(Foto: Fa. Siemens AG)

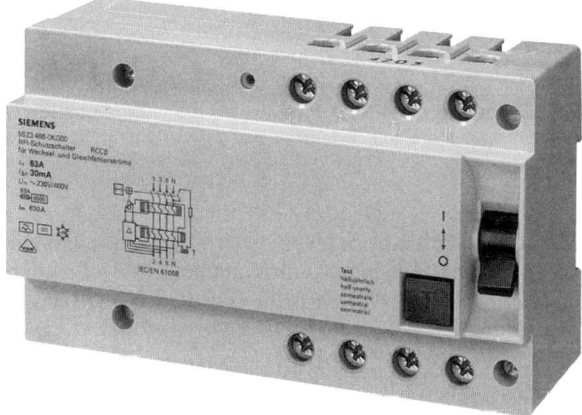

Bild 1.4 Beispiel einer Fehlerstrom-Schutzeinrichtung (RCD) vom Typ B, d. h. allstromsensitiv, mit einem Bemessungsstrom von 63 A und einem Bemessungsdifferenzstrom $I_{\Delta N}$ = 30 mA, veraltete Ausführung, große Bauweise (Foto: Fa. Siemens AG)

schutz andererseits – sind folgende Fehlerstrom-Schutzeinrichtungen (RCDs) derzeit **nicht** zulässig:

Ortsfeste Fehlerstrom-Schutzeinrichtungen (RCDs) zur Schutzpegelerhöhung

- in Steckdosenausführung (SRCDs) nach **Entwurf** DIN VDE 0662 (VDE 0662)
- ortsveränderliche Fehlerstrom-Schutzeinrichtungen (PRCDs) nach DIN VDE 0661 (VDE 0661):1988-04

1 Begriffe

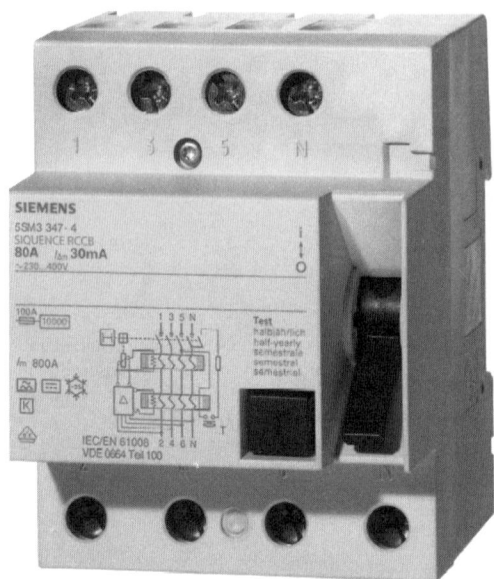

Bild 1.5 Beispiel einer Fehlerstrom-Schutzeinrichtung (RCD) vom Typ B, d. h. allstromsensitiv, in einer neueren Bauform, mit einem Bemessungsstrom von 80 A und einem Bemessungsdifferenzstrom $I_{\Delta N}$ = 30 mA (Foto: F. Siemens AG)

Mit diesen Einrichtungen lässt sich jedoch eine Schutzpegelerhöhung auf „freiwilliger" Basis erreichen, also wenn Fehlerstrom-Schutzeinrichtungen (RCDs) zur Realisierung von Schutzmaßnahmen nach DIN VDE 0100 (VDE 0100) nicht gefordert sind.

Mit SRCDs und PRCDs zur Schutzpegelerhöhung wird die Maßnahme „Zusätzlicher Schutz: Fehlerstrom-Schutzeinrichtungen (RCDs)", wie sie nun nach DIN VDE 0100-410 (VDE 0100-410):2007-06 genannt wird, und die bisher als „Zusätzlicher Schutz durch RCDs" bezeichnet wurde – besser bekannt als Schutz **bei direktem Berühren** (im normalen Betrieb bei Versagen der anderen Schutzmaßnahmen oder bei Sorglosigkeit des Benutzers) –, und auch der Fehlerschutz (Schutz bei indirektem Berühren) auf Grund der Anforderungen zur Auswahl nach DIN VDE 0100-530 (VDE 0100-530):2005-06 **nicht** erreicht. Ohne Zweifel ist ihr Vorhandensein aber auf jeden Fall eine Verbesserung des Schutzes, kurzum eine Schutzpegelerhöhung.

Begründen lässt sich die Eignung der SRCDs und PRCDs lediglich zur Schutzpegelerhöhung und nicht für den Schutz gegen elektrischen Schlag nach DIN VDE 0100-410 (VDE 0100-410) wie folgt:

1 Begriffe

a) SRCDs sind noch nicht genormt, sodass sie noch nicht als normenkonform im Sinne von DIN VDE 0100-510 (VDE 0100-510) angesehen werden können.
b) PRCDs sind nicht Bestandteil der elektrischen Anlage, da sie jenseits der Steckdose eingesetzt werden. Ihre Stärke ist, dass es sich um ein steckerfertiges Gerät handelt, das in eine beliebige Schutzkontaktsteckdose eingesteckt werden kann, bei der aber nicht sichergestellt ist, dass der Fehlerschutz (Abschaltbedingung) wirksam ist. Mit dieser Einrichtung wird auch festgestellt, ob der Schutzleiter mit einem aktiven Leiter vertauscht ist (ob ggf. am Schutzkontakt Spannung anliegt) bzw. ob der Schutzleiter Unterbrechung hat.

Neben den Fehlerstrom-Schutzeinrichtungen (RCDs) können für Überwachungsaufgaben z. B. folgende Geräte eingesetzt werden:

- Differenzstrom-Überwachungsgeräte (RCMs) nach DIN EN 62020 (VDE 0663)
- Isolationsüberwachungsgeräte (IMDs) nach DIN EN 61557-8 (VDE 0413-8)

1.3 Bemessungsdifferenzstrom – Nennfehlerstrom – Auslösestrom

Für den Bemessungsdifferenzstrom in Zusammenhang mit Fehlerstrom-Schutzeinrichtungen (RCDs) werden zurzeit folgende Begriffe im allgemeinen Sprachgebrauch und teilweise noch in Normen verwendet:

- Auslösestrom
- Nennauslösestrom
- Auslöseschwelle
- Bemessungsdifferenzstrom
- Bemessungs-Fehlerauslösestrom
- Differenzstrom
- Fehlerstrom
- Nennfehlerstrom

Im Sprachgebrauch der Normen der Reihe DIN VDE 0100 (VDE 0100) hat man sich auf den Begriff „Bemessungsdifferenzstrom" mit der Schreibweise ohne Bindestrich geeinigt (siehe DIN VDE 0100-530 (VDE 0100-530):2005-06), obwohl in einigen Gerätenormen noch eine Schreibweise mit Bindestrich zur Anwendung kommt.

Entsprechend differenzierte Aussagen gibt es auch bei den Indizes zum Formelzeichen I (I für Strom). Hier gibt es überwiegend nur noch die folgenden zwei Versionen:

- $I_{\Delta N}$
- $I_{\Delta n}$

1 Begriffe

Dem Bemessungsdifferenzstrom wird zur Zeit $I_{\Delta N}$ zugeordnet, da für Bemessungswerte in Anlehnung an IEC 60027-1 „N" als Index verwendet wird. $I_{\Delta n}$, d. h. ein kleines „n", ist demnach für den früher gebräuchlichen Nennfehlerstrom anzuwenden, wird jedoch in einigen Produktnormen – nicht korrekt – auch für Bemessungsdifferenzstrom angewendet. Das Thema ist aber inzwischen wieder in Diskussion geraten, da die Änderung A1 der IEC 60027-1 empfiehlt, für Bemessungswerte nur noch den Index „r" (aus dem Englischen abgeleitet für „rated") in jeder Sprache zu verwenden.

1.4 IP-Code

In der DIN VDE 0100-410 (VDE 0100-410):2007-06 wird der Tatsache Rechnung getragen, dass bei der Klassifizierung nach dem IP-Code nach DIN EN 60529 (VDE 0470-1) für den Schutz von Personen gegen Zugang zu gefährlichen aktiven oder auch sich bewegenden Teilen nicht mehr nur die erste Kennziffer maßgebend ist. Fakultativ (wahlfrei) ist auch die Kennzeichnung mit einem der zusätzlichen Buchstaben möglich, die das Verhindern des Zugangs zu gefährlichen aktiven oder auch sich bewegenden Teilen für Folgendes angeben:

A   Handrücken
B   Finger
C   Werkzeug
D   Draht

Bezüglich des Zugangs zu (gefährlichen) aktiven Teilen – dem Basisschutz (Schutz gegen direktes Berühren), der in DIN VDE 0100-410 (VDE 0100-410):2007-06 unter anderem behandelt wird; aber auch bezüglich des Zugangs zu gefährlichen sich bewegenden Teilen, was nicht Thema von DIN VDE 0100-410 (VDE 0100-410):2007-06 ist – ist IP2X mit IPXXB gleichwertig.

Für die anderen Buchstaben ergibt sich folgende Zuordnung:
IP1X mit IPXXA
IP3X mit IPXXC
IP4X mit IPXXD

Andere Schutzarten bzw. andere Buchstaben sind für den Basisschutz nicht relevant, und selbst für die Schutzarten IP3X bzw. IPXXC und IP4X bzw. IPXXD gibt es in DIN VDE 0100-410 (VDE 0100-410):2007-06 keine Forderung mehr.

Ungeachtet dessen werden in DIN VDE 0100-410 (VDE 0100-410):2007-06 beide Kennzeichnungen verwendet, wobei die Kennzeichnung mit der dritten Datenstelle (der vier möglichen Buchstaben) als bevorzugt zu betrachten ist, da sie den Basisschutz (Schutz gegen direktes Berühren) besser beschreibt, als dies durch die erste Kennziffer gegeben ist.

1 Begriffe

Hier sei auch noch darauf hingewiesen, dass die Norm DIN VDE 0106-100 (VDE 0106-100):1983-03, die zum ersten Male diese zusätzlichen Buchstaben verwendet hatte und in der Festlegungen für einen „Schutz gegen zufälliges direktes Berühren beim Wiederherstellen einer Sollfunktion durch Elektrofachkräfte" enthalten waren, nun mit leichten Änderungen durch DIN EN 50274 (VDE 0660-514):2002-11 ersetzt wurde.

Einen schnellen Überblick über Anordnung und Bedeutung des IP-Codes nach DIN EN 60529 (VDE-0470-1):2000-09, der für die Einteilung der Schutzarten durch Gehäuse gilt, gibt **Bild 1.6**.

> **Kurzer Überblick**
>
> Beim IP-Code sind die zweite Kennziffer und der fakultative (wahlfreie) zusätzliche Buchstabe ein Kennzeichen des Schutzes von Personen gegen Zugang zu gefährlichen Teilen.

1 Begriffe

Anordnung und Bedeutung des IP-Codes

I P   2   2   C   S

Code-Buchstaben IP für die Kennzeichnung der Schutzart durch Gehäuse nach dem IP-Code (englisch: International Protection)

Erste Kennziffer   gleichzeitig für

Schutz des Betriebsmittels gegen das Eindringen von festen Fremdkörpern	Schutz von Personen gegen Zugang zu gefährlichen Teilen
0: nicht geschützt	0: nicht geschützt
1: ≥ 50 mm Durchmesser	1: Handrücken
2: ≥ 12,5 mm Durchmesser	2: Finger
3: ≥ 2,5 mm Durchmesser	3: Werkzeug
4: ≥ 1,0 mm Durchmesser	4: Draht
5: staubgeschützt	5: Draht
6: staubdicht	6: Draht
X: nicht angegeben	X: nicht angegeben

Zweite Kennziffer
Schutz des **Betriebsmittels** gegen das Eindringen von Wasser mit schädlichen Wirkungen
0: nicht geschützt
1: senkrechtes Tropfen
2: Tropfen (15° Neigung)
3: Sprühwasser
4: Spritzwasser
5: Strahlwasser
6: starkes Strahlwasser
7: zeitweiliges Untertauchen
8: dauerndes Untertauchen
X: nicht angegeben

Fakultativ (wahlfrei)
Zusätzlicher Buchstabe   Schutz von **Personen** gegen Zugang
                                    zu gefährlichen Teilen
                                    A: Handrücken
                                    B: Finger
                                    C: Werkzeug
                                    D: Draht

Fakultativ (wahlfrei)
Ergänzender Buchstabe
Ergänzende Informationen
H: Hochspannungsbetriebsmittel
M: Bewegung während Wasserprüfung
S: Stillstand während Wasserprüfung
W: Wetterbedingungen

Bild 1.6 Anordnung und Bedeutung des IP-Codes nach DIN EN 60529 (VDE 0470-1):2000-09

2 Gestaltung der neuen DIN VDE 0100-410 (VDE 0100-410):2007-06

2.1 Einführung

Mit DIN VDE 0100-410 (VDE 0100-410):2007-06 liegt wieder eine deutsche Übernahme des entsprechenden CENELEC-Harmonisierungsdokuments HD 60364-4-41, kurz HD genannt, vor. Während die frühere Ausgabe von Teil 410 aus 1997-01 die deutsche **Fassung** des HD 384.4.41 S2:1996 identisch beinhaltete, liegt mit DIN VDE 0100-410 (VDE 0100-410):2007-06 lediglich die deutsche **Übernahme** des HD 60364-4-41:2007 vor. Im Unterschied zur deutschen Fassung des originalen HD 60364-4-41:2007 sind in der deutschen Übernahme die Zitierungen von Europäischen Normen oder IEC-Schriftstücken durch solche auf ihre nationalen Entsprechungen, soweit verfügbar, ersetzt. Dieses Vorgehen soll die Lesbarkeit der deutschen Normen erhöhen, weil dann nicht mehr über eine Konkordanzliste, die sich bei Übernahmen von Europäischen Normen üblicherweise im nationalen Vorwort befinden, der Bezug zur nationalen Textstelle hergestellt werden muss. Allerdings leidet dadurch die Originalität. Wer, z. B. zur Diskussion mit ausländischen Partnern, lieber die originalen Verweisungen direkt haben möchte, kann dies anhand der Konkordanzliste im nationalen Anhang erledigen, bequemer dürfte aber die zusätzliche Anschaffung der originalen Fassung des HD 60364-4-41:2007 (in Deutsch, Englisch und/oder Französisch) vom DKE-Schriftstückservice sein, telefonisch zu erreichen unter 069/6308-316.

Die deutsche Norm DIN VDE 0100-410 (VDE 0100-410):2007-06 enthält noch grau schattierte nationale Zusätze mit denen entweder redaktionell der Text des HD 60364-4-41:2007 aufgearbeitet wird oder sogar normative nationale Zusatzregelungen aufgenommen wurden, z. B. bezüglich der Abschaltzeiten für Verteilungsnetze, siehe Abschnitt 7.3.2.1 dieses Buchs bzw. Abschnitt 411.3.2.1 von DIN VDE 0100-410 (VDE 0100-410):2007-06.

Das Deutsche Nationale Komitee hält es in letzter Zeit für praxisfreundlicher, für den deutschen Errichter eine modifizierte Übernahme der deutschen Fassung des Harmonisierungsdokuments zu veröffentlichen, anstelle der identischen deutschen Fassung des Harmonisierungsdokuments. Der deutsche Vorschlag, auch die Errichtungsnormen der Reihe IEC 60364 in Europa als Europäische Normen (EN) umzusetzen, war seinerzeit an der Mehrheit der anderen CENELEC-Mitglieder gescheitert, die lieber den größeren nationalen Freiheitsgrad bei der Übernahme des europäischen Ergebnisses beibehalten wollten. Dieser größere Freiheitsgrad, der bei der

2 Gestaltung der neuen DIN VDE 0100-410 (VDE 0100-410)

sachlichen Übernahme möglich ist, wird nun, wie die grau schattierten Texte in den neueren Normen der Reihe DIN VDE 0100 (VDE 0100) zeigen, auch gerne vom Deutschen Nationalen Komitee bei der Umsetzung von Harmonisierungsdokumenten genutzt. Da kein Zwang besteht, die Harmonisierungsdokumente (HD) identisch zu übernehmen, und damit auch eine vollständige europäische Einheitlichkeit nicht gegeben ist, wird von den meisten Praktikern nicht mehr eingesehen, dass Deutschland alleinig die Harmonisierungsdokumente identisch wie bei den Europäischen Normen (HD) übernimmt und dabei auf eine gewünschte Aufarbeitung des Ursprungstextes verzichtet. Immerhin wird durch die Grauschattierung transparent verdeutlicht, wo bemerkenswert in den Ursprungstext eingegriffen wurde. Zur Erinnerung: Bei der früheren DIN VDE 0100-410 (VDE 0100-410):1983-11 war das noch anders. Ohne besondere Kennzeichnung war seinerzeit das zu Grunde liegende HD 384.4.41 S1 lediglich sachlich übernommen worden, und noch nicht harmonisierte nationale Anforderungen, z. B. die Abschaltzeiten, waren eingearbeitet worden, ohne dass erkennbar war, dass es sich um nationale Anforderungen nur für Deutschland handelte.

Mit den aufgeführten kleinen Unterschieden entspricht die neue Norm DIN VDE 0100-410 (VDE 0100-410):2007-06 im äußeren Erscheinungsbild den übrigen Europäischen Normen mit VDE-Klassifikation (**Bild 2.1** und **Bild 2.2**). Damit wurde auch bei dieser Norm auf die Möglichkeit der lediglich sachlichen Übernahme des Harmonisierungsdokuments verzichtet. Wesentlicher Unterschied zu einer EN ist auch, dass die Seitenpaginierung (Seitennummerierung) als Seitenzählung mit „DIN VDE 0100-410 (VDE 0100-410):2007-06" an den Blattoberkanten gekennzeichnet ist und die Seiten ... durchgehend an der unteren Blattkante gezählt sind. Anders als bei der früheren Ausgabe 1997-01 mit der identischen deutschen Fas-

---

HARMONISIERUNGSDOKUMENT	HD 60364-4-41
HARMONIZATION DOCUMENT	
DOCUMENT D'HARMONISATION	Januar 2007

ICS 13.260; 91.140.50   Ersatz für HD 384.4.41 S2:1996 + A1:2002, HD 384.4.46 S2:2001, HD 384.4.47 S2:1995

Deutsche Fassung

**Errichten von Niederspannungsanlagen –
Teil 4-41: Schutzmaßnahmen -
Schutz gegen elektrischen Schlag**
(IEC 60364-4-41:2005, modifiziert)

Low-voltage electrical installations – Part 4-41: Protection for safety - Protection against electric shock (IEC 60364-4-41:2005, modified)	Installations électriques à basse tension – Partie 4-41: Protection pour assurer la sécurité - Protection contre les chocs électriques (CEI 60364-4-41:2005, modifiée)

Bild 2.1 Das in DIN VDE 0100-410 (VDE 0100-410):2007-06 übernommene europäische Referenzdokument (siehe Hinweis auf S. 51)

2 Gestaltung der neuen DIN VDE 0100-410 (VDE 0100-410)

DEUTSCHE NORM　　　　　　　　　　　　　　　Juni 2007

**DIN VDE 0100-410
(VDE 0100-410)**

DIN

Diese Norm ist zugleich eine **VDE-Bestimmung** im Sinne von VDE 0022. Sie ist nach Durchführung des vom VDE-Präsidium beschlossenen Genehmigungsverfahrens unter der oben angeführten Nummer in das VDE-Vorschriftenwerk aufgenommen und in der „etz Elektrotechnik + Automation" bekannt gegeben worden.

VDE

Vervielfältigung – auch für innerbetriebliche Zwecke – nicht gestattet.

ICS 13.260; 91.140.50　　　　　　　　　　Ersatzvermerk
　　　　　　　　　　　　　　　　　　　　siehe unten

**Errichten von Niederspannungsanlagen –
Teil 4-41: Schutzmaßnahmen –
Schutz gegen elektrischen Schlag
(IEC 60364-4-41:2005, modifiziert);
Deutsche Übernahme HD 60364-4-41:2007**

Low-voltage electrical installations –
Part 4-41: Protection for safety –
Protection against electric shock
(IEC 60364-4-41:2005, modified);
German implementation HD 60364-4-41:2007

Installations électriques à basse tension –
Partie 4-41: Protection pour assurer la sécurité –
Protection contre les chocs électriques
(CEI 60364-4-41:2005, modifiée);
Mise en application allemande de HD 60364-4-41:2007

Ersatzvermerk
Ersatz für DIN VDE 0100-410 (VDE 0100 410):1007-01 und
DIN VDE 0100-410/A1 (VDE 0100-410/A1):2003-00 und
DIN VDE 0100-470 (VDE 0100-470):1996-02
Siehe jedoch Beginn der Gültigkeit

Bild 2.2 Das Erscheinungsbild der DIN VDE 0100-410 (VDE 0100-410):2007-06

Hinweis: Wegen der Angabe „Ersatz für HD 384.4.46 S2:2001" müsste auch DIN VDE 0100-460 (VDE 0100-460):2002-08 durch DIN VDE 0100-410 (VDE 0100-410):2007-06 ersetzt werden. Das Deutsche Komitee hat aber kurz vor Zurückziehung – quasi in letzter Minute – festgestellt, dass die Inhalte von HD 384.4.46 S2:2001 nicht nach HD 60364-4-41:2007 überführt wurden, sondern in das noch in Beratung befindliche prHD 60364-5-53. Somit wurde von Deutschland die Streichung von HD 384.4.46 S2: 2001 im Ersatzvermerk des HD 60364-4-41:2007 als „Corrigendum" gefordert. Dadurch kann DIN VDE 0100-460 (VDE 0100-460):2002-08 bestehen bleiben, bis die Festlegungen zum Schutz durch Trennen und Schalten in eine spätere Neufassung von DIN VDE 0100-530 (VDE 0100-530) überführt sind.

2 Gestaltung der neuen DIN VDE 0100-410 (VDE 0100-410)

sung des HD hat das HD nun keine eigene Seitenzählung unabhängig von den nationalen DIN-VDE-Seiten mehr. Eine solche eigene Seitennummerierung des HD hätte nur wenig Wert, denn durch die Möglichkeit, auch umfangreiche Texte grau schattiert hinzuzufügen, ändert sich leicht die Anordnung auf der Seite gegenüber dem originalen Referenzdokument von CENELEC.

Relativ neu ist für die Normen der Reihe DIN VDE 0100 (VDE 0100), dass es einen normativen Anhang ZA „Besondere nationale Bedingungen" und einen informativen Anhang ZB „A-Abweichungen" gibt. Der Anhang ZA beinhaltet Anforderungen, die auch auf lange Sicht in den betreffenden Ländern nicht geändert werden können und im jeweiligen Land von allen, die dort errichten, eingehalten werden müssen. Der Anhang ZB enthält Nationale Abweichungen, die auf nationalen gesetzlichen Vorschriften beruhen und zur Zeit nicht geändert werden können. Sie sind nur informativ, weil sie nicht selbst vom Normensetzer stammen, also nur darüber informiert wird. Selbstverständlich haben in dem angegebenen Land die durch seine Gesetze vorgegebenen Abweichungen von der Norm Vorrang vor den normativen Anforderungen der Norm.

Kurzer Überblick

DIN VDE 0100-410 (VDE 0100-410) übernimmt das Ergebnis der europäischen Normungsarbeit freier als bei Europäischen Normen (EN) üblich. Trotzdem bleibt die leichte Vergleichbarkeit mit dem europäischen Referenzdokument HD 60364-4-41:2007 unter weitgehender Wahrung der Originalität erhalten. Europäisch bekannte Abweichungen in anderen europäischen Ländern sind in den Anhängen angegeben.

2.2 Beginn der Gültigkeit

DIN VDE 0100-410 (VDE 0100-410):2007-06 ersetzt zum 1. Juni 2007 die frühere Ausgabe DIN VDE 0100-410 (VDE 0100-410):1997-01 mit Änderung DIN VDE 0100-410/A1 (VDE 0100-410/A1):2003-06 sowie DIN VDE 0100-470 (VDE 0100-470):1996-02. Die Übergangsfrist für die noch mögliche Anwendung der bisherigen Normen endet am 01.02.2009.

Das zuständige nationale Arbeitsgremium UK 221.1 „Schutz gegen elektrischen Schlag" der DKE Deutsche Kommission Elektrotechnik Elektronik Informationstechnik im DIN und VDE empfiehlt, für neue Anlagen, Änderungen oder Erweiterungen die DIN VDE 0100-410 (VDE 0100-410):2007-06 bereits so früh wie möglich, also ab 2007-06-01, anzuwenden.

Die Inanspruchnahme der Übergangsfrist ist – trotz der Empfehlung – mit keiner Bedingung verknüpft, also – anders als bei manch anderer Norm der Reihe DIN VDE 0100 (VDE 0100) – nicht daran gebunden, dass zum Inkraftsetzungstermin der Norm die elektrische Anlage, für die die Übergangsfrist in Anspruch genommen wird, „in Planung oder in Bau befindlich" ist. Es dürfen also innerhalb der Übergangsfrist wahlweise die bisherigen, d. h. die ersetzten, Normen noch angewendet werden oder eben die neue DIN VDE 0100-410 (VDE 0100-410):2007-06. Allerdings ist bei Anwendung der ersetzten Normen darauf zu achten, dass die betreffende elektrische Anlage auch bis spätestens zum Ende der Übergangsfrist, also spätestens am 01.02.2009, fertiggestellt ist. Wenn das nicht zu schaffen ist, sollte von vornherein von der Möglichkeit, die ersetzten Normen noch anzuwenden, nicht Gebrauch gemacht werden, sondern gleich vollständig die neue Norm zur Anwendung kommen, so wie es das UK 221.1 empfiehlt. Auch wenn es sich aus den Normen nicht ergibt, sollte es als selbstverständlich gelten, dass man sich nicht von beiden Normen die „Rosinen" herauspickt, d. h. nur die jeweils einfacheren Anforderungen aus den beiden Normen berücksichtigt. Dagegen ist es nicht verboten, vorausschauend jetzt schon eventuell härtere Anforderungen aus der neueren Norm anzuwenden, ansonsten aber noch die Anforderungen aus der „alten" Norm anzuwenden.

> **Kurzer Überblick**
>
> Bis zum 01.02.2009 dürfen sowohl die neue DIN VDE 0100-410 (VDE 0100-410):2007-06 als auch die durch sie ersetzten Normen DIN VDE 0100-410 (VDE 0100-410):1997-01 mit Änderung DIN VDE 0100-410/A1 (VDE 0100-410/A1):2003-06 sowie DIN VDE 0100-470 (VDE 0100-470):1996-02 angewendet werden.

2.3 Benummerung

Während in diesem Abschnitt vorrangig die Benummerung der zu Grunde liegenden IEC 60364-4-41 behandelt wird, geht der Abschnitt 2.4 dieses Buchs auf die neue Strukturierung und die damit einhergehende innere Abschnittsnummerierung der Norm ein.

Die Benummerung der Reihe DIN VDE 0100 (VDE 0100) geht zurück auf die Benummerung der IEC 60364 „Electrical installations of buildings" (deutsch: Elektrische Anlagen von Gebäuden). Bis 2001-08 wurde die Reihe IEC 60364 gegliedert in:

- Teile (englisch: Parts)   je 1 Ziffer
- Kapitel (englisch: Chapters)   je 2 Ziffern
- Hauptabschnitte (englisch: Sections)   je 3 Ziffern
- Abschnitte (englisch: Clauses)   je 3 Ziffern, Punkt, Ziffer
- Unterabschnitte (englisch: Subclauses)   je 3 Ziffern, Punkt, Ziffer, Punkt, ...

Nach den Regeln der IEC-Arbeit „Internal Rules" wurde diese Aufgliederung für alle IEC-Normen und vergleichsweise spät auch für die Reihe IEC 60364 aufgegeben. Trotzdem liegt dieses ursprüngliche System, nun verdeckt, noch der Gliederung der neuen Teile von IEC 60364 nach 2001 zu Grunde. Das gilt auch für IEC 60364-4-41:2005-12, der Basis von CENELEC HD 60364-4-41:2007, das in DIN VDE 0100-410 (VDE 0100-410):2007-06 übernommen wurde.

Die frühere IEC 60364-4-41:2001-08 aus der Reihe IEC 60364, war Bestandteil des Teils 4 „Protection for safety" (deutsch: Schutzmaßnahmen). Das Kapitel 41 „Protection against electric shock (deutsch: Schutz gegen elektrischen Schlag) enthielt die bekannten Hauptabschnitte

- 411 Schutz sowohl gegen direktes als auch bei indirektem Berühren
- 412 Schutz gegen elektrischen Schlag unter normalen Bedingungen (Schutz gegen direktes Berühren oder Basisschutz)
- 413 Schutz gegen elektrischen Schlag unter Fehlerbedingungen (Schutz bei indirektem Berühren oder Fehlerschutz), die weiter in Abschnitte und Unterabschnitte gegliedert waren

Die neue IEC 60364-4-41:2005-12 ist aus Reihe IEC 60364 der Teil 4-41 mit den Abschnitten

- 410 Einleitung
- 411 Schutzmaßnahme: Automatische Abschaltung der Stromversorgung
- 412 Schutzmaßnahme: Doppelte oder verstärkte Isolierung
- 413 Schutzmaßnahme: Schutztrennung
- 414 Schutzmaßnahme: Schutz durch Kleinspannung mittels SELV oder PELV
- 415 Zusätzlicher Schutz

und den Anhängen

- A Vorkehrungen für den Basisschutz (Schutz gegen direktes Berühren) unter normalen Bedingungen
- B Vorkehrungen für den Basisschutz (Schutz gegen direktes Berühren) unter besonderen Bedingungen
- C Schutzmaßnahmen zur ausschließlichen Anwendung, wenn die Anlage nur durch Elektrofachkräfte oder elektrotechnisch unterwiesene Personen betrieben und überwacht wird

Man sieht, hinsichtlich der Nummerierung der IEC-Publikation als IEC 60364-4-41 hat sich nur hinsichtlich der Bedeutung der Nummer (Unterteilung in Teile und Kapitel) der IEC-Norm etwas geändert, die Nummer der IEC-Publikation selbst ist unverändert geblieben. Jedoch ist zu berücksichtigen, dass nun nicht nur die Schutzmaßnahmen selbst, sondern auch deren Anwendung (was ursprünglich IEC 60364-4-47 war) nun in einer gemeinsamen IEC-Norm behandelt werden; siehe auch Tabelle 2.1 dieses Buchs. Vollständig hat sich aber die innere Ordnung der behandelten Themen geändert. Diese Änderung ist nicht durch die Regeln für die IEC-Arbeit bedingt, sondern wurde unter anderem durch das deutsche Elektrohandwerk

2 Gestaltung der neuen DIN VDE 0100-410 (VDE 0100-410)

angestoßen mit dem Ziel, die Anzahl der Teile zu verkleinern zu Gunsten weniger Normen mit größerem Anwendungsbereich. Auf deutscher Seite setzte sich die Idee durch und wurde entsprechend vorgeschlagen. Das Endergebnis entspricht allerdings nicht voll dem ursprünglichen Antrag, denn auch die anderen Mitgliedsländer hatten Ideen, die sie durchsetzen wollten und zum Teil auch konnten. So kam es letztlich zu der Gliederung, wie sie nun mit DIN VDE 0100-410 (VDE 0100-410):2007-06 vorliegt.

Der wesentliche Unterschied ist nun, dass alles, was der Errichter besonders häufig braucht, am Anfang der Norm steht und dass Anforderungen, die in der Regel die Betriebsmittel fabrikfertig mitbringen und auf denen der Errichter nach der Auswahl „meist" keinen Einfluss mehr nimmt, am Ende der Norm stehen, z. B. der Basisschutz (Schutz gegen direktes Berühren), der im Anhang A enthalten ist. Weitere Erläuterungen zur neuen Struktur sind im Abschnitt 2.4 dieses Buchs enthalten.

Der Vorteil bei Anwendung dieses Nummernsystems des Harmonisierungsdokuments bzw. der IEC 60364 liegt nach wie vor – trotz geänderter Struktur – darin, dass in den Sonderbestimmungen der Gruppe 700 der Reihe DIN VDE 0100 (VDE 0100) die grundsätzlichen Festlegungen aus den Gruppen 100 bis 600 der Reihe DIN VDE 0100 (VDE 0100) geändert, konkretisiert oder außer Kraft gesetzt werden können. Aber auch neue Abschnitte können hinzugefügt werden, wozu die einfache Bezugnahme durch Nummerierung genügt, wie im nachfolgenden Beispiel erläutert. Dies ist im modularen Aufbau der DIN VDE 0100 (VDE 0100) ein erheblicher Vorteil. Durch die präzise Bezugnahme wird eindeutig klar, welche grundsätzlichen Anforderungen im Spezialfall geändert sind, welche unverändert zu berücksichtigen sind und welche Anforderungen zusätzlich zu beachten sind.

Beispiel: Der neue Abschnitt 415.2 von DIN VDE 0100-410 (VDE 0100-410): 2007-06 behandelt, wie ein **zusätzlicher** Schutzpotentialausgleich (bisher zusätzlicher Potentialausgleich) in einer Anlage auszuführen ist. Wenn in den Teilen der Gruppe 700 der Reihe DIN VDE 0100 (VDE 0100) hierzu konkretere Angaben enthalten sind, z. B. DIN VDE 0100-701 (VDE 0100-701) für Orte mit Badewanne oder Dusche, wird diesem Abschnitt dann die Nummer des allgemeinen Abschnitts zugewiesen und die Teile-Nr., hier 701, vorangestellt, also 701.415.2. Konkretisierende Aussagen zum selben Thema bei Schwimmbädern hätten in DIN VDE 0100-702 (VDE 0100-702) dann die Nummer 702.415.2. Da die Teile 701 und 702 noch nicht an die neue Benummerung angepasst wurden (der Teil 701 wird aber in Kürze mit der neuen Benummerung veröffentlicht werden, ergibt sich, dass in diesen Teilen noch die bisherige Abschnittsbenummerung verwendet wird, also 7xx. 413.1.2.2. In der Übergangsphase kann es daher zu ganz erheblichen Zuordnungsproblemen kommen.

Um den Anwendern zu helfen, bei dem „leichten" Durcheinander, das durch diese Umnummerierung entstanden ist, durchzublicken, haben die Autoren versucht – soweit das möglich ist –, die bisherige Abschnittsbenummerung, zumindest bei den Hauptüberschriften, in [eckiger Klammer] mit anzuführen.

Schwachpunkt des Nummerierungssystems der Gruppe 700 der Normen der Reihe DIN VDE 0100 (VDE 0100) war bisher, dass der Normenanwender nicht klar erkennen konnte, ob der ganze Abschnitt aus dem, in Bezug genommenen, Basisteil geändert wurde, ob etwas zum Abschnitt hinzugefügt wurde und/oder ob vorhandene Textteile/Abschnitte entfallen sind. Daher wird in neueren Teilen der Gruppe 700 (z. B. bei dem in Kürze erscheinenden Teil 701) konkret angegeben, ob etwas gegenüber der Grundnorm ergänzt, geändert oder hinzugefügt werden soll. Im Teil 701 wird das in Kürze zum ersten Male realisiert werden.

Es wird noch darauf hingewiesen, dass in dem vorstehend angegebenen Nummernsystem des HD 60364 und der damit zu Grunde liegenden IEC 60364 der Begriff „Teil" anders verwendet wird als bei der Normenreihe DIN VDE 0100 (VDE 0100), wo jede Norm dieser Reihe als „Teil" bezeichnet wird. Beispielsweise wurde „Kapitel" 41 der früheren IEC 60364 (bis 2001-08) in DIN VDE 0100 (VDE 0100) als „Teil" 410 übernommen. Bei der neuen IEC 60364-4-41:2005-12 ist es aus Reihe IEC 60364 der **Teil 4-41** der in DIN VDE 0100 (VDE 0100) als „Teil" 410 übernommen wird. Somit ändert sich diesbezüglich, trotz der Neustrukturierung bei IEC 60364, für den Anwender der DIN VDE 0100 (VDE 0100) nichts. Der Schutz gegen elektrischen Schlag wird weiterhin im „Teil 410" der Reihe DIN VDE 0100 (VDE 0100) behandelt, und für den Anwender ist es in der Regel nicht so von Bedeutung, ob der zu Grunde liegende Inhalt aus IEC 60364-4-41 als Kapitel 41 des Teils 4 oder als Teil 4-41 der IEC 60364 stammt.

Kurzer Überblick

Die Neustrukturierung der Reihe IEC 60364 wirkt sich darauf aus, dass zum Schutz gegen elektrischen Schlag das Anwenden der Schutzmaßnahmen – was bisher in DIN VDE 0100-470 (VDE 0100-470) behandelt wurde – mit der Konzeption der Schutzmaßnahmen in DIN VDE 0100-410 (VDE 0100-410): 2007-06 zusammengeführt wurde, sodass ein eigener „Teil 470" entbehrlich wurde.

2.4 Neue Struktur

Zum August 2001 wurden die grundlegenden Normen der Reihe IEC 60364 neu strukturiert, um die Anzahl der Teile zu reduzieren. Ohne sachliche Änderungen wurden die vielen bisherigen Einzelpublikationen der Teile, Kapitel, Hauptabschnitte der Reihe IEC 60364 in weniger Teilen zusammengefasst. Die zuvor beschriebene Aufgliederung in Teile, Kapitel, Hauptabschnitte, Abschnitte wurde damit verlassen. IEC 60364-4-41:1992 war bei IEC bis 2001-08 das „Kapitel 41" der IEC 60364. Mit Herausgabe der IEC 60364-4-41:2001-08 wurde daraus „Teil 4-41". Integriert in IEC 60364-4-41:2001-08 wurden zusätzlich zur bisherigen IEC 60364-4-41:1992 noch ganz oder teilweise IEC 60364-4-46:1981 (vergleichbar:

2 Gestaltung der neuen DIN VDE 0100-410 (VDE 0100-410)

Nummer der Norm nach der Überarbeitung	alte Normen, die in neuen Teilen enthalten sind	Titel	veröffentlicht	Änderung
Teil 1 Grundsätze	IEC 60364-1 Ed. 3	Electrical installations of buildings – Part 1: Scope, object and fundamental principles	1992	
	IEC 60364-2-21 TR3 Ed. 1	Electrical installations of buildings – Part 2: Definitions – Chapter 21: Guide to general terms	1993	
	IEC 60364-3 Ed. 2	Electrical installations of buildings – Part 3: Assessment of general characteristics	1993	A1 (1994) A2 (1995)
Teil 4-41 Schutzmaßnahmen – Schutz gegen elektrischen Schlag	IEC 60364-4-41 Ed. 3	Electrical installations of buildings – Part 4: Protection for safety – Chapter 41: Protection against electric shock	1992	A1 (1996) A2 (1999)
	IEC 60364-4-46 Ed. 1	Electrical installations of buildings – Part 4: Protection for safety – Chapter 46: Isolation and switching	1981	
	IEC 60364-4-47 Ed. 1	Electrical installations of buildings – Part 4: Protection for safety – Chapter 47: Application of protective measures for safety – Section 470: General – Section 471: Measures of protection against electric shock	1981	A1 (1993)
	IEC 60364-4-481 Ed. 1	Electrical installations of buildings – Part 4: Protection for safety – Chapter 48: Choice of protective measures as a function of external influences – Section 481: Selection of measures for protection against electric shock in relation to external influences	1993	
Teil 4-42 Schutzmaßnahmen – Schutz gegen thermische Auswirkungen	IEC 60364-4-42 Ed. 1	Electrical installations of buildings – Part 4: Protection for safety – Chapter 42: Protection against thermal effects	1980	
	IEC 60364-4-482 Ed. 1	Electrical installations of buildings – Part 4: Protection for safety – Chapter 48: Choice of protective measures as a function of external influences – Section 482: Protection against fire	1982	

Tabelle 2.1 Übersicht zur Restrukturierung der IEC 60364 in 2001 – Zusammenhang zwischen überarbeiteten und neuen Teilen

2 Gestaltung der neuen DIN VDE 0100-410 (VDE 0100-410)

Nummer der Norm nach der Überarbeitung	alte Normen, die in neuen Teilen enthalten sind	Titel	ver- öffentlicht	Änderung
Teil 4-43 Schutzmaßnahmen – Schutz bei Überstrom	IEC 60364-4-43 Ed. 1	Electrical installations of buildings – Part 4: Protection for safety – Chapter 43: Protection against overcurrent	1977	A1 (1997)
	IEC 60364-4-473 Ed. 1	Electrical installations of buildings – Part 4: Protection for safety – Chapter 47: Application of protective measures for safety – Section 473: Measures of protection against overcurrent	1977	A1 (1998)
Teil 4-44 Schutzmaßnahmen – Schutz bei Überspannungen und elektromagnetischen Störungen	IEC 60364-4-442 Ed. 1	Electrical installations of buildings – Part 4: Protection for safety – Chapter 44: Protection against overvoltages – Section 442: Protection of low-voltage installations against faults between high-voltage systems and earth	1993	A1 (1995) A2 (1999)
	IEC 60364-4-443 Ed. 2	Electrical installations of buildings – Part 4: Protection for safety – Chapter 44: Protection against overvoltages – Section 443: Protection against overvoltages of atmospheric origin or due to switching	1995	A1 (1998)
	IEC 60364-4-444 Ed. 1	Electrical installations of buildings – Part 4: Protection for safety – Chapter 44: Protection against overvoltages – Section 442: Protection against electromagnetic interferences (EMI) in installations of buildings	1996	
	IEC 60364-4-45 Ed. 1	Electrical installations of buildings – Part 4: Protection for safety – Chapter 45: Protection against undervoltages	1984	
Teil 5-51 Auswahl und Errichtung elektrischer Betriebsmittel – Gemeinsame Anforderungen	IEC 60364-5-51 Ed. 3	Electrical installations of buildings – Part 5: Selection and erection of electrical equipment – Chapter 51: Common rules	1997	
	IEC 60364-3 Ed. 2	Electrical installations of buildings – Part 3: Assessment of general characteristics	1993	A1 (1994) A2 (1995)

Tabelle 2.1 (Fortsetzung) Übersicht zur Restrukturierung der IEC 60364 in 2001 – Zusammenhang zwischen überarbeiteten und neuen Teilen

2 *Gestaltung der neuen DIN VDE 0100-410 (VDE 0100-410)*

Nummer der Norm nach der Überarbeitung	alte Normen, die in neuen Teilen enthalten sind	Titel	veröffentlicht	Änderung
Teil 5-52 Auswahl und Errichtung elektrischer Betriebsmittel – Kabel- und Leitungsanlagen	IEC 60364-5-52 Ed. 1	Electrical installations of buildings – Part 5: Selection and erection of electrical equipment – Chapter 52: Wiring systems	1993	A1 (1997)
	IEC 60364-5-523 Ed. 2	Electrical installations of buildings – Part 5: Selection and erection of electrical equipment – Chapter 52: Wiring systems – Current-carrying capacities	1999	
Teil 5-53 Auswahl und Errichtung elektrischer Betriebsmittel – Trennen, Schalten und Steuern	IEC 60364-4-46 Ed. 1 (ausgenommen Abschnitt 461, der nach Teil 4-41 überführt wird)	Electrical installations of buildings – Part 4: Protection for safety – Chapter 46: Isolation and switching	1981	
	IEC 60364-5-53 Ed. 2	Electrical installations of buildings – Part 5: Selection and erection of electrical equipment – Chapter 53: Switchgear and controlgear	1994	
	IEC 60364-5-534 Ed. 1	Electrical installations of buildings – Part 5: Selection and erection of electrical equipment – Chapter 53: Switchgear and controlgear – Section 534: Devices for protection against overvoltages	1997	
	IEC 60364-5-537 Ed. 1	Electrical installations of buildings – Part 5: Selection and erection of electrical equipment – Chapter 53: Switchgear and controlgear – Section 537: Devices for isolation and switching	1981	A1 (1989)
Teil 5-54 Auswahl und Errichtung elektrischer Betriebsmittel – Erdungsanlagen	IEC 60364-5-54 Ed. 1	Electrical installations of buildings – Part 5: Selection and erection of electrical equipment – Chapter 54: Earthing arrangements and protective conductors	1980	A1 (1982)
	IEC 60364-5-548 Ed. 1	Electrical installations of buildings – Part 5: Selection and erection of electrical equipment – Section 548: Earthing arrangements and equipotential bonding for information technology installations	1996	A1 (1988)

Tabelle 2.1 (Fortsetzung) Übersicht zur Restrukturierung der IEC 60364 in 2001 – Zusammenhang zwischen überarbeiteten und neuen Teilen

2 Gestaltung der neuen DIN VDE 0100-410 (VDE 0100-410)

Nummer der Norm nach der Überarbeitung	alte Normen, die in neuen Teilen enthalten sind	Titel	veröffentlicht	Änderung
Teil 5-55 Auswahl und Errichtung elektrischer Betriebsmittel – Andere Betriebsmittel	IEC 60364-5-551 Ed. 1	Electrical installations of buildings – Part 5: Selection and erection of electrical equipment – Chapter 55: Other equipment – Section 551: Low voltage generating sets	1994	
	IEC 60364-5-559 Ed. 1	Electrical installations of buildings – Part 5: Selection and erection of electrical equipment – Chapter 55: Other equipment – Section 559: Luminaries and lighting installations	1999	
	IEC 60364-5-56 Ed. 1	Electrical installations of buildings – Part 5: Selection and erection of electrical equipment – Chapter 56: Safety services	1980	A1 (1998)
	IEC 60364-3 Ed. 2	Electrical installations of buildings – Part 3: Assessment of general characteristics	1993	A1 (1994) A2 (1995)
Teil 6-61 Prüfungen – Erstprüfungen	IEC 60364-6-61 Ed. 1	Electrical installations of buildings – Part 6: Verification – Chapter 61: Initial verification	1986	A1 (1993) A2 (1997)

Tabelle 2.1 (Fortsetzung) Übersicht zur Restrukturierung der IEC 60364 in 2001 – Zusammenhang zwischen überarbeiteten und neuen Teilen

DIN VDE 0100-460 „Trennen und Schalten"), IEC 60364-4-47:1981 (vergleichbar: DIN VDE 0100-470 (VDE 0100-470) „Maßnahmen zum Schutz gegen elektrischen Schlag") und IEC 60364-4-481:1993 („Auswahl von Schutz gegen elektrischen Schlag in Abhängigkeit von äußeren Einflüssen"). Die Integration der ursprünglich auf mehrere Publikationen verteilten Themen wurde mit IEC 60364-4-41:2005 beibehalten. Damit liegt mit der übernehmenden neuen DIN VDE 0100-410 (VDE 0100-410):2007-06 eine strukturell und inhaltlich völlig überarbeitete Norm vor. In dem hier vorliegenden Buch wird, anders als bei der früheren Ausgabe, jeweils der Normentext abschnittsweise wiedergegeben und zusätzlich, soweit das in der Kürze der Zeit (der Schnelleinstig wird ja zeitgleich mit dem Erscheinen der Norm veröffentlicht) möglich ist, umfassend kommentiert. Aufgrund der zeitgleichen Veröffentlichung kann es passieren, dass der Text in der veröffentlichten Norm gegenüber dieser Buchausgabe (redaktionell) geringfügig abweicht, da der Redaktionsschluss für das Buch früher liegt als der für die Norm. Es empfiehlt sich daher unbedingt, die gültige Norm beim Einstieg in das Thema zusätzlich zu diesem Buch mit zu berücksichtigen.

2 Gestaltung der neuen DIN VDE 0100-410 (VDE 0100-410)

Normen DIN VDE 0100-410 (VDE 0100-410):1997-01 + DIN VDE 0100-410/A1 (VDE 0100-410/A1):2003-06 + DIN VDE 0100-470 (VDE 0100-470):1996-02		Norm DIN VDE 0100-410 (VDE 0100-410):2007-06	
410	Einführung	410	Einleitung
410.1	Allgemeines	410.1	Anwendungsbereich
410.2	Normative Verweisungen	410.2	Normative Verweisungen
471 470 471.1 471.2 410.3.4	Anwendung der Maßnahmen zum Schutz gegen elektrischen Schlag Allgemeines Schutz gegen direktes Berühren Schutz bei indirektem Berühren Anwendung von Schutzmaßnahmen in Bezug zu äußeren Einflüssen	410.3	Allgemeine Anforderungen
411	Schutz sowohl gegen direktes als auch bei indirektem Berühren	414	Schutzmaßnahme: Schutz durch Kleinspannung mittels SELV oder PELV
411.1 411.1.1 411.1.2 411.1.3	SELV und PELV Der Schutz gegen elektrischen Schlag wird als erfüllt angesehen, wenn Stromquellen für SELV und PELV Anordnung von Stromkreisen	414.1 414.3 414.4	Allgemeines Stromquellen für SELV oder PELV Anforderungen an SELV- oder PELV-Stromkreise
411.2	Schutz durch Begrenzung der Energie (keine Anforderungen)	Nicht enthalten	
471.3 471.3.1 471.3.2 471.3.3 471.3.4	Schutz sowohl gegen direktes als auch bei indirektem Berühren; Anforderungen für FELV-Stromkreise Allgemeines Schutz gegen direktes Berühren Schutz bei indirektem Berühren Stecker und Steckdosen	411.7 411.7.1 411.7.2 411.7.3 411.7.4 411.7.5	FELV Allgemeines Anforderungen an den Basisschutz (Schutz gegen direktes Berühren) Anforderungen an den Fehlerschutz (Schutz bei indirektem Berühren) Stromquellen Stecker und Steckdosen
412	Schutz gegen elektrischen Schlag unter normalen Bedingungen (Schutz gegen direktes Berühren oder Basisschutz)	**Anhang A, Vorkehrungen für den Basisschutz unter normalen Bedingungen**	
412.1	Schutz durch Isolierung von aktiven Teilen	**Anhang A, Abschnitt A1: Basisisolierung aktiver Teile**	

Tabelle 2.2 Gegenüberstellung der inneren Strukturen der bisherigen Normen DIN VDE 0100-410 (VDE 0100-410):1997-01 + DIN VDE 0100-410/A1 (VDE 0100-410/A1):2003-06 + DIN VDE 0100-470 (VDE 0100-470):1996-02 mit der Struktur der Norm DIN VDE 0100-410 (VDE 0100-410):2007-06
Hinweis: Abschnittsnummern 47... beziehen/bezogen sich auf DIN VDE 0100-470 (VDE 0100-470):1996-02.

2 Gestaltung der neuen DIN VDE 0100-410 (VDE 0100-410)

Normen DIN VDE 0100-410 (VDE 0100-410):1997-01 + DIN VDE 0100-410/A1 (VDE 0100-410/A1):2003-06 + DIN VDE 0100-470 (VDE 0100-470):1996-02		Norm DIN VDE 0100-410 (VDE 0100-410):2007-06	
412.2	Schutz durch Abdeckungen oder Umhüllungen	Anhang A, Abschnitt A2: Abdeckungen oder Umhüllungen	
412.3	Schutz durch Hindernisse	Anhang B, Abschnitt B2: Hindernisse	
412.4	Schutz durch Abstand	Anhang B, Abschnitt B3: Anordnung außerhalb des Handbereichs	
412.5	Zusätzlicher Schutz durch RCDs	415.1	Zusätzlicher Schutz: Fehlerstrom-Schutzeinrichtungen (RCDs)
413	Schutz gegen elektrischen Schlag unter Fehlerbedingungen (Schutz bei indirektem Berühren oder Fehlerschutz)		
413.1	Schutz durch automatische Abschaltung der Stromversorgung	411	Schutzmaßnahme: Automatische Abschaltung der Stromversorgung
413.1.1	Allgemeines	411.1	Allgemeines
413.1.1.1	Abschaltung der Stromversorgung	411.3.2	Automatische Abschaltung im Fehlerfall
413.1.1.2	Erdung und Schutzleiter	411.3.1	Schutzerdung und Schutzpotentialausgleich
413.1.2	Potentialausgleich	411.3.1.1	Schutzerdung
413.1.2.1	Hauptpotentialausgleich	411.3.1.2	Schutzpotentialausgleich über die Haupterdungsschiene
413.1.2.2	Zusätzlicher Potentialausgleich	411.3.2.6	Zusätzlicher Schutzpotentialausgleich
413.1.3	TN-Systeme	411.4	TN-Systeme
413.1.4	TT-Systeme	411.5	TT-Systeme
413.1.5	IT-Systeme	411.6	IT-Systeme
413.1.6	Zusätzlicher Potentialausgleich	415.2	Zusätzlicher Schutz: zusätzlicher Schutzpotentialausgleich
413.1.7	Anforderungen unter den Bedingungen äußerer Einflüsse	Keine Anforderungen	
413.2	Schutz durch Verwenden von Betriebsmitteln der Schutzklasse II oder durch gleichwertige Isolierung	412	Schutzmaßnahme: Doppelte oder verstärkte Isolierung
413.3	Schutz durch nicht leitende Räume	Anhang C, Abschnitt C1: Nicht leitende Umgebung	
413.4	Schutz durch erdfreien örtlichen Potentialausgleich	Anhang C, Abschnitt C2: Schutz durch erdfreien örtlichen Schutzpotentialausgleich	
413.5	Schutz durch Schutztrennung	413	Schutzmaßnahme: Schutztrennung Anhang C, Abschnitt C3: Schutztrennung mit mehr als einem Verbrauchsmittel

Tabelle 2.2 (Fortsetzung) Gegenüberstellung der inneren Strukturen der bisherigen Normen DIN VDE 0100-410 (VDE 0100-410):1997-01 + DIN VDE 0100-410/A1 (VDE 0100-410/A1):2003-06 + DIN VDE 0100-470 (VDE 0100-470):1996-02 mit der Struktur der Norm DIN VDE 0100-410 (VDE 0100-410):2007-03
Hinweis: Abschnittsnummern 47... beziehen/bezogen sich auf DIN VDE 0100-470 (VDE 0100-470):1996-02.

2 Gestaltung der neuen DIN VDE 0100-410 (VDE 0100-410)

Als grobe Übersicht ist nachfolgend die neue Struktur der Normen der Reihe IEC 60364, die auch von der Normenreihe DIN VDE 0100 (VDE 0100) übernommen wird, in **Tabelle 2.1** aufgezeigt. Außerdem ist in der **Tabelle 2.2** eine grobe Gegenüberstellung der alten und neuen Nummerierung aufgeführt.

> **Kurzer Überblick**
>
> DIN VDE 0100-410 (VDE 0100-410):2007-06 wurde gegenüber den früheren Ausgaben komplett neu strukturiert. Das für den Errichter besonders Wichtige kommt zuerst.

2.5 Informative Elemente

Das nationale Vorwort enthält, wie bei allen Übernahmen regionaler und internationaler Normen, Hinweise zu den Ursprungsdokumenten und dem Aufbau der Norm sowie dem zuständigen DKE-Gremium UK 221.1 „Schutz gegen elektrischen Schlag". Die Änderung der Zitierungen und der Zusatz von grau schattierten nationalen Elementen sind bereits in Abschnitt 2.1 dieses Buchs behandelt.

Für den eiligen Leser sind die groben Änderungen gegenüber DIN VDE 0100-410 (VDE 0100-410):1997-01, DIN VDE 0100-410/A1 (VDE 0100-410/A1):2003-06 und DIN VDE 0100-470 (VDE 0100-470):1996-02 im Abschnitt „Änderungen" auf Seite 3 von DIN VDE 0100-410 (VDE 0100-410):2007-06 zu finden. Der Abschnitt lautet:

Gegenüber DIN VDE 0100-410 (VDE 0100-410):1997-01, DIN VDE 0100-410/A1 (VDE 0100-410/A1):2003-06 und DIN VDE 0100-470 (VDE 0100-470):1996-02 wurden folgende Änderungen vorgenommen:

a) Neustrukturierung der für den Errichter relevanten Schutzvorkehrungen und Schutzmaßnahmen in der Reihenfolge ihrer Anwendungshäufigkeit; Basisschutz nun in einem Anhang, weil er für den Errichter durch die Betriebsmittel üblicherweise vorgegeben ist

b) Zusammenführung von möglichen Schutzmaßnahmen und Anwendung der Schutzmaßnahmen

c) Anpassung der Begriffe an das Internationale Elektrotechnische Wörterbuch (IEV) IEC 60050-826, enthalten in DIN VDE 0100-200 (VDE 0100-200): 2006-06, z. B. wurde der Begriffserklärung des „Hauptpotentialausgleichs" die Benennung „Schutzpotentialausgleich über die Haupterdungsschiene" zugeordnet

d) differenzierte Abschaltzeiten für TT-Systeme

e) im TT-System als Alternative zur Anforderung an den Erder der Anlage, auch Anforderung an den Schleifenwiderstand

f) FELV der Schutzmaßnahme „automatische Abschaltung der Stromversorgung" zugeordnet

2 Gestaltung der neuen DIN VDE 0100-410 (VDE 0100-410)

g) *Mitführen des Schutzleiters bei Verwendung von Betriebsmitteln mit „Doppelter oder verstärkter Isolierung" (Schutzklasse II)*

h) *zusätzlicher Schutz durch Fehlerstrom-Schutzeinrichtungen (RCDs) mit einem Bemessungsdifferenzstrom, der 30 mA nicht überschreitet, für Steckdosenstromkreise im Laienbereich und für Endstromkreise im Außenbereich*

i) *zusätzlicher Schutzpotentialausgleich als zusätzlicher Schutz*

j) *zwischen SELV- und PELV-Stromkreisen genügt Basisisolierung*

Der immer bei Folgenormen vorhandene Abschnitt „Frühere Ausgaben" auf Seite 3 der Norm geht bis auf die „alte" VDE 0100:1973-05 zurück. Die Entwicklung vor 1973 ist dem Beiblatt 1 der DIN VDE 0100 (VDE 0100) zu entnehmen.

Die informativen Anhänge von CENELEC haben folgende Ziele:

Anhang D stellt informativ die Strukturierung der DIN VDE 0100-410 (VDE 0100-410):2007-06 der Strukturierung der ersetzten Normen gegenüber.

Anhang ZB informiert darüber, in welchen Ländern auf Grund gesetzlicher Vorgaben vorrangig etwas anderes als in der Norm gilt.

Die von Deutschland hinzugefügten informativen Anhänge haben folgende Ziele:

Anhang NA gibt die internationalen und europäischen Entsprechungen der zitierten nationalen Verweisungen an. Soweit von Interesse, sind auch Vorläuferschriftstücke und Nachfolgeschriftstücke angegeben.

Anhang NB führt die Titel der angegeben Normen auf.

Anhang NC zeigt die Eingliederung der DIN VDE 0100-410 (VDE 0100-410): 2007-06 in die Struktur der Reihe DIN VDE 0100 (VDE 0100) an.

Kurzer Überblick

Informative Elemente sind nicht normativ, erleichtern aber die Anwendung der Norm durch zusätzliche Hinweise.

3 *410 Einleitung* [410]

Diese Norm behandelt den Schutz gegen elektrischen Schlag, wie er in elektrischen Anlagen anzuwenden ist. Die Norm basiert auf der DIN EN 61140 (VDE 0140-1): „Schutz gegen elektrischen Schlag – Gemeinsame Bestimmungen für Anlagen und Betriebsmittel", die eine Sicherheitsgrundnorm für den Schutz von Personen und Nutztieren ist. Die Norm DIN EN 61140 (VDE 0140-1) ist dafür bestimmt, grundsätzliche Prinzipien festzulegen und Anforderungen zu stellen, die sowohl für elektrische Anlagen als auch für Betriebsmittel gelten oder für deren Koordinierung notwendig sind.

Dieser einleitende Satz in DIN VDE 0100-410 (VDE 0100-410):2007-06 zeigt auf, dass der Teil 410 seine übergeordnete Pilotfunktion verloren hat. Auch wenn auf DIN EN 61140 (VDE 0140-1) verwiesen wird, ist es für den Errichter nicht notwendig, sich diese Norm – die sich an die normensetzenden Gremien richtet – zu beschaffen, insbesondere da diese Norm nur Schutzziele vorgibt, die dann in den relevanten Normen, z. B. in den Errichtungsnormen, von den zuständigen Normungsgremien zu präzisieren sind.

Die Grundregel des Schutzes gegen elektrischen Schlag nach DIN EN 61140 (VDE 0140-1) ist, dass gefährliche aktive Teile nicht berührbar sein dürfen und dass berührbare leitfähige Teile weder unter normalen Bedingungen noch unter Einzelfehlerbedingungen zu gefährlichen aktiven Teilen werden dürfen.

Diese Grundregel ist die Basis für alle erforderlichen Maßnahmen, die bei der Errichtung elektrischer Anlagen zu berücksichtigen sind, d. h., sie beinhaltet die Schutzziele, die zu beachten sind, wenn es z. B. in den Normen keine speziellen Festlegungen gibt und daher Eigeninitiative auf Basis der gegebenen Schutzziele notwendig wird. Es muss klar sein, dass in den Normen nicht alles geregelt werden kann. Auch bei der Forderung, dass aktive Teile nicht berührbar sein dürfen, darf vom normalen (ungestörtem) Betrieb ausgegangen werden. Beim Entfernen des Schutzes gegen direktes Berühren mit Werkzeugen durch Elektrofachkräfte trifft diese Forderung nicht mehr zu, siehe Abschnitt A.2.4 der DIN VDE 0100-410 (VDE 0100-410):2007-06, siehe Abschnitt 12.2.4 dieses Buchs. Unter bestimmten Bedingungen/Umgebungsbedingungen, z. B. wenn der Zutritt nur Elektrofachkräften möglich ist, darf in besonderen Bereichen der Schutz gegen direktes Berühren reduziert werden. So ist es in einigen Fällen ausreichend, nur Hindernisse, z. B. Gitter, vorzusehen. Dass vollständig auf den Schutz gegen direktes Berühren verzichtet werden darf, ist nur noch im rein nationalen Teil 731 von DIN VDE 0100 (VDE 0100) enthalten, siehe auch Kapitel 13 dieses Buchs. Im HD gibt es eine solche Erleichterung derzeit nicht. Für bestimmte SELV-Stromkreise und auch für bestimmte PELV-Stromkreise werden aktive Teile bis zu bestimmten Spannungshöhen, siehe Abschnitt 414.4.5 der DIN VDE 0100-410 (VDE 0100-410):2007-06, bzw. im Abschnitt 10.4.5 dieses Buchs, nicht als gefährlich betrachtet, sodass bei solchen Stromkreisen die aktiven Teile auch im normalen Betrieb berührbar sein dürfen. Die Grundregel enthält keine Forderung des Schutzes gegen elektrischen Schlag bei zwei Fehlern, sodass im Doppelfehlerfall bestimmungsgemäß die Sicherheit nicht mehr gegeben sein muss. In speziellen Fällen wird auch der Doppelfehler in Betracht gezogen, siehe z. B. unter „Zusätzlicher Schutz" im Kapitel 11 dieses Buchs und auch unter „IT-System" im Abschnitt 7.6 dieses Buchs.

Nach 4.2 der DIN EN 61140 (VDE 0140-1) wird der Schutz unter normalen Bedingungen durch Basisschutzvorkehrungen und der Schutz unter Einzelfehlerbedingungen durch Fehlerschutzvorkehrungen vorgesehen. Alternativ wird der Schutz gegen elektrischen Schlag durch eine verstärkte Schutzvorkehrung vorgesehen, die den Schutz unter normalen Bedingungen und unter Einzelfehlerbedingungen bewirkt.

Diese Aussagen verdeutlichen, dass es, trotz der umfangreichen Änderungen bezüglich der Reihenfolge und auch der Anforderungen, bei der grundsätzlichen Konzeption bleibt, dass sich die Maßnahmen zum Schutz gegen elektrischen Schlag – wie bereits schon 1983 eingeführt – in zwei Schutzebenen gliedern:

- Schutz **gegen direktes** Berühren – Basisschutz, siehe auch **Bild 3.1**
- Schutz **bei indirektem** Berühren – Fehlerschutz, siehe auch **Bild 3.2**

wobei eben, wie noch ausgeführt wird, die Bezeichnungen „Basisschutz" und „Fehlerschutz" im neuen Teil 410 im Vordergrund stehen.

Nach wie vor wird häufig jedoch – wie auch noch von den Autoren in der 1. und 2. Auflage dieses Buchs ausgeführt – auch das Modell der **drei** Schutzebenen propagiert, weil der Schutz **bei direktem** Berühren – auch als „zusätzlicher Schutz" bezeichnet, siehe **Bild 3.3** – häufig als eigene Schutzebene angesehen wird. Diese Betrachtung legt auch die neue Begriffserklärung „826-12-07 zusätzlicher Schutz" nahe (siehe Abschnitt 1.1 dieses Buchs), denn dort ist der Schutz **bei direktem** Berühren als Schutzmaßnahme zusätzlich zum Basisschutz und/oder Fehlerschutz erklärt. Streng genommen ist der zusätzliche Schutz keine eigene Schutzebene, auch nicht der zusätzliche Schutz durch Fehlerstrom-Schutzeinrichtungen (RCDs), obwohl in DIN VDE 0100-410 (VDE 0100-410):2007-06 der zusätzliche Schutz – erweitert um den Schutz durch einen zusätzlichen Schutzpotentialausgleich – unter einer „eigenen" Abschnittsnummerierung – losgelöst vom Basisschutz und dem Fehlerschutz – aufgeführt ist. Der zusätzliche Schutz durch Fehlerstrom-Schutzeinrichtungen (RCDs) mit einem Bemessungsdifferenzstrom von maximal 30 mA kann zwar *zusätzlich* zum Basisschutz (bei dessen Versagen oder Umgehen), aber auch *zusätzlich* zum Fehlerschutz (bei dessen Versagen oder Umgehen) oder für beides wirksam werden, darf aber nicht als alleinige Schutzmaßnahmen (eine Schutzmaßnahme beinhaltet bekanntlich beide Maßnahmen) angewendet werden.

3 410 Einleitung

Anders als bisher gilt der zusätzliche Schutz durch Fehlerstrom-Schutzeinrichtungen (RCDs) mit einem Bemessungsdifferenzstrom von maximal 30 mA nun „offiziell" auch als zusätzlicher Schutz beim Versagen des Fehlerschutzes und nicht nur als ein zusätzlicher Schutz **beim Berühren aktiver Teile** von fehlerhaften (beschädigten) Betriebsmitteln/Verbrauchsmitteln, siehe Abschnitt 415.1.1 der DIN VDE 0100-410 (VDE 0100-410):2007-06 bzw. Abschnitt 11.1.1 dieses Buchs. Häufig wird dieser Schutz auch als „Personenschutz" bezeichnet. Grund für diese Benennung ist, dass durch die Forderung nach Fehlerstrom-Schutzeinrichtungen (RCDs) mit einem Bemessungsdifferenzstrom $I_{\Delta N} \leq 30$ mA (siehe auch Abschnitt 415.1 der DIN VDE 0100-410 (VDE 0100-410):2007-06 bzw. Abschnitt 11.1 dieses Buchs) ein Schutz von Personen auch beim direkten Berühren gefährlicher aktiver Teile (aber nur beim (einpoligen) Berühren *eines* aktiven Teils) gegeben ist. Alle anderen Maßnahmen zum Schutz gegen direktes Berühren – abgesehen vom Schutz durch Kleinspannungen (siehe Kapitel 10 dieses Buchs) – tragen dazu bei, ein Berühren aktiver Teile unter normalen Bedingungen zu verhindern.

Diese Norm hat nach IEC-Leitfaden 104 den Status einer Gruppensicherheitsnorm (GSP) für den Schutz gegen elektrischen Schlag.

Dieser Hinweis ist rein formal und soll eben auf die Tatsache hinweisen, dass DIN VDE 0100-410 (VDE 0100-410):2007-06 nicht mehr die übergeordnete Pilotfunktion zum Schutz gegen elektrischen Schlag für Betriebsmittel und Anlagen hat, sondern „nur" noch Gruppenfunktion. Dies bedeutet, dass die Gruppe der Errichtungsnormen sich bezüglich des Schutzes gegen elektrischen Schlag an den grundlegenden Errichtungsanforderungen der DIN VDE 0100-410 (VDE 0100-410):2007-06 zu orientieren hat. Beispielsweise gilt dies für die die Normen der Reihe DIN EN 60204 (VDE 0113) und insbesondere für Teil 1, der für das Ausrüsten elektrischer Maschinen anzuwenden ist, zumindest gilt die Gruppenfunktion bezüglich der Teile der Normen der Reihe DIN EN 60204 (VDE 0113), die sich mit der Errichtung befassen.

In der vorherigen Ausgabe DIN VDE 0100-410 (VDE 0100-410):1997-01 wurde:
- *der Schutz gegen elektrischen Schlag unter normalen Bedingungen auch als Schutz gegen direktes Berühren oder Basisschutz bezeichnet (nun Basisschutz (Schutz gegen direktes Berühren) genannt)*
- *der Schutz gegen elektrischen Schlag unter Fehlerbedingungen als Schutz bei indirektem Berühren oder Fehlerschutz bezeichnet (nun Fehlerschutz (Schutz bei indirektem Berühren) genannt)*

Diese beiden Aufzählungspunkte besagen nicht mehr, als dass es eine Wandlung bei der Bezeichnung für den Schutz gegen elektrischen Schlag gibt. Wichtig ist für die Elektrofachkraft aber, dass sie sich mit den beiden schon 1997 eingeführten alternativen Begriffen vertraut macht:
- Basisschutz (Schutz gegen direktes Berühren), siehe Bild 3.1
- Fehlerschutz (Schutz bei indirektem Berühren), siehe Bild 3.2

3 410 Einleitung

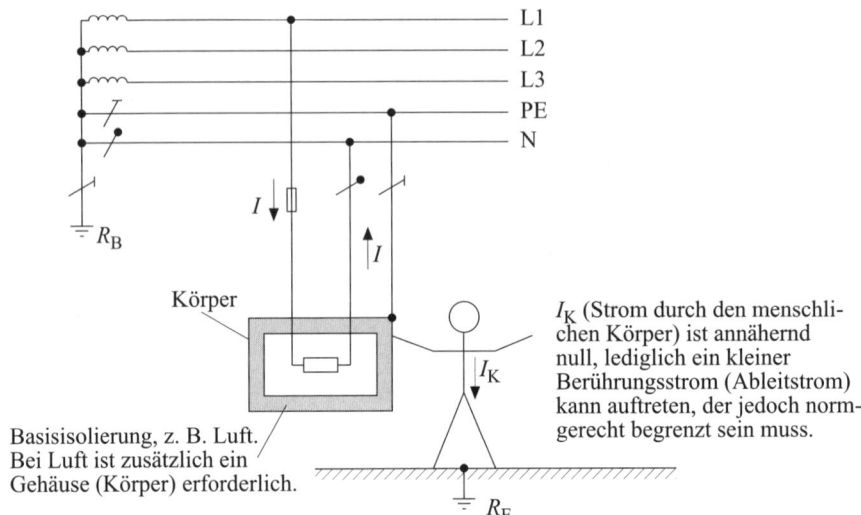

Bild 3.1 Basisschutz – hier Schutz durch Gehäuse oder Umhüllungen, bzw. Luft als Basisisolierung

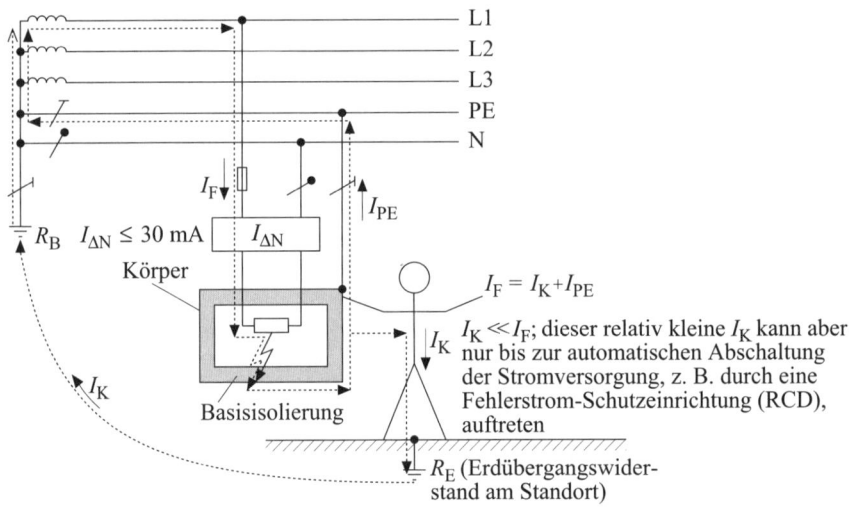

Bild 3.2 Fehlerschutz (Körperschluss) – Schutz durch Verbinden der Körper mit einem Schutzleiter und automatische Abschaltung der Stromversorgung durch eine Schutzeinrichtung, z. B. durch eine Überstrom-Schutzeinrichtung oder durch eine Fehlerstrom-Schutzeinrichtung (RCD)

Diese beiden Begriffe haben nun – was auch durch ihre Anordnung vor der Klammer verdeutlicht wird – eine vorrangige Stellung. Die wenig gebräuchlichen Alternativen Schutz gegen elektrischen Schlag unter normalen Bedingungen (für den Begriff Basisschutz) und Schutz gegen elektrischen Schlag unter Fehlerbedingungen (für den Begriff Fehlerschutz) haben sich vermutlich wegen ihrer Länge nicht durchgesetzt. Die beiden schon lange in Deutschland gebräuchlichen Begriffsbenennungen „Schutz gegen direktes Berühren" und „Schutz bei indirekten Berühren" werden nach Ansicht der Autoren noch ein „langes Leben" haben. Keinesfalls soll aber der Text in Klammern so verstanden werden, dass nun jeweils beide Begriffe gemeinsam zur Anwendung kommen, wie oben aufgeführt, z. B. „Fehlerschutz (Schutz bei indirektem Berühren)".

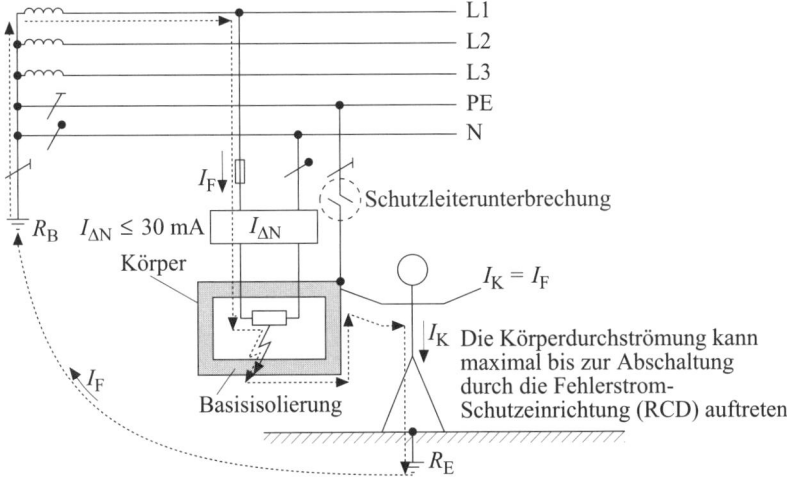

Bild 3.3 Zusätzlicher Schutz durch Fehlerstrom-Schutzeinrichtungen (RCDs) mit einem Bemessungsdifferenzstrom $\leq$ 30 mA – Schutz, z. B. auch bei Doppelfehlern (Versagen des Basis- und des Fehlerschutzes)

Kurzer Überblick

Neue, bevorzugte Begriffe für den Schutz gegen direktes Berühren und dem Schutz bei indirektem Berühren:
- **Basisschutz** für Schutz gegen direktes Berühren
- **Fehlerschutz** für Schutz bei indirektem Berühren

Grundsätzlich besteht nur Schutz bei Einzelfehlerbedingungen. Der **„zusätzliche Schutz"** wurde um die Variante „zusätzlicher Schutzpotentialausgleich" erweitert und ist nicht mehr nur dem Basisschutz zugeordnet, sondern auch als zusätzlicher Schutz zum Fehlerschutz anerkannt.

4 410.1 Anwendungsbereich [neu]

DIN VDE 0100-410 (VDE 0100-410) enthält wesentliche Anforderungen für den Schutz gegen elektrischen Schlag, einschließlich Basisschutz (Schutz gegen direktes Berühren) und Fehlerschutz (Schutz bei indirektem Berühren), von Personen und Nutztieren. Sie behandelt die Anwendung und Koordinierung dieser Anforderungen in Beziehung zu äußeren Einflüssen.

Gegeben werden ebenfalls Anforderungen für die Anwendung eines zusätzlichen Schutzes in bestimmten Fällen.

Im Anwendungsbereich wird deutlich, dass diese Norm die grundlegenden Anforderungen für den Schutz gegen elektrischen Schlag von Personen, aber auch von Nutztieren enthält in Bezug auf

- Basisschutz
- Fehlerschutz
- den nicht allgemein notwendigen zusätzlichen Schutz

Hinweis: Unter Nutztiere fallen Tiere, die Nahrung für den Menschen liefern oder deren Bestandteile genutzt werden, z. B. zu Kleidungszwecken. Aber auch Zugtiere, Lasten tragende Tiere und Haustiere gehören zu den Nutztieren.

Wesentlicher Bestandteil des Schutzes gegen elektrischen Schlag ist die Koordinierung der Schutzvorkehrungen (insbesondere der Schutzmaßnahmen) mit den äußeren Einflüssen am Ort der elektrischen Anlage. Unter äußeren Einflüssen, die in DIN VDE 0100-510 (VDE 0100-510) aufgelistet sind, versteht man die am Ort der zu errichtenden elektrischen Anlage auftretenden Umgebungsbedingungen wie Feuchte oder mechanische Beanspruchungen. Aber auch Nutzungsbedingungen, wie Nutzung durch Kinder oder nur durch Elektrofachkräfte, gelten als Kriterium. Mit Herausgabe von DIN VDE 0100-410 (VDE 0100-410):2007-06 wird die bisherige Aufteilung auf Normen mit den grundlegenden Anforderungen zum Schutz gegen elektrischen Schlag (Teil 410) und solche mit der Anwendung und Koordinierung des Schutzes gegen elektrischen Schlag (Teil 470) verlassen.

Bei IEC gab es noch einen dritten Teil, den Teil 481 „Auswahl von Schutz gegen elektrischen Schlag in Abhängigkeit von äußeren Einflüssen", der weder als HD noch als nationale Norm übernommen wurde, jetzt aber in den neuen Teil 410 mit eingearbeitet wurde (siehe auch obige Aussagen zum Anwendungsbereich). Durch DIN VDE 0100-470 (VDE 0100-470):1996-02 wurden seinerzeit aus der früheren Ausgabe von DIN VDE 0100-410 (VDE 0100-410):1983-11 die Abschnitte 3.2 bis 3.6, 4.3.3 und 8.2 b ersetzt, also

- die allgemeinen Anforderungen zur Anwendung des Schutzes gegen elektrischen Schlag, worauf in Kapitel 6 dieses Buchs eingegangen wird (siehe auch Abschnitt 410.3 der neuen Norm DIN VDE 0100-410 (VDE 0100-410):2007-06))
- die Anforderungen zur Funktionskleinspannung ohne sichere Trennung – nun unter FELV –, worauf in Abschnitt 7.7 dieses Buchs eingegangen wird (siehe auch Abschnitt 411.7 der neuen Norm DIN VDE 0100-410 (VDE 0100-410): 2007-06))
- den zulässigen Wegfall von Maßnahmen zum Schutz bei indirektem Berühren, worauf im Abchnitt 6.9 dieses Buchs eingegangen wird (siehe auch Abschnitt 410.3.9 der neuen Norm DIN VDE 0100-410 (VDE 0100-410):2007-06))

Nun sind alle diese Anforderungen, soweit sie noch zutreffend sind, doch wieder in einer Norm, im Teil 410 – wie oben angeführt –, enthalten. Darüber hinaus gelten, wie bisher, für die in der Gruppe 700 der Normenreihe DIN VDE 0100 (VDE 0100) behandelten speziellen Anlagen (bei denen in einigen Fällen auch äußere Einflüsse maßgebend sind) die dort genannten Konkretisierungen und Einschränkungen.

Kurzer Überblick

Grundlegende Konzeption, Anwendung und Koordinierung des Schutzes gegen elektrischen Schlag sind nun in einer einzigen Norm enthalten, und zwar in DIN VDE 0100-410 (VDE 0100-410):2007-06. Die 700er-Gruppe der Reihe DIN VDE 0100 (VDE 0100) kann für die speziellen Anwendungsfälle Konkretisierungen, Zusätze und Änderungen zu den allgemeinen Anforderungen in den Grundnormen enthalten.

5 *410.2 Normative Verweisungen* [neu]

Die normativen Verweisungen sind Bestandteile einer jeden Norm, sodass nicht weiter darauf eingegangen werden muss, insbesondere da in der Deutschen Fassung jeweils die „nationalen (deutschen) Normen" im Text aufgeführt sind. Somit ist es nicht notwendig, an der jeweiligen Stelle die entsprechende VDE-Nummer aus einer Konkordanzliste zu suchen. Neu ist aber, dass es auch an dieser Stelle „Grauschattierungen" gibt. Mit den Grauschattierungen wird darauf hingewiesen, welche nationalen Normen derzeit Gültigkeit haben, da im HD z. T. schon neuere Normen angeführt sind, die in Deutschland erst veröffentlicht werden müssen.

5 410.2 Normative Verweisungen

6 410.3 Allgemeine Anforderungen [neu]

6.1   *410.3.1 In dieser Norm gelten – wenn nicht abweichend angegeben – die folgenden Festlegungen für Spannungen [413.1.1, Anmerkungen 1 und 2]:*
- *Werte für Wechselspannungen sind Effektivwerte*
- *Werte für Gleichspannungen sind oberschwingungsfrei*

Oberschwingungsfrei ist vereinbarungsgemäß definiert als ein Oberschwingungsgehalt von nicht mehr als 10 % der Gleichstromkomponente.

Für alle verwendeten (angegebenen) Spannungswerte gilt, dass bei Angabe einer Wechselspannung (AC) nur der „wirksame" Wert und nicht der Spitzenwert maßgebend ist, womit in den meisten Fällen die Spannung gegen Erde gemeint ist bzw. die Werte, die gegen Erde auftreten können, wenn ein aktiver Leiter Erdschluss hat. Wo nicht die Spannungen gegen Erde gemeint sind, sondern die Spannung Leiter gegen Leiter gemeint ist, wird statt U_0 nur U (manchmal wird diese Spannung auch mit U_n bezeichnet) angegeben.

Bei Gleichspannungen (DC) geht man von „glatten" Gleichspannungen aus, d. h. von „oberschwingungsfreier" (z. T. als „oberwellenfrei" bezeichnet) Gleichspannung. Der Begriff „oberschwingungs**frei**" täuscht etwas vor, was nicht ganz richtig ist, da es in der Anlagentechnik, wegen der fast immer vorhandenen Umwandlung von Wechselspannung (AC) in Gleichspannung (DC), aber auch durch andere Beeinflussungen, keine oberschwingungsfreie Gleichspannung gibt, was letztlich durch den als „oberschwingungsfrei" vereinbarten zulässigen Wert von bis zu 10 % „Welligkeit" berücksichtigt wird, d. h., es wird von einer geglätteten Gleichspannung ausgegangen.

6.2   *410.3.2 Eine Schutzmaßnahme muss bestehen aus:* [410.1]

- *einer geeigneten Kombination von zwei unabhängigen Schutzvorkehrungen, nämlich einer Basisschutzvorkehrung und einer Fehlerschutzvorkehrung, oder*
- *einer verstärkten Schutzvorkehrung, die den Basisschutz (Schutz gegen direktes Berühren) und den Fehlerschutz (Schutz bei indirektem Berühren) bewirkt*

In dieser Norm ist, begründet durch den Anwendungsbereich, unter dem Begriff „Schutzmaßnahme" nur eine Schutzmaßnahme für den „Schutz gegen elektrischen Schlag" gemeint. Im Unterschied zum allgemeinen Sprachgebrauch, der unter dem Begriff „Schutzmaßnahme" nur den Fehlerschutz meint, wird hier eindeutig unter Schutzmaßnahme die Koordination von Schutzvorkehrungen zum Basisschutz und zum Fehlerschutz verstanden. Es ist daher wichtig, zu betonen, dass eine Schutzmaßnahme immer **beide** Maßnahmen, den Basisschutz (Schutz gegen direktes Berühren) und den Fehlerschutz (Schutz bei indirektem Berühren), als getrennte Maßnahme enthalten muss, es sei denn, es handelt sich um den Schutz durch Verwenden von Betriebsmitteln mit doppelter oder verstärkter Isolierung – in Sonderfällen auch um die Errichtung einer elektrischen Anlage mit Betriebsmitteln mit doppelter oder verstärkter Isolierung –, siehe hierzu Abschnitt 412 der Norm DIN VDE 0100-410 (VDE 0100-410):2007-06 bzw. Kapitel 8 dieses Buchs, weil hierbei eine Trennung der beiden Maßnahmen nicht möglich ist.

Leider wurde bei dieser Schutzmaßnahme „Schutz durch doppelte oder verstärkte Isolierung" wieder eine neue „Wortkombination" verwendet, was mit Rücksicht auf die Norm mit Pilotfunktion DIN EN 61140 (VDE 0140-1) erfolgen musste. In früheren Jahren wurde für eine derartige Schutzmaßnahme der Begriff „Schutzisolierung" verwendet. Eine Gleichsetzung „1:1" ist aber nicht möglich. Das Entsprechende gilt auch für die in der Ausgabe 1997-01 aufgeführte Maßnahme „Schutz durch Verwenden von Betriebsmitteln der Schutzklasse II oder mit gleichwertiger Isolierung". Auch diese kann nicht 1:1 gleichgesetzt werden. Wichtig ist, dass die neue Schutzmaßnahme „Schutz durch doppelte oder verstärkte Isolierung" die Verwendung von Betriebsmitteln der Schutzklasse II nicht ausschließt, sie sind bevorzugt anzuwenden. Auch die Verwendung solcher Betriebsmittel, die nach alten Normen noch mit „Schutzisolierung" bezeichnet sind, z. B. Betriebsmittel nach DIN VDE 0603-1 (VDE 0603-1), sind nicht ausgeschlossen. Auf die sich ergebenden Änderungen bezüglich „Schutzisolierung – Schutzklasse II – Schutz durch doppelte und verstärkte Isolierung" wird im Abschnitt 412 der Norm DIN VDE 0100-410 (VDE 0100-410):2007-06, siehe Kapitel 8 dieses Buchs, näher eingegangen. Die weiter unten wiedergegebene Anmerkung 2 beinhaltet eine Aussage lediglich zum 2. Aufzählungspunkt und wäre deswegen besser direkt dem 2. Aufzählungspunkt zugeordnet worden.

Bisher galt auch der „Schutz durch Kleinspannung: SELV oder PELV" (neu nun: „Schutz durch Kleinspannung mittels SELV oder PELV", siehe Abschnitt 414 der Norm DIN VDE 0100-410 (VDE 0100-410):2007-06 bzw. Kapitel 10 dieses Buchs) als Sonderfall des Schutzes gegen elektrischen Schlag, weil damit sowohl der Schutz gegen direktes Berühren als auch der Schutz bei indirektem Berühren erfüllt werden konnte, zumindest war das aus der Überschrift des bisherigen Abschnitts 411 so zu entnehmen. Diese Überschrift lautet: „Schutz sowohl gegen direktes als auch bei indirektem Berühren", eine Aussage, die nur sehr bedingt zutraf, da selbst bei SELV ab AC 25 V oder ab DC 60 V zusätzlich ein Schutz gegen direktes Berühren notwendig war und auch weiterhin notwendig ist, siehe hierzu den Abschnitt 414 der Norm DIN VDE 0100-410 (VDE 0100-410):2007-06 bzw. Kapitel 10 des Buchs. Nach DIN VDE 0100-410 (VDE 0100-410):2007-06 gelten zwar SELV und PELV als Schutzmaßnahmen, aber es gibt klare Vorgaben für den Basisschutz und den Fehlerschutz.

Zusätzlicher Schutz ist festgelegt als Teil einer Schutzmaßnahme unter bestimmten Bedingungen von äußeren Einflüssen und in bestimmten besonderen Räumlichkeiten (siehe Gruppe 700 der Reihe DIN VDE 0100 (VDE 0100)).

Unabhängig von der angewendeten Schutzmaßnahme kann es in besonderen Bereichen, die üblicherweise in der Gruppe 700 der Reihe DIN VDE 0100 (VDE 0100) angeführt sind, z. B. in Räumen mit Badewanne oder Dusche, notwendig sein, einen „zusätzlichen Schutz" anzuwenden, z. B. den zusätzlichen Schutz durch Fehlerstrom-Schutzeinrichtungen (RCDs) mit einem Bemessungsdifferenzstrom von nicht mehr als 30 mA oder aber auch die neue Möglichkeit „Schutz durch einen zusätzlichen Schutzpotentialausgleich", siehe hierzu Abschnitt 415.2 der Norm DIN VDE 0100-410 (VDE 0100-410):2007-06 bzw. Abschnitt 11.2 dieses Buchs, wie er auch heute schon – wenn auch (noch) nicht so benannt – zur Anwendung kommt.

ANMERKUNG 1 Für besondere Anwendungen sind Schutzmaßnahmen, die dieser Konzeption nicht entsprechen, erlaubt (siehe 410.3.5 und 410.3.6). [NB.2]

Diese Anmerkung ist zwar neu und hinterlässt den Eindruck, dass nun bei den Schutzmaßnahmen alles Mögliche ausgeführt werden darf. Dem ist jedoch nicht so, denn durch den Bezug auf die beiden Abschnitte wird dieser vermeintliche „Freibrief" ganz erheblich eingeschränkt auf Maßnahmen, die bisher in Deutschland zum Teil nur in besonderen Bereichen auch schon anwendbar waren. Der Abschnitt 410.3.5 der Norm DIN VDE 0100-410 (VDE 0100-410):2007-06 (siehe auch Abschnitt 6.5 dieses Buchs) verweist auf den „reduzierten" Basisschutz „Schutz durch Hindernisse und den Schutz durch Abstand". Der Abschnitt 410.3.6 der Norm DIN VDE 0100-410 (VDE 0100-410):2007-06 (siehe auch Abschnitt 6.6 dieses Buchs) verweist auf Anhang C der Norm (siehe auch Kapitel 14 dieses Buchs), wo es um den Fehlerschutz in besonderen Bereichen geht. Neu ist nur, dass das Anwenden dieser besonderen Maßnahmen, die von der Art der Anlage und deren Einsatzbereich abhängig sind, nun nicht europäisch einheitlich geregelt ist, siehe hierzu Abschnitt 410.3.5 der Norm bzw. Abschnitt 6.5 dieses Buchs.

ANMERKUNG 2 Ein Beispiel für eine verstärkte Schutzvorkehrung ist verstärkte Isolierung.

Diese Anmerkung beinhaltet ein Beispiel lediglich zum 2. Aufzählungspunkt und wäre deswegen besser direkt dem 2. Aufzählungspunkt zugeordnet worden.

Kurzer Überblick

Eine Schutzmaßnahme muss immer bestehen aus einer

- geeigneten Kombination einer Basisschutzvorkehrung und einer unabhängigen Fehlerschutzvorkehrung oder aus
- einer verstärkten Schutzvorkehrung, die den Basisschutz und auch den Fehlerschutz bewirkt

Die mit der früheren „Schutzisolierung" vergleichbare Schutzmaßnahme „Betriebsmittel der Schutzklasse II oder mit gleichwertiger Isolierung" wurde durch die Schutzmaßnahme „Doppelte oder verstärkte Isolierung" ersetzt.

6.3 410.3.3 In jedem Teil einer Anlage muss eine und dürfen mehrere Schutzmaßnahmen angewendet werden, wobei die Bedingungen der äußeren Einflüsse zu berücksichtigen sind. [471.1, 471.2.1]

Dieser Satz beinhaltet, dass in einer elektrischen Anlage immer eine Schutzmaßnahme gegen elektrischen Schlag angewendet werden muss und dass mehrere Schutzmaßnahmen gleichzeitig zur Anwendung kommen dürfen, natürlich immer unter der Voraussetzung, dass sich diese Maßnamen gegenseitig nicht nachteilig beeinflussen. Eine solche Anwendung mehrerer Schutzmaßnahmen die sich nicht nachteilig beeinflussen, ist z. B. die Verwendung von Betriebsmitteln mit doppelter oder verstärkter Isolierung in einer Anlage, in der Schutz durch automatische Abschaltung der Stromversorgung zur Anwendung kommt. Hierbei kommt es, sofern die jeweiligen Anforderungen beachtet werden (z. B. dass zwar im Stromkreis ein Schutzleiter mitzuführen ist, dieser aber nicht an leitfähige Teile innerhalb der Umhüllung der Betriebsmittel angeschlossen werden darf, siehe Abschnitte 412.2.2.4 und 412.2.3.2 der Norm DIN VDE 0100-410 (VDE 0100-410):2007-06 bzw. Abschnitte 8.2.2.4 und 8.2.3.2 dieses Buchs), zu keiner nachteiligen Beeinflussung.

Die folgenden Schutzmaßnahmen sind allgemein erlaubt:

- *Schutz durch automatische Abschaltung der Stromversorgung (Abschnitt 411)*
- *Schutz durch doppelte oder verstärkte Isolierung (Abschnitt 412)*
- *Schutz durch Schutztrennung für die Versorgung eines Verbrauchsmittels (Abschnitt 413)*
- *Schutz durch Kleinspannung mittels SELV oder PELV (Abschnitt 414)*

Diese Aufzählung hat es in dieser Form in der bisherigen Norm DIN VDE 0100-410 (VDE 0100-410):1997-01 nicht gegeben, allenfalls ist die Aussage im Abschnitt 471.2.1 von DIN VDE 0100-470 (VDE 0100-470):1996-02 damit vergleichbar. Diese Aufzählung von Maßnahmen, die als Schutzmaßnahmen (unter Beachtung der jeweiligen Maßnahmen für den Basis- und Fehlerschutz) allgemein angewendet werden dürfen, erleichtert dem Anwender die Auswahl, weil klarer als bisher zu erkennen ist, dass die hier nicht aufgeführten Schutzvorkehrungen, wie

- Schutz durch nicht leitende Umgebung
- Schutz durch erdfreien örtlichen Potentialausgleich

und nun auch der

- Schutz durch Schutztrennung für die Versorgung von mehr als einem Verbrauchsmittel

nicht mehr allgemein anwendbar sind, siehe hierzu Kapitel 14 dieses Buchs oder Anhang C der DIN VDE 0100-410 (VDE 0100-410):2007-06.

Die in der Anlage angewendeten Schutzmaßnahmen müssen bei der Auswahl und dem Errichten der Betriebsmittel berücksichtigt werden.

Mit diesem Satz wird nur das schon immer Notwendige festgeschrieben, d. h., die Betriebsmittel müssen für die zur Anwendung kommenden Schutzmaßnahmen geeignet sein. So müssen z. B. alle Betriebsmittel der Schutzklasse I einen Schutzleiteranschluss haben, damit sie in eine Schutzleiterschutzmaßnahme einbezogen werden können.

Für spezielle Anlagen siehe 410.3.4 bis 410.3.9.

Der Verweis auf Abschnitt 410.3.4 der DIN VDE 0100-410 (VDE 0100-410):2007-06 bezieht sich auf die besonderen Anforderungen für elektrische Anlagen, für die in der Gruppe 700 besondere Festlegungen enthalten sind. Der Hinweis auf 410.3.5 der VDE 0100-410 (VDE 0100-410):2007-06 bezieht sich auf solche Bereiche, in denen Schutz durch Hindernisse und Schutz durch Anordnung außerhalb des Handbereichs angewendet werden darf. Der Abschnitt 410.3.6 der VDE 0100-410 (VDE 0100-410): 2007-06 beinhaltet nur die Anforderungen für die oben aufgeführten, nicht allgemein anwendbaren Maßnahmen. Der Abschnitt 410.3.7 der VDE 0100-410 (VDE 0100-410):2007-06 lässt ergänzende Vorkehrungen zu, um bei nicht vollständiger Erfüllung aller Bedingungen einer „allgemein anwendbaren" Schutzmaßnahme denselben Grad an Sicherheit zu erreichen wie bei den in der VDE 0100-410 (VDE 0100-410):2007-06 beschriebenen Schutzmaßnahmen. Eine solche ergänzende Vorkehrung wäre z. B. bei FELV-Stromkreisen gegeben. Der Abschnitt 410.3.8 der VDE 0100-410 (VDE 0100-410):2007-06 enthält die Anforderung, dass Schutzmaßnahmen – wie auch von den Autoren schon ausgeführt – sich gegenseitig nachteilig nicht beeinflussen dürfen. Der Abschnitt 410.3.9 der VDE 0100-410 (VDE 0100-410):2007-06 enthält Festlegungen, wann auf den Fehlerschutz verzichtet werden darf. Der Verzicht auf den Fehlerschutz war bisher in DIN VDE 0100-470 (VDE 0100-470):1996-02 enthalten. Zusätzliche Festlegungen und Erläuterungen zu diesen Abschnitten können den nachfolgenden Kapiteln/ Abschnitten dieses Buchs entnommen werden.

ANMERKUNG Die am häufigsten angewendete Schutzmaßnahme in elektrischen Anlagen ist der Schutz durch automatische Abschaltung der Stromversorgung.

Der Schutz durch automatische Abschaltung der Stromversorgung war bisher durch Abschnitt 471.2.1.1 in DIN VDE 0100-470 (VDE 0100-470):1996-02 vorrangig gefordert worden. Dies wurde vielfach nicht berücksichtigt, was dazu führte, dass zu Verbrauchsmitteln der Schutzklasse II ein Schutzleiter im Kabel/in der Leitung häufig nicht mitgeführt wurde. Statt der vorrangigen Forderung nach dem Schutz durch automatische Abschaltung der Stromversorgung für alle Anlagen gibt es nun nur noch den beiläufigen informativen Hinweis, dass der Schutz durch automatische Abschaltung der Stromversorgung die am häufigsten zur Anwendung kommende Schutzmaßnahme ist. Es gibt also keinen Zwang mehr, möglichst nur den Schutz durch automatische Abschaltung der Stromversorgung in einer elektrischen Anlage anzuwenden, sondern es besteht, wie im Abschnitt 412.1.3 der VDE 0100-410 (VDE 0100-410):2007-06 bzw. im Abschnitt 8.1.3 dieses Buchs noch kommentiert, z. B. auch die Möglichkeit, den Schutz durch doppelte oder verstärkte

Isolierung alleine anzuwenden, wenngleich nur in sehr eingeschränkten Bereichen. Für jeden Stromkreis muss nach Abschnitt 411.3.1.1 der VDE 0100-410 (VDE 0100-410):2007-06 (siehe Abschnitt 7.3.1 des Buchs) für den Fehlerschutz bei Schutz durch automatische Abschaltung der Stromversorgung zwingend ein Schutzleiter verfügbar sein, der durch Anschluss an die zugeordnete Erdungsklemme oder Erdungsschiene geerdet ist. Durch diese etwas „verklausulierte" Festlegung ergibt sich indirekt – auch für das TN-System – die Forderung nach einem Anlagenerder R_A. Dagegen ist ein Schutzleiter nicht gefordert bzw. nicht erlaubt bei den anderen Schutzmaßnahmen wie SELV, PELV, Schutztrennung und beim Sonderfall „Errichten einer elektrischen Anlage mit doppelter oder verstärkter Isolierung" nach Abschnitt 412.1.3 der VDE 0100-410 (VDE 0100-410):2007-06. Auch der Schutz durch nicht leitende Umgebung und der Schutz durch erdfreien örtlichen Potentialausgleich darf unter gewissen Voraussetzungen angewendet werden, wobei auch für diese Anlagen ein geerdeter Schutzleiter nicht gefordert wird bzw. nicht zulässig ist, siehe Kapitel 14 dieses Buchs oder Anhang C der DIN VDE 0100-410 (VDE 0100-410):2007-06.

Selbstverständlich darf auch der Schutz durch SELV oder PELV, oder der Schutz durch Schutztrennung mit einem Verbrauchsmittel allgemein (auch wenn häufig nicht praktikabel) angewendet werden. Dagegen darf Schutz durch Schutztrennung mit mehr als einem Verbrauchsmittel nur noch eingeschränkt angewendet werden, siehe Abschnitt 14.3 dieses Buchs oder Abschnitt C.3 der DIN VDE 0100-410 (VDE 0100-410):2007-06.

Außerdem darf nach wie vor bei nicht erfüllter/erfüllbarer Abschaltbedingung ein zusätzlicher (örtlicher) Schutzpotentialausgleich – nicht zu verwechseln mit dem zusätzlichen Schutzpotentialausgleich, wie er in der Gruppe 700 gefordert sein kann – angewendet werden, siehe Abschnitt 411.3.2.6 der VDE 0100-410 (VDE 0100-410):2007-06 bzw. Abschnitt 7.3.2.6 dieses Buchs. Hier sei noch daran erinnert, dass nach wie vor davon ausgegangen werden darf, dass die beiden Schutzebenen im Allgemeinen nicht gleichzeitig versagen, d. h., ein Doppelfehler muss im Allgemeinen nicht berücksichtigt werden.

> **Kurzer Überblick**
>
> Der Schutz durch automatische Abschaltung der Stromversorgung muss nicht mehr zwangsläufig in allen elektrischen Anlagen zur Anwendung kommen. Für jeden Stromkreis muss jedoch zwingend ein Schutzleiter verfügbar sein, der durch Anschluss an die zugeordnete Erdungsklemme oder Erdungsschiene geerdet ist.
>
> Schutztrennung mit mehr als einem Verbrauchsmittel ist nicht mehr allgemein anwendbar, sondern nur noch in bestimmten Fällen zulässig.
>
> Die folgenden Schutzmaßnahmen sind **allgemein** (d. h. wenn in anderen Normen nicht eingeschränkt) erlaubt:
> - Schutz durch automatische Abschaltung der Stromversorgung
> - Schutz durch doppelte oder verstärkte Isolierung bei Betriebsmitteln, d. h., sie darf aber nicht als alleinige Schutzmaßnahme angewendet werden
> - Schutz durch Schutztrennung für die Versorgung eines Verbrauchsmittels
> - Schutz durch Kleinspannung mittels SELV oder PELV
>
> Die folgenden Schutzmaßnahmen sind **nur in begrenzten Bereichen** erlaubt:
> - Schutz durch nicht leitende Umgebung
> - Schutz durch erdfreien örtlichen Potentialausgleich, und nun auch der
> - Schutz durch Schutztrennung für die Versorgung von mehr als einem Verbrauchsmittel
> - Schutz durch doppelte oder verstärkte Isolierung, wenn als alleinige Schutzmaßnahme vorgesehen

6.4   410.3.4 *Für spezielle Anlagen und Orte besonderer Art müssen die besonderen Schutzmaßnahmen in den entsprechenden Teilen der Gruppe 700 der Reihe DIN VDE 0100 (VDE 0100) angewendet werden.* [neu]

Einmal mehr wird darauf hingewiesen, dass in den Normen der Gruppen 100 bis 600 nur die allgemeinen – immer anzuwendenden – Anforderungen enthalten sind. Für spezielle Räume und Bereiche gibt es aber zusätzliche Festlegungen in der Gruppe 700, die z. T. die Grundanforderungen ergänzen, ändern oder sogar ersetzen können.

6.5   410.3.5 *Die im Anhang B beschriebenen Schutzvorkehrungen „Schutz durch Hindernisse" und „Schutz durch Anordnung außerhalb des Handbereichs" dürfen nur in Anlagen angewendet werden, die nur zugänglich sind für*
- *Elektrofachkräfte oder elektrotechnisch unterwiesene Personen oder*
- *Personen, die von Elektrofachkräften oder elektrotechnisch unterwiesenen Personen beaufsichtigt werden* [NA.2]

6   410.3 Allgemeine Anforderungen

Hier handelt es sich eindeutig um eine nur begrenzt anwendbare Maßnahme für den Basisschutz, wie sich auch aus der Überschrift zum Anhang B der Norm, siehe Kapitel 13 dieses Buchs, in dem die Anforderungen für diese Maßnahmen beschrieben werden, ergibt.

Wie oben schon erwähnt, lassen sich bestimmte Maßnahmen für den Fehlerschutz und auch für den Basisschutz nur in sehr begrenztem Umfang unter Beachtung zusätzlicher Anforderungen anwenden.

Die bisherige Norm DIN VDE 0100-410 (VDE 0100-410):1997-01 regelte das nur für Deutschland, und zwar im Abschnitt NB.2. Außerdem enthält DIN VDE 0100-731 (VDE 0100-731) die Konkretisierung für elektrische Betriebsstätten und abgeschlossene elektrische Betriebsstätten, d. h. welche Anforderungen zu beachten sind. Da im Abschnitt 410.3.5 von DIN VDE 0100-410 (VDE 0100-410):2007-06 noch keine Festlegungen enthalten sind, werden die entsprechenden Erläuterungen hierzu auch erst in den Anhängen B.2 und B.3 der Norm VDE 0100-410 (VDE 0100-410):2007-06 angeführt, in dem diese Maßnahmen beschrieben werden, siehe Abschnitte 13.2 und 13.3 des Buchs.

Eine Unklarheit ergibt sich aus den unterschiedlichen Festlegungen im obigen Abschnitt und den Anforderungen im Anhang B.

Oben ist festgelegt:

„ *... die nur zugänglich sind für*

- *Elektrofachkräfte oder elektrotechnisch unterwiesene Personen* **oder *Personen**, die von Elektrofachkräften oder elektrotechnisch unterwiesenen Personen* **beaufsichtigt** *werden.*

Im Anhang B ist festgelegt:

„ ... die nur von **Elektrofachkräften oder elektrotechnisch unterwiesenen Personen betreiben und überwacht** werden, ..."

Für die Autoren ist es schwer, eine Entscheidung für das eine oder andere zu treffen, da auch der englische Text des Referenzdokuments an dieser Stelle ebenso unterschiedlich ist, wie nachfolgend zu erkennen ist.

„ ... shall only be used in installations accessible to:

- skilled or instructed persons or
- **persons under the supervision of skilled or instructed** persons ..."

und

„ ... that are **controlled or supervised by skilled or instructed** persons ..."

Trotzdem wird der Festlegung „ ... die nur Elektrofachkräften oder elektrotechnisch unterwiesenen Personen zugänglich sind oder die nur für Personen zugänglich sind, die von Elektrofachkräften oder unterwiesenen Personen beaufsichtigt werden" von den Autoren der Vorrang eingeräumt, da diese Formulierung mehr Sinn macht.

Von Bedeutung dürfte sein, dass nun nicht mehr, wie noch in DIN VDE 0100-731 (VDE 0100-731) erlaubt, auf den Schutz gegen direktes Berühren (jetzt Basisschutz) in abgeschlossenen elektrischen Betriebsstätten vollständig verzichtet werden darf. Aber in der Gruppe 700 dürfen ja Abweichungen festgelegt werden, so dass diese Möglichkeit zumindest in Deutschland weiterhin gegeben sein dürfte.

6.6   410.3.6 *Die im Anhang C festgelegten Schutzvorkehrungen:*

- *Schutz durch nicht leitende Umgebung*
- *Schutz durch erdfreien örtlichen Schutzpotentialausgleich*
- *Schutz durch Schutztrennung für die Versorgung von mehr als einem Verbrauchsmittel*

dürfen nur angewendet werden, wenn die Anlage unter der Überwachung durch Elektrofachkräfte oder elektrotechnisch unterwiesenen Personen steht, sodass unbefugte Änderungen nicht vorgenommen werden können.

Ähnlich wie die im Anhang B beschriebenen Maßnahmen für den Schutz gegen direktes Berühren, die nur eingeschränkt angewendet werden dürfen, gibt es auch beim Fehlerschutz Maßnahmen, die nur eingeschränkt angewendet werden dürfen, wie auch schon im Kapitel 4 dieses Buchs angeführt.

Auch wenn aus DIN VDE 0100-410 (VDE 0100-410):1997-01 nicht explizit hervorging, dass der Schutz durch nicht leitende Räume und der Schutz durch erdfreien örtlichen Schutzpotentialausgleich nicht allgemein anwendbar war, ließ sich eine Einschränkung jedoch mehr oder weniger herauslesen. Somit hat sich diesbezüglich in DIN VDE 0100-410 (VDE 0100-410):2007-06 nur insofern etwas geändert, als nun klar festgelegt wurde, unter welchen Bedingungen diese eher etwas selten zur Anwendung kommenden Maßnahmen angewendet werden dürfen.

> **Kurzer Überblick**
>
> Der Schutz durch Hindernisse und der Schutz durch Anordnung außerhalb des Handbereichs darf nur in elektrischen Anlagen zur Anwendung kommen, die nur Elektrofachkräften oder elektrotechnisch unterwiesenen Personen zugänglich sind oder die nur für Personen zugänglich sind, die von Elektrofachkräften oder unterwiesenen Personen beaufsichtigt werden, wie z. B. in elektrischen und abgeschlossenen elektrischen Betriebsstätten, zu deren Errichtung weitere Anforderungen in DIN VDE 0100-731 (VDE 0100-731) enthalten sind.
> Schutz durch nicht leitende Umgebung, Schutz durch erdfreien örtlichen Schutzpotentialausgleich und Schutz durch Schutztrennung für die Versorgung von mehr als einem Verbrauchsmittel dürfen nur angewendet werden, wenn die Anlage unter der Überwachung durch Elektrofachkräfte oder elektrotechnisch unterwiesenen Personen steht. Damit soll erreicht werden, dass Änderungen durch Unbefugte nicht vorgenommen werden können.

6 410.3 Allgemeine Anforderungen

6.7   410.3.7 *Wenn bestimmte Bedingungen einer Schutzmaßnahme nicht erfüllt werden können, müssen ergänzende Vorkehrungen so angewendet werden, dass die Schutzvorkehrungen zusammen denselben Grad an Sicherheit bewirken.* [410.1.2]
ANMERKUNG Ein Beispiel für die Anwendung dieser Regel ist in 411.7 gegeben.

Diese Festlegung war auch schon in der bisherigen Norm enthalten und besagt, dass es in besonderen Fällen notwendig sein kann, andere, in der Norm nicht beschriebene, (Schutz)Maßnahmen/Schutzvorkehrungen anzuwenden, um bestimmte elektrische Anlagen zufriedenstellend und ohne Gefährdungen für Personen zu betreiben. Ein Beispiel hierfür wären „Galvanisierbecken", bei denen der Schutz durch automatische Abschaltung nicht angewendet werden kann. Auch SELV kann nicht angewendet werden, wegen der geforderten Erdfreiheit bzw. wegen der nicht realisierbaren sicheren Trennung, die auch bei PELV notwendig wäre, sodass sich im Beispiel auch PELV nicht anwenden lässt. Sicherheitstransformatoren mit der hierfür notwendigen großen Leistung gibt es aber normativ nicht. Die Begrenzung der Leistung von Sicherheitstransformatoren liegt bei 10 kVA für Einphasen-Transformatoren bzw. 16 kVA für Mehrphasen-Transformatoren, allerdings dürfte die Norm, nach Vereinbarung, für größere Leistungen angewendet werden, was für solche Anlagen nicht zweckmäßig sein dürfte. Eine mögliche Maßnahme ist FELV, wie sie im Abschnitt 411.7 der 0100-410 (VDE 0100-410):2007-06 beschrieben und in der obigen Anmerkung zitiert wird, siehe auch Abschnitt 7.7 dieses Buchs.

6.8   410.3.8 *Unterschiedliche Schutzmaßnahmen, die in derselben Anlage oder einem Teil der Anlage oder in Betriebsmitteln angewendet werden, dürfen keinen gegenseitigen Einfluss derart haben, dass – wenn eine Schutzmaßnahme fehlerbehaftet ist – die Wirkung der anderen Schutzmaßnahmen dadurch beeinträchtigt sein könnte.* [470.4]

Wie im Abschnitt 410.3.3 der DIN VDE 0100-410 (VDE 0100-410):2007-06 bzw. im Abschnitt 6.3 dieses Buchs schon ausgeführt, dürfen mehrere Schutzmaßnahmen in einer elektrischen Anlage gleichzeitig zur Anwendung kommen, vorausgesetzt, es gibt keine gegenseitige nachteilige Beeinflussung. In der Praxis dürfte eine gegenseitige nachteilige Beeinflussung der Schutzmaßnahmen kaum der Fall sein, da die meisten Schutzmaßnahmen „kompatibel" sind. Eine solche nachteilige Beeinflussung wäre gegeben, wenn in einem SELV-Stromkreis auch der Schutz durch automatische Abschaltung zur Anwendung kommt. Hierfür wäre zumindest die Verbindung leitfähiger Umhüllungen (häufig auch bei Betriebsmitteln der Schutzklasse III als Körper bezeichnet, was per Definition eigentlich nicht stimmt) mit einem geerdeten Schutzleiter notwendig, was aber bei SELV unzulässig ist, siehe hierzu Abschnitt 414.4.4 der DIN VDE 0100-410 (VDE 0100-410):2007-06 bzw. Abschnitt 10.4.4 dieses Buchs.

6.9 410.3.9 *Vorkehrungen für den Fehlerschutz (Schutz bei indirektem Berühren) dürfen bei den folgenden Betriebsmitteln entfallen [471.2.2]:*

- *metallene Stützen von Freileitungsisolatoren, die am Gebäude befestigt sind und sich nicht im Handbereich befinden*
- *Stahlbewehrung von Betonmasten für Freileitungen, bei denen die Stahlbewehrung nicht zugänglich ist*
- *Körper, die auf Grund ihrer kleinen Abmessungen (ungefähr 50 mm × 50 mm) oder ihrer Anordnung nicht umfasst werden oder in bedeutenden Kontakt mit einem Teil des menschlichen Körpers kommen können, vorausgesetzt, die Verbindung mit einem Schutzleiter könnte nur mit Schwierigkeit hergestellt werden oder sie wäre unzuverlässig*

ANMERKUNG Diese Ausnahme gilt zum Beispiel für Bolzen, Nieten, Typschilder und Kabelbefestigungen.

- *Metallrohre oder andere Metallgehäuse, die Betriebsmittel nach Abschnitt 412 schützen*

Die entsprechenden Festlegungen waren bisher in DIN VDE 0100-470 (VDE 0100-470):1996-02 enthalten und haben sich inhaltlich nicht geändert. Beim Verweis auf Abschnitt 412 der DIN VDE 0100-410 (VDE 0100-410):2007-06 (siehe Kapitel 8 dieses Buchs) handelt es sich um den Hinweis auf zu beachtende Anforderungen für Betriebsmittel mit doppelter oder verstärkter Isolierung, bei denen, z. B. aus mechanischen Gründen, ein Metallgehäuse vorgesehen ist. In diesem Falle ist ein Anschluss an den Schutzleiter der Anlage nicht vorgeschrieben, er darf aber vorgesehen werden, wenn dieser mechanische Schutz nicht Bestandteil des Betriebsmittels mit doppelter oder verstärkter Isolierung ist, z. B ein Verteiler der Schutzklasse II mit einer zusätzlichen leitfähigen Tür. Als Beispiel für ein solches Betriebsmittel/Verbrauchsmittel, an dem ein Schutzleiter an Metallteile **nicht angeschlossen** werden darf, wäre das Metall-Bohrfutter einer Bohrmaschine der Schutzklasse II zu betrachten.

Kurzer Überblick

In einigen wenigen Fällen darf auch – wie bisher schon – weiterhin vollständig auf den Fehlerschutz verzichtet werden.

Ein Verzicht auf den vollständigen Basisschutz ist nach DIN VDE 0100-410 (VDE 0100-410) nicht erlaubt. Nur in elektrischen oder in abgeschlossenen elektrischen Betriebsstätten darf ein „reduzierter" Schutz durch Hindernisse oder Schutz durch Abstand/Schutz durch Anordnung außerhalb des Handbereichs angewendet werden. Aber nach der rein nationalen Norm DIN VDE 0100-731 (VDE 0100-731) darf auch vollständig auf den Basisschutz verzichtet werden, wenn er dem Bedienen hinderlich ist.

7 411 Schutzmaßnahme: Automatische Abschaltung der Stromversorgung [413.1]

Auch diesmal konnte man sich in der Überschrift nicht zu „Schutz durch" automatische Abschaltung der Stromversorgung durchringen, obwohl genau das als Schutzmaßnahme gemeint ist, siehe Abschnitt 7.1 des Buchs bzw. Abschnitt 411.1 der Norm. Andererseits fehlt dieser Vorspann „**Schutz durch**" auch bei den anderen Schutzvorkehrungen/Schutzmaßnahmen, außer bei „Schutz durch Kleinspannung mittels SELV oder PELV". Die korrekte Form wäre aber für alle Maßnahmen „Schutz durch ...", so wie es auch in der neuen Pilotnorm für den Schutz gegen elektrischen Schlag in DIN EN 61140 (VDE 0140-1) zur Anwendung kommt.

7.1 411.1 Allgemeines [413.1.1]

Schutz durch automatische Abschaltung der Stromversorgung ist eine Schutzmaßnahme, bei der:
- *der Basisschutz (Schutz gegen direktes Berühren) vorgesehen ist durch eine Basisisolierung der aktiven Teile oder durch Abdeckung oder Umhüllungen in Übereinstimmung mit Anhang A und*
- *der Fehlerschutz (Schutz bei indirektem Berühren) vorgesehen ist durch Schutzpotentialausgleich über die Haupterdungsschiene und automatische Abschaltung im Fehlerfall, in Übereinstimmung mit 411.3 bis 411.6.*

Der Schutz durch automatische Abschaltung der Stromversorgung besteht prinzipiell darin, an dem Körper eines elektrischen Betriebsmittels, das durch einen Fehler, z. B. durch das Versagen der Basisisolierung, eine gefährliche Berührungsspannung annehmen kann, in möglichst kurzer Zeit – maximal in der jeweils zulässigen Abschaltzeit, siehe Tabelle 41.1 der DIN VDE 0100-410 (VDE 0100-410):2007-06 bzw. Tabelle 7.1 dieses Buchs, oder für Verteilungsstromkreise in TN-Systemen in 5 s und für Verteilungsstromkreise in TT-Systemen in 1 s – diese gefährliche Berührungsspannung (den Fehler) abzuschalten. Darum müssen alle Körper der elektrischen Betriebsmittel an einen (geerdeten) Schutzleiter angeschlossen werden. Diese Verbindung mit einem Schutzleiter kann allerdings nicht verhindern, dass, bis zur Abschaltung in der vorgegebene Zeit, in einigen Fällen eine gefährliche Berührungsspannung (insbesondere in TT-Systemen) auftreten kann. Daher werden auch in allen Systemen nach Art der Erdverbindung für Endstromkreise kürzere Abschaltzeiten im Vergleich zu Verteilungsstromkreisen gefordert; siehe Abschnitt 411.3.2 der DIN VDE 0100-410 (VDE 0100-410):2007-06 bzw. Abschnitt 7.3.2 dieses Buchs. Es muss davon ausgegangen werden, dass die Wahrscheinlichkeit groß ist, dass Personen ein Betriebsmittel/Verbrauchsmittel in Endstromkreisen, insbesondere bei Endstromkreisen mit Steckdosen, beim Auftreten eines Fehlers in der Hand halten. Bei Verteilungsstromkreisen ist diese Wahrscheinlichkeit, dass bei einem Fehler, z. B. im Installationsverteiler, auch jemand gleichzeitig den Verteiler berührt, weit geringer. Außerdem lebt der Schutz durch automatische Abschaltung der Stromversorgung davon, dass zusätzliche Verbindungen des Schutzleiters/PEN-Leiters mit Erde/Erdern zu einer Reduzierung der Berührungsspannung beitragen können, was in erster Linie für das TN-System gilt.

Im Abschnitt 411 von DIN VDE 0100-410 (VDE 0100-410):2007-06, siehe Kapitel 7 dieses Buchs, werden die Anforderungen an die so genannten „Schutzleiter-Schutzmaßnahmen" (gebräuchliche Benennung im Fachjargon) beschrieben, wobei dieser Begriff als Synonym für Maßnahmen zum Schutz durch automatische Abschaltung der Stromversorgung nicht korrekt ist, da auch der Schutz durch erdfreien örtlichen Schutzpotentialausgleich und die Schutztrennung mit mehr als einem Verbrauchsmittel einen – wenn auch ungeerdeten – Schutzleiter benötigen. Diese beiden Maßnahmen gehören aber nicht zu den so genannten Schutzleiter-Schutzmaßnahmen, und sie dürfen ja auch nicht allgemein angewendet werden. Und auch PELV-Stromkreise, bei denen ein Schutzleiter an den Betriebsmitteln angeschlossen werden darf, gehören nicht zu den so genannten Schutzleiter-Schutzmaßnahmen.

Auch bei der Schutzmaßnahme („Schutz durch") „Automatische Abschaltung der Stromversorgung" muss sowohl ein Basisschutz als auch ein Fehlerschutz, die beide unabhängig voneinander wirksam sein müssen – ausgenommen bei Schutz durch doppelte oder verstärkte Isolierung, wo die unabhängige Wirkung nicht gegeben ist –, vorgesehen werden.

Der Basisschutz wird – wie in elektrischen Anlagen fast immer ausgeführt – durch Abdeckungen oder Umhüllungen (aus leitfähigem Material) erfüllt, siehe Anhang A der DIN VDE 0100-410 (VDE 0100-410):2007-06 bzw. Kapitel 12 dieses Buchs, da diese Abdeckungen oder Umhüllungen dann auch als Teil des Fehlerschutzes verwendet werden können. Dies ist der Fall, wenn diese metallenen, leitfähigen Abdeckungen/Umhüllungen (leitfähige Abdeckungen sind Körper bei Betriebsmitteln der Schutzklasse I) des elektrischen Betriebsmittels mit einem „wirksamen" Schutzleiter verbunden werden oder wenn die Abdeckungen, aus Isolierstoff bestehend, als doppelte (zweite) Isolierung vorgesehen werden.

Hinweis: Wirksam ist ein Schutzleiter, wenn alle diesbezüglichen Anforderungen von DIN VDE 0100-540 (VDE 0100-540) erfüllt sind.

Wenn eine Basisisolierung als Basisschutz vorgesehen wird, muss diese Basisisolierung die aktiven Teile **vollständig** umhüllen und darf sich nur durch „Zerstören" von den aktiven Teilen entfernen lassen. Hier ergibt sich in den Normen ein Widerspruch, denn die Forderung, dass die Basisisolierung die aktiven Teile vollständig umhüllen muss, siehe **Bild 7.1.1,** und sich nur durch Zerstören entfernen lassen darf, wird nirgends eingehalten und ist auch so **nicht erfüllbar.** Zumindest beim

Isolierung darf nur durch 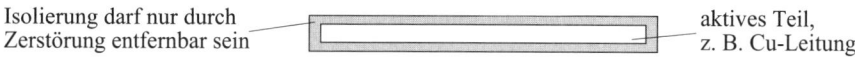 aktives Teil,
Zerstörung entfernbar sein z. B. Cu-Leitung

Bild 7.1.1 Basisschutz durch „vollständige" Isolierung

Anschluss an Betriebsmittel ist die „Vollständigkeit" der Isolierung nicht mehr gegeben, siehe **Bild 7.1.2,** und auch innerhalb des Verteilers oder im Anschlussbereich an den Betriebsmitteln/Verbrauchsmitteln gibt es blanke Sammelschienen, oder Anschlussstellen. In solchen Fällen ist zwar auch noch eine Basisisolierung gegeben, die aber nur aus Luft besteht. So betrachtet ist für diese Teile quasi ein „zweiter" Basisschutz, z. B. an den Anschlussstellen, notwendig, der eben durch die Abdeckungen erfüllt wird, d. h., diese Abdeckungen verhindern ein direktes Berühren. Da sowieso immer die beiden Schutzebenen gemeinsam angewendet werden müssen, ergibt sich eben, dass entweder eine leitfähige Abdeckung/Umhüllung vorgesehen werden muss, die in den Schutzpotentialausgleich über die Haupterdungsschiene (über Schutzleiter) einbezogen werden muss, oder es wird eine zweite Isolierung (für den Schutz durch doppelte oder verstärkte Isolierung, siehe auch nächste Anmerkung 1) vorgesehen, oder die Isolierung erfüllt auch die Anforderungen für eine verstärkte Isolierung. Ggf. kann diese zweite Isolierung vor Ort errichtet werden, siehe Abschnitte 412.2.1.2 und 412.2.1.3 der DIN VDE 0100-410 (VDE 0100-410):2007-06 bzw. Abschnitte 8.2.1.2 und 8.2.1.3 dieses Buchs. Zu dem neuen Begriff „Schutzpotentialausgleich über die Haupterdungsschiene" siehe Abschnitt 411.3.1.2 der DIN VDE 0100-410 (VDE 0100-410):2007-06 bzw. Abschnitt 7.3.1.2 dieses Buchs.

Nicht eindeutig zu erkennen ist, ob es sich um einen Schutzpotentialausgleich über die Haupterdungsschiene – wie im Text angeführt – oder doch um einen Schutzleiter handelt. Nach Meinung der Autoren müsste beides genannt werden, da der Schutz durch automatische Abschaltung der Stromversorgung auf dem Schutz-

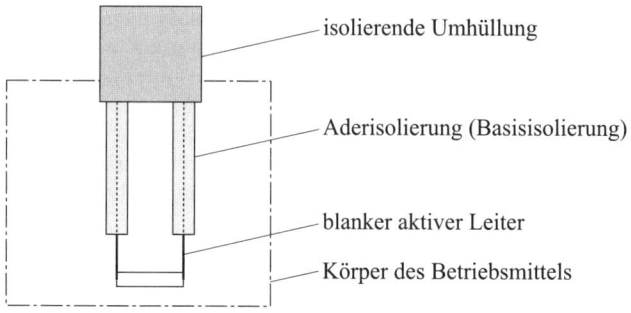

Bild 7.1.2 Basisschutz durch Isolierung im „Anschlussbereich" nicht erfüllbar

potentialausgleich über die Haupterdungsschiene (siehe Abschnitt 411.3.1.2 der DIN VDE 0100-410 (VDE 0100-410):2007-06 bzw. Abschnitt 7.3.1.2 dieses Buchs) mit Schutzpotentialausgleichsleitern (in der Form des bisherigen Hauptpotentialausgleichs) beruht und zur Erfüllung der Abschaltbedingung – wie auch in den anderen Abschnitten der Norm angeführt – ein Schutzleiter an die Körper der elektrischen Betriebmittel angeschlossen ist. Allerdings kann das ganze „pauschal" gesehen werden. Der Fehlerschutz besteht aus dem Schutzpotentialausgleich über die Haupterdungsschiene (dem bisherigen Hauptpotentialausgleich), d. h. Verbinden bestimmter fremder leitfähiger Teile, des Erders und des Schutzleiters über Schutzpotentialausgleichsleiter untereinander und der automatischen Abschaltung, für die u. a. ein Schutzleiter notwendig ist.

Ungewohnt mag es für den Leser der Norm sein, dass der Basisschutz nun nicht mehr im Vordergrund der Norm steht, sondern in den normativen Anhang A (siehe Kapitel 12 dieses Buchs) der Norm verschoben wurde. Die eingeschränkt anwendbaren Vorkehrungen zum Basisschutz sind in den normativen Anhang B überführt worden. Aus Sicht der Autoren ist das sinnvoll, da der Errichter diesen Schutz zusammen mit den Betriebsmitteln als deren Bestandteil „einkauft", sodass dieser Basisschutz (bei dem es sich nur um die Abdeckungen/Umhüllungen handeln kann, denn eine Basisisolierung kann – wie oben ausgeführt – kaum wieder hergestellt werden) bei der Errichtung ggf. nur wieder hergestellt werden muss, falls er für die Errichtung vorübergehend entfernt wird. Für das Wiederherstellen des Basisschutzes ist es ausreichend, wenn die Anforderungen, die in den Anhängen A oder B der DIN VDE 0100-410 (VDE 0100-410):2007-06 enthalten sind, erfüllt werden. Dagegen ist das Einbeziehen der elektrischen Betriebsmittel in den Fehlerschutz eine wesentliche Aufgabe, die immer bei der Errichtung erfüllt werden muss.

ANMERKUNG 1 Wo diese Schutzmaßnahme angewendet ist, dürfen auch Betriebsmittel der Schutzklasse II verwendet werden.

Die Aussage in der Anmerkung 1 müsste eigentlich Bestimmungstext sein, da sie eine äußerst wichtige Erlaubnis beinhaltet, nämlich, dass auch bei Schutz durch automatische Abschaltung der Stromversorgung Betriebsmittel/Verbrauchsmittel der Schutzklasse II eingesetzt werden dürfen. Schade ist aber, dass nicht die neue Bezeichnung Schutzmaßnahme „Doppelte oder verstärkte Isolierung" verwendet wurde, da diese Schutzmaßnahme mehr als der Begriff „Betriebsmittel der Schutzklasse II" beinhaltet. Aufgrund der allgemein gültigen Aussage, dass innerhalb einer elektrischen Anlage auch mehrere Schutzmaßnahmen angewendet werden dürfen, wird es bei Verwendung von Betriebsmitteln mit doppelter oder verstärkter Isolierung keine Probleme geben, da auch eine nachteilige Beeinflussung nicht zu erwarten ist.

Wo ein zusätzlicher Schutz durch Fehlerstrom-Schutzeinrichtung (RCD) mit einem Bemessungsdifferenzstrom, der 30 mA nicht überschreitet, festgelegt ist, ist dieser in Übereinstimmung mit 415.1 vorzusehen.

Hier wird einmal mehr aufgezeigt, dass vordergründig die „Grundnormen" zu berücksichtigen sind. Aufgrund dieser Festlegung der Norm mit Gruppenfunktion für den Schutz gegen elektrischen Schlag für die Errichtung ergibt sich, dass der zusätzliche Schutz durch Fehlerstrom-Schutzeinrichtung (RCD) mit einem Bemessungsdifferenzstrom, der 30 mA nicht überschreitet, auch in den Normen der Gruppe 700 der Reihe DIN VDE 0100 (VDE 0100) nicht von den grundsätzlichen Festlegungen abweichen darf, da die grundsätzliche Aussage lautet, dass dieser zusätzliche Schutz – wenn er in der Gruppe 700 der Reihe der DIN VDE 0100 (VDE 0100) gefordert ist – nach Abschnitt 415.1 der DIN VDE 0100-410 (VDE 0100-410):2007-06, siehe Abschnitt 11.2 des Buchs, vorgesehen werden muss. Der Gruppe 700 der Reihe der DIN VDE 0100 (VDE 0100) ist dann nur vorbehalten, festzulegen, in welchen Fällen ein solcher zusätzlicher Schutz sinnvoll oder notwendig ist. Andererseits ist die Gruppe 700 der Reihe DIN VDE 0100 (VDE 0100) die Sammlung für konkrete Fälle und ändert auch die grundlegenden Anforderungen. Da die Gruppe 700 der Reihe DIN VDE 0100 (VDE 0100) in der Zuständigkeit desselben Komitees ist, wie die grundlegenden Normen der Gruppen 100 bis 600 der Reihe der DIN VDE 0100 (VDE 0100), erwarten die Autoren, dass in Gruppe 700 der Reihe DIN VDE 0100 (VDE 0100) – wenn für notwendig erachtet – auch diese Anforderung modifiziert wird.

Eine wichtige Änderung zur Vorgängernorm ist, dass der zusätzliche Schutz nicht mehr ein Unterpunkt des Basisschutzes ist, sondern – als zusätzlicher Schutz, der beim Versagen von Basisschutz und/oder Fehlerschutz wirksam werden soll – eine gleichrangige Abschnittsnummer wie der Basisschutz und der Fehlerschutz erhält.

ANMERKUNG 2 Differenzstrom-Überwachungsgeräte (RCMs) sind keine Schutzeinrichtungen, sie dürfen jedoch verwendet werden, um Differenzströme in elektrischen Anlagen zu überwachen. Differenzstrom-Überwachungsgeräte (RCMs) lösen ein hörbares oder ein hör- und sichtbares Signal aus, wenn der vorgewählte Wert des Differenzstroms überschritten ist.

Hinweise auf die Anwendung von Differenzstrom-Überwachungsgeräten (RCMs), siehe hierzu **Bild 7.1.3** und auch **Tabelle 7.1** dieses Buchs, gab es bisher in DIN VDE 0100-410 (VDE 0100-410) nicht. Nur in der Norm für die Auswahl von elektrischen Betriebsmitteln, in DIN VDE 0100-530 (VDE 0100-530), sind solche Geräte seit 2005 aufgeführt, um die zukünftige Verwendbarkeit für besondere Aufgaben zu ermöglichen. Festlegungen für die Verwendbarkeit gab und gibt es auch in der Vornorm DIN V VDE V 0100-0705 (VDE V 0100-0705) für landwirtschaftliche und gartenbauliche Betriebsstätten, wo Folgendes festgelegt ist:

Wenn Fehlerstrom-Schutzeinrichtungen (RCDs) oder Leistungsschalter mit Fehlerstromschutz zum Schutz gegen elektrischen Schlag nicht eingesetzt werden können, z. B. wegen Gleichfehlerströmen, dürfen auch **Differenzstrom-Überwachungsgeräte (RCM)** *nach DIN EN 62020 (VDE 0663) eingesetzt werden, wenn deren Versorgungsspannung* **vom speisenden Netz unabhängig** *ist.*

7 411 Schutzmaßnahme: Automatische Abschaltung der Stromversorgung

Im Gegensatz dazu ist aber in DIN VDE 0100-410 (VDE 0100-410):2007-06 klar festgelegt, dass solche Einrichtungen nicht zur Erfüllung der Schutzmaßnahme „Schutz durch automatische Abschaltung der Stromversorgung" eingesetzt werden dürfen, sondern nur als unterstützende Einrichtung zur Ermittlung des Isolationszustands (insbesondere der Isolationswiderstand der Kabel- und Leitungsanlage) der elektrischen Anlage vorgesehen werden dürfen. Solche Einrichtungen sollen also die Verfügbarkeit der elektrischen Anlage erhöhen, da mit solchen Einrichtungen bei entsprechender Einstellung „schleichende" Isolationsfehler frühzeitig erkannt und gemeldet werden, sodass sie von den Elektrofachkräften beseitigt werden können, bevor es zu einem Ausfall durch automatische Abschaltung der Stromversorgung kommen kann. Werte (Grenzwerte) für die Einstellung dieser Überwachungseinrichtung gibt es nicht, sodass es sinnvoll ist, einen Wert einzustellen, der etwas höher liegt als der Wert, der sich durch die – wenn auch ungewollten – Schutzleiterströme, z. B. durch eingebaute Netzfilter und durch Ableitströme, insbesondere bei geschirmten Kabeln, ergibt. Welcher Wert vorzugsweise eingestellt wird, ergibt sich für die jeweilige Anlage am besten in der Praxis, gegebenenfalls muss „ausprobiert" werden.

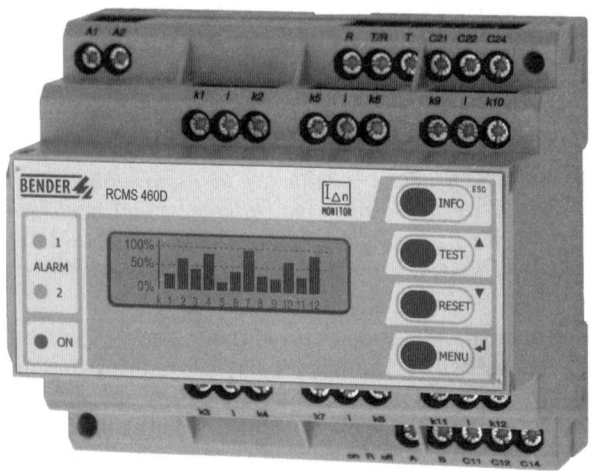

Bild 7.1.3 Differenzstrom-Überwachungsgerät (RCM) (Foto: Fa. Bender)

7 411 Schutzmaßnahme: Automatische Abschaltung der Stromversorgung

> **Kurzer Überblick**
>
> Differenzstrom-Überwachungsgeräte (RCMs) für Überwachungsfunktionen – nicht für den Schutz gegen elektrischen Schlag – dürfen zur vorausschauenden Fehlererkennung/Fehlervermeidung in elektrischen Anlagen eingesetzt werden. Obwohl sie bei Kombination mit Trenneinrichtungen eine Abschaltung der Stromversorgung bewirken können, sind trotzdem die notwendigen Schutzeinrichtungen zum Fehlerschutz nicht entbehrlich.

7.2 411.2 Anforderungen an den Basisschutz (Schutz gegen direktes Berühren) [412.1]

Alle elektrischen Betriebsmittel müssen mit einer der im Anhang A oder, wenn zutreffend, der im Anhang B beschriebenen Vorkehrungen für den Basisschutz (Schutz gegen direktes Berühren) übereinstimmen.

Die Entscheidung, den Basisschutz in DIN VDE 0100-410 (VDE 0100-410) nicht mehr vorangestellt zu behandeln, wurde von einem der Autoren noch wesentlich bei der internationalen Normung mit beeinflusst. Ausgehend davon, dass die Elektrofachkraft üblicherweise elektrische Betriebsmittel nicht „herstellt", sondern nur für die Errichtung einer elektrischen Anlage auswählt, braucht sich die Elektrofachkraft nicht mit den dafür erforderlichen Maßnahmen zu beschäftigen. Der Hersteller der Betriebsmittel muss – aufgrund von Vorgaben in den Betriebsmittelnormen, ggf. der Norm mit Pilotfunktion DIN EN 61140 (VDE 0140-1) – diese Anforderungen erfüllen. Somit ist es ausreichend, entsprechende Festlegungen sozusagen „informativ" aufzuführen. Diese Idee wurde im Wesentlichen in die nun gültige DIN VDE 0100-410 (VDE 0100-410):2007-06 übernommen. Die Elektrofachkraft kann/muss sich also nur im Anhang A der DIN VDE 0100-410 (VDE 0100-410):2007-06, siehe Kapitel 12 dieses Buchs, informieren, wie sie Basisschutz und Betriebsmittel in Einklang zu bringen hat, z. B. in frei zugänglichen Bereichen muss ein vollständiger Basisschutz, z. B. durch Abdeckungen, erfüllt sein. In elektrischen und abgeschlossenen elektrischen Betriebsstätten dagegen kann ein reduzierter Basisschutz ausreichend sein. Weitere Informationen können dem Kapitel 12 dieses Buchs entnommen werden.

7.3 411.3 Anforderungen an den Fehlerschutz (Schutz bei indirektem Berühren) [413.1]

7.3.1 411.3.1 Schutzerdung und Schutzpotentialausgleich

7.3.1.1 411.3.1.1 Schutzerdung (Erdung über den Schutzleiter)

ANMERKUNG Der Begriff „Schutzerdung" wurde neu belegt und ist in 826-13-09 der DIN VDE 0100-200 (VDE 0100-200):2006-06 definiert. Die Schutzerdung nach 411.3.1.1 steht nicht im Zusammenhang mit der früheren Schutzmaßnahme „Schutzerdung" nach DIN VDE 0100:1973-05, § 9.

Dieser altbekannte Begriff „Schutzerdung" könnte dazu verführen, die Meinung zu vertreten, dass nun wieder die in DIN VDE 0100 (VDE 0100):1973-05, § 9, enthaltene Schutzmaßnahme „Schutzerdung" auferstanden sei. Dies ist selbstverständlich nicht der Fall; daher wurde von deutscher Seite sowohl hinter der Überschrift eine grau schattierte Interpretation als auch die nachfolgend wiedergegebene „grau schattierte" Anmerkung eingefügt, die diese mögliche Fehlinterpretation eindeutig ausräumt. Der Begriff „Schutzerdung" leitet sich ab von der englischen Bezeichnung „protective earthing". „Protective earthing" wurde in der deutschen Sprachfassung mit „Schutzerdung" übersetzt. Dass „protective earthing" für die Abkürzung (PE) des Schutzleiters interpretiert wurde, ist falsch. Im Englischen ist für Schutzleiter „protective conductor" der richtige Ursprung. Die Abkürzung „PC" war aber schon längst für den „Personal Computer" gebräuchlich. Um Verwechslungen zu vermeiden, wurde zunächst nur „P" gewählt und sofort, rein aus phonetischen Gründen, um es besser aussprechen zu können, ein „E" daran gehängt, also „PE". Schutzleiter können auch ungeerdet sein, z. B. bei erdfreiem Potentialausgleich. Die Schutzerdung ist in DIN VDE 0100-200 (VDE 0100-200):2006-06 wie folgt definiert (siehe auch Abschnitt 1.2 dieses Buchs):

826-13-09 Schutzerdung

Erdung eines Punkts oder mehrerer Punkte eines Netzes, einer Anlage oder eines Betriebsmittels zu Zwecken der elektrischen Sicherheit [IEV 195-01-11]

Mit der grau schattierten Interpretation hinter der Überschrift: Schutzerdung (Erdung über den Schutzleiter) soll aufgezeigt werden, dass der Schutzleiter, der beim Schutz durch automatische Abschaltung der Stromversorgung zur Anwendung kommt, in der elektrischen Anlage eine Verbindung mit Erde haben muss. Die Empfehlung, den Schutzleiter an möglichst vielen Stellen mit Erde zu verbinden, hat nur im TN-System eine besondere Bedeutung, siehe hierzu auch Abschnitt 411.4.2 der DIN VDE 0100-410 (VDE 0100-410):2007-06 bzw. Abschnitt 7.4.2 dieses Buchs.

Schutzerdung ist also eine Erdung zum Zweck der elektrischen Sicherheit, von der der Schutz gegen elektrischen Schlag eine Untermenge ist. Die Verwendung dieser Erdung zu anderen Zwecken als dem Schutz gegen elektrischen Schlag, z. B. dem Blitzschutz, ist dabei nicht ausgeschlossen.

7 411 Schutzmaßnahme: Automatische Abschaltung der Stromversorgung

Um hierzu eine endgültige Klarstellung zu erzielen, wird das UK 221.1 der DKE versuchen, bei der nächsten Überarbeitung von IEC 60050-195 und -826 diesbezüglich zu erreichen, dass der Begriff (im Abschnitt 195-01-11, der dem Abschnitt 826-13-09 entspricht) „protective earthing" mit „Erdung über den Schutzleiter" übersetzt wird.

Da Schutzleiter bei Schutz durch automatische Abschaltung der Stromversorgung immer geerdet sind/sein müssen (siehe oben und dem nachfolgenden Abschnitt), könnte man in der deutschen Sprache auch „Schutzerdungsleiter" (Begriff 826-13-23 in DIN VDE 0100-200 (VDE 0100-200):2006-05) oder Schutzleiter als Überschrift wählen. Da es aber nicht nur um die Leiter, sondern um das Konzept des Anschlusses geht, ist der für Deutschland früher bereits anders verwendete Begriff „Schutzerdung" mit der nationalen Ergänzung „(Erdung über den Schutzleiter)" wohl die bessere Wahl.

Körper müssen mit einem Schutzleiter verbunden werden, unter den vorgegebenen Bedingungen für jedes System nach Art der Erdverbindung, wie in den Abschnitten 411.4 bis 411.6 angegeben.
Gleichzeitig berührbare Körper müssen mit demselben Erdungssystem einzeln, in Gruppen oder gemeinsam verbunden werden.

Aus diesem normativen Abschnitt geht eindeutig hervor, was unter der (neuen) „Schutzerdung" zu verstehen ist und was auch im obigen Kommentar von den Autoren wiedergegeben wurde.

Die primäre Forderung ist, dass jeder Körper eines Betriebsmittels der Schutzklasse I, bei Schutz durch automatische Abschaltung, mit einem geerdeten Schutzleiter verbunden sein muss. Dieser Schutzleiter ist dann, in Abhängigkeit vom System nach Art der Erdverbindung, d. h. ob es sich um ein TN-, TT- oder IT-System handelt, mit dem Erdungssystem – entweder direkt mit dem Anlagenerder R_A oder mit dem Betriebserder R_B, an dem der Neutral- oder Mittelpunkt der Stromquelle angeschlossen ist – zu verbinden. Aus diesem Schutzleiter wird dadurch ein Schutzerdungsleiter (Leiter, der für die Schutzerdung über den Schutzleiter vorgesehen ist), wobei es sich hierbei um eine Interpretation der Autoren handelt, da in der DIN VDE 0100-410 (VDE 0100-410):2007-06 dieser Begriff ohne jeglichen Bezug angeführt ist. Im TN-System ist dieser Schutzerdungsleiter mit dem Sternpunkt (Neutral- oder Mittelpunkt oder einem Außenleiter, wenn ein Sternpunkt nicht vorhanden ist) verbunden. Im TT- und IT-System wird dieser Leiter mit einem Erder/Anlagenerder R_A verbunden. Damit kann im TN-System der Fehlerstrom über einen Leiter (mit einem, im Vergleich zur Rückleitung über Erde, kleinerem Widerstand) zur Stromquelle (z. B. Sternpunkt) zurückgeführt werden. Im TT-System muss der Fehlerstrom über Erde (über zwei voneinander unabhängige Erder, dem Anlagenerder R_A und dem Betriebserder R_B) zurückgeführt werden, sodass dieser Pfad einen wesentlich höheren Widerstand als beim TN-System hat. Beim IT-System fließt beim ersten Fehler kaum ein Fehlerstrom, da die Stromquelle im IT-System nicht oder nur sehr hochohmig geerdet ist. Erst im Falle eines zweiten Fehlers in einem anderen aktiven Leiter, z. B. einem anderen Außenleiter, führen die zwei Fehlerstellen zusammen über die Schutzleiterverbindungen (bei gemeinsamem Schutzleiter) zu einem Kurzschluss, siehe hierzu die Abschnitte 411.6.3 und 411.6.4 der DIN VDE 0100-410 (VDE 0100-410):2007-06 bzw. die Abschnitte 7.6.3 und 7.6.4 dieses Buchs. Bei getrennten Erdern für diese Körper ergibt sich eine Situation wie im TT-System.

Die Anforderungen bezüglich „gleichzeitig berührbaren Körpern" (zwei oder mehr elektrische Betriebsmittel befinden sich im Handbereich ($\leq 2{,}5$ m), siehe Bild 1.1), d. h. gleichzeitig berührbare Betriebsmittel der Schutzklasse I, waren inhaltlich schon in der bisherigen Norm DIN VDE 0100-410 (VDE 0100-410):1997-01 enthalten. Dahinter steht die Gefahr, dass bei Betriebsmitteln, die an unterschiedliche Erder/Erdungsanlagen bzw. an unterschiedlich geerdete Schutzleiter angeschlossen sind, aufgrund der unterschiedlichen Potentiale eine gefährliche (Berührungs-) Spannung im Fehlerfalle abgegriffen werden kann. Im TN-System ist diese Forderung nach gemeinsamer Erdung durch die geforderte Verbindung mit dem, zumindest am Sternpunkt der Stromquelle geerdeten, Schutzleiter/PEN-Leiter immer erfüllt. Aus der oben angeführten Festlegung resultiert auch die Forderung nach einem Schutzpotentialausgleich über die Haupterdungsschiene (früherer Begriff: Hauptpotentialausgleich) für jedes Gebäude, weil dadurch die Gefahr einer Potentialdifferenz im Gebäude nahezu ausgeschlossen wird. Zu dieser Anforderung bezüglich der „gleichzeitig berührbaren Körper" kommt noch zusätzlich die Forderung für TT-Systeme, dass Betriebsmittel hinter ein und derselben Schutzeinrichtung, auch wenn sie nicht gleichzeitig berührt werden können, über Schutzleiter mit demselben Erder oder derselben Erdungsanlage zu verbinden sind, siehe Abschnitt 411.5 der DIN VDE 0100-410 (VDE 0100-410):2007-06 bzw. Abschnitt 7.5 dieses Buchs. Analog gilt das auch für IT-Systeme.

Allgemein gilt:
Im TN-System:
- muss jeder Körper (somit jedes Betriebsmittel der Schutzklasse I) eines elektrischen Betriebsmittels/Verbrauchsmittels mit einem Schutzleiter verbunden sein. Dieser Schutzleiter muss mit dem geerdeten Punkt direkt oder über PEN-Leiter mit der geerdeten Stromquelle verbunden werden; eine zusätzliche Erdung im Verlauf dieses Schutzleiters wird sehr empfohlen

Im TT-System:
- muss jeder Körper (somit jedes Betriebsmittel der Schutzklasse I) über einen Schutzleiter mit einem Erder (z. B. einem Anlagenerder R_A) verbunden sein
- darf jeder Körper mit einem eigenen Erder verbunden werden; die Körper dürfen auch mit einem „Gruppenerder" verbunden werden, oder alle Körper dürfen mit einem gemeinsamen Erder/einer gemeinsamen Erdungsanlage (z. B. einem Anlagenerder R_A, Vorzugsanwendung) verbunden sein
- müssen gleichzeitig berührbare Körper (Handbereich, Abstand zueinander $\leq 2{,}5$ m) elektrischer Betriebsmittel/Verbrauchsmittel an einem für alle Körper gemeinsamen Erder/Erdungsanlage angeschlossen werden

- müssen alle Körper **eines Stromkreises** (d. h. an eine gemeinsame Schutzeinrichtung angeschlossene Betriebsmittel/Verbrauchsmittel) an einem für alle Körper gemeinsamen Erder/Erdungsanlage angeschlossen werden

Im IT-System:
- muss jeder Körper über einen Schutzleiter mit einem Erder verbunden sein (nach einem Fehler entsteht ein TT-System)
- darf jeder Körper mit einem eigenen Erder verbunden werden, die Körper dürfen auch mit einem „Gruppenerder" verbunden werden (nach einem Fehler entsteht ein TT-System) oder alle Körper dürfen mit einem gemeinsamem Erder/ einer gemeinsamen Erdungsanlage (z. B. einem Anlagenerder R_A, Vorzugsanwendung, da nach einem Fehler ein TN-System entsteht) verbunden sein
- müssen gleichzeitig berührbare Körper (Handbereich, Abstand zueinander ≤ 2,5 m, siehe jedoch auch die Maße 1,25 m oder 0,75 m im Bild B.1 der DIN VDE 0100-410 (VDE 0100-410):2007-06) elektrischer Betriebsmittel/Verbrauchsmittel an einem für alle Körper gemeinsamen Erder/Erdungsanlage angeschlossen werden
- müssen alle Körper eines Stromkreises (an eine gemeinsame Schutzeinrichtung angeschlossene Betriebsmittel/Verbrauchsmittel) an einem/einer für alle Körper gemeinsamen Erder/Erdungsanlage angeschlossen werden

Schutzerdungsleiter nach DIN VDE 0100-200 (VDE 0100-200):2006-06, 826-13-23 müssen den Anforderungen für Schutzleiter nach DIN VDE 0100-540 (VDE 0100-540) entsprechen.

Für jeden Stromkreis muss ein Schutzleiter vorhanden sein, der durch Anschluss an die diesem Stromkreis zugeordnete Erdungsklemme oder Erdungsschiene angeschlossen ist, also geerdet ist.

Durch den Verweis auf DIN VDE 0100-540 (VDE 0100-540) ergeben sich nun die ersten Probleme, weil auch in DIN VDE 0100-540 (VDE 0100-540) nichts über Schutzerdungsleiter zu finden ist. Es müssen daher die Anforderungen für „Schutzleiter" herangezogen werden, wobei es im Wesentlichen um Querschnitte und Mindestquerschnitte geht, was im Abschnitt 543.1 von DIN VDE 0100-540 (VDE 0100-540):2007-06 behandelt wird. Der Bezug auf „Anschluss an die zugehörige Erdungsklemme oder Erdungsschiene" macht das Ganze nicht einfacher. Auch hier sind Schutzleiterklemme oder Schutzleiterschiene am/im Betriebsmittel/Verbrauchsmittel gemeint.

Neu ist die Festlegung, die ein wenig in der Anforderung des ersten Satzes untergeht, dass nun für alle Stromkreise, in denen der Schutz durch automatische Abschaltung zur Anwendung kommt, ein Schutzleiter mitzuführen ist. Unklar ist, ob diese Forderung nach Mitführen eines Schutzleiters für **alle** Kabel/Leitungen gilt. Betrachtet man die Festlegungen im Abschnitt 412.2.3.2 der DIN VDE 0100-410 (VDE 0100-410):2007-06 bzw. Abschnitt 8.2.3.2 dieses Buchs, wo festgelegt ist, dass für jeden Stromkreis, der ein Betriebsmittel der Schutzklasse II versorgt, in der gesamten Leitungsanlage **ein** Schutzleiter mitgeführt und in jedem Installationsgerät (Schalter sind Installationsgeräte) an eine Klemme angeschlossen werden muss, ergibt sich eindeutig die Forderung: „in jedem Kabel/in jeder Leitung ist ein Schutzleiter mitzuführen", wenn der Schutz durch automatische Abschaltung der Stromversorgung zur Anwendung kommt, und zwar unabhängig davon, ob die zu versorgenden Betriebsmittel/Verbrauchsmittel der Schutzklasse I oder der Schutzklasse II entsprechen. Nachdenklich könnte man zwar bei Kabel/Leitungen zu Schaltern werden, weil man davon ausgehen kann, dass ein Schutzleiter für solche Betriebsmittel, d. h. für den Schalter, üblicherweise nicht benötigt wird. Ungeachtet dessen und aufgrund der Festlegung im Abschnitt 412.2.3.2 der DIN VDE 0100-410 (VDE 0100-410):2007-06 bzw. Abschnitt 8.2.3.2 dieses Buchs sollte, nach Meinung der Autoren – um jeder Diskussion aus dem Wege zu gehen –, auch in solchen Fällen ein Schutzleiter in den Schalterleitungen/Schalterkabeln mitgeführt werden.

Kurzer Überblick

Als Schutzerdung wird die Erdung eines Punkts oder mehrerer Punkte eines Netzes, einer Anlage oder eines Betriebsmittels bezeichnet. Schutzerdung ist eine Voraussetzung für den Fehlerschutz „Schutz durch automatische Abschaltung der Stromversorgung" im Fehlerfall.

Ein Schutzleiter ist mitzuführen in allen Kabeln/Leitungen, mit den Ausnahmen von Abschnitt 412.1.3 der DIN VDE 0100-410 (VDE 0100-410):2007-06, siehe Abschnitt 8.1.3 dieses Buchs (Schutz durch doppelte oder verstärkte Isolierung als alleinige Schutzmaßnahme).

7.3.1.2 411.3.1.2 Schutzpotentialausgleich über die Haupterdungsschiene (früher „Hauptpotentialausgleich" genannt) [413.1.2.1]

Mit dem neu eingeführten Begriff „Schutzpotentialausgleich über die Haupterdungsschiene" ist der seit Jahren (Jahrzehnten) eingeführte und überall bekannte Begriff „Hauptpotentialausgleich" aufgegeben worden. Tangiert wird von dieser Änderung auch der Begriff „zusätzlicher Potentialausgleich", der – wie nachfolgend noch ausgeführt – durch „zusätzlichen **Schutzpotentialausgleich**" ersetzt wurde. Dieser Wandel bedarf sicher noch einer längeren Umgewöhnungsphase.

Der neue Begriff „Schutzpotentialausgleich über die Haupterdungsschiene" löst den bisherigen Begriff „Hauptpotentialausgleich" ab. In der Originalfassung des HD 60364-4-1:2007 steht für Abschnitt 411.3.1.2 als Überschrift nur „Schutzpotentialausgleich". Da unter „Schutzpotentialausgleich" jeder Potentialausgleich zum Zwecke der Sicherheit verstanden wird, einschließlich des „zusätzlichen Schutzpotentialausgleichs", in diesem Abschnitt aber nur der Schutzpotentialausgleich über die Haupterdungsschiene behandelt wird, wurde „über die Haupterdungsschiene" national grau schattiert vom zuständigen DKE-Gremium als Präzisierung ergänzt.

7 411 Schutzmaßnahme: Automatische Abschaltung der Stromversorgung

Wenn man schon eine grau schattierte Ergänzung macht, wäre es sicher sinnvoll gewesen, einen national eingeführten Begriff (der sowohl die alten Begriffe enthält als auch das vorrangige Schutzziel), z. B. Haupt**schutz**potentialausgleich in Anlehnung an den bisherigen Hauptpotentialausgleich, zu verwenden, was wahrscheinlich den Elektrofachkräften leichter über die Lippen gekommen wäre.

Im Hinblick auf die weitere Entwicklung wurde aber bewusst auf die bisherige Benennung „Hauptpotentialausgleich" verzichtet, der so in der internationalen und auch in der europäischen Terminologie keine vergleichbare Benennung enthält. Es gibt z. B. keinen „main equipotential bonding".

Somit liegt aber nicht nur eine Änderung der Bezeichnung des bisherigen „Hauptpotentialausgleichs" vor, sondern es haben sich auch die Anforderungen geändert.

Um den Unterschied etwas zu verdeutlichen, ist hier der bisherige Text (in kleinerer Schrift) mit eingefügt.

Bisher:
In jedem Gebäude müssen der Hauptschutzleiter, der Haupterdungsleiter, die Haupterdungsklemme oder -schiene und die folgenden fremden leitfähigen Teile zu einem Hauptpotentialausgleich verbunden werden

Neu:
In jedem Gebäude müssen der Erdungsleiter und die folgenden leitfähigen Teile über die Haupterdungsschiene zum Schutzpotentialausgleich verbunden werden

Die Forderung „in jedem Gebäude" ist gegenüber der Vorgängernorm beibehalten worden, ebenso der Einbezug des oder der Erdungsleiter(s). Unter Erdungsleiter ist der Leiter zu verstehen, der einen Erder/eine Erdungsanlage (z. B. Fundamenterder als Anlagenerder R_A) mit dem Schutzpotentialausgleich verbindet. Dieser Leiter wurde in der früheren Ausgabe DIN VDE 0100-410 (VDE 0100-410):1997-01 als „Haupterdungsleiter" bezeichnet. Allerdings war der Begriff „Haupterdungsleiter" nicht definiert worden. Als Erdungsleiter gilt:

826-13-12 Erdungsleiter
*Leiter, der einen Strompfad oder einen Teil des Strompfads zwischen einem gegebenen Punkt eines Netzes, einer Anlage oder eines **Betriebsmittels** und einem Erder oder einem Erdernetz herstellt*
[IEV 195-02-03 MOD]

Geändert hat sich das notwendige Einbeziehen der nachfolgend aufgeführten Teile in diesen Schutzpotentialausgleich.
Bisher:
- metallene Rohrleitungen von Versorgungssystemen innerhalb des Gebäudes, z. B. für Gas, für Wasser

Neu:
- *metallene Rohrleitungen von Versorgungssystemen, die in Gebäude eingeführt sind, z. B. Gas, Wasser*

Damit ergibt sich ein wichtiger Unterschied zum bisher Festgelegten. Bisher war es notwendig, die Wasserleitungen und Gasleitungen aus Metall (leitfähigem Material) auch dann an den Hauptpotentialausgleich anzuschließen, wenn das von außen kommende Teil aus Kunststoff war, siehe **Bilder 7.3.1.2.1a bis 7.3.1.2.1c**. Nun wird durch die Festlegung „in die Gebäude eingeführt" klargelegt, dass dann eine Verbindung der leitfähigen Teile, die sich nur im „Innern" des Gebäudes befinden, nicht mehr notwendig ist. Allerdings muss erst noch die Erfahrung zeigen, ob sich das in der Praxis so bewährt. Diese neue Festlegung ist nach Meinung der Autoren eine vernünftige Verbesserung, da einerseits immer mehr Wasser- und Gaszuleitungen der Versorger bis zum Wasserzähler in Kunststoff ausgeführt werden, andererseits ein Metallrohr, das nur innerhalb des Gebäudes verlegt ist, ein Erdpotential nicht einführen kann. Und auch andere Potentiale (z. B. Kontakt mit aktiven Leitern) können ausgeschlossen werden, da Kabel/Leitungen nicht nur eine Basisisolierung haben, sondern eine Isolierung, die gleichwertig der doppelten oder verstärkten Isolierung ist, sofern die Anforderungen bezüglich der Spannungswerte erfüllt werden (siehe Abschnitt 412.2.4.1 der DIN VDE 0100-410 (VDE 0100-410):2007-06 bzw. Abschnitt 8.2.4.1 dieses Buchs). Sollten jedoch basisisolierte Leiter direkt neben einem leitfähigem Rohr (z. B. in einem nicht zu öffnenden Leitungskanal) verlegt sein, muss das Rohr an den Schutzleiter des betreffenden Stromkreises angeschlossen werden, weil es sich hierbei um berührbare leitfähige Teile handelt, bei denen im Fehlerfalle (beschädigte Basisisolierung) eine gefährliche Berührungsspannung auftreten kann. Es handelt sich um fremde leitfähige Teile, die aber, anders als sonst üblich, nicht das Erdpotential einführen können, sondern ein anderes Potential, nämlich das des Außenleiters bei einem Fehler an dessen Basisisolierung.

Bisher:
- Metallteile der Gebäudekonstruktion, Zentralheizungs- und Klimaanlagen

Neu:
- *fremde leitfähige Teile der Gebäudekonstruktion, sofern im üblichen Gebrauchszustand berührbar*
- *metallene Zentralheizungs- und Klimasysteme*

War bei den leitfähigen Rohrleitungen das „Einführen" in das Gebäude maßgebend, ist hier nun eine Verbindung gefordert, auch wenn diese Teile **nicht von außen** in das Gebäude eingeführt werden, was auch in der bisherigen DIN VDE 0100-410 (VDE 0100-410):1997-01 so enthalten war (siehe Wiedergabe nach „Bisher"). Anders wiederum liegt die Sache bei den Teilen der Gebäudekonstruktion. Hier müssen nun zwei Voraussetzungen vorliegen, um diese Teile einbeziehen zu müssen. Einerseits müssen diese Gebäudeteile „Erdkontakt" haben (durch den Hinweis auf fremde leitfähige Teile), also praktisch von außen in das Gebäude eingeführt werden, z. B. bei einer Stahlkonstruktion, die über eigene Fundamente verfügt. Die zweite Voraussetzung, solche Teile der Gebäudekonstruktion mit dem Schutzpotentialausgleich über die Haupterdungsschiene verbinden zu müssen, ist, dass diese Teile im üblichen Gebrauchszustand berührbar sind.

7 411 Schutzmaßnahme: Automatische Abschaltung der Stromversorgung

Bisher:
- wesentliche metallene Verstärkungen von Gebäudekonstruktionen aus bewehrtem Beton, soweit möglich

Neu:
- *metallene Verstärkungen von Gebäudekonstruktionen aus bewehrtem Beton, wo die Verstärkungen berührbar und zuverlässig untereinander verbunden sind*

Neben der Stahlkonstruktion/Stahlskelettbauweise muss auch die Bewehrung von Betonteilen einbezogen werden, aber nur wenn diese „berührbar" sind, was fast nie der Fall ist, da sie fast immer mit Beton überdeckt sind. Des Weiteren müssen sie nur dann einbezogen werden, wenn sie untereinander zuverlässig – z. B. durch „Verschweißen" oder „Verröldeln" – verbunden sind. Wo dies nicht gegeben ist, darf darauf verzichtet werden, was Bauherren veranlassen könnte, eine zuverlässige Verbindung zu vermeiden, um auf das Einbeziehen dieser Teile verzichten zu können. Auch eine Abhängigkeit von der Größe – was bisher durch die Worte „wesentlich" sehr pauschal und nicht detailliert eingegrenzt war – ist nicht mehr gegeben.

Vermisst werden könnte das Einbeziehen der Schutzleiter, insbesondere der PEN-Leiter (in der bisherigen DIN VDE 0100-410 (VDE 0100-410):1997-01 als „Hauptschutzleiter" angeführt). Durch die Forderung, dass der Erdungsleiter mit der Haupterdungsschiene verbunden werden muss, ergibt sich dennoch diese Forderung, wenngleich auf sehr indirekte Weise. Erdungsleiter sind nach Definition (siehe nachfolgende Begriffserklärung) die Leiter, die von einem Erder kommen und mit dem Schutzpotentialausgleich an der Haupterdungsschiene (bisher Hauptpotentialausgleichsschiene) verbunden werden müssen.

826-13-12 Erdungsleiter
*Leiter, der einen Strompfad oder einen Teil des Strompfads zwischen einem **gegebenen Punkt** eines Netzes, **einer Anlage** oder eines Betriebsmittels und **einem Erder** oder einem Erdernetz herstellt.*
ANMERKUNG In der elektrischen Anlage eines Gebäudes ist der gegebene Punkt üblicherweise die Haupterdungsschiene, und der Erdungsleiter verbindet diesen Punkt mit dem Erder oder dem Erdernetz.

Bisher:
Solche Konstruktionsteile, von außerhalb des Gebäudes kommend, müssen so nahe wie möglich an ihrem Eintrittspunkt in das Gebäude miteinander verbunden werden.

Neu:
Wo solche leitfähigen Teile ihren Ausgangspunkt außerhalb des Gebäudes haben, müssen sie so nahe wie möglich an ihrer Eintrittsstelle innerhalb des Gebäudes miteinander verbunden werden.

ANMERKUNG Nach DVGW G 459-1:1998-07 darf das Isolierstück der Gas-Hausanschlussleitung nicht überbrückt werden. Der Anschluss des Schutzpotentialausgleichsleiters hat in Fließrichtung erst hinter dem Isolierstück zu erfolgen.

Aus dem normativen Text ergibt sich gegenüber dem Text in der bisherigen Norm DIN VDE 0100-410 (VDE 0100-410):1997-01 eine eindeutige Bevorzugung, diese leitfähigen Teile nicht außerhalb, sondern innerhalb des Gebäudes zu verbinden. Wichtig für die Verbindung mit dem Schutzpotentialausgleich über die Haupterdungsschiene ist, dass die Verbindung möglichst nahe an der Stelle innerhalb des

Gebäudes durchgeführt wird, wo solche leitfähigen Teile in das Gebäude eingeführt werden.

Die unter diesem Abschnitt angeführte, grau schattierte Anmerkung relativiert das Verbinden der Gasrohre innerhalb des Gebäudes „so nahe wie möglich an der Eintrittstelle" und gehört thematisch zum ersten Aufzählungspunkt, der lautet:

metallene Rohrleitungen von Versorgungssystemen, die in Gebäude eingeführt sind, z. B. Gas, Wasser

Die Anmerkung verdeutlicht das, was in Deutschland schon jahrelang Praxis ist, auch wenn es, genau genommen, ein wenig entgegen der normativen Forderung ist, in der verlangt wird, dass die Verbindung mit dem Schutzpotentialausgleich möglichst nahe an der Stelle innerhalb des Gebäudes durchzuführen ist, wo solche leitfähigen Teile in das Gebäude eingeführt werden. Nur das Gasrohr darf erst – in Fließrichtung – hinter dem Isolierstück mit dem Schutzpotentialausgleich über die Haupterdungsschiene verbunden werden, was in einigen Fällen eben nicht direkt an der Hauseinführung sein wird. An dieser Stelle sei darauf hingewiesen, dass, wenn aus Blitzschutzgründen das Isolierstück mit einem Überspannungsableiter überbrückt wird, die Verbindung mit dem Schutzpotentialausgleich über die Haupterdungsschiene hinter dem Isolierstück beibehalten bleibt.

Wichtiger Hinweis der Autoren

Aufgrund der doch sehr unklaren und zum Teil den bisherigen Festlegungen entgegenstehenden Aussagen zum Schutzpotentialausgleich über die Haupterdungsschiene empfehlen die Autoren, den Schutzpotentialausgleich über die Haupterdungsschiene in der bisherigen, gewohnten Form des bisherigen Hauptpotentialausgleichs durchzuführen, wie er auch in den folgenden Bildern 7.3.1.2. ... dargestellt ist, bzw. den Empfehlungen in der „Aufzählung" der Legende von **Bild 7.3.1.2.1a** zu folgen. Mehr darf grundsätzlich immer gemacht werden. Ausgehend von der Feststellung der Autoren, dass die so genannten „fremden leitfähigen Teile" nur Erdpotential einführen können, wären nur solche Teile einzubeziehen, die in irgendeiner Weise direkt mit dem Erdpotential in Verbindung stehen. Würde man, so wie bisher die Begriffsbestimmung das belegt, auch davon ausgehen, dass auch andere Potentiale durch solche Teile „übertragen" bzw. von einem Raum/Bereich in einen andern eingeführt werden können, dann wären das Potentiale, die durch einen fehlerhaften Kontakt von aktiven Teilen/aktiven Leitern entstanden sein müssten. Solche Potentiale können aber nur auftreten, wenn an den aktiven Teilen zwei Fehler (Versagen des Basisschutzes und des Fehlerschutzes) auftreten würden. Eine Fehlerbetrachtung, die man üblicherweise ausschließt. Würde man auch solche Doppelfehler betrachten, dann müssten alle leitfähigen, nicht aktiven Teile, z. B. Handläufe, Treppengeländer, leitfähige Handtuchhalter, sonstige leitfähige Tragelemente und vieles mehr, in den Schutzpotentialausgleich über die Haupterdungsschiene mit einbezogen werden, weil ggf. zu diesen Teilen Doppelfehler auftreten könnten. Das würde einen globalen Potentialausgleich bedeuten. Außerdem würde diese Interpretation auch den zusätzlichen Schutzpotentialausgleich bei nicht er-

7 411 Schutzmaßnahme: Automatische Abschaltung der Stromversorgung

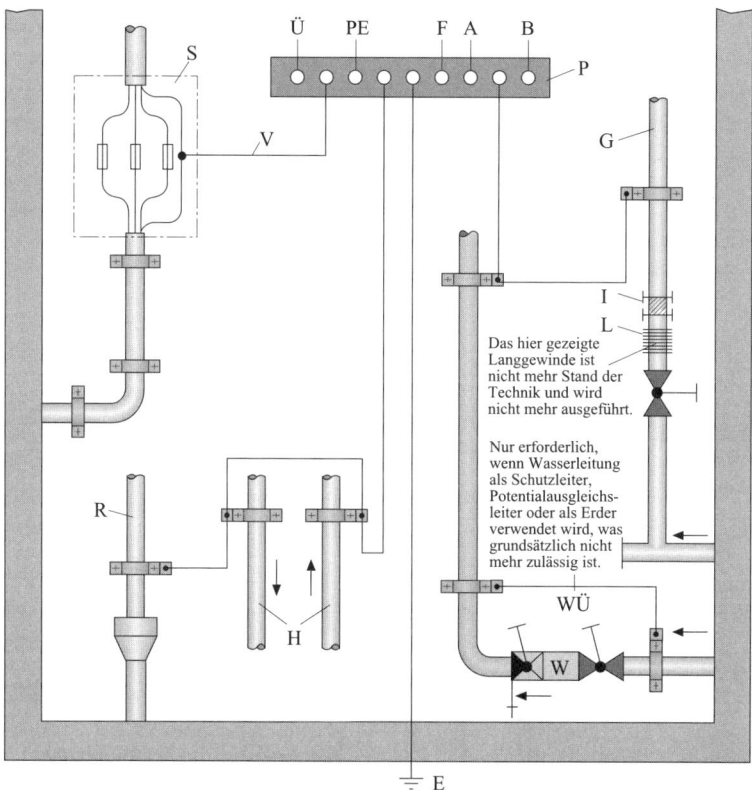

A zum Antennenerder, wenn vorhanden, ggf. direkt an dem Fundamenterder nach DIN EN 60728-11 (VDE 0855-1):2005 10, Abschnitt 11.3.2, siehe auch Bild 7.3.3 dieses Buchs
B zur Blitzschutzanlage/-erder nach DIN EN 62305 (VDE 0185-305)
E Erder, z. B. Fundamenterder (nach TAB
F zu Fernmeldekabel/Leitungen (wenn vom Eigner erlaubt)
G Gasrohr *(nach Teil 410 in Fließrichtung hinter dem Isolierstück)*
H Heizungsrohre
I Isolierstück
PE Schutzleiter im TT-System oder IT-System
V Verbindungsleitung zum PEN/PE-Leiter im TN-System
L Langgewinde (laut DVGW nicht mehr bei Neuanlagen üblich)
P Haupterdungsklemme oder -schiene (früherer Begriff: Hauptpotentialausgleichsschiene)
R metallenes Abwasserrohr
S Starkstrom-Hausanschlusskasten
Ü *zum Überspannungsschutz nach DIN V VDE V 0100-534 (VDE V 0100-534):1999-04, Anhang A)*
W Wasserzähler
WÜ Überbrückung des Wasserzählers (bedingt)

Bild 7.3.1.2.1a Ausführungsbeispiel für den Schutzpotentialausgleich über die Haupterdungsschiene (früherer Begriff: Hauptpotentialausgleich) mit den Teilen, die nach neuer Norm einbezogen werden müssen, und den Teilen *(kursiver Text)*, die nach Meinung der Autoren notwendigerweise, weil z. B in anderen Normen gefordert, einbezogen werden müssen.

7 411 Schutzmaßnahme: Automatische Abschaltung der Stromversorgung

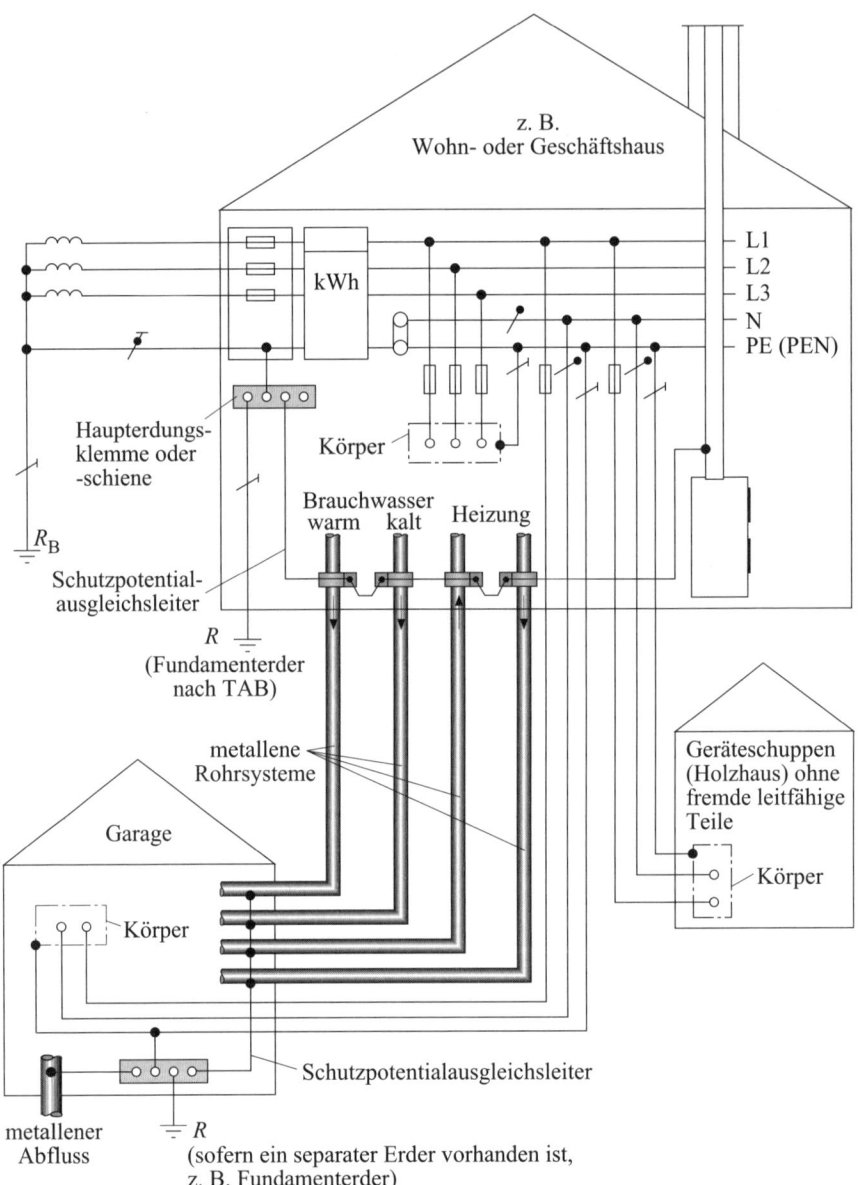

Bild 7.3.1.2.1b Schutzpotentialausgleich über die Haupterdungsschiene (früherer Begriff: Hauptpotentialausgleich) im **TN-System**, in **jedem** Gebäude mit einer elektrischen Anlage

7 411 Schutzmaßnahme: Automatische Abschaltung der Stromversorgung

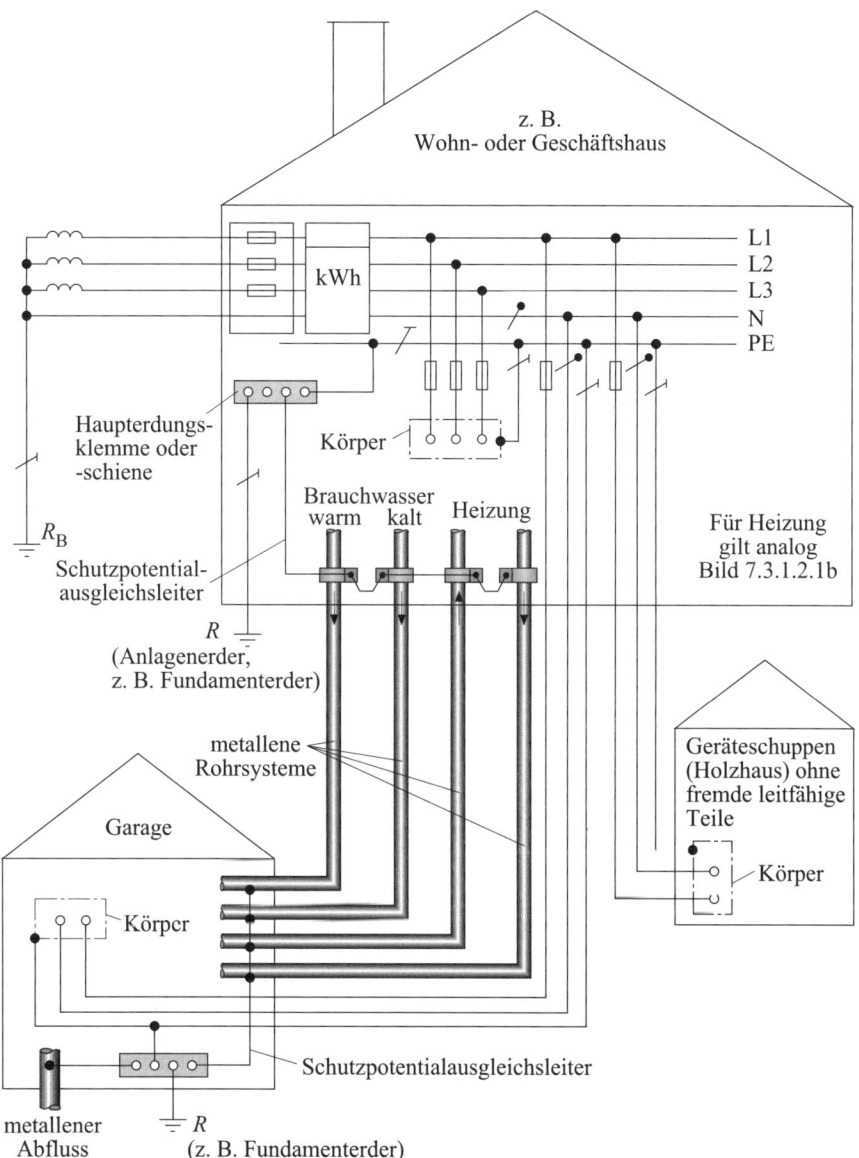

Bild 7.3.1.2.1c Schutzpotentialausgleich über die Haupterdungsschiene (früherer Begriff: Hauptpotentialausgleich) im **TT-System** (gilt analog auch für das IT-System), in **jedem** Gebäude mit einer elektrischen Anlage

füllter Abschaltzeit in Frage stellen, weil ja dann auch alle leitfähigen Teile und nicht nur die fremden leitfähigen Teile einbezogen werden müssten, was alle Dimensionen sprengen würde. Entsprechendes würde für alle Körper elektrischer Betriebsmittel gelten, weil dann auch über die leitfähigen Teile zu den Körpern ein Potential überbrückt werden könnte.

Schutzpotentialausgleichsleiter nach DIN VDE 0100-200 (VDE 0100-200):2006-06, 826-13-24, müssen den Anforderungen nach DIN VDE 0100-540 (VDE 0100-540) entsprechen.
Metallmäntel von Fernmeldekabeln und -leitungen müssen mit dem Schutzpotentialausgleich verbunden werden, unter Berücksichtigung der Anforderungen der Eigner oder Betreiber dieser Kabel und Leitungen.

Die Vorgaben für die Querschnitte der Schutzpotentialausgleichsleiter sind nach wie vor in DIN VDE 0100-540 (VDE 0100-540) enthalten.

Im Abschnitt 544.1.1 von DIN VDE 0100-540 (VDE 0100-540):2007-06 ist festgelegt, dass folgende Mindestquerschnitte zur Anwendung kommen müssen:
- 6 mm^2 Kupfer oder
- 16 mm^2 Aluminium oder
- 50 mm^2 Stahl

wobei es keine Abhängigkeit vom größten Schutzleiterquerschnitt in der elektrischen Anlage gibt.

Bisher gab es die Festlegung, dass die Hauptpotentialausgleichsleiter zwischen 6 mm^2 und 25 mm^2 Cu liegen müssen, und zwar abhängig vom Schutzleiterquerschnitt.

Die Forderung zum Einbezug der Fernmeldekabel und -leitungen bleibt ebenfalls wie bisher, d. h. es bedarf der Zustimmung des Eigners des Kabels/der Leitung für das Einbeziehen möglicher Schirme in den Schutzpotentialausgleich über die Haupterdungsschiene.

Das Einbeziehen des Blitzschutzerders in den Schutzpotentialausgleich über die Haupterdungsschiene (bisher Hauptpotentialausgleich), wird auch in DIN VDE 0100-410 (VDE 0100-410):2007-06 nicht explizit gefordert, obwohl die Verbindung notwendig ist, da das Schutzziel des Schutzpotentialausgleichs darin besteht, dass Potentialgleichheit im Gebäude gegeben ist.

Die Anforderungen an Blitzschutzanlagen werden primär in den Normen der Reihe DIN EN 62305 (VDE 0185-305) „Blitzschutz" (bisher die Normen der Reihe DIN V VDE V 0185 (VDE V 0185) beschrieben. Unabhängig von einer Forderung in DIN VDE 0100-410 (VDE 0100-410) gilt, dass Blitzschutzerdungsanlagen mit dem Schutzpotentialausgleich über die Haupterdungsschiene (bisher Hauptpotentialausgleich) zu verbinden sind, was sich aus Abschnitt 6.2.1 von DIN EN 62305-3 (VDE 0185-305-3):2006-10 indirekt ergibt.

7 411 Schutzmaßnahme: Automatische Abschaltung der Stromversorgung

Dort ist festgelegt:
Der Potentialausgleich wird erreicht, indem das LPS verbunden wird:
- *mit dem Metallgerüst der baulichen Anlage*
- *mit den Installationen aus Metall*
- *mit den äußeren leitenden Teilen und Leitungen, die mit der baulichen Anlage verbunden sind*

In diesem Abschnitt sind auch solche fremden leitfähigen Teile aufgeführt, für die auch das Einbeziehen in den Schutzpotentialausgleich über die Haupterdungsschiene gefordert ist. Probleme könnte es nur geben, weil in dieser Norm andere Querschnitte festgelegt sind (mindestens 14 mm² Cu, was hier kein Schreibfehler ist, sondern tatsächlich so festgelegt ist). Des Weiteren ist dort festgelegt, dass innerhalb der zu schützenden baulichen Anlage die in Gas- oder Wasserleitungen eingefügten Isolierstücke, nach Zustimmung der Gas- und Wasserwerke, mit SPDs (Hinweis der Autoren: Überspannung-Schutzeinrichtungen), die für die entsprechenden Betriebsbedingungen ausgelegt sind, überbrückt werden müssen.

Wegen der in DIN VDE 0100-410 (VDE 0100-410):2007-06 sehr kurz gehaltenen Anforderungen bezüglich des Schutzpotentialausgleichs über die Haupterdungsschiene (bisher Hauptpotentialausgleich) ist nachfolgend noch eine Zusammenstellung einiger fremder leitfähiger Teile bzw. leitfähiger Teile aufgeführt, die zum Teil

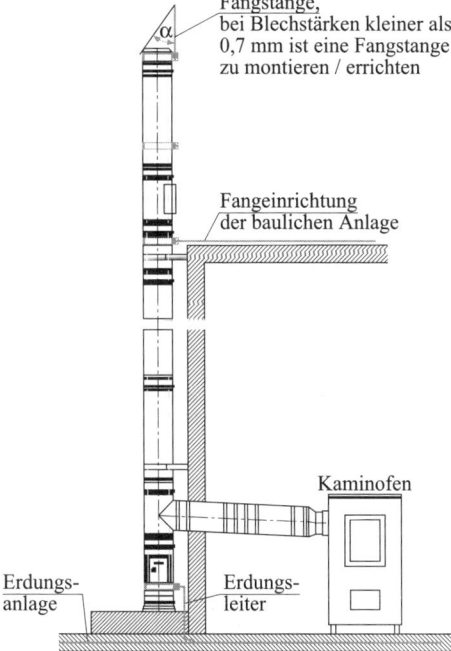

Bild 7.3.1.2.2a Abgaskamin außerhalb des Gebäudes. Verbindung mit dem Blitzschutz vorhanden, daher Anschluss des Schutzpotentialausgleichs über die Haupterdungsschiene vorzugsweise außerhalb des Gebäudes mit dem Fundamenterder herstellen. Damit wird der leitfähige Kamin über die Erdungsanlage mit der Haupterdungsschiene verbunden und somit auch mit in den Schutzpotentialausgleich über die Haupterdungsschiene einbezogen.

7 411 Schutzmaßnahme: Automatische Abschaltung der Stromversorgung

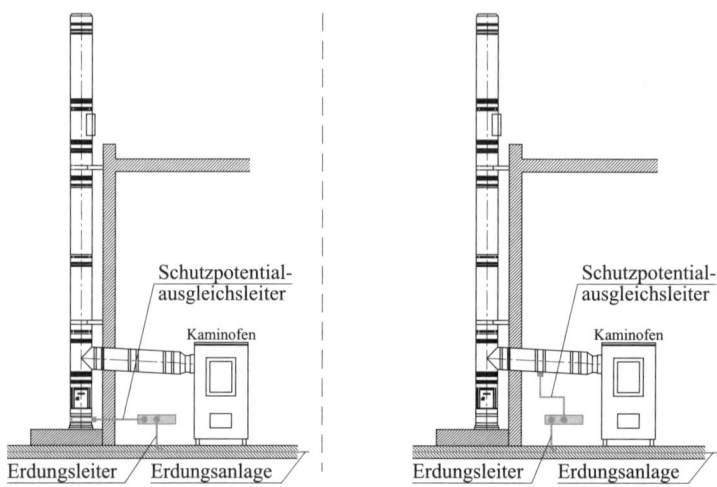

Nur noch bedingt zu empfehlen, da in der Norm festgelegt ist: „Verbindung innerhalb des Gebäudes", wie rechts dargestellt!

Bild 7.3.1.2.2b, 7.3.1.2.2c Abgaskamin außerhalb des Gebäudes, Anschluss an den Schutzpotentialausgleich über die Haupterdungsschiene; Blitzschutz nicht vorhanden

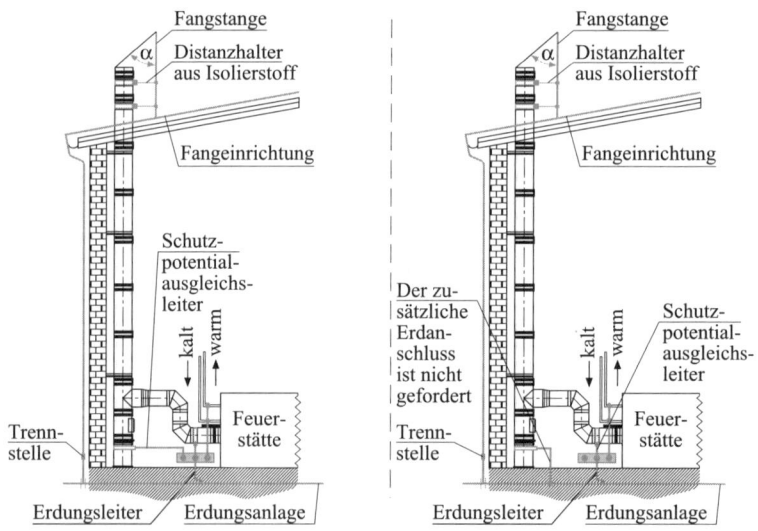

Bild 7.3.1.2.2d, 7.3.1.2.2e Abgaskamin innerhalb des Gebäudes, Anschluss an den Schutzpotentialausgleich über die Haupterdungsschiene; Blitzschutz vorhanden, Fangstange isoliert gegen den Abgaskamin

nach Meinung der Autoren oder aufgrund anderer Normen mit in den Schutzpotentialausgleich über die Haupterdungsschiene einbezogen werden müssen bzw. bei welchen darauf verzichtet werden darf.

- **Einbeziehen von Metallkaminen in den Schutz(Haupt)potentialausgleich**
  Metallkamine – eine Forderung, die sich indirekt durch den Hinweis im dritten Aufzählungspunkt „*metallene Zentralheizungs- und Klimasysteme*" ergibt –, ob im Gebäude integriert oder außen am Gebäude hochgeführt, müssen in den Schutzpotentialausgleich über die Haupterdungsschiene mit einbezogen werden, da sie zumindest an einer Stelle – dort, wo der Metallkamin an die Heizungsanlage angeschlossen wird – in das Gebäude eingeführt werden. Eine eventuell vorhandene Blitzschutzanlage darf nur dann mit dem Kamin verbunden werden, wenn sich die Abgasanlage **außerhalb des Gebäudes** befindet. Ansonsten muss eine Fangstange am Kamin isoliert angebracht werden. Siehe hierzu auch die vom ZVH Zentralverband Haustechnik und von VDE Verband der Elektrotechnik Elektronik Informationstechnik e. V. herausgegebene Fibel „Blitzschutz an Abgasanlagen". Diese Bilder sind hier als **Bilder 7.3.1.2.2a, b, c, d** auszugsweise wiedergegeben.

- Einbeziehen von Antennenanlagen
  Festlegungen hierzu sind in DIN EN 60728-11 (VDE 0855-1):2005-10 enthalten, wobei wie folgt unterschieden wird:
  – Maßnahmen für den Schutz bei Überspannung, bei Gebäuden **mit einer Blitzschutzanlage** (Abschnitt 11.2.1 von DIN EN 60728-11 (VDE 0855-1):2005-10)

    - Metallische Antennenmasten müssen auf dem kürzestmöglichen Weg mit der Gebäude-Blitzschutzanlage, z. B Verbindung mit einer Ableitung (Anschluss an die Hauptpotentialausgleichschiene/Haupterdungsschiene ist nicht geeignet), über einen Erdungsleiter von mindestens 16 mm^2 Kupfer, isoliert oder blank, oder 25 mm^2 Aluminium, isoliert (nicht blank) oder 50 mm^2 Stahl, blank, verbunden werden. Erdungsleiter sollten eindrähtig massiv sein, mehrdrähtige Leiter sollten vermieden werden, flexible Leiter sind unzulässig (wegen der Blitzstoßstrombeanspruchung nicht geeignet).
    - Die äußeren Leiter (Schirme) aller Koaxialantennen-Niederführungskabel müssen über einen Potentialausgleichsleiter (wäre nun ein zusätzlicher Schutzpotentialausgleichsleiter) mit mindestens 4 mm^2 Kupfer mit dem Mast verbunden werden (siehe **Bild 7.3.1.2.3**, entspricht Bild 8 von DIN EN 60728-11 (VDE 0855-1):2005-10).

    Diese normativen Vorgaben entsprechen nicht mehr den Anforderungen der Blitzschutznormen. Im Bereich der Blitzschutznormen ist man übereingekommen, den Antennenmast nicht mehr direkt mit der Blitzschutzanlage zu verbinden, sondern über eine oder mehrere isoliert angeordnete Fangstange(n) zu schützen, siehe **Bild 7.3.1.2.4a** und **Bild 7.3.1.2.4b**.

  – Maßnahmen für den Schutz bei Überspannung, bei Gebäuden **ohne Blitzschutzanlage**

7 411 Schutzmaßnahme: Automatische Abschaltung der Stromversorgung

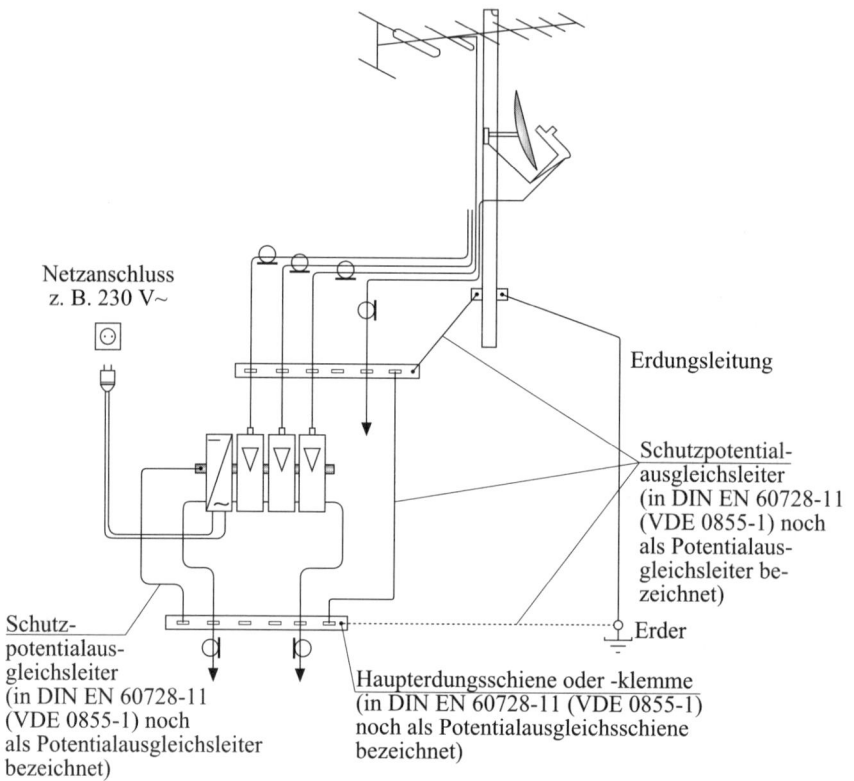

Bild 7.3.1.2.3 „Potentialausgleich" (nach DIN VDE 0100-410 (VDE 0100-410):2007-06: Schutzpotentialausgleich über die Haupterdungsschiene) für Antennenmasten nach DIN EN 60728-11 (VDE 0855-1)

- Leitfähige Masten und die Außenleiter der Koaxialkabel müssen mit der Erdungsanlage (Gebäudeerder/Fundamenterder) über Potentialausgleichsleiter (nach DIN VDE 0100-410 (VDE 0100-410):2007-06 „Schutzpotentialausgleichsleiter") verbunden werden.
  Der Querschnitt für den Erdungsleiter beträgt mindestens 16 mm² Kupfer, isoliert oder blank, oder 25 mm² Aluminium, isoliert (nicht blank), oder 50 mm² Stahl, blank, und ist vorzugsweise außerhalb des Gebäudes zu führen.
  Als Potentialausgleichsleiter (DIN VDE 0100-410 (VDE 0100-410):2007-06 „Schutzpotentialausgleichsleiter") dürfen – vorausgesetzt der Querschnitt wird, wie zuvor beschrieben, erreicht – auch „natürliche" Bestandteile des Gebäudes verwendet werden, z. B.:

- leitfähige Wasserrohre, Heizungsrohre
- Metallgebäudekonstruktionen
- durchgängige Bewehrungsstähle

Dieses Vorgehen ist aber nach Meinung der Autoren weniger zu empfehlen.

- Die äußeren Leiter (Schirme) der Koaxialkabel müssen über Potentialausgleichsleiter mit mindestens von 4 mm^2 Kupfer mit dem Mast zu verbunden werden (analog wie in Bild 7.3.1.2.3).

Als Potentialausgleichsleiter dürfen – vorausgesetzt der Querschnitt wird, wie zuvor beschrieben, erreicht – auch „natürliche" Bestandteile des Gebäudes verwendet werden. Auch hier gilt nach Meinung der Autoren, dass von dieser Möglichkeit nicht Gebrauch gemacht werden sollte, um nicht die Blitzströme unkontrolliert über die Gebäude zu führen.

- Für Satellitenanlagen – sofern der Anschluss eines Potentialausgleichsleiters gefordert ist – müssen die entsprechenden Anforderungen wie bei Antennenanlagen eingehalten werden.
- Auch bei Kabelfernsehen muss der Schirm der Kabel mit mindestens 4 mm^2 mit der Haupterdungsklemme oder -schiene verbunden werden.
- Überbrückung von Wasseruhren/Wasserzähler mit Potentialausgleichsleitern (nach DIN VDE 0100-410 (VDE 0100-410):2007-06 „Schutzpotentialausgleichsleiter").

Die Verwendung der leitfähigen Wasserleitung als Erder war nach DIN VDE 0190 nur bis 30. September 1990 zugelassen. Nach diesem Zeitpunkt durften Wasserleitungen nur in Ausnahmefällen und nur mit Zustimmung des Betreibers des Wasserrohrnetzes als Erder (einschließlich Erdungsleiter und Schutzleiter) verwendet werden. Damit entfällt bei Neuanlagen die notwendige Überbrückung.

Es sei jedoch darauf hingewiesen (richtet sich aber in erster Linie an den Sanitärhandwerker), dass bei Unterbrechung leitfähiger Rohrleitungen innerhalb von Gebäuden nach DVGW eine Überbrückung der auszubauenden Teile notwendig sein kann.

- Einbeziehen von Photovoltaikanlagen (PV-Anlage) auf dem Dach von Gebäuden in den Schutzpotentialausgleich über die Haupterdungsschiene ist nicht gefordert, da leitfähige Teile von PV-Generatoren und deren Befestigungskonstruktionen (auch wenn sie in das Dach hineinführen) nicht als fremde leitfähige Teile gelten. Ein eventuell vorgesehener Blitzschutz ist analog zu den neueren Vorstellungen bei den Antennenanlagen auszuführen, d. h. mit isoliert angeordneten Fangstangen, siehe auch **Bild 7.3.1.2.5.**
- Nicht in den Schutzpotentialausgleich über die Haupterdungsschiene einbezogen werden müssen leitfähige Teile von Balkonen und Treppengeländern. Solche Teile gelten weder als fremde leitfähige Teile noch handelt es sich dabei um fremde leitfähige Teile der Gebäudekonstruktion noch um metallene Verstärkungen von Gebäudekonstruktionen aus bewehrtem Beton.

7 411 Schutzmaßnahme: Automatische Abschaltung der Stromversorgung

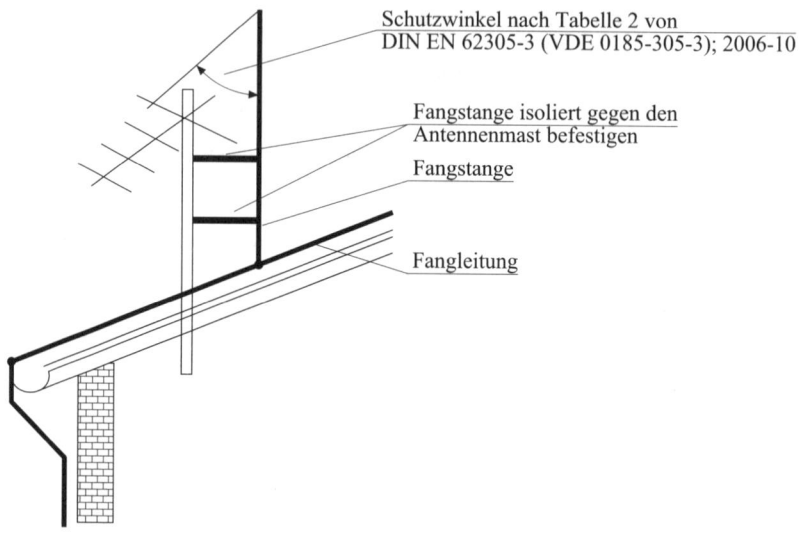

Bild 7.3.1.2.4a Neue Philosophie für den Blitzschutz an Antennenanlagen, vereinfachte Darstellung

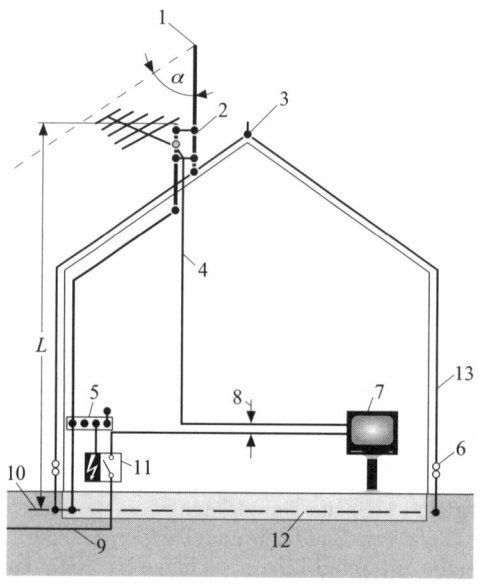

1 Fangstange
2 Distanzhalter
3 Horizontale Fangleitung am First
4 Antennenkabel
5 Haupterdungsklemme oder -schiene, an die der Schirm des Antennenkabels angeschlossen ist
6 Prüfklemme
7 Fernsehgerät
8 Parallelführung des Antennenkabels und des Energieversorgungskabels
9 Energieversorgungskabel
10 Erdungs-Anlage
11 Energieverteilung mit Überspannungsschutzgeräten
12 Fundamenterder
13 Leitung des Äußeren Blitzschutzes
L Länge für die Berechnung des Trennungsabstands s
α Schutzwinkel

Bild 7.3.1.2.4b Ergänzendes Bild zum Bild 7.3.1.2.4a (in Anlehnung an Foto: Firma Dehn + Söhne, Neumarkt/Oberpfalz)

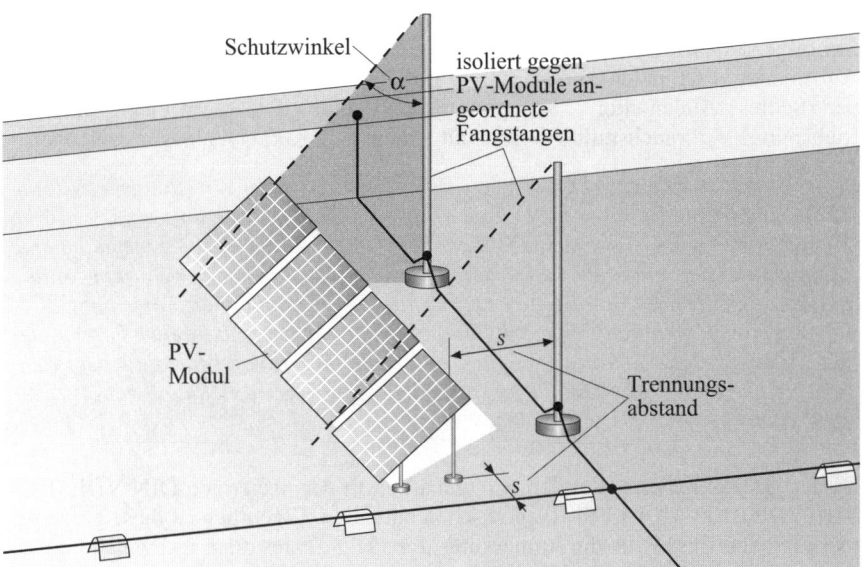

Bild 7.3.1.2.5 Isoliert angeordnete Fangstangen für den Blitzschutz bei PV-Anlagen unter Beachtung des Schutzwinkels „α" und des notwendigen Trennungsabstands „s"
(Foto: Firma Dehn + Söhne, Neumarkt/Oberpfalz)

> **Kurzer Überblick**
>
> Schutzpotentialausgleich über die Haupterdungsschiene (neue Bezeichnung für den früheren Hauptpotentialausgleich) ist als Potentialausgleich zum Zweck der Sicherheit eine Voraussetzung für den Fehlerschutz „Schutz durch automatische Abschaltung der Stromversorgung". Er dient nicht nur direkt dem Schutz gegen elektrischen Schlag, sondern kann auch anderen Zwecken der Sicherheit, z. B. dem Blitzschutz, dienen, was indirekt auch dem Personenschutz dient.

7.3.2 411.3.2 Automatische Abschaltung im Fehlerfall [413.1]

7.3.2.1 *411.3.2.1 Eine Schutzeinrichtung muss im Falle eines Fehlers mit vernachlässigbarer Impedanz zwischen einem Außenleiter und einem Körper oder einem Schutzleiter des Stromkreises oder einem Schutzleiter des Betriebsmittels die Stromversorgung zu dem Außenleiter eines Stromkreises oder dem Betriebsmittel in der in 411.3.2.2, 411.3.2.3 oder 411.3.2.4 geforderten Abschaltzeit automatisch unterbrechen. Ausgenommen hiervon sind die Fälle nach 411.3.2.5 und 411.3.2.6.*

Der komplizierte Satz besagt, auf einfachen Nenner gebracht, dass, dieser Stromkreis automatisch durch eine Schutzeinrichtung abgeschaltet werden muss, wenn ein impedanzloser Fehler zwischen einem Außenleiter und dem Schutzleiter des Stromkreises auftritt. Dabei spielt es keine Rolle, ob der Fehler im Kabel (Schluss Außenleiter – Schutzleiter) oder an den Betriebsmitteln selbst, z. B. an einem Körper (Schluss Außenleiter – Körper) auftritt. Fehler zu Körpern elektrischer Betriebsmittel/Verbrauchsmittel werden allgemein als „Körperschluss" bezeichnet.

Abweichend von den Abschaltzeiten nach 411.3.2 ist es in Verteilungsnetzen, die als Freileitungen oder als im Erdreich verlegte Kabel ausgeführt sind, sowie in Hauptstromversorgungssystemen nach DIN 18015-1 mit der Schutzmaßnahme „Doppelte oder verstärkte Isolierung" nach 412 ausreichend, wenn am Anfang des zu schützenden Leitungsabschnitts eine Überstrom-Schutzeinrichtung vorhanden ist und wenn im Fehlerfall mindestens der Strom zum Fließen kommt, der eine Auslösung der Schutzeinrichtung unter den in der Norm für die Überstrom-Schutzeinrichtung für den Überlastbereich festgelegten Bedingungen (großer Prüfstrom) bewirkt.

Dieser grau schattierte Bereich war inhaltlich in der bisherigen DIN VDE 0100-410 (VDE 0100-410):1997-10 auch schon enthalten. Eigentlich ist diese graue Anmerkung überflüssig, da die Anmerkung 1 des HD-Textes diese „Abweichung" abdeckt. Eine Ausdehnung ergibt sich durch die allgemeine Festlegung „Verteilungsnetze", da bestimmungsgemäß auch die Verteilungsnetze der Industrie mit dazugehören, was aus der HD-Anmerkung nicht eindeutig hervorgeht.

Ansonsten wird damit nur ausgesagt, dass in solchen Verteilungsnetzen die normal geforderten Abschaltzeiten von maximal 5 s in TN-Systemen und von maximal 1 s in TT-Systemen nicht eingehalten werden können und auch nicht eingehalten werden müssen. Dies ist meist der Fall, weil wegen der großen Leitungslängen und der häufigen „Überdimensionierung" der Schutzeinrichtungen (d. h. Schutzeinrichtungen mit zu hohem Nennstrom) für den Schutz bei Überstrom der für die „normalen" Abschaltzeiten notwendige Abschaltstrom nicht zum Fließen kommt. Diese längeren Abschaltzeiten (größer als 5 s im TN-System und 1 s im TT-System) haben aber keine negativen Auswirkungen auf den Schutz gegen elektrischen Schlag, da bis einschließlich erster nachgeschalteter Schutzeinrichtung, welche die Abschaltzeiten erfüllen kann, eine Anlage mit doppelter oder verstärkter Isolierung vorhanden sein muss, was nicht in DIN VDE 0100-410 (VDE 0100-410):2007-06, sondern in den Technischen Anschlussbedingungen (TAB) gefordert wird. Ohne berührbare Körper kann in diesem Bereich eine gefährliche Berührungsspannung nicht auftreten. Die mögliche Potentialanhebung auf Schutzleiter oder PEN-Leiter wird durch die in jedem Gebäude geforderte Verbindung mit dem Schutzpotentialausgleich über die Haupterdungsschiene soweit reduziert, dass **keine** Gefährdung bezüglich des Schutzes gegen elektrischen Schlag auftreten kann.

Allerdings bezieht sich diese „Erleichterung" nur auf den Schutz gegen elektrischen Schlag. In DIN VDE 0100-430 (VDE 0100-430):1991-11 gibt es diese Erleichterung nur im Bereich „Stromquelle erste Verteilung", vorausgesetzt die Verlegung der relevanten Kabel/Leitungen erfolgt so, dass weder mit einem Kurzschluss noch mit einem Erdschluss zu rechnen ist. Für die in der grau schattierten Erleichterung aufgeführten Kabel/Leitungen müsste also ein Schutz bei Kurzschluss wirksam sein, für den ebenfalls die maximal 5 s gelten, es sei denn, die Kabel/Leitungen sind nach Überlast dimensioniert. Die Anmerkung ist, so betrachtet, also fragwürdig.

Bei dem Hinweis auf DIN 18015-1 handelt es sich nicht um die in der Anmerkung beschriebene Erleichterung, und es gibt auch keine Forderung nach doppelter oder verstärkter Isolierung. Es wird lediglich erklärt, was ein Hauptstromversorgungssystem ist.

Entsprechend DIN 18015-1:2002-09 gelten als Hauptstromversorgung/Hauptstromversorgungssystem nach Abschnitt 3.2 der DIN 18015-1:2002-09 die Hauptleitungen und die Betriebsmittel hinter der Übergabestelle (Hausanschlusskasten) des Elektrizitätsversorgungsunternehmers (EVU) bzw. Verteilungsnetzbetreibers (VNB), die nicht gemessene elektrische Energie führen, und nach Abschnitt 3.3 der DIN 18015-1:2002-09 gilt als Hauptleitung die Verbindungsleitung zwischen der Übergabestelle des Verteilungsnetzbetreibers und der Messeinrichtung (Zähleranlage), die nicht gemessene elektrische Energie führt. An dieser Stelle soll auch gleich die immer wieder angeführte Frage nach der Bedeutung von DIN 18015 beantwortet werden.

Es gilt: Die Normen der Reihe DIN 18015 müssen zwischen Auftraggeber und Auftragnehmer vereinbart werden, wenn sie Berücksichtigung finden sollen.

ANMERKUNG 1 Größere Werte der Abschaltzeit als die in diesem Abschnitt geforderten dürfen in Netzen der öffentlichen Stromverteilung und den zugehörigen Stromerzeugungs- und Übertragungsanlagen zugelassen sein. [Anmerkung 6 von Abschnitt 413.1.1]

Diese Anmerkung hat für Deutschland wegen der vorstehenden, grau schattierten Anforderung für Verteilungsnetze keine Bedeutung.

Eine der Möglichkeiten, die „erd- und kurzschlusssichere" Verlegung nach DIN VDE 0100-520 (VDE 0100-520):2003-06, 521.13 d) zu realisieren, ist es, die Kabel und Leitungen so anzuordnen, dass sie ohne Gefahr für ihre Umgebung ausbrennen können. Ein solches gefahrloses Ausbrennen wäre z. B. bei der Verlegung von Kabeln im Erdreich gegeben. Das wäre für Verteilungsnetze nach Anmerkung 1 eine Möglichkeit ohne zeitliche Befristung für die daraus resultierende Abschaltung durch „Wegbrennen" der Fehlerstelle. Für Deutschland ist dies nicht möglich, weil die grau schattierten Anforderung verlangt, dass im Fehlerfall mindestens der Strom zum Fließen kommen muss, der eine Auslösung der Schutzeinrichtung unter den in der Norm für die Überstrom-Schutzeinrichtung für den Überlastbereich festgelegten Bedingungen (großer Prüfstrom) bewirkt wird und die Erlaubnis nach Anmerkung 1 ausdrücklich für Deutschland als bedeutungslos erklärt ist.

7 411 Schutzmaßnahme: Automatische Abschaltung der Stromversorgung

ANMERKUNG 2 Kleinere Werte der Abschaltzeit dürfen für elektrische Anlagen und Bereiche besonderer Art in Übereinstimmung mit der Gruppe 700 der Reihe DIN VDE 0100 (VDE 0100) gefordert sein. [Anmerkung 3 von Abschnitt 413.1.1]

Diese Aussage war auch bisher schon in DIN VDE 0100-410 (VDE 0100-410): 1997-01 enthalten. Wegen des in Europa nicht veröffentlichten Teils 481 „Auswahl von Schutzmaßnahmen" ist der Hinweis auf diesen Teil entfallen. Im Teil 481 (bei IEC) gab es Festlegungen, dass für Bereiche erhöhter Gefährdung kleinere Abschaltzeiten notwendig sein können. Da es auch in der Gruppe 700 der Reihe DIN VDE 0100 (VDE 0100) keine Reduzierung gibt, ist dieser Hinweis bisher von geringer Bedeutung. Auch in absehbarer Zeit ist eine Reduzierung der Abschaltzeit in den Normen der Gruppe 700 der Reihe DIN VDE 0100 (VDE 0100) nicht zu erwarten.

ANMERKUNG 3 Bei IT-Systemen ist die automatische Abschaltung bei Auftreten des ersten Fehlers (siehe 411.6.1) üblicherweise nicht gefordert. Anforderungen zur Abschaltung (im Falle eines zweiten Fehlers, der sich auf einem anderen Außenleiter ereignet) nach Auftreten des ersten Fehlers siehe 411.6.4. [Anmerkung 5 von Abschnitt 413.1.1]

Der erste Satz dieser Anmerkung war so schon in DIN VDE 0100-410 (VDE 0100-410):1997-01, Anmerkung 5 enthalten, d. h. dass eine automatische Abschaltung der Stromversorgung nach dem ersten Fehler (Körper- oder Erdschluss) normalerweise nicht notwendig ist. Die Erweiterung der Anmerkung besteht nur aus dem Hinweis auf die notwendigen Maßnahmen nach dem ersten Fehler, siehe hierzu Abschnitte 411.6.1 und 411.6.4 der DIN VDE 0100-410 (VDE 0100-410):2007-06 bzw. die Abschnitte 7.6.1 und 7.6.4 dieses Buchs.

Nicht mehr enthalten ist die bisherige Anmerkung 4 von Abschnitt 413.1.1 der DIN VDE 0100-410 (VDE 0100-410):1997-01, die lautete:

Die Anforderungen dieses Abschnitts sind anzuwenden auf Stromversorgungen mit Wechselspannung, einer Frequenz zwischen 15 Hz und 1 000 Hz, und mit oberschwingungsfreier Gleichspannung.

Damit gibt es derzeit bezüglich der Frequenz(bereiche) keine Einschränkungen, abgesehen von der allgemein empfohlenen Begrenzung der Frequenz für den Anwendungsbereich der Normen der Reihe DIN VDE 0100 (VDE 0100), die in DIN VDE 0100-100 (VDE 0100-100):2002-08, Abschnitt 11.2a enthalten ist. In dem genannten Abschnitt sind bevorzugte Frequenzen wie folgt angeführt:

Stromkreise, die mit Nennspannungen bis einschließlich AC 1 000 V oder DC 1 500 V versorgt werden. Für AC sind die bevorzugten Frequenzen, die in dieser Norm berücksichtigt werden, 50 Hz, 60 Hz und 400 Hz. Andere Frequenzen für besondere Anwendungsfälle sind nicht ausgeschlossen;

7 411 Schutzmaßnahme: Automatische Abschaltung der Stromversorgung

> **Kurzer Überblick**
>
> Bei einem impedanzlosen Fehler zwischen einem Außenleiter – im IT-System auch bei einem Fehler des Neutralleiters – und einem Körper oder Schutzleiter des Stromkreises muss dieser Stromkreis automatisch durch eine Schutzeinrichtung in der(den) maximal zugelassenen Abschaltzeit(en) abgeschaltet werden. Für die in Deutschland gebräuchliche Wechselspannung 400/230 V sind das für die meisten Endstromkreise 0,2 s im TT-System, 0,4 s im TN-System und im Verteilungsstromkreis 1 s (TT-System) und 5 s (TN-System). Im IT-System muss erst im Falle eines zweiten impedanzlosen Fehlers – in einem anderen aktiven Leiter (Außen- oder Neutralleiter) eines anderen Stromkreises – mindestens ein Fehler abgeschaltet werden. Die für das IT-System zu erfüllenden Abschaltzeiten hängen von der Ausführung der Erdung der Körper – einzeln, gruppenweise oder gemeinsam – ab, je nachdem, ob sich beim ersten impedanzlosen Fehler ein TT- oder TN-Netz ergibt.

7.3.2.2   411.3.2.2 *Die in Tabelle 41.1 angegebene maximale Abschaltzeit muss für Endstromkreise* mit einem Nennstrom *nicht größer als 32 A angewendet werden.*

Mit dieser Festlegung ergibt sich eine **sehr wichtige Änderung** in der neuen Norm DIN VDE 0100-410 (VDE 0100-410):2007-06. Die „kleineren" Abschaltzeiten hatten bisher für alle Endstromkreise in TN-Systemen – ausgenommen in Verteilungsstromkreisen – ohne Begrenzung der Nennströme gegolten. Für TT-Systeme galten einheitlich 5 s. Ausnahmen für TN-Systeme von den kurzen Abschaltzeiten gab es nur für Endstromkreise bei Beachtung zusätzlicher Anforderungen. Die Ausnahme betraf solche Endstromkreise, die aus einem Verteiler gespeist wurden, aus dem **keine Stromkreise mit Steckdosen** versorgt wurden. Aber auch für Endstromkreise, die aus einem Verteiler gespeist wurden, aus dem auch Steckdosen versorgt wurden, gab es für diesen Fall auch wieder eine weitere Ausnahme – die meist als selbstverständlich erfüllt angesehen wurde –, z. B. das Vorsehen eines weiteren „Hauptpotentialausgleichs". Da diese Anforderungen nicht mehr relevant sind, soll auch nicht mehr näher darauf eingegangen werden. Damit ergab sich nach der früheren Ausgabe DIN VDE 0100-410 (VDE 0100-410):1997-01, dass letztlich die „kleineren" Abschaltzeiten nur für Stromkreise mit Steckdosen oder für Endstromkreise die über einen festen Anschluss Handgeräte der Schutzklasse I oder fest angeschlossene ortsveränderliche Betriebsmittel der Schutzklasse I versorgen, anzuwenden waren. Eine Nennstrombegrenzung gab es dabei nicht.

Nach DIN VDE 0100-410 (VDE 0100-410):2007-06 gelten nun die Abschaltzeiten der Tabelle 41.1, siehe auch **Tabelle 7.1** dieses Buchs, für alle Endstromkreise mit Nennströmen bis einschließlich 32 A, egal, welche Verbrauchsmittel versorgt werden, und egal, ob Steckdosen darin enthalten sind oder nicht. Als „Nennstrom" gilt der Bemessungswert der Überstrom-Schutzeinrichtung; so gilt z. B. die Tabelle 41.1 der DIN VDE 0100-410 (VDE 0100-410):2007-06 für Sicherungen bis einschließlich 32 A. Die Tabelle 41.1 der DIN VDE 0100-410 (VDE 0100-410):2007-06 ist als Tabelle 7.1 in diesem Buch wiedergegeben, in der die Autoren die entsprechenden normativen Angaben direkt in dieser Tabelle kommentiert haben.

Ein weiterer wichtiger Punkt ist, dass nun auch Werte für Gleichspannungen in die Tabelle 41.1 der DIN VDE 0100-410 (VDE 0100-410):2007-06 mit aufgenommen wurden. Trotzdem ist an anderen Stellen die Gleichspannungsversorgung noch nicht vollständig in die Norm mit eingebunden, sodass DIN VDE 0100-410 (VDE 0100-410):2007-06 vielfach nur analog für DC angewendet werden kann.

Die neue Tabelle 41.1 in DIN VDE 0100-410 (VDE 0100-410):2007-06 enthält die erforderlichen Abschaltzeiten für TN- und TT-Systeme in Abhängigkeit von Art und Höhe der Spannung. Zur Unterstützung der Anwender sind von den Autoren die für Deutschland am häufigsten zur Anwendung kommende Nennwechselspannung von 230 V gegen Erde und die dazugehörigen Abschaltzeiten für TT- und TN-Systeme in der entsprechenden Tabelle 7.1 dieses Buchs **fett gedruckt** wiedergegeben.

Besonders übersichtlich ist auf den ersten Blick die Spalte „50 V < U_0 ≤ 120 V" in der Tabelle 41.1 der DIN VDE 0100-410 (VDE 0100-410):2007-06 nicht. Sie bedeutet, dass bei Nenn**wechsel**spannungen (gegen Erde bzw. Leiter – Leiter) nicht über 50 V eine Abschaltung zum Schutz gegen elektrischen Schlag nicht gefordert ist, denn erst über AC 50 V und über DC 120 V gelten die angegebenen Abschaltzeiten. Bei Nenn**gleich**spannungen (gegen Erde bzw. Leiter – Leiter) ist bis einschließlich 120 V eine Abschaltung zum Schutz gegen elektrischen Schlag nach Abschnitt 411.3.5 der DIN VDE 0100-410 (VDE 0100-410):2007-06, bzw. 7.3.5 dieses Buchs, durch den Verweis auf die Anmerkung nicht gefordert. Ein Anwendungsfall – dass im Fehlerfall (z. B. bei einem Körperschluss) nicht abgeschaltet werden muss – ergibt sich z. B. bei FELV, wo die Nennspannung AC 50 V bzw. DC 120 V bestimmungsgemäß nicht überschreiten darf.

Aus der Tabelle 7.1 dieses Buchs mit den einzuhaltenden Abschaltzeiten ist ersichtlich, dass nun auch für TT-Systeme, in Abhängigkeit von der Spannung, unterschiedliche Abschaltzeiten eingehalten werden müssen. Und es gibt nicht mehr die schon immer in Zweifel gezogene Abschaltzeit von einheitlich 5 s. Aufgrund der nun kürzeren Abschaltzeiten im TT-System (auch kürzer als im TN-System) wird sich der Schutz durch automatische Abschaltung der Stromversorgung praktisch nur noch mit Fehlerstrom-Schutzeinrichtungen (RCDs) realisieren lassen. Allerdings wird nicht immer eine Fehlerstrom-Schutzeinrichtung (RCD) mit einem Bemessungsdifferenzstrom von maximal 30 mA notwendig sein.

Im TN-System bleibt es bei der inzwischen allgemein bekannten Abschaltzeit von 0,4 s bei dem in Deutschland üblichen Nennspannungswert von 230 V gegen Erde,

---

Tabelle 7.1 (S. 119): Abschaltzeiten im TT-und TN-System für Endstromkreise bis 32 A; entspricht Tabelle 41.1 der DIN VDE 0100-410 (VDE 0100-410):2007-06, jedoch mit zusätzlichen Hinweisen der Autoren

7 411 Schutzmaßnahme: Automatische Abschaltung der Stromversorgung

System	$50\ V < U_0 \leq 120\ V$		$120\ V < U_0 \leq 230\ V$		$230\ V < U_0 \leq 400\ V$		$U_0 > 400\ V$	
	AC	DC	AC	DC	AC	DC	AC	DC
TN	0,8 s	Siehe Anmerkung 1	**0,4 s**	5 s	0,2 s	0,4 s	0,1 s	0,1 s
TT	0,3 s		**0,2 s**	0,4 s	0,07 s	0,2 s	0,04 s	0,1 s

Wenn in TT-Systemen die Abschaltung durch eine Überstrom-Schutzeinrichtung erreicht wird und alle fremden leitfähigen Teile in der Anlage an den Schutzpotentialausgleich über die Haupterdungsschiene *angeschlossen sind, darf die für TN-Systeme anwendbare Abschaltzeit verwendet werden.*
Dieser Hinweis ist eigentlich überflüssig, da auch die für das TN-System zulässige Abschaltzeit von 0,4 s bei einem TT-System durch Überstrom-Schutzeinrichtungen kaum erreichbar sein dürfte, da entsprechend kleine Widerstandswerte für den Anlagenerder R_A (einschließlich des Widerstands des Schutzleiters zum relevanten Körper) kaum zu realisieren sind. So wäre, z. B. bei einer Sicherung von 6 A, zur Erfüllung der Abschaltbedingung im TN-System ein erforderlicher Abschaltstrom von 47 A, bezogen auf die 0,4 s, notwendig. Diese notwendigen Abschaltströme können der **Tabelle 7.4** entnommen werden, die in etwa der Tabelle 4 von Beiblatt 2 zu DIN VDE 0100-520 (Beiblatt 2 zu VDE 0100-520):2002-11 entspricht. Bei einem U_L von 50 V (entsprechend der Bedingung nach 411.5.3 der DIN VDE 0100-410 (VDE 0100-410):2007-06) wäre damit im TT-System ein $R_A + R_{PE}$ von $\leq 1,06\ \Omega$ notwendig, ein Wert, der durch einen Anlagenerder kaum erreicht werden kann. Bei Schutzeinrichtungen mit noch größerem Nennstrom wird es noch unwahrscheinlicher, den dann noch niedrigeren Wert für $R_A + R_{PE}$ zu erreichen. Die Grenze dürfte daher bei 6 A liegen, da z. B. für eine Sicherung 10 A nach Beiblatt 2 zu DIN VDE 0100-520 (Beiblatt 2 zu DE 0100-520):2002-11, Tabelle 4, schon ein Abschaltstrom von 82 A erforderlich ist, der entsprechend der Bedingung nach 411.5.3 der DIN VDE 0100-410 (VDE 0100-410):2007-06 einen $R_A + R_{PE}$ von $\leq 0,61\ \Omega$ notwendig machen würde, ein vollkommen unrealistischer Wert in der Praxis.
Unklar ist auch, wie die Festlegung „*alle fremden leitfähigen Teile in der Anlage an den Schutzpotentialausgleich angeschlossen*" zu verstehen ist. Es stellt sich die Frage, ob der im Abschnitt 411.3.1.2 der DIN VDE 0100-410 (VDE 0100-410):2007-06 (siehe 7.3.1 dieses Buchs) angeführte Schutzpotentialausgleich über die Haupterdungsschiene (bisher Hauptpotentialausgleich) gemeint ist oder ob hier noch weitere leitfähige Teile einbezogen werden müssen. Im Abschnitt 411.3.1.2 der DIN VDE 0100-410 (VDE 0100-410):2007-06, bzw. Abschnitt 7.3.1 dieses Buchs wird nur das Einbeziehen bestimmter fremder leitfähiger Teile gefordert. Sei es wie es ist, dieser Fall wird in der Praxis sowieso kaum zum Tragen kommen.
U_0 ist die Nennwechselspannung oder Nenngleichspannung Außenleiter gegen Erde
ANMERKUNG 1 Eine Abschaltung kann aus anderen Gründen als dem Schutz gegen elektrischen Schlag verlangt sein.
Durch diese Anmerkung wird einmal mehr darauf hingewiesen, dass es auch aus anderen Gründen, z. B. dem Schutz bei Überstrom, notwendig sein kann, im Fehlerfall den fehlerbehafteten Stromkreis abzuschalten. Die Aussage dieser Anmerkung würde auch für Nennwechselspannungen und Nenngleichspannungen unter 50 V gelten, die aber nicht in der Tabelle mit betrachtet werden. Einerseits ergibt sich, dass (im Fehlerfall) bei Spannungen bis zu AC 50 V oder DC 120 V eine Abschaltung der Stromversorgung zum Schutz gegen elektrischen Schlag **nicht gefordert** ist. Andererseits kann es bei diesen niedrigen Spannungen und auch bei den in dieser Tabelle behandelten Spannungen notwendig sein, aus Gründen des **Sach**schutzes eine Abschaltung, z. B. in Steuerstromkreisen, zur Vermeidung gefährlicher Bewegungen sicherzuführen. Siehe dazu im nächsten Absatz (nach dieser Tabelle) die Hinweise zu Abschnitt 411.3.5 der DIN VDE 0100-410 (VDE 0100-410):2007-06.
ANMERKUNG 2 Wenn für die Abschaltung eine Fehlerstrom-Schutzeinrichtung (RCD) vorgesehen wird, siehe die Anmerkung in 411.4.4, die Anmerkung 4 in 411.5.3 und die Anmerkung in 411.6.4 b).
Hinter diesen Verweisen auf Abschnitte der Norm steckt die Information, dass zur Erfüllung der geforderten „kleinen" Abschaltzeiten von z. B. 0,4 s im TN- bzw. 0,2 s im TT-System mindestens der fünffache Bemessungsdifferenzstrom $I_{\Delta N}$ zum Fließen kommen muss, was insbesondere im TT-System bei größeren Bemessungsdifferenzströmen (1 A und mehr) kritisch werden könnte.

d. h. einer Nennspannung von 400/230 V. Bei den Abschaltzeiten nach Tabelle 41.1 der DIN VDE 0100-410 (VDE 0100-410):2007-06 bzw. Tabelle 7.1 dieses Buchs muss aber die wesentliche Änderung berücksichtigt werden, dass diese Abschaltzeiten nun für **alle Endstromkreise** mit einem Bemessungsstrom (Nennstrom) bis einschließlich 32 A gelten. Dabei spielt es – wie bereits erwähnt – keine Rolle, ob Steckdosen versorgt werden oder ob es sich um fest angeschlossene Verbrauchsmittel, z. B. um einen Motor, handelt. Und es gibt auch keine Ausnahmen wie bisher, dass bei Erfüllung besonderer Bedingungen (z. B. bei einem „zusätzlichen Potentialausgleich" in der Anlage, der einem „zusätzlichen Hauptpotentialausgleich" entsprach) längere Abschaltzeiten zulässig wären. Nach wie vor besteht aber die Alternative, wenn die automatische Abschaltung in der(den) geforderten Zeit(en) nicht erreicht werden kann, dass auch ein zusätzlicher (örtlicher) Schutzpotentialausgleich, wie er im Abschnitt 411.3.1.2 der DIN VDE 0100-410 (VDE 0100-410): 2007-06 bzw. im Abschnitt 7.3.1.2 dieses Buchs behandelt wird, vorgesehen werden darf/muss.

Wichtiger Hinweis der Autoren:

Neben der Forderung nach Fehlerstrom-Schutzeinrichtungen (RCDs) mit einem Bemessungsdifferenzstrom $I_{\Delta N} \leq 30$ mA für Steckdosen bis 20 A (sowie Endstromkreise für tragbare Betriebsmittel bis 32 A im Außenbereich) muss nun auch beachtet werden, dass für alle Endstromkreise mit fest angeschlossenen elektrischen Verbrauchsmitteln bis 32 A die Tabelle 41.1 der DIN VDE 0100-410 (VDE 0100-410):2007-06 anzuwenden ist. Dies bedeutet eine ganz erhebliche Einschränkung, da früher für fest angeschlossene Verbrauchsmittel unter normalen Umständen, z. B. wenn die Bedingung

Die Impedanz des Schutzleiters zwischen der Verteilung und dem Punkt, an dem der Schutzleiter mit dem Hauptpotentialausgleich verbunden ist, überschreitet nicht

$$\frac{50\,V}{U_0} \cdot Z_s$$

erfüllt ist, nach DIN VDE 0100-410 (VDE 0100-410):1997-01 die einheitliche Abschaltzeit von 5 s für alle Systeme nach Art der Erdverbindung galt.

Hier sei nochmals darauf hingewiesen, dass diese kürzeren Abschaltzeiten (die nun für TT- und TN-Systeme und für Wechsel- und für Gleichspannung unterschiedlich sind) nun für alle elektrischen Anlagen mit Endstromkreisen bis 32 A berücksichtigt werden müssen. In Verteilungsstromkreisen bleibt es bei 5 s im TN-System, aber für das TT-System ist die Abschaltzeit für Verteilungsstromkreise und Verbraucherstromkreise, die nicht unter die in der Tabelle 41.1 angeführten Stromkreise fallen, nun auf 1 s begrenzt.

7.3.2.3 *411.3.2.3 In TN-Systemen ist eine Abschaltzeit nicht länger als 5 s für Verteilungsstromkreise und für nicht unter 411.3.2.2 fallende Stromkreise erlaubt.*

7 411 Schutzmaßnahme: Automatische Abschaltung der Stromversorgung

Der erste Teil dieser Festlegung war auch bisher in dieser Form enthalten, d. h. Stromkreise, die „Verteiler/Unterverteiler" versorgen (Verteilungsstromkreise) und an die nicht auch direkt Verbrauchsmittel angeschlossen sind, für die galt und gilt eine Abschaltzeit bezüglich des Schutzes gegen elektrischen Schlag von maximal 5 s. Die Festlegung *„und für nicht unter 411.3.2.2 fallende Stromkreise"* (siehe Abschnitt 7.3.2.2 dieses Buchs), die bisher in einem eigenen Abschnitt, jedoch mit wesentlichen Einschränkungen, enthalten war und nur für ortsfeste Verbrauchsmittel galt, ist nun für alle Verbrauchsmittel, **einschließlich Steckdosenstromkreise,** gültig, ausgenommen für Endstromkreise/Verbrauchsmittel **über 32 A**.

7.3.2.4 *411.3.2.4 In TT-Systemen ist eine Abschaltzeit nicht länger als 1 s für Verteilungsstromkreise und für nicht unter 411.3.2.2 fallende Stromkreise erlaubt.*

In dieser Festlegung ist eine weitere wesentliche Änderung enthalten. Für das TT-System gilt nun nicht mehr die einheitliche Abschaltzeit von 5 s, sondern es gelten unterschiedliche Abschaltzeiten. Für alle Endstromkreise bis 32 A gelten nun die in Tabelle 41.1 der DIN VDE 0100-410 (VDE 0100-410):2007-06 bzw. die in Tabelle 7.1 dieses Buchs festgelegten, vollkommen neuen Werte. Und für Verteilungsstromkreise darf nun die neu festgelegte Abschaltzeit von 1 s nicht überschritten werden. Ein Wert, der bisher in TT-Systemen für Stromkreise mit zeitverzögerten Fehlerstrom-Schutzeinrichtungen (RCDs) angewendet werden durfte. Durch die in diesem Nennstrombereich immer notwendigen Fehlerstrom-Schutzeinrichtungen (RCDs) ergeben sich aufgrund der Gerätenormen Abschaltzeiten, die immer wesentlich kleiner sind als 1 s.

7.3.2.5 *411.3.2.5 Für Systeme mit einer Nennspannung U_0 größer als AC 50 V oder DC 120 V ist die automatische Abschaltung in der in 411.3.2.2, 411.3.2.3 oder 411.3.2.4 geforderten Zeit – je nachdem, was zutreffend ist – nicht verlangt, wenn im Falle eines Fehlers gegen einen Schutzleiter oder gegen Erde die Ausgangsspannung der Stromquelle, in einer Zeit wie in Tabelle 41.1 festgelegt oder innerhalb von 5 s – je nachdem, was zutreffend ist – auf AC 50 V oder DC 120 V oder weniger herabgesetzt wird. In solchen Fällen muss die Abschaltung berücksichtigt werden, die aus anderen Gründen als dem Schutz gegen elektrischen Schlag notwendig ist.*

Während die Festlegung der Tabelle 41.1 der DIN VDE 0100-410 (VDE 0100-410):2007-06 (siehe Tabelle 7.1 dieses Buchs) für Nennspannungen nicht über AC 50 V oder nicht über DC 120 V keine Abschaltzeiten enthält bzw. eine Abschaltung nicht fordert, handelt es sich bei diesem Absatz um solche Fälle, bei denen im Falle eines Fehlers die Spannung der Stromquelle auf Spannungen ≤ AC 50 V oder ≤ DC 120 V absinkt bzw. begrenzt wird. Diese Festlegung bezieht sich jetzt ganz allgemein – nicht wie in der früheren DIN VDE 0100-410 (VDE 0100-410):1997-01, wo sich diese Festlegung nur auf PELV-Systeme bezog – auf alle Stromversorgungen/Stromquellen. Eine Stromversorgung mit Nennspannungen > AC 50 V bzw. > DC 120 V muss im Fehlerfall nicht abgeschaltet werden, wenn durch bestimmte

7 411 Schutzmaßnahme: Automatische Abschaltung der Stromversorgung

Maßnahmen die Spannung (die auch maximal als mögliche Berührungsspannung auftreten kann) auf Werte kleiner oder gleich der vereinbarten Berührungsspannung (normalerweise AC 50 V oder DC 120 V) begrenzt wird. Eine solche Begrenzung kann sich zum Beispiel bei Verbrauchsmitteln, die durch einen (Frequenz-)Umrichter mit Strombegrenzung gespeist sind, ergeben. Bei solchen Stromkreisen wird die Spannung im Falle eines Körperschlusses soweit reduziert, dass gerade noch der Nennstrom fließen kann. Da man üblicherweise von einem impedanzlosen Fehler ausgeht, ergibt sich dabei eine Spannung, die dem Spannungsfall auf den Leitungen entspricht, z. B. bei maximal 5 % wären das bei 230 V gegen Erde 11,5 V, die sich auf Hinleiter (Außenleiter) und Rückleiter (Schutzleiter) aufteilen, sodass die Ausgangsspannung zwar „nur" auf 11,5 V (was aber weit unter dem zulässigen Wert liegt) begrenzt wird, die mögliche Berührungsspannung aber mit 5,75 V kaum wahrnehmbar sein dürfte.

7.3.2.6 411.3.2.6 *Wenn automatische Abschaltung nach 411.3.2.1 in der in 411.3.2.2, 411.3.2.3 oder 411.3.2.4 geforderten Zeit – je nachdem, was zutreffend ist – nicht erreicht werden kann, muss ein zusätzlicher Schutzpotentialausgleich nach 415.2 vorgesehen werden.* [413.1.2.2]

Die Alternative, einen zusätzlichen Schutzpotentialausgleich anzuwenden, wenn die Abschaltzeit nicht erfüllt werden kann, war bisher inhaltlich in ähnlicher Form vorhanden. Diese Alternative war jedoch den einzelnen Systemen nach Art der Erdverbindung zugeordnet, d. h., sie war dreimal aufgeführt. Die Anforderungen für den zusätzlichen Schutzpotentialausgleich (bisher zusätzlicher Potentialausgleich, zum Teil auch noch zusätzlicher (örtlicher) Potentialausgleich) werden im Abschnitt 411.3.1.2 der DIN VDE 0100-410 (VDE 0100-410):2007-06 bzw. im Abschnitt 7.3.1.2 dieses Buchs näher betrachtet. Der normative Abschnitt 415.2 (siehe Abschnitt 11.2 dieses Buchs, bisher als Abschnitt 413.1.2 bzw. 413.1.6 in DIN VDE 0100-410 (VDE 0100-410):1997-01 enthalten) ist nun als Unterpunkt zum „neu gefassten" Abschnitt 415 der DIN VDE 0100-410 (VDE 0100-410): 2007-06 (siehe Kapitel 11 dieses Buchs), und zwar dem zusätzlichen Schutz, zugeordnet. Durch das „zusätzlich" wird klar differenziert, dass es sich nicht um den Schutzpotentialausgleich über die Haupterdungsschiene (früher als Hauptpotentialausgleich bezeichnet) von Abschnitt 411.3.1.2 der DIN VDE 0100-410 (VDE 0100-410):2007-06 (siehe Abschnitt 7.3.1.2 des Buchs) handelt.

7.3.3 411.3.3 *Zusätzlicher Schutz für Endstromkreise für den Außenbereich und Steckdosen* [teilweise 412.5]

In Wechselspannungssystemen muss ein zusätzlicher Schutz durch Fehlerstrom-Schutzeinrichtungen (RCDs) nach 415.1 vorgesehen werden für:

- *Steckdosen mit einem Bemessungsstrom nicht größer als 20 A, die für die Benutzung durch Laien und zur allgemeinen Verwendung bestimmt sind;*
  ANMERKUNG Eine Ausnahme darf gemacht werden für:

- *Steckdosen, die durch Elektrofachkräfte oder elektrotechnisch unterwiesene Personen überwacht werden, wie z. B. in einigen gewerblichen oder industriellen Anlagen,*
Dies gilt z. B. für Industriebetriebe, deren elektrische Anlagen und Betriebsmittel ständig überwacht werden. Als ständig überwacht gelten elektrische Anlagen und Betriebsmittel, wenn sie von Elektrofachkräften in Stand gehalten werden und durch messtechnische Maßnahmen sichergestellt ist, dass dadurch Schäden rechtzeitig entdeckt und behoben werden können.

oder
- *Steckdosen, die jeweils für den Anschluss nur eines bestimmten Betriebsmittels errichtet werden.*

Der Abschnitt 415.1 der DIN VDE 0100-410 (VDE 0100-410):2007-06 bzw. der Abschnitt 11.1 dieses Buchs beinhaltet, ausführlich beschrieben, den zusätzlichen Schutz (bisher zusätzlicher Schutz bei direktem Berühren) durch Fehlerstrom-Schutzeinrichtungen (RCDs) mit einem Bemessungsdifferenzstrom von nicht mehr als 30 mA. Neben den kurzen Abschaltzeiten in Endstromkreisen gibt es nun neu die generelle Forderung, dass Steckdosen in Wechselstromkreisen (für Gleichspannungssysteme gilt diese Forderung nicht, da – wie bereits erwähnt – Fehlerstrom-Schutzeinrichtungen (RCDs) bei Gleichspannungssystemen nicht wirksam sein können) mit Bemessungsstrom bis einschließlich 20 A durch Fehlerstrom-Schutzeinrichtungen (RCDs) mit Bemessungsdifferenzstrom nicht größer als 30 mA geschützt werden müssen, wenn sie durch Laien benutzt werden und zur allgemeinen Verwendung bestimmt sind. Mit dem Zusatz „ ... und zur allgemeinen Verwendung bestimmt ..." wird hier an dieser Stelle die Tür für den letzten Aufzählungsstrich offen gehalten, dass bei Steckdosen für jeweils nur ein bestimmtes Betriebsmittel/ Verbrauchsmittel auf den zusätzlichen Schutz verzichtet werden darf.

Schutzziel ist es, möglichst alle Steckdosen, besser noch alle Steckdosenstromkreise, mit einem zusätzlichen Schutz durch Fehlerstrom-Schutzeinrichtungen (RCDs) mit Bemessungsdifferenzstrom nicht größer als 30 mA zu versehen, deren Verwendungszweck für die Lebensdauer der Anlage nicht abzusehen ist, also die allgemein verwendet werden können, indem beliebige steckerfertige Verbrauchsmittel dort angeschlossen werden können. Vergleichbares war bisher nur in Sonderbestimmungen gefordert, z. B. für Steckdosen zur Versorgung von Betriebsmitteln im Freien (früher DIN VDE 0100-470 (VDE 0100-470):1996-02, Abschnitt 471.2.3).

Wie bisher in DIN VDE 0100-470 (VDE 0100-470):1996-02 gilt diese Anforderung unabhängig von der Polzahl der Steckvorrichtung, d. h., sie gilt sowohl für Stromkreise mit zweipoligen Steckdosen (Wechselstromsteckdosen mit einem Außenleiter, einem Neutralleiter und einem Schutzleiter) als auch mit dreipoligen Steckvorrichtungen (Drehstromsteckdosen mit drei Außenleitern, Neutralleiter und Schutzleiter) gleichermaßen.

Auch Drehstromsteckdosen sind Wechselspannungssteckdosen, sie werden nur im üblichen Sprachgebrauch als Drehstromsteckdosen bezeichnet, siehe z. B. im Abschnitt 4.3 der nur national gültigen DIN VDE 0100-550 (VDE 0100-550):1988-04. Normativ gibt es den Begriff „Drehstrom" als solches in DIN VDE 0100-200 (VDE 0100-200) nicht, denn im Entwurf der Norm E DIN 60364-1 (VDE 0100-100):2003-08 wird im Abschnitt 312 nur in **Wechsel**strom (AC) und **Gleich**strom (DC) unterteilt, wobei bei Wechselstrom unterschieden wird in:

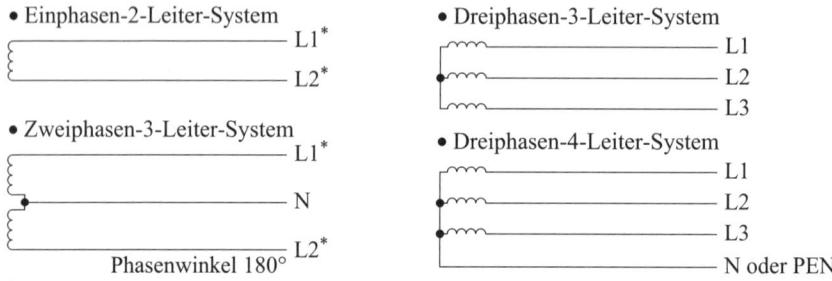

Bild 7.3.3.0 Wechselstromkreise; Unterscheidung durch die Anzahl der aktiven Leiter, ausgehend von der Stromquelle

Bei der Betrachtung im **Bild 7.3.3.0** werden nur die aktiven Leiter in der Zählung berücksichtigt. Wechselstromkreise mit einem Außen- und einem Neutralleiter sind Bestandteil eines Dreiphasen-4-Leiter-Wechselstromkreises.

Mit der Steckdose, die für den Anschluss eines bestimmten Betriebsmittels/Verbrauchsmittels festgelegt ist, ist vorrangig an die Gefriertruhe gedacht worden, um die Unannehmlichkeiten bei Fehlauslösungen der hochempfindlichen Fehlerstrom-Schutzeinrichtungen vermeiden zu können. Es ist aber nicht spezifiziert, für welche Betriebsmittel/Verbrauchsmittel, die an einer solchen Steckdose angeschlossen sind, von der Erleichterung, auf den zusätzlichen Schutz zu verzichten, Gebrauch gemacht werden darf. Gleichermaßen kann es sich um eine Steckdose handeln, die neben einem Wasserauslass immer für Waschmaschinen vorgesehen ist.

Zu beachten ist hierbei aber, dass zumindest im TT-System auf Fehlerstrom-Schutzeinrichtungen (RCDs) nicht vollständig verzichtet werden kann, wenn auch nicht unbedingt solche mit 30 mA notwendig sein müssen.

In Fällen, bei denen die ausschließliche Verwendung der Steckdose für bestimmte Betriebsmittel in Zweifel gezogen wird, wird empfohlen, entweder auf die Ausnahme zu verzichten oder das bestimmte Betriebsmittel fest anzuschließen.

Diese grau schattierte nationale Empfehlung kann dem Errichter bei seiner Entscheidung kaum helfen. Letztendlich muss bei einem Laien immer in Zweifel gezogen werden, dass er solche Steckdosen, die ausschließlich für „bestimmte" Betriebsmittel verwendet werden dürfen, auch für andere Zwecke verwendet. Der empfohlene Festanschluss ist auch aus Sicht der Autoren, neben der nachfolgend aufgeführten Möglichkeit, eine spezielle Steckvorrichtung zu errichten, als die bevorzugte Variante empfohlen. Beim Festanschluss brauchte sich die Elektrofachkraft keine Gedanken zu machen wegen einer missbräuchlichen Verwendung. Problematisch könnten nur die Garantieansprüche für Neugeräte werden, wenn der Errichter den meist angegossenen Stecker abschneidet, um den Festanschluss zu realisieren. Bei den speziellen Steckvorrichtungen könnte zwar der Weg über einen Adapter gewählt werden, sodass nicht abgezwickt werden muss. Aber über solche Adapter könnten dann auch wieder andere Betriebsmittel, die im Nachhinein mit einem „speziellen" Stecker versehen werden, eingesteckt werden.

Die Autoren bleiben trotzdem bei Ihrer Meinung, dass, wenn ein Festanschluss nicht möglich sein sollte, eine „spezielle" Steckvorrichtung verwendet werden sollte, die vom üblichen Stecksystem abweicht, sodass an sie ein Betriebsmittel/Verbrauchsmittel mit Schutzkontaktstecker, Eurostecker oder CEE-Steckern nicht (direkt) angeschlossen werden kann. Eine solche „abweichende" Steckvorrichtung ist im Abschnitt 4.2 von DIN VDE 0100-550 (VDE 0100-550):1988-04 als zulässige Abweichung für solche besonderen Stromkreise zulässig. Vielleicht lassen sich die Verbrauchsmittelhersteller überzeugen, solche „wichtigen" Verbrauchsmittel (die vom zusätzlichen Schutz durch Fehlerstrom-Schutzeinrichtungen mit einem Bemessungsdifferenzstrom nicht über 30 mA ausgenommen werden sollen) entweder für den Festanschluss auszuführen oder mit einem solchen speziellen Stecker auszurüsten, sodass ein Adapter (von Schutzkontaktstecker zur speziellen Steckdose) nicht notwendig wird.

Als spezielle Steckvorrichtungen könnten die in den **Bildern 7.3.3.1 und 7.3.3.2** gezeigten Steckvorrichtungen errichtet werden. Diese Steckvorrichtung wird in England schon lange als „Lampensteckvorrichtung" in der festen elektrischen Anlage verwendet und soll in Zukunft allgemein als „Lampenauslass/Lampenanschluss vorgesehen werden. Sie könnte aber auch für die oben beschriebene Anwendung eingesetzt werden. Inwieweit sich ein normenkonformes Steckvorrichtungssystem für den hier behandelten Fall etablieren wird, bleibt zz. offen.

Dies schließt aber nicht aus, dass derzeit auch noch andere Stecksysteme für den Zweck eines Endstromkreises mit Steckvorrichtungen ohne Fehlerstrom-Schutzeinrichtung (RCD) zur Anwendung kommen dürfen. Die Autoren empfehlen, alle Steckdosen, die nicht mit dem zusätzlichen Schutz durch Fehlerstrom-Schutzeinrichtungen mit einem Bemessungsdifferenzstrom nicht über 30 mA versehen sind, hinsichtlich ihres Zwecks eindeutig zu kennzeichnen, z. B. mit einem Schild.

Nach Meinung der Autoren sollte man den Bogen dieses „Freibriefs" nicht überspannen und nur solche Steckdosen – sofern sie als „normale" Steckdosen (Schutzkontaktsteckdosen oder Steckdosen nach DIN EN 60309 (VDE 0623)) errichtet werden – vom zusätzlichen Schutz durch Fehlerstrom-Schutzeinrichtungen (RCDs) ausnehmen, an denen nur wirklich „wichtige" Verbraucher angeschlossen werden.

7 411 Schutzmaßnahme: Automatische Abschaltung der Stromversorgung

Bild 7.3.3.1 „Unverwechselbares" Stecksystem, als Stecksystem für bestimmte Steckdosen, die nicht mit einem zusätzlichen Schutz durch Fehlerstrom-Schutzeinrichtungen (RCDs) mit einem Bemessungsdifferenzstrom nicht größer als 30 mA geschützt sein müssen (Foto: Fa. Siemens AG)

Bild 7.3.3.2 „Unverwechselbares" Stecksystem, als Stecksystem für bestimmte Steckdosen, die nicht mit einem zusätzlichen Schutz durch Fehlerstrom-Schutzeinrichtungen (RCDs) mit einem Bemessungsdifferenzstrom nicht größer als 30 mA geschützt sein müssen. (Foto: Fa. Siemens AG)

7 411 Schutzmaßnahme: Automatische Abschaltung der Stromversorgung

Denkbar wäre, außer für den Anschluss der Gefriertruhe, auch bei den Heizungen von der Ausnahme Gebrauch zu machen, wenn sie über Steckvorrichtungen angeschlossen werden. Beim Anschluss der Stromversorgung von Telefonen, Faxgeräten, Antennenverstärkern auf den zusätzlichen Schutz mit Fehlerstrom-Schutzeinrichtungen (RCDs) mit Bemessungsdifferenzstrom nicht größer als 30 mA zu verzichten, ist es schon fraglich, ob hierfür von der Ausnahme Gebrauch gemacht werden sollte. Man sollte dabei bedenken, dass dies zu Lasten der gewohnten Nutzung dieser Steckdosen für alle weiteren Zwecke ginge, weil übliche steckerfertige Verbrauchsmittel nicht mehr angeschlossen werden dürfen, was aber der Laie sicher nicht beachten wird, auch dann nicht, wenn sie entsprechend gekennzeichnet sind.

Der Bestimmungstext fordert den zusätzlichen Schutz mit Fehlerstrom-Schutzeinrichtungen (RCDs) mit Bemessungsdifferenzstrom nicht größer als 30 mA, aber „nur" für die Stromkreise mit Steckdosen, die Laien zur allgemeinen Verwendung/ Anwendung dienen, also für das beliebige Anschließen von steckerfertigen Verbrauchsmitteln.

Die Notwendigkeit für diesen zusätzlichen Schutz wird aber nicht gefordert, wenn die Steckdosen (einschließlich der Stromkreise) von Elektrofachkräften oder elektrotechnisch unterwiesenen Personen überwacht werden, wobei durch den nationalen, grau schattierten Text indirekt eine Verschärfung eingefügt wurde, nämlich dass diese Steckdosen **„ständig"** überwacht werden müssen (was eigentlich in einer Anmerkung nicht gefordert werden dürfte). Als Stromkreise mit Steckdosen, die ständig überwacht werden, betrachtet man solche, die von Elektrofachkräften in **Stand gehalten** und bei denen durch **messtechnische Maßnahmen sichergestellt** wird, dass **Schäden rechtzeitig entdeckt und behoben** werden können. Solche Steckdosen dürften dann auch von Laien verwendet werden, auch wenn der zusätzliche Schutz durch Fehlerstrom-Schutzeinrichtungen (RCDs) nicht vorhanden ist.

Bezüglich der Anordnung der Fehlerstrom-Schutzeinrichtung (RCD) für den zusätzlichen Schutz wird – nur wenn sie gleichzeitig dem Fehlerschutz dient – in DIN VDE 0100-530 (VDE 0100-530):2005-06 im Abschnitt 531.3.6 gefordert, dass die Fehlerstrom-Schutzeinrichtung (RCD) für den zusätzlichen Schutz an der Einspeisung des Stromkreises errichtet sein muss. DIN VDE 0100-410 (VDE 0100-410): 2007-06 lässt entsprechend dem Bestimmungstext – nur wenn die Fehlerstrom-Schutzeinrichtung (RCD) nicht gleichzeitig dem Fehlerschutz dient – den Schutz nur für die Steckdosen (jedoch mit Einschränkung für Anwendungen im Freien) selbst zu, d. h., es gibt dann nicht die Forderung, den gesamten Stromkreis für Steckdosen mit Fehlerstrom-Schutzeinrichtungen (RCDs) zu schützen.

Damit dürfen also die Steckdosen allein geschützt werden, was die Verwendung von ortsfesten Schutzeinrichtungen in Steckdosenausführung (SRCDs) ermöglichen würde, wenn sie genormt wären. Letzteres hätte den Vorteil, das dann, wenn in einer Wohnung mit vorhandener elektrischer Anlage (ohne zusätzlichen Schutz für den betreffenden Stromkreis) eine Steckdose hinzugefügt werden soll, lediglich für diese „Erweiterung" eine SRCD mit Bemessungsdifferenzstrom nicht über

30 mA angewendet zu werden brauchte. Nach DIN VDE 0100-530 (VDE 0100-530):2005-06 wird dieser Schutz mit SRCDs aber nur als eine Schutzpegelerhöhung bezeichnet, wohl weil es für SRCDs erst Entwürfe und noch keine Norm gibt. Diese Schutzpegelerhöhung genügt aber nicht, wenn man eine neue Steckdose errichtet, da dann DIN VDE 0100-410 (VDE 0100-410):2007-06 mit der Forderung nach einem „zusätzlichen Schutz" mit Fehlerstrom-Schutzeinrichtungen (RCDs) berücksichtigt werden muss. Es darf aber eine Fehlerstrom-Schutzeinrichtung (RCD), derzeit aber keine SRCD, für den zusätzlichen Schutz in der neu errichteten Steckdose vorgesehen werden, wenn es sie geben würde, was aber nach Kenntnis der Autoren derzeit nicht der Fall ist. Eine Anordnung in unmittelbarer Nähe, z. B. in einer „kleinen" Box wäre jedoch erlaubt. Nach Meinung der Autoren sollte jedoch möglichst immer der ganze Stromkreis geschützt werden. Letzteres wird wohl aus praktischen Gründen nicht durchgeführt werden, wenn z. B. die Anlage noch in klassischer Nullung ausgeführt ist, da dann auch neue Kabel/Leitungen verlegt werden müssen. Die Schutzpegelerhöhung mit einer in die Steckdose integrierten Fehlerstrom-Schutzeinrichtung (SRCD) oder an ihr angebauten Fehlerstrom-Schutzeinrichtung (SRCD) darf nur dort angewendet werden, wo der zusätzliche Schutz nicht gefordert ist, z. B. bei einer bestehenden Steckdose in einem Stromkreis mit „klassischer Nullung". Dafür ist nicht die Norm DIN VDE 0100-410 (VDE 0100-410):2007-06 verantwortlich, die diese in die Steckdose integrierte oder an ihr angebaute Fehlerstrom-Schutzeinrichtung (SRCD) zuließe, sondern die härtere Anforderung der DIN VDE 0100-510 (VDE 0100-510), die normenkonforme Betriebsmittel fordert. Der Einbau/Anbau einer nomenkonformen Fehlerstrom-Schutzeinrichtung (RCD) in/an der Steckdose wäre jedoch für den zusätzlichen Schutz zulässig. Dass dabei die Übersichtlichkeit und Einheitlichkeit leiden, scheint man übersehen zu haben. So wird in Räumen mit Badewanne oder Dusche auch weiterhin der Stromkreis für die Steckdose (bzw. müssen alle Stromkreise mit wenigen Ausnahmen geschützt sein, siehe auch VDE-Schriftenreihe Band 67A) zu schützen sein, siehe auch nachfolgende Aufstellung über den notwendigen Einsatz von Fehlerstrom-Schutzeinrichtungen (RCDs) in elektrischen Anlagen.

Außerdem gilt, dass dieser zusätzliche Schutz nicht für Steckdosen bzw. für Stromkreise mit Steckdosen in SELV-, PELV-Stromkreisen und für Steckdosen bzw. für Stromkreise mit Steckdosen mit Schutztrennung anzuwenden ist, da es sich ja dabei nicht um den Schutz durch automatische Abschaltung handelt und der zusätzliche Schutz mit Fehlerstrom-Schutzeinrichtungen (RCDs) zum Teil gar nicht wirksam werden könnte.

Fortsetzung von 411.3.3:

In Wechselspannungssystemen muss ein zusätzlicher Schutz durch Fehlerstrom-Schutzeinrichtungen (RCDs) nach 415.1 vorgesehen werden für:

– *Endstromkreise für im Außenbereich verwendete tragbare Betriebsmittel mit einem Bemessungsstrom nicht größer als 32 A.*

Eine weitere gravierende Änderung ergibt sich durch die Forderung unter diesem

7 411 Schutzmaßnahme: Automatische Abschaltung der Stromversorgung

Aufzählungsstrich bei Endstromkreisen bis einschließlich 32 A, die für die Versorgung von tragbaren Betriebsmitteln, die zur Verwendung im Freien bestimmt sind, vorgesehen sind. Diese Forderung gilt sowohl für Betriebsmittel/Verbrauchsmittel der Schutzklasse I als auch für solche Betriebsmittel/Verbrauchsmittel der Schutzklasse II (oder mit Schutz durch doppelte oder verstärkte Isolierung). Da es **keine Einschränkung für fest angeschlossene** Betriebsmittel gibt, ergibt sich durch die Hintertür diese Forderung auch für die Stromkreise (hier sind es nun wieder die Stromkreise) solcher Steckdosen, an die solche tragbaren Betriebsmittel/Verbrauchsmittel angeschlossen werden, da solche tragbaren Betriebsmittel ja in erster Linie über Steckdosen versorgt werden. Somit wird nicht nur für Steckdosen bis 20 A, sondern aufgrund dieser Festlegung auch für die meisten Stromkreise – jetzt wieder Stromkreise! – für Steckdosen zur Verwendung von tragbaren Betriebsmitteln im Freien bis einschließlich 32 A der zusätzliche Schutz durch Fehlerstrom-Schutzeinrichtungen (RCDs) mit einem Bemessungsdifferenzstrom von nicht über 30 mA notwendig. Das heißt, alle diese Endstromkreise (nun wieder Stromkreis und nicht nur Verbrauchsmittel) müssen mit einem zusätzlichen Schutz mit Fehlerstrom-Schutzeinrichtungen (RCDs) mit einem Bemessungsdifferenzstrom von nicht über 30 mA ausgeführt werden. Und es gibt auch *keine* Ausnahme für die in der Anmerkung des HD angeführten Anwendungsfälle (wie Überwachung durch Elektrofachkräfte oder für bestimmte Betriebsmittel), da sich die Anmerkung mit den Ausnahmen nur auf den ersten Aufzählungsstrich der Anforderung bezieht. Eine Einschränkung gibt es aber: Es müssen nicht alle Steckdosenstromkreise über 20 A bis einschließlich 32 A in den zusätzlichen Schutz einbezogen werden. Der zusätzliche Schutz mit Fehlerstrom-Schutzeinrichtungen (RCDs) mit einem Bemessungsdifferenzstrom von nicht über 30 mA muss nur für die Stromkreise vorgesehen werden, die zur Versorgung von Außensteckdosen dienen und auch für die Stromkreise, die für im Innern (in Räumen) angebrachte Steckdosen vorgesehen sind, die aber für tragbare Betriebsmittel im Außenbereich bestimmt sind oder dafür verwendet werden können. Dies gilt aber auch für Stromkreise mit fest angeschlossenen Verbrauchsmitteln, wobei es sich hier kaum um Anschlussstellen im Innenbereich handeln dürfte. Dies ist eine Ausweitung der bisherigen Anforderung nach DIN VDE 0100-470 (VDE 0100-470):1996-02, Abschnitt 471.2.3, wonach der Schutz nicht für den Stromkreis, sondern nur für die Steckdose gefordert wurde. Nach DIN VDE 0100-470 (VDE 0100-470):1996-02, Abschnitt 471.2.3, waren für die Versorgung tragbarer Betriebsmittel im Freien auch nur Steckdosen bis 20 A Nennstrom zu schützen. Die frühere Erleichterung nach DIN VDE 0100-737 (VDE 0100-737):1990-11, auf den Schutz mit Fehlerstrom-Schutzeinrichtungen (RCDs) mit einem Bemessungsdifferenzstrom von nicht über 30 mA für die Benutzung im Freien durch Elektrofachkräfte oder elektrotechnisch unterwiesene Personen verzichten zu dürfen, ist vollständig entfallen.

Diese zusätzliche Festlegung für das „Freie" ist analog zur bisherigen DIN VDE 0100-470 (VDE 0100-470):1996-02 anzusehen, jedoch darf man bei solchen Bemessungsströmen davon ausgehen, dass hierbei in erster Linie nur Steckdosen im „erdbodennahen" Bereich davon betroffen sein werden. Eine Steckdose auf dem

Dach, z. B. für ein Klimagerät, wäre vermutlich nicht davon betroffen, da solche Verbrauchsmittel nicht tragbar sind und andere tragbare Verbrauchsmittel dort kaum angeschlossen werden dürften.

ANMERKUNG Zur Erfüllung dieser Anforderungen empfiehlt sich der Einsatz einer netzspannungsunabhängigen Fehlerstrom-Schutzeinrichtung (RCD) mit eingebautem Überstromschutz (FI/LS-Schalter) nach DIN EN 61009-2-1 (VDE 0664-21) in jedem Endstromkreis. Diese Schutzeinrichtungen ermöglichen Personen-, Brand- und Leitungsschutz in einem Gerät.
Durch die Zuordnung zu jedem einzelnen Endstromkreis werden unerwünschte Abschaltungen fehlerfreier Stromkreise, hervorgerufen durch Aufsummierung betriebsbedingter Ableitströme oder durch transiente Stromimpulse bei Schalthandlungen, vermieden.

Die Hinzufügung dieser grau schattierten nationalen Anmerkung kann als vernünftige Empfehlung angesehen werden, weil durch solche Einrichtungen neben der Erfüllung des zusätzlichen Schutzes durch Fehlerstrom-Schutzeinrichtungen (RCDs) mit einem Bemessungsdifferenzstrom nicht über 30 mA auch der Schutz der Fehlerstrom-Schutzeinrichtung (RCD) selbst (siehe hierzu auch Kapitel 18 Fragen und Antworten) und auch der Schutz der Kabel/Leitungen für diese Stromkreise erfüllt werden kann. Der Hinweis auf den erfüllbaren Brandschutz mag hier verwirrend sein, da im Teil 410 der Brandschutz nicht behandelt wird, sondern im Teil 482. Aber damit soll nur aufgezeigt werden, dass in Fällen, in denen der Brandschutz von Bedeutung ist, dieser auch mit derselben Fehlerstrom-Schutzeinrichtung (RCD) erfüllt werden kann, eher besser, da bereits bei sehr kleinen Fehlerströmen durch schadhafte Isolierung (impedanzbehafteter Fehler) eine Abschaltung erreicht werden kann. Durch die „Einzelabsicherung" kann auch eine höhere Verfügbarkeit der elektrischen Anlage erreicht werden, weil immer nur der betreffende Stromkreis abgeschaltet wird und nicht eine ganze Anlage oder eine Teilanlage.

Kurzer Überblick

Zusätzlicher Schutz durch Fehlerstrom-Schutzeinrichtungen (RCDs) mit einem Bemessungsdifferenzstrom nicht über 30 mA ist für Endstromkreise bis 32 A zur Versorgung von (fest oder über Steckdosen angeschlossenen) tragbaren Betriebsmitteln im Außenbereich sowie für Steckdosen bis 20 A (ausgenommen bestimmte, z. B. für nur ein besonderes Betriebsmittel) vorzusehen. Wenn Fehlerstrom-Schutzeinrichtungen (RCDs) in fest angeschlossenen Verbrauchsmitteln oder in/an fest angeschlossenen Steckdosen integriert/errichtet sind, ist das ausreichend, wenn nur der zusätzliche Schutz für die Steckdose gefordert ist. Aber: Ortsfeste Schutzeinrichtungen in Steckdosenausführung (SRCDs), die nach DIN VDE 0100-530 (VDE 0100-530):2005-06 derzeit nicht zum zusätzlichen Schutz zugelassen sind, können lediglich der Schutzpegelerhöhung dienen und nicht dem zusätzlichen Schutz.

Hinsichtlich der Bauweise von Fehlerstrom-Schutzeinrichtungen (RCDs) gibt es etliche Normen und Entwürfe, sodass eine Weiterentwicklung zu erwarten ist. Außer der allgemeinen Benennung Fehlerstrom-Schutzeinrichtung (RCD) in der Reihe DIN VDE 0100 (VDE 0100) gibt es für die eigentlichen Schalter zusätzlich zur Bennennung Fehlerstrom-Schutzschalter Abkürzungen wie, RCBO, RCCB PRCD, SRCD und RCM, siehe Tabelle 7.2 dieses Buchs. DIN VDE 0100-530 (VDE 0100-530) regelt die Auswahl von Fehlerstrom-Schutzeinrichtungen (RCDs) hinsichtlich des Schutzes bei direktem Berühren (ein Begriff, der in DIN VDE 0100-410 (VDE 0100-410):2007-06 nicht mehr verwendet wird), des Schutzes bei indirektem Berühren und des Brandschutzes (Brandschutz ist aber nicht Gegenstand von DIN VDE 0100-410 (VDE 0100-410):2007-06, sondern wird wie bisher in DIN VDE 0100-482 (VDE 0100-482):2003-06 behandelt).

Nach DIN VDE 0100-530 (VDE 0100-530):2005-06, Abschnitt 531.3.6 handelt es sich auch um einen „zusätzlichen Schutz", wenn sowohl der Fehlerschutz als auch der zusätzliche Schutz durch dieselbe Fehlerstrom-Schutzeinrichtung (RCD) erfüllt werden, vorausgesetzt der Bemessungsdifferenzstrom übersteigt nicht 30 mA und diese Fehlerstrom-Schutzeinrichtung (RCD) ist an der Einspeisung des Stromkreises errichtet.

Da der zusätzliche Schutz als Maßnahme beim Versagen anderer Schutzmaßnahmen anerkannt ist, hätten es die Autoren lieber gesehen, wenn ein und dieselbe Fehlerstrom-Schutzeinrichtung (RCD) nicht für den Fehlerschutz und gleichzeitig für den zusätzlichen Schutz bei Versagen des Fehlerschutzes eingesetzt wird, sondern hierfür, insbesondere im TT-System, zwei Fehlerstrom-Schutzeinrichtungen (RCDs) (zumindest eine davon mit Bemessungsdifferenzstrom nicht über 30 mA bei zwingend gefordertem zusätzlichen Schutz) anzuwenden wären. Dann hätte zusätzlich zum normal wirksamen Schutz bei indirektem Berühren/Fehlerschutz (auch wenn dieser mit Fehlerstrom-Schutzeinrichtung (RCD) mit einem Bemessungsdifferenzstrom nicht über 30 mA gegeben ist, z. B. im TT-System) eine Fehlerstrom-Schutzeinrichtung (RCD) mit einem Bemessungsdifferenzstrom nicht über 30 mA zusätzlich vorgesehen werden müssen, was nun aber nach DIN VDE 0100-530 (VDE 0100-530) und auch nach DIN VDE 0100-410 (VDE 0100-410) nicht gefordert ist. Zu den Fehlerstrom-Schutzeinrichtungen (RCDs) für den zusätzlichen Schutz werden in **Tabelle 7.2** dieses Buchs einige Informationen zur „Normenlandschaft" gegeben. Weitere Informationen sind im Abschnitt 415.1 der DIN VDE 0100-410 (VDE 0100-410):2007-06 bzw. im Abschnitt 11.1 dieses Buchs enthalten.

Bei der Betrachtung und der Wirkung von Fehlerstrom-Schutzeinrichtungen (RCD) ist prinzipiell nach zwei unterschiedlichen Fehlerarten, die die Fehlerstrom-Schutzeinrichtung (RCD) zur Abschaltung bringen, zu unterscheiden:
a) der Differenzstrom steigt langsam an, z. B. weil sich bei einem „schleichenden" Isolationsfehler der Isolationswiderstand über die Zeit verringert
b) der Differenzstrom steigt schlagartig an, z. B. wenn eine Person plötzlich ein aktives Teil im geschützten Stromkreis berührt, z. B. wenn ein Kind eine Stricknadel in eine Steckdose einführt und einen guten Kontakt zum Erdpotential hat.

Kurzform	Herkunft aus dem Englischen (Kurzform in Großbuchstaben hervorgehoben)	Normen und Entwürfe	Bemerkungen
RCD	Residual Current protective Device	Anwendung in neueren Normen der DIN VDE 0100 (ab 1996); zunächst nur in Kurzform „RCD" und seit 2002 als Klammerangabe ergänzend zu „Fehlerstrom-Schutzeinrichtungen", also Fehlerstrom-Schutzeinrichtungen (RCDs). Zur elektromagnetischen Verträglichkeit Normen: • DIN EN 61543 (VDE 0664-30): 2006-06 Entwürfe: • DIN EN 61543/AA (VDE 0664-30/A1): 2004-11 • DIN EN 61543/A2 (VDE 0664-30/A2): 2005-05	Ursprünglich ab etwa 1996 Oberbegriff für Fehlerstrom-Schutzeinrichtungen (RCDs) ohne Hilfsspannungsquelle nach DIN EN 61008/61009 (VDE 0664-10 und -20) und Differenzstrom-Schutzeinrichtungen (RCDs) mit Hilfsspannungsquelle) nach Entwurf DIN VDE 0664-101 (VDE 0664-101): 1989-11 (zurückgezogen). Ab 2005-06-01 sind mit DIN VDE 0100-530 (VDE 0100-530): 2005-06 für die Beherrschung von Wechsel- und pulsierenden Gleichfehlerströmen nur noch netzspannungsunabhängige Fehlerstrom-Schutzeinrichtungen (RCDs) zugelassen. Dies war praktisch vorher auch schon so, weil es in Deutschland eine Norm für netzspannungsabhängige Fehlerstrom-Schutzeinrichtungen (RCDs) nicht gab, eine normenkonforme Auswahl netzspannungsabhängiger Fehlerstrom-Schutzeinrichtungen (RCDs) also nicht möglich war. Entwürfe DIN VDE 0664-100 (VDE 0664-100): 2002-05 und DIN VDE 0664-200 (VDE 0664-200):2003-07 enthalten Anforderungen an RCDs mit einem netzspannungsunabhängigen Teil zur Erfassung von sinusförmigen Wechsel- und pulsierenden Gleichfehlerströmen und einem netzspannungsabhängigen Teil zur Erfassung von glatten Gleichfehlerströmen. Die Schalter selbst werden noch in RCBOs (bei intergrierter Überstromüberwachung) und RCCBs (ohne Überstromüberwachung) bei der Gerätenormung unterschieden; siehe nachfolgend.

Tabelle 7.2 Bedeutung der Kurzformen bei Fehlerstrom-Schutzeinrichtungen (RCDs) und zugehörige DIN-VDE-Normen und -Entwürfe

7 411 Schutzmaßnahme: Automatische Abschaltung der Stromversorgung

Kurzform	Herkunft aus dem Englischen (Kurzform in Großbuchstaben hervorgehoben)	Normen und Entwürfe	Bemerkungen
PRCD	Portable Residual Current protective Device	DIN VDE 0661 (VDE 0661):1988-04 DIN VDE 0661-10 (VDE 0661-10):2002-12 Entwurf • DIN VDE 0661-2 (VDE 0661-2): 1993-08 • DIN VDE 0661-101 (VDE 0661-101): 1991-12	ortsveränderliche Differenzstrom-/Fehlerstrom-Schutzeinrichtung
SRCD	Socket-outlet Residual Current protective Device	Entwürfe • DIN VDE 0662 (VDE 0662):1993-08	ortsfeste Schutzeinrichtung in Steckdosenausführung zur Schutzpegelerhöhung bzw. Fehlerstrom-Schutzeinrichtung ohne Überstromschutz, ein- oder angebaut an ortsfeste Steckdosen
RCBO	Residual Current operated Circuit-Breaker with integral Overcurrent protection	Normen: • DIN EN 61009-1 (VDE 0664-20): 2005-06 • DIN EN 61009-2-1 (VDE 0664-21): 1999-12 Entwürfe: • DIN IEC 62423 (VDE 0664-40): 2005-11 • DIN VDE 0664-200 (VDE 0664-200): 2003-07	FI- oder DI-Schalter mit eingebautem Überstromauslöser (FI/LS-Schalter oder DI/LS-Schalter)

Tabelle 7.2 (Fortsetzung) Bedeutung der Kurzformen bei Fehlerstrom-Schutzeinrichtungen (RCDs) und zugehörige DIN-VDE-Normen und -Entwürfe

7 411 Schutzmaßnahme: Automatische Abschaltung der Stromversorgung

Kurzform	Herkunft aus dem Englischen (Kurzform in Großbuchstaben hervorgehoben)	Normen und Entwürfe	Bemerkungen
RCCB	Residual Current operated Circuit-Breaker without integral overcurrent protection	Normen: • DIN EN 61008-1 (VDE 0664-10):2005-06 • DIN EN 61008-2-1 (VDE 0664-11):1999-12 Entwürfe: • DIN EN 61008-1/AA (VDE 0664-10/AA): 2006-06 • DIN IEC 62423 (VDE 0664-40):2005-11 • DIN VDE 0664-100 (VDE 0664-100):2002-05	FI- oder DI-Schalter ohne eingebauten Überstromauslöser
RCM	Residual Current Monitor for household and similar uses	Norm: • DIN EN 62020 (VDE 0663):2005-11 Entwurf: • DIN EN 62020/AA (VDE 0663/A2):2005-11	Differenzstrom-Überwachungsgerät

Tabelle 7.2 (Fortsetzung) Bedeutung der Kurzformen bei Fehlerstrom-Schutzeinrichtungen (RCDs) und zugehörige DIN-VDE-Normen und -Entwürfe

---

Kurzer Überblick

Fehlerstrom-Schutzeinrichtungen (RCDs) begrenzen **nicht** den Strom auf Werte des Bemessungsdifferenzstroms, sondern schalten spätestens bei Erreichen des Bemessungsdifferenzstroms sehr schnell ab.
Beim direkten Berühren – aber nur bei einem aktiven Teil – fließt bis zur Abschaltung durch die Fehlerstrom-Schutzeinrichtung (RCD) ein Strom über den Menschen, dessen Größe abhängig ist von der Berührungsspannung, dem Widerstand des menschlichen Körpers und den Widerständen, die sich aus der Berührung geerdeter Teile ergeben, siehe **Bild 7.4.1a**.
Beim gleichzeitigen Berühren von zwei aktiven Teilen mit unterschiedlichem Potential, z. B. Hand – Hand, ist nur noch in ganz wenigen Fällen eine mögliche Schutzwirkung gegeben, aber nur, wenn auch ein Parallelpfad über Erde auftritt.

Im Sinne des Schutzes gegen elektrischen Schlag ist der Fehler entsprechend Aufzählung a) (auf Seite 131), also dem langsamen Differenzstrom-Anstieg, weniger kritisch, da eine Auslösung der Fehlerstrom-Schutzeinrichtung (RCD) vor Erreichen möglicherweise schädigender Körperströme erfolgt. Fehlerstrom-Schutzeinrichtungen (RCDs) dürfen ab dem halben Bemessungsdifferenzstrom auslösen – im Falle eines Bemessungsdifferenzstroms $I_{\Delta N}$ = 30 mA also ab 15 mA. Fehlerstrom-Schutzeinrichtungen (RCDs) müssen laut Gerätenorm spätestens beim Erreichen ihres Bemessungsdifferenzstroms auslösen, im Beispiel also spätestens bei 30 mA, und das in einer maximalen Zeit von 300 ms (siehe hierzu auch die Anmerkungen zu den Formeln für die jeweiligen Abschaltbedingungen in den Systemen nach Art der Erdverbindung). Bei zeitverzögerten Fehlerstrom-Schutzeinrichtungen (RCDs) muss eine Abschaltung in 500 ms (bei $1 \times I_{\Delta N}$) erfolgen. Eine Fehlerstrom-Schutzeinrichtung (RCD) mit einem Bemessungsdifferenzstrom $I_{\Delta N}$ = 10 mA würde gegenüber solchen mit 30 mA auch noch bei noch hochohmigeren Isolationsfehlern auslösen, jedoch können schon zwei Verbrauchsmittel mit normgerechten Ableitströmen von 3,5 mA genügen, um die Fehlerstrom-Schutzeinrichtung (RCD) mit einem Bemessungsdifferenzstrom $I_{\Delta N}$ ≤ 10 mA ungewollt auszulösen, obwohl im Sinne des Schutzes gegen elektrischen Schlag bei diesen „Fehler"-Strömen die Abschaltung nicht gefordert ist. 10 mA entsprechen der Grenzkurve „b" von DIN IEC/ TS 60479-1 (VDE V 0140-479-1):2007-05, Tabelle 11 und Bild 20, bei deren Werten im Allgemeinen ein organischer Schaden nicht zu erwarten ist. Diese „Fehlauslösung" kann auch bei einer entsprechend größeren Anzahl von Verbrauchsmitteln mit Ableitströmen (ab einer Summe von 15 mA) bei Fehlerstrom-Schutzeinrichtungen (RCDs) mit einem Bemessungsdifferenzstrom $I_{\Delta N}$ ≤ 30 mA auftreten. Deswegen empfiehlt es sich, eine entsprechende Aufteilung in verschiedene, separat geschützte Stromkreise vorzunehmen. Wenn z. B. alle Steckdosenstromkreise einer Anlage durch eine Fehlerstrom-Schutzeinrichtung (RCD) geschützt werden, sollten die Lichtstromkreise dieser Anlage durch eine zweite Fehlerstrom-Schutzeinrichtung (RCD) geschützt werden. Wenn die Auslösung einer Fehlerstrom-Schutzeinrichtung (RCD) in der dunklen Zeit erfolgt,

- bleibt die elektrische Beleuchtung erhalten, wenn die Auslösung im Steckdosen-Stromkreis erfolgt
- kann die Beleuchtung mit Stehlampen, die an Steckdosen angeschlossen sind, aufrechterhalten werden, wenn die Auslösung im Licht-Stromkreis erfolgt

Kritisch kann die Fehlerart nach Aufzählung b) von Seite 131 sein, also der plötzliche hohe Körperstrom. Bis zur Abschaltung (nach Gerätenorm DIN EN 61008-1 (VDE 0664-10):2005-06 innerhalb von 300 ms, wenn nur der Bemessungsdifferenzstrom zum Fließen kommen würde), in der Praxis meist in 40 ms bis 50 ms, fließt bei direktem Berühren aktiver Teile **der** Strom über den menschlichen Körper, der von Berührungsspannung und Körperimpedanz des menschlichen Körpers des Berührenden bestimmt wird. Dieser Körperstrom kann in besonders kritischen Situationen, z. B. bei feuchter Haut in feuchter Umgebung (Badewanne!), so hoch sein, dass dieser Strom Personen schädigt oder tötet. Bei Fehlerstrom-Schutzeinrichtungen (RCDs) findet bis zur Abschaltung **keine** Strombegrenzung auf die Höhe des Bemessungsdifferenzstroms statt.

Fehlerstrom-Schutzeinrichtungen (RCDs) schützen nur bedingt beim gleichzeitigen Berühren von zwei aktiven Leitern ein und desselben Stromkreises, z. B. beim

7 411 Schutzmaßnahme: Automatische Abschaltung der Stromversorgung

Berühren eines Außenleiters und des Neutralleiters. Wenn die berührende Person auf einer isolierenden Unterlage steht (z. B. auf einem Teppich und zusätzlich Schuhe anhat), tritt kein Differenzstrom zur Erde auf, und die Fehlerstrom-Schutzeinrichtung (RCD) löst nicht aus. Der Mensch wird aber dabei von einem Körperstrom (Hand – Hand) durchflossen, der gefährlich sein kann. Die Schutzwirkung von Fehlerstrom-Schutzeinrichtungen (RCDs) ist nur gegeben, wenn sie richtig ausgewählt werden, insbesondere sind zu berücksichtigen:
- Bemessungsdifferenzströme
- Beeinflussung durch Gleichfehlerströme
- Schutz bei Überlast und Kurzschluss

Die Wahl der Bemessungsdifferenzströme ist abhängig vom vorgesehenen Einsatz. So dürfen für den zusätzlichen Schutz, wie er nun im Teil 410 von DIN VDE 0100 (VDE 0100) angeführt ist und wie er z. B. in der Gruppe 700 der Normen der Reihe DIN VDE 0100 (VDE 0100) für bestimmte Bereiche, z. B. in Räumen mit Badewanne oder Dusche (dort noch als zusätzlicher Schutz bei direktem Berühren), gefordert ist, nur Fehlerstrom-Schutzeinrichtungen (RCDs) mit einem Bemessungsdifferenzstrom $I_{\Delta N} \leq 30$ mA ausgewählt werden.

Kurzer Überblick

Fehlerstrom-Schutzeinrichtungen (RCDs) schützen beim gleichzeitigen Berühren von zwei aktiven Leitern ein und desselben Stromkreises, z. B. beim Berühren eines Außenleiters und des Neutralleiters, nur sehr bedingt. Dies gilt insbesondere wenn die berührende Person auf einer isolierenden Unterlage steht, weil dann kein Differenzstrom zum Schutzleiter oder zur Erde auftritt und die Fehlerstrom-Schutzeinrichtung (RCD) nicht auslösen kann.

Eine Beeinflussung durch Gleichfehlerströme oder höhere Frequenzen im Fehlerstrom kann z. B. durch drehzahlveränderbare (frequenzumrichtergespeiste) Antriebe verursacht werden, insbesondere wenn es sich um 6-Puls-Brückenschaltungen handelt. Hierbei können im Fehlerfalle reine Gleichfehlerströme auftreten, und es können auch höherfrequente Fehlerströme auftreten. Pulsstromsensitive Fehlerstrom-Schutzeinrichtungen (RCDs), wie sie im **Bild 7.3.3.3** dargestellt sind, können bei reinen Gleichfehlerströmen und höherfrequenten Fehlerströmen nicht mehr zuverlässig auslösen. Es müssen daher für den Schutz (Fehlerschutz und zusätzlicher Schutz) solcher Stromkreise und Betriebsmittel „allstromsensitive" Fehlerstrom-Schutzeinrichtungen (RCDs) (siehe **Bild 7.3.3.4**) ausgewählt werden, die pulsstromsensitiv für lückenlosen und lückenden Fehlerstrom (in Bezug auf die Zeitachse) sowie wechselstromsensitiv sind. Als Alternative dürfen – wenn dem keine Gründe entgegenstehen – andere Schutzmaßnahmen, z. B. die Schutztrennung, gewählt werden. Schutztrennung lässt sich allerdings bei den heute üblicherweise zum Einsatz kommenden umrichtergespeisten Antrieben nicht einsetzen, da hierzu und zur Erfüllung der EMV-Richtlinie Netzfilter und geschirmte Kabel not-

7 411 Schutzmaßnahme: Automatische Abschaltung der Stromversorgung

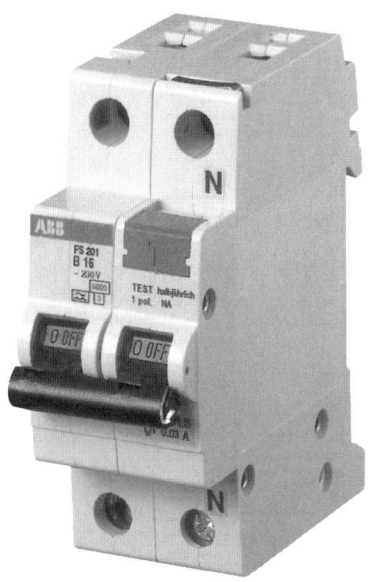

Bild 7.3.3.3 Beispiel einer Fehlerstrom-Schutzeinrichtung (RCD) vom Typ A zur Auslösung bei Wechselströmen und pulsierenden Gleichfehlerströmen mit einem Bemessungsdifferenzstrom 30 mA mit eingebauter Überstrom-Schutzeinrichtung (RCBO) mit einem (Überstrom-)geschützten Pol (B16), so genannter FI/ LS-Schalter zweipolig, zum Einsatz in Wechselstromkreisen (Foto: ABB)

wendig sind und damit eine Verbindung von Filter und Kabelschirmen mit Schutzleitern notwendig ist, was sich aber bei Schutztrennung verbietet.

Der **zusätzliche Schutz** durch Fehlerstrom-Schutzeinrichtungen (RCDs) und der bisherige als Schutz **bei direktem Berühren** benannte Schutz sind bei Gleichfehlerströmen ohne „allstromsensitive" Fehlerstrom-Schutzeinrichtungen (RCDs) nicht möglich.

Kurzer Überblick

Bei zu erwartenden (reinen) Gleichfehlerströmen sind „allstromsensitive" Fehlerstrom-Schutzeinrichtungen (RCDs) vom „Typ B" nach dem ermächtigten Entwurf DIN VDE 0664-100 (VDE 0664-100) auszuwählen. Dies gilt auch für den Fehlerschutz „Schutz durch automatische Abschaltung der Stromversorgung".

Wie im dritten Aufzählungspunkt zuvor (auf Seite 136) angeführt, muss auch der Schutz bei Überstrom bei der Auswahl der Fehlerstrom-Schutzeinrichtungen (RCDs) berücksichtigt werden. Fehlerstrom-Schutzeinrichtungen (RCDs) bieten üblicherweise – ausgenommen solche nach DIN EN 61008-2-1 (VDE 0664-11), so genannte FI/LS, die in Deutschland, anders als z. B. in Österreich, noch relativ selten zum Einsatz kommen – weder einen integrierten Schutz bei Kurzschluss noch einen integrierten Schutz bei Überlast. Das heißt, Schutzeinrichtungen zum Schutz bei Überstrom müssen zusätzlich vorgesehen werden, oder es werden FI/LS-Schalter

7 411 Schutzmaßnahme: Automatische Abschaltung der Stromversorgung

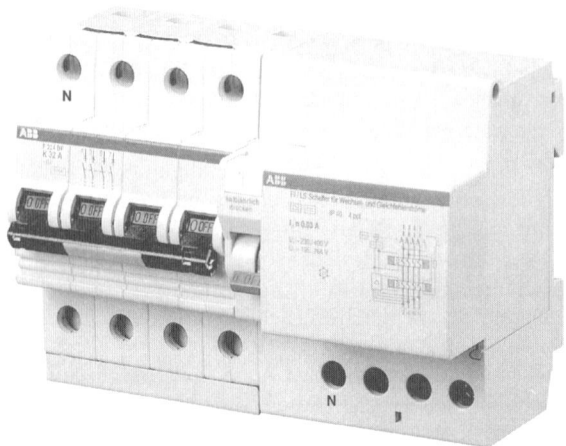

Bild 7.3.3.4a Beispiel einer Fehlerstrom-Schutzeinrichtung (RCD) vom Typ B zur Auslösung bei Wechselfehlerströmen und pulsierenden sowie glatten Gleichfehlerströmen mit einem Bemessungsdifferenzstrom 30 mA mit eingebauter Überstrom-Schutzeinrichtung (RCBO) mit (Überstrom-)Schutz (K 32), so genannter FI/LS-Schalter vierpolig, zum Einsatz in Drehstromkreisen. (Foto: ABB)

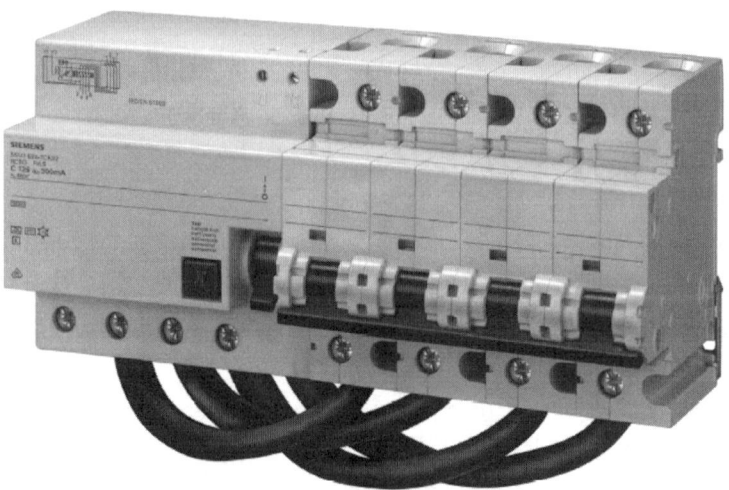

Bild 7.3.3.4b Beispiel einer Fehlerstrom-Schutzeinrichtung (RCD) vom Typ B zur Auslösung bei Wechselfehlerströmen und pulsierenden sowie glatten Gleichfehlerströmen mit einem Bemessungsdifferenzstrom 30 mA mit eingebauter Überstrom-Schutzeinrichtung (RCBO), so genannter FI/LS-Schalter, LS der Charakteristik C mit 125 A, kurzzeitverzögert, vierpolig zum Einsatz in Drehstromkreisen (Foto: Fa. Siemens AG)

ausgewählt (siehe hierzu auch Kapitel 18 dieses Buchs sowie die grau schattierte Anmerkung am Ende von Abschnitt 411.3.3 der DIN VDE 0100-410 (VDE 0100-410):2007-06). Für den Schutz bei Überströmen müssen bei den üblicherweise zum Einsatz kommenden Fehlerstrom-Schutzeinrichtungen (RCDs) nach DIN EN 61008-1 (VDE 0664-10) die Herstellerangaben berücksichtigt werden.

Da in der Praxis immer wieder Fragen bezüglich der Notwendigkeit von Fehlerstrom-Schutzeinrichtungen (RCDs) auftauchen, soll nachfolgend aufgezeigt werden, wo Fehlerstrom-Schutzeinrichtungen (RCDs) mit einem Bemessungsdifferenzstrom $I_{\Delta N} \leq 30$ mA derzeit gefordert sind, d. h. wo der „zusätzliche Schutz durch Fehlerstrom-Schutzeinrichtungen (RCDs)" für den Stromkreis zu erfüllen ist oder wo durch direktes Vorschalten der Fehlerstrom-Schutzeinrichtungen mit einem Bemessungsdifferenzstrom nicht größer als 30 mA (RCDs) vor der Steckdose oder vor dem Verbrauchsmittel genügt oder wo sonst noch Fehlerstrom-Schutzeinrichtungen (RCDs) mit oder ohne vorgegebenen Bemessungsdifferenzstrom gefordert sind. Diese Aufstellung unterliegt der Änderung durch neue Normen, daher kann sie nur eine Unterstützung sein. Die Elektrofachkraft sollte sich vor der jeweiligen Entscheidung durch Studium der entsprechenden Normen selbst über die aktuelle Notwendigkeit von Fehlerstrom-Schutzeinrichtungen (RCDs) überzeugen.

Die Notwendigkeit des Normenstudiums gilt insbesondere unter dem Gesichtspunkt der neuen Norm DIN VDE 0100-410 (VDE 0100-410):2007-06, die wesentliche Änderungen mit sich bringt. Aber auch nach der Übergangsfrist der DIN VDE 0100-410 (VDE 0100-410):2007-06 sind weiterhin abweichende Anforderungen in den Normen der Gruppe 700 der Reihe DIN VDE 0100 (VDE 0100) so lange vorrangig zu beachten, bis sich die vorrangige Norm der Gruppe 700 der Reihe DIN VDE 0100 (VDE 0100) ändert.

Fehlerstrom-Schutzeinrichtungen (RCDs) mit einem Bemessungsdifferenzstrom $I_{\Delta N} \leq 30$ mA sind derzeit – z. T. allerdings auch mit der Möglichkeit alternativer Maßnahmen, wie SELV-Stromkreise, PELV-Stromkreise oder Stromkreise mit Schutz durch Schutztrennung (mit einem oder nach bisheriger Norm auch noch Schutztrennung mit mehr als einem Verbrauchsmittel an einer Stromquelle mit sicherer Trennung), anzuwenden – nur gefordert für:

- **Neue Forderungen nach DIN VDE 0100-410 (VDE 0100-410):2007-06**
  In Wechselspannungssystemen (AC) muss für Steckdosen[*)] mit einem Bemessungsstrom nicht größer als 20 A, die für die Benutzung durch Laien und zur allgemeinen Verwendung bestimmt sind, ein zusätzlicher Schutz durch Fehlerstrom-Schutzeinrichtungen (RCDs) mit einem Bemessungsdifferenzstrom von nicht über 30 mA vorgesehen werden.

[*)] Wenn ein und dieselbe Fehlerstrom-Schutzeinrichtung (RCD) sowohl Fehlerschutz als auch den zusätzlichen Schutz sicherstellen soll, muss sie nach DIN VDE 0100-530 (VDE 0100-530):2005-06, 531.3.6, an der Einspeisung des Stromkreises errichtet werden!

Ausnahmen:
- Diese Forderungen gelten nicht für Steckdosen, die in Stromkreisen vorgesehen sind, in denen **nicht** die automatische Abschaltung der Stromversorgung zur Anwendung kommt.
- Die Forderungen gelten auch **nicht** für Steckdosen, die sich unter Überwachung von Elektrofachkräften oder elektrotechnisch unterwiesenen Personen befinden, und für spezielle Steckdosen (z. B. wenn sie nicht in übliche Stecksysteme passen), die jeweils für den Anschluss nur eines bestimmten Betriebsmittels vorgesehen werden, es sei denn, sie versorgen tragbare Betriebsmittel im Freien/Außenbereich mit einem Bemessungsstrom nicht größer als 32 A. Diese Forderung bezüglich im Freien/Außenbereich ersetzt die Anforderungen von DIN VDE 0100-470 (VDE 0100-470):1996-02.

- **Neue Forderungen nach DIN VDE 0100-410 (VDE 0100-410):2007-06**
In **Endstromkreisen** für im Außenbereich verwendete tragbare Betriebsmittel mit einem Bemessungsstrom nicht größer als 32 A, ohne Ausnahmen. Da tragbare Betriebsmittel üblicherweise nicht fest angeschlossen werden, gilt diese Festlegung auch für Steckdosen. Somit erweitert sich die obige Festlegung, ein Aufzählungspunkt zuvor, in einigen Fällen von 20 A auf 32 A

Bisher: Steckdosen (ein- und mehrpolig) im Freien mit einem Bemessungsstrom bis einschließlich 20 A und Steckdosen, deren gelegentliche Versorgung von tragbaren Betriebsmitteln für den Gebrauch im Freien sinnvollerweise erwartet werden darf, d. h., die Forderung gilt auch für Steckdosen im Wohnzimmer oder in anderen Zimmern, z. B. für Steckdosen neben der Terrassentür, wenn im Freien keine Steckdose vorhanden ist. Auch für Steckdosen auf Balkonen (siehe Abschnitt 471.2.3 von DIN VDE 0100-470 (VDE 0100-470)) ist dieser Schutz gefordert, auch wenn es sich um höhere Stockwerke handelt. Dieser Schutz ist auch gefordert für Steckdosen auf der Außenseite bzw. im angrenzenden Raum, in der Nähe von Balkontüren – sofern auf dem Balkon selbst keine Steckdose vorhanden ist.

Bisher schon gültige Forderungen:

- **Stromkreise für Steckdosen** hinter Stromerzeugungsanlagen (siehe Abschnitt 551.4.4.2 und dazu Anhang ZB von DIN VDE 0100-551 (VDE 0100-551):1997-08) Diese Forderung gilt allgemein, d. h. für alle Stromkreise, nicht nur für Steckdosen (siehe unter Stromkreise, weiter unten).
- **Stromkreise mit Steckdosen** in Räumen mit Badewanne oder Dusche. Hiervon ausgenommen sind Stromkreise mit Steckdosen, in denen Schutz durch SELV, PELV oder Schutztrennung zur Anwendung kommt (siehe Abschnitt 701.412.5 von DIN VDE 0100-701 (VDE 0100-701):2002-02). Diese Forderung gilt für fast alle Stromkreise (siehe unter Stromkreise, weiter unten).
- **Stromkreise mit Steckdosen**
  - im Bereich 2 von Becken von Schwimmbädern und anderen Becken
  - im Bereich 1 von Schwimmbädern mit kleinem Umgebungsbereich
  - im Bereich 1 von nicht begehbaren Becken
  - ggf. für Stromkreise mit besonders gekennzeichneten Steckdosen, die der Versorgung von Betriebsmittel dienen, die im Bereich 0 nur verwendet werden dürfen, wenn sich Personen nicht im Bereich 0 befinden.

Hiervon ausgenommen sind Stromkreise mit Steckdosen, in denen Schutz durch SELV, PELV oder Schutztrennung – soweit zulässig – zur Anwendung kommt, (siehe Abschnitte 702.471.4.1, 702.471.4.2, 702.471.4.3 und 702.53 von DIN VDE 0100-702 (VDE 0100-702):2003-11).

Hinweis: In der Norm wird durch die Abschnittsnummerierung noch auf Teil 470 Bezug genommen, der nun – unter Beachtung der Übergangszeit – ungültig geworden ist. Somit gelten zumindest nach der Übergangsfrist analog die Forderungen von 415.1 und 411.3.3 der DIN VDE 0100-410 (VDE 0100-410):2007-06, siehe auch Abschnitt 11.1 und Abschnitt 7.3.3 dieses Buchs.

- **Stromkreise mit Steckdosen** auf Baustellen bis 32 A (siehe 704.471 von DIN VDE 0100-704 (VDE 0100-704):2001-05)
- **Stromkreise mit Steckdosen** ohne Begrenzung des Bemessungsstroms in landwirtschaftlichen Betriebsstätten (siehe Abschnitt 3.2 von DIN VDE 0100-705 (VDE 0100-705):1992-10 und Abschnitt 705.413.1 der Vornorm DIN V VDE V 0100-0705 (VDE V 0100-0705):2003-04)
- **Steckdosen**[*)] ohne Begrenzung des Bemessungsstroms für den Speisepunkt auf Campingplätzen (siehe Abschnitt 708.530.5.6 von DIN VDE 0100-708 (VDE 0100-708):2006-02)
- **Steckdosen**[*)] bis 32 A in medizinisch genutzten Bereichen der Gruppe 1 (siehe 710.413.1.3 von DIN VDE 0100-710 (VDE 0100-710):2002-11)
- **Stromkreise mit Steckdosen** bis 32 A bei Ausstellungen, Shows und Ständen (siehe Abschnitt 711.481.3.1.4 von DIN VDE 0100-711 (VDE 0100-711):2003-11)
- **Steckdosen**[*)] ohne Begrenzung des Bemessungsstroms für die Stromversorgung von Stellplätzen auf Campingplätzen und Liegeplätzen (Marinas) von Booten (siehe Abschnitt 4.3 von DIN VDE 0100-721 (VDE 0100-721):1984-04)
- **Stromkreise mit Steckdosen** im TN- oder TT-System zur Versorgung von Experimentiereinrichtungen, siehe Abschnitt 723.412.5.3 von DIN VDE 0100-723 (VDE 0100-723):2005-06)
- **Steckdosen**[*)] für den Anschluss von Springbrunnenpumpen, (indirekte Forderung, die in der Betriebsmittelnorm enthalten ist, siehe Abschnitt 7.12 von DIN EN 60335-2-41 (VDE 0700-41):2004-12)
- **Stromkreise mit Steckdosen** außerhalb von Fahrzeugen und in transportablen Baueinheiten (siehe Abschnitt 717.412.5 von DIN VDE 0100-717 (VDE 0100-717):2005-06)

[*)] Wenn ein und dieselbe Fehlerstrom-Schutzeinrichtung (RCD) sowohl Fehlerschutz als auch den zusätzlichen Schutz sicherstellen soll, muss sie nach DIN VDE 0100-530 (VDE 0100-530):2005-06, 531.3.6, an der Einspeisung des Stromkreises errichtet werden!

7 411 Schutzmaßnahme: Automatische Abschaltung der Stromversorgung

Die Unterscheidung in **Steckdosen** und **Stromkreise mit Steckdosen** wurde bewusst vorgenommen, damit zu erkennen ist, wo Fehlerstrom-Schutzeinrichtungen (RCDs) am Leitungsanfang (bei Stromkreisen mit Steckdosen) als zusätzlicher Schutz vorzusehen sind und wo ein zusätzlicher Schutz an der Steckdose ausreichend ist.*)

- **End**stromkreise für im Außenbereich verwendete tragbare Betriebsmittel mit einem Bemessungsstrom nicht größer als 32 A, ohne Ausnahmen
- **Stromkreise**, bei denen widerstandsbehaftete Fehler einen Brand entzünden können, z. B. bei Decken-Heizungen mit Flächenheizelementen, nach Abschnitt 482.1.7 von DIN VDE 0100-482 (VDE 0100-482):2003-06
- **Stromkreise** bei Schutz durch automatische Abschaltung bei nicht dauerhaft installierter elektrischer Anlage und nicht dauerhaft errichteter Stromerzeugungsanlage (siehe Abschnitte 551.4.4.2 und Anhang N von DIN VDE 0100-551 (VDE 0100-551):1997-08)
- **Stromkreise** in Räumen mit Badewanne oder Dusche nach Abschnitt 701.412.5 von DIN VDE 0100-701 (VDE 0100-701):2002-02. Hiervon sind ausgenommen:
  - SELV- oder PELV-Stromkreise (zum Teil mit Begrenzung der Spannung)
  - Stromkreisen mit Schutztrennung
  - Stromkreise, die ausschließlich Wassererwärmer versorgen
- **Stromkreise**, die nicht der Versorgung von Betriebsmitteln/Verbrauchsmitteln in Räumen mit Badewanne oder Dusche dienen, für die die geforderte Restwanddicke von mindestens 6 cm aus bautechnischen Gründen nicht eingehalten werden kann, siehe Abschnitt 701.521b von DIN VDE 0100-701 (VDE 0100-701):2002-02. Hiervon sind ausgenommen:
  - SELV- oder PELV-Stromkreise (zum Teil mit Begrenzung der Spannung)
  - Stromkreise mit Schutztrennung
  - Stromkreise, die ausschließlich Wassererwärmer versorgen
- **Stromkreise** in den Bereichen von Becken von Schwimmbädern und anderen Becken nach DIN VDE 0100-702 (VDE 0100-702):2003-11, und zwar wie folgt:
  - für Betriebsmittel, die im Innern von Becken nur dann betrieben werden dürfen, wenn sich keine Personen in den Becken befinden, siehe Abschnitt 702.471.4.1
  - für Betriebsmittel/Verbrauchsmittel in den Bereichen 0 und 1 von **nicht begehbaren** Becken, siehe Abschnitt 702.471.4.2
  - für Betriebsmittel/Verbrauchsmittel im Bereich 2 von **Becken von Schwimmbädern** und anderen **begehbaren Becken,** einschließlich von Stromkreisen mit Schaltern (z. B. Beleuchtungsstromkreise), siehe Abschnitt 702.471.4.3

---

*) Wenn ein und dieselbe Fehlerstrom-Schutzeinrichtung (RCD) sowohl Fehlerschutz als auch den zusätzlichen Schutz sicherstellen soll, muss sie nach DIN VDE 0100-530 (VDE 0100-530):2005-06, 531.3.6, an der Einspeisung des Stromkreises errichtet werden!

- für **Stromkreise** von elektrischen Fußbodenheizungen, siehe Abschnitt 702.55.1
- für **Stromkreise** mit Schaltern und Leuchten im Bereich 1 von Schwimmbädern mit kleinem Umgebungsbereich, siehe Abschnitte 702.53 und 702.55.4
- für **Stromkreise** von Betriebsmitteln/Verbrauchsmitteln in Gehäusen der Schutzklasse II im Bereich 1 von Schwimmbädern, siehe Abschnitt 702.55.4

Nicht gefordert bei:
- Versorgung aus SELV- oder PELV-Stromkreisen (zum Teil mit Begrenzung der Spannung)
- Versorgung aus Stromkreisen mit Schutztrennung, gilt nicht für elektrische Fußbodenheizungen

- **Stromkreise** für Saunas, ausgenommen für Saunaheizungen, nach Abschnitt 703.412.5 von DIN VDE 0100-703 (VDE 0100-703):2006-02
- **Stromkreise** mit Schutz durch automatische Abschaltung in leitfähigen Bereichen mit begrenzter Bewegungsfreiheit (im Fachjargon auch noch gebräuchlich: „engen leitfähigen Räumen") für fest angeschlossene elektrische Betriebsmittel/Verbrauchsmittel nach Abschnitt 4.2.2 von DIN VDE 0100-706 (VDE 0100-706):1992-06
- **Stromkreise** in medizinisch genutzten Bereichen der Gruppe 1 für Beleuchtung (ausgenommen OP-Leuchten) nach Abschnitt 710.413.1.3 von DIN VDE 0100-710 (VDE 0100-710):2002-11, wenn Schutz durch automatische Abschaltung zur Anwendung kommt
- **Stromkreise** in medizinisch genutzten Bereichen der Gruppe 2 nach Abschnitt 710.413.1.3 von DIN VDE 0100-710 (VDE 0100-710):2002-11, wenn Schutz durch automatische Abschaltung zur Anwendung kommt, für:
  - elektrische Versorgung von Operationstischen
  - Verbrauchsmittel, deren Ausfall keine unmittelbare Gefahr für den Patienten bedeutet
  - Beleuchtung innerhalb der Patientenumgebung, jedoch nicht für Operationsleuchten und andere unentbehrliche Leuchten
- **Stromkreise** in der transportablen Baueinheit, wenn die Baueinheit aus einer geprüften Anlage versorgt wird und ein TT- oder TN-System gegeben ist (siehe Abschnitt 717.413.1 von DIN VDE 0100-717 (VDE 0100-717):2005-06)
- **Stromkreise** im TT- oder TN-System für Experimentiereinrichtungen nach Abschnitt 723.412.5.3 von DIN VDE 0100-723 (VDE 0100-723):2005-06
- **Stromkreise** bei Schutz durch automatische Abschaltung der Stromversorgung für elektrische Fußbodenheizungen und Decken-Flächenheizungen nach Abschnitt 753.413.1 von DIN VDE 0100-753 (VDE 0100-753):2003-06

Außerdem gibt es eine Empfehlung bezüglich Fehlerstrom-Schutzeinrichtungen (RCDs) mit einem Bemessungsdifferenzstrom $I_{\Delta N} \leq 30$ mA für alle Steckdosen in

Wohnungen bis 32 A (siehe Abschnitt 5 von DIN VDE 0100-739 (VDE 0100-739):1989-06).

Fehlerstrom-Schutzeinrichtungen (RCDs) mit einem Bemessungsdifferenzstrom $I_{\Delta N}$ **größer** 30 mA sind derzeit – z. T. allerdings auch mit der Möglichkeit, alternativen Maßnahmen anzuwenden – gefordert, und zwar **300 mA** für:
- **Stromkreise** in feuergefährdeten Betriebsstätten nach Abschnitt 482.1.7 von DIN VDE 0100-482 (VDE 0100-482):2003-06, wenn widerstandsbehaftete Fehler einen Brand nicht entzünden können, z. B. bei Decken-Heizungen; wenn diese Bedingung nicht erfüllt ist, muss der Bemessungsdifferenzstrom $I_{\Delta N} \leq 30$ mA sein.
- **Stromkreise** in landwirtschaftlichen Betriebsstätten. In der gültigen DIN VDE 0100-705 (VDE 0100-705):1992-10 sind derzeit noch 500 mA festgelegt. In der Vornorm DIN V VDE V 0705 (VDE V 0100-0705):2003-04 wurde dieser Wert auf 300 mA reduziert. Nach Meinung der Autoren sollten daher „vorausschauend" für Neuanlagen bereits jetzt Fehlerstrom-Schutzeinrichtungen (RCDs) mit $I_{\Delta N} \leq 300$ mA vorgesehen werden.
- **Speisepunkte** für vorübergehende Aufbauten von Ausstellungen, Shows und Ständen nach 711.481.3.1.3 von DIN VDE 0100-711 (VDE 0100-711):2003-11

Fehlerstrom-Schutzeinrichtungen (RCDs) mit $I_{\Delta N} \leq 500$ mA für:
- **Steckdosen** auf Baustellen (z. B. in Baustromverteilern) < 32 A nach BGI 608
- **Steckdosen** als Speisepunkte für Wohnwagen nach Schaustellerart nach Abschnitt 4.1.1.2 von DIN VDE 0100-722 (VDE 0100-722):1984-05

Fehlerstrom-Schutzeinrichtungen (RCDs), deren Bemessungsdifferenzstrom $I_{\Delta N}$ vom Erdungswiderstand R_A abhängig ist:
- **In allen TT-Systemen,** sofern nicht in Ausnahmefällen der Schutz durch Überstrom-Schutzeinrichtungen erfüllt werden kann, was nur bei sehr kleinen Bemessungsströmen der Überstrom-Schutzeinrichtungen möglich sein dürfte. Für Steckdosen bzw. deren Stromkreise, siehe am Anfang dieser Aufzählung.

Kurzer Überblick

Unter verschiedenen Umgebungsbedingungen können mit unterschiedlichen Randbedingungen Fehlerstrom-Schutzeinrichtungen (RCDs) gefordert sein, und zwar als Fehlerschutz und/oder zusätzlicher Schutz oder zum Brandschutz. Dies ist vor allem (aber nicht nur) in der Gruppe 700 der Reihe DIN VDE 0100 (VDE 0100) geregelt.

7.4 411.4 TN-Systeme [413.1.3]

Der Schutz durch automatische Abschaltung der Stromversorgung, d. h. die automatische Abschaltung im Fehlerfall im TN-System, besteht prinzipiell darin, dass der Fehlerstrom, verursacht durch einen Körperschluss zu einem Körper eines elektrischen Betriebsmittels, letztendlich ein Kurzschlussstrom ist. Dieser Kurzschlussstrom wird über eine Schutzleiterverbindung (in DIN VDE 0100-410 (VDE 0100-410):2007-06 wird von Schutzpotentialausgleich gesprochen, in dem Schutzleiterverbindungen enthalten sind), d. h. leitungsgebunden, direkt zur Stromquelle zurückgeführt. Da sich in den meisten Fällen durch die Leitungsverbindungen eine niedrige Fehlerschleifenimpedanz ergibt, können auch Schutzeinrichtungen mit relativ hohen Auslöseströmen, wie z. B. Sicherungen, verwendet werden.

Als Schutzeinrichtungen für den Schutz durch automatische Abschaltung der Stromversorgung dürfen nach wie vor sowohl Überstrom-Schutzeinrichtungen (Sicherungen, Leitungsschutzschalter und Leistungsschalter) als auch Fehlerstrom-Schutzeinrichtungen (RCDs) eingesetzt werden. Bezüglich Fehlerstrom-Schutzeinrichtungen (RCDs) siehe auch die Ausführungen im Abschnitt 411.3.3 der DIN VDE 0100-410 (VDE 0100-410):2007-06, bzw. Abschnitt 7.3.3 dieses Buchs. Zur Auswahl der Fehlerstrom-Schutzeinrichtungen (RCDs) vom Typ A oder vom Typ B und dem Verbot von Typ AC siehe DIN VDE 0100-530 (VDE 0100-530):2005-06 oder Kapitel 11 dieses Buchs. Aus **Bild 7.4.1a** lässt sich die Systematik des Schutzes durch automatische Abschaltung der Stromversorgung in einem TN-S-System deutlich erkennen. **Bild 7.4.1 b** zeigt den Schutz durch automatische Abschaltung der Stromversorgung in einem TN-C-S-System.

Ein Fehlerstrom in einem TN-System wird also „leitungsgebunden", in erster Linie über einen „metallenen" Leiter (üblicherweise handelt es sich um einen im Kabel/in der Mantelleitung mitgeführten Schutzleiter; durch die gemeinsame Verlegung wird erreicht, dass sich die Impedanz verringert), mit meist – im Vergleich zum TT-System – sehr kleinem Widerstand bzw. kleiner Impedanz zur Spannungsquelle zurückgeführt. Ein Fehlerstromfluss über das Erdreich ist nicht gefordert (aus EMV-Gründen eher nachteilig), lässt sich aber in den allermeisten Fällen nicht vermeiden. Unter dem Aspekt des Schutzes gegen elektrischen Schlag ergibt sich dadurch eher eine positive Auswirkung, da sich die Impedanzen für die Abschaltbedingung verringern und damit größere Abschaltströme zum Fließen kommen. Bei der Betrachtung der Abschaltbedingung wird dieser „Fehlerstrom über Erde" nicht positiv berücksichtigt. Unter dem Gesichtspunkt der elektromagnetischen Verträglichkeit kann das zu Störungen führen, die jedoch akzeptiert werden müssen, da sie doch eher selten und auch nur sehr kurz auftreten können. Schließlich hat der Schutz gegen elektrischen Schlag Vorrang.

Da ein Körperschluss quasi zu einem Kurzschluss mit einem entsprechend hohen Fehlerstrom wird, können in den meisten Fällen die aus Gründen des Kabel-/Leitungsschutzes ohnehin erforderlichen Schutzeinrichtungen, wie Leitungsschutz-

7 411 Schutzmaßnahme: Automatische Abschaltung der Stromversorgung

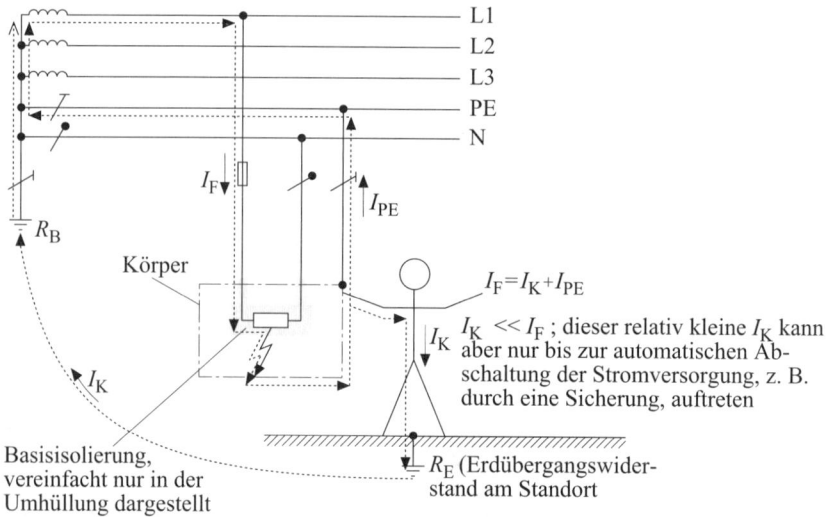

Bild 7.4.1a Betriebsmittel mit einem Fehler (Körperschluss). Durch eine Schutzeinrichtung, z. B. durch eine Sicherung, muss der Schutz durch automatische Abschaltung der Stromversorgung innerhalb der maximal zulässigen Zeit bewirkt werden.

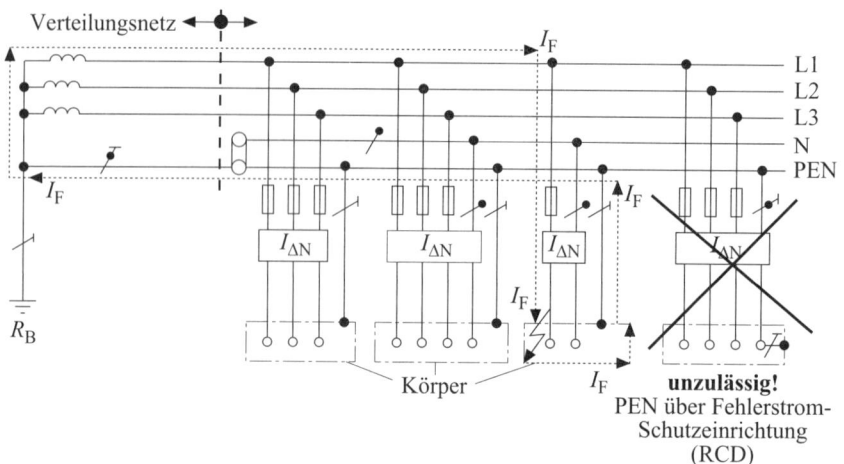

Bild 7.4.1b Betriebsmittel mit einem Fehler (Körperschluss). Durch eine Schutzeinrichtung, z. B. durch eine Fehlerstrom-Schutzeinrichtung (RCD), muss der Schutz durch automatische Abschaltung der Stromversorgung innerhalb der maximal zulässigen Zeit bewirkt werden.

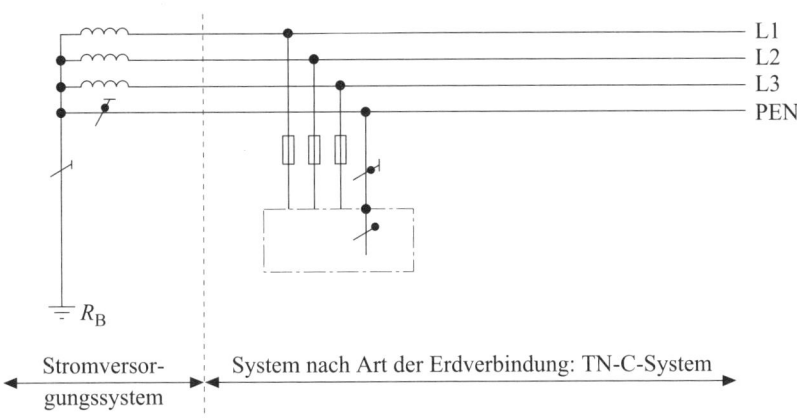

Bild 7.4.2a TN-C-System, d. h., der Schutzleiter ist gemeinsam mit dem Neutralleiter in einem Leiter, dem PEN-Leiter, vereinigt.

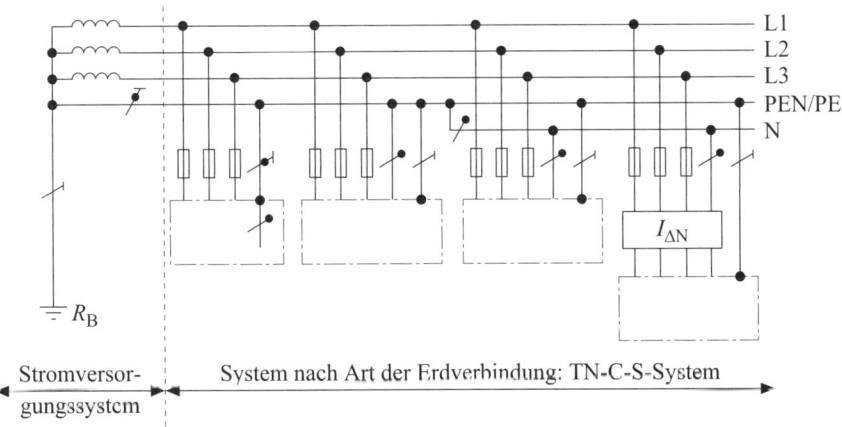

Bild 7.4.2b TN-C-S-System, d. h., in einem Teil des Systems sind Schutz- und Neutralleiter zum PEN-Leiter zusammengefasst, im nachgeschalteten übrigen Teil sind Schutz- und Neutralleiter als getrennte Leiter ausgeführt. Hierbei handelt es sich um die am häufigsten in Deutschland zur Anwendung kommende Konfiguration.

schalter, Leistungsschalter oder Sicherungen, auch die Aufgabe der automatischen Abschaltung der Stromversorgung übernehmen, d. h. den Stromkreis mit einem Fehler, z. B. einem Fehler an elektrischen Betriebsmitteln/Verbrauchsmitteln, in den jeweils geforderten Zeiten abschalten – abhängig von der Art des Stromkreises (Verteilungsstromkreis/Endstromkreis, siehe Abschnitt 411.3.2 der DIN VDE

7 411 Schutzmaßnahme: Automatische Abschaltung der Stromversorgung

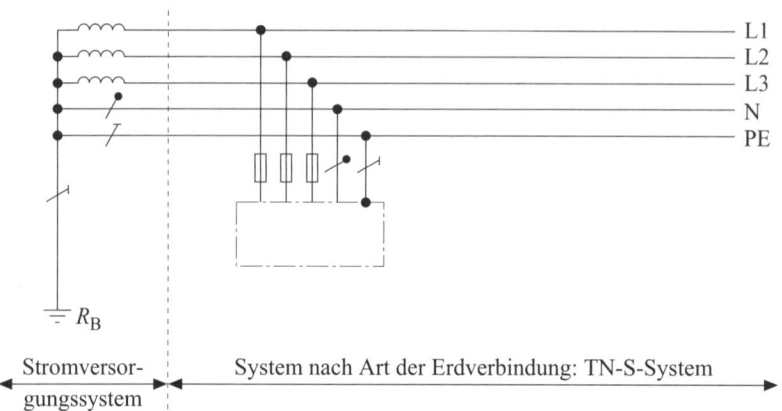

Bild 7.4.2c TN-S-System; Schutz- und Neutralleiter im gesamten System (ab Stromquelle) als getrennte Leiter ausgeführt (EMV-gerecht)

0100-410 (VDE 0100-410):2007-06 bzw. Abschnitt 7.3.2 dieses Buchs). Allerdings muss es sich um einen impedanzlosen Fehler handeln, von dem in den VDE-Bestimmungen ausgegangen wird. Fehler zur Erde müssen als impedanzbehaftete Fehler betrachtet werden, die nur bedingt zu einer Abschaltung führen. Entsprechendes gilt auch bei Fehlern zu geerdeten Teilen, wenn diese nicht in den Schutzpotentialausgleich über die Haupterdungsschiene einbezogen sind.

Die **Bilder 7.4.2a bis 7.4.2c** zeigen die im TN-System möglichen Varianten im TN-C-System, TN-C-S-System und TN-S-System auf.

> **Kurzer Überblick**
>
> Bei einer (fehlerhaften) Verbindung (eine impedanzlose Verbindung vorausgesetzt) von einen Außenleiter mit dem Schutzleiter oder mit Körpern von Verbrauchsmitteln/Betriebsmitteln fließt im TN-System ein relativ hoher Kurzschlussstrom leitungsgebunden zum Sternpunkt/Mittelpunkt der Stromquelle zurück, der zur Auslösung von Fehlerstrom-Schutzeinrichtungen (RCDs) oder Überstrom-Schutzeinrichtungen – entsprechend kleine Leitungsimpedanzen vorausgesetzt – führt, sodass in der jeweils geforderten Abschaltzeit die Gefahr beseitigt ist.

7.4.1 *411.4.1 In TN-Systemen hängt die Erdung der elektrischen Anlage von der zuverlässigen und wirksamen Verbindung des PEN-Leiters oder Schutzleiters mit Erde ab. Wo die Erdung durch ein öffentliches oder anderes Versorgungssystem vorgesehen wird, sind die notwendigen Bedingungen außerhalb der elektrischen Anlage in der Verantwortlichkeit des Verteilungsnetzbetreibers.*

Nach Ansicht der Autoren hat die Erdung – insbesondere der „Ort der Erdung" – des PEN-Leiters oder des Schutzleiters im TN-System nicht direkt Einfluss auf die Wirksamkeit des Schutzes gegen elektrischen Schlag, was durch die **Bilder 7.4.2.1 bis 7.4.2.3** verdeutlicht werden soll.

In Deutschland ist es für den Verteilungsnetzbetreiber verpflichtend, die Bedingung $R_B/R_E \leq 50\ V / (U_0 - 50\ V)$ einzuhalten. Damit sind die Anforderungen erfüllt.

Dabei ist:
R_B der Erderwiderstand in Ω aller parallelen Erder
R_E der kleinste Widerstand in Ω von fremden leitfähigen Teilen, die sich in Kontakt mit Erde befinden und nicht mit einem Schutzleiter verbunden sind und über die ein Fehler zwischen Außenleiter und Erde auftreten kann
U_0 die Nennwechselspannung in V <u>Außenleiter</u> gegen Erde

Die Bedingung sieht übersichtlicher dargestellt so aus:

$$\frac{R_B}{R_E} \leq \frac{50\ V}{U_0 - 50\ V}$$

Die Bedingung stand als Anforderung auch schon so in Abschnitt 413.1.3.7 der ersetzten DIN VDE 0100-410 (VDE 0100-410):1997-01 und wird als „Spannungswaage" bezeichnet.

Im HD 60364-4-41:2007 ist für die übrigen CENELEC-Mitglieder an dieser Stelle diese Bedingung nur als Beispiel in einer Anmerkung angeführt, und zwar wie folgt:

ANMERKUNG Beispiele für notwendige Bedingungen sind:
- *der PEN-Leiter ist an einer Anzahl von Netzpunkten mit Erde verbunden und so installiert, dass das Risiko einer Unterbrechung des PEN Leiters möglichst klein ist*
- *$R_B / R_E \leq 50\ V / (U_0 - 50\ V)$*

Auch wenn in den Verteilungsnetzen – wie im Abschnitt 411.3.3 der Norm DIN VDE 0100-410 (VDE 0100-410):2007-06 ausgeführt bzw. im Abschnitt 7.3.3 dieses Buches kommentiert –, insbesondere in den Netzen der Netzbetreiber und vergleichbaren Verteilungsnetzen der Industrie längere Abschaltzeiten als 5 s zulässig sind (Abschaltung innerhalb der konventionellen Prüfdauer für die Überlastabschaltung durch Sicherungen, d. h. in ein bis vier Stunden, abhängig vom Bemessungsstrom der Sicherungen), wird durch entsprechende Maßnahmen im Bereich der Verbraucheranlage durch die Verbindung des „speisenden" (im Kabel des Netzbetreibers mitgeführten Schutzleiter/PEN-Leiter) PEN-Leiters/Schutzleiters mit der Haupterdungsklemme oder -schiene im Gebäude die Potentialgleichheit (Schutzpotentialausgleich über die Haupterdungsschiene) sichergestellt. Somit ergibt sich, dass bei einem über längere Zeit anstehenden Fehler/Körperschluss **keine** gefährliche Berührungsspannung abgegriffen werden kann. Dies wird dadurch erreicht, dass alle mit Erde in Verbindung stehenden leitfähigen Teile durch den Schutzpotentialausgleich über die Haupterdungsschiene annähernd gleiches Potential haben.

Ein weiterer positiver Einfluss kann auch durch die obige Bedingung, die so genannte „Spannungswaage", gegeben sein. Die Anforderungen für die Erfüllung der Spannungswaage muss in erster Linie durch den Netzbetreiber erfüllt werden. Zur Erfüllung der Spannungswaage müssen fremde leitfähige Teile (nicht nur die innerhalb eine Gebäudes), die eine niederohmige Erdverbindung haben und zu denen ein Fehler mit den spannungsführenden Leitern auftreten könnte – was kaum der Fall sein dürfte –, mit dem speisenden PEN-Leiter/Schutzleiter verbunden werden, d. h., sie müssen in das Schutzpotentialausgleichssystem mit eingebunden sein.

Fremde leitfähige Teile gelten als „niederohmig" mit Erde verbunden (Widerstand R_E), wenn die Bedingung in obiger Anmerkung zutrifft. Da der R_E von Interesse ist, wurde die obige Bedingung so umgestellt, dass sich R_E ermitteln lässt:

$$R_E \leq \frac{U_0 - 50\,\text{V}}{50\,\text{V}} \cdot R_B$$

Bezogen auf 400/230 V gilt dann, dass eine Verbindung zwischen PEN-Leiter/Schutzleiter und fremden leitfähigen Teilen hergestellt werden muss, wenn der Widerstand $R_E \leq 3{,}6 \cdot R_B$ ist.

Bei einem üblichen R_B von 2 Ω – eine Forderung nach einem bestimmten Erdungswiderstand gibt es schon lange nicht mehr in den Normen der Reihe DIN VDE 0100 (VDE 0100) – dürfte der R_E nicht unter 7,2 Ω liegen, ansonsten muss das fremde leitfähige Teil mit dem Schutzleiter/PEN-Leiter verbunden werden. Anders ausgedrückt: Der R_E müsste > 3,6 · R_B sein, um auf die Schutzpotentialausgleichsverbindung verzichten zu dürfen. Die Erfüllung dieser Bedingung kann nur dann – wenn überhaupt – von Bedeutung sein, wenn es dem Netzbetreiber nicht möglich ist, einen ausreichend niedrigen Betriebserdungswiderstand R_B zu realisieren. Die oben angeführten 2 Ω sind seit 1997 nicht mehr in DIN VDE 0100 (VDE 0100) gefordert. Und auch in dem 1983 erschienenen Teil 410 von DIN VDE 0100 (VDE 0100) gab es nur noch eine Empfehlung für die 2 Ω Betriebserdungswiderstand R_B als Alternative zur Einhaltung der Spannungswaage.

Sollte der unwahrscheinliche Fehler zu fremden leitfähigen Teilen, die nicht mit dem PEN-Leiter verbunden sind, trotzdem auftreten, dann könnte sich das Potential des PEN-Leiters in der Verbraucheranlage erhöhen. Durch zusätzliche, gewollte Erdungen des PEN-Leiters (z. B. in jedem Gebäude durch die Verbindung mit dem Fundamenterder) und durch den geforderten Schutzpotentialausgleich über die Haupterdungsschiene (Hauptpotentialausgleich) wird verhindert, dass in der Verbraucheranlage eine gefährliche Spannung auftreten kann.

Die Verbindung des Schutzleiters/PEN-Leiters mit der Haupterdungsschiene innerhalb von Gebäuden hat in etwa dieselbe Wirkung wie der **zusätzliche** Schutzpotentialausgleich, wie er bei nicht erfüllter Abschaltbedingung (siehe Abschnitt 11.1 dieses Buchs) zur Anwendung kommen kann. Eine zusätzliche Verbesserung ergibt sich auch durch den in den TAB – auch für TN-Systeme – geforderten Anlagenerder R_A (meist ein Fundamenterder), der – anders als beim TT-System, wo der Anlagenerder R_A zur Erdung der Betriebsmittel der Verbraucheranlage notwendig ist – dazu beiträgt, den Widerstand des Betriebserders R_B der Stromquelle des TN-Systems zu verkleinern.

Nach Ansicht der Autoren konnte der „außergewöhnliche" Fall eines Fehlers zwischen einem Außenleiter und Erde, z. B. im Falle von Freileitungen der früheren Anforderung in 413.1.3.7 der ersetzten DIN VDE 0100-410 (VDE 0100-410): 1997-01, zu Recht in eine hinweisende Anmerkung verschoben werden. Einerseits gibt es solche „gut geerdeten" fremden leitfähigen Teile (siehe weiter unten die Erklärung zu R_E) kaum und andererseits muss ein Fehler von Kabeln/Leitungen, wegen des hierfür notwendigen Doppelfehlers, nicht betrachtet werden. Ein solcher unwahrscheinlicher Fehler wäre z. B. gegeben, wenn bei einer Niederspannungsfreileitung ein blanker Außenleiter auf eine „gut geerdete" Leitplanke fallen würde. In Kabelnetzen kann man solche Fehler zu fremden leitfähigen Teilen fast ausschließen.

Da die Norm nun auch für Gleichspannung gilt, müsste eigentlich auch eine Festlegung für Gleichspannung angeführt sein mit einem Wert von 120 V statt 50 V in der obigen Bedingung, was aber nicht der Fall ist. Die 50 V gelten in der Bedingung sowohl für Wechselspannung als auch Gleichspannung.

Dabei ist:
R_B *der Erderwiderstand in Ω aller parallelen Erder*

Hierunter versteht man das Ergebnis der Parallelschaltung des „eigentlichen" Betriebserders der Stromquelle und der Anlagenerder R_A sowie anderer Erder, an denen eine Verbindung mit dem PEN- oder PE-Leiter vorgesehen ist. Physikalisch wird der Wert immer kleiner, je mehr parallele Erder vorhanden sind, auch wenn deren „Einzelwerte" größer sind als R_B.

R_E *der kleinste Widerstand in Ω von fremden leitfähigen Teilen, die sich in Kontakt mit Erde befinden und nicht mit einem Schutzleiter verbunden sind und über die ein Fehler zwischen Außenleiter und Erde auftreten kann*

Wie bereits erwähnt, ist es fragwürdig, ob von einem Außenleiter zu fremden leitfähigen Teilen überhaupt ein Fehler auftreten kann.

U_0 *die Nennwechselspannung in V Außenleiter gegen Erde*

Die graue Schattierung präzisiert, zwischen welchen Punkten die Spannung U_0 besteht. Andere Spannungen als die der Außenleiter gegen Erde kommen in DIN VDE 0100-410 (VDE 0100-410):2007-06 kaum vor.

Die in der Bedingung enthaltenen „50 V" beziehen sich auf die maximal zulässige Berührungsspannung bei Wechselspannung. Für Gleichspannung ist ein davon abweichender Wert (d. h. 120 V) nicht festgelegt, vermutlich weil es kaum Versorgungsnetze mit Gleichspannung als TN-System geben wird. Falls doch, müssen trotzdem die „50 V" in der Bedingung angewandt werden.

> **Kurzer Überblick**
>
> Der PEN-Leiter ist an möglichst vielen Netzpunkten (z. B. in jedem Gebäude) mit Erde/Erdern, mit geerdeten Teilen zu verbinden. Außerdem ist der PEN-Leiter in der gesamten elektrischen Anlage so zu errichten, dass das Risiko einer Unterbrechung des PEN-Leiters möglichst klein ist.

7.4.2   411.4.2 *Der Neutral- oder der Mittelpunkt des Versorgungssystems muss geerdet werden. Wenn ein Neutral- oder Mittelpunkt nicht verfügbar oder nicht zugänglich ist, muss ein Außenleiter geerdet werden. Körper der Anlage müssen durch einen Schutzleiter mit der Haupterdungsschiene der Anlage verbunden sein, die mit dem geerdeten Punkt des Stromversorgungssystems verbunden ist [413.1. 3.1.].*

Für den ersten Satz dieser normativen Anforderung hat es eine entsprechende Forderung auch in der bisherigen Norm DIN VDE 0100-410 (VDE 0100-410):1997-01 gegeben. Der Unterschied zum bisher Geforderten ist, dass bisher diese Erdung **in der Nähe** des zugehörigen Transformators oder Generators, d. h. an oder in der Nähe der zugehörigen Stromquelle, vorgesehen werden musste, was jetzt nicht mehr gefordert wird. Die Festlegung „in der Nähe" hatte immer wieder zu Problemen geführt. Wohl auch wegen des möglicherweise später einmal in die Normen mit aufzunehmenden „zentral geerdeten TN-S-Systems (EMV-gerechtes TN-System)", siehe Kapitel 18 diese Buchs, hat man vermutlich auf diese Festlegung „in der Nähe" verzichtet. Letztlich ist es für den Schutz durch automatische Abschaltung der Stromversorgung im Falle des TN-Systems nicht von großer Bedeutung, wo geerdet wird, siehe auch die weiteren Ausführungen. Die Schutzmaßnahme „automatische Abschaltung im Fehlerfall" würde im TN-System auch ohne Erdung wirksam bleiben, siehe **Bilder 7.4.2.1 bis 7.4.2.3**, Hauptsache, die Verbindung zum Neutral- oder Mittelpunkt der Stromquelle ist zuverlässig gegeben.

Für das TT-System kann die Erdung direkt an der Stromquelle eine größere Bedeutung – wegen der Summe der Widerstände – haben. Wenn die Erdung der Stromquelle weiter weg vom Neutralpunkt vorgesehen ist, muss zusätzlich der Widerstand des Neutralleiters bis zur Stromquelle (der dann quasi als PEN-Leiter zu betrachten wäre) berücksichtigt werden.

Der zweite Satz könnte mit seiner Forderung

„Körper der Anlage müssen durch einen Schutzleiter mit der Haupterdungsschiene der Anlage verbunden sein, die mit dem geerdeten Punkt des Stromversorgungssystems verbunden ist"

zu einer Missdeutung führen. Man kann aus dieser Anforderung herauslesen, dass alle Körper **direkt** über Schutzleiter mit der Haupterdungsschiene zu verbinden sind, mit der auch der „speisende" Schutzleiter/PEN-Leiter des Netzbetreibers direkt zu verbinden ist. Das ist sicher nicht so gemeint und physikalisch auch nicht

7 411 Schutzmaßnahme: Automatische Abschaltung der Stromversorgung

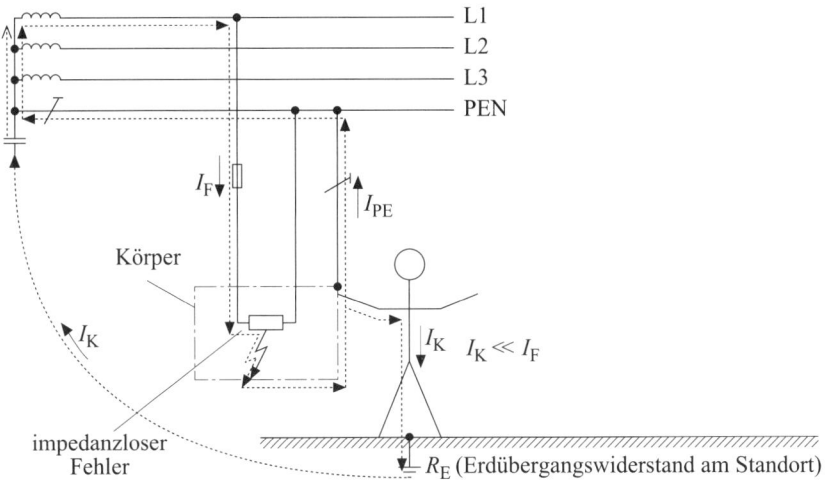

Bild 7.4.2.1 „TN"-System ohne Erdung des Sternpunkts – nur beispielhaft aufgezeigt

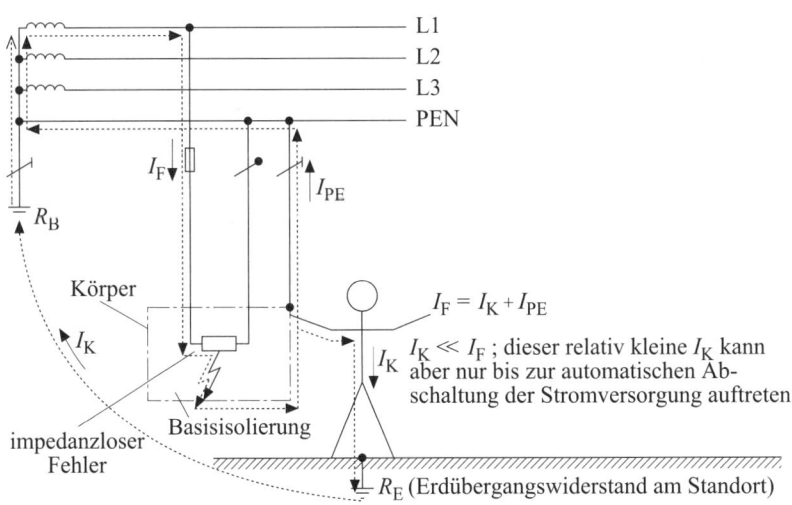

Bild 7.4.2.2 Erdung der Stromquelle direkt am Sternpunkt

7 411 Schutzmaßnahme: Automatische Abschaltung der Stromversorgung

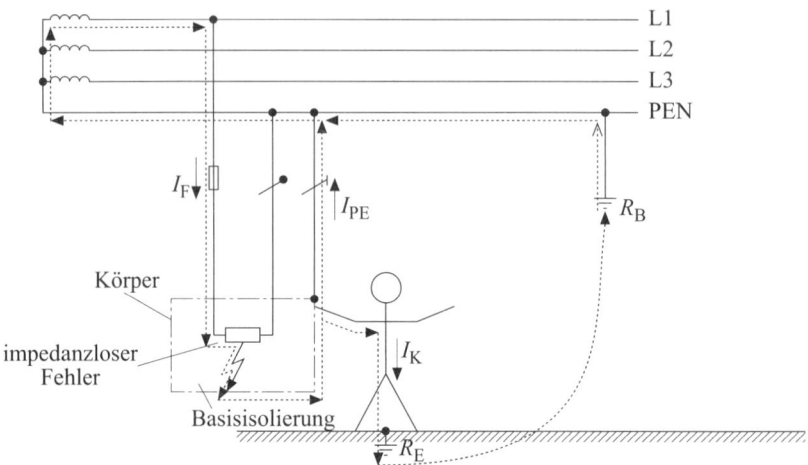

Bild 7.4.2.3 Erdung des PEN-Leiters / Erdung der Stromquelle, entfernt vom Sternpunkt

notwendig. Vielmehr darf, nach Meinung der Autoren, die bisherige Praxis beibehalten werden, d. h., der „speisende" PEN-Leiter/Schutzleiter wird über den Hausanschlusskasten über Zählerkasten direkt mit der PEN-Schiene/Schutzleiterschiene des Wohnungsverteilers verbunden. An diese PEN-Leiter-/Schutzleiter-Schiene im Wohnungsverteiler werden alle Schutzleiter der Endstromkreise und ggf. die Schutzleiter/PEN-Leiter weiterer Verteilungsstromkreise angeschlossen. Im Hausanschlusskasten (gilt für das TN-System) gibt es eine Verbindung des speisenden PEN-Leiters/Schutzleiters über einen Schutzpotentialausgleichsleiter zur Haupterdungsschiene/Haupterdungsklemme. In großen Anlagen mit eigenem Netztransformator würde diese Missinterpretation die Funktion der Haupterdungsschiene sprengen. Es kann nicht sinnvoll und auch nicht notwendig sein, einen Schutzleiter/PEN-Leiter von z. B. 2 × 120 mm × 10 mm Cu-Schiene an eine Fe-Haupterdungsschiene 30 mm × 3,5 mm anzuschließen, um dann von dieser Schiene alle Schutzleiter weiterzuführen. Im Sinne des Schutzpotentialausgleichs über die Haupterdungsschiene wären nach der bisherigen DIN VDE 0100-540 (VDE 0100-540):1991-11 für diese Verbindung 25 mm^2 Cu ausreichend, nach der neuen DIN VDE 0100-540 (VDE 0100-540):2007-06 sind sogar 6 mm^2 Cu ausreichend.

Allerdings sei nochmals auf den Abschnitt 411.3.1.2 der DIN VDE 0100-410 (VDE 0100-410):2007-06 bzw. Abschnitt 7.4.3.1.2 dieses Buchs verwiesen, wo die Autoren das Fehlen der Einbeziehung des Schutzleiters/PEN-Leiters in den Schutzpotentialausgleich für die Verbindung mit der Haupterdungsschiene bemängelt haben. Dies kann wiederum den Schluss zulassen, dass der speisende PEN-Leiter/Schutzleiter direkt mit der Haupterdungsschiene verbunden werden muss. Die Autoren empfehlen hierbei, wie bisher zu verfahren.

In Deutschland ist es üblich, bei „Energie"-Stromquellen einen (belastbaren) Sternpunkt im TN-System zu erden. In einigen Ländern, bei denen die Stromquelle im Dreieck geschaltet und damit ein Neutralpunkt nicht ausgeführt ist, z. B. in den USA und auch in Steuerstromkreisen, wird daher meist – sofern ein Transformator mit mindestens einfacher Trennung vorgesehen wird – ein Außenleiter geerdet. Welcher Außenleiter geerdet wird, ist nicht von Bedeutung. Um Fehler (ungewollte zusätzliche Erdverbindungen im geerdeten Außenleiter) schneller zu finden, werden in den USA dann die geerdeten Außenleiter systematisch gewechselt.

Nicht verwendet wurden bisher die Begriffe „Neutral- oder Mittelpunkt des Versorgungssystems". In Deutschland wurde und wird auch weiterhin der gebräuchliche Begriff „Sternpunkt" verwendet, was, wie die neue Begriffsbestimmung – siehe nachfolgend – zeigt, praktisch dasselbe bedeutet. Da die Norm auch für Gleichspannungssysteme anzuwenden ist und es auch entsprechende Wechselspannungssysteme mit einem Mittelpunkt international gibt, siehe auch **Bild 7.4.2.4**, und auch in DIN VDE 0100-300 (VDE 0100-300), deren Folgeausgabe sich jedoch derzeit noch in Bearbeitung befindet, zur Anwendung kommt, werden in der neuen DIN VDE 0100-410 (VDE 0100-410):2007-06 bereits die neuen Begriffe verwendet.

826-14-05 Neutralpunkt

gemeinsamer Punkt eines in Stern geschalteten Mehrphasensystems oder geerdeter Mittelpunkt eines Einphasensystems
[IEV 195-02-05]

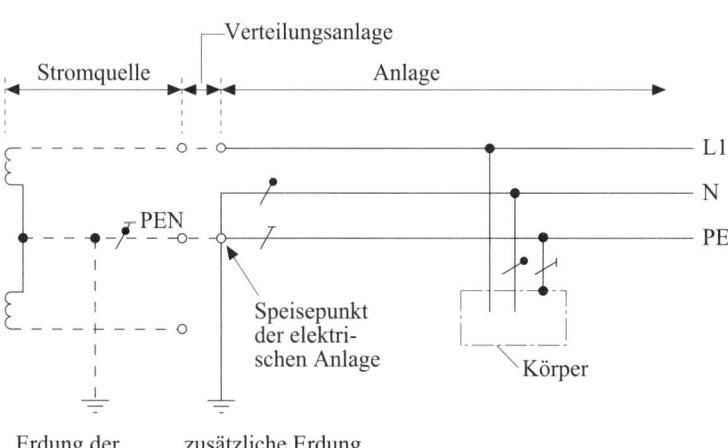

Bild 7.4.2.4 PEN-Leiter am Mittelpunkt der Stromquelle angeschlossen und geerdet. Hier hat er die Funktion des Schutzleiters und des Neutralleiters.

ANMERKUNG 1 Der gemeinsame Punkt eines in Stern geschalteten Mehrphasensystems wird auch als Sternpunkt bezeichnet.

ANMERKUNG 2 In Deutschland wird auch der nicht geerdete Mittelpunkt eines Einphasensystems als „Neutralpunkt" bezeichnet.

Hinweis: Bei Gleichspannung würde der Leiter mit Schutzfunktion ab dem „Mittelpunkt" als PEM-Leiter bezeichnet werden.

Aus dem Bild 7.4.2.4 ist zu erkennen, dass nun auch dieser „Mittelleiter", der die Funktion des Schutzleiters beinhaltet, als PEN-Leiter bezeichnet wird, was jedoch im gewissen Widerspruch zu den Gleichspannungssystemen steht, wo solche Leiter – was viel sinnvoller ist, um Verwechslungen auszuschließen – als PEM-Leiter bezeichnet werden.

ANMERKUNG 1 Wenn andere wirksame Erdverbindungen bestehen, wird empfohlen, dass die Schutzleiter ebenfalls mit diesen Punkten, wo immer möglich, verbunden werden. Eine Erdung an zusätzlichen, möglichst gleichmäßig verteilten Punkten kann notwendig sein, um sicherzustellen, dass die Potentiale der Schutzleiter im Fehlerfall so wenig wie möglich vom Erdpotential abweichen. In großen Gebäuden, wie Hochhäusern, ist eine zusätzliche Erdung der Schutzleiter aus praktischen Gründen nicht möglich. In solchen Gebäuden hat jedoch ein Schutzpotentialausgleich zwischen Schutzleitern und fremden leitfähigen Teilen eine gleiche Wirkung.

Die Erdung des PEN-Leiters/Schutzleiters im TN-System an möglichst vielen (möglichst an gleichmäßig aufgeteilten) Punkten verhindert, dass im Fehlerfalle bis zur Abschaltung eine höhere Berührungsspannung auftreten kann, bringt aber im TN-C-System (wo der PEN-Leiter geerdet wird) den Nachteil mit sich, dass diese zusätzlichen Erdungen nicht EMV-verträglich sind. Für den Schutzleiter jedoch gibt es diesbezüglich keine Probleme, sodass einer „Vielfacherdung" nichts im Wege steht.

Die Vorgabe eines Erdungswiderstands R_B der Sternpunkterdung ist nicht „vergessen" worden, sondern für einen möglichst niedrigen Erdungswiderstand R_B besteht im TN-System keine direkte Notwendigkeit. Ungeachtet dessen kann ein niedriger Widerstand den Schutz bei Überspannungen verbessern.

Die Festlegung, dass ein geerdeter Außenleiter nicht als PEN-Leiter verwendet werden darf, ist nicht mehr enthalten, da diese Festlegung sich selbst widersprach. Ein Außenleiter kann per Definition nie ein PEN-Leiter sein kann, da PEN-Leiter immer mit dem Sternpunkt oder neuerdings mit dem Neutralpunkt oder Mittelpunkt der Stromquelle verbunden sind. Wenn ein Außenleiter geerdet wird, muss der Schutzleiter ab dieser Stelle als zusätzlicher Leiter geführt werden. Streng genommen müsste daher die Außenleitererdung direkt am Transformator vorgenommen werden, weil sonst über den „geerdeten" Außenleiter sowohl die Betriebsströme als auch im Fehlerfalle die Fehlerströme fließen würden, was quasi dann – wie auch in Gleichstromsystemen – ein „PEL" wäre.

ANMERKUNG 2 Es wird empfohlen, Schutzleiter oder PEN-Leiter an der Eintrittsstelle in jegliche Gebäude oder Anwesen zu erden, wobei über Erde zurückfließende (vagabundierende) Neutralleiterströme, die nur bei Erdung von PEN-Leitern auftreten, berücksichtigt werden sollten.

Eine direkte Forderung nach einem Anlagenerder R_A im TN-System gibt es nicht, da im TN-System definitionsgemäß nur die Stromquelle geerdet wird. Nur durch die Technischen Anschlussbedingungen der Netzbetreiber (TAB) ergibt sich eine Forderung nach einem Fundamenterder oder einem gleichwertigen Erder als Anlagenerder R_A. Da immer wieder Fragen nach der notwendigen Ausführung des Fundamenterdes oder auch möglicher anderer Erder auftreten, sind im Kapitel 18 dieses Buchs einige Beispiele für die sinnvolle Ausführung enthalten. Der Anlagenerder R_A der Verbraucheranlage ist deswegen ein paralleler Erder zu den übrigen Erdern, die mit ihm zusammen den „Gesamt"-Betriebserder R_B bilden. Alle Erder sind mit dem Schutzpotentialausgleich über die Haupterdungsschiene (bisher Hauptpotentialausgleich) in jedem Gebäude zu verbinden, siehe Abschnitt 411.3.1.2 der Norm DIN VDE 0100-410 (VDE 0100-410):2007-06 bzw. Abschnitt 7.3.1.2 dieses Buchs. Der Einfluss von Neutralleiterströmen bei zusätzlicher Erdung von PEN-Leitern am Gebäudeeintritt hat auf die EMV des Gebäudes keinen Einfluss. Allenfalls kann es zu Korrosionsproblemen kommen, wobei den Autoren bisher aber ein wesentlicher Schaden nicht bekannt wurde.

Da von den Netzbetreibern auf lange Sicht in den Energieversorgungskabeln ein PEN-Leiter (statt getrennte Schutzleiter und Neutralleiter) beibehalten werden wird (vermutlich wegen der Vermaschung), kann eine Verbindung (auch wenn kein zusätzlicher Erder vorhanden wäre) des PEN-Leiters mit geerdeten Teilen nicht verhindert werden, sodass diese Anmerkung – die ja keine Anforderung darstellt – aus Sicht der Norm lediglich als unverbindliche Empfehlung betrachtet werden kann.

Kurzer Überblick

Der Neutral- oder der Mittelpunkt, oder wenn diese nicht verfügbar sind, ein Außenleiter des Stromversorgungssystems/der Stromquelle muss mit Erde/Erdern verbunden werden.

In diesem Zusammenhang sei hier nochmals darauf hingewiesen, dass es auch erforderlich ist, die Körper von Verbrauchsmitteln/Betriebsmitteln in der Verbraucheranlage durch einen Schutzleiter mit der Haupterdungsschiene der Anlage zu verbinden. Die Haupterdungsschiene ist mit dem geerdeten Punkt des Stromversorgungssystems zu verbinden. Der Anlagenerder kann im TN-System als Teil des Betriebserders des Stromversorgungssystems/der Stromquelle betrachtet werden.

7.4.3   411.4.3 *In fest installierten Anlagen darf ein einzelner Leiter als Schutzleiter und als Neutralleiter (PEN-Leiter) dienen, vorausgesetzt die Anforderungen von Abschnitt 543.4 der DIN VDE 0100-540 (VDE 0100-540):2007-06 sind erfüllt. In den PEN-Leiter darf keine Schalt- oder Trenneinrichtung eingesetzt werden.* [413. 1.3.2]

Diese Festlegung war in der bisherigen DIN VDE 0100-410 (VDE 0100-410): 1997-01 auch schon enthalten. Nur war dort noch auf Abschnitt 546.2 von DIN VDE 0100-540 (VDE 0100-540):1991-11 verwiesen worden. Diese Anforderungen sind nun im Abschnitt 543.4 der neuen DIN VDE 0100-540 (VDE 0100-540):2007-06, die die Ausgabe 1991-11 ersetzt, enthalten und entsprechen in etwa den bisherigen Festlegungen. Die wichtigsten Aussagen in diesen Abschnitten (alte und neue Abschnitte) beziehen sich auf den Mindestquerschnitt für PEN-Leiter, der aus mechanischen Gründen mindestens einen Querschnitt von 10 mm^2 Cu oder 16 mm^2 Al aufweisen muss.

Hinweis der Autoren:
In beweglichen Anschlussleitungen darf auch bei Querschnitten größer 10 mm^2 Cu oder größer 16 mm^2 Al ein PEN-Leiter nicht verwendet werden. In DIN VDE 0100-410 (VDE 0100-410):2007-06 gibt es hierzu keine Festlegungen mehr, da es sich nicht um die Errichtung einer elektrischen Anlage handelt.

Hinweis der Autoren:
Bei elektrischen Anlagen, die vor Mai 1973 (mit Übergangsfrist bis 30.04 1974) errichtet wurden, darf ein PEN-Leiter mit Querschnitte kleiner 10 mm^2 nach wie vor beibehalten werden. Bei Erweiterungen muss ab dem Erweiterungspunkt bei Querschnitten unter 10 mm^2 ein getrennter Schutzleiter und Neutralleiter verlegt werden. Die Aufteilung darf an einer Klemme vorgenommen werden.

Neben dem nun geforderten Mindestquerschnitt muss der PEN-Leiter – wie die Außenleiter – für die höchste, zu erwartende Spannung isoliert sein, wobei es für Niederspannungs-Schaltgerätekombinationen in DIN EN 60439-1 (VDE 0660-500): 2005-01 in Abschnitt 7.4.3.1.7 die Erleichterung gibt:

„Der PEN-Leiter braucht innerhalb von Schaltgeräte-Kombinationen nicht isoliert zu sein."

Diese Anmerkung stößt bei den Interessenvertretern der Informationstechnik (IT) auf Unverständnis, da sie diese Anforderung – aus EMV-Gründen – nicht akzeptieren wollen. Es macht aber keinen Sinn, den PEN-Leiter in der Schaltanlage gegen das Gerüst (Körper der Schaltgerätekombination) zu isolieren, wenn, aus Gründen des Schutzes gegen elektrischen Schlag, die leitfähigen – nicht aktiven – Teile der Schaltgerätekombination dann über einen Schutzleiter mit dem PEN-Leiter verbunden werden müssen.

Dass im PEN-Leiter keine Schalteinrichtungen vorhanden sein dürfen, ist sicher jedem verständlich, da durch solche Schalteinrichtungen die Schutzmaßnahme „Schutz durch automatische Abschaltung der Stromversorgung" unterbrochen werden könnte, z. B. könnte der Kontakt im PEN-Leiter versagen. Die Aussage bezüglich der Trenneinrichtung müsste allerdings noch spezifiziert werden. Trennschalter, Trennlaschen und anderer, ohne Werkzeug lösbare Verbindungen dürfen sicher im PEN-Leiter nicht vorhanden sein, jedoch fehlt sowohl in DIN VDE 0100-410 (VDE 0100-410):2007-06 als auch in der bisherigen DIN VDE 0100-540 (VDE

0100-540):1991-11 als auch in der neuen DIN VDE 0100-540 (VDE 0100-540): 2007-06 der Hinweis, dass Verbindungen des PEN-Leiters mit Schlüssel oder Werkzeug gelöst werden dürfen und damit auch eine Trennung gegeben ist. Für Schutzleiter gibt es entsprechende Festlegungen im Abschnitt 543.3.3 der DIN VDE 0100-540 (VDE 0100-540): 2007-06. Da PEN-Leiter auch die Funktion des Schutzleiters erfüllen müssen, gilt demnach diese Anforderung bezüglich Schutzleiter auch für PEN-Leiter, ohne dass dies explizit erwähnt werden muss.

Da DIN VDE 0100-410 (VDE 0100-410):2007-06 auch für Gleichspannungsanlagen gilt, sind die Autoren der Meinung, dass für den **PEM-Leiter** (quasi der PEN-Leiter im Gleichspannungssystem) und auch für den **PEL-Leiter** analog die Anforderungen, wie sie für den PEN-Leiter festgelegt sind, angewendet werden sollten (müssen).

Kurzer Überblick

In der festen elektrischen Anlage des TN-Systems darf unter bestimmten Voraussetzungen, z. B. Mindestquerschnitt, ein einzelner Leiter, ein PEN-Leiter, die Funktionen des Schutzleiters und des Neutralleiters in sich vereinen. Im PEN-Leiter sind – ebenso wie in Schutzleitern – Schalt- und Trenneinrichtungen unzulässig. Aus Gründen der elektromagnetischen Verträglichkeit (EMV) kann ein PEN-Leiter insbesondere in der Verbraucheranlage unerwünscht sein.

7.4.4 *411.4.4 Die Kennwerte der Schutzeinrichtungen (siehe 411.4.5) und die Stromkreisimpedanzen müssen die folgende Anforderung erfüllen:*

$$Z_S \leq \frac{U_0}{I_a}$$

Dabei ist:
Z_s *die Impedanz der Fehlerschleife, bestehend aus*
– der Stromquelle
– dem Außenleiter bis zum Fehlerort
– dem Schutzleiter zwischen dem Fehlerort und der Stromquelle

Siehe hierzu **Bild 7.4.4.1**.

I_a *Der Strom, der das automatische Abschalten der Abschalteinrichtung innerhalb der in 411.3.2.2 oder 411.3.2.3 angegebenen Zeit bewirkt. Wenn eine Fehlerstrom-Schutzeinrichtung (RCD) verwendet wird, ist dieser Strom der Fehlerstrom, der die Abschaltung innerhalb der in 411.3.2.2 oder der in 411.3.2.3 angegebenen Zeit vorsieht.*

ANMERKUNG Wenn zur Erfüllung der Anforderungen dieses Unterabschnitts eine Fehlerstrom-Schutzeinrichtung (RCD) verwendet wird, stehen die Abschaltzeiten nach Tabelle 41.1 in Beziehung zu im Fehlerfall erwarteten Fehlerströmen, die bedeutend höher als der Bemessungsdifferenzstrom der RCD sind (typisch $5 \cdot I_{\Delta N}$).

7 411 Schutzmaßnahme: Automatische Abschaltung der Stromversorgung

Im TN-System sind die Fehlerströme wesentlich höher als $5 \cdot I_{\Delta N}$, und die Abschaltzeiten nach Tabelle 41.1 werden somit bei Verwendung einer Fehlerstrom-Schutzeinrichtung (RCD) immer eingehalten. Die geforderten Abschaltzeiten werden für $U_0 \leq 400$ V auch mit Fehlerstrom-Schutzeinrichtungen (RCD) Typ S erreicht, da bei diesen Fehlerstrom-Schutzeinrichtungen (RCDs) schon ein Fehlerstrom $2 \cdot I_{\Delta N}$ ausreichend wäre.

Abschnitt 411.3.2.2 bezieht sich auf die in der Tabelle 41.1 der Norm DIN VDE 0100-410 (VDE 0100-410):2007-06 (siehe Tabelle 7.1 dieses Buchs) angeführten Abschaltzeiten für TN-Systeme. Bei der in Deutschland üblichen Nennspannung von 400/230 V, sind das 0,4 s. Der Abschnitt 411.3.2.3 der Norm, bzw. Abschnitt 7.3.2.3 dieses Buchs beinhalten die maximal zulässigen 5 s für Endstromkreise über 32 A und für Verteilungsstromkreise.

Da bei der Fehlerbetrachtung immer von **impedanzlosen Fehlern** ausgegangen wird, kann auch davon ausgegangen werden, dass im Fehlerfalle ein wesentlich höherer Fehlerstrom als der Bemessungsdifferenzstrom zum Fließen kommt.

Bei Fehlerstrom-Schutzeinrichtungen (RCDs) ist – bezogen auf die bei Wechselspannung üblichen 400/230 V – als Fehlerstrom der jeweilige Bemessungsdifferenzstrom einzusetzen. Da bei einfachem Bemessungsdifferenzstrom $1 \cdot I_{\Delta N}$ eine Abschaltung bestimmungsgemäß in 0,3 s erfolgen muss und die kleinste Abschaltzeit aus der Tabelle 41.1 der DIN VDE 0100-410 (VDE 0100-410):2007-06, siehe Tabelle 7.1 dieses Buchs, für Stromkreise mit 230 V Nennspannung Außenleiter gegen Erde für TN-Systeme bei 0,4 s liegt, wird diese Anforderung erfüllt.

Bei Gleichspannung können Fehlerstrom-Schutzeinrichtungen (RCDs) nicht eingesetzt werden, auch nicht „allstromsensitive", also solche vom Typ B. Bei anderen (höheren) Versorgungsspannungen/Netznennspannungen kann ein Vielfaches des Bemessungsdifferenzstroms notwendig sein (laut der obigen Anmerkung gilt als typischer Wert $5 \cdot I_{\Delta N}$, was jedoch nur bedingt allgemein gültig sein kann). Bei einem Fehlerstrom, der die Größe von $5 \cdot I_{\Delta N}$ erreicht, wird die Fehlerstrom-Schutzeinrichtung (RCD) bestimmungsgemäß in 0,1 s abschalten, was für die kürzeste geforderte Abschaltzeit von 0,1 s nach Tabelle 41.1 der Norm bzw. Tabelle 7.1 dieses Buchs für Spannungen > 400 V Wechsel- und Gleichspannung bis 1000 V Wechselspannung bzw. 1500 V Gleichspannung gegen Erde in TN-Systemen ausreichend ist.

Die nach der Gerätenorm kürzeste notwendige Abschaltzeit mit Fehlerstrom-Schutzeinrichtungen (RCDs) des allgemeinen Typs (das sind solche ohne zusätzliche Einrichtungen gegen ungewolltes Auslösen, z. B. bei Überspannungen) beträgt bestimmungsgemäß 0,04 s. Die tatsächlich erreichbare Abschaltzeit wird von den meisten Herstellern unterschritten, d. h., es werden Abschaltzeiten von 15 ms bis 20 ms erreicht. Für S-Typen dürfen wegen der für die Anwendung dieser Typen gewünschten Verzögerung 40 ms nicht unterschritten sein.

Die grau schattierte Anmerkung bezüglich der S-Typen (das sind solche mit zusätzlichen Einrichtungen gegen ungewolltes Auslösen, was durch zeitverzögertes

7 411 Schutzmaßnahme: Automatische Abschaltung der Stromversorgung

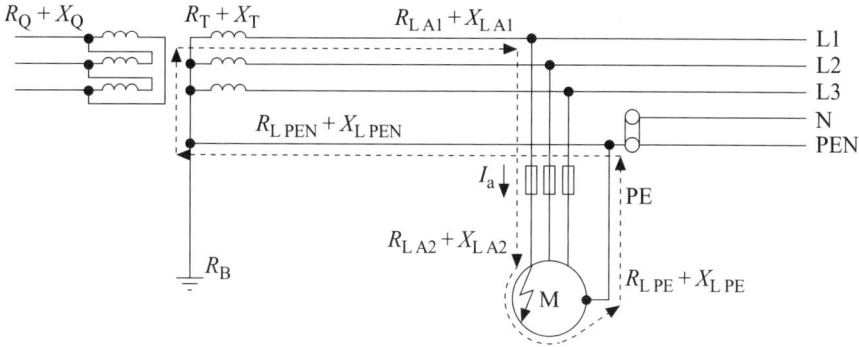

Bild 7.4.4.1 Schleifenimpedanz im TN-System

Abschaltbedingung für das TN-System:
$Z_s \cdot I_a \leq U_0$

In öffentlichen Verteilungsnetzen, die als Erdkabel- oder Freileitungsnetze ausgeführt sind, und ebenso in Hauptverteilungssystemen mit Betriebsmitteln der Schutzklasse II oder gleichwertiger Isolierung wird das Einhalten dieser Abschaltbedingung aus Gründen des Schutzes gegen elektrischen Schlag nicht gefordert.

Ermittlung der Schleifenimpedanz Z_s:

HS-Seite	$R_Q + X_Q$
Transformator	$R_T + X_T$
Außenleiter bis Hauptverteiler	$R_{L A1} + X_{L A1}$
Außenleiter bis Verbraucher	$R_{L A2} + X_{L A2}$
PEN-Leiter	$R_{L PEN} + X_{L PEN}$
Schutzleiter	$R_{L PE} + X_{L PE}$
Impedanz der Fehlerschleife	$\Sigma = Z_s$

Darin bedeuten:

$R_Q + X_Q$ Wirkwiderstand („Ohm'scher Widerstand") und induktiver Widerstand der Oberspannungsseite (meist Mittel- oder Hochspannung, aufgrund der üblichen Übersetzungsverhältnisse von 1:50 ist dieser Wert vernachlässigbar)

$R_T + X_T$ Wirkwiderstand („Ohm'scher Widerstand") und induktiver Widerstand des Transformators

$R_{L A1} + X_{L A1}$ Wirkwiderstand („Ohm'scher Widerstand") und induktiver Widerstand des Außenleiters bis zur Verteilung

$R_{L A2} + X_{L A2}$ Wirkwiderstand („Ohm'scher Widerstand") und induktiver Widerstand des Außenleiters bis zum Verbraucher

$R_{L PEN} + X_{L PEN}$ Wirkwiderstand („Ohm'scher Widerstand") und induktiver Widerstand des PEN-Leiters bis zur Verteilung

$R_{L PE} + X_{L PE}$ Wirkwiderstand („Ohm'scher Widerstand") und induktiver Widerstand des Schutzleiters bis zum Verbraucher

$\Sigma = Z_s$ Schleifenimpedanz des gesamten Fehlerstromkreises

Schalten erreicht wird) ist nur für U_0 bis zu AC 400 V richtig, denn bei $2 \cdot I_{\Delta N}$ wird bestimmungsgemäß die Abschaltzeit für TN-Systeme 0,2 s erreicht, bei $1 \cdot I_{\Delta N}$ wären es nur 0,5 s.

Bezüglich des Einsatzes von kurzzeitverzögerten Fehlerstrom-Schutzeinrichtungen (RCDs) siehe Abschnitt 11.1 dieses Buchs.

Der S-Typ schaltet bestimmungsgemäß bei $5 \cdot I_{\Delta N}$ erst in 0,15 s, was für U_0 bis einschließlich 400 V vollkommen ausreicht, da nach Tabelle 41.1 der Norm DIN VDE 0100-410 (VDE 0100-410):2007-06 dafür lediglich 0,2 s gefordert sind. Anders als in der grau schattierten Anmerkung angegeben, reicht die bestimmungsgemäße Abschaltzeit (bei $2 \cdot I_{\Delta N}$) laut Gerätenorm für Fehlerstrom-Schutzeinrichtungen (RCDs) des Typs S bei Spannungen U_0 über 400 V **nicht**, da dann die Abschaltzeit 0,2 s bezogen auf $2 \cdot I_{\Delta N}$ beträgt, statt der von DIN VDE 0100-410 (VDE 0100-410):2007-06 geforderten 0,1 s. Selbst bei $5 \cdot I_{\Delta N}$ beträgt die bestimmungsgemäße Abschaltzeit beim S-Typ noch 0,15 s, also länger als die bei Spannungen U_0 über 400 V durch Tabelle 41.1 für TN-Systeme geforderten 0,1 s. Für U_0 über 400 V ist der S-Typ hinsichtlich des Schutzes durch automatische Abschaltung der Stromversorgung somit als Abschalteinrichtung **nicht geeignet**.

Richtig ist aber, dass zeitverzögerte Fehlerstrom-Schutzeinrichtungen (RCDs) des Typs S für den Schutz durch automatische Abschaltung im Fehlerfall bei Nennspannung bis einschließlich 400/230 V eingesetzt werden dürfen. Nicht angewendet werden können zeitverzögerte Fehlerstrom-Schutzeinrichtungen (RCDs) des Typ S, da es normativ Fehlerstrom-Schutzeinrichtungen (RCDs) der S-Type mit einem Bemessungsdifferenzstrom von $I_{\Delta N} \leq 30$ mA nicht gibt, sondern nur für Bemessungsdifferenzströme größer 30 mA. In der Praxis werden bevorzugt solche mit 300 mA und 500 mA angewendet.

Für Leitungsschutzschalter und Sicherungen können die erforderlichen Abschaltströme der Tabelle 4 aus Beiblatt 2 zu DIN VDE 0100-520 (Beiblatt 2 zu VDE 0100-520):2002-11, siehe **Tabelle 7.2** dieses Buchs, die auszugsweise – begrenzt auf die für die Bedingung notwendigen Werte bzw. auf die gebräuchlichsten Querschnitte – wiedergegeben ist. Bei Leistungsschaltern muss der erforderliche Abschaltstrom aus den Herstellerunterlagen entnommen werden oder ggf. beim Hersteller erfragt werden, wobei zu beachten ist, dass dieser vom Hersteller angegebene Auslösestrom für die Ermittlung der Abschaltbedingung bestimmungsgemäß (entsprechend Betriebsmittelnorm DIN EN 60947-2 (VDE 0660-101):2004-02) um 20 % vergrößert werden muss, d. h., bei einem Abschaltstrom vom Zwölffachen des Bemessungsstroms ist ein Abschaltstrom von 14,4-Fachen des Bemessungsstroms einzusetzen.

U_0 *die Nennwechselspannung oder Nenngleichspannung Außenleiter gegen Erde*

Auch hier gilt, dass es sich bei Spannungen gegen Erde nur die Spannung der Außenleiter gegen Erde handeln kann. Neu bei dieser Begriffserklärung ist, dass die Bedingung auch für Nenn**gleich**spannungen gilt. Im Gegensatz zur Bedingung im Abschnitt 411.4.1 von DIN VDE 0100-410 (VDE 0100-410):2007-06, siehe auch

7 411 Schutzmaßnahme: Automatische Abschaltung der Stromversorgung

Querschnitt (mm²)	Bemessungsstrom der Schutzeinrichtung (A)	Sicherung gG (Abschaltzeit) 0,4 s Endstromkreise	Sicherung gG (Abschaltzeit) 5 s Verteilungsstromkreise	Leitungsschutzschalter Typ B (< 100 ms) 5 × Bemessungsstrom (A)	Leitungsschutzschalter Typ C (< 100 ms) 10 × Bemessungsstrom (A)
1,5	6	47	27	30	60
1,5	10	82	47	50	100
1,5	16	107	65	80	160
1,5	20	145	126	100	200
2,5	6	47	27	30	60
2,5	10	82	47	50	100
2,5	16	107	65	80	160
2,5	20	145	85	100	200
2,5	25	180	110	125	250
4	10	82	47	50	100
4	16	107	65	80	160
4	20	145	85	100	200
4	25	180	110	125	250
4	35	295	173	175	350
6	16	107	65	80	160
6	20	145	85	100	200
6	25	180	110	125	250
6	35	295	173	175	350
6	40	310	190	200	400
10	25	180	110	125	250
10	35	295	173	175	350
10	40	310	190	200	400
10	50	460	260 (250)	250	500
10	63	550	320	315	630
16	35	295	173	175	350
16	40	310	190	200	400
16	50	460	260 (250)	250	500

Tabelle 7.2 Erforderlicher Abschaltstrom der Überstrom-Schutzeinrichtungen zur Einhaltung der Abschaltzeiten für Endstromkreise in 0,4 s und für Verteilungsstromkreise in 5 s (nach Tabelle 4 aus Beiblatt 2 zu DIN VDE 0100-520 (Beiblatt 2 zu VDE 0100-520):2002-11)

Quer-schnitt (mm²)	Bemessungs-strom der Schutzein-richtung (A)	Sicherung gG (Abschaltzeit)		Leitungsschutzschalter	
		0,4 s Endstrom-kreise	5 s Verteilungs-stromkreise	Typ B (< 100 ms) 5 × Bemessungsstrom (A)	Typ C (< 100 ms) 10 × Bemessungsstrom (A)
16	63	550	320	315	630
16	80		440 *(425)*	400	800
25	40		190	200	400
25	50		260 *(250)*	250	500
25	63		320	315	630
25	80		440 *(425)*	400	800
25	100		580	500	1000

Tabelle 7.2 (Fortsetzung) Erforderlicher Abschaltstrom der Überstrom-Schutzeinrichtungen zur Einhaltung der Abschaltzeiten für Endstromkreise in 0,4 s und für Verteilungsstromkreise in 5 s (nach Tabelle 4 aus Beiblatt 2 zu DIN VDE 0100-520 (Beiblatt 2 zu VDE 0100-520):2002-11).

Abschnitt 7.4.1 dieses Buchs, die nur bei Nenn**wechsel**spannung gilt, weil die Netzbetreiber üblicherweise keine Gleichspannungsversorgung vorsehen. Deswegen muss die Bedingung auch in Gleichspannung-TN-Systemen zur Anwendung kommen.

Anmerkung der Autoren: Die Werte in kursiver Schrift sind im Beiblatt 2 zu DIN VDE 0100-520 (Beiblatt 2 zu VDE 0100-520):2002-11 nicht enthalten und wurden von den Autoren eingefügt. Die Werte im Beiblatt 2 für Sicherungen entsprechen den Werten aus DIN EN 60269-1 (VDE 0636-10), auch die in Klammer (…) angegebenen drei Werte. Warum im Beiblatt 2 zu DIN VDE 0100-520 (Beiblatt 2 zu VDE 0100-520):2002-11 die drei Werte vor den Werten in Klammer (…) von der Norm für Sicherungen abweichen, lässt sich nicht klären. Da die Werte aber auf der „sicheren" Seite liegen, dürfte dies nicht von Bedeutung sein, sodass auch die kleineren Werte angewendet werden dürfen.

> **Kurzer Überblick**
>
> Abhängig von der Spannung und von der Art des Stromkreises (Verteilungsstromkreis, Endstromkreis) müssen die vorgesehenen Schutzeinrichtungen für den Schutz durch automatische Abschaltung der Stromversorgung in einer vorgegebenen Abschaltzeit bei einem Fehler abschalten. Insbesondere für die Abschaltung mit Überstrom-Schutzeinrichtungen ist die Schleifenimpedanz für die Bemessung der Schutzeinrichtungen und die Bemessung der Querschnitte von Bedeutung.

7.4.5 411.4.5 *In TN-Systemen dürfen die folgenden Schutzeinrichtungen für den Fehlerschutz (Schutz bei indirektem Berühren) verwendet werden:* [413.1.3.7]
– *Überstrom-Schutzeinrichtungen*
– *Fehlerstrom-Schutzeinrichtungen (RCDs)*

Diese möglichen Schutzeinrichtungen, die auch im Abschnitt 531.1 der DIN VDE 0100-530 (VDE 0100-530):2005-06 aufgeführt sind, waren bisher ebenfalls zulässig, somit hat sich diesbezüglich nichts geändert. Zu den Überstrom-Schutzeinrichtungen gehören Sicherungen (üblich Charakteristik gG – Ganzbereichsicherung für allgemeine Anwendung –, andere Charakteristiken sind zulässig unter Beachtung der relevanten Abschaltströme, die vom Hersteller erfragt werden müssen), Leitungsschutzschalter (auch die Typen A mit 3 · I_N (noch nicht genormt) und D mit 20 · I_N).

Es sei noch darauf hingewiesen, dass nach wie vor ein **zusätzlicher** Schutzpotentialausgleich nach Abschnitt 415.2 der DIN VDE 0100-410 (VDE 0100-410): 2007-06 bzw. Abschnitt 11.2 dieses Buchs angewendet werden darf, wenn die Abschaltbedingung mit den oben genannten Überstrom-Schutzeinrichtungen nicht erfüllt werden kann und Fehlerstrom-Schutzeinrichtungen (RCDs) nicht angewendet werden können, z. B. bei Gleichspannung.

ANMERKUNG 1 Wenn eine Fehlerstrom-Schutzeinrichtung (RCD) für den Fehlerschutz (Schutz bei indirektem Berühren) verwendet wird, sollte der Stromkreis ebenfalls durch eine Überstrom-Schutzeinrichtung nach DIN VDE 0100-430 (VDE 0100-430) geschützt sein. [neu]

Die Anmerkung ist neu und besagt, dass der betreffende Stromkreis bei Verwendung von Fehlerstrom-Schutzeinrichtungen (RCDs) zusätzlich durch eine Überstrom-Schutzeinrichtung geschützt werden sollte. Eigentlich eine Selbstverständlichkeit, da grundsätzlich in einer elektrischen Anlage, außer dem Schutz gegen elektrischen Schlag, auch der Schutz von Kabeln und Leitungen gegen zu hohe Erwärmung nach DIN VDE 0100-430 (VDE 0100-430):1991-11 gefordert ist. Durch den Verweis auf DIN VDE 0100-430 (VDE 0100-430) ist klar, dass die empfohlene Überstrom-Schutzeinrichtung dem Schutz von Kabeln und Leitungen bei Überstrom dient. Als Nebeneffekt kann die Überstrom-Schutzeinrichtung bei Versagen der Fehlerstrom-Schutzeinrichtung (RCD) im Falle eines Körperschlusses dem Fehlerschutz dienen, auch wenn damit nicht die geforderten Abschaltzeiten erreichbar sind.

In TN-C-Systemen darf keine Fehlerstrom-Schutzeinrichtung (RCD) verwendet werden. Wenn in einem TN-C-S-System eine Fehlerstrom-Schutzeinrichtung (RCD) verwendet wird, so darf auf der Lastseite der RCD kein PEN-Leiter verwendet werden. Die Verbindung des Schutzleiters mit dem PEN-Leiter muss auf der Versorgungsseite der Fehlerstrom-Schutzeinrichtung (RCD) hergestellt werden [413.1.3.8].

Der Inhalt dieser Anforderung war im Wesentlichen schon in der bisherigen Norm DIN VDE 0100-410 (VDE 0100-410):1997-01 enthalten. Hinzugefügt wurde lediglich die Forderung, dass der Schutzleiter **vor** der Fehlerstrom-Schutzeinrichtung (RCD), d. h. auf der Einspeiseseite der Fehlerstrom-Schutzeinrichtung (RCD), an den PEN-Leiter anzuschließen ist bzw. von diesem abgezweigt werden muss (siehe Bild 7.4.1b). Dies ist technisch notwendig (und auch durch den ersten Satz inhaltlich abgedeckt), weil sonst bei einem Durchführen des PEN-Leiters durch die Fehlerstrom-Schutzeinrichtung (RCD) ein großer Teil des Fehlerstroms durch den Wandler zurückgeführt wird, sodass sich keine Differenz einstellt, die größer als der Bemessungsdifferenzstrom ist. Somit ist eine Ausschaltung im Fehlerfall nicht sichergestellt, siehe nachfolgende **Bilder 7.4.5.1**.

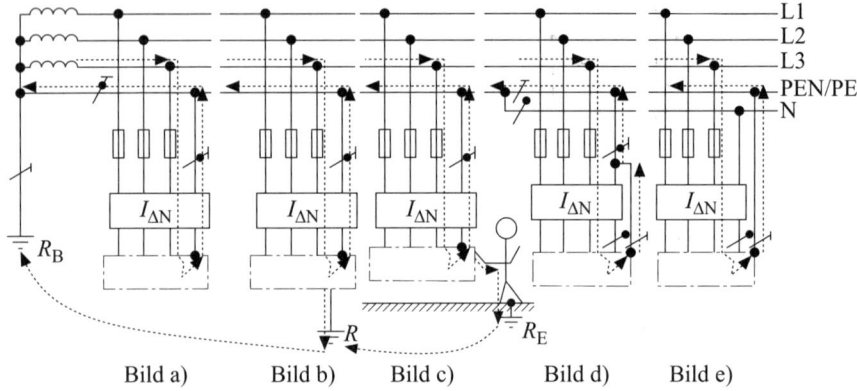

Bild a)
Fehlerstrom-Schutzeinrichtung (RCD) kann im Fehlerfalle nicht abschalten, da der Fehlerstrom über den durchgeschleiften PEN-Leiter zurückfließt

Bild b)
Fehlerstrom-Schutzeinrichtung (RCD) kann im Fehlerfalle nicht immer abschalten; abhängig von der Aufteilung des Fehlerstroms, der über den durchgeschleiften PEN-Leiter zurückfließt bzw. der über die zufällige Erdung zurückfließt

Bild c)
Fehlerstrom-Schutzeinrichtung (RCD) kann im Fehlerfalle nicht immer abschalten; abhängig vom möglichen Fehlerstrom über den Menschen

Bild d)
Fehlerstrom-Schutzeinrichtung (RCD) kann im Fehlerfalle abschalten; siehe jedoch **Bild 7.4.5.2**

Bild e)
Fehlerstrom-Schutzeinrichtung (RCD) kann im Fehlerfalle abschalten; bevorzugte Aufteilungsstelle im Verteiler

Bild 7.4.5.1 Richtige und falsche Anordnung von Fehlerstrom-Schutzeinrichtungen (RCDs) in TN-Systemen

Allerdings kann bei sehr kurzen TN-S-Systemen (d. h. Aufteilung des PEN-Leiters sehr kurz vor der Fehlerstrom-Schutzeinrichtung (RCD)) in Fällen von Kurzschlüssen auf der Ausgangsseite der Fehlerstrom-Schutzeinrichtung (RCD) zwischen einem Außenleiter und dem Neutralleiter der Kurzschlussstrom über den PEN-Leiter und dem erst kurz vor der Fehlerstrom-Schutzeinrichtung (RCD) vom PEN-Leiter abgezweigten Schutzleiter zu Berührungsspannungen an Körpern elektrische Betriebsmittel kommen, siehe **Bild 7.4.5.2**. Eine Abschaltung wird zwar durch die Schutzeinrichtung für den Schutz bei Kurzschluss erreicht werden, aber üblicherweise erst in 5 s, was wesentlicher länger ist als die Abschaltzeit, die für Endstromkreise bis 32 A nach Tabelle 41.1 der DIN VDE 0100-410 (VDE 0100-410):2007-06, siehe Tabelle 7.1 dieses Buchs, erlaubt ist.

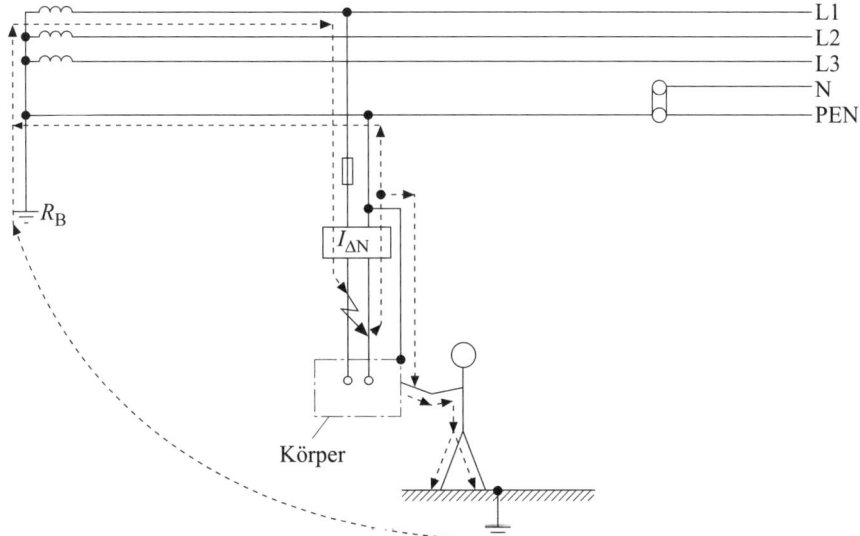

Bild 7.4.5.2 Mögliche Spannungsverschleppungen bei Kurzschlüssen zwischen einem Außenleiter, z. B. L1 und N, in einem „kurzen" TN-System vor der Fehlerstrom-Schutzeinrichtung (RCD), wenn die Abschaltung bei Kurzschluss nicht in der Zeit erfolgt, die für den Fehlerschutz (Schutz bei indirektem Berühren) vorgegeben ist

ANMERKUNG 2 Bezüglich Selektivität zwischen Fehlerstrom-Schutzeinrichtungen (RCDs), siehe DIN VDE 0100-530 (VDE 0100-530).

Der Inhalt dieser Anmerkung war im Wesentlichen schon in der bisherigen Norm DIN VDE 0100-410 (VDE 0100-410):1997-01 enthalten. Sie gibt nur Hinweise auf die inzwischen gültige Norm DIN VDE 0100-530 (VDE 0100-530), die für die Auswahl von Fehlerstrom-Schutzeinrichtungen (RCDs), einschließlich der Anforderungen, die für Selektivität zwischen Fehlerstrom-Schutzeinrichtungen (RCDs)

7 411 Schutzmaßnahme: Automatische Abschaltung der Stromversorgung

in Reihe anzuwenden sind. Entsprechende Festlegungen sind im Abschnitt 535.2.1 von DIN VDE 0100-530 (VDE 0100-530):2005-06 enthalten.

Für Anlagen oder Teile davon, z. B. ein Stromkreis, der Verbrauchsmittel im Freien versorgt, die über Fehlerstrom-Schutzeinrichtungen (RCDs) geschützt sind und die sich außerhalb von Gebäuden und damit außerhalb des „Einflussbereichs des Hauptpotentialausgleichs" befinden, hat sich erneut eine wesentliche Änderung ergeben.

Zur Erinnerung:
Eine sehr einschneidende Neuerung zur DIN VDE 0100-410 (VDE 0100-410): 1997-01 erfolgte mit Änderung DIN VDE 0100-410/A1 (VDE 0100-410/A1):2003-06, mit der Abschnitt 413.1.3.9 der DIN VDE 0100-410 (VDE 0100-410):1997-01 nach seiner kurzen Existenz vollkommen entfiel. Dieser Abschnitt 413.1.3.9 sollte ursprünglich für Anlagen oder Teile davon gelten, die über Fehlerstrom-Schutzeinrichtungen (RCDs) geschützt sind und sich außerhalb von Gebäuden und damit außerhalb des „Einflussbereichs des Hauptpotentialausgleichs" befinden.
Nach Abschnitt 413.1.3.9 der DIN VDE 0100-410 (VDE 0100-410):1997-01 war es in derartigen Stromkreisen verboten, die Körper von elektrischen Betriebsmitteln/Verbrauchsmitteln mit dem Schutz- oder PEN-Leiter des TN-Systems zu verbinden, und ein separater Erder sollte vorgesehen werden. So konzipierte Anlagen oder Anlagenteile, die sich außerhalb von Gebäuden befinden, waren als TT-System/TT-Abgang zu betrachten, und die entsprechenden damaligen Anforderungen des TT-Systems (DIN VDE 0100-410 (VDE 0100-410):1997-01, Abschnitt 413.1.4) waren zu berücksichtigen.

Durch DIN VDE 0100-410/A1 (VDE 0100-410/A1):2003-06 war diese Forderung entfallen, weil dieser Abschnitt ersatzlos gestrichen wurde. Der Inhalt dieses Abschnitts 413.1 3.9 war ursprünglich als Erleichterung in einer Anmerkung von Abschnitt 6.1.3.4 der DIN VDE 0100-410 (VDE 0100-410):1983-11 enthalten. In der Anmerkung wurde auf die Möglichkeit aufmerksam gemacht, dass auf das **Mitführen eines Schutzleiters verzichtet werden darf**, sofern der Stromkreis mit einer Fehlerstrom-Schutzeinrichtung (RCD) geschützt ist und das elektrische Verbrauchsmittel vor Ort außerhalb des Gebäudes mit einem Erder verbunden ist, der dem Bemessungsdifferenzstrom zugeordnet ist. Insbesondere für große Entfernungen stellt der Verzicht auf das Mitführen des Schutzleiters eine Erleichterung dar. Diese Art kann als TT-Abgang in TN-Systemen betrachtet werden. Allerdings ergibt sich hierbei wieder ein Widerspruch zu der „allgemeinen" Forderung, dass für jeden Stromkreis ein Schutzschalter mitgeführt werden muss, siehe Abschnitt 411.3.1.1 der DIN VDE 0100-410 (VDE 0100-410):2007-06, was im TT-System grundsätzlich zu Widersprüchen führt.

Die 2003-06 vorgenommene Streichung dieses Abschnitts 413.1.3.9 schließt nicht aus, dass in einem TN-S-System TT-Abgänge mit Fehlerstrom-Schutzeinrichtungen (RCDs) realisiert werden dürfen. Auch außerhalb von Gebäuden gelten inzwischen, und zwar seit 2003-06, die allgemeinen Anforderungen von DIN VDE 0100-410 (VDE 0100-410), die aber jetzt durch DIN VDE 0100-410 (VDE 0100-410):

2007-06 ersetzt wurde. Daraus ergibt sich, dass ein zusätzlicher Potentialausgleich, wie er noch in Bild 6.8a und Bild 6.8b der zweiten Auflage der VDE-Schriftenreihe Band 140 vorgeschlagen war, nicht gefordert wird, auch nicht, wenn, wie oben beschrieben, ein TT-Abgang in einem TN-S-System realisiert wird.

Ein TT-Abgang im TN-System ist nur für Stromkreise zu Verbrauchern außerhalb von Gebäuden möglich, da innerhalb von Gebäuden der Schutzpotentialausgleich über die Haupterdungsschiene nach Abschnitt 411.3.1.2 von DIN VDE 0100-410 (VDE 0100-410):2007-06, durchzuführen ist (siehe Abschnitt 7.3.1.2 dieses Buchs) und dieser Schutzpotentialausgleich über die Haupterdungsschiene bei TN-Systemen „leitungsgebunden" mit dem Sternpunkt/ Mittelpunkt der Stromquelle verbunden ist, siehe Bild 7.3.1.2.1b.

Kurzer Überblick

Überstrom-Schutzeinrichtungen und Fehlerstrom-Schutzeinrichtungen (RCDs) dürfern im TN-System als Abschalteinrichtungen verwendet werden. Direkt im TN-C-System ist der Einsatz von Fehlerstrom-Schutzeinrichtungen (RCDs) nicht zulässig, da der PEN-Leiter nicht durch die Fehlerstrom-Schutzeinrichtung (RCD) geführt werden darf. Ein „kurzes TN-S-System", also Aufteilungen des PEN-Leiters in Schutzleiter und Neutralleiter direkt vor der Eingangsseite der Fehlerstrom-Schutzeinrichtung ist zulässig, jedoch kann es in bestimmten Situationen – Kurzschlüsse zwischen Außenleiter und Neutralleiter – zu gefährlichen Berührungsspannungen bis zur Abschaltung des Kurzschlusses durch die Überstrom-Schutzeinrichtung kommen.

7.5   411.5 TT-Systeme [413.1.4]

Der Schutz durch automatische Abschaltung der Stromversorgung im TT-System besteht prinzipiell darin, dass die Körper der elektrischen Betriebsmittel direkt mit einem Erder bzw. einem geerdeten Schutzleiter einzeln oder in Gruppen (siehe **Bild 7.5.1**) oder gemeinsam (siehe **Bild 7.5.2**) verbunden werden und der Fehlerstrom nur über Erde zur Stromquelle zurückfließen kann, siehe **Bild 7.5.3**. Anders als beim TN-System liegt dann bei einem Körperschluss kein Kurzschluss vor, sondern ein im Allgemeinen stromschwächerer Erdschluss. Dieser Erdschlussstrom reicht häufig nicht aus, um in der vorgegebenen Abschaltzeit – insbesondere in den in der Tabelle 41.1 der DIN VDE 0100-410 (VDE 0100-410):2007-06 bzw. in der Tabelle 7.1 von Abschnitt 7.3 dieses Buchs festgelegten Zeiten – Überstrom-Schutzeinrichtungen zum Abschalten zu bringen, weshalb zumeist als Einrichtungen für die automatische Abschaltung der Stromversorgung Fehlerstrom-Schutzeinrichtungen (RCDs) verwendet werden. Fehlerstrom-Schutzeinrichtungen (RCDs) bewirken bei wesentlich kleineren Fehlerströmen (maßgebend ist der gewählte Bemessungsdifferenzstrom) eine Abschaltung.

7 411 Schutzmaßnahme: Automatische Abschaltung der Stromversorgung

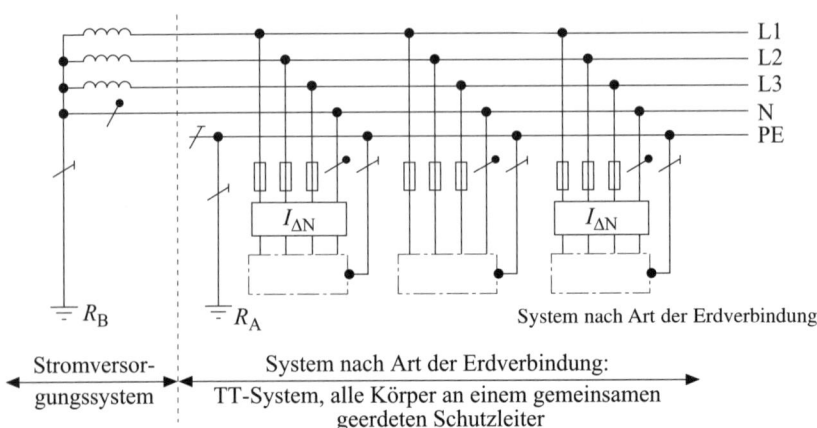

Bild 7.5.1 TT-System mit gemeinsamem, geerdetem Schutzleiter

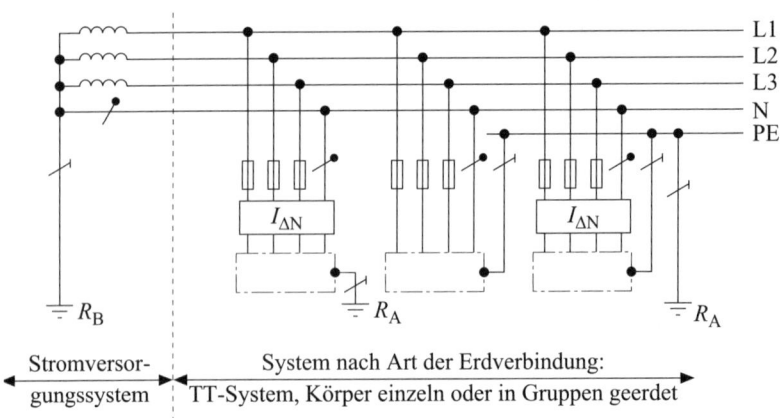

Bild 7.5.2: TT-System mit einzeln oder in Gruppen geerdetem Schutzleiter (siehe jedoch Erläuterungen zu Abschnitt 411.5.1 der DIN VDE 0100-410 (VDE 0100-410):2007-06 bzw. Abschnitt 7.5.1 dieses Buchs)

7 411 Schutzmaßnahme: Automatische Abschaltung der Stromversorgung

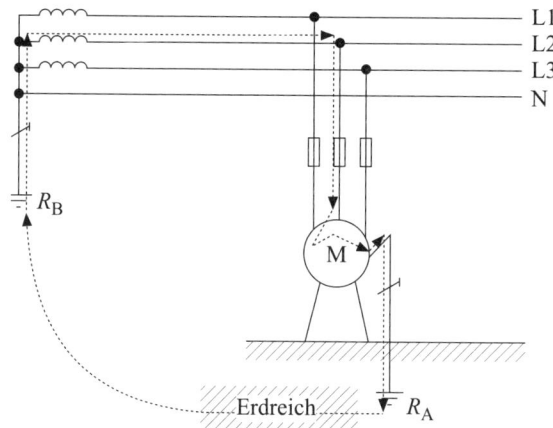

Bild 7.5.3: Fehlerschleife im TT-System, nur über das Erdreich, und zwar unabhängig davon, ob die Körper einzeln oder in Gruppen oder gemeinsam geerdet sind

---

Kurzer Überblick

Bei einer (fehlerhaften) Verbindung (eine impedanzlose Verbindung vorausgesetzt) von einen Außenleiter mit dem Schutzleiter oder mit Körpern von Verbrauchsmitteln/Betriebsmitteln fließt im TT-System ein Erdschlussstrom über den Anlagenerder, das Erdreich und den Betriebserder der Stromquelle zum Sternpunkt/Mittelpunkt der Stromquelle zurück, der zur Auslösung von Fehlerstrom-Schutzeinrichtungen (RCDs) oder Überstrom-Schutzeinrichtungen führt, sodass in der jeweils geforderten Abschaltzeit die Gefahr beseitigt ist. Für die Verwendung von Überstrom-Schutzeinrichtungen ist dieser Fehlerstrom häufig zu niedrig, um in der geforderten Abschaltzeit auszulösen. Deswegen werden im TT-System vorwiegend Fehlerstrom-Schutzeinrichtungen (RCD) verwendet.

7.5.1   411.5.1 *Alle Körper, die gemeinsam durch dieselbe Schutzeinrichtung geschützt werden, müssen durch Schutzleiter an einen gemeinsamen Erder angeschlossen werden. Wenn mehrere Schutzeinrichtungen in Reihe verwendet werden, gilt diese Anforderung jeweils getrennt für alle Körper, die durch dieselbe Schutzeinrichtung geschützt werden.*

Diese Festlegung hat es in der bisherigen DIN VDE 0100-410 (VDE 0100-410): 1997-01 schon gegeben, d. h., die Körper von Betriebsmitteln mit einer gemeinsamen Schutzeinrichtung müssen einen gemeinsamen Erder haben, siehe **Bild 7.5.4**. Bei Reihenschaltung von Schutzeinrichtungen müssen nur die Betriebsmittel/Verbrauchsmittel gemeinsam geerdet werden, die direkt hinter der „vorgeschalteten"

7 411 Schutzmaßnahme: Automatische Abschaltung der Stromversorgung

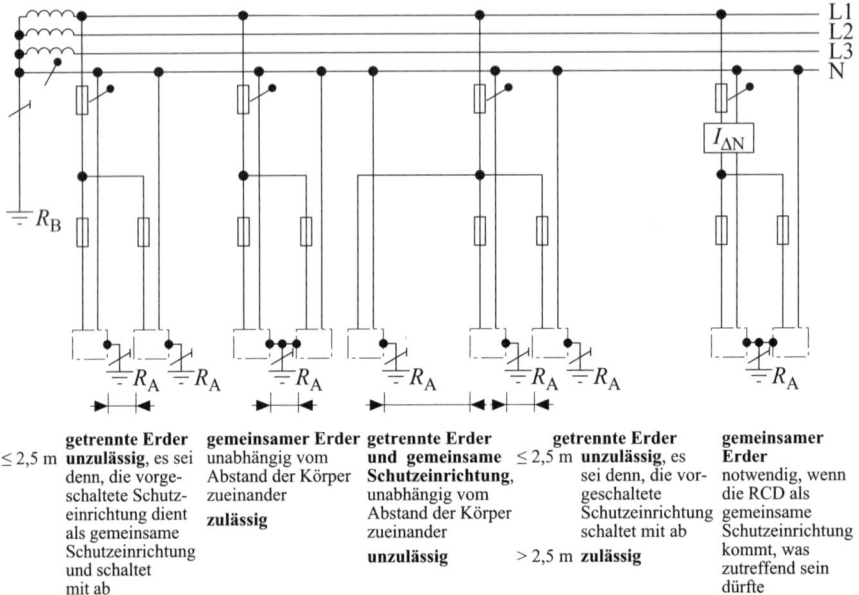

Bild 7.5.4 Visualisierung der Forderungen aus Abschnitt 411.5.1 der DIN VDE 0100-410 (VDE 0100-410):2007-06

gemeinsamen Schutzeinrichtung (ohne Zwischenschaltung weiterer Schutzeinrichtungen) angeschlossen werden. Bei einer Reihenschaltung von Schutzeinrichtungen wird bezüglich des Fehlerschutzes nicht vorausgesetzt, dass die Schutzeinrichtungen selektiv sein müssen. Im Fehlerfall muss also nicht unbedingt die der Fehlerstelle direkt vorgeordnete Schutzeinrichtung auslösen, sondern die Auslösung darf auch durch die davor liegende Schutzeinrichtung erfolgen.

Die Autoren sehen aber keine sicherheitstechnische Begründung für die Forderung nach demselben Erdungssystem für mehrere Betriebsmittel/Verbrauchsmittel im selben Stromkreis, wenn sie nicht mit einem gemeinsam geerdeten Schutzleiter verbunden sind, zumindest wenn die Körper nicht gleichzeitig berührbar sind.

Der Neutralpunkt oder der Mittelpunkt des Versorgungssystems muss geerdet werden. Wenn ein Neutralpunkt oder Mittelpunkt nicht verfügbar oder nicht zugänglich ist, muss ein Außenleiter geerdet werden.

Durch die Verwendung des Begriffs Neutralpunkt ergibt sich nun, dass – wie auch schon im Abschnitt 7.4 dieses Buchs zum TN-System ausgeführt – sowohl der Sternpunkt als auch der Mittelpunkt eines Systems gemeint sein kann. Ebenso wie im TN-System besteht auch im TT-System die Möglichkeit, einen Außenleiter – sofern ein Sternpunkt nicht vorhanden ist – zu erden. Von dieser Möglichkeit wird in Deutschland in erster Linie in Gleichspannungssystemen und ggf. in Steuerstromkreisen Gebrauch gemacht. Auch im TT-System gibt es nun keine Forderung mehr nach einer Erdung der Stromquelle in unmittelbarer Nähe der Stromquelle, obwohl es im TT-System Sinn machen würde.

Kurzer Überblick

Die niederohmige Verbindung von Schutzleitern mit Erde ist sowohl für die Erdung von Körpern der Betriebsmittel/Verbrauchsmittel (gemeinsam oder unter bestimmten Bedingungen in Gruppen oder einzeln) als auch für die Erdung der Stromquelle im TT-System von besonderer Bedeutung.

7.5.2 *411.5.2 In TT-Systemen sind im Allgemeinen Fehlerstrom-Schutzeinrichtungen (RCDs) für den Fehlerschutz (Schutz bei indirektem Berühren) zu verwenden. Alternativ dürfen Überstrom-Schutzeinrichtungen für den Fehlerschutz (Schutz bei indirektem Berühren) unter der Voraussetzung verwendet werden, dass ein geeignet niedriger Wert von Z_S (siehe 411.5.4) dauerhaft und zuverlässig sichergestellt ist.*

Nach wie vor gilt, dass in TT-Systemen vorwiegend Fehlerstrom-Schutzeinrichtungen (RCDs), siehe **Bild 7.5.5a**, für den Fehlerschutz verwendet werden müssen, um die Abschaltbedingungen erfüllen zu können. Aber nach wie vor dürfen auch Überstrom-Schutzeinrichtungen, siehe **Bild 7.5.5b**, für die automatische Abschaltung der Stromversorgung ausgewählt werden, wenngleich dies nur sehr eingeschränkt möglich sein wird, insbesondere wegen der nun geforderten, wesentlich kürzeren Abschaltzeiten, wie sie in Tabelle 41.1 der Norm DIN VDE 0100-410 (VDE 0100-410):2007-06 (siehe auch Tabelle 7.1 dieses Buchs) enthalten sind. Neu gegenüber der früheren Norm DIN VDE 0100-410 (VDE 0100-410):1997-01 ist im Wesentlichen, dass bei der Anwendung von Überstrom-Schutzeinrichtungen für den Fehlerschutz der Schleifenwiderstand Z_S berücksichtigt werden muss. Es kommt also bei Einsatz von Überstrom-Schutzeinrichtungen nicht mehr die allseits bekannte Bedingung:

$$R_A \leq \frac{50\ \text{V}}{I_a}$$

zur Anwendung, sondern in solchen Fällen wird auch im TT-System, ähnlich wie im TN-System, die Schleifenimpedanz zu Grunde gelegt, was im Abschnitt 411.5.4 der Norm DIN VDE 0100-410 (VDE 0100-410):2007-06 bzw. im Abschnitt 7.5.4 dieses Buchs eingehend kommentiert wird.

ANMERKUNG 1 Wenn eine Fehlerstrom-Schutzeinrichtung (RCD) für den Fehlerschutz (Schutz bei indirektem Berühren) verwendet wird, sollte der Stromkreis ebenfalls durch eine Überstrom-Schutzeinrichtung in Übereinstimmung mit DIN VDE 0100-430 (VDE 0100-430) geschützt sein. [neu]

Die Anmerkung ist – wenn auch mit kleinen textlichen Unterschieden, die nicht von großer Bedeutung sind – auch bei den Ausführungen in dieser Norm bzw. in diesem Buch für das TN-System enthalten. Auch für das TT-System gilt, dass es eine Selbstverständlichkeit sein müsste, dass Stromkreise bei Verwendung von Fehlerstrom-Schutzeinrichtungen (RCDs) auch durch eine Überstrom-Schutzeinrichtung zum Schutz von Kabeln und Leitungen und auch die elektrischen Betriebsmittel/Verbrauchsmittel bei Überstrom geschützt sein sollten. Es ist richtig, dass es sich hierbei **nicht um eine „Muss-Anforderung"** handelt, denn zuständig für den Schutz von Kabeln und Leitungen bei Überstrom ist DIN VDE 0100-430 (VDE 0100-430), und darin sind auch durchaus Ausnahmen enthalten, bei denen auf den Schutz bei Überlast und/oder Kurzschluss verzichtet werden darf. Der Nebeneffekt, dass die Überstrom-Schutzeinrichtung bei Versagen der Fehlerstrom-Schutzeinrichtung (RCD) bei Erdschlüssen dem Fehlerschutz dienen kann, ist beim TT-System wesentlich geringer gegeben als bei TN-System. Das liegt daran, dass im TN-System durch die leitungsgebundene Zurückführung des Fehlerstroms über Schutzleiter/PEN-Leiter zum Neutralpunkt/Mittelpunkt der Stromquelle die Körperschlüsse und damit die Fehlerströme stromstärker sind als im TT-System, bei dem der Strom über den Anlagenerder R_A durch das Erdreich zurück und dann über den Betriebserder R_B an der Stromquelle zum Sternpunkt/Mittelpunkt der Stromquelle fließen muss. Um Schutz gegen elektrischen Schlag durch Fehlerstrom-Schutzeinrichtungen (RCDs) und den hier in der Anmerkung 1 empfohlenen zusätzlichen Einsatz von Überstrom-Schutzeinrichtungen (der nach DIN VDE 0100-430 (VDE 0100-430) gefordert sein kann) zu erreichen, empfiehlt es sich, so genannte FI/LS-Schalter oder, wie die normative Bezeichnung lautet, „RCCBs" einzusetzen, siehe hierzu auch Tabelle 7.2 und Kapitel 18 dieses Buchs.

ANMERKUNG 2 Diese Norm umfasst nicht die Verwendung von Fehlerspannungs-Schutzeinrichtungen.

Die Verwendung von Fehlerspannungs-Schutzeinrichtungen, siehe Durchstreichung im **Bild 7.5.5c**, für die es keine Normen gibt, wird in dieser Norm nicht mehr behandelt. Fehlerspannungs-Schutzeinrichtungen können nur in Eigenverantwortung angewendet werden.

Bild 7.5.5 (S. 175): TT-System mit zulässigen und unzulässigen Schutzeinrichtungen für die automatische Abschaltung der Stromversorgung
   a) mit Fehlerstrom-Schutzeinrichtung (RCD) als Schutzeinrichtung, mit Schutz der Kabel- und Leitungen durch Überstrom-Schutzeinrichtungen
   b) nur mit Überstrom-Schutzeinrichtungen als Schutzeinrichtungen für den Fehlerstrom und Überstrom
   c) „unzulässig" mit Fehlerspannungs-Schutzeinrichtung als Schutzeinrichtung

7 411 Schutzmaßnahme: Automatische Abschaltung der Stromversorgung

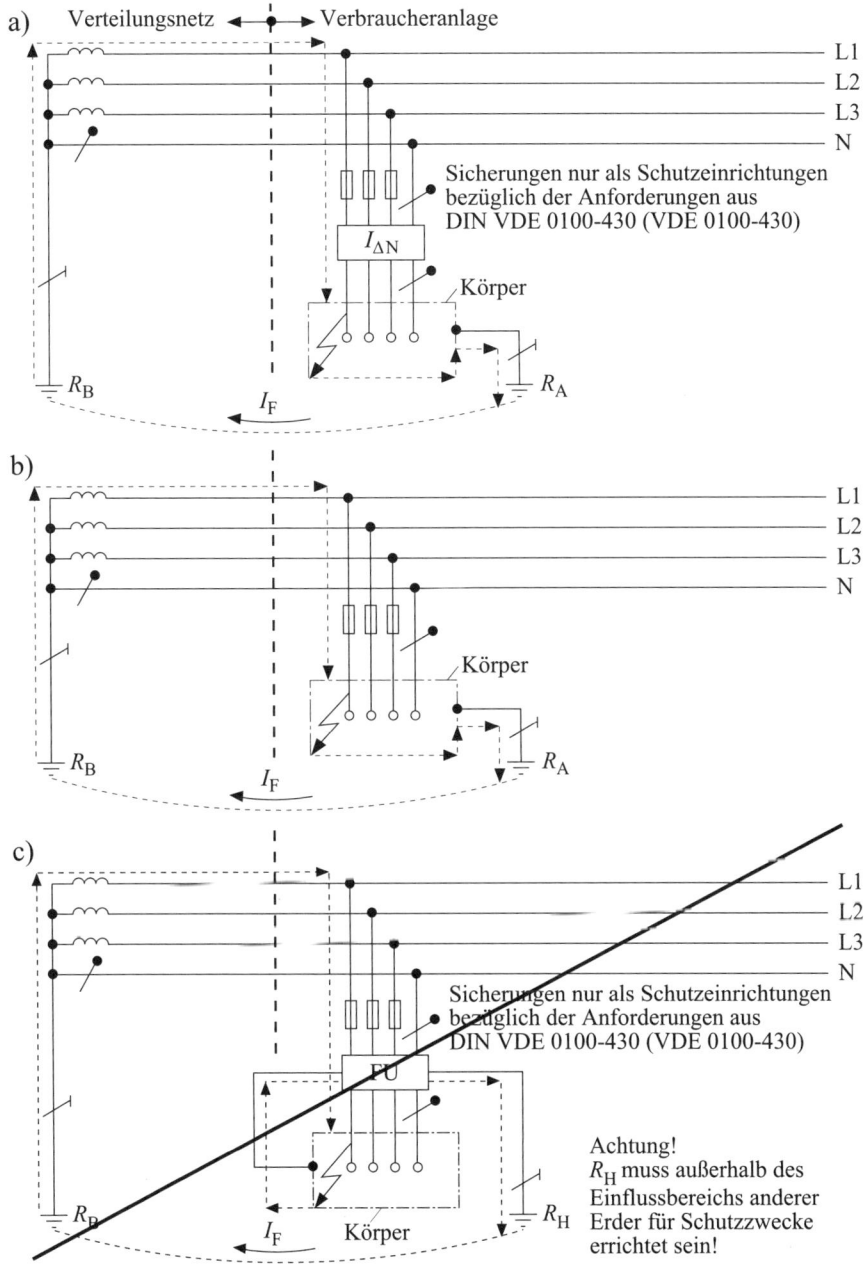

7.5.3 411.5.3 Wenn eine Fehlerstrom-Schutzeinrichtung (RCD) für den Fehlerschutz (Schutz bei indirektem Berühren) verwendet wird, müssen die folgenden Bedingungen erfüllt sein:

i) die Abschaltzeit, wie in 411.3.2.2 oder 411.3.2.3 verlangt, und (Fortsetzung weiter unten)

Hier ergibt sich wieder eine große Änderung, weil die in den Abschnitten 411.3.2.2 und 411.3.2.3 der DIN VDE 0100-410 (VDE 0100-410):2007-06 bzw. in den Abschnitten 7.3.2.2 und 7.3.2.3 dieses Buchs festgelegten Abschaltzeiten für TT-Systeme nun nicht mehr einheitlich, vor allem nicht mehr auf 5 s, festgelegt wurden.

Für Endstromkreise mit einem Nennstrom bis einschließlich 32 A müssen nun die sehr viel niedrigeren Zeiten aus der Tabelle 41.1 der Norm, siehe Tabelle 7.1 von Abschnitt 7.3.2.2 dieses Buchs, angewendet werden. Diese Werte liegen nun auch wesentlich niedriger als die für das TN-System geforderten Zeiten. Für die üblicherweise in Deutschland zum Einsatz kommende Nennspannung von 400/230 V ist nach der Bedingung von Abschnitt 411.5.4 der Norm (siehe die Bedingung weiter unten) bzw. von Abschnitt 7.5.4 dieses Buchs eine Abschaltzeit (bei Wechselspannung) von 0,2 s zu berücksichtigen. Aufgrund dieser kurzen Abschaltzeit von 0,2 s (für andere Spannungen noch kürzer) können auch bei Verwendung von Fehlerstrom-Schutzeinrichtungen (RCDs) diese neu geforderten Abschaltzeiten eine große Rolle spielen, da Fehlerstrom-Schutzeinrichtungen (RCDs) des allgemeinen Typs (Fehlerstrom-Schutzeinrichtungen (RCDs) des „allgemeinen Typs" sind solche, die ohne gewollte Zeitverzögerung, wie sie bei S-Typen gegeben ist, auslösen) bestimmungsgemäß bei ihrem jeweiligen Bemessungsdifferenzstrom, d. h. bei $1 \cdot I_{\Delta N}$, erst in 0,3 s auslösen müssen. Damit wäre die geforderte Abschaltzeit von 0,2 s bei der in Deutschland üblichen Nennspannung 400/230 V überschritten. Zur Auswahl der Fehlerstrom-Schutzeinrichtungen (RCDs) vom Typ A oder vom Typ B und dem Verbot von Typ AC siehe DIN VDE 0100-530 (VDE 0100-530):2005-06 oder Kapitel 11 dieses Buchs.

Die grau schattierte nationale Erklärung nach der Anmerkung 4 will deutlich machen, dass die Fehlerstrom-Schutzeinrichtung (RCD) des allgemeinen Typs beim einem impedanzlosen Fehler (nur der wird bestimmungsgemäß betrachtet) sowie unter Vernachlässigung des Widerstands des Betriebserders R_B trotzdem abschaltet. Dies wird damit begründet, dass in der Bedingung U_L (zz. nur 50 V) zu berücksichtigen ist, die treibende Spannung im Fehlerfalle aber 230 V (bei Systemen 400/230 V) beträgt. Somit ergibt sich aus dem Verhältnis 230 V zu 50 V ein Faktor von 4,6. Das heißt, wenn bei 50 V der R_A so bemessen ist, dass $1 \cdot I_{\Delta N}$ fließen kann, ergibt sich bei 230 V ein möglicher Bemessungsdifferenzstrom von $4,6 \cdot I_{\Delta N}$. Bestimmungsgemäß muss eine Fehlerstrom-Schutzeinrichtung (RCD) bei $2 \cdot I_{\Delta N}$ in spätestens 0,15 s abschalten, sodass bei $4,6 \cdot I_{\Delta N}$ die Abschaltung der Fehlerstrom-Schutzeinrichtung (RCD) auf alle Fälle erreicht werden kann. Die Fehlerstrom-Schutzeinrichtung (RCD) des Typs S schaltet bei $2 \cdot I_{\Delta N}$, spätestens bei den für 400/230 V Nennspannung geforderten 0,2 s, aus.

7 411 Schutzmaßnahme: Automatische Abschaltung der Stromversorgung

Nicht so gut sieht es für die Verwendung von Fehlerstrom-Schutzeinrichtungen (RCDs) des Typs S bei Spannungen $U_0 > 230$ V aus, z. B. bei einer Nennspannung von 690/400 V (eine Spannung, die aber im TT-System kaum zur Anwendung kommt). Bei einer Außenleiter-Erde-Spannung $U_0 = 400$ V fließt im Fehlerfall (unter Vernachlässigung des Widerstands des Betriebserders R_B), unter Berücksichtigung der Spannungsverhältnisse, ein Fehlerstrom von (400 V / 50 V) · $I_{\Delta N} = 8 · I_{\Delta N}$. Die Fehlerstrom-Schutzeinrichtung (RCD) des allgemeinen Typs schaltet bei $5 · I_{\Delta N}$ in spätestens 0,04 s ab, also früher als die in Tabelle 41.1 der DIN VDE 0100-410 (VDE 0100-410):2007-06 geforderten 0,07 s. Bei Fehlerstrom-Schutzeinrichtungen (RCD) des Typs S kommt es jedoch nicht zu einer Abschaltung in der geforderten Zeit von 0,07 s, da S-Typen bestimmungsgemäß auch bei größeren Bemessungsdifferenzströmen als $2 · I_{\Delta N}$ eine Abschaltzeit von 0,15 s haben dürfen. Nicht von Bedeutung ist die Abschaltzeit für die übrigen Endstromkreise, d. h. für Endstromkreise mit Bemessungsströmen über 32 A, weil für die Endstromkreise eine Abschaltzeit von 1 s zulässig ist (siehe auch Abschnitt 411.3.2.4 der DIN VDE 0100-410 (VDE 0100-410):2007-06 bzw. Abschnitt 7.3.2.4 dieses Buchs), wenn für die Abschaltung solcher Stromkreise Fehlerstrom-Schutzeinrichtungen (RCDs) ausgewählt werden, weil Fehlerstrom-Schutzeinrichtungen (RCD), auch die S-Typen, auf alle Fälle innerhalb dieser Sekunde auslösen.

Die festgelegte Zeit von 1 s gilt unabhängig von der Höhe der Nennspannungen, d. h. für alle Spannungen bis AC 1000 V bzw. DC 1500 V. Unklar ist allerdings, ob bei Gleichspannung die 50 V durch die 120 V in der Bedingung des Abschnitts 411.5.3 der DIN VDE 0100-410 (VDE 0100-410):2007-06 bzw. Abschnitt 7.5.3 dieses Buchs ersetzt werden dürfen, es sollte daher auch bei Gleichspannung die Bedingung mit 50 V angewendet werden – wie von den Autoren auch schon in der ersten und zweiten Auflage dieses Schriftenreihenbandes angeführt.

ii) $R_A \leq \dfrac{50\ V}{I_{\Delta N}}$

Dabei ist:
R_A die Summe der Widerstände in Ω des Erders und des Schutzleiters der Körper

Wie bisher schon, muss auch nach der neuen DIN VDE 0100-410 (VDE 0100–410):2007-06 zum Anlagenerdungswiderstand/Körpererdungswiderstand R_A der Widerstand des Schutzleiters vom Körper bis zum Erder addiert werden, siehe **Bild 7.5.6**. Bei einem gemeinsam geerdeten Schutzleiter, siehe **Bild 7.5.7**, kann sich ein nennenswerter zusätzlicher Widerstand durch die längeren Schutzleiterverbindungen bis zum Erder ergeben.

Sofern der gemeinsam geerdete Schutzleiter mit mehreren Erden in Verbindung steht, z. B. in bebauten Gebieten, würde sich ein kleinerer Gesamterdungswiderstand R_A ergeben, siehe **Bild 7.5.8**, der sich jedoch nicht soweit bemerkbar machen dürfte, dass auch Überstrom-Schutzeinrichtungen verwendet werden könnten.

7 411 Schutzmaßnahme: Automatische Abschaltung der Stromversorgung

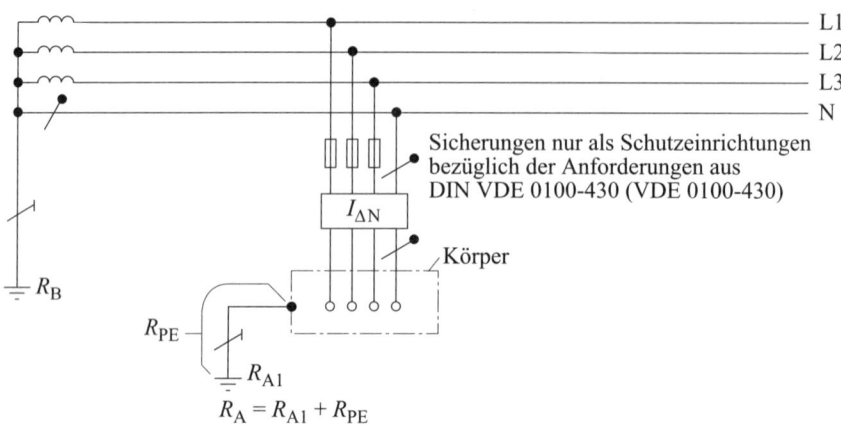

Bild 7.5.6 Ermittlung des Anlagenerdungswiderstands/Körpererdungswiderstands R_A

$I_{\Delta N}$ *der Bemessungsdifferenzstrom* in A *der Fehlerstrom-Schutzeinrichtung (RCD)*

Unbedingt beachtet werden muss, dass in der Bedingung der einzusetzende Bemessungsdifferenzstrom $I_{\Delta N}$ in A einzufügen ist und nicht der sonst im Sprachgebrauch übliche mA-Wert, damit die Bedingung zum richtigen Ergebnis führt.

Der in die Bedingung einzusetzende Bemessungsdifferenzstrom ist nicht festgelegt, es sei denn, es muss ein zusätzlicher Schutz durch eine Fehlerstrom-Schutzeinrichtung (RCD) erfüllt werden, dann dürfte der Bemessungsdifferenzstrom 30 mA nicht überschreiten. Ansonsten ist der Bemessungsdifferenzstrom nur abhängig von der Summe der Widerstände R_A, bestehend aus Erdübergangswiderstand und Schutzleiterwiderstand, siehe Bilder 7.5.6 und 7.5.7. Nach wie vor wird bei Fehlerstrom-Schutzeinrichtungen (RCDs) der Widerstand des Betriebserders R_B – der meist nicht in Erfahrung gebracht werden kann, da er üblicherweise in der Verantwortung des Netzbetreibers liegt – nicht in die Betrachtung mit einbezogen. Durch die in die Bedingung einzusetzende „Berührungsspannung" von 50 V (hier ist nur der Wechselspannungswert relevant, da Fehlerstrom-Schutzeinrichtungen (RCDs) bei Gleichspannung nicht eingesetzt werden können) ergibt sich, dass eine höhere Berührungsspannung scheinbar nicht auftreten kann, wenn der Erdungswiderstand R_A entsprechend klein gewählt wird. Dies stimmt aber nur, wenn nur der erforderliche Abschaltstrom zum Fließen kommen würde. Bei einer höheren treibenden Spannung, z. B. bei den üblichen 230 V, wird jedoch ein wesentlich höherer Fehlerstrom, und zwar der 4,6-fache Abschaltstrom (aufgrund des Verhältnisses 230 V zu 50 V), zum Fließen kommen. Hinzu kommt, dass der Erdungswiderstand R_A meist wesentlich kleiner ist, als er für die Abschaltbedingung bei Verwendung von Fehlerstrom-Schutzeinrichtungen (RCDs) notwendig wäre, was nochmals eine Erhöhung des Fehlerstroms mit sich bringt. Da insbesondere Fehlerstrom-Schutzeinrichtun-

7 411 Schutzmaßnahme: Automatische Abschaltung der Stromversorgung

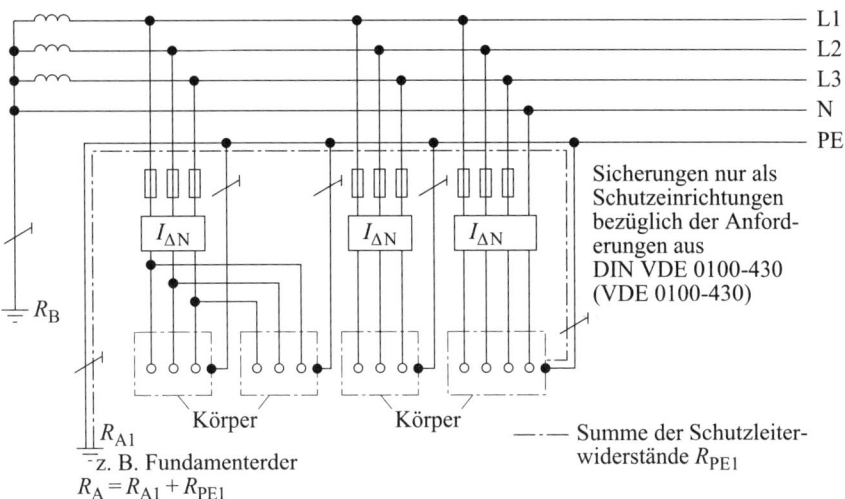

Bild 7.5.7 Ermittlung des Anlagenerdungswiderstands/Körpererdungswiderstands R_A bei gemeinsam geerdeten Körpern

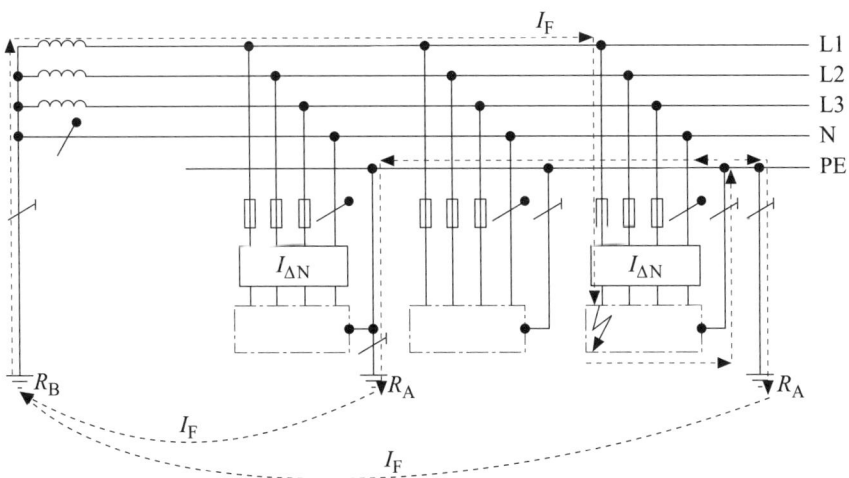

Bild 7.5.8 Fehlerstromweg im TT-System mit mehreren (parallel geschalteten) Anlagenerdern R_A. Führt nur im geringen Umfang zu einer Verbesserung der Abschaltbedingung und darf daher nicht berücksichtigt werden.

7 411 Schutzmaßnahme: Automatische Abschaltung der Stromversorgung

gen (RCDs) den Fehlerstrom bis zur Abschaltung nicht begrenzen, kann sich daher eine relativ hohe Fehlerspannung und, damit verbunden, eine relativ hohe Berührungsspannung an den fehlerhaften Körpern ergeben, zum Teil über 200 V. Diese „hohe" Fehlerspannung steht allerdings nur bis zum Zeitpunkt der Abschaltung des fehlerhaften Stromkreises, die ja im TT-Systen nun sehr schnell erfolgen muss, an. Die Berührungsspannung – die sicher niedriger ist als die Fehlerspannung – ist abhängig vom Standortwiderstand des Menschen und vom Erdungswiderstand berührbarer fremder leitfähiger Teile.

Bild 7.5.9 zeigt die Spannungsverhältnisse (Berührungsspannung und Fehlerspannung) bei einem Körperschluss im TT-System.

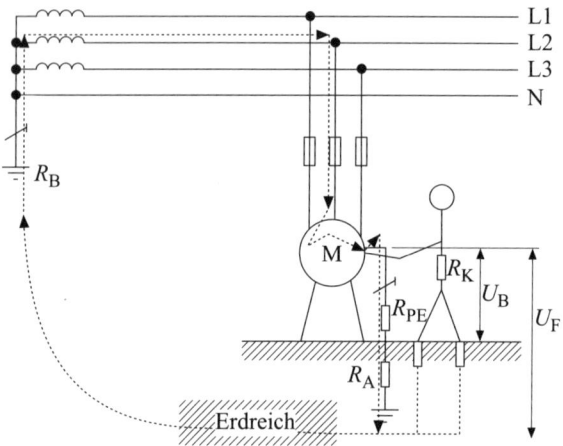

Bild 7.5.9 Spannungsverhältnisse Berührungsspannung – Fehlerspannung bei einem Körperschluss im TT-System

Für Gleichspannung muss die Bedingung mit der Schleifenimpedanz aus Abschnitt 411.5.4 der DIN VDE 0100-410 (VDE 0100-410):2007-06 bzw. des Abschnitts 7.5.4 dieses Buchs angewendet werden.

ANMERKUNG 1 Der Fehlerschutz (Schutz bei indirektem Berühren) ist in diesem Fall auch bei nicht vernachlässigbarer Fehlerimpedanz gegeben.

Die Anmerkung 1 ist nach Ansicht der Autoren zu pauschal, da eine Fehlerstrom-Schutzeinrichtung (RCD) mit einem Bemessungsdifferenzstrom nicht größer als 30 mA mit sehr großer Wahrscheinlichkeit, auch bei einem impedanzbehafteten Fehler/Körperschluss, auslösen wird, was aber sehr von den örtlichen Gegebenheiten abhängig ist. Sollte eine Auslösung der Fehlerstrom-Schutzeinrichtung (RCD) jedoch nicht gegeben sein, müsste der Fehlerstrom unterhalb den für Menschen gefährlichen Grenzen liegen. Bei einem Bemessungsdifferenzstrom von 1 A oder größer ist solch eine Aussage sehr gewagt, kann sogar gefährlich und falsch sein. Es kann auch durch verringerte Auslöseströme, siehe die Erläuterungen im Abschnitt 7.5.3 dieses Buchs (Abschnitt 411.5.3 der Norm DIN VDE 0100-410 (VDE 0100-410):2007-06), verursacht durch die Impedanzen im Fehlerkreis, zu längeren Abschaltzeiten kommen, sodass auch in diesem Fall ein geringerer Schutz gegeben ist als bei impedanzlosen Fehlern.

ANMERKUNG 2 Wenn Selektivität zwischen Fehlerstrom-Schutzeinrichtungen (RCDs) notwendig ist, siehe DIN VDE 0100-530 (VDE 0100-530):2005-06.

Auch in TT-Systemen dürfen zum Zwecke der Selektivität zeitverzögerte Fehlerstrom-Schutzeinrichtungen (RCDs) in Reihe zu (in Energierichtung) nachgeschalteten Fehlerstrom-Schutzeinrichtungen (RCDs) ohne Zeitverzögerung (solche des allgemeinen Typs) vorgesehen werden. Normativ gibt es Fehlerstrom-Schutzeinrichtungen (RCDs) vom Typ S mit einem Bemessungsdifferenzstrom von $I_{\Delta N} \leq$ 30 mA nicht, sondern nur solche für $I_{\Delta N} >$ 30 mA. Verbreitet sind 300 mA und 500 mA, sodass sie für den zusätzlichen Schutz auch im TT-System nicht eingesetzt werden dürfen/können. Im Referenzdokument des HD 60364-4-41:2007 wird an Stelle des Verweises auf die Norm DIN VDE 0100-530 (VDE 0100-530) und auf Abschnitt 535.3 der IEC 60364-5-53 Bezug genommen. Diese IEC ist in Europa noch nicht durch CENELEC umgesetzt worden. In DIN VDE 0100-530 (VDE 0100-530):2005-06 wird die Selektivität zwischen Fehlerstrom-Schutzeinrichtungen (RCDs) im Abschnitt 535.2.2 behandelt.

ANMERKUNG 3 Wenn R_A nicht bekannt ist, darf er durch Z_S ersetzt werden.

Daraus ergibt sich, dass anstelle der Bedingung:

$$R_A \leq \frac{50\ V}{I_{\Delta N}} \quad \text{die Bedingung} \quad Z_S \leq \frac{50\ V}{I_{\Delta N}} \quad \text{gilt.}$$

Diese Anmerkung scheint alles auf den Kopf zu stellen, weil hier ausgesagt wird, dass der R_A durch Z_S ersetzt werden darf, der aber in Z_S mit enthalten ist. Hiermit ist ausgesagt, dass in Fällen, in denen der Widerstand R_A wegen der Beeinflussung der Erder (Messsonde) in bebauten Gebieten nicht gemessen werden kann – wie im TN-System gefordert –, der Schleifenwiderstand gemessen werden darf.

Betrachtet man die Beziehung

$$R_A \leq \frac{50\ V}{I_{\Delta N}} \quad \text{bzw.} \quad Z_S \leq \frac{50\ V}{I_{\Delta N}}$$

dann geht man davon aus, dass damit der geforderte R_A zu ermitteln ist. In der Praxis kommt es aber vor, dass der R_A nicht bekannt ist bzw. nicht gemessen werden kann, aber der erforderliche (maximal zulässige) $I_{\Delta N}$ gesucht wird. In diesem Falle wird Z_S durch Messung ermittelt und in die folgende, nach $I_{\Delta N}$ umgestellte Bedingung eingesetzt:

$$I_{\Delta N} \leq \frac{50\ V}{Z_S}$$

Diese Bedingung weicht aber von der Bedingung ab, die zur Anwendung kommen muss, wenn als Schutzeinrichtungen Überstrom-Schutzeinrichtungen zum Einsatz kommen sollten, denn dort wird U_0, d. h. die Nennspannung Außenleiter gegen Erde, anstelle der Berührungsspannung 50 V eingesetzt; siehe Abschnitt 411.5.4 der Norm DIN VDE 0100-410 (VDE 0100-410):2007-06, bzw. Abschnitt 7.5.4 dieses Buchs.

ANMERKUNG 4 Die Abschaltzeiten nach Tabelle 41.1 stehen in Beziehung zu im Fehlerfall erwarteten Fehlerströmen, die bedeutend höher als der Bemessungsdifferenzstrom der RCD sind (typisch $5 \cdot I_{\Delta N}$).

Wenn die Bedingung ii) eingehalten wird, fließt bei einer Leiter-Erde-Spannung $U_0 = 230$ V im Fehlerfall ein Fehlerstrom von $(230\text{ V}/50\text{ V}) \cdot I_{\Delta N} = 4{,}6 \cdot I_{\Delta N}$, mit dem die Einhaltung der Abschaltzeit nach Tabelle 41.1 sichergestellt ist.

Mit der Anmerkung wird darauf aufmerksam gemacht, dass nach den Gerätenormen für Fehlerstrom-Schutzeinrichtungen (RCDs), siehe Tabelle 1 in DIN EN 61008-1 (VDE 0664-10):2005-06 und Tabelle 2 in DIN EN 61009-1 (VDE 0664-20):2005-06, mit Strömen größer als $1 \cdot I_{\Delta N}$, also $2 \cdot I_{\Delta N}$, $5 \cdot I_{\Delta N}$ oder noch größer, die Abschaltzeiten noch kürzer werden (bis minimal 40 ms), siehe **Tabelle 7.3** dieses Buchs, die der Tabelle 1 der DIN EN 61008-1 (VDE 0664-10):2005-06 entspricht. Das gilt sowohl für Fehlerstrom-Schutzeinrichtungen (RCDs) des allgemeinen Typs als auch solchen des Typs S.

Es ist zwar richtig, dass bei Fehlerstrom-Schutzeinrichtungen (RCDs) des allgemeinen Typs bestimmungsgemäß bei $5 \cdot I_{\Delta N}$ eine Abschaltung in einer Zeit von maximal 40 ms erfolgt. Damit sind die in der Tabelle 41.1 der Norm, siehe auch Tabelle 7.1 dieses Buchs, geforderten Abschaltzeiten immer erfüllt. Hierbei von typisch zu sprechen, könnte den Eindruck erwecken, dass dies als typischer Fehlerstrom in TT-Systemen zu betrachten ist, was, wie aufgezeigt, nicht stimmt.

Die geforderten Abschaltzeiten werden für $U_0 \leq 230$ V auch mit Fehlerstrom-Schutzeinrichtungen (RCD) Typ S erreicht, da bei diesen Fehlerstrom-Schutzeinrichtungen (RCDs) schon ein Fehlerstrom $2 \cdot I_{\Delta N}$ ausreichend wäre.

Der Hinweis im grau schattierten Text zeigt auf, dass Fehlerstrom-Schutzeinrichtungen (RCD) des Typs S für fast alle Anwendungsfälle eingesetzt werden dürfen (ausgenommen für den zusätzlichen Schutz durch Fehlerstrom-Schutzeinrichtungen (RCDs), weil sie nicht für Bemessungsdifferenzströme von ≤ 30 mA genormt und erhältlich sind; außerdem sind sie wegen der höheren Ausschaltzeiten bei höheren Spannungen nicht anwendbar). Voraussetzung dafür ist, dass sich bei der Messung/Berechnung ergibt, dass mindestens der zweifache Bemessungsdifferenzstrom im Fehlerfalle zum Fließen kommt. Wie zuvor aufgezeigt, ist dies für die Leiter-Erde-Spannung $U_0 \leq 230$ V richtig, jedoch nicht für $U_0 > 230$ V.

Typ	I_n A	$I_{\Delta n}$ A	Normwerte der Abschaltzeit (s) und der Nichtauslösezeit (s) bei einem Fehlerstrom ($I_{\Delta n}$) gleich:				
			$1 \cdot I_{\Delta n}$	$2 \cdot I_{\Delta n}$	$5 \cdot I_{\Delta n}$	5 A ... 500 A	Zeiten
allgemeiner Typ	jeder Wert	jeder Wert	0,3	0,15	0,04; bei 30 mA darf 0,25 A statt $5 \cdot I_{\Delta n}$ eingesetzt werden	0,04	höchstzulässige Abschaltzeit
S-Typ	≥ 25	> 0,03	0,5	0,2	0,15	0,15	
			0,13	0,06	0,05	0,04	kürzeste Nichtauslösezeit

Tabelle 7.3 Abschaltzeiten von Fehlerstrom-Schutzeinrichtungen (RCDs). Diese Tabelle entspricht in etwa der Tabelle 1 aus DIN EN 61008-1 (VDE 0664-10):2005-06.

System	50 V < U_0 ≤ 120 V		120 V < U_0 ≤ 230 V		230 V < U_0 ≤ 400 V		U_0 > 400 V	
	AC	DC	AC	DC	AC	DC	AC	DC
TN	0,8 s[1)+2)]	siehe Anmerkung 1 zur Tabelle 7.1 dieses Buchs	0,4 s[1)+2)]	5 s[3)]	0,2 s[1)+2)]	0,4 s[3)]	0,1 s[1)]	0,1 s[3)]
TT	0,3 s[1)+2)]		0,2 s[1)+2)]	0,4 s[3)]	0,07 s[1)]	0,2 s[3)]	0,04 s[1)]	0,1 s[3)]

Tabelle 7.3a Möglicher Einsatz von Fehlerstrom-Schutzeinrichtungen (RCDs) des allgemeinen Typs und des S-Typs
1) nur Fehlerstrom-Schutzeinrichtungen (RCDs) des allgemeinen Typs anwendbar
1) + 2) Fehlerstrom-Schutzeinrichtungen (RCDs) des allgemeinen Typs und des S-Typs anwendbar
3) Fehlerstrom-Schutzeinrichtungen (RCDs), da Gleichspannung, nicht anwendbar

Hinweis: Zur Auswahl der Fehlerstrom-Schutzeinrichtungen (RCDs) Typ A oder Typ B und dem Verbot von Typ AC siehe DIN VDE 0100-530 (VDE 0100-530):2005-06 oder Kapitel 11 dieses Buchs.

Kurzer Überblick

Fehlerstrom-Schutzeinrichtungen (RCDs) sind, wegen der vergleichsweise geringen Fehlerströme, die im TT-System im Fehlerfalle auftreten können, die vorwiegend angewendeten Abschalteinrichtungen. Fehlerstrom-Schutzeinrichtungen (RCDs) des Typs S schalten verzögert, z. B. um als vorgeschaltete Schutzeinrichtung für mehrere Stromkreise zur Selektivität beizutragen. Sie sind nicht für alle Bemessungsdifferenzströme und Leiter-Erde-Spannungen zum Schutz durch automatische Abschaltung der Stromversorgung geeignet. Zur Auswahl der Fehlerstrom-Schutzeinrichtungen (RCDs) vom Typ A oder vom Typ B und dem Verbot von Typ AC siehe Kapitel 11 dieses Buchs.

7.5.4 411.5.4
Wenn eine Überstrom-Schutzeinrichtung für den Fehlerschutz (Schutz bei indirektem Berühren) verwendet wird, muss die folgende Bedingung erfüllt werden:

Diese Festlegung ist neu und führt sicher erst einmal zu Verwirrungen. Ungewohnt ist, dass man auch im TT-System, – so wie im TN-System – von einer Schleifenimpedanz spricht, wo doch der Fehlerstrom nicht „leitungsgebunden", sondern über Erde zur Stromquelle zurückfließt. Trotzdem kann auch hierbei von „Schleifenimpedanz" gesprochen werden.

$$Z_S \leq \frac{U_0}{I_a}$$

Dabei ist:

Z_s *die Impedanz der Fehlerschleife, bestehend aus*
– der Stromquelle

Als Stromquellen gelten z. B. Transformatoren oder auch Generatoren

– dem Außenleiter bis zum Fehlerort

Es können auch mehrere Außenleiter (in Reihe) mit unterschiedlichen Querschnitten sein

– dem Schutzleiter der Körper

Es können auch mehrere Schutzleiter (in Reihe) mit unterschiedlichen Querschnitten sein

– dem Erdungsleiter

Verbindung des Schutzleiters mit dem Anlagenerder R_A (Schutzleiterverbindung)

– dem Anlagenerder
– dem Erder der Stromquelle

Dazu gehören Anlagenerder R_A und Betriebserder R_B.

Siehe hierzu die Hinweise/Kommentare der Autoren zur obigen Anmerkung 3 zu 411.5.3 der Norm DIN VDE 0100-410 (VDE 0100-410):2007-06 bzw. Abschnitt 7.5.3 dieses Buchs.

Hierfür gelten für die Ermittlung der Impedanz in etwa dieselben Vorgaben wie im TN-System, siehe auch **Bild 7.5.10**, nur dass der Widerstand des Anlagenerders R_A und des Betriebserders R_B in die Bedingung mit eingehen. Die im Bild 7.5.10 angeführten induktiven Widerstände dürften kaum von Bedeutung sein. Entsprechendes gilt auch für die Impedanz auf der Oberspannungsseite/Primärseite des Transformators.

Wichtig ist, dass diese Gleichung auch in Gleichspannungssystemen angewendet werden muss/kann, da dort Fehlerstrom-Schutzeinrichtungen (RCDs) nicht wirksam werden können.

7 411 Schutzmaßnahme: Automatische Abschaltung der Stromversorgung

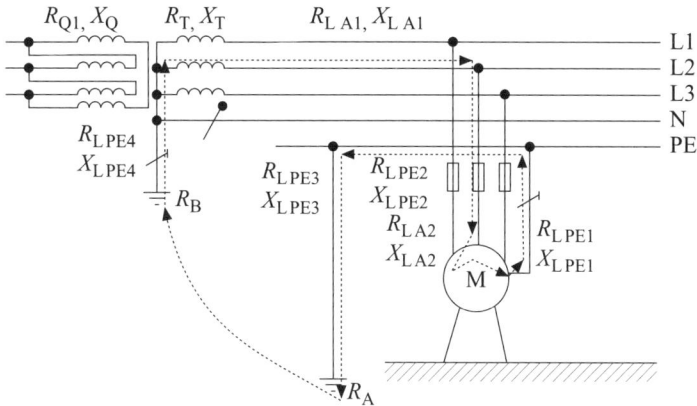

Bild 7.5.10 Ermittlung der Schleifenimpedanz Z_S in einem TT-System

I_a *ist der Strom, der das automatische Abschalten der Abschalteinrichtung innerhalb der in 411.3.2.2 oder der in 411.3.2.4 angegebenen Zeit bewirkt*

Hierbei ist zu beachten, dass die im Abschnitt 411.3.2.3 der Norm DIN VDE 0100-410 (VDE 0100-410):2007-06, bzw. Abschnitt 7.3.2.3 dieses Buchs enthaltenen Zeiten (auf diesen Abschnitt wird nicht verwiesen) hier ausgeklammert sind, da sie nur für das TN-System gelten.

U_0 *ist die Nennwechselspannung oder Nenngleichspannung* Außenleiter *gegen Erde*

Während als Nennspannung in der Regel ein Wert für die verkettete Spannung angegeben ist, handelt es sich bei U_0 per Definition durch den Zusatz „gegen Erde" um die Spannung Außenleiter gegen Erde.

Kurzer Überblick

Bei Einsatz einer Überstrom-Schutzeinrichtung als Abschalteinrichtung zur automatischen Abschaltung im Fehlerfall muss die Schleifenimpedanz berücksichtigt werden. Wenn eine ausreichend niedrige Schleifenimpedanz nicht erreicht werden kann, muss eine Fehlerstrom-Schutzeinrichtung (RCD) gewählt werden.

7.6 411.6 IT-Systeme [413.1.5]

Der Schutz durch automatische Abschaltung der Stromversorgung in IT-Systemen besteht prinzipiell darin, dass eine gegen Erde isolierte Stromquelle (z. B. Transformator oder Generator) vorliegen muss. Jedoch ist auch eine hochohmig geerdete Stromquelle zulässig. Damit ist bei einem ersten Fehler (Körper- oder Erdschluss) kein nennenswerter Rückstrompfad – weder leitungsgebunden noch über Erde – gegeben, sodass bei einem ersten Körperschluss eine gefährliche Berührungsspannung und, damit verbunden, ein gefährlicher Strom über eine berührende Person oder ein Nutztier nicht auftreten kann. Je nach Erdung der Körper der Betriebsmittel, z. B. ob sie einzeln oder in Gruppen (siehe **Bild 7.6.1**) geerdet sind, müssen bei einem zweiten Fehler die Bedingungen des TT-Systems erfüllt werden. Bei gemeinsam geerdeten Betriebsmitteln (siehe **Bild 7.6.2**) sind die Bedingungen des TN-Systems zu erfüllen. Durch die nicht geforderte Abschaltung bei einem ersten Fehler ergibt sich der Vorteil einer weitestgehend unterbrechungsfreien Stromversorgung und damit auch ein weitestgehend unterbrechungsfreier Betrieb. Dies setzt allerdings voraus, dass durch eine schnelle Beseitigung des ersten Fehlers das Auftreten eines zweiten Fehlers, der dann zur Abschaltung der Stromversorgung führen muss, vermieden wird. In Deutschland muss der ersten Fehler zwingend durch eine Isolationsüberwachungseinrichtung (IMD), die nicht alleine aus Gründen der Versorgungssicherheit vorzusehen ist, gemeldet werden, siehe hierzu **Bild 7.6.3**.

Eine Zeitdauer für die Beseitigung des ersten Fehlers ist in der Norm nicht festgelegt, da aus Gründen des Schutzes gegen elektrischen Schlag eine Gefährdung beim ersten Fehler nicht auftreten kann. Dies gilt allerdings nur, wenn der Erdungswiderstand/Anlagenerdungswiderstand R_A für die Körper und die in der Anlage maximal

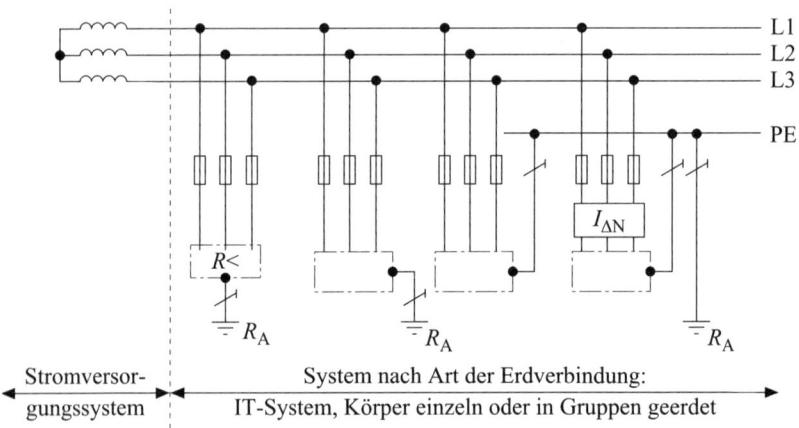

Bild 7.6.1 IT-System, Körper einzeln oder in Gruppen geerdet, ergibt nach einem ersten Fehler ein TT-System; aktive Teile/Stromquelle isoliert gegen Erde

7 411 Schutzmaßnahme: Automatische Abschaltung der Stromversorgung

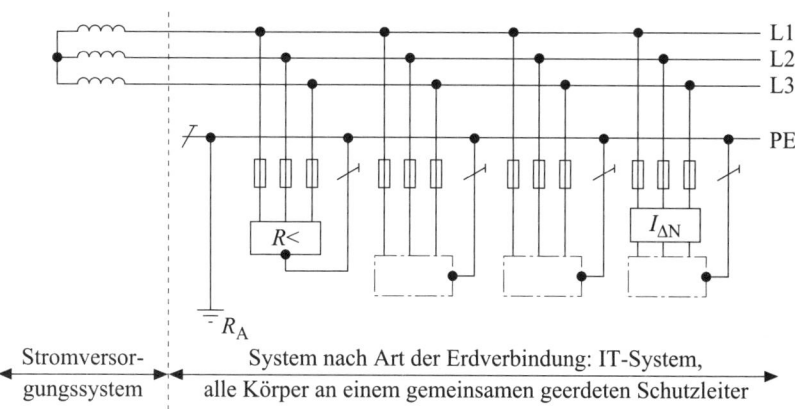

Bild 7.6.2 IT-System mit **gemeinsamem**, geerdetem Schutzleiter, ergibt nach dem ersten Fehler ein TN-System; aktive Teile/Stromquelle isoliert gegen Erde

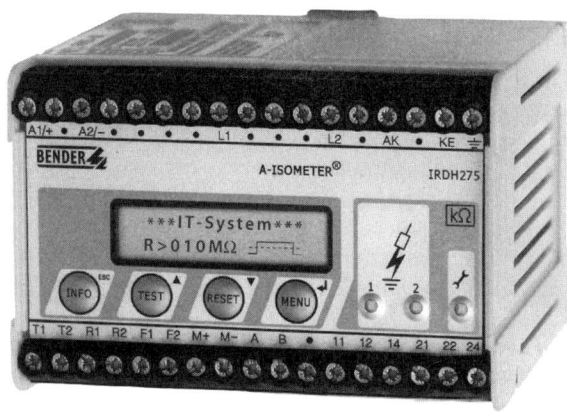

Bild 7.6.3 Isolationsüberwachungseinrichtung (IMD) für Wechselspannungs- und Gleichspannungssysteme (Foto: Fa. Bender, Grünberg)

möglichen Ableitströme im zulässigen Bereich liegen, siehe Abschnitt 411.6.2 der DIN VDE 0100-410 (VDE 0100-410):2007-06 bzw. Abschnitt 7.6.2 dieses Buchs. In diesem Abschnitt werden die Bedingungen zur Ermittlung der maximal zulässigen Summe der Widerstände von Erder und Schutzleiter bis zum jeweiligen Körper – insgesamt als R_A bezeichnet – betrachtet. Es empfiehlt sich, für die Suche nach Isolationsfehlern entsprechende Einrichtungen, so genannte Isolationsfehlersucheinrichtungen nach DIN EN 61557-9 (VDE 0413-9) anzuwenden, siehe hierzu auch **Bild 7.6.4**. Eine Verpflichtung in der Norm gibt es dafür nicht.

7 411 Schutzmaßnahme: Automatische Abschaltung der Stromversorgung

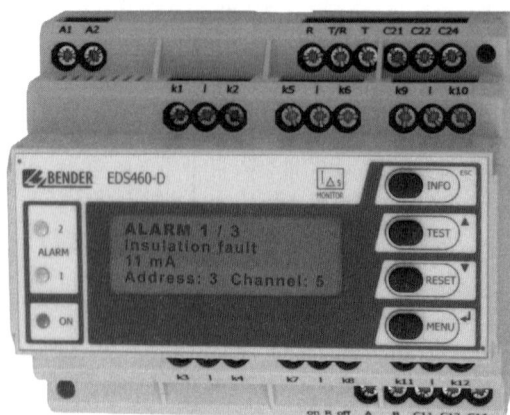

Bild 7.6.4 Einrichtung zur Isolationsfehlersuche und Differenzstrommessung
(Foto: Fa. Bender, Grünberg)

> **Kurzer Überblick**
>
> Vorteil des IT-Systems ist die Versorgungssicherheit, weil bei einem ersten Fehler keine Abschaltung erfolgen muss, sondern lediglich eine Meldung des Fehlers. Wenn dieser dann rechtzeitig vor Auftreten eines zweiten Fehlers behoben wird, ist ein unterbrechungsloser Betrieb zu erwarten.

7.6.1 *411.6.1 In IT-Systemen müssen die aktiven Teile entweder gegen Erde isoliert sein oder über eine ausreichend hohe Impedanz mit Erde verbunden werden. Diese Verbindung darf entweder am Neutralpunkt oder Mittelpunkt des Versorgungssystems oder an einem künstlichen Neutralpunkt vorgesehen werden. Der künstliche Neutralpunkt darf unmittelbar mit Erde verbunden werden, wenn die resultierende Nullimpedanz bei der Frequenz des Versorgungssystems ausreichend groß ist. Wenn kein Neutralpunkt oder Mittelpunkt ausgeführt ist, darf ein Außenleiter über eine hohe Impedanz mit Erde verbunden werden.*

An dieser Formulierung hat sich inhaltlich gegenüber den Festlegungen in der bisherigen DIN VDE 0100-410 (VDE 0100-410):1997-01 nichts geändert. In Deutschland wird das IT-System vorwiegend ohne belastbaren Sternpunkt und damit ohne Neutralleiter ausgeführt. Außerdem wird im IT-System auf jegliche Erdverbindung der aktiven Teile verzichtet. In einigen Fällen wird aus Gründen des Schutzes bei Überspannungen (siehe auch nachfolgende angeführte Anmerkung in der Norm) eine Überspannungs-Schutzeinrichtung (gegen Erde, die aber nur während einer Überspannung eine Verbindung mit Erde herstellt) vorgesehen. Eine weitere – wenn auch sehr hochohmige – „Erdung" ergibt sich durch den Einsatz von Isolations-

7 411 Schutzmaßnahme: Automatische Abschaltung der Stromversorgung

überwachungseinrichtungen (IMDs), die mit Erde bzw. mit dem geerdeten Schutzleiter verbunden werden und sich damit eine – wenn auch sehr hochohmige, da der Messgeräte-Wechselstrominnenwiderstand (Z_i) bei mindestens 15 kΩ liegen muss und der Innenwiderstand (R_i) bei mindestens 1,8 kΩ – Erdung der Stromquelle ergibt. Nach wie vor ist auch der Wert für eine **gewollte** „hochohmige" Erdung nicht festgelegt. Die Werte in den Ländern, die von der hochohmigen Erdung allgemein Gebrauch machen, liegen bei etwa 1000 Ω, wobei auch kleinere Erdungswiderstände bis zu Werten von nur 40 Ω zur Anwendung kommen.

Der Fehlerstrom ist dann bei Auftreten eines Einzelfehlers gegen einen Körper oder gegen Erde niedrig, und die automatische Abschaltung nach 411.3.2 ist nicht gefordert, vorausgesetzt die Bedingung in 411.6.2 ist erfüllt. Es müssen jedoch Vorkehrungen getroffen werden, um das Risiko gefährlicher pathophysiologischer Einwirkungen auf eine Person, die in Verbindung mit gleichzeitig berührbaren Körpern steht, im Falle von zwei gleichzeitig auftretenden Fehlern zu vermeiden.

Auch diese Anforderungen waren inhaltlich in der bisherigen DIN VDE 0100-410 (VDE 0100-410):1997-01 schon enthalten. Die automatische Abschaltung, wie sie im Abschnitt 411.3.2 der DIN VDE 0100-410 (VDE 0100-410):2007-06 beschrieben ist, siehe auch Abschnitt 7.3.2 dieses Buchs, ist für den ersten Fehler nicht gefordert, aber nur, wenn der sich durch die Ableitströme ergebende Fehlerstrom gering ist. Diese Aussage, dass der Fehlerstrom beim ersten Fehler gering ist, gilt aber nur mit gewissen Einschränkungen. So darf z. B. der Wert der „hochohmigen" Erdung nicht so niederig sein, dass zusammen mit den „natürlichen" Ableitströmen von Kabeln/Leitungen bzw. mit der Gesamtimpedanz der elektrischen Anlage die Bedingung im Abschnitt 7.6.2 dieses Buchs bzw. vom Abschnitt 411.6.2 der DIN VDE 0100-410 (VDE 0100-410):2007-06 nicht erfüllt werden kann, siehe auch **Bild 7.6.2.1**.

Mit den oben geforderten „Vorkehrungen" zur Verminderung von Risiken ist nicht die Überwachung der elektrischen Anlage mit einer Isolationsüberwachungseinrichtung (IMD) gemeint, sondern die, nachfolgend noch ausführlich behandelte, automatische Abschaltung mindestens eines der beiden Fehler nach dem Auftreten eines zweiten Fehlers. Die Festlegung im obigen zweiten Satz, dass eine Abschaltung bei zwei Fehlern eingeschränkt wird auf gleichzeitig berührbare Körper, ist, vom Schutzziel betrachtet, richtig und war so auch schon in der bisherigen Norm enthalten. Jedoch wird im Abschnitt 411.6.4b) der DIN VDE 0100-410 (VDE 0100-410): 2007-06 dies anders gesehen (siehe Abschnitt 7.6.4 des Buchs). Dort ist festgelegt – ohne Ausnahme – dass für Betriebsmittel, die einzeln geerdet sind, und somit nicht gleichzeitig berührbar sein können/dürfen, die Erfüllung der Abschaltbedingungen für den zweiten Fehler gefordert wird.

ANMERKUNG Um Überspannungen herabzusetzen oder Spannungsschwingungen zu dämpfen, kann es notwendig sein, eine Erdung über Impedanzen oder künstliche Neutralpunkte vorzusehen, deren Merkmale geeignet zu den Anforderungen der Anlage gewählt sind.

Diese Anmerkung gab es inhaltlich auch schon in der bisherigen DIN VDE 0100-410 (VDE 0100-410):1997-01. In Deutschland wird jedoch das IT-System mit hochohmiger Erdung usw. nicht (zumindest ist den Autoren eine Anlage mit hochohmiger Erdung nicht bekannt) angewendet. Wenn ein Schutz bei Überspannungen notwendig wird, wird dieser mit Überspannungs-Schutzeinrichtungen realisiert.

7.6.2   411.6.2 Körper müssen einzeln, gruppenweise oder gemeinsam geerdet sein. [413.1.5.3]

Die folgende Bedingung muss erfüllt sein:

In Wechselstromsystemen $R_A \cdot I_d \leq 50\ V$

In Gleichstromsystemen $R_A \cdot I_d \leq 120\ V$

oder anders ausgedrückt für AC: $R_A \leq \dfrac{50\ V}{I_d}$ bzw. für DC: $R_A \leq \dfrac{120\ V}{I_d}$

In diesem Abschnitt gibt es erstmals für Gleichspannung eine von der Wechselspannung abweichende Bedingung hinsichtlich des Spannungswertes. Solche abweichenden Bedingungen für Gleichspannung wären – nach Meinung der Autoren – auch an anderer Stelle sinnvoll, weil für Gleichspannung allgemein eine höhere zulässige Berührungsspannung festgelegt ist.

Dabei ist

R_A *die Summe der Widerstände in* Ω *des Erders und des Schutzleiters zum jeweiligen Körper;*

Auch in IT-Systemen gilt, wie im TT-System, dass mit R_A nicht nur der eigentliche Anlagenerdungswiderstand gemeint ist, sondern es muss auch der Wert des Schutzleiterwiderstands vom Körper des jeweiligen elektrischen Betriebsmittels/Verbrauchsmittels bis zum Anlagenerder (Fundamenterder oder auch Einzelerder) hinzugerechnet werden.

Erder (Einzelerder) anderer Körper brauchen dabei nicht berücksichtigt zu werden, da der Mensch ja nur an dem Körper, den er berührt, im Fehlerfalle den Spannungsfall am Erder und Schutzleiter, siehe **Bild 7.6.2.1**, überbrücken kann, und diese Spannung darf eben nicht AC 50 V bzw. DC 120 V überschreiten.

Dabei ist

I_d *der Fehlerstrom in A beim ersten Fehler mit vernachlässigbarer Impedanz zwischen einem Außenleiter und einem Körper. Der Wert von* I_d *berücksichtigt die Ableitströme und Gesamtimpedanz der elektrischen Anlage gegen Erde.*

Der Hinweis auf die „Gesamtimpedanz gegen Erde" zeigt auf, dass nicht nur der jeweilige Fehlerstromkreis des fehlerhaften Körpers maßgebend ist, sondern dass auch an anderen Stromkreisen/Betriebsmitteln/Verbrauchsmitteln, die an derselben Stromquelle (auch wenn sie getrennt geerdet sind) angeschlossen sind, Ableitströme auftreten können, die in die Betrachtung mit einbezogen werden müssen. I_d ergibt sich aus der Summe aller „kapazitiven" Anlagenimpedanzen, somit kann bei einem Körperschluss ein größerer Fehlerstrom (die Kapazität vergrößert sich bei „Parallelschaltung" von Kapazitäten) auftreten, der dann an R_A einen größeren Spannungsfall und damit eine größere Berührungsspannung verursacht.

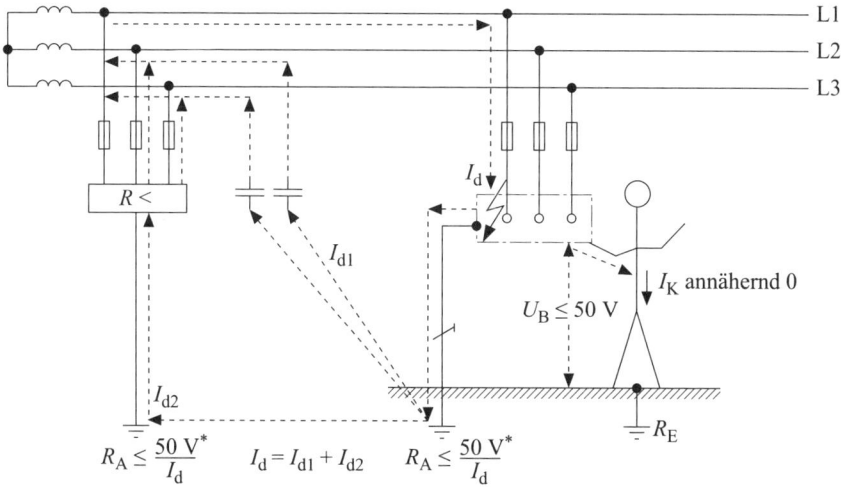

* bei Gleichspannung 120 V statt 50 V

Bild 7.6.2.1 Fehlerstrom beim ersten Fehler im IT-System nur abhängig von I_d, d. h. vom Anlagenwiderstand und der Gesamtimpedanz der elektrischen Anlage

---

Kurzer Überblick

Die Verbindung der Körper mit einem geerdeten Schutzleiter oder mit Erde erfolgt einzeln, gruppenweise oder gemeinsam und muss für Gleich- und Wechselspannungssysteme unterschiedlichen Anforderungen genügen. Ableitströme und die „Gesamtimpedanz gegen Erde", d. h. auch an anderen Stromkreisen/Betriebsmitteln/Verbrauchsmitteln, die an derselben Stromquelle angeschlossen sind, einschließlich der „natürlichen" Kapazitäten der elektrischen Anlage, müssen bei der Dimensionierung (von z. B. Erder und Schutzeinrichtungen) in Betracht gezogen werden.

7.6.3   411.6.3 *In IT-Systemen dürfen die folgenden Überwachungs- und Schutzeinrichtungen verwendet werden:* [413.1.5.8]
– *Isolationsüberwachungseinrichtungen (IMDs)*
– *Differenzstrom-Überwachungseinrichtungen (RCMs)*
– *Isolationsfehler-Sucheinrichtungen*
– *Überstrom-Schutzeinrichtungen*
– *Fehlerstrom-Schutzeinrichtungen (RCDs)*

7 411 Schutzmaßnahme: Automatische Abschaltung der Stromversorgung

Die Liste der zulässigen „Einrichtungen" scheint wesentlich umfangreicher als bisher zu sein, was daran liegt, dass zur bisherigen Isolationsüberwachungseinrichtung (IMD), siehe Bild 7.6.3, nun weitere Einrichtungen, z. B. Überwachungseinrichtungen wie Differenzstrom-Überwachungseinrichtungen (RCMs), siehe Bild 7.1.3, und Isolationsfehlersucheinrichtungen, siehe Bild 7.6.4, hinzugekommen sind.

Allerdings hat sich an der Anzahl der zulässigen Schutzeinrichtungen wie Überstrom-Schutzeinrichtungen und Fehlerstrom-Schutzeinrichtungen (RCDs) für den Schutz durch automatische Abschaltung im Falle eines zweiten Fehlers nichts geändert. Für den Schutz durch automatische Abschaltung der Stromversorgung werden fast ausschließlich Überstrom-Schutzeinrichtungen zur Anwendung kommen. Fehlerstrom-Schutzeinrichtungen (RCDs), die nach obiger Aufzählung auch eingesetzt werden dürfen, lassen sich nur sehr bedingt anwenden. Einerseits können sie bei Gleichspannungen nicht eingesetzt werden. Andererseits ist die Anwendung von Fehlerstrom-Schutzeinrichtungen (RCDs) auch in Wechselspannungssystemen äußerst problematisch, da für jeden Verbraucher eine eigene Fehlerstrom-Schutzeinrichtung (RCD) notwendig wird, siehe auch **Bild 7.6.3.1**, siehe auch die nachfolgende nationale, grau schattierte Anmerkung in der Norm.

Bei den oben, in den ersten drei Aufzählungsstrichen, aufgeführten Einrichtungen handelt es sich um Überwachungseinrichtungen/Fehlersucheinrichtungen, die nicht den Schutz gegen elektrischen Schlag erfüllen können, sondern eher einer vorbeu-

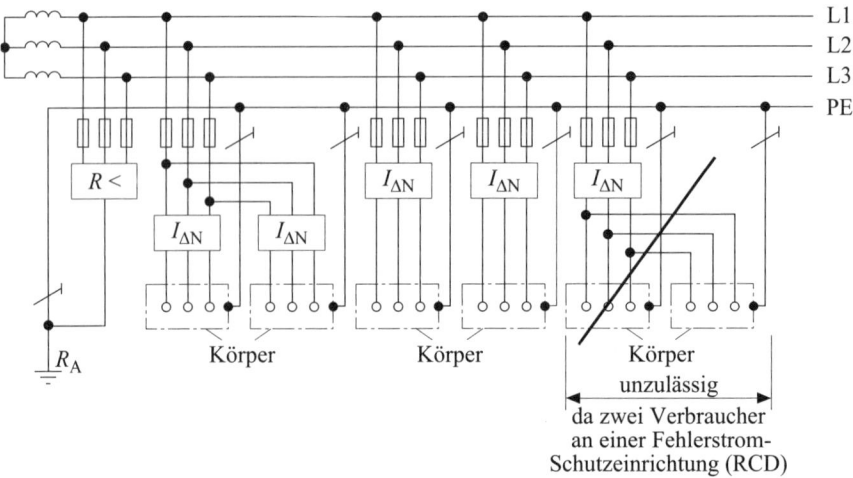

Bild 7.6.3.1 Schutz durch automatische Abschaltung der Stromversorgung beim zweiten Fehler mit **Fehlerstrom-Schutzeinrichtung (RCD)**, mit notwendiger Isolationsüberwachungseinrichtung ($R<$) – **Körper gemeinsam geerdet.**

7 411 Schutzmaßnahme: Automatische Abschaltung der Stromversorgung

genden „Fehler"-Meldung dienen, damit möglichst das Auftreten eines weiteren Fehlers, der zur Unterbrechung der Stromversorgung führen muss, verhindert wird oder dieser zumindest erkannt wird, um ihn schnell beseitigen zu können.

Die Verwendung von Überstrom-Schutzeinrichtungen dürfte sich allerdings auf solche Systeme beschränken, in denen nach Auftreten des ersten Fehlers ein TN-System entsteht, was bei einem gemeinsam geerdeten Schutzleiter für alle Körper der Fall ist.

ANMERKUNG Bei je einem Fehler in zwei verschiedenen Betriebsmitteln in unterschiedlichen Außenleitern ist eine Abschaltung durch eine Fehlerstrom-Schutzeinrichtung (RCD) nur sichergestellt, wenn für jedes Verbrauchsmittel eine eigene Fehlerstrom-Schutzeinrichtung (RCD) vorgesehen wird.

Diese nationale, grau schattierte Anmerkung leitet sich davon ab, dass bei zwei Fehlern an unterschiedlichen Außenleitern und unterschiedlichen Verbrauchsmitteln über den „gemeinsamen" Schutzleiter praktisch ein Kurzschluss gegeben ist, siehe auch **Bild 7.6.3.2**. Der Kurzschluss im Bild 7.6.3.2 besteht zwischen L1 über dem Schutzleiter zu L3. Kurzschlüsse können – wie allgemein bekannt sein dürfte – durch Fehlerstrom-Schutzeinrichtungen (RCDs) nicht erfasst und daher auch nicht abgeschaltet werden. Diese Ausführung ist daher unzulässig, es sei denn der Schutz durch automatische Abschaltung der Stromversorgung im Falle eines zweiten Fehlers wird durch die Überstrom-Schutzeinrichtungen im betreffenden Stromkreis erfüllt.

Bei nur einer Fehlerstrom-Schutzeinrichtung (RCD) für mehrere Betriebsmittel wird es auch bei einem ersten Fehler nicht zu einer Auslösung durch die Fehlerstrom-Schutzeinrichtung (RCD) kommen (gilt aber auch und besonders bei Schutz durch Überstrom-Schutzeinrichtungen), es sei denn, es gibt eine normativ zulässige hochohmige Erdung der Stromquelle bzw. eine entsprechende „niedrige" Impedanz in der elektrischen Anlage , d. h. dass sich in Summe Werte ergeben, dass der Bemessungsdifferenzstrom der Fehlerstrom-Schutzeinrichtung (RCD) zum Fließen kommen kann (siehe auch nachfolgende Anmerkung der Norm). Der zweite Fehler wird von der Fehlerstrom-Schutzeinrichtung (RCD) nicht erkannt, da beim Doppelfehler der Fehlerstrom durch die gemeinsame Fehlerstrom-Schutzeinrichtung (RCD) zurückfließt (Kurzschluss).

Bei Fehlerstrom-Schutzeinrichtungen (RCDs) für jedes einzelne Verbrauchsmittel (siehe **Bild 7.6.3.3**) fließt der Fehlerstrom nicht über die dem jeweiligen Verbrauchsmittel zugeordnete Fehlerstrom-Schutzeinrichtung (RCD) zurück, sondern über die Fehlerstrom-Schutzeinrichtung (RCD), die dem zweiten fehlerhaften Verbrauchsmittel zugeordnet ist. Damit ergibt sich ein Differenzstrom in den einzelnen Fehlerstrom-Schutzeinrichtungen (RCDs). Dieser Differenzstrom bewirkt eine Abschaltung mindestens einer, vermutlich aber beider Fehlerstrom-Schutzeinrichtungen (RCDs).

Unzulässige gemeinsame Fehlerstrom-
Schutzeinrichtung (RCD) für mehrere Stromkreise

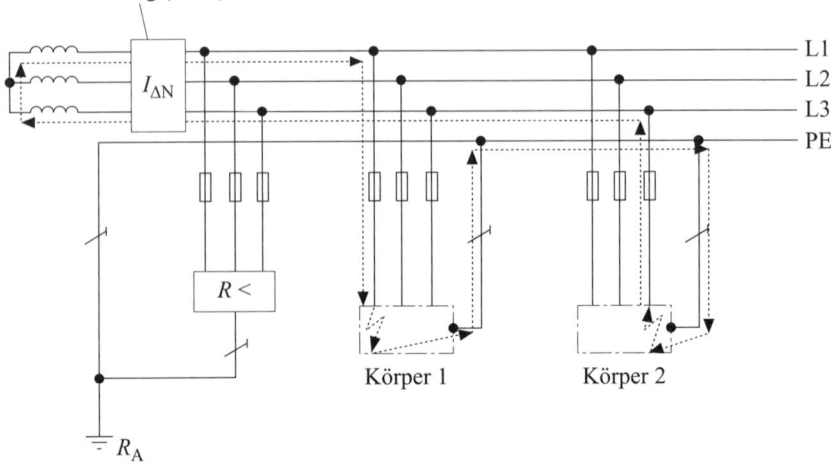

Bild 7.6.3.2 IT-System mit Verbindung der Körper an einem gemeinsam geerdeten Schutzleiter und Schutz durch Abschaltung mit „nur" einer Fehlerstrom-Schutzeinrichtung (RCD) für mehrere Verbraucher unzulässig, da die Abschaltung durch diese Fehlerstrom-Schutzeinrichtung (RCD) nicht erfüllt werden kann, weil sich kein Differenzstrom ergibt

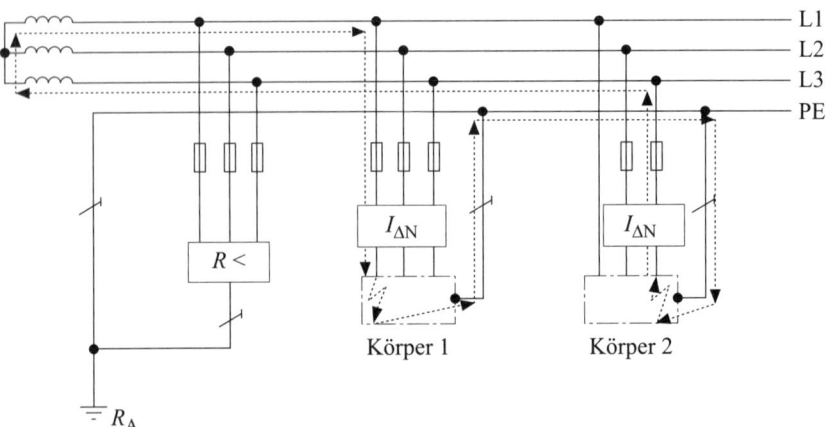

Bild 7.6.3.3 IT-System mit Verbindung der Körper an einem gemeinsam geerdeten Schutzleiter und Schutz durch Abschaltung mit „je" einer Fehlerstrom-Schutzeinrichtung (RCD) für jedes Verbrauchsmittel; Abschaltung durch diese Fehlerstrom-Schutzeinrichtung erfüllbar, da ein Differenzstrom auftritt

7 411 Schutzmaßnahme: Automatische Abschaltung der Stromversorgung

ANMERKUNG Wenn eine Fehlerstrom-Schutzeinrichtung (RCD) verwendet wird, kann beim Auftreten eines ersten Fehlers ein Abschalten der Fehlerstrom-Schutzeinrichtung (RCD) auf Grund von kapazitiven Ableitströmen nicht ausgeschlossen werden.

Auch wenn von den Autoren darauf hingewiesen wurde, dass es bei einem „Einzelfehler" nicht zu einer Abschaltung durch die Fehlerstrom-Schutzeinrichtungen (RCDs) kommen wird, auch nicht, wenn jedem Verbrauchsmittel eine Fehlerstrom-Schutzeinrichtung (RCD) zugeordnet ist, muss in Anlagen mit großer Netzausdehnung und eventuell schon reduziertem Isolationswiderstand der verlegten Kabel/Leitungen mit einer Auslösung auch bei einem ersten Fehler gerechnet werden. Sofern diese Auslösung beim ersten Fehler nicht sowieso, aus bestimmten Gründen, gewollt ist, kann das die „Verfügbarkeit der Versorgung" erheblich beeinträchtigen. Dies gilt insbesondere, wenn es nur zu sporadischen Auslösungen kommt (z. B. auch abhängig von den Witterungseinflüssen), weil dann der Fehler schwieriger zu finden ist. Darüber hinaus kann es auch mit der Erfüllung der Bedingung im Abschnitt 7.6.2 dieses Buchs (Abschnitt 411.6.2 der Norm DIN VDE 0100-410 (VDE 0100-410):2007-06) zu Problemen kommen, siehe auch Bild 7.6.2.1, d. h., die maximal zulässige Berührungsspannung könnte überschritten sein.

In Netzen, in denen sich vor der Fehlerstrom-Schutzeinrichtung (RCD), siehe auch **Bild 7.6.3.4**, ein großer Wert von „I_{dv}" (nur im Bild zur besseren Unterscheidung zu $I_{d\text{-gesamt}}$ mit I_{dv} bezeichnet) ergibt, kann eine Fehlerstrom-Schutzeinrichtung (RCD) auch schon bei einem ersten Fehler eine Abschaltung bewirken. Dies gilt auch, wenn für jedes Verbrauchsmittel – was nun gefordert ist – eine eigene Fehler-

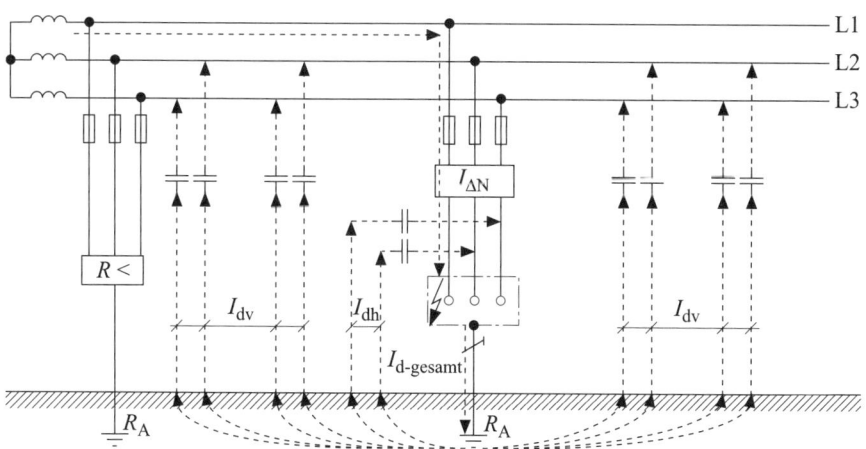

Bild 7.6.3.4 Schutz durch automatische Abschaltung der Stromversorgung im IT-System mit Fehlerstrom-Schutzeinrichtungen (RCDs) als Schutzeinrichtungen und mit (notwendiger) Isolationsüberwachungseinrichtung ($R<$) – **Berücksichtigung von I_d**.

strom-Schutzeinrichtung (RCD) vorgesehen wird. Eine Abschaltung beim ersten Fehler ist jedoch nicht im Sinne einer „(betriebs)sicheren Stromversorgung". Eine „(betriebs)sichere Stromversorgung", z. B. für lebenserhaltende medizinische elektrische Geräte in einem Operationssaal, ist häufig primär der Grund der Entscheidung für das IT-System, es darf daher in solchen Fällen beim ersten Fehler keine Abschaltung erfolgen. Was dazu führt, dass in solchen kritischen Bereichen keine Fehlerstrom-Schutzeinrichtungen (RCDs) zum Einsatz kommen (dürfen).

Hinweis zum Bild 7.6.3.4: Eine Fehlerstrom-Schutzeinrichtung (RCD) schaltet bereits beim ersten Fehler (evtl. unerwünscht) ab, wenn I_{dv} mindestens so groß ist, dass $I_{\Delta N}$ auch unter Berücksichtigung von I_{dh} zum Fließen kommt. I_{dh} wird von der Fehlerstrom-Schutzeinrichtung (RCD) nicht als Differenzstrom registriert. Bei kleinem I_{dv} kann eine Abschaltung beim zweiten Fehler nur erfolgen, wenn die Fehler hinter zwei verschiedenen Fehlerstrom-Schutzeinrichtungen (RCDs) in verschiedenen Außenleitern auftreten. Bei großem I_{dh} kann der Fehlerschutz unwirksam werden. Bezüglich des zusätzlichen Schutzes mit Fehlerstrom-Schutzeinrichtungen (RCDs) und zur Auswahl der Fehlerstrom-Schutzeinrichtungen (RCDs) Typ A oder Typ B und dem Verbot von Typ AC siehe Kapitel 11 dieses Buchs.

Kurzer Überblick

Im IT-System kommen für die automatische Abschaltung der Stromversorgung beim zweiten Fehler am häufigsten Überstrom-Schutzeinrichtungen zur Anwendung. Die Anwendung von Fehlerstrom-Schutzeinrichtungen (RCDs) ist im IT-System erlaubt, ihre Verwendung ist jedoch an etliche Bedingungen geknüpft.

7.6.3.1   *411.6.3.1* [413.1.5.4]

Eine Isolationsüberwachungseinrichtung muss vorgesehen werden, um das Auftreten eines ersten Fehlers zwischen einem aktiven Teil und einem Körper oder gegen Erde zu melden. Diese Einrichtung muss ein hörbares und/oder sichtbares Signal erzeugen, das solange andauern muss, wie der Fehler besteht.

Im Wesentlichen war diese Forderung auch schon in der bisherigen DIN VDE 0100-410 (VDE 0100-410):1997-01 inhaltlich enthalten. Allerdings handelt es sich nicht – trotz der Grauschattierung – um eine autonome nationale Festlegung, sondern um eine europäisch von CENELEC akzeptierte, besondere nationale Bedingung für Deutschland. Die Grauschattierung soll darauf aufmerksam machen, dass es sich hier nicht um den allgemeinen Bestimmungstext handelt, sondern stattdessen hier die besondere nationale Bedingung aus Anhang ZA steht.

Für die übrigen 29 CENELEC-Mitgliedsländer, für die dieser Abschnitt nicht gilt, gilt stattdessen Folgendes (soweit in Anhang ZA der DIN VDE 0100-410 (VDE 0100-410):2007-06 bzw. Abschnitt 16 dieses Buchs, nichts anderes steht, wie z. B. für Frankreich, das diesbezüglich dieselbe Anforderung wie Deutschland hat):

7 411 Schutzmaßnahme: Automatische Abschaltung der Stromversorgung

„In den Fällen, in denen ein IT-System aus Gründen der Aufrechterhaltung der Stromversorgung verwendet wird, muss eine Isolationsüberwachungseinrichtung vorgesehen werden, die das Auftreten eines ersten Fehlers zwischen einem aktiven Teil und Körpern oder gegen Erde anzeigt. Diese Einrichtung muss ein hörbares und/ oder sichtbares Signal bewirken, das solange andauern muss, wie der Fehler besteht."

Da die Hauptanwender für DIN VDE 0100-410 (VDE 0100-410):2007-06 in Deutschland die Planer und/oder die Errichter für Niederspannungsanlagen sind, wurde das für Deutschland Gültige aus dem Anhang ZA, der die besonderen nationalen Bedingungen der einzelnen CENELEC-Mitgliedsländer enthält, nach vorn in den Bestimmungstext verschoben. Durch die grau schattierte Anmerkung soll auf diese Verschiebung aufmerksam gemacht werden. Der für die übrigen CENELEC-Mitgliedsländer geltende Bestimmungstext wurde in den Anhang ZA verschoben. Das ist redaktionell eine Differenz zum originalen Referenzdokument, ist jedoch, wie im Abschnitt 2.1 schon erwähnt – anders als im Falle von Europäischen Normen (EN) – zulässig. Dem Anwender soll damit das Blättern nach Anhang ZA erspart bleiben.

Obwohl eine Isolationsüberwachungseinrichtung nicht den Schutz gegen elektrischen Schlag sicherstellen kann und darf, ist ihre Verwendung in IT-Systemen in Deutschland (siehe nachfolgende Anmerkung) zwingend vorgeschrieben. Damit soll erreicht werden, frühzeitig den ersten Fehler zu erkennen – was insbesondere im Sinne des vorbeugenden Brandschutzes und der Versorgungssicherheit (Vermeiden von Unterbrechungen des Betriebs der Anlage durch frühzeitige Erkennung von Isolationsfehlern) von Bedeutung sein kann.

In der Norm für Erstprüfungen, DIN VDE 0100-610 (VDE 0100-610):2004-04, ist in der nationalen Anmerkung 1 von Abschnitt 612.3 folgende Aussage enthalten:

ANMERKUNG 1 Im IT-System erfüllen Isolationsüberwachungseinrichtungen bei eingeschalteter elektrischer Anlage die Aufgabe der Messung des Isolationswiderstands.

Ob diese Erleichterung auch für die wiederkehrenden Prüfungen anwendbar ist, muss noch bei der anstehenden Übernahme von HD 60364-6:2006 mit Anforderungen zu Erstprüfungen und wiederkehrenden Prüfungen geklärt werden, da es eine solche Erleichterung in DIN VDE 0105-100 (VDE 0105-100):2005-06 bisher nicht gibt.

Bisher war – abweichend zur weltweiten Anforderung der IEC 60364-4-41 – die Isolationsüberwachungseinrichtung für Länder der EU und die Länder, die für das HD gestimmt hatten, bindend. Bei IEC gab es eine allgemein zwingende Forderung nach einer Isolationsüberwachungseinrichtung noch nie. Eine solche Einrichtung war immer nur dann gefordert, wenn es um die Aufrechterhaltung der Stromversorgung ging. Nun wird die Isolationsüberwachungseinrichtung nur noch in Deutschland und Frankreich zwingend (auch ohne Forderung z. B. nach Brandschutzmaßnahmen) gefordert.

Wenn sowohl hörbare als auch sichtbare Signale vorhanden sind, ist es zulässig, das hörbare Signal abzuschalten, das sichtbare Signal muss jedoch bestehen bleiben, solange der Fehler besteht.

Auch nach dieser Festlegung, die sowohl für den deutschen Anwendungsfall gilt als auch für die übrigen Länder, die die Isolationsüberwachungseinrichtung z. B. aus Gründen der Aufrechterhaltung der Stromversorgung oder aus Brandschutzgründen vorsehen, darf das akustische Signal abgeschaltet werden, wenn ein optisches Signal vorhanden ist. Das optische Signal muss dann aber solange bestehen bleiben, bis der Fehler beseitigt ist.

ANMERKUNG Es ist empfohlen, dass ein erster Fehler so schnell wie praktisch möglich beseitigt wird.

Wenn es um die „Aufrechterhaltung der Stromversorgung" geht, wird der erste Fehler sicher so schnell als möglich beseitigt, damit es bei einem zweiten Fehler nicht zu einer automatischen Abschaltung der Stromversorgung und damit zu einer Unterbrechung des Betriebs kommt.

> **Kurzer Überblick**
>
> In Deutschland und Frankreich müssen für das IT-System zwingend Isolationsüberwachungseinrichtungen angewendet werden. Dies ermöglicht die Versorgungssicherheit des IT-Systems, nach dem ersten Fehler die elektrische Anlage ohne Unterbrechung weiterbetreiben zu können. Im Ausland ist die Isolationsüberwachungseinrichtung zum Schutz gegen elektrischen Schlag nicht zwingend gefordert.

7.6.3.2 *411.6.3.2 Ein Differenzstrom-Überwachungsgerät (RCM) oder eine Isolationsfehler-Sucheinrichtung darf vorgesehen werden, um das Auftreten eines ersten Fehlers zwischen einem aktiven Teil und Körpern oder gegen Erde zu melden, es sei denn, eine Schutzeinrichtung ist errichtet, die beim ersten Fehler die Versorgung abschaltet. Diese Einrichtung muss ein hörbares und/oder sichtbares Signal bewirken, das solange andauern muss, wie der Fehler besteht.*
Wenn sowohl hörbare als auch sichtbare Signale vorhanden sind, ist es zulässig, das hörbare Signal abzuschalten, das sichtbare Signal muss jedoch bestehen bleiben solange der Fehler besteht. [neu]

Dieser Abschnitt enthält völlig neue Festlegungen. Hierbei handelt es sich aber nicht um zwingende Festlegungen zum Schutz gegen elektrischen Schlag, sondern um die Erlaubnis, solche Überwachungseinrichtungen überhaupt einsetzen zu dürfen. Formal ist es unzulässig, in Fällen, in denen im IT-System die Abschaltung beim ersten Fehler erfolgt, ein Differenzstrom-Überwachungsgerät (RCM), siehe **Bild 7.6.3.2.1**, zu verwenden.

Die Autoren halten diese Einschränkung jedoch nicht für sicherheitsrelevant. Sie meinen, dass auch bei Abschaltung beim ersten Fehler es durchaus Sinn machen kann, den impedanzbehafteten Beginn eines Fehlers gemeldet zu bekommen. Wie dem auch sei, eine Gefährdung ist nicht damit verbunden, wenn das Differenzstrom-Überwachungsgerät (RCM) entgegen der normativen Forderung auch bei Abschaltung beim ersten Fehler verwendet wird. Für Deutschland handelt es sich wegen der dort zwingend notwendigen Isolationsüberwachungseinrichtung hierbei eher um einen theoretischen Fall der redundanten Verwendung von überwachenden Geräten. Ein direkter Bezug zum Schutz von Personen und Sachen ist nicht gegeben.

Ein Differenzstrom-Überwachungsgerät (RCM entspricht: **R**esidual **C**urrent **M**onitor) ist eine Einrichtung nach DIN EN 62020 (VDE 0663) „Elektrisches Installationsmaterial – Differenzstrom-Überwachungsgeräte für Hausinstallationen und ähnliche Verwendungen (RCMs)" und hat die Aufgabe, eine elektrische Installation/Anlage oder einen Stromkreis auf das Auftreten eines Differenzstroms zu überwachen und durch einen Alarm anzuzeigen, wenn dieser einen eingestellten Wert überschreitet (hier muss der Wert überschritten werden im Unterschied zur IMD). Normativ gibt es keine Forderung, dass Differenzstrom-Überwachungsgeräte (RCMs) eingesetzt werden müssen. Ein RCM darf aber gemeinsam mit Schutzeinrichtungen verwendet werden. Man könnte solche Einrichtungen als Isolationsüberwachungseinrichtungen (IMD) bezeichnen, jedoch unterscheidet sich eine RCM von einem IMD dadurch, dass seine Überwachungsfunktion passiv ist und nur auf unsymmetrischen Strom in der zu überwachenden Anlage/Stromkreis anspricht.

Eine Isolationsüberwachungseinrichtung (IMD), siehe Bild 7.1.3, ist dagegen in seinen Überwachungs- und Messfunktionen aktiv, wodurch es den symmetrischen und unsymmetrischen Isolationswiderstand oder die Impedanz in der elektrischen Anlage messen kann.

Mit solchen Differenzstrom-Überwachungsgeräten lassen sich also frühzeitig „schleichende" Isolationsfehler erkennen, und damit können diese Isolationsfehler frühzeitig beseitigt werden, bevor es zu einer notwendigen automatischen Abschaltung der Stromversorgung kommen kann. Eine feste Vorgabe für den „einzustellenden" Wert gibt es nicht. RCMs lassen sich nur in geerdeten Systemen ohne Probleme einsetzen. Bei ungeerdeten Systemen gelten die entsprechenden Aussagen, wie sie für Fehlerstrom-Schutzeinrichtungen (RCDs) zutreffend sind.

Differenzstrom-Überwachungsgeräte nach DIN EN 62020 (VDE 0663) sind nur für Wechselspannungssysteme geeignet.

Wichtig ist, dass, obwohl die Verwendung der Differenzstrom-Überwachungsgeräte (RCMs) nicht gefordert ist, bei ihrer Verwendung die Anforderungen an die Signalisierung ein „Muss" sind. Und auch für diese Einrichtungen gilt, dass das akustische Signal abgeschaltet werden darf, wenn ein optisches Signal bis zur Fehlerbeseitigung aufrechterhalten bleibt.

ANMERKUNG Es ist empfohlen, dass ein erster Fehler so schnell wie praktisch möglich beseitigt wird.

Diese Anmerkung bedarf keiner zusätzlichen Erläuterung, da es sich praktisch um eine Wiederholung der Anmerkung von Abschnitt 411.6.3.1 handelt, wobei dort Isolationsüberwachungseinrichtungen angeführt sind. Es dürfte selbstverständlich sein, dass derjenige, der solche Einrichtungen (hierzu gehören auch die IMDs) einsetzt, diese Einrichtungen ausgewählt hat, um die Verfügbarkeit seiner elektrischen Anlage oder eines betreffenden Stromkreises so weit als möglich zu erhöhen. Er wird daher immer bemüht sein, solche „Meldungen" nicht zu missachten und den Fehler – entsprechendes Fachpersonal vorausgesetzt – schnellstmöglich beseitigen. Solche Einrichtungen werden daher kaum in üblichen Hausinstallationen zur Anwendung kommen

ANMERKUNG Dieser Abschnitt hat in Deutschland wegen der besonderen deutschen Festlegung in 411.6.3.1 für Differenzstrom-Überwachungsgeräte (RCMs) kaum Bedeutung.

In Deutschland ist – wegen der „zwingenden" Forderung nach IMDs in IT-Systemen und der damit möglichen Vermeidung der Abschaltung beim ersten Fehler – der Einsatz von RCMs im IT-System praktisch überflüssig, da deren Aufgabe von den Isolationsüberwachungseinrichtungen übernommen wird.

Kurzer Überblick

Differenzstrom-Überwachungsgeräte (RCMs) haben in Deutschland für das IT-System wenig Bedeutung. Da in Deutschland zwingend Isolationsüberwachungseinrichtungen im IT-System zu verwenden sind, wird die Aufgabe von Differenzstrom-Überwachungsgeräten (RCMs) praktisch von den Isolationsüberwachungseinrichtungen mit übernommen. Im Ausland kann eine RCM eine größere Bedeutung haben.

7.6.4   411.6.4 *Nach dem Auftreten eines ersten Fehlers müssen folgende Bedingungen für die Abschaltung der Stromversorgung im Falle eines zweiten Fehlers, der sich auf einem anderen Außenleiter ereignet, erfüllt werden. [413.1.5.5.]*

Hier wird einmal mehr deutlich aufgezeigt, ebenso wie durch die Einordnung im Abschnitt „automatische Abschaltung", dass auch in IT-Systemen der Schutz durch automatische Abschaltung der Stromversorgung zur Erfüllung des Schutzziels „Fehlerschutz" zur Anwendung kommen muss. Der Unterschied zum TN-System und zum TT-System liegt nur darin, dass üblicherweise eine automatische Abschaltung erst beim Auftreten eines zweiten Fehlers (mit unterschiedlichem Außenleiter an verschiedenen Körpern oder bei Erdschluss eines zweiten Außenleiters) in verschiedenen Außenleitern gefordert wird. Allerdings ist diese Aussage „auf einem anderen Außenleitern" nicht ausreichend. Vielmehr hätte es lauten müssen in „unterschiedlichen **aktiven** Leitern", sodass auch ein Fehler im Neutralleiter – auch wenn die Verwendung eines Neutralleiters im IT-System auf sehr wenige Anwendungsfälle begrenzt sein dürfte – als ein Fehler mit in Betracht gezogen werden muss, was auch durch die nachfolgend aufgeführten, unterschiedlichen Bedingungen zu erkennen ist.

a) Wenn die Körper durch Schutzleiter miteinander verbunden und gemeinsam über dieselbe Erdungsanlage geerdet sind, gelten die Bedingungen vergleichbar zum TN-System, und die folgenden Bedingungen müssen erfüllt werden:

In Wechselstromsystemen ohne Neutralleiter und in Gleichstromsystemen ohne Mittelleiter:

$$Z_S \leq \frac{U}{2 \cdot I_a}$$

oder wenn in solchen Systemen der Neutralleiter bzw. der Mittelleiter verteilt ist:

$$Z'_S \leq \frac{U_0}{2 \cdot I_a}$$

Auch diese Bedingungen waren in der bisherigen DIN VDE 0100-410 (VDE 0100-410):1997-01 inhaltlich so enthalten. Dass in die Bedingung für Z_s in den Systemen, in denen ein Neutralleiter oder Mittelleiter nicht mitgeführt wird, die Spannung U eingesetzt wird, hängt damit zusammen, dass bei einem zweiten Fehler diese verkettete Spannung für den möglichen Abschaltstrom (Kurzschlussstrom) wirksam werden kann, da ja bei zwei Fehlern unterschiedliche Außenleiter beteiligt sind und damit ein größerer Abschaltstrom – wegen der verketteten Spannung – zum Fließen kommen kann. Anders ist dies bei den Fällen, in denen ein Neutralleiter vorhanden ist, denn dann kann bei einem der beiden Fehler der Neutralleiter (oder ein Mittelleiter) mit beteiligt sein, sodass die Spannung U_0 eingesetzt werden muss, was einen kleineren möglichen Abschaltstrom bedeutet. Bei einem Erdschluss des Neutralleiters ergeben sich die Spannungsverhältnisse wie im TN-System. Somit ergibt sich auch, dass bei zwei Fehlern – einer im Neutralleiter, einer im Außenleiter – nur eine Spannung auftritt, die der Spannung U_0 entspricht.

Der wesentliche Unterschied zur Ermittlung der Schleifenimpedanz im TN-System ist die Halbierung der maximal zulässigen Schleifenimpedanz Z_s durch Einfügen der „2" unter dem Bruchstrich, was gleichermaßen für beide Bedingungen gilt, d. h. mit und ohne verteiltem Neutralleiter/Mittelleiter. Diese Halbierung ist notwendig, da die beiden Fehler – unter Beachtung des Schutzes durch automatische Abschaltung – an unterschiedlichen Betriebsmitteln/Verbrauchsmitteln auftreten können und daher beachtet werden müssen; siehe weitere Aussagen hierzu hinter der noch folgenden Anmerkung 2.

Wichtig ist auch noch, dass diese beiden Bedingungen sowohl für Wechselspannungen als auch für Gleichspannungen gleich anzuwenden sind.

Dabei ist:

U_0 die Nennwechselspannung oder Nenngleichspannung zwischen Außenleiter und Neutralleiter oder Mittelleiter, wie zutreffend

Obwohl – wie auch schon im Abschnitt 7.4.1 kommentiert – die Nennwechselspannung U_0 als Spannung Außenleiter gegen Erde betrachtet wird, wird sie im IT-System in der Bedingung verwendet, bei der doch eine Spannung gegen Erde nur nach einem Fehler auftreten kann. Auch wenn bei einem Erdschluss eines Außenleiters in den gesunden Außenleitern die verkettete Spannung gegen Erde auftritt, bleibt die Spannung zwischen einem Außenleiter und dem Neutralleiter konstant, d. h., es bleibt bei der Spannung von $U/\sqrt{3}$.

U ist die Nennwechselspannung oder Nenngleichspannung zwischen Außenleitern

Wenn kein Neutralleiter verwendet wird, tritt nur die Spannung zwischen zwei Außenleitern auf, d. h. die verkettete Spannung U.

Z_s ist die Impedanz der Fehlerschleife, bestehend aus dem Außenleiter und dem Schutzleiter des Stromkreises

Als Impedanz wird nur der Wert für den Stromkreis eines Betriebsmittels/Verbrauchsmittels eingesetzt, obwohl im Fehlerkreis zwei Stromkreise und Betriebsmittel/Verbrauchsmittel zu betrachten wären, siehe Erläuterungen nach der Anmerkung 2. Auch die Impedanz der Stromquelle wird vernachlässigt, obwohl von den Autoren das im **Bild 7.6.4.1a** (ohne Neutralleiter) und **Bild 7.6.4.2a** (mit Neutralleiter) dargestellt wurde, was aber nur der Verdeutlichung des Fehlerstromkreises (tatsächliche Fehlerschleife) dienen soll. Die tatsächlich zu berücksichtigende Fehlerschleife ist in den **Bildern 7.6.4.1b und 7.6.4.1c** für Systeme ohne Neutralleiter und im **Bild 7.6.4.2b** bei Systemen mit Neutralleiter dargestellt.

Z'_s ist die Impedanz der Fehlerschleife, bestehend aus dem Neutralleiter und dem Schutzleiter des Stromkreises

Zur Impedanz siehe Bild 7.6.4.2b (Ausführung mit Neutralleiter)

I_a ist der Strom, der die Funktion der Schutzeinrichtung innerhalb der in 411.3.2.2 für TN-Systeme oder der in 411.3.2.3 geforderten Zeit bewirkt

Für die einzelnen Faktoren gelten dieselben Aussagen wie für das TN-System, d. h. auch die entsprechenden Abschaltzeiten. Das heißt, es gilt die Tabelle 41.1 der DIN VDE 0100-410 (VDE 0100-410):2007-06 (siehe Tabelle 7.1 dieses Buchs und Aussagen zur nachfolgenden Anmerkung), die Bestandteil von Abschnitt 7.3.2 dieses Buchs bzw. Abschnitt 411.3.2.2 der DIN VDE 0100-410 (VDE 0100-410):2007-06 ist. Und auch im IT-System gilt, dass die 5 s, die im Abschnitt 7.2.3 dieses Buchs bzw. im Abschnitt 411.3.2.3 der DIN VDE 0100-410 (VDE 0100-410):2007-06 für Endstromkreise > 32 A und für Verteilungsstromkreise festgelegt sind, berücksichtigt werden dürfen.

ANMERKUNG 1 Die in der Tabelle 41.1 von 411.3.2.2 für TN- Systeme angegebene Zeit wird für IT-Systeme mit oder ohne Verteilung von Neutralleiter oder Mittelleiter angewendet.

Es ist zunächst einmal zu unterscheiden, ob der Neutralleiter oder Mittelleiter mit verteilt ist oder nicht.

a1) Neutralleiter/Mittelleiter ist nicht verteilt

Die Bedingung $Z_S \leq \dfrac{U}{2 \cdot I_a}$ oder umgestellt $I_a \leq \dfrac{U}{2 \cdot Z_S}$ ist anzuwenden.

Die Abschalteinrichtung muss so ausgewählt werden, dass deren Abschaltstrom I_a so bemessen ist, dass die Abschaltung in der Abschaltzeit nach Tabelle 41.1 der DIN VDE 0100-410 (VDE 0100-410):2007-06 oder Tabelle 7.1 dieses Buchs erfüllt ist. Anstelle von U_0 ist die verkette Spannung zwischen den Außenleitern in der Tabelle 41.1 der DIN VDE 0100-410 (VDE 0100-410):2007-06 zu Grunde zu legen, weil im IT-System (ohne Neutralleiter/Mittelleiter) nach dem 1. Fehler (gegen Erde) an einem Außenleiter in den anderen Außenleitern eine Spannung Außenleiter gegen Erde, also eine Spannung, auftritt, die der verketten Spannung U entspricht.

a2) Neutralleiter/Mittelleiter ist verteilt

Die Bedingung $Z'_s \leq \dfrac{U_0}{2 \cdot I_a}$ oder umgestellt $I_a \leq \dfrac{U_0}{2 \cdot Z'_s}$ ist anzuwenden.

Die Abschalteinrichtung muss so ausgewählt werden, dass deren Abschaltstrom I_a so bemessen ist, dass die Abschaltung in der Abschaltzeit nach Tabelle 41.1 der DIN VDE 0100-410 (VDE 0100-410):2007-06 oder Tabelle 7.1 dieses Buchs erfüllt ist. Als U_0 für die Auswahl aus Tabelle 41.1 der DIN VDE 0100-410 (VDE 0100-410):2007-06 ist die Spannung zwischen einem Außenleiter und dem Neutralleiter einzufügen, weil im IT-System (mit Neutralleiter/Mittelleiter) nach dem 1. Fehler (gegen Erde) am Neutralleiter/Mittelleiter in den Außenleitern die Spannung U_0 gegen Erde auftritt, die der der Spannung $U/\sqrt{3}$ entspricht. Dass in solchen Systemen mit Neutralleiter/Mittelleiter nicht immer einer der Fehler im Neutralleiter/Mittelleiter auftreten muss, sondern die beiden Fehler an zwei Außenleitern auftreten können, muss auch nach Bedingung a1) (der Bedingung ohne Neutralleiter/Mittelleiter) nachgerechnet werden, damit alle Fehlermöglichkeiten abgedeckt sind. Die strengere Anforderung für I_a aus beiden Bedingungen ist dann zu erfüllen.

ANMERKUNG 2 Der Faktor „2" in beiden Formeln berücksichtigt, dass beim gleichzeitigen Auftreten von zwei Fehlern die Fehler in verschiedenen Stromkreisen bestehen können.

Wie schon in den Erläuterungen zu den Bedingungen im obigen Abschnitt a1) sind
– unter Beachtung des Schutzes durch automatische Abschaltung – die Fehler an

7 411 Schutzmaßnahme: Automatische Abschaltung der Stromversorgung

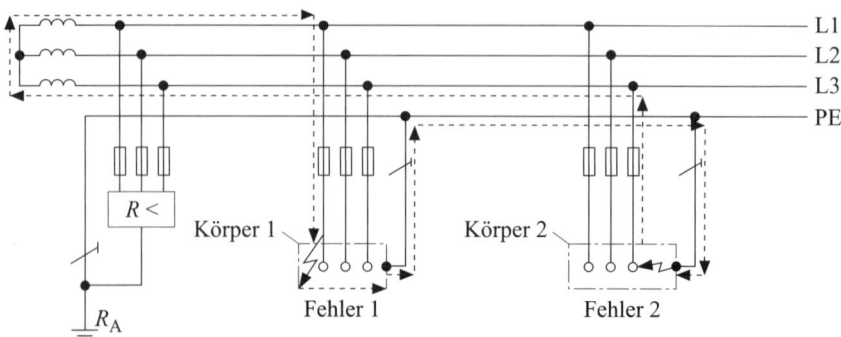

Bild 7.6.4.1a Tatsächliche Fehlerschleife bei zwei Fehlern in einem IT-System, in dem alle Körper gemeinsam an einem geerdeten Schutzleiter angeschlossen sind; ohne verteilten Neutralleiter

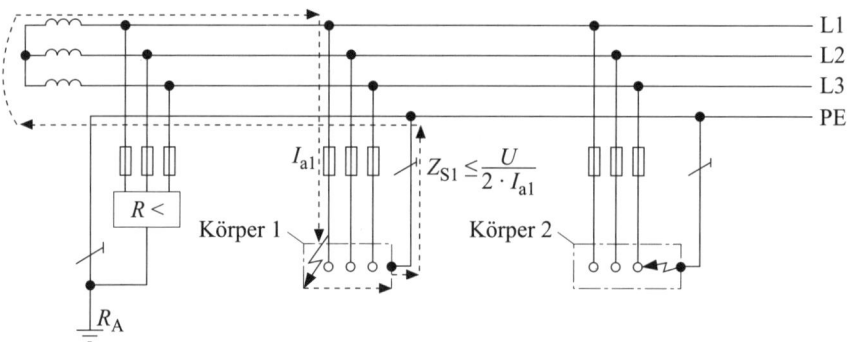

Bild 7.6.4.1b Zu berücksichtigende Fehlerschleife, bezogen auf **Körper 1**, bei zwei Fehlern in einem IT-System, in dem alle Körper gemeinsam an einem geerdeten Schutzleiter angeschlossen sind.

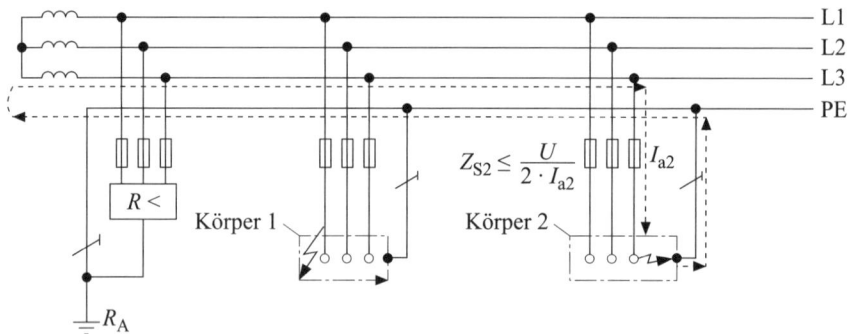

Bild 7.6.4.1c Zu berücksichtigende Fehlerschleife, bezogen auf **Körper 2**, bei zwei Fehlern in einem IT-System, in dem alle Körper gemeinsam an einem geerdeten Schutzleiter angeschlossen sind.

7 411 Schutzmaßnahme: Automatische Abschaltung der Stromversorgung

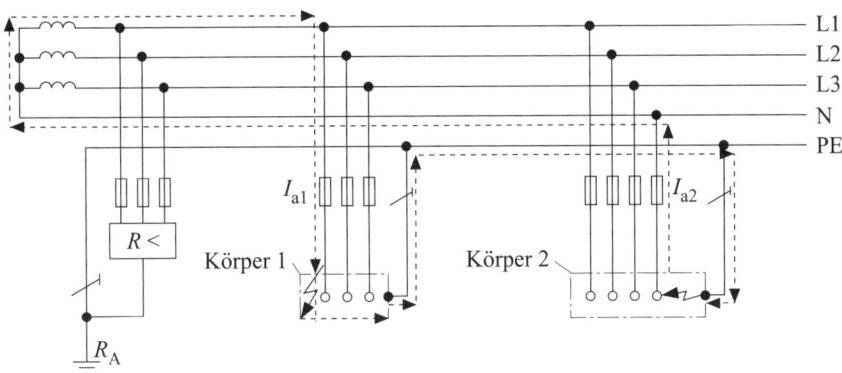

Bild 7.6.4.2a Tatsächliche Fehlerschleife bei zwei Fehlern in einem IT-System **mit verteiltem Neutralleiter**, in dem alle Körper gemeinsam an einem geerdeten Schutzleiter angeschlossen sind.

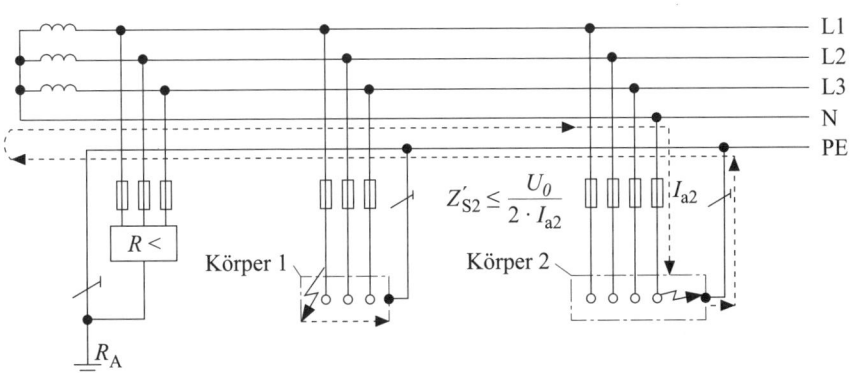

Bild 7.6.4.2b Zu berucksichtigende Fehlerschleife bei zwei Fehlern in einem IT-System **mit verteiltem Neutralleiter**, in dem alle Körper gemeinsam an einem geerdeten Schutzleiter angeschlossen sind.

unterschiedlichen Betriebsmitteln/Verbrauchsmitteln, siehe auch **Bild 7.6.4.1a** und unterschiedlichen aktiven Leitern zu berücksichtigen. Da es nicht machbar ist, alle „Fehlerkonstellationen" zu berechnen oder zu messen, hat man – wie auch schon in der bisherigen DIN VDE 0100-410 (VDE 0100-410):1997-01 – vereinfacht die maximal zulässige Schleifenimpedanz halbiert. Bei der Ermittlung der maximal zulässigen Länge würde sich daher nur die halbe zulässige Länge ergeben. Dieses Vorgehen macht Sinn, da für alle Betriebsmittel/Verbrauchsmittel die Abschaltbedingung ermittelt werden muss, sodass man diese Vereinfachung als ausreichend sicher betrachten kann.

ANMERKUNG 3 *Für die Impedanz der Fehlerschleife sollte der ungünstigste Fall berücksichtigt werden, z. B. ein Fehler am Außenleiter an der Stromquelle und gleichzeitig ein anderer Fehler an einem Außenleiter einer anderen Phase bzw. am Neutralleiter eines elektrischen Verbrauchsmittels des betrachteten Stromkreises.*

Mit dieser Anmerkung und der Herabstufung auf „sollte" (statt „muss") wird eigentlich alles, was in der vorher angeführten Anmerkung 2 festgelegt wurde, wieder relativiert. In der Schleifenimpedanz ist ja die maximal zulässige Impedanz der Fehlerschleife vorgegeben, die durch die „2" unter dem Bruchstrich halbiert wird. Wenn nun durch Messung oder Rechnung der betreffende Stromkreis betrachtet wird, muss nun mal der evtl. reduzierte Querschnitt – wenn überhaupt relevant – berücksichtigt werden. Natürlich hat man ein ungutes Gefühl, wenn man von einem weit entfernten zweiten Verbrauchsmittel mit einem Fehler ausgeht, der evtl. auch noch mit sehr kleinem Querschnitt gegenüber dem fehlerbehafteten Verbrauchsmittel mit dem ersten Fehler versorgt wird. Aber es besteht keine Gefahr, da für den entfernt angeordneten, fehlerbehafteten Verbraucher ja auch die halbe Schleifenimpedanz gilt. Außerdem gilt, dass nur einer der beiden Fehler – welcher der beiden Fehler abgeschaltet wird, ist nicht von Bedeutung – abgeschaltet werden muss. Sollte der Querschnitt zum zweiten fehlerbehafteten Verbrauchsmittel wesentlich kleiner sein, muss auch die Schutzeinrichtung entsprechend kleiner ausgewählt werden, sodass eben diese Schutzeinrichtung ansprechen wird. Sicher kann es Fälle geben, bei denen die Abschaltung eines Fehlers nicht erfüllt wird. Solche Fälle werden aber durch die notwendige Erstprüfung „Schleifenwiderstandmessung" festgestellt, und es kann entsprechend reagiert werden, z. B. durch das Herstellen eines zusätzlichen (örtlichen) Schutzpotentialausgleichs.

b) Wenn die Körper gruppenweise oder einzeln geerdet sind, gilt die folgende Bedingung:

$$R_A \leq \frac{50\,V}{I_a}$$

Dabei ist:
R_A *die Summe der Widerstände* in Ω *des Erders und des Schutzleiters für die Körper*
I_a *der Strom* in A*, der die Funktion der Schutzeinrichtung innerhalb der in Tabelle 41.1 von 411.3.2.2 für TT-Systeme geforderten Zeit oder innerhalb der in 411.3.2.4 geforderten Zeit bewirkt*

Von den Autoren zum besseren Verständnis hinzugefügt:
50 V maximal zulässige Berührungsspannung im Quasi-TT-System sowohl für Wechselspannung als auch für Gleichspannung.

Die hier angeführte Unterscheidung zum obigen Abschnitt a) ergibt sich dadurch, dass bei einzeln geerdeten Körpern/Schutzleitern (von einzelnen geerdeten Körpern oder von gruppenweise geerdeten Körpern) beim zweiten Fehler nur eine „Fehlerschleife" über Erde ergibt, analog einem TT-System, siehe **Bild 7.6.4.3**. Somit gel-

7 411 Schutzmaßnahme: Automatische Abschaltung der Stromversorgung

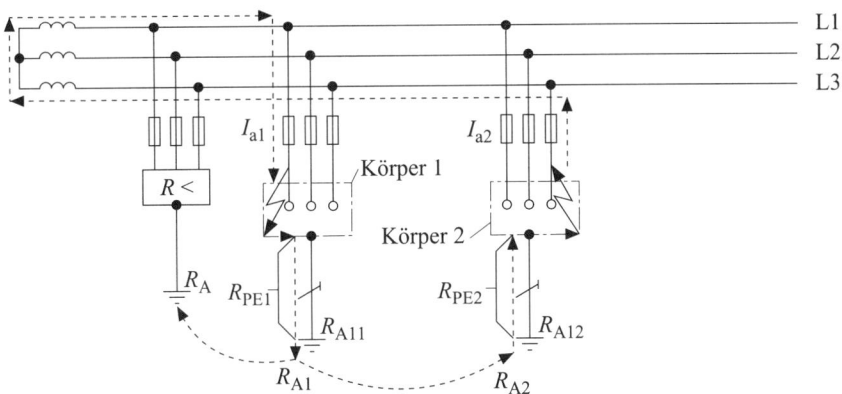

Bild 7.6.4.3 Schutz durch automatische Abschaltung der Stromversorgung beim zweiten Fehler im IT-System mit Sicherungen als Schutzeinrichtungen und mit (notwendiger) Isolationsüberwachungseinrichtung ($R <$) – **Körper einzeln geerdet**

Hinweis zum Bild 7.6.4.3

Für Betriebsmittel 1 (mit Körper 1) gilt:

$$R_{A1} \leq \frac{50\,V}{I_{a1}}$$

Hierbei ist zu berücksichtigen:
$R_{A1} = R_{A11} + R_{PE1}$

Für Betriebsmittel 2 (mit Körper 2) gilt:

$$R_{A2} \leq \frac{50\,V}{I_{a2}}$$

Hierbei ist zu berücksichtigen:
$R_{A2} = R_{A12} + R_{PE2}$

ten entsprechend den Festlegungen in DIN VDE 0100-410 (VDE 0100-410) die Bedingungen, wie sie für ein TT-System anzuwenden sind. Physikalisch sind diese Vorgaben nicht ganz eindeutig, weil z. B bei einer Gruppenerdung die „zwei" Fehler auch in der Gruppe auftreten können. Da aber ein zweiter Fehler auch zu einem einzeln geerdeten Betriebsmittel/Verbrauchsmittel auftreten kann bzw. der Fehler in einer zweiten Gruppe auftreten kann, wird in solchen Fällen der Fehlerstrom wie beim TT-System über Erde fließen müssen, sodass die Anwendung der obigen Bedingung zur sicheren Seite führt.

Wie schon beim TT-System gibt es für Gleichspannung keine unterschiedliche Bedingung bezüglich der einzusetzenden „Berührungsspannung", daher sind in die Bedingung auch bei Gleichspannung die 50 V einzusetzen!

Nicht mit aufgenommen wurde die Möglichkeit bei Unkenntnis von R_A die folgende, für das TT-System alternative Bedingung anzuwenden:

$$Z_S \leq \frac{U_0}{I_a}$$

Achtung! Die Anwendung dieser Bedingung ist im IT-System nicht zulässig!

Diese Einschränkung ist sicher nicht von Bedeutung, da solche IT-Systeme mit Einzel- oder Gruppenerdung der Betriebsmittel kaum eine Bedeutung haben.

ANMERKUNG 4 Wenn die Übereinstimmung mit den Anforderungen nach b) durch eine Fehlerstrom-Schutzeinrichtung (RCD) vorgesehen wird, kann das Erfüllen der für TT-Systeme nach Tabelle 41.1 geforderten Abschaltzeiten Differenzströme erfordern, die bedeutend höher als der Bemessungsdifferenzstrom der verwendeten RCD sind (typisch 5 $\cdot I_{\Delta N}$); siehe nationale Anmerkung in 411.5.3.

Wie im TT-System als solches, lässt sich im IT-System mit Einzel- oder Gruppenerdung die Abschaltbedingung von Tabelle 41.1 der DIN VDE 0100-410 (VDE 0100-410):2007-06 bzw. Tabelle 7.1 dieses Buchs bzw. die für die Endstromkreise, für die eine Abschaltzeit von 1 s festgelegt ist, mit Überstrom-Schutzeinrichtungen kaum erfüllen, sodass bevorzugt Fehlerstrom-Schutzeinrichtungen (RCDs) zum Einsatz kommen müssten, was aber aus bekannten Gründen nur bedingt möglich ist. Siehe auch die Interpretation der Autoren zur nationalen Anmerkung in 411.5.3 der DIN VDE 0100-410 (VDE 0100-410):2007-06 bzw. im Abschnitt 7.5.3 dieses Buchs!

Kurzer Überblick

Beim IT-System muss die Abschaltung des 2. Fehlers sichergestellt sein, falls nicht schon beim ersten Fehler, der nur gemeldet werden muss, abgeschaltet wird. Bei gemeinsamer Erdung der Betriebsmittel einer elektrischen Anlage gelten für den zweiten Fehler die Bedingungen für das TN-System, jedoch wird unterschieden, ob der Neutralleiter/Mittelleiter verteilt ist oder nicht. Bei einzelner oder gruppenweiser Verbindung der Betriebsmittel der elektrischen Anlage mit Erde gelten für den 2. Fehler die Bedingungen, wie sie für das TT-System gelten, wobei hier die Verteilung von Neutralleitern/Mittelleitern keine Rolle spielt.

7.7 411.7 FELV [471.3]

7.7.1 411.7.1 Allgemeines

In Fällen, in denen aus Funktionsgründen eine Nennspannung, die 50 V Wechselspannung oder 120 V Gleichspannung nicht überschreitet, angewendet wird, aber nicht alle Anforderungen von Abschnitt 414 bezüglich SELV oder PELV erfüllt sind, und in denen SELV oder PELV nicht notwendig ist, müssen die ergänzenden Vorkehrungen, die in 411.7.2 und 411.7.3 beschrieben sind, angewendet werden, um den Basisschutz (Schutz gegen direktes Berühren) und den Fehlerschutz (Schutz bei indirektem Berühren) sicherzustellen. Diese Kombination von Vorkehrungen wird FELV genannt.

FELV ist ein Kunstwort (Akronym), das aus F und ELV besteht.

F steht für „funktional"

ELV ist abgeleitet aus der englischen Bezeichnung: „Extra Low Voltage (besonders kleine Spannung)"

Die Anforderungen dieses Abschnitts sind in etwa vergleichbar mit den Anforderungen, wie sie bisher inhaltlich im Abschnitt 471.3 von DIN VDE 0100-470 (VDE 0100-470):1996-02 enthalten waren. Ursprünglich hatte man den Schutz durch FELV bei IEC mit im Kapitel 41 (Teil 410) als eigenständige Schutzmaßnahme aufgenommen, obwohl es sich nicht um einen eigenständigen „Fehlerschutz" und schon gar nicht um eine eigenständige Schutzmaßnahme gehandelt hatte. Aber auch der Vorläufer von FELV, die Funktionskleinspannung ohne sichere Trennung, galt nach DIN VDE 0100-410 (VDE 0100-410):1983-11, Abschnitt 4.3 [IEC-Benummerung 411.3] noch als eigenständige Schutzmaßnahme. Bei CENELEC und damit auch im HD bzw. in den VDE-Bestimmungen hat man aber schon frühzeitig diese Maßnahme als Besonderheit des Schutzes durch automatische Abschaltung betrachtet und daher in den Teil 470 „Anwenden von Schutzmaßnahmen" ausgegliedert.

Nach DIN VDE 0100-410 (VDE 0100-410):2007-06 ist nun klar, dass Basisschutz und Fehlerschutz nur gemeinsam eine Schutzmaßnahme darstellen. Im Fall von FELV sind daher auch ein Basisschutz und ein Fehlerschutz notwendig, wobei bei FELV als Fehlerschutz nur der Schutz durch automatische Abschaltung der Stromversorgung durch Schutzeinrichtungen/Schutzvorkehrungen der Primärseite in Frage kommt, siehe Festlegungen im nächsten Unterabschnitt dieses Buchs.

Bei Schutz durch FELV handelt es sich – wie bereits erwähnt – um einen speziellen Fall der Schutzmaßnahme des Primärkreises, bei der die Spannung im FELV-Stromkreis auf $\leq$ AC 50 V oder $\leq$ DC 120 V begrenzt wird. FELV hat mittlerweile kaum noch eine Bedeutung. Bisher war FELV häufig in Steuerstromkreisen zur Anwendung gekommen, was sich jedoch in den letzten Jahren stark gewandelt hat.

Meist kommt in Steuerstromkreisen nun PELV zur Anwendung. Andere Anwendungsfälle für FELV sind den Autoren nicht bekannt.

Bei FELV wird zwar erreicht, dass bei **einem** Fehler keine gefährliche Berührungsspannung auftreten kann, aber es ist ein Problem, dass der erste Fehler nicht immer erkannt wird. Daher muss spätestens beim zweiten Fehler der Fehlerschutz des Primärkreises wirksam werden.

Bei FELV kann beim ersten Fehler **keine** gefährliche Spannung (Wechselspannung über 50 V bzw. Gleichspannung über 120 V) auftreten, da in den Fällen, in denen beim ersten Fehler

- ein Isolationsfehler (z. B. Körperschluss) auf der FELV-Seite auftritt, die Spannung auf $\leq$ AC 50 V oder $\leq$ DC 120 V begrenzt wird (normativ darf die Spannung im FELV-Stromkreis nicht höher sein), und somit ist sie nicht höher als die üblicherweise dauernd zulässige Berührungsspannung U_L
- die höhere Primärspannung auf den FELV-Stromkreis übertritt, nur das direkte Berühren aktiver Teile auf der FELV-Seite eine Gefahr darstellen wird, was aber durch den geforderten Schutz gegen direktes Berühren verhindert ist

Gefährlich werden würde erst der zweite Fehler, z. B. das gleichzeitige Auftreten eines Körperschlusses **und** Übertritt der höheren Spannung auf die FELV-Seite. Deswegen muss der Fehlerschutz der Primärseite auch auf der FELV-Seite wirksam werden. Das setzt aber voraus, dass auf der Primärseite der Schutz durch automatische Abschaltung der Stromversorgung zur Anwendung kommt. **Bilder 7.7.1.1** zeigen Fehler in FELV-Stromkreisen, wenn primärseitig ein TN-System vorhanden ist.

Die nachfolgenden **Bilder 7.7.1.2** zeigen die Fehler in FELV-Stromkreisen, wenn primärseitig ein TT-System vorhanden ist.

Ferner zeigen die nachfolgenden **Bilder 7.7.1.3** Fehler in FELV-Stromkreisen, wenn primärseitig ein IT-System vorhanden ist.

Hinweis der Autoren: Wenn der FELV-Stromkreis primär aus einem IT-System versorgt wird, würde erst ein dritter Fehler gefährlich werden (Bilder 7.7.1.3.).

ANMERKUNG Solche Bedingungen können zum Beispiel vorgefunden werden, wenn der Stromkreis Betriebsmittel (wie Transformatoren, Relais, ferngesteuerte Schalter, Schütze) enthält, deren Isolierung im Hinblick auf Stromkreise mit höherer Spannung unzureichend ist.

Diese Anmerkung ist nun so geändert worden, dass sie nicht mehr „präzise" ist. In der bisherigen DIN VDE 0100-410 (VDE 0100-410):1997-01 hatte die Anmerkung an dieser Stelle wie folgt gelautet:

„ ... *deren Isolierung den Anforderungen für* **die sichere Trennung** *nicht entspricht.*"

Da aber im FELV-Stromkreis der Basisschutz durch eine Isolierung zu erfüllen ist, die der Isolierung des Primärstromkreises entsprechen muss, ist die neue Formulierung ungenau. Wichtig ist, dass z. B. auch bei einer Spannung im FELV-Stromkreis

7 411 Schutzmaßnahme: Automatische Abschaltung der Stromversorgung

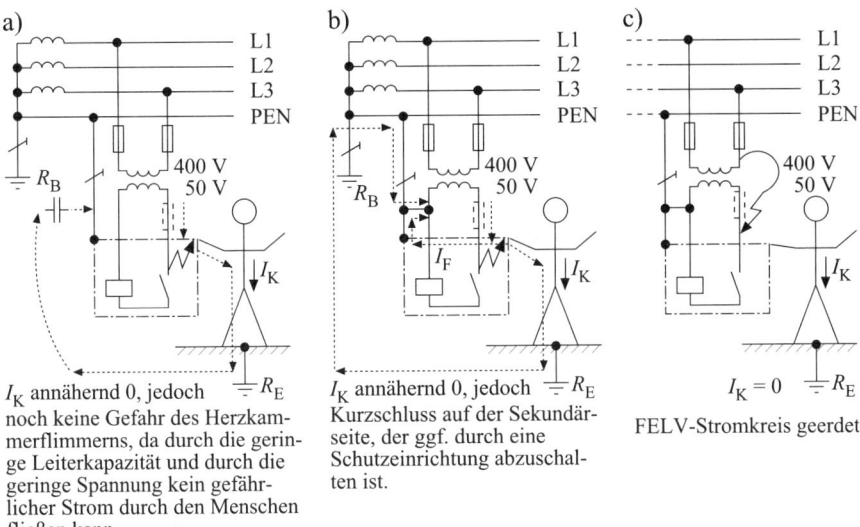

I_K annähernd 0, jedoch noch keine Gefahr des Herzkammerflimmerns, da durch die geringe Leiterkapazität und durch die geringe Spannung kein gefährlicher Strom durch den Menschen fließen kann.

I_K annähernd 0, jedoch Kurzschluss auf der Sekundärseite, der ggf. durch eine Schutzeinrichtung abzuschalten ist.

$I_K = 0$
FELV-Stromkreis geerdet

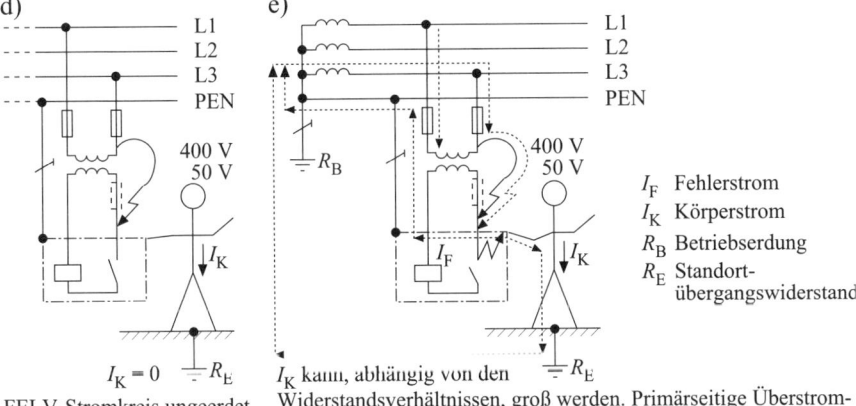

I_F Fehlerstrom
I_K Körperstrom
R_B Betriebserdung
R_E Standortübergangswiderstand

$I_K = 0$
FELV-Stromkreis ungeerdet

I_K kann, abhängig von den Widerstandsverhältnissen, groß werden. Primärseitige Überstrom-Schutzeinrichtungen müssen abschalten. Gefahr des Herzkammerflimmerns bis zur Abschaltung groß.

Bild 7.7.1.1 FELV-Stromkreise hinter einem primärseitigen TN-System

von nur 24 V die Isolierung für die Primärspannung, also in den meisten Fällen für 230 V gegen Erde, auszuwählen ist. Die Anmerkung soll verdeutlichen, dass das schwächste Glied in der Kette (im Stromkreis) für die Qualität des Stromkreises maßgebend ist. Wenn nur an einer Stelle die sichere Trennung zu anderen Stromkreisen nicht erfüllt wird, kann nicht SELV oder PELV zur Anwendung kommen, sondern eben nur FELV.

7 411 Schutzmaßnahme: Automatische Abschaltung der Stromversorgung

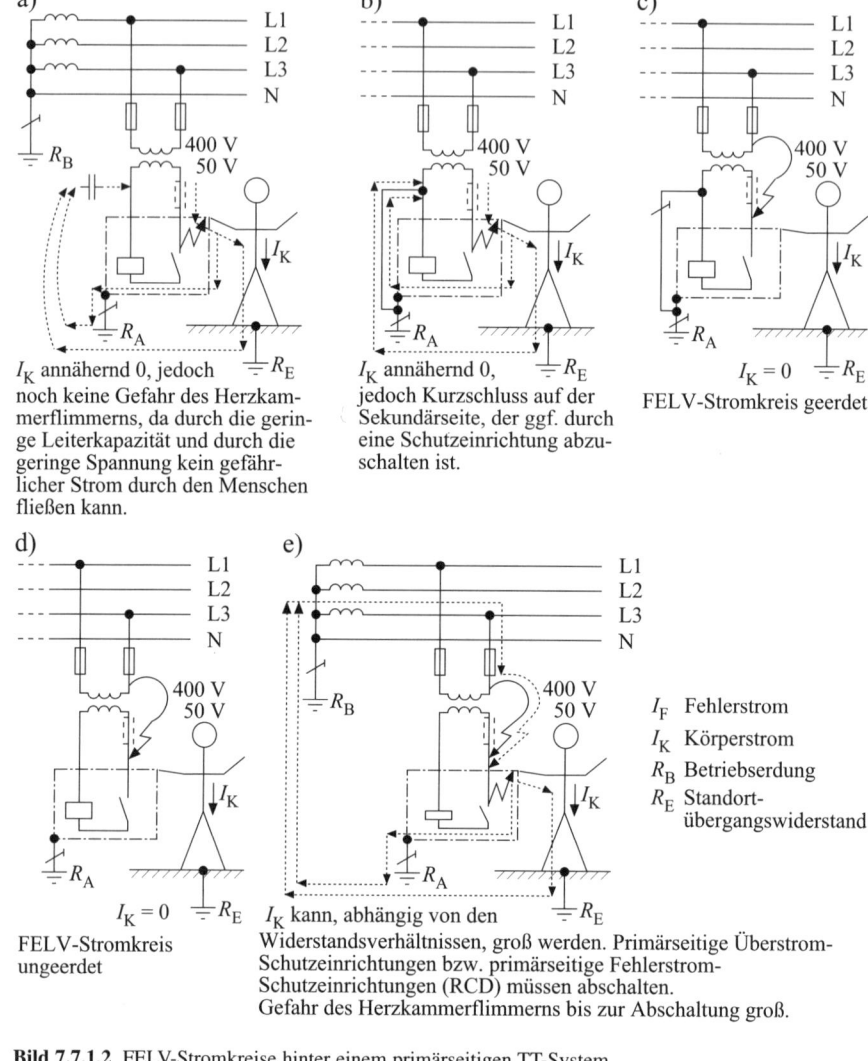

a) I_K annähernd 0, jedoch noch keine Gefahr des Herzkammerflimmerns, da durch die geringe Leiterkapazität und durch die geringe Spannung kein gefährlicher Strom durch den Menschen fließen kann.

b) I_K annähernd 0, jedoch Kurzschluss auf der Sekundärseite, der ggf. durch eine Schutzeinrichtung abzuschalten ist.

c) $I_K = 0$
FELV-Stromkreis geerdet

d) FELV-Stromkreis ungeerdet

e) I_K kann, abhängig von den Widerstandsverhältnissen, groß werden. Primärseitige Überstrom-Schutzeinrichtungen bzw. primärseitige Fehlerstrom-Schutzeinrichtungen (RCD) müssen abschalten.
Gefahr des Herzkammerflimmerns bis zur Abschaltung groß.

I_F Fehlerstrom
I_K Körperstrom
R_B Betriebserdung
R_E Standortübergangswiderstand

Bild 7.7.1.2 FELV-Stromkreise hinter einem primärseitigen TT-System

a)
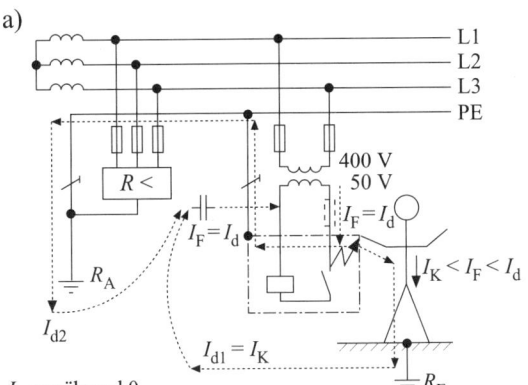

I_K annähernd 0
(abhängig von der sekundärseitigen Größe von I_d),
jedoch noch keine Gefahr des Herzkammerflimmerns.
Primärseitige Isolationsüberwachung bringt keine Meldung.
I_{d1} und I_{d2} abhängig von $R_A/(R_E+R_K)$

b)
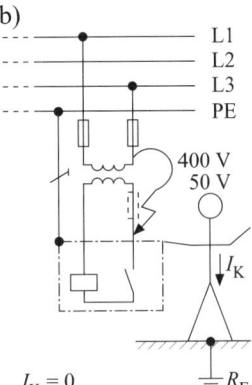

$I_K = 0$
Primärseitige Isolationsüberwachung bringt keine Meldung, da nur Leiterschluss ohne Körper-/Erdberührung.

c)
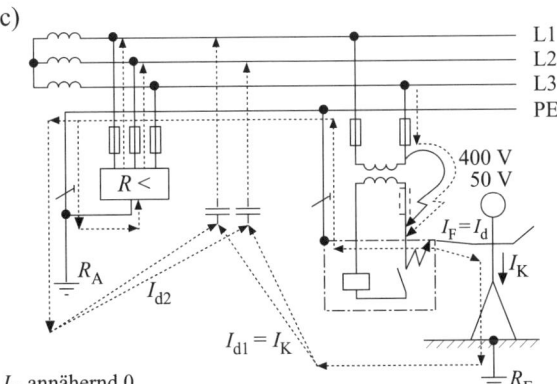

I_K annähernd 0
(abhängig von der Größe von I_d),
jedoch noch keine Gefahr des Herzkammerflimmerns.
Primärseitige Isolationsüberwachung bringt eine Meldung.

I_F Fehlerstrom
I_K Körperstrom
R_A Erdungswiderstand der Körper
R_B Betriebserdung
R_E Standortübergangswiderstand
R_K Körperwiderstand (Körperimpedanz)
I_{d1}, I_{d2} Ableitströme durch Netzimpedanz und Leitungskapazitäten gegeben

Bild 7.7.1.3a FELV-Stromkreise hinter einem primärseitigen IT-System

7 411 Schutzmaßnahme: Automatische Abschaltung der Stromversorgung

d)

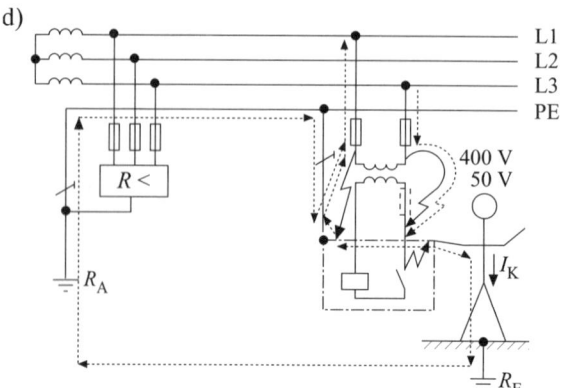

I_K kann abhängig von R_E und R_A (ggf. abhängig von der Größe von I_d) bis zur Abschaltung des Kurzschlusses durch die primärseitigen Überstrom-Schutzeinrichtungen groß sein.

e)

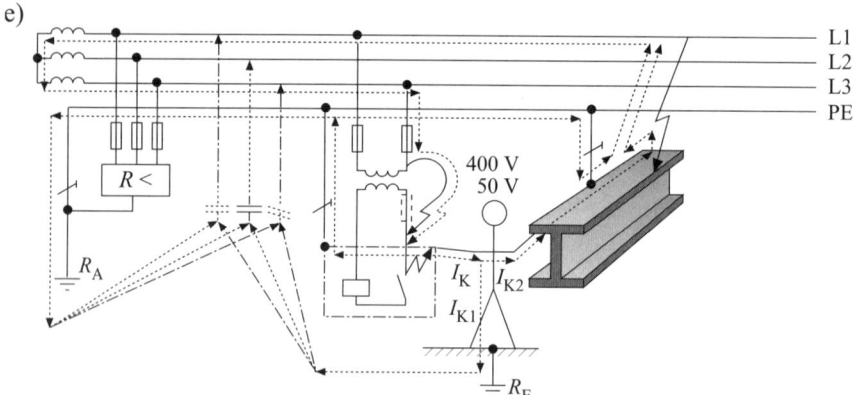

I_K kann bis zur Abschaltung der primärseitigen Überstrom-Schutzeinrichtungen sehr groß sein.
I_d ist bei diesem Fehler unbedeutend.

Bild 7.7.1.3b FELV-Stromkreise hinter einem primärseitigen IT-System

---

Kurzer Überblick

Bei Schutz durch FELV ist die Spannung im FELV-Stromkreis auf ≤ AC 50 V oder ≤ DC 120 V begrenzt. Der Basisschutz ist trotz kleiner Spannung durch eine Isolierung zu erfüllen, die der Isolierung des Primärstromkreises, z. B. hinsichtlich der Nennspannung des Primärstromkreises, entsprechen muss. Der Fehlerschutz erfolgt durch Schutz durch automatische Abschaltung der Stromversorgung durch Schutzeinrichtungen/Schutzvorkehrungen des Primärkreises.

7.7.2 411.7.2 Anforderungen an den Basisschutz (Schutz gegen direktes Berühren) [471.3.2]

Basisschutz (Schutz gegen direktes Berühren) muss vorgesehen werden:
- *entweder durch Basisisolierung in Übereinstimmung mit Anhang A, Abschnitt A.1 und entsprechend der Nennspannung des Primärstromkreises der Stromquelle*
- *oder durch Abdeckungen oder Umhüllungen in Übereinstimmung mit Anhang A, Abschnitt A.2*

Da auch bei FELV – wie oben bereits erwähnt – zwei Schutzebenen anzuwenden sind, muss ein Basisschutz erfüllt werden, wie er auch für die Stromkreise mit Schutz durch automatische Abschaltung zur Anwendung kommt. Neu ist nur, dass einerseits nun beim Basisschutz auf „Anhänge" verwiesen wird und dass man sich von der bisherigen Festlegung „Isolierung entsprechend der Prüfspannung, die für den Primärstromkreis gefordert ist", getrennt hat. Eine solche Festlegung war fragwürdig, da dem Errichter kaum die Betriebsmittelnormen bekannt sein dürften, somit konnte er auch die Prüfspannung nicht kennen. Durch den Bezug auf die Nennspannung des Primärstromkreises ergibt sich ein eindeutiges Auswahlkriterium, d. h. der Errichter muss Betriebsmittel auswählen, bei denen die Bemessungsspannung (wie auch bei den Betriebsmitteln im Primärstromkreis) für die vorkommende Spannung ausgelegt ist. Im Klartext: Auch bei Spannungen von z. B. AC 12 V müssen Betriebsmittel für die Spannung des Primärkreises, also für die übliche Nennspannung/Betriebsspannung von 400/230[*)] V, ausgelegt sein.

Da ein nachträgliches Ertüchtigen der Isolierung und die dazu notwendige Spannungsprüfung vom Errichter kaum erfüllt werden kann, hat man auf diese Möglichkeit verzichtet.

7.7.3 411.7.3 Anforderungen an den Fehlerschutz (Schutz bei indirektem Berühren)

Die Körper der Betriebsmittel des FELV-Stromkreises müssen mit dem Schutzleiter des Primärstromkreises der Stromquelle verbunden werden, vorausgesetzt der Primärstromkreis ist geschützt durch die in 411.3 und eine der in 411.4 bis 411.6 beschriebenen Schutzmaßnahmen zur automatischen Abschaltung der Stromversorgung.

Beim Fehlerschutz, bezogen auf FELV-Stromkreise, hat sich eine Änderung dergestalt ergeben, dass FELV auf der Sekundärseite nur dann anwendbar ist, wenn auf der Primärseite Schutz durch automatische Abschaltung der Stromversorgung zur Anwendung kommt. Dies ist nach Ansicht der Autoren eine sinnvolle Eingrenzung,

---

[*)] Häufig ist auch die umgekehrte Schreibweise 230/400 V zu sehen, jedoch wird normenkonform zuerst die (verkettete) Nennspannung genannt und dann die Nennspannung gegen Erde.

da kaum jemand auf die Idee kommen würde, z. B. bei Schutztrennung einen Transformator mit galvanischer Trennung vorzusehen, um einen FELV-Stromkreis zu kreieren, und schon gar nicht einen Transformator mit sicherer Trennung. Auf der anderen Seite ist die Begrenzung sinnvoll, weil es ja nun auch möglich ist – wenn auch nur in besonderen Bereichen –, eine Anlage zu errichten, bei der doppelte oder verstärkte Isolierung zur Anwendung kommt. In diesen Fällen kann die Schutzmaßnahme der Primärseite nicht wirksam werden. Natürlich dürfte in einem solchen Falle auch Schutz durch doppelte oder verstärkte Isolierung für einen Stromkreis mit Spannungen $\leq$ AC 50 V bzw. $\leq$ DC 120 V angewendet werden, der dann aber formal nicht als FELV-Stromkreis zu bezeichnen ist. Selbstverständlich dürfen in den FELV-Stromkreisen auch Betriebsmittel mit doppelter oder verstärkter Isolierung eingesetzt werden, vorausgesetzt, die doppelte oder verstärkte Isolierung genügt den Anforderungen für den Primärstromkreis, d. h. der dort vorkommenden Primärspannung.

7.7.4   411.7.4 *Stromquellen* [471.3.1]

Die Stromquelle für das FELV-System muss entweder ein Transformator mit zumindest einfacher Trennung zwischen den Wicklungen sein oder sie muss die Anforderungen in 414.3 erfüllen.

Bei der Qualität der Trennung zwischen Primär- und Sekundärseite der FELV-Stromkreise zu Stromkreisen höherer Spannung wird nun nicht mehr Basistrennung, sondern „einfache" Trennung gefordert, was aber keinen wesentlichen Unterschied beinhaltet. Einfache Trennung ist nun der in der Norm mit Pilotfunktion DIN EN 61140 (VDE 0140-1):2007-03 verwendete Begriff, der wie folgt definiert ist, siehe auch Abschnitt 1.2 dieses Buchs:

Einfache Trennung zwischen einem Stromkreis und anderen Stromkreisen oder Erde muss durch eine vollständige Basisisolierung, bemessen für die höchste vorkommende Spannung, erreicht werden.

Unter „einfacher Trennung" versteht man die Trennung zwischen Stromkreisen und zwischen Stromkreisen und Erde durch Basisisolierung, wie sie im Anhang A im Abschnitt A1 von DIN VDE 0100-410 (VDE 0100-410):2007-06 festgelegt ist. Die Erdung eines Außenleiters im FELV-Stromkreis ist kein Widerspruch zur Forderung – die so nicht in DIN VDE 0100-410 (VDE 0100-410):2007-06 aufgeführt ist, sich aber aus der Norm mit Pilotfunktion DIN EN 61140 (VDE 0140-1) ergibt – nach Basistrennung zur Erde. In der Praxis bedeutet das, dass solche Leiter, auch wenn sie geerdet (mit geerdetem Schutzleiter verbunden sind) sind, mindestens mit einer Basisisolierung versehen sein müssen. Für die Stromquelle, die die Trennung von der Primärseite zu erfüllen hat, ist selbst ein bestimmter Transformator nicht mehr vorgeschrieben, abgesehen davon, dass es mindestens ein Transformator mit **einfacher** Trennung sein muss, was immer das, bezogen auf Transformatoren, auch sein mag. Es empfiehlt sich daher, einen Transformator nach DIN EN 61558-2-1 (VDE 0570-2-1) zu verwenden, da „Spartransformatoren" (siehe auch Bild 7.7.4.1),

7 411 Schutzmaßnahme: Automatische Abschaltung der Stromversorgung

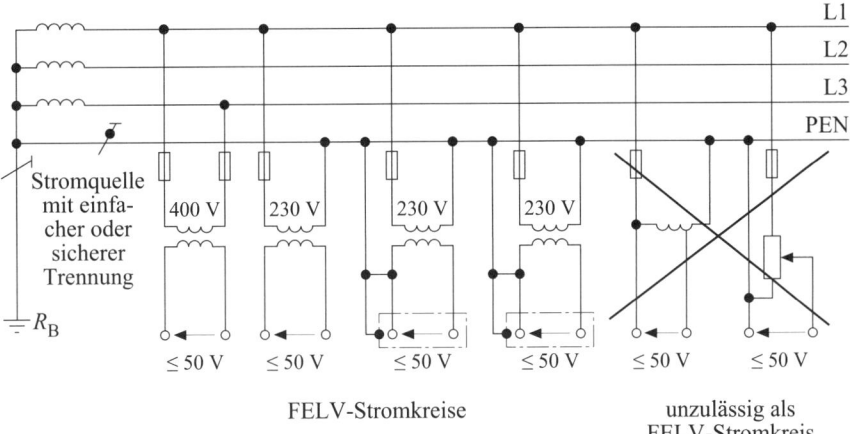

Bild 7.7.4.1 Zulässige und unzulässige Ausführung/Trennung von FELV-Stromkreisen

wie aus der nachfolgenden Anmerkung zu entnehmen ist, nicht verwendet werden dürfen. Es dürfen aber auch Sicherheitstrenntransformatoren, wie sie für SELV- und PELV-Stromkreise gefordert werden, zur Anwendung kommen.

ANMERKUNG Wenn das FELV-System von einem Versorgungssystem höherer Spannung durch Betriebsmittel versorgt wird, die nicht mindestens einfache Trennung zwischen diesem System und dem Kleinspannungssystem herstellen, wie Spartransformatoren, Potentiometer, Halbleitereinrichtungen etc., dann wird der Ausgangsstromkreis als eine Erweiterung des Primärstromkreises angesehen und sollte durch die im Eingangsstromkreis angewendete Schutzmaßnahme geschützt sein.

Diese Anmerkung besagt nur, dass im Gegensatz zu einem FELV-Stromkreis bei den in dieser Anmerkung enthaltenen Stromkreisen (ohne galvanische Trennung zum „allgemeinen Stromkreis") auch schon bei einem ersten Fehler (bei TN- oder TT-Systemen bzw. bei IT-Systemen beim zweiten Fehler) eine Abschaltung vorgenommen werden muss.

Kurzer Überblick

Stromquellen für FELV müssen mindestens einfache Trennung zum Versorgungssystem mit der höheren Spannung aufweisen. Es dürfen auch Stromquellen verwendet werden, wie sie für SELV oder PELV gefordert sind, z. B. Sicherheitstransformatoren oder gleichwertige Stromquellen.

217

7.7.5   411.7.5 Stecker und Steckdosen [471.3.4]

Stecker und Steckdosen für FELV-Systeme müssen mit den folgenden Anforderungen übereinstimmen:

- Stecker dürfen nicht in Steckdosen für andere Spannungssysteme eingeführt werden können
- in Steckdosen dürfen keine Stecker für andere Spannungssysteme eingeführt werden können
- Steckdosen müssen einen Schutzkontakt haben

Auch diese Anforderungen hat es bereits in ähnlicher Weise in der bisherigen DIN VDE 0100-470 (VDE 0100-470):1996-02 gegeben. Die angeführten anderen „Spannungssysteme" beinhalten natürlich auch SELV- und PELV-Systeme. Neu ist nur die Forderung, dass die Steckvorrichtungen einen Schutzkontakt haben müssen, es dürfen jedoch nicht die sonst für 230 V gebräuchlichen Schutzkontaktsteckdosen (also anderer Spannungssysteme) sein. An den Schutzkontakt ist in der fest errichteten Steckdose der Schutzleiter des Primärnetzes anzuschließen. Ob an der Steckerseite (zum Verbrauchsmittel) ein Schutzleiter vorhanden sein muss, hängt davon ab, ob es ein Betriebsmittel der Schutzklasse I oder ein Betriebsmittel der Schutzklasse II (bei Betriebsmitteln/Verbrauchsmitteln gibt es weiterhin die Ausführung „Schutzklasse II") ist. Aufgrund der neuen allgemeinen Forderung nach Schutzleitern für jeden Stromkreis ist daher auch im FELV-Stromkreis bei Betriebsmitteln/Verbrauchsmitteln der Schutzklasse II ein Schutzleiter mitzuführen.

> **Kurzer Überblick**
>
> Stecker und Steckdosen in FELV-Stromkreisen dürfen nicht kompatibel sein mit solchen von anderen Spannungssystemen. Steckdosen von FELV-Stromkreisen müssen einen Schutzkontakt (die Forderung gilt auch für Stecker) haben, der mit dem Schutzleiter des Primärstromkreises, in dem Schutz durch automatische Abschaltung der Stromversorgung angewendet sein muss, verbunden wird, und es muss die automatische Abschaltung durch den Primärstromkreis erfüllt werden.

8 412 Schutz durch doppelte oder verstärkte Isolierung [413.2]

Der Schutz durch doppelte oder verstärkte Isolierung besteht prinzipiell darin, dass einer Basisisolierung zum Schutz gegen direktes Berühren zusätzlich eine weitere Isolierung hinzugefügt wird oder die „erste" Isolierung so „verstärkt" wird, dass eine gleichwertige Schutzwirkung erzielt wird, wie sie bei einer doppelten Isolierung gegeben ist. Durch diese höhere „Güte" (doppelte oder verstärkte Isolierung) der Isolierung soll ein Isolationsfehler, der eine gefährliche Berührungsspannung hervorrufen könnte, so gut wie ausgeschlossen werden. Wenn trotzdem eine Gefährdung erfolgen sollte, handelt es sich um einen Doppelfehler, der in normaler Umgebung nicht betrachtet zu werden braucht. Außerdem sind solche „Doppelfehler" meist Beschädigungen der isolierenden Umhüllung, die frühzeitig, selbst von elektrotechnischen Laien, erkannt werden können.

ANMERKUNG Hiermit ist die frühere Benennung „Schutzisolierung" vergleichbar.

Gleich zu Beginn, noch bevor die eigentlichen normativen Anforderungen aufgeführt werden, wurde eine nationale Anmerkung für Deutschland, daher auch grau schattiert, auf Wunsch des Handwerks eingefügt. Vergleichbar sind diese beiden Begriffe, die Anforderungen sind jedoch unterschiedlich, daher sollte man sich von dem Begriff Schutzisolierung lösen. Der Begriff Schutzklasse II wird nun nicht mehr in der neuen DIN VDE 0100-410 (VDE 0100-410):2007-06 verwendet, obwohl er in vielen anderen Normen, insbesondere in den meisten Betriebsmittelnormen, verwendet wird. Fakt ist, dass es in der Norm mit Pilotfunktion DIN EN 61140 (VDE 0140-1) als Schutzmaßnahme (Basis- und Fehlerschutz) nur die doppelte oder verstärkte Isolierung gibt, daher wurde diese Bezeichnung auch in DIN VDE 0100-410 (VDE 0100-410):2007-06 so übernommen. Im Abschnitt 7.3 von DIN EN 61140 (VDE 0140-1):2007-03 sind aber Betriebsmittel der Schutzklasse II aufgeführt. Und auch in Zukunft wird es solche Betriebsmittel der Schutzklasse II geben. Der Unterschied liegt darin, dass nach DIN EN 61140 (VDE 0140-1) bei Betriebsmitteln der Schutzklasse II ein Schutzleiter an leitfähige, nicht aktive Teile weder angeschlossen sein darf noch darf ein Schutzleiter durch ein solches Betriebsmittel durchgeschleift werden. Letzteres wird bis dato nicht von allen Betriebsmitteln/Betriebsmittelnormen erfüllt. Ein Beispiel sind Schaltanlagen und Verteiler nach DIN EN 60439-1 (VDE 0660-500), die als Betriebsmittel mit „Schutz durch Schutzisolierung" bezeichnet werden und mit dem Bildzeichen ▫ gekennzeichnet sind/sein müssen. Erfüllt wird das vollständige „Schutzleiterverbot" aber bei allen (vermutlich bei allen) steckerfertigen Verbrauchsmitteln. Dieses „Schutzleiterverbot" schließt nicht aus, dass an solchen Betriebsmitteln ein Schutzkontaktstecker vorhanden ist, insbesondere wenn eine defekte Anschlussleitung einschließlich Stecker ausgetauscht wird und damit auch in der Anschlussleitung ein Schutzleiter vorhanden ist.

Bei der doppelten oder verstärkten Isolierung ist es – wie nachfolgend noch festzustellen ist – nicht verboten, einen Schutzleiter – entsprechend isolierte Anordnung (zu aktiven Teilen und Körpern, die nicht mit Schutzleitern verbunden sein dürfen) vorausgesetzt – durchzuschleifen, um den Schutzleiter für nachgeschaltete Betriebsmittel zur Verfügung zu haben, siehe Abschnitt 8.2.2.4 dieses Buchs.

Die Schutzisolierung ist daher nur mit der Verwendung von Betriebsmitteln der Schutzklasse II gleichzusetzen, d. h., sie galt auch nur für bestimmte Betriebsmittel, die nach Betriebsmittelnormen hergestellt wurden und mit dem Doppelquadrat ▣ gekennzeichnet sein mussten, wie es heute für Betriebsmittel der Schutzklasse II gefordert wird. Eine Errichtung einer doppelten oder verstärkten Isolierung wird nicht mit ▢ gekennzeichnet, und schon gar nicht die bei der Errichtung entsprechend ertüchtigten Betriebsmittel. Solche Betriebsmittel müssen mit dem durchgestrichenen Symbol ⊗ für „Schutzerdung" gekennzeichnet werden, siehe auch nachfolgende Festlegungen und Kommentare. Ohne die Durchstreichung wird das Symbol nach bisherigem Sprachgebrauch als Schutzleiteranschluss bezeichnet. Mit dem Auskreuzen des Symbols soll ausgesagt werden, dass an berührbar leitfähigen, nicht aktiven Teilen und an Körpern innerhalb der Umhüllung ein Schutzleiter nicht angeschlossen sein darf.

8.1   *412.1 Allgemeines*

8.1.1   *412.1.1 Doppelte oder verstärkte Isolierung ist eine Schutzmaßnahme, in der:*

– *der Basisschutz (Schutz gegen direktes Berühren) durch Basisisolierung vorgesehen ist und der Fehlerschutz (Schutz bei indirektem Berühren) durch eine zusätzliche Isolierung vorgesehen ist oder*

– *der Basisschutz und Fehlerschutz durch verstärkte Isolierung zwischen aktiven Teilen und berührbaren Teilen vorgesehen ist*

Zum Zwecke der Einheitlichkeit wäre es sinnvoll gewesen, auch beim zweiten Aufzählungsstrich noch einmal die alternativen Benennungen „Schutz gegen direktes Berühren" und „Schutz bei indirektem Berühren" in Klammer – so wie beim ersten Aufzählungsstrich – mit anzugeben.

Der erste Aufzählungsstrich der obigen Festlegungen ist relativ eindeutig und beschreibt das, was nachvollziehbar ist, nämlich dass zwei voneinander unabhängige Schutzebenen vorgesehen werden müssen. Somit ergibt sich, dass eine Isolierung für den Basisschutz – die am Betriebsmittel vorhanden ist – und zusätzlich eine zweite Isolierung (gleichwertig der Basisisolierung) als vollständige „äußere" Umhüllung für den Fehlerschutz vorgesehen ist. Unter Zugrundelegung der „Einfehlerphilosophie" kann davon ausgegangen werden, dass bei einem Fehler eine Berührung leitfähiger aktiver Teile nicht gegeben ist. Dies gilt letztlich auch für das Berühren von leitfähigen, nicht aktiven Teilen innerhalb eines Gehäuses mit doppelter oder verstärkter Isolierung. Solche inneren leitfähigen Teile (Körper) im Gehäuse mit doppelter oder verstärkter Isolierung dürfen nicht an einen Schutzleiter angeschlossen werden, somit könnte eine gefährliche Berührungsspannung an den Körpern vorhanden sein, da ein solcher Fehler (Körperschluss) nicht bemerkt und nicht durch eine Schutzeinrichtung abgeschaltet werden würde. Einzelfehler (Einfehlerphilosophie) bedeutet, dass entweder nur die Basisisolierung oder nur die zusätzliche Isolierung einen Fehler aufweist. Die Verletzung beider Isolierungen an derselben Stelle würde als Doppelfehler zu einer Gefährdung führen. Im Unterschied zum IT-System wird bei Schutz durch doppelte oder verstärkte Isolierung der erste Fehler nicht gemeldet, sodass auch keine Vorsorge gegen den zweiten Fehler an gleicher Stelle getroffen werden kann. Nicht ganz so einfach liegt die Sache bei einer verstärkten Isolierung, weil kaum eine Isolierung nur „halb" defekt wird.

Da eine Berührung aktiver Teile oder auch von Körpern im Falle mechanischer Beschädigung der Isolierung(en) nicht immer verhindert werden kann, wurde auch aus diesem Grunde der zusätzliche Schutz durch Fehlerstrom-Schutzeinrichtungen (RCDs) mit einem Bemessungsdifferenzstrom von nicht mehr als 30 mA eingeführt, jedoch nicht zwingend für alle Anwendungsfälle, siehe Abschnitt 11.1 dieses Buchs. Besonders problematisch ist eine Beschädigung bei verstärkter Isolierung, die ja nur „einlagig" ist, wie im zweiten Aufzählungsstrich angeführt. Trotzdem gilt die Anwendung der verstärkten Isolierung, zu der Anforderungen leider in DIN VDE 0100-410 (VDE 0100-410):2007-06 nicht aufgeführt sind, als „vollwertige" Schutzmaßnahme. Und auch im Abschnitt 412.2.1.2 der DIN VDE 0100-401 (VDE 0100-410):2007-06 bzw. Abschnitt 8.2.1.2 dieses Buchs, wo es um die mögliche Ertüchtigung von Betriebsmitteln geht und um die Errichtung einer Anlage mit doppelter oder verstärkter Isolierung, gibt es nur einen Verweis auf die relevanten Betriebsmittelnormen. Man geht davon aus, dass auch eine „höherwertige" Isolierung eine Berührung aktiver Teile (einschließlich der Körper innerhalb der „Isolierung") verhindert.

Für beide Aufzählungsstriche gilt, dass beim Öffnen einer Umhüllung mit doppelter oder verstärkter Isolierung unter Verwendung von Werkzeugen oder Schlüsseln – was nur Elektrofachkräften erlaubt ist – ein Schutz gegen eine gefährliche Berührungsspannung nicht mehr gegeben ist. Eine gefährliche Berührungsspannung kann an Körpern von inneren elektrischen Betriebsmitteln der Schutzklasse I, z. B. bei einem Körperschluss, der ja wegen der unzulässigen Schutzleiterverbindung nicht erkannt bzw. abgeschaltet werden kann, auftreten. Entsprechendes gilt auch für innere aktive Teile. Beim Öffnen ist eben der Schutz durch doppelte oder verstärkte Isolierung nicht mehr gegeben, es sei denn, es gibt eine weitere isolierende Abdeckung, siehe Abschnitt 412.2.2.3 der DIN VDE 0100-410 (VDE 0100-410): 2007-06, bzw. Abschnitt 8.2.2.3 dieses Buchs.

ANMERKUNG Diese Schutzmaßnahme ist vorgesehen, um bei Fehlern in der Basisisolierung das Auftreten einer gefährlichen Spannung an dann berührbaren Teilen der elektrischen Betriebsmittel zu verhindern.

Die Anmerkung wiederholt im Prinzip nur den Inhalt aus dem oben aufgeführten Bestimmungstext. Beim Schutz durch doppelte oder verstärkte Isolierung darf beim Versagen des Basisschutzes eine gefährliche Spannung nicht auftreten. Erst wenn beide Schutzebenen versagen – was normalerweise nicht betrachtet wird –, kann eine gefährliche Spannung berührbar werden. Der Unterschied besteht eigentlich nur darin, dass in der Anmerkung nicht nur die aktiven Teile benannt sind, sondern alle berührbaren Teile von elektrischen Betriebsmitteln, also auch die Körper.

Die Anmerkung besagt aber auch, dass leitfähige Teile, die im Normalfall (ohne besondere Maßnahmen, also vorwiegend äußere Teile) berührbar sind, beim Versagen einer Isolierung – die in der Anmerkung als Basisisolierung bezeichnet, aber nicht immer die Basisisolierung sein muss, denn es könnte ja auch die äußere zweite Isolierung versagen, sofern eine doppelte Isolierung vorliegt –, keine gefährliche Berührungsspannung annehmen können, obwohl ein Schutzleiter nicht angeschlossen ist bzw. sein darf.

Für den Fall der verstärkten Isolierung, bei der es eine Basisisolierung nicht gibt bzw. diese gedanklich als halbe verstärkte Isolierung angenommen werden kann, kann die Anmerkung – nach Ansicht der Autoren – statt auf die Basisisolierung auf die verstärkte Isolierung bezogen werden, ohne dass dies in der Norm steht.

8.1.2 *412.1.2 Die Schutzmaßnahme durch doppelte oder verstärkte Isolierung ist in allen Situationen anwendbar, es sei denn, in Gruppe 700 der Reihe DIN VDE 0100 (VDE 0100) gibt es Einschränkungen.* [neu]

Diese Anmerkung ist neu und besagt, dass die Schutzmaßnahme „Schutz durch doppelte oder verstärkte Isolierung" immer – abgesehen von Verboten, wie sie in der Gruppe 700 der Reihe DIN VDE 0100 (VDE 0100) gegeben sein können – angewendet werden darf, was aber nur stimmt, wenn bei Anwendung als alleinige Schutzmaßnahme die Auflagen nach 412.1.3 erfüllt werden, z. B. die Überwachung der elektrischen Anlage. Siehe hierzu den Kommentar im nächsten Abschnitt dieses Buchs. Die Möglichkeit der Einschränkung der Zulässigkeit durch die Gruppe 700 der Reihe DIN VDE 0100 (VDE 0100) wird derzeit mit Abschnitt 702.55.3 von DIN VDE 0100-702 (VDE 0100-702):2003-11 aufgezeigt, wo festgelegt ist, dass in einem bestimmten Fall nur Betriebsmittel der Schutzklasse I verwendet werden sollen. Da mit dem „sollen" eine Anforderung knapp unter dem zwingenden Verbot (das bei „nur ... dürfen" gegeben wäre) gegeben ist, muss man also eine sehr gute Begründung haben, um in diesem Fall Betriebsmittel mit doppelter oder verstärkter Isolierung auszuwählen, statt Betriebsmittel der Schutzklasse I.

8 412 Schutz durch doppelte oder verstärkte Isolierung

Für die Errichtung einer elektrischen Anlage, in der ausschließlich der Schutz durch doppelte oder verstärkte Isolierung zur Anwendung kommen soll, gelten Einschränkungen, die nachfolgend noch kommentiert werden.

> **Kurzer Überblick**
>
> Der Schutz durch doppelte oder verstärkte Isolierung besteht prinzipiell darin, dass einer Basisisolierung zum Schutz gegen direktes Berühren zusätzlich eine weitere Isolierung hinzugefügt wird oder die „erste" Isolierung so „verstärkt" wird, dass eine gleichwertige Schutzwirkung gegeben ist, wie sie bei einer doppelten Isolierung gegeben ist.

8.1.3 *412.1.3 In Fällen, in denen diese Schutzmaßnahme als alleinige Schutzmaßnahme angewendet wird (z. B. wenn für einen Stromkreis oder einen Teil einer Anlage vorgesehen ist, nur Betriebsmittel mit doppelter oder verstärkter Isolierung zu errichten), muss nachgewiesen werden, dass sich dieser Stromkreis oder der Teil der Anlage im normalen Betrieb unter wirksamer Überwachung befindet, sodass keine Änderung gemacht werden kann, die die Wirksamkeit der Schutzmaßnahme beeinträchtigt. Diese Schutzmaßnahme darf nicht angewendet werden für alle Stromkreise, die Steckdosen enthalten, oder wo ein Anwender ohne Berechtigung Teile von Betriebsmitteln auswechseln kann. [neu]*

Bei der nun neu eingeführten Schutzmaßnahme „Schutz durch doppelte oder verstärkte Isolierung" **als alleinige Maßnahme** – die, wie auch der Schutz durch nicht leitende Umgebung, nur in besonderen Bereichen angewendet werden kann und darf – werden ausschließlich Betriebsmittel mit doppelter oder verstärkter Isolierung (einschließlich solcher Betriebsmittel, die als Betriebsmittel der Schutzklasse II bezeichnet werden) angewendet. Somit ist keine weitere Schutzmaßnahme (auch keine Schutzleiterschutzmaßnahme) bei der Errichtung einer solchen elektrischen Anlage notwendig. Dies setzt allerdings voraus, dass die Wirksamkeit dieser Schutzmaßnahme „Schutz durch doppelte oder verstärkte Isolierung als alleinige Maßnahme" durch unsachgemäße Eingriffe nicht unwirksam wird, was durch ständige wirksame Überwachung erreicht werden soll. Allerdings ist nicht festgelegt, wie und durch wen diese „wirksame Überwachung" durchgeführt werden soll.

Verständlich ist aber die Forderung, dass Steckdosen in solchen Anlagen nicht vorhanden sein dürfen, da nicht auszuschließen ist, dass auch andere Betriebsmittel als solche der Schutzklasse II (z. B. Betriebsmittel der Schutzklasse I) eingesteckt werden. Somit dürfen Steckdosen **nicht errichtet** werden. Das heißt, alle in einer solchen Anlage vorgesehenen Betriebsmittel/Verbrauchsmittel (nur Betriebsmittel mit doppelter oder verstärkter Isolierung, also solche der Schutzklasse II) müssen fest angeschlossen sein, siehe weitere Anforderungen in den folgenden Abschnitten.

Eine Einschränkung gilt auch für fest angeschlossene elektrische Betriebsmittel/Verbrauchsmittel, d. h., diese Schutzmaßnahme darf nicht angewendet werden –

auch nicht in „besonderen Räumen" –, wenn die Gefahr besteht, dass einzelne Betriebsmittel/Verbrauchsmittel von nicht berechtigten Personen, z. B. vom Betreiber der Anlage, der unter Umständen weder Elektrofachkraft noch elektrotechnisch unterwiesene Person ist, ausgewechselt werden könnten. Ein solches unberechtigtes Auswechseln könnte sich z. B. ergeben, wenn eine Leuchte der Schutzklasse II von einer Leuchte der Schutzklasse I ersetzt werden würde. Eigentlich dürfte ein solches unberechtigtes Auswechseln von Betriebsmitteln/Verbrauchsmitteln gar nicht möglich sein, da ja solche Anlagen nur errichtet werden dürfen, wenn sich die Anlage unter wirksamer Überwachung befindet, sodass eine Änderung durch Unbefugte **nicht** durchgeführt werden kann. Eindeutig klar ist aber, dass Stromkreise mit der alleinigen Schutzmaßnahme „Schutz durch doppelte oder verstärkte Isolierung" für elektrische Anlagen von Wohnungen, die gar nicht so gut überwacht werden können, dass sie nicht doch durch Laien geändert werden könnten, unzulässig ist.

Die Begrenzung auf Anlagen, die unter „wirksamer Überwachung" stehen, müsste präzisiert werden, d. h. durch wen diese Überwachung zu erfolgen hat. So wie die Forderung lautet, kann davon ausgegangen werden, dass diese Überwachung auch durch einen elektrotechnischen Laien erfolgen kann und für diese Überwachungsfunktion nicht unbedingt eine Elektrofachkraft vorgesehen werden muss. Das würde die Einschränkungen im obigen Abschnitt erklären, da sich die Forderung nach Überwachung ja nur darauf bezieht, dass niemand Betriebsmittel der Schutzklasse II durch solche der Schutzklasse I ersetzt. Dies ist insofern von besonderer Bedeutung, weil für solche Anlagen der im Abschnitt 412.2.3.2 der DIN VDE 0100-410 (VDE 0100-410):2007-06 (siehe Abschnitt 8.2.3.2 dieses Buchs) geforderte Schutzleiter in allen Kabel-/Leitungsanlagen (d. h. in allen Kabeln und Leitungen und auch in Elektroinstallationsrohren mit Aderleitungen und Leitungskanälen mit Aderleitungen) nicht gefordert wird und somit auch nach Auswechseln eines Betriebsmittels der Schutzklasse II durch eines der Schutzklasse I eine wirksame Schutzmaßnahme nicht mehr gegeben wäre.

Die Forderung nach Vorhandensein eines Schutzleiters bezieht sich nur auf elektrische Anlagen mit Schutz durch automatische Abschaltung der Stromversorgung, wenn in Anlagen oder Anlagenteilen Betriebsmittel der Schutzklasse I und/oder II errichtet werden, obwohl Betriebsmittel der Schutzklasse II keine Schutzleiterverbindung haben dürfen, siehe Abschnitt 412.2.2.4 der DIN VDE 0100-410 (VDE 0100-410):2007-06 bzw. Abschnitt 8.2.2.4 dieses Buchs.

> **Kurzer Überblick**
>
> Auch bei Schutz durch doppelte oder verstärkte Isolierung muss zur Versorgung von Betriebsmitteln/Verbrauchsmitteln der Schutzklasse II ein Schutzleiter im Kabel/in der Leitung mitgeführt werden, es sei denn, es wird nachgewiesen, dass sich dieser Stromkreis oder der Teil der Anlage im normalen Betrieb unter wirksamer Überwachung befindet, sodass keine Änderungen durchgeführt werden können, die die Wirksamkeit der Schutzmaßnahme „Schutz durch doppelte oder verstärkte Isolierung" beeinträchtigt. Schutz durch doppelte oder verstärkte Isolierung ist für die Versorgung von Stromkreisen mit Steckdosen nicht zulässig.

8.2 *412.2 Anforderungen an den Basisschutz (Schutz gegen direktes Berühren) und Fehlerschutz (Schutz bei indirektem Berühren)* [neu]

Auch dieser Abschnitt 412.2 der DIN VDE 0100-410 (VDE 0100-410):2007-06 ist nur auf elektrische Anlagen oder Teile elektrischer Anlagen anzuwenden, in denen nach Abschnitt 412.1.3 der DIN VDE 0100-410 (VDE 0100-410):2007-06 ausschließlich die Schutzmaßnahme Schutz durch doppelte oder verstärkte Isolierung zur Anwendung kommt. Man könnte solche Anlagen als „Schutzklasse-II-Installation" bezeichnen, was allerdings nicht ganz zutreffend wäre, da an Betriebsmitteln/Anlagenteilen die doppelte oder verstärkte Isolierung auch ertüchtigt werden darf, um die Anforderungen an doppelte oder verstärkte Isolierung zu erfüllen, wie in den Abschnitten 412.2.1.2 und 412.2.2 der DIN VDE 0100-410 (VDE 0100-410): 2007-06 festgelegt ist.

8.2.1 *412.2.1 Elektrische Betriebsmittel* [neu]

In Fällen, in denen die Schutzmaßnahme „doppelte oder verstärkte Isolierung" für die gesamte Anlage oder einen Anlagenteil verwendet wird, müssen die elektrischen Betriebsmittel mit einem der folgenden Unterabschnitte übereinstimmen:
– 412.2.1.1 oder
– 412.2.1.2 und 412.2.2 oder
– 412.2.1.3 und 412.2.2

Auf kurzen Nenner gebracht:

- der Abschnitt 412.2.1.1 beinhaltet Betriebsmittel der Schutzklasse II
- die Abschnitte 412.2.1.2 und 412.2.2 beinhalten **Betriebsmittel**, die mit einer zusätzlichen Isolierung ertüchtigt wird, wobei sie von einer isolierenden Umhüllung mit einer Schutzart von mindestens IPXXB oder IP2X umschlossen sein müssen

8 412 Schutz durch doppelte oder verstärkte Isolierung

– die Abschnitte 412.2.1.3 und 412.2.2 beinhalten Betriebsmittel, bei denen **aktive** Teile mit einer verstärkten Isolierung ertüchtigt werden, wobei sie von einer isolierenden Umhüllung mit einer Schutzart von mindestens IPXXB oder IP2X umschlossen sein müssen, was zwar nicht in diesem Absatz festgelegt ist, aber diese Schutzart gilt als Mindestanforderung gegen direktes Berühren

8.2.1.1 *412.2.1.1 Elektrische Betriebsmittel müssen typgeprüft und nach den einschlägigen Normen gekennzeichnet sein und den folgenden Bauarten entsprechen:*

– *elektrische Betriebsmittel mit doppelter oder verstärkter Isolierung (Betriebsmittel der Schutzklasse II)*

– *elektrische Betriebsmittel, die in der relevanten Produktnorm als mit Schutzklasse II gleichwertig deklariert sind, wie Betriebsmittelkombinationen mit vollständiger Isolierung (siehe DIN EN 60439-1 (VDE 0660-500))*

Hier erinnern die Autoren daran, dass beim Verwenden von Betriebsmitteln der Schutzklasse II der Basis- und der Fehlerschutz durch den Betriebsmittelhersteller auf Grundlage der jeweiligen Produktnorm erfüllt sein müssen. Vom Errichter müssen ggf. Vorgaben gemacht werden, was nach der Errichtung solcher Betriebsmittel/Verbrauchsmittel beachtet werden muss, um den ordnungsgemäßen Zustand der Betriebsmittel/Verbrauchsmittel wieder herzustellen. Die in den nachfolgenden Abschnitten 412.2.1.2 und 412.2.1.3 der Norm DIN VDE 0100-410 (VDE 0100-410): 2007-06 enthaltenen Anforderungen beinhalten besondere Festlegungen für den Basis- und Fehlerschutz in den Fällen, in denen von der neuen Möglichkeit Gebrauch gemacht wird, eine gesamte Anlage mit doppelter oder verstärkter Isolierung auszuführen.

Die Verweisung in Abschnitt 8.2.1 dieses Buchs (Abschnitt 412.2.1 der Norm) auf die Abschnitte 412.2.1.1, 412.2.1.2 und 412.2.2, 412.2.1.3 und 412.2.2 der neuen DIN VDE 0100-410 (VDE 0100-410):2007-06 besagt nur, welche Betriebsmittel/Verbrauchsmittel für die Errichtung einer Anlage mit Schutz durch doppelte oder verstärkte Isolierung ausgewählt werden dürfen/müssen. Nach der obigen Festlegung gehören hierzu Betriebsmittel, die entsprechend ihrer jeweiligen Produktnorm als Betriebsmittel der Schutzklasse II bezeichnet/gekennzeichnet sind. Ob es sich dabei um eine doppelte (auch als zusätzliche Isolierung, zusätzlich zur Basisisolierung bezeichnet) oder um eine verstärkte Isolierung handelt, ist für den Errichter nicht von Bedeutung. Aber auch Betriebsmittel, die nach ihrer Produktnorm als Betriebsmittel „mit gleichwertiger Isolierung wie bei Schutzklasse II" – wie in der bisherigen DIN VDE 0100-410 (VDE 0100-410):1997-01 enthalten – ausgeführt sind, dürfen für diese Schutzmaßnahme auch weiterhin ausgewählt werden.

Einen Sonderfall stellen Kabel und Leitungen dar, da es dafür die Bezeichnung „Betriebsmittel der Schutzklasse II" in den Normen nicht gibt. Und auch die Bezeichnung „gleichwertig der Schutzklasse II" ist normativ nicht gegeben. In einigen Fällen wird z. B. angegeben: „Kabel sind geeignet für Schutzklasse II." Aus diesem Grund geht das Errichtungskomitee davon aus, dass Kabel/Leitungen als gleichwertig der Schutzklasse II anzusehen sind, wenn Abschnitt 412.2.4 der DIN VDE 0100-410 (VDE 0100-410):2007-06 erfüllt wird; siehe Abschnitt 8.2.4 dieses Buchs. Dort ist nun festgelegt, wann Kabel/Leitungen für die Schutzmaßnahme „Schutz durch doppelte oder verstärkte Isolierung" – wie die neue Schutzmaßnahme nun lautet – verwendet werden dürfen. Diese Festlegungen für Kabel/Leitungen gelten allgemein, also auch in elektrischen Anlagen, in denen der Schutz durch automatische Abschaltung der Stromversorgung zur Anwendung kommt.

Bei den unter dem zweiten Aufzählungsstrich genannten Betriebsmittelkombinationen (darunter fallen hauptsächlich Schaltanlagen und Verteiler) wird in der deutschen Norm DIN EN 60439-1 (VDE 0660-500) die Bezeichnung „Schutz durch Schutzisolierung" verwendet. Dieser Begriff „Schutzisolierung", der in älteren Normen der VDE 0100 ebenfalls verwendet wurde (siehe auch die grau schattierte Anmerkung am Anfang dieses Kapitels) wurde von dem englischen Wort „total insulation" so ins Deutsche übersetzt, was sicher so nicht richtig ist. Daher hat man auch eine Fußnote in dieser Norm angefügt, in der ausgesagt wird, dass damit die in IEC 60364-4-41 (entspricht DIN VDE 0100-410 (VDE 0100-410)) enthaltene Bezeichnung „Betriebsmittel der Schutzklasse II oder mit gleichwertiger Isolierung" gemeint ist.

ANMERKUNG Diese Betriebsmittel sind gekennzeichnet mit dem Symbol ▢ *nach DIN EN 60417:2000-05, Referenz: 60417-5172: Betriebsmittel der Schutzklasse II*

Mit der Anmerkung soll zum Ausdruck gebracht werden, dass alle Betriebsmittel, die die Anforderungen der Schutzklasse II erfüllen, durch das Symbol ▢ (Doppelquadrat) gekennzeichnet sein müssen. Diese Kennzeichnung ist auch für Schaltanlagen und Verteiler gefordert.

8.2.1.2 *412.2.1.2 Elektrische Betriebsmittel, die nur eine Basisisolierung haben, müssen eine zusätzliche Isolierung erhalten, die während des Errichtens der elektrischen Anlage angebracht wird und die einen Grad an Sicherheit gleichwertig zu elektrischen Betriebsmitteln in Übereinstimmung mit 412.2.1.1 erreicht und die 412.2.2.1 bis 412.2.2.3 erfüllt.*

Im zitierten Abschnitt 412.2.1.1 der DIN VDE 0100-410 (VDE 0100-410):2007-06 mit seiner Anmerkung ist festgelegt, dass elektrische Betriebsmittel typgeprüft und nach den einschlägigen Normen gekennzeichnet sein müssen (also mit dem Doppelquadrat ▢). Die Abschnitte 412.2.2.1 bis 412.2.2.3 beinhalten kurz gefasst die Forderung, dass Betriebsmittel, die nur eine Basisisolierung haben, mit einer zusätzlichen Isolierung versehen werden müssen, die als Umhüllung auszuführen ist und eine Schutzart von mindestens IP2X bzw. IPXXB erfüllen muss. Außerdem darf sich diese Umhüllung nur mit Werkzeug entfernen lassen, siehe hierzu die Kommentare der Autoren zu den betreffenden Abschnitten im Anhang A. Für diese zusätzliche Isolierung gilt aber nicht, wie für eine Basisisolierung nach Abschnitt A.1 der DIN VDE 0100-410 (VDE 0100-410):2007-06 gefordert, dass sie nur durch „Zerstörung" der Isolierung entfernbar sein darf.

Der obige Abschnitt 412.2.1.2 bezieht sich ausschließlich auf Betriebsmittel, die nicht bereits die Anforderungen für Schutzklasse II erfüllen und daher bei der Errichtung „ertüchtigt" werden müssen, wenn sie dem Schutz durch doppelte oder verstärkte Isolierung gerecht werden sollen. Hierbei handelt es sich um Betriebsmittel, die produktspezifisch nur eine Basisisolierung haben, z. B. die meisten Schaltgeräte. Nur bei Kabeln/Leitungen ist das Ertüchtigen präzisiert, siehe unten.

„Ertüchtigt" werden dürfen/müssen, wenn Schutz durch doppelte oder verstärkte Isolierung erreicht werden soll, Betriebsmittelausführungen, die nur eine Basisisolierung haben. Es bietet sich für solche Betriebsmittel als einfaches Verfahren an, diese basisisolierten Betriebsmittel in ein entsprechendes Gehäuse, das die Anforderungen für Schutzklasse II erfüllt, einzubauen.

Die Möglichkeit der „Ertüchtigung" hat es auch schon in der bisherigen Norm DIN VDE 0100-410 (VDE 0100-410):1997-01 gegeben, vermutlich aber ohne dass jemand davon Gebrauch gemacht hat. Zumindest ist den Autoren ein solches Betriebsmittel noch nicht zu Gesicht gekommen. Wahrscheinlich wird auch in Zukunft eine Ertüchtigung mit zusätzlicher Isolierung die seltene Ausnahme bleiben.

Bei den zu erfüllenden Anforderungen der „zusätzlichen Isolierung" wird zwar auf die Gleichwertigkeit mit entsprechenden Isolierungen typgeprüfter Betriebsmittel verwiesen und Anforderungen zur Umhüllung angegeben, konkrete qualitative Anforderungen werden nicht angegeben. Die Autoren gehen davon aus, dass die zusätzliche Isolierung den Anforderungen an Basisisolierung genügen muss, um den Anspruch der doppelten Isolierung zu erfüllen.

Das Symbol ⌸ muss an einer sichtbaren Stelle an der Außen- und Innenseite des Gehäuses fest angebracht werden. DIN EN 60417:2000-05, Referenz: IEC 60417-5019: Schutzerdung.

Bei den so „ertüchtigten" Betriebsmitteln muss das Symbol ⌸ an gut sichtbarer Stelle sowohl an der Außenseite des Gehäuses der Betriebsmittel als auch an der Innenseite des Gehäuses angebracht werden.

8.2.1.3 *412.2.1.3 Elektrische Betriebsmittel, die nicht isolierte aktive Teile haben, müssen eine verstärkte Isolierung erhalten, die während des Errichtens der elektrischen Anlage angebracht wird und die einen Grad an Sicherheit gleichwertig zu Betriebsmitteln in Übereinstimmung mit 412.2.1.1 erreicht und die 412.2.2.2 und 412.2.2.3 erfüllt; diese Form der Isolierung ist nur zulässig in Fällen, in denen die Konstruktionsmerkmale die Anbringung einer doppelten Isolierung nicht zulassen.*

Dieser Abschnitt ist etwas unverständlich, da es, wie auch schon an anderer Stelle von den Autoren erwähnt, bei fast allen elektrischen Betriebsmitteln blanke Teile – zumindest im Anschlussbereich – gibt, auch wenn sie sonst eine Basisisolierung haben. Es fällt daher schwer zwischen Abschnitt 412.2.1.2 und 412.2.1.3 zu unterscheiden. Es stellt sich auch die Frage, warum das Anbringen einer doppelten Isolierung nicht zugelassen ist oder nicht möglich sein soll, wenn solche Betriebsmittel mit einer verstärkten Isolierung ertüchtigt werden können. Ungeachtet dessen gilt dieser Abschnitt für blanke aktive Teile, für die vor Ort ein Basisschutz und ein Fehlerschutz in Form einer verstärkten Isolierung errichtet werden soll. Diese verstärkte Isolierung muss derjenigen Isolierung entsprechen, wie sie analog bei Betriebsmitteln der Schutzklasse II bestimmungsgemäß gegeben sein muss. Eine weitere Unklarheit ergibt sich durch die Verweise auf die Abschnitte 412.2.2.2 und 412.2.2.3. Hinsichtlich der Schutzart wird eine adäquate Anforderung zu Abschnitt 412.2.2.1 vermisst, die nur für die zusätzliche Isolierung jenseits der Basisisolierung gilt. Die Autoren raten, die aktiven Teile vollständig mit einer verstärkten Isolierung „abzudecken" (zu umhüllen), wie im Abschnitt A.1 der DIN VDE 0100-410 (VDE 0100-410):2007-06 als Basisisolierung gefordert wird. Umso mehr, da ja im folgendem Absatz der DIN VDE 0100-410 (VDE 0100-410):2007-06 gefordert wird, dass an der Außenseite und an der Innenseite das Symbol ⌺ angebracht werden muss, wie es gleichermaßen für das Anbringen zusätzlicher Isolierung (zusätzlich zur Basisisolierung) gilt, siehe Abschnitt 8.2.1.2 des Buchs bzw. Abschnitt 412.2.1.2 der DIN VDE 0100-410 (VDE 0100-410):2007-06.

Das Symbol ⌺ muss an einer sichtbaren Stelle an der Außen- und Innenseite des Gehäuses fest angebracht werden. DIN EN 60417:2000-05, Referenz: IEC 60417-5019: Schutzerdung.

Es ist folgerichtig, dass solche Betriebsmittel, wie auch die im Abschnitt 412.2.1.2 aufgeführten Betriebsmittel mit zusätzlicher Isolierung, mit dem Symbol ⌺ an Innen- und Außenseite der Umhüllung/des Gehäuses gleichermaßen gekennzeichnet sein müssen.

> **Kurzer Überblick**
>
> Die Schutzmaßnahme doppelte oder verstärkte Isolierung wird erreicht durch Auswahl von Betriebsmitteln der Schutzklasse II oder durch Ertüchtigung von Betriebsmitteln durch doppelte oder verstärkte Isolierung bei der Errichtung.

8.2.2   *412.2.2 Umhüllungen* [neu]

8.2.2.1   *412.2.2.1 Alle leitfähigen Teile eines betriebsfertigen elektrischen Betriebsmittels, die von aktiven Teilen nur durch Basisisolierung getrennt sind, müssen von einer isolierenden Umhüllung mit einer Schutzart von mindestens IPXXB oder IP2X umschlossen sein.*

Diese Anforderungen gelten nur für die Errichtung von Anlagen, in denen ausschließlich Schutz durch **doppelte Isolierung** erreicht werden soll. Da diese Anwendung aber relativ selten sein wird, wird hier nur auf ein paar wichtige Anforderungen näher eingegangen.

Die hier geforderte Schutzart für Umhüllungen (auf Gehäuse wird gar nicht Bezug genommen, obwohl aufgrund der Festlegungen für die Kennzeichnung sicher in erster Linie Gehäuse gemeint sein dürften) von mindestens IP2X oder IPXXB (Erklärung siehe Bild 1.6 dieses Buchs) entspricht der allgemeinen Mindestanforderung für den Schutz gegen elektrischen Schlag, d. h. für den Schutz gegen direktes Berühren oder wie neuerdings festgelegt, für den Basisschutz. Bei der hier geforderten Mindestschutzart von IP2X bzw. IPXXB wird nicht ausgeschlossen, dass in Betriebsmittelnormen höhere Schutzarten festgelegt sind, z. B. für Niederspannungs-Schaltgerätekombinationen und Installationsverteiler wird nach DIN EN 60439-1 (VDE 0660-500) bei „Schutzisolierung" (siehe hierzu die Erläuterungen im Abschnitt 8.2.1.1 dieses Buchs) mindestens die Schutzart IP2XC gefordert. Und auch aufgrund der Umgebungsbedingungen können höhere Schutzarten auch und insbesondere bei Betriebsmitteln der Schutzklasse II notwendig sein. Bei der Ertüchtigung einer höheren Schutzart dürfte es Probleme bezüglich des Nachweises geben, daher ist es sinnvoll, auf diese „Ertüchtigung" so weit als möglich zu verzichten und dafür typgeprüfte Betriebsmittel auszuwählen.

8.2.2.2 412.2.2.2 Es gelten die folgenden Anforderungen [413.2.5]:

– *durch die isolierende Umhüllung dürfen leitfähige Teile nicht geführt werden, durch die ein Potential übertragen werden könnte*

Diese Forderung hat es auch schon in der bisherigen Norm gegeben. Diese Forderung muss unter dem Gesichtspunkt betrachtet werden, dass Körper elektrischer Betriebsmittel im Innern der Gehäuse von Betriebsmitteln der Schutzklasse II nicht an einen Schutzleiter angeschlossen werden dürfen. Und auch bei Schutz durch doppelte oder verstärkte Isolierung darf ein Schutzleiter nicht an Körpern angeschlossen werden, siehe Abschnitt 412.2.2.4 der DIN VDE 0100-410 (VDE 0100-410):2007-06. Somit könnte bei einem inneren Körperschluss eine gefährliche Spannung durch leitfähige Teile nach außen verschleppt werden. Das Verbot, leitfähige Teile nicht durch das Gehäuse/die Umhüllung zu führen, gilt selbstverständlich und erst recht für aktive Teile. Das Schutzziel sowohl bei doppelter Isolierung als auch bei verstärkter Isolierung ist aber, dass ein Potential nicht übertragen werden darf. Das wird durch entsprechende „isolierende Trennung" erreicht.

– *die isolierende Umhüllung darf Schrauben oder andere Befestigungsmittel nicht enthalten, die während der Errichtung oder Instandhaltung notwendigerweise entfernt werden müssen oder könnten und deren Ersatz durch Metallschrauben oder andere Befestigungsmittel die durch die Umhüllung vorgesehene Isolierung beeinträchtigen könnte*

Auch diese Anforderungen an isolierende Umhüllungen/Gehäuse gelten gleichermaßen für die zusätzliche Isolierung wie auch für die verstärkte Isolierung. Durch diese Forderung werden Metallschrauben und dergleichen nicht ausgeschlossen, nur muss sichergestellt werden, dass sie so ausgeführt/angeordnet (isoliert angeordnet) sind, dass durch sie kein Potential verschleppt werden kann.

Wenn mechanische Verbindungen oder Anschlüsse (z. B. für die Bedienungsgriffe eingebauter Geräte) durch die isolierende Umhüllung geführt werden müssen, sollten sie so angeordnet werden, dass der Fehlerschutz (Schutz bei indirektem Berühren) nicht beeinträchtigt ist.

Die Abschwächung durch das empfehlende „sollte" verstößt gegen das zu erfüllende Schutzziel, dass der Fehlerschutz nicht beeinträchtigt werden darf. Die Autoren raten den Anwendern, die Empfehlung dieses Abschnitts als ein „Muss" zu berücksichtigen. Im Übrigen dürften sowohl der Basisschutz als auch der Fehlerschutz nicht beeinträchtigt sein.

8.2.2.3 *412.2.2.3 Wenn Deckel oder Türen in der isolierenden Umhüllung ohne Werkzeug oder Schlüssel geöffnet werden können, müssen alle leitfähigen Teile, die bei geöffnetem Deckel oder geöffneter Tür zugänglich sind, hinter einer isolierenden Abdeckung, die mindestens den Schutzgrad IPXXB oder IP2X vorsieht, angeordnet sein, die verhindert, dass Personen mit diesen leitfähigen Teilen unbeabsichtigt in Berührung kommen. Diese isolierende Abdeckung darf nur mit Hilfe eines Schlüssels oder Werkzeugs abnehmbar sein.* [413.2.6]

Eine analoge Forderung gibt es auch ganz allgemein für den Basisschutz, nur mit dem Unterschied, dass hier eine isolierende Abdeckung gefordert wird. Eigentlich müsste diese Abdeckung die Anforderung einer doppelten oder verstärkten Isolierung erfüllen, denn es handelt sich ja um den Schutz durch doppelte oder verstärkte Isolierung. Bei nur einer (einlagigen) isolierenden Abdeckung könnte ein Fehler zu einer Gefahr führen. Deswegen empfehlen die Autoren, diese Zwischenabdeckung zumindest in verstärkter Isolierung auszuführen.

8.2.2.4 *412.2.2.4 Leitfähige Teile innerhalb der isolierenden Umhüllung dürfen nicht an einen Schutzleiter angeschlossen sein. Dies schließt jedoch nicht aus, dass Anschlussmöglichkeiten für Schutzleiter vorgesehen sind, die notwendigerweise durch die Umhüllung geführt werden, weil sie für andere Betriebsmittel benötigt werden, deren Versorgungsstromkreis ebenfalls durch die Umhüllung geführt ist. Innerhalb der Umhüllung müssen alle solche Leiter und ihre Anschlussklemmen wie aktive Teile isoliert sein, und ihre Anschlussklemmen müssen als Schutzleiter-Anschlussklemmen gekennzeichnet sein. Körper und dazwischen liegende Teile dürfen nicht an einen Schutzleiter angeschlossen sein, wenn dafür nicht eine besondere Vorkehrung in den Normen für die betreffenden Betriebsmittel vorgesehen ist.*

Nach wie vor darf an leitfähigen Teilen, z. B. an Konstruktionsteilen oder an Körpern elektrischer Betriebsmittel innerhalb von isolierenden Umhüllungen, d. h. innerhalb von Betriebsmitteln mit doppelter oder verstärkter Isolierung, also solchen Betriebsmitteln, deren Isolierung erst bei der Errichtung ertüchtigt wird, ein Schutzleiter nicht angeschlossen werden. Diese Anforderung soll ja besonders durch das Symbol ⌸ zum Ausdruck gebracht werden.

Nach wie vor ist aber, anders als in der Norm mit Pilotfunktion DIN EN 61140 (VDE 0140-1), das „isolierte" Durchschleifen von Schutzleitern – einschließlich PEN-Leitern und Potentialausgleichsleitern, die definitionsgemäß auch Schutz-

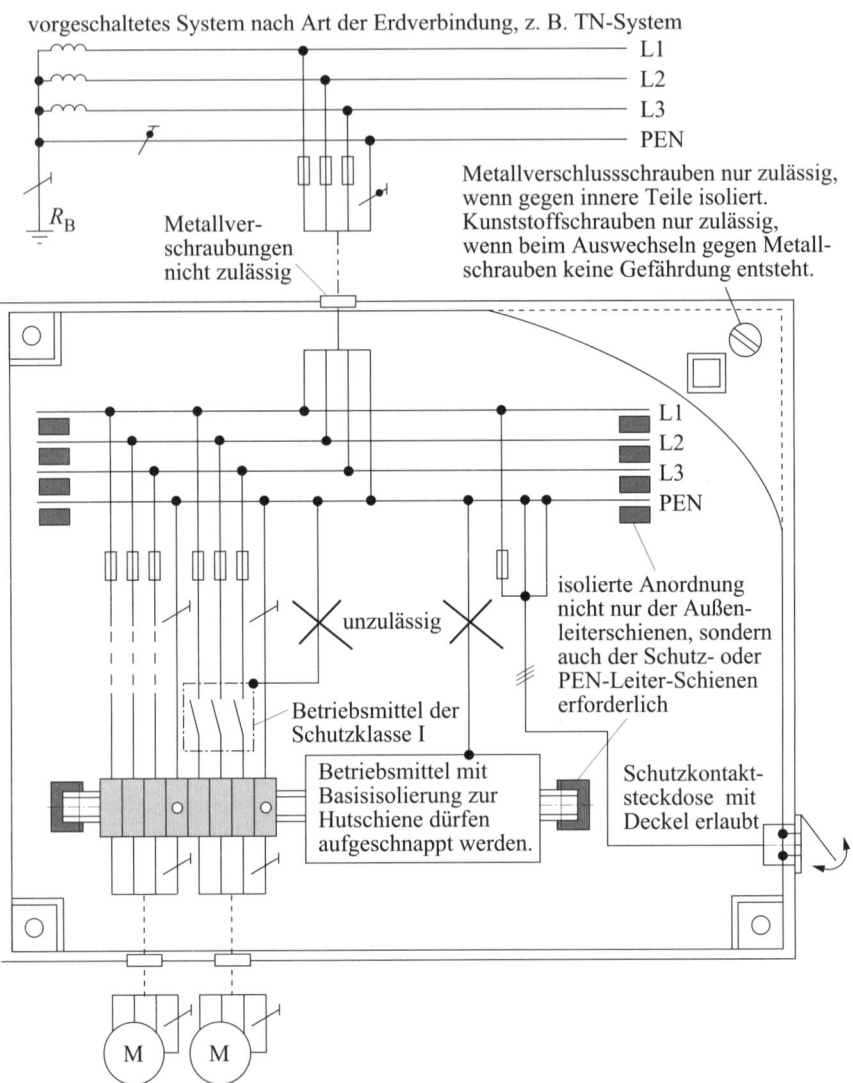

Bild 8.2.2.3.1 Durchschleifen von Schutzleitern und PEN-Leitern durch Betriebsmittel der Schutzklasse II – hier Verteiler der Schutzklasse II – zu nachgeschalteten Betriebsmitteln/Verbrauchsmitteln; isolierte Anordnung und entsprechende Kennzeichnung vorausgesetzt

8 412 Schutz durch doppelte oder verstärkte Isolierung

leiter sind (siehe 826-13-25 von DIN VDE 0100-200 (VDE 0100-200):2006-06) – erlaubt (siehe **Bild** 8.2.2.3.1). Für solche Schutzleiter müssen Anschlussstellen vorgesehen werden, die eine Basisisolierung haben müssen, wie sie üblicherweise für die aktiven Teile vorgesehen wird. Es ist also keine doppelte oder verstärkte Isolierung gefordert. Allerdings muss auch bei dieser Festlegung gelten, dass es sich nicht um eine „vollständige" Isolierung handeln kann, sondern die geforderte Isolierung muss soweit gegeben sein, dass eine Spannungsverschleppung verhindert wird. Besonderes Augenmerk ist auf Ausführungen zu richten, in denen die Schutzleiterklemmen auf Hutschienen mit direktem Kontakt zur Hutschiene – die dann auch als Schutzleiterschiene verwendet wird – aufgeschnappt werden. In solchen Fällen muss selbstverständlich die gesamte Hutschiene „isoliert", d. h. Basisisolierung gegen Körper von Betriebsmitteln und leitfähigen Konstruktionsteilen, aufgebaut sein, nicht jedoch mit einer vollständigen Basisisolierung versehen sein. Anders als im nationalen Vorwort der bisherigen Norm DIN VDE 0100-410 (VDE 0100-410):1997-01 gibt es nun keine Aussagen mehr zu Betriebsmitteln, die ggf. auf die Schutzleiterschiene mit aufgeschnappt werden sollen. Unter Beachtung des Schutzziels gilt, dass Betriebsmittel mit einer Basisisolierung aufgeschnappt werden dürfen, Betriebsmittel mit Körpern dagegen nicht, es sei denn, die Körper sind gegenüber der Schutzleiterschiene mit einer Basisisolierung getrennt, sodass keine leitfähige Verbindung mit den „durchgeschleiften" Schutzleitern besteht.

Dass die Schutzleiteranschlussstellen für die „durchgeschleiften" Schutzleiter entsprechend gekennzeichnet sein müssen – z. B. durch grün-gelbe Klebebänder oder durch das Bildzeichen/Symbol „Schutzleiter" ⏚ –, gilt ebenfalls ganz allgemein und ist keine Sonderanforderung für Betriebsmittel mit doppelter oder verstärkter Isolierung.

8.2.2.5 *412.2.2.5 Die Umhüllung darf den Betrieb der durch sie geschützten Betriebsmittel nicht nachteilig beeinträchtigen* [413.2.8]

Auch hierbei handelt es sich um eine Basisanforderung, die immer zutrifft, und nicht nur bei Betriebsmitteln mit doppelter oder verstärkter Isolierung. Allerdings muss bei solchen Betriebsmitteln ein besonderes Augenmerk auf diese Forderung gelegt werden, da diese Forderung bei der Ertüchtigung eher vernachlässigt werden könnte, als es bei „fabrikfertigen" Betriebsmitteln der Fall sein dürfte.

8 412 Schutz durch doppelte oder verstärkte Isolierung

Kurzer Überblick

Bei Schutz durch doppelte oder verstärkte Isolierung dürfen durch die Umhüllungen leitfähige Teile nicht durchgeführt werden, die ein Potential übertragen könnten. Das Auswechseln von Schrauben oder Befestigungsmitteln während der Errichtung und mechanische Verbindungen (z. B. Griffe), die durch die Umhüllung geführt werden, dürfen den durch die Umhüllung gegebenen Fehlerschutz nicht beeinträchtigen. Unterhalb von isolierenden Umhüllungen, die ohne Werkzeug entfernt werden können, muss eine isolierende Abdeckung mit dem Schutzgrad IPXXB oder IP2X angebracht sein, die nur mit Werkzeug entfernbar ist.

Das Durchschleifen von Schutzleitern und PEN-Leitern durch Umhüllungen, die den Schutz durch doppelte oder verstärkte Isolierung erfüllen, zu nachgeschalteten Betriebsmitteln/Verbrauchsmitteln ist zulässig, wenn diese Leiter und deren Anschlussklemmen innerhalb der Umhüllung wie aktive Teile isoliert sind.

8.2.3   *412.2.3 Errichtung* [neu]

Dieser Abschnitt befasst sich nun wieder allgemein mit dem Schutz durch doppelte oder verstärkte Isolierung, also auch mit dem Errichten von Betriebsmitteln der Schutzklasse II. Die nachfolgenden Abschnitte beziehen sich demnach nicht auf Anlagen, in denen ausschließlich Schutz durch doppelte oder verstärkte Isolierung vorgesehen ist, was durch den übernächsten normativen Abschnitt bekräftigt wird, sondern auf das Verwenden von solchen Betriebsmitteln.

8.2.3.1   *412.2.3.1 Das Errichten der in 412.2.1 genannten Betriebsmittel (Befestigung, Anschluss von Leitern usw.) muss so erfolgen, dass der nach Betriebsmittelnorm geforderte Schutz nicht beeinträchtigt ist.* [413.2.9]

Bei den im Abschnitt 412.2.1 genannten Betriebsmitteln handelt es sich um Betriebsmittel der Schutzklasse II, um Betriebsmittel, bei denen eine zusätzliche Isolierung ertüchtigt wird, und um Betriebsmittel, bei denen mit einer verstärkten Isolierung ertüchtigt wird. Diese allgemein gültigen Festlegungen zur Errichtung hat es bisher nicht gegeben, vermutlich aus dem Grunde, dass diese Festlegungen durch DIN VDE 0100-510 (VDE 0100–510) abgedeckt sind.

8.2.3.2   *412.2.3.2 Für einen Stromkreis, der Betriebsmittel der Schutzklasse II versorgt, muss ein Schutzleiter in der gesamten Leitungsanlage durchgehend leitend mitgeführt und in jedem Installationsgerät an eine Klemme angeschlossen werden, es sei denn, die Anforderungen nach 412.1.3 sind erfüllt.* [neu]

Diese Forderung nach einem Schutzleiter in allen Kabeln/Leitungen zur Versorgung von Betriebsmitteln der Schutzklasse II ist neu. Sie sollte allerdings auch bisher schon eine Selbstverständlichkeit sein, weil ja auch bisher nicht auszuschließen war, dass ein Betriebsmittel der Schutzklasse I durch ein solches der Schutzklasse II ersetzt werden musste, und sei es nur, dass durch einen Laien – wenn auch unerlaubterweise – eine Leuchte der Schutzklasse II durch eine solche der Schutzklasse I ausgewechselt wurde (siehe auch die nachfolgend aufgeführte Anmerkung in der Norm).

Unklar ist, warum das Mitführen eines Schutzleiters nur bei Betriebsmitteln der Schutzklasse II, also bei typgeprüften Betriebsmitteln, gefordert wird. Die Autoren sind der Ansicht, dass ein Schutzleiter auch in der Kabel-/Leitungsanlage für die Versorgung von Betriebsmitteln, die durch Anbringen doppelter oder verstärkter Isolierung ertüchtigt sind, und auch solchen, die gleichwertig der Schutzklasse II sind, mitgeführt werden sollte. Dass ein solcher Schutzleiter „durchgehend leitend", also durchgehend leitfähig, sein muss, sollte eine Selbstverständlichkeit sein. Allerdings dürfte es Probleme bei Installationsgeräten geben. Die meisten Installationsgeräte, die der Schutzklasse II entsprechen, z. B. Unterputzschalter, haben eine solche Klemme nicht. Das heißt, formal müsste in solchen Fällen in der Schalterdose eine Klemme vorhanden sein, ggf. muss der Schutzleiter an eine lose Klemme angeschlossen werden, die in der Schalterdose lose beiliegt. Dass das Mitführen eines Schutzleiters bei einer elektrischen Anlage/Teilanlage, in der nach Abschnitt 412.1.3 der DIN VDE 0100-410 (VDE 0100-410):2007-06 bzw. Abschnitt 8.1.3 dieses Buchs vollständig der Schutz durch doppelte oder verstärkte Isolierung zur Anwendung kommt, nicht gefordert ist, mag vertretbar sein, da ja durch die Überwachung verhindert werden soll, dass nachteilige Änderungen an der Anlage durchgeführt werden.

ANMERKUNG Mit dieser Anforderung ist beabsichtigt, das Ersetzen von Schutzklasse-II-Betriebsmitteln durch Schutzklasse-I-Betriebsmittel durch den Benutzer zu berücksichtigen.

Die Worte „durch den Benutzer" leisten Vorschub, dass auch der Laie Betriebsmittel auswechselt. Das Mitführen eines Schutzleiters ist aber auch für die Elektrofachkraft eine Erleichterung, da auch die Elektrofachkraft in manchen Fällen Betriebsmittel der Schutzklasse II durch solche der Schutzklasse I auswechseln muss und dann ein aufwändiges Nachrüsten eines Schutzleiters nicht notwendig ist.

Kurzer Überblick

In Stromkreisen zur Versorgung von Betriebsmitteln der Schutzklasse II muss ein Schutzleiter mitgeführt werden, um das spätere Auswechseln der Betriebsmittel/Verbrauchsmittel der Schutzklasse II gegen solche der Schutzklasse I zu erleichtern. Ausnahme: Es wird nachgewiesen, dass sich dieser Stromkreis oder der Teil der Anlage im normalen Betrieb unter wirksamer Überwachung befindet, sodass keine Änderung durchgeführt werden kann, die die Wirksamkeit der Schutzmaßnahme beeinträchtigt.

8.2.4   412.2.4 Kabel- und Leitungsanlagen [neu]

8.2.4.1   *412.2.4.1 Kabel- und Leitungsanlagen, die in Übereinstimmung mit DIN VDE 0100-520 (VDE 0100-520) verlegt sind, erfüllen die Anforderungen von 412.2, wenn:*
- *die Bemessungsspannung der Kabel und Leitungen nicht weniger als die Nennspannung des Versorgungssystems und mindestens 300/500 V beträgt, und*
- *ein ausreichender mechanischer Schutz der Basisisolierung durch eine oder mehrere der folgenden Maßnahmen vorgesehen ist:*
  a) nicht-metallener Mantel des Kabels oder
  b) nicht-metallene geschlossene oder zu öffnende Installationskanäle nach den Normen der Reihe IEC 61084 oder nicht-metallene Elektroinstallationsrohre entweder nach den Normen der Reihe DIN VDE 0605 (VDE 0605) oder nach den Normen der Reihe DIN EN 61386 (VDE 0605)

ANMERKUNG IEC 61084 ist thematisch vergleichbar mit den Normen der Reihe DIN EN 50085 (VDE 0604).

Hier wird nun zum ersten Mal festgelegt, unter welchen Voraussetzungen Kabel und Leitungen gleichwertig der doppelten oder verstärkten Isolierung sind bzw. eingesetzt werden dürfen, ohne dass zusätzliche Maßnahmen bezüglich Basisschutz oder Fehlerschutz notwendig werden. Wichtig ist, was eigentlich schon bisher auch gegolten hat, dass:

- die Kabel/Leitungen entsprechend den Vorgaben von DIN VDE 0100-520 (VDE 0100-520) verlegt werden
- die Kabel/Leitungen mindestens für eine Spannung von 300/500 V bemessen sind (300 V Leiter/Erde und 500 V Leiter/Leiter), was natürlich – auch wenn in der Norm so nicht enthalten – nur für die Nenn(Versorgungs)spannung 400/230*⁾ V gilt. Durch diese Festlegung würden sich Stegleitungen ab sofort verbieten, da sie nur für 400/230*⁾ V bemessen sind. Hier gilt eine Ausnahme für Deutschland, die in DIN VDE 0100-520 (VDE 0100-520):2003-06 enthalten ist. Aus der Sicht des Schutzes gegen elektrischen Schlag ist das Sicherheitsniveau für Stegleitung unterhalb des sonst geforderten Standes. Wenn sie weiter verwendet werden soll, halten die Autoren eine Bemessung der Spannung auf Eignung 300/500 V für geboten.
- Bei Aderleitungen muss
  a) entweder ein nicht-metallener Mantel vorhanden sein, was letztlich dann ein Kabel/eine Leitung ist, oder
  b) die basisisolierten Leiter müssen in einem Leitungskanal aus Isolierstoff verlegt oder in ein Elektroinstallationsrohr eingezogen werden.

---

*⁾ Häufig ist auch die umgekehrte Schreibweise 230/400 V zu sehen, jedoch wird normenkonform zuerst die (verkettete) Nennspannung genannt und dann die Nennspannung gegen Erde.

8 412 Schutz durch doppelte oder verstärkte Isolierung

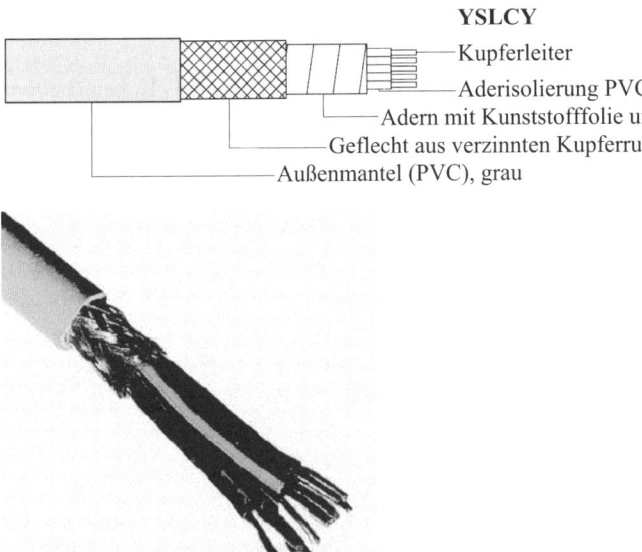

YSLCY
- Kupferleiter
- Aderisolierung PVC
- Adern mit Kunststofffolie umwickelt
- Geflecht aus verzinnten Kupferrunddrähten
- Außenmantel (PVC), grau

Bild 8.2.4.1 Geschirmte Steuerkabel ohne Umhüllung zwischen Basisisolierung und Schirm

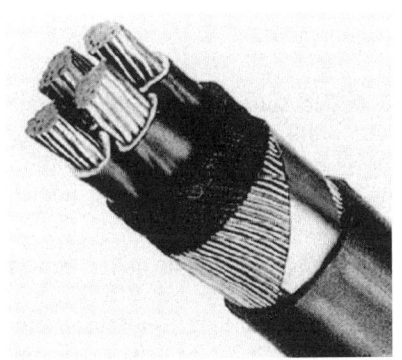

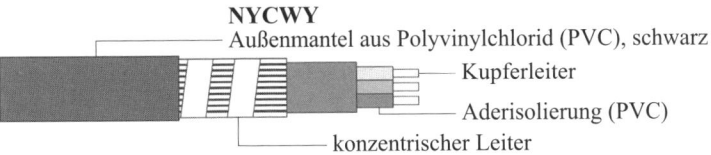

NYCWY
- Außenmantel aus Polyvinylchlorid (PVC), schwarz
- Kupferleiter
- Aderisolierung (PVC)
- konzentrischer Leiter

Bild 8.2.4.2 Energiekabel NYCWY mit Schirmdrähten und Schirmfolie, isolierende Umhüllung zwischen Basisisolierung und Schirm

Für Stegleitungen kann die Anforderung für Aderleitungen nicht angewendet werden, da Stegleitungen im oder unter Putz zu verlegen sind.

Probleme könnten sich auch bei der Verwendung von „geschirmten" Kabeln/Leitungen ergeben. Solche Kabel haben üblicherweise nur basisisolierte Adern, um die eine Folie und dann ein Schirm gelegt werden, und erst darüber befindet sich eine zweite Umhüllung, die die obige Forderung erfüllen könnte, die normative Anforderung wird aber nicht erfüllt. In erster Linie handelt es sich dabei um Steuerkabel, siehe **Bild 8.2.4.1**. Bei den Kabeln vom Typ NYCWY werden vermutlich die normativen Anforderungen erfüllt, da zwischen den basisisolierten Adern und dem Schirmgeflecht eine isolierende Umhüllung vorhanden ist, siehe **Bild 8.2.4.2**.

ANMERKUNG 1 Kabel- und Leitungsnormen spezifizieren keine Überspannungsfestigkeit, jedoch wird angenommen, dass die Isolierung der Kabel und Leitungen mindestens gleichwertig zu den Anforderungen für verstärkte Isolierung nach DIN EN 61140 (VDE 0140-1) ist.

Vermutlich ist hierbei die Bemessungs-Stoßspannungsfestigkeit gemeint, da es den Begriff Überspannungsfestigkeit weder in den Normen der Reihe DIN VDE 0100 (VDE 0100) noch in DIN EN 61140 (VDE 0140-1) gibt. Auch der Hinweis auf mindestens gleichwertig zu den Anforderungen für verstärkte Isolierung ist unangebracht, da im diesem Abschnitt festgelegt ist, auf welche Weise bei Kabeln/Leitungen der Schutz durch doppelte oder verstärkte Isolierung erfüllt wird, nämlich durch eine festgelegte Bemessungsspannung von 300/500 V.

ANMERKUNG 2 Solch eine Kabel- und Leitungsanlage sollte weder mit dem Symbol 5172 ☐ *nach DIN EN 60417, noch mit dem Symbol 5019* ⊠ *nach DIN EN 60417 gekennzeichnet sein.*

Diese vernünftige Forderung sollte nach Ansicht der Autoren nicht nur mit einer Anmerkung empfohlen werden, sondern als Auswahlkriterium mit einer „Muss-Anforderung", d. h. „dürfen nicht gekennzeichnet werden", aufgenommen werden, da immer wieder Auftraggeber und Sachverständige eine solche Forderung aufstellen.

An dieser Stelle sei auch noch auf einige Probleme hingewiesen, die immer wieder zu Anfragen bei der DKE geführt haben:
- Steckdosen auch mit Schutzkontakt in der äußeren Umhüllung von Betriebsmitteln der Schutzklasse II sind zugelassen (siehe Bild 8.2.2.3.1), wenn sie mit einem Klappdeckel versehen sind.
- Zusätzliche äußere Metallumhüllungen an Verteilern der Schutzklasse II (schutzisolierten Verteilern) sind zugelassen, vorausgesetzt, dass sie gegen innere aktive Teile und auch gegen Körper entsprechend den Anforderungen der doppelten oder verstärkten Isolierung (früher der Schutzklasse II) getrennt sind. In diesem Falle ist ein Schutzleiteranschluss – und auch ein zusätzlicher Schutzpotentialausgleich – an diesen zusätzlichen Metallumhüllungen nicht zulässig.

- Zusätzliche äußere Metallumhüllungen, in denen Betriebsmittel der Schutzklasse II oder doppelter oder verstärkter Isolierung befestigt sind – einschließlich der dazu erforderlichen Kabel und Leitungen –, sind erlaubt. Solche Verteiler bleiben Verteiler mit doppelter oder verstärkter Isolierung bzw. Verteiler der Schutzklasse II und damit ohne Schutzleiteranschluss an der Metallumhüllung.

- Zusätzliche äußere Metallumhüllungen mit Betriebsmitteln der Schutzklasse I sind ebenfalls erlaubt. Hierbei bleibt der eigentliche Verteiler ein Verteiler der Schutzklasse II, die zusätzliche Metallumhüllung gilt als Betriebsmittel der Schutzklasse I, in diesem Falle muss ein Schutzleiter an der Metallumhüllung angeschlossen werden.

- Leitfähige Teile – aktive Teile, Körper und Konstruktionsteile – dürfen nur dann die Isolierumhüllung durchdringen, wenn sie innerhalb oder außerhalb mit einer Isolierung versehen sind, die der doppelten oder verstärkten Isolierung entspricht (bisher gleichwertig der Isolierung von Betriebsmitteln der Schutzklasse II).

- Metallverschraubungen an den Kabel-/Leitungseinführungen sind unzulässig, es sei denn, sie sind gegen innere leitfähige und aktive Teile mit Basisisolierung (oder vorzugsweise mit einer doppelten oder verstärkten Isolierung) versehen, sodass über diese Teile ein Potential nach außen nicht verschleppt werden kann.

- Das Einführen geschirmter Kabel/Leitungen in Betriebsmittel der Schutzklasse II bzw. mit doppelter oder verstärkter Isolierung ist dann erlaubt, wenn die Schirme mit einem isolierenden Mantel abgedeckt sind und eine Berührung der Schirme mit aktiven Teilen oder Körpern innerhalb des Gehäuses der Schutzklasse II bzw. mit doppelter oder verstärkter Isolierung ausgeschlossen werden kann, d. h., diese Schirme müssen ebenfalls an einer isoliert aufgebauten Schiene aufgelegt werden, dürfen aber mit eventuell im Gehäuse vorhandenen, isoliert angeordneten Schutzleitern verbunden werden.

- Schirmwicklungen von Transformatoren oder sonstigen elektronischen Einrichtungen dürfen an Schutz- oder Erdungsleiter angeschlossen werden, eine Berührung mit aktiven Teilen und Körpern muss ausgeschlossen werden, z. B. durch Basisisolierung, doppelte oder verstärkte Isolierung. Die Forderung nach mindestens Basisisolierung basiert auf DIN EN 61140 (VDE 0140-1):2007-03 Abschnitt 5.3.2, dritter Aufzählungsstrich zur sicheren Trennung durch Schutzschirmung.

- Beim Auswechseln von Netzanschlussleitungen dürfen zweiadrige Netzanschlussleitungen gegen dreiadrige mit Schutzleiter ausgewechselt werden. An diesen Kabeln/Leitungen darf auch ein Stecker mit Schutzkontakt angeschlossen werden. Der im Kabel bzw. in der Leitung mitgeführte Schutzleiter muss im Stecker angeschlossen werden. Er darf jedoch nicht am/im Betriebsmittel der Schutzklasse II bzw. mit doppelter oder verstärkter Isolierung angeschlossen werden. Dieses Mitführen des Schutzleiters in Kabeln/Leitungen und das Anschließen im Stecker kann auch unter dem Gesichtspunkt des Brandschutzes von Vorteil sein.

Hinweis: Diese Festlegung hat nichts mit der Forderung zu tun, dass nun nach DIN VDE 0100-410 (VDE 0100-410):2007-06 in der fest errichteten Anlage in jedem Kabel, in jeder Leitung ein Schutzleiter mitgeführt werden muss. Davon ausgenommen sind elektrische Anlagen/Teilanlagen, bei denen nach Abschnitt 412.1.3 der DIN VDE 0100-410 (VDE 0100-410):2007-06 bzw. Abschnitt 8.1.3 dieses Buchs vollständig der Schutz durch doppelte oder verstärkte Isolierung zur Anwendung kommt.

Kurzer Überblick

Kabel und Leitungen gibt es nicht in Schutzklasse II. Kabel und Leitungen können als gleichwertig zur doppelten oder verstärkten Isolierung eingesetzt werden, wenn sie bestimmte Bedingungen hinsichtlich Verlegung, mechanischem Schutz und Bemessungsspannung erfüllen.

9 413 Schutzmaßnahme: Schutztrennung [teilweise 413.5]

9.1 413.1 Allgemeines

Der Schutz durch Schutztrennung besteht prinzipiell darin, dass nur ein einziges elektrisches Verbrauchsmittel hinter einer Stromquelle mit einfacher Trennung zu anderen Stromkreisen und Erde angeschlossen sein darf. Für diesen Stromkreis wird durch einfache Trennung zu allen anderen Stromkreisen und zur Erde der Basisschutz und Fehlerschutz erfüllt. Bei der Versorgung nur eines elektrischen Verbrauchsmittels kann weder bei einem Fehler noch bei einem zweiten Körperschluss eine Gefährdung auftreten. Damit kann der Schutz durch Schutztrennung mit einem Verbrauchsmittel als eine sichere Schutzmaßnahme angesehen werden und darf für den allgemeinen Gebrauch – auch in Bereichen, in denen Laien Zugriff auf Betriebsmittel/Verbrauchsmittel haben – angewendet werden, d. h., diese Schutzmaßnahme ist allgemein anwendbar. Es muss aber zwischen der Schutztrennung mit einem Verbrauchsmittel, wie sie in diesem Abschnitt 413 der DIN VDE 0100-410 (VDE 0100-410):2007-06 aufgeführt ist, und der unter Abschnitt C.3 (siehe Abschnitt 14.3 dieses Buchs) der DIN VDE 0100-410 (VDE 0100-410): 2007-06 aufgeführten Schutztrennung mit mehr als einem Verbrauchsmittel unterschieden werden. Beim Anschluss mehrerer elektrischer Verbrauchsmittel (hier geht es nur um die Verbrauchsmittel) hinter einer Stromquelle mit einfacher Trennung – was auch als Schutz durch Schutztrennung gilt – müssen die Körper dieser Betriebsmittel hinter derselben Stromquelle gleiches Potential haben, was durch einen ungeerdeten Schutzpotentialausgleich(sleiter) erreicht wird. Dieser ungeerdete Schutzpotentialausgleich (der nicht mit dem Schutzpotentialausgleich über die Haupterdungsschiene und auch nicht mit dem zusätzlichen Schutzpotentialausgleich verwechselt werden darf) wird erreicht durch die in den Kabeln/Leitungen mitzuführenden Schutzleiter, die an die Körper der Betriebsmittel (Betriebsmittel der Schutzklasse I) angeschlossen werden müssen. Beim Anschluss mehrerer elektrischer Verbrauchsmittel an einen Stromkreis (mehrere Stromkreise sind nicht erlaubt) muss eine Abschaltung der Schutzeinrichtungen (z. B. vom Drehstromkreis), mindestens jedoch eine der Schutzeinrichtungen, beim zweiten Fehler (an unterschiedlichen aktiven Leitern) erfolgen. Die Schutztrennung mit mehr als einem Verbrauchsmittel darf – im Unterschied zur Schutztrennung mit nur einem Verbrauchsmittel – ausschließlich zur Anwendung kommen, wenn die betreffende Anlage nur durch Elektrofachkräfte oder elektrotechnisch unterwiesene Personen betrieben und überwacht wird.

9 413 Schutzmaßnahme: Schutztrennung

9.1.1   413.1.1 *Schutztrennung ist eine Schutzmaßnahme, bei der:*

– *der Basisschutz (Schutz gegen direktes Berühren) vorgesehen ist durch Basisisolierung der aktiven Teile oder durch Abdeckungen oder Umhüllungen in Übereinstimmung mit Anhang A und*

– *der Fehlerschutz (Schutz bei indirektem Berühren) vorgesehen ist durch einfache Trennung des getrennten Stromkreises mit Schutztrennung von anderen Stromkreisen und von Erde*

Bevor auf die Schutztrennung mit einem Verbrauchsmittel erläuternd eingegangen wird, machen die Autoren nochmals darauf aufmerksam, dass es sich bei der Schutztrennung, anders als nach der bisherigen DIN VDE 0100-410 (VDE 0100-410):1997-01, in diesem Abschnitt der Norm ausschließlich um die Schutztrennung mit einem einzigen Verbrauchsmittel hinter einer Stromquelle handelt. Die Autoren hätten es besser gefunden, wenn dieser Abschnitt statt allgemein mit „Schutztrennung" präziser „Schutztrennung mit nur einem Verbrauchsmittel" benannt worden wäre, um klar den Unterschied zur Schutztrennung mit mehr als einem Verbrauchsmittel nach Abschnitt C.3 (siehe Abschnitt 14.3) der DIN VDE 0100-410 (VDE 0100-410):2007-06 herauszustellen.

In diesem Abschnitt wurde nun endlich – im Unterschied zur bisherigen Aussage von DIN VDE 0100-410 (VDE 0100-410):1997-01 – richtig der Begriff „Verbrauchsmittel" und nicht mehr „Betriebsmittel" verwendet. Bei der Verwendung des Begriffs „Betriebsmittel", zu dem Verbrauchsmittel, aber auch Installationsmaterial gehören, würde sich ergeben, dass schon bei Anschluss eines Kabels die Schutztrennung mit einem „Betriebsmittel" vorliegt, da ein Kabel ein Betriebsmittel ist und damit die Grenze für die Anwendung dieser Schutzmaßnahme gegeben wäre.

Die Beschreibung des Basisschutzes und des Fehlerschutzes mag so manchen ins Staunen bringen, wenn er liest, dass der Basisschutz durch Basisisolierung und der Fehlerschutz durch „einfache Trennung" in der Stromquelle, zu anderen Stromkreisen und zur Erde erreicht werden kann. Haben wir doch gelernt, dass der Transformator eine sichere (elektrische) Trennung aufweisen muss, um die Schutzmaßnahme Schutztrennung zu realisieren. Nun soll das alles nicht mehr gelten?

Streng genommen war eine solche Forderung nach sicherer Trennung für den Transformator nicht in DIN VDE 0100-410 (VDE 0100-410):1997-01 enthalten, da es darin nicht einmal einen Bezug auf die Norm für Trenntransformatoren gab. Es wurde nur an verschiedenen Stellen darauf hingewiesen, dass die „ ... gleiche sichere Trennung wie beim Transformator gegeben sein muss ...". Da es eine Norm gibt, die DIN EN 60558-2-4 (VDE 0558-2-4), die „Trenntransformatoren" behandelt, war klar, dass für Schutztrennung ein solcher Transformator auszuwählen ist, obwohl es auch in DIN EN 60558-2-4 (VDE 0558-2-4) selbst keinen Bezug zur Schutzmaßnahme Schutztrennung gibt.

Es muss aber nicht immer ein Transformator für diese Trennung verwendet werden. Nach wie vor dürfen auch andere Stromquellen, wie z. B. Motorgeneratoren, Batterien und Akkumulatoren, als Stromquellen verwendet werden, Siehe auch **Bild 9.1.1**. Dagegen dürfen Spartransformatoren und ähnliche Einrichtungen ohne zumindest einfache (galvanische) Trennung nicht für den Schutz durch Schutztrennung zur Anwendung kommen.

Formal darf nun für Schutztrennung ein ganz gewöhnlicher Transformator, z. B. ein Transformator nach DIN EN 60558-2-1 (VDE 0558-2-1), ausgewählt werden, was aber Mut braucht, weil die Anwender eben eine höhere Anforderung gewohnt sind.

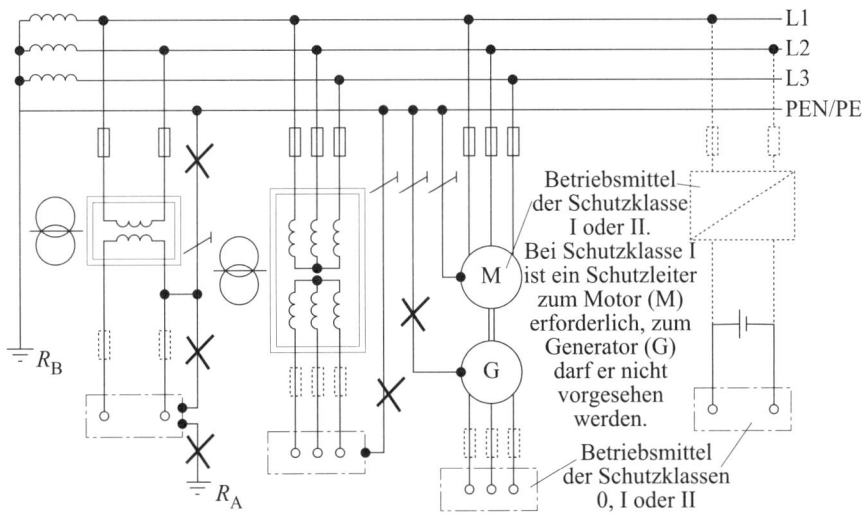

Bild 9.1.1 Schutz durch Schutztrennung mit einem Verbrauchsmittel pro Stromquelle

Fakt ist, dass es sich bei der Schutzmaßnahme Schutztrennung um nichts anderes als um ein vollkommen an der Stromquelle ungeerdetes System handelt, vergleichbar mit dem IT-System. Aber im Unterschied zum IT-System muss auch das Verbrauchsmittel (und nicht nur die Stromquelle) isoliert gegen Erde, d. h. ungeerdet sein. Ohne dass dies so in der Normung Fuß gefasst hat, könnte es als II-System betrachtet werden. Anders als beim nicht ganz vergleichbaren IT-System dürfen der Körper des elektrischen Verbrauchsmittels und auch die sonst im Stromkreis noch vorhandenen Betriebsmittel keine Schutzleiterverbindung/Erdverbindung haben, was insbesondere bei Betriebsmitteln der Schutzklasse I einen großen Unterschied zum Schutz durch automatische Abschaltung der Stromversorgung darstellt. Wie bekannt, kann im IT-System (siehe auch Abschnitt 411.6.2 der Norm DIN VDE 0100-410 (VDE 0100-410):2007-06, bzw. Abschnitt 7.6.2 dieses Buchs), wenn die entsprechenden Anforderungen ($I_d \leq 50$ V/R_A) eingehalten werden, beim ersten Fehler eine gefährliche Berührungsspannung nicht auftreten. Erst der zweite Fehler

9 413 Schutzmaßnahme: Schutztrennung

in einem anderen Außenleiter an einem anderen Betriebsmittel/Verbrauchsmittel muss, auch aus Gründen des Schutzes gegen elektrischen Schlag im IT-System, abgeschaltet werden. Durch die Begrenzung auf ein Verbrauchsmittel (und den damit meist kurzen Kabel-/Leitungslängen) und den entsprechenden Vorgaben für die Kabel/Leitungsverlegung, sowie den vermutlich nur wenigen Körpern von anderen Betriebsmitteln (z. B. metallene Abzweigkästen) kann bei Schutz durch Schutztrennung dieser zweite Fehler kaum auftreten. Ein zweiter Fehler – so er auftreten sollte – in einem zweiten Außenleiter (auf der Sekundärseite des Transformators kann es sich bei Schutztrennung mit nur einem Verbraucher nur um Außenleiter handeln, was auch für andere Stromquellen gilt) ist fast immer ein Kurzschluss, der durch eine Schutzeinrichtung für den Schutz bei Überstrom abgeschaltet werden muss. Schließlich gilt auch hier DIN VDE 0100-430 (VDE 0100-430), auch wenn auf diese Norm hier nicht explizit verwiesen wird. Kritisch könnten Doppelfehler auf verschiedenen Außenleitern werden, wenn der erste Fehler zum Körper des angeschlossenen Verbrauchsmittel entsteht, der zweite Fehler zur Erde bzw. zu geerdeten Teilen oder umgekehrt, siehe **Bild 9.1.2**. In einem solchen Falle könnte eine gefährliche Berührungsspannung am Körper gegen Erde vom Menschen überbrückt werden, und dieser Fehler würde nicht durch eine Schutzeinrichtung abgeschaltet werden, vermutlich auch nicht durch die Schutzeinrichtung für den Schutz bei Überstrom. Bei dieser „Konstellation" ergibt sich quasi ein TT-System, bei dem der Fehlerstrom über den Menschen zur Erde fließen muss und über den Erdschluss des anderen Außenleiters zum Transformator zurück, und damit wird nur ein Abschaltstrom fließen, der nicht zur Auslösung einer Schutzeinrichtung reicht. Aber im Allgemeinen braucht mit dem Auftreten eines zweiten Fehlers nicht gerechnet zu

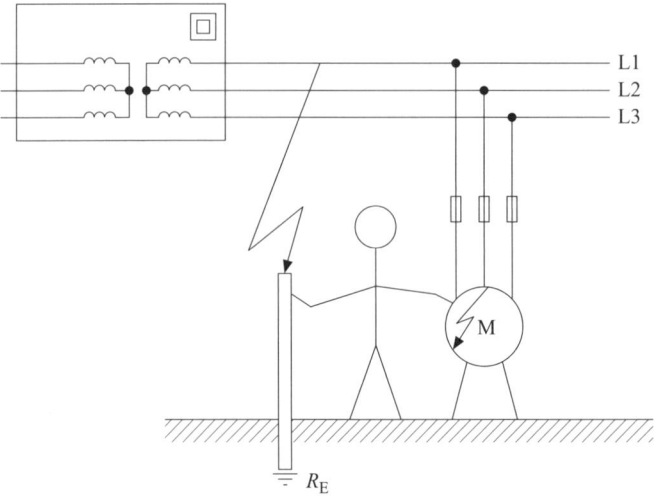

Bild 9.1.2 Gefahren bei zwei Fehlern bei Schutz durch Schutztrennung mit einem Verbrauchsmittel

werden. Im Gegensatz zum IT-System, für das eine Isolationsüberwachung gefordert ist, wurde bei Schutz durch Schutztrennung auf eine Isolationsüberwachungseinrichtung – auch wegen der „übersichtlichen" Anlage mit vergleichsweise wenigen Betriebsmitteln – verzichtet.

Es sollte auch berücksichtigt werden, dass es sich im Anwendungsbereich von DIN VDE 0100-410 (VDE 0100-410) nur um einen fest errichteten elektrischen Stromkreis mit Schutz durch Schutztrennung handelt und nicht um das Verwenden/Anwenden ortveränderlicher Verbrauchsmittel jenseits der Steckdose, für die DIN VDE 0100 (VDE 0100) keine Anforderungen enthält. Für solche Anwendungsfälle gelten die Anforderungen der Betriebsmittelnormen/Produktnormen bzw. Vorgaben der Unfallverhütungsvorschriften der Berufsgenossenschaften, z. B. der BGV A3 und der BGI 594.

Da als Basisschutz neben der Möglichkeit von Abdeckungen/Umhüllungen nur noch Basisisolierung gefordert wird, wäre es in der Praxis – wenn diesen Aussagen nicht der Abschnitt 521.7.2.4 von DIN VDE 0100-520 (VDE 0100-520):2003-06 aus anderen Gründen als dem Schutz gegen elektrischen Schlag entgegenstünde – ausreichend, ausschließlich basisisolierte Leiter (Aderleitungen) zu verlegen. Dies gilt auch unter dem Gesichtspunkt, dass aus Abschnitt 413.3.5 der DIN VDE 0100-410 (VDE 0100-410):2007-06 bzw. Abschnitt 9.3.5 dieses Buchs sich etwas anderes ableiten lassen könnte. Da auch für den Fehlerschutz nur eine einfache Trennung zu anderen Stromkreisen und zu Erde gefordert wird, wäre demnach eine Basisisolierung für die Leiter ausreichend. Auf die Verwendung von Aderleitungen sollte aber auf alle Fälle verzichtet werden, weil die Gefahr der mechanischen Beschädigung zu groß ist. Das heißt, es sollten immer Kabel/Leitungen oder Aderleitungen in Elektroinstallationsrohren/-kanälen verwendet werden, siehe auch Abschnitt 413.3.5 der DIN VDE 0100-410 (VDE 0100-410):2007-06 bzw. Abschnitt 9.3.5 dieses Buchs.

Sofern der Basisschutz durch Abdeckungen oder Isolierung erfüllt wird, erfüllen diese Abdeckungen (aus leitfähigem oder isolierendem Material) auch den Fehlerschutz, da mit ihnen ja die Trennung von anderen Stromkreisen erreicht werden kann.

9.1.2 413.1.2 *Ausgenommen wie in 413.1.3 erlaubt, muss diese Schutzmaßnahme auf die Versorgung eines elektrischen Verbrauchsmittels durch eine ungeerdete Stromquelle mit einfacher Trennung beschränkt werden.*

An dieser Stelle ist nun die Anforderung zu beachten, dass durch einen Transformator mit einfacher Trennung nur ein einziges elektrisches Verbrauchsmittel versorgt werden darf, wenn es sich um „allgemeine" Anlagen handelt. Allerdings ist nicht die neue Festlegung der einfachen Trennung beim Transformator der ausschlaggebende Grund dafür, sondern weil bei mehr als einem Verbrauchsmittel ein zweiter Fehler viel häufiger auftreten kann, der eine gefährliche Berührungsspannung mit sich bringen kann, sodass eine Abschaltung der Stromversorgung beim zweiten Fehler notwendig wäre. Ohne „Überwachung" werden Fehler aber nur bedingt er-

9 413 Schutzmaßnahme: Schutztrennung

kannt, sodass die Gefahr von mehreren Fehlern gegeben ist. Für diese Abschaltung wäre dann selbstverständlich wieder ein ungeerdeter Schutzpotentialausgleichsleiter (bisher ein ungeerdeter Schutzleiter) notwendig. Weitere Ausführungen siehe Abschnitt 14.3 dieses Buchs (Abschnitt C.3 der Norm DIN VDE 0100-410 (VDE 0100-410):2007-06).

Nicht mehr aufgeführt ist die Möglichkeit, Transformatoren mit mehreren Sekundärwicklungen zu verwenden, um an jede Wicklung nur ein Verbrauchsmittel anzuschließen. Allerdings gibt es diesbezüglich auch kein Verbot, sodass nach Meinung der Autoren einer solchen Anwendung nichts im Wege steht.

Wichtig ist – wie bisher auch – die Festlegung, dass die Stromquelle – gemeint ist selbstverständlich ein aktiver Leiter oder ein Sternpunkt des Sekundärkreises – nicht mit einem Schutzleiter verbunden werden darf, siehe auch Bild 9.1. Dieses „Verbot" der Erdung/Verbindung mit einem Schutzleiter gilt selbstverständlich auch für den Körper (wenn es sich um ein Verbrauchsmittel der Schutzklasse I handelt) des einzigen angeschlossenen Verbrauchsmittels oder eines sonstigen Betriebsmittels im Stromkreis, ein Thema, das im Abschnitt 413.3.6 der DIN VDE 0100-410 (VDE 0100-410):2007-06, siehe Abschnitt 9.3.6 des Buchs, noch ausführlich behandelt wird.

ANMERKUNG Bei dieser Schutzmaßnahme ist die ordnungsgemäße Basisisolierung entsprechend den Anforderungen der Betriebsmittelnorm von besonderer Bedeutung.

Es ist schwer zu erkennen, welche Bedeutung diese Anmerkung haben soll bzw. auf was sie sich bezieht. Dass die Betriebsmittel normenkonform sind, muss natürlich bei der Auswahl berücksichtigt werden. Der Errichter muss und kann davon ausgehen, dass diese Betriebsmittel eine „ordnungsgemäße" Basisisolierung haben. Allenfalls kann damit gemeint sein, dass der Errichter bei der Errichtung darauf zu achten hat, ob es zu keinen Beschädigungen an isolierten Teilen gekommen ist. Der Anwender, der meist ein Laie ist, kann eine solche Aufgabe nicht übernehmen, da er diese Forderung nicht kennen muss.

9.1.3 *413.1.3 Wenn mehr als ein elektrisches Verbrauchsmittel von einer ungeerdeten Stromquelle mit einfacher Trennung versorgt wird, müssen die Anforderungen im Anhang C, Abschnitt C.3 erfüllt werden.*

Mit diesem Abschnitt soll nur nochmals darauf hingewiesen werden, dass nach der neuen DIN VDE 0100-410 (VDE 0100-410):2007-06 nur noch die Schutztrennung mit einem einzigen Verbrauchsmittel allgemein angewendet werden darf, aber dass Schutztrennung mit mehr als einem Verbrauchsmittel unter gewissen Einschränkungen auch weiterhin zulässig ist, aber eben nicht in elektrischen Anlagen, zu denen jedermann Zugang hat. Die entsprechenden Anforderungen werden noch im Abschnitt C.3 der Norm DIN VDE 0100-410 (VDE 0100-410):2007-06 bzw. im Abschnitt 14.3 dieses Buchs behandelt.

9 413 Schutzmaßnahme: Schutztrennung

> **Kurzer Überblick**
>
> Schutztrennung mit einem Verbrauchsmittel darf – im Unterschied zur Schutztrennung mit mehr als einem Verbrauchsmittel – für den allgemeinen Gebrauch, auch in Bereichen, in denen Laien Zugriff auf Betriebsmittel/Verbrauchsmittel haben, angewendet werden.

9.2 *413.2 Anforderungen an den Basisschutz (Schutz gegen direktes Berühren)* [neu]

9.2.1 *413.2.1 An jedem elektrischen Betriebsmittel muss eine der Vorkehrungen für den Basisschutz (Schutz gegen direktes Berühren) nach Anhang A oder die Schutzmaßnahme nach Abschnitt 412 vorhanden sein.*

Auch bei Schutztrennung ist, – wie bei den anderen Schutzmaßnahmen auch – sowohl ein Basisschutz als auch ein Fehlerschutz notwendig. Der Basisschutz soll – wie bereits ausgeführt – durch eine Basisisolierung erfüllt werden. Es dürfen in solchen Stromkreisen aber auch Betriebsmittel/Verbrauchsmittel der Schutzklasse II zur Anwendung kommen, was durch den Bezug auf Abschnitt 412 der DIN VDE 0100-410 (VDE 0100-410):2007-06, siehe auch Kapitel 8 dieses Buchs, gegeben ist. Ausgeschlossen sind aber mehrere Betriebsmittel der Schutzklasse I nicht, wenn diese basisisoliert sind. Jedoch darf in allen Fällen nur ein einziges Betriebsmittel im Stromkreis ein Verbrauchsmittel sein. Aber der Fehlerschutz weicht von den gewohnten Anforderungen ab, wie im nächsten Abschnitt festgestellt werden kann.

9.3 *413.3 Anforderungen an den Fehlerschutz (Schutz bei indirektem Berühren)* [neu]

9.3.1 *413.3.1 Der Schutz durch Schutztrennung muss sichergestellt werden durch Erfüllen von 413.3.2 bis 413.3.6.*

Der Fehlerschutz ist bei Schutztrennung etwas abweichend von den Fehlerschutzmaßnahmen, die bei anderen Schutzmaßnahmen zur Anwendung kommen. Hierbei geht es nicht darum, dass ein Fehler durch eine Schutzeinrichtung abgeschaltet wird oder dass durch doppelte oder verstärkte Isolierung eine gefährliche Berührungsspannung vermieden werden soll, sondern es müssen alle nachfolgend aufgeführten Anforderungen gleichzeitig eingehalten werden.

9.3.2 *413.3.2 Der Stromkreis muss von einer Stromquelle mit mindestens einfacher Trennung versorgt werden, und die Spannung des Stromkreises mit Schutztrennung darf nicht größer als 500 V sein.*

Außer der textlichen Wiederholung, dass der Stromkreis von einer Stromquelle, z. B. über einen Transformator mit einfacher Trennung, versorgt werden muss, ist hier noch die Forderung enthalten, dass die Sekundärspannung – also die Spannung im Stromkreis mit Schutztrennung – einen Wert von 500 V nicht überschreiten darf. Diese Begrenzung auf 500 V (AC und DC, sofern DC zur Anwendung kommt) gilt auch für andere Stromquellen. Leider fehlt ein Bezug, ob es sich dabei um die Spannung handelt, die gegen Erde auftreten könnte, wenn ein Außenleiter Erdschluss hat oder – was aber zu vermuten ist – um die Spannung zwischen zwei Außenleitern. Diese Unterscheidung ist aber nur von Bedeutung, wenn ein Transformator bzw. eine Stromquelle mit herausgeführtem Sternpunkt zur Anwendung kommen soll. Ob Schutztrennung auch bei Gleichspannung angewendet werden kann und darf, ist ebenfalls nicht festgelegt. Da jedoch nichts Gegenteiliges festgelegt ist, dürfte der Anwendung bei Gleichspannung nichts im Wege stehen, da DIN VDE 0100-410 (VDE 0100-410) ganz allgemein auch für Gleichspannung gilt.

9.3.3   413.3.3 *Aktive Teile des Stromkreises mit Schutztrennung dürfen an keinem Punkt mit einem anderen Stromkreis oder mit Erde oder mit einem Schutzleiter verbunden werden. Um die Schutztrennung sicherzustellen, müssen die Einrichtungen so sein, dass zwischen Stromkreisen Basisisolierung erreicht ist.*

Hier wird das Gebot der Trennung von Erde nach Abschnitt DIN VDE 0100-410 (VDE 0100-410):2007-06, Abschnitt 413.1.1, zweiter Aufzählungsstrich (siehe auch Abschnitt 9.1.1 dieses Buchs), präzisiert für die aktiven Leiter des Stromkreises mit Schutztrennung, d. h., sie dürfen weder mit einem Schutzleiter noch mit Erde verbunden werden. Es muss auch eine einfache Trennung, wie im Abschnitt 413.1.1 der DIN VDE 0100-410 (VDE 0100-410):2007-06 im zweiten Aufzählungsstrich festgelegt, zu allen anderen Stromkreisen in der Anlage vorgesehen werden. Bezüglich der Qualität der Isolierungen siehe Abschnitt 413.3.5 der DIN VDE 0100-410 (VDE 0100-410):2007-06 oder Abschnitt 9.3.5 dieses Buchs.

9.3.4   413.3.4 *Flexible Kabel und Leitungen müssen an Stellen, die mechanischen Beanspruchungen ausgesetzt sind, sichtbar sein.* [413.5.1.4]

Flexible Kabel und Leitungen werden hauptsächlich dort eingesetzt, wo durch Bewegungen oder Vibration höhere mechanische Beanspruchungen auftreten, z. B. bei festem Anschluss von Pumpen. Die Forderung in DIN VDE 0100-410 (VDE 0100-410):2007-06 Abschnitt 413.3.4 – die auch inhaltlich schon in der bisherigen Norm DIN VDE 0100-410 (VDE 0100-410):1997-01 enthalten war – ist sehr wichtig und sinnvoll, um Beschädigungen an mechanisch belasteten Stellen oder Beschädigungen an ungeschützten (frei zugänglichen) Stellen (z. B. Abrieb) dieser Leitungen zu erkennen, bevor es zur „Erdberührung" eines aktiven Leiters kommen kann. Bei einem zweiten Fehler könnte – ähnlich wie im IT-System – eine gefährliche Berührungsspannung auftreten. Eine automatische Abschaltung des betreffenden Stromkreises kann aber bei Schutztrennung nicht realisiert werden, da am Körper des Verbrauchsmittels ein Schutzleiter nicht angeschlossen werden darf.

Auch wenn aus den beiden Fehlern ein Kurzschluss entstehen sollte, wird eine Abschaltung durch die Schutzeinrichtungen für den Schutz bei Überstrom nur bedingt realisierbar sein. Allenfalls kommt es dann zu einer Abschaltung im Überlastbereich. Das Verwenden von ortsveränderlichen Verbrauchsmitteln mit flexiblen Leitungen **nach Steckdosen** gehört nicht in den Anwendungsbereich der Reihe der Errichtungsnormen DIN VDE 0100 (VDE 0100) und ist für den „Laienbereich" nur bedingt in der DIN VDE 0105 (VDE 0105) behandelt. Ein bekanntes Beispiel für die Anwendung im Laienbereich ist die Rasiersteckdosen-Einheit nach DIN EN 61558-2-5 (VDE 0570-2-5). Für den gewerblichen Bereich ist BGV A3 bzw. für den Anwendungsfall „Benutzung elektrischer Betriebsmittel bei erhöhter Gefährdung" ist BGI 594 zu berücksichtigen, insbesondere das Thema Kabel/Leitungsauswahl.

9.3.5 *413.3.5 Für Stromkreise mit Schutztrennung ist die Verwendung einer getrennten Kabel- und Leitungsanlage empfohlen. Falls in derselben Kabel- und Leitungsanlage Stromkreise mit Schutztrennung und andere Stromkreise vorgesehen werden, müssen mehradrige Kabel/Leitungen ohne metallene Umhüllung oder isolierte Leiter in isolierenden Elektroinstallationsrohren oder isolierte Leiter in geschlossenen oder zu öffnenden isolierenden Elektroinstallationskanälen verwendet werden, wobei vorausgesetzt wird, dass*

– *ihre Bemessungsspannung mindestens so groß wie die höchste Nennspannung ist und*
– *jeder Stromkreis bei Überstrom geschützt ist* [413.5.1.5]

Die Anforderung im ersten Aufzählungsstrich entspricht den Anforderungen, wie sie auch bei SELV- und PELV-Stromkreisen enthalten sind. Allerdings stellt sich die Frage, was unter getrennter Kabel- und Leitungsanlage zu verstehen ist. Schutzziel ist doch, dass die Kabel/Leitungen von Stromkreisen, in denen unterschiedliche Schutzmaßnahmen zur Anwendung kommen, so zu verlegen sind, dass eine Spannungsverschleppung auszuschließen ist. Dies wird dadurch erreicht, dass alle „gemeinsam" verlegten, basisisolierten Leiter jeweils für die höchste vorkommende Spannung isoliert sein müssen, wie auch für SELV und PELV gefordert. Somit kann in der allgemeinen Forderung „ ... getrennte Kabel- und Leitungsanlage ..." nur gemeint sein, dass entweder

– jeder Leiter für die höchste vorkommende Spannung isoliert ist oder
– für jeden Stromkreis ein „eigenes" Kabel/eine „eigene" Leitung zu verlegen ist

Dass bei gemeinsamer Verlegung von Stromkreisen mit unterschiedlichen Schutzmaßnahmen, metallene Umhüllungen (Schirme) oder das Verlegen in Metallrohren nicht erlaubt ist, kann nachvollzogen werden, da bei einem Isolationsfehler einer basisisolierten Aderleitung des Stromkreises mit Schutztrennung eine „ungewollte Erdung" über den Schirm oder das Rohr auftreten könnte. Allerdings steht diese Forderung im Widerspruch zu der allgemeinen Festlegung im Abschnitt 413.1.1 der DIN VDE 0100-410 (VDE 0100-410):2007-06, siehe Abschnitt 9.1.1 dieses Buchs, wo festgelegt ist, dass zur Erde eine einfache Trennung ausreichend ist, was durch die Basisisolierung der Leiter erfüllt wäre.

9.3.6 *413.3.6 Die Körper des Stromkreises mit Schutztrennung dürfen nicht mit dem Schutzleiter oder mit den Körpern anderer Stromkreise oder mit Erde verbunden werden.*

Auch diese Forderung war inhaltlich schon in der bisherigen Norm DIN VDE 0100-410 (VDE 0100-410):1997-01 enthalten. Sie besagt nur, dass auch die Körper von Betriebsmitteln/Verbrauchsmitteln – so wie auch schon für die aktiven Teile gefordert – weder direkt geerdet werden dürfen noch mit (geerdeten) Schutzleitern anderer Stromkreise (z. B. Stromkreise mit Schutz durch automatische Abschaltung) noch mit Körpern (wenn diese an geerdeten Schutzleitern angeschlossen sind) von Betriebsmitteln/Verbrauchsmittel in anderen Stromkreisen verbunden werden dürfen. Die vollkommene „Erdfreiheit" des Stromkreises mit Schutztrennung muss erfüllt sein.

ANMERKUNG Wenn die Körper des Stromkreises mit Schutztrennung entweder zufällig oder absichtlich mit Körpern anderer Stromkreise in Berührung kommen können, hängt der Schutz gegen elektrischen Schlag nicht mehr allein von der Schutzmaßnahme Schutztrennung ab, sondern auch von den Schutzvorkehrungen für die Körper der anderen Stromkreise.

Auch diese Anmerkung war in etwa inhaltlich schon in der bisherigen Norm DIN VDE 0100-410 (VDE 0100-410):1997-01 enthalten. Es ist zwar aufgrund der Festlegungen im Abschnitt 413.3.6 der DIN VDE 0100-410 (VDE 0100-410):2007-06 bzw. im Abschnitt 9.3.6 dieses Buchs verständlich, dass die „Erdfreiheit" der Körper einen Teil der Schutzmaßnahme Schutztrennung darstellt. Es stellt sich aber die Frage, was zu tun ist, wenn es doch zu einer Berührung von Körpern mit unterschiedlichen Schutzmaßnahmen kommt. Eine Frage, die auch die Autoren nicht beantworten können. Für die feste Installation lässt sich die Anforderung nach „Erdfreiheit" sicher einfach erfüllen. Für ortsveränderliche Betriebsmittel/Verbrauchsmittel gilt die Norm gemäß Anwendungsbereich nicht. Der Laie aber wird sich diesbezüglich leider keine Gedanken machen.

Nicht mehr enthalten ist die Forderung, dass ortsveränderliche Transformatoren als Stromquelle für Schutztrennung in Schutzklasse II ausgeführt sein müssen. Der Wegfall ist an dieser Stelle konsequent, da es sich dabei nicht um die Errichtung handelt. In der Norm für Trenntransformatoren DIN EN 61558-2-4 (VDE 0570-2-4), die ja, wenn auch nicht in DIN VDE 0100-410 (VDE 0100-410):2007-06, ausdrücklich erwähnt, noch für die Auswahl von Transformatoren für die Schutzmaßnahme Schutztrennung zugrunde gelegt wird, ist eine solche Forderung noch enthalten.

Auch die Forderung, dass bei einem metallenen leitfähigen Standort, auf dem der Benutzer eines elektrischen Verbrauchsmittels stehen muss, z. B. in Kesseln oder auf Gerüsten aus Metall, ein ggf. vorhandener Körper eines Verbrauchsmittels mit dem Standort über einen besonderen Leiter zu verbinden ist, ist in DIN VDE 0100-410 (VDE 0100-410):2007-06 – wie auch schon in DIN VDE 0100-410 (VDE 0100-410):1997-01 – nicht mehr enthalten, siehe **Bild 9.3.5.1**. Auch die BGI 594 (Berufsgenossenschaftliche Information „Einsatz von elektrischen Betriebsmitteln bei erhöhter elektrischer Gefährdung") kennt eine solche Forderung nicht mehr. Somit darf – wegen der geforderten „Erdfreiheit" bei Schutztrennung – eine solche Verbindung nicht mehr vorgesehen werden. Auch wenn diese Verbindung nicht zur Errichtung gehört.

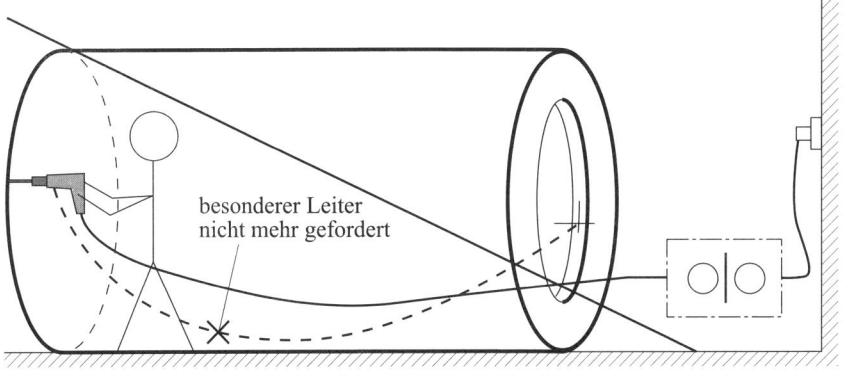

Bild 9.3.5.1 Verzicht (normativ nun ein Muss) auf die leitfähige Verbindung zwischen Betriebsmitteln/ Verbrauchsmittel der Schutzklasse I, bei Schutztrennung mit einem Verbrauchsmittel, in leitfähiger Umgebung

---

Kurzer Überblick

Bei Schutztrennung muss immer ein Basisschutz an Betriebsmitteln/Verbrauchsmitteln erfüllt sein. Die Anwendung von Betriebsmitteln/Verbrauchsmitteln der Schutzklasse II ist zulässig.

Der Stromkreis muss von einer Stromquelle mit mindestens einfacher Trennung versorgt werden, und die Spannung im Stromkreis mit Schutztrennung darf nicht größer als 500 V sein.

Aktive Teile des Stromkreises dürfen weder mit Erde oder einem Schutzleiter noch mit anderen Stromkreisen verbunden sein. Zu anderen Stromkreisen muss Basisisolierung bestehen.

Körper des Stromkreises mit Schutztrennung dürfen nicht mit dem Schutzleiter oder mit den Körpern anderer Stromkreise und auch nicht mit Erde verbunden werden.

10 414 Schutzmaßnahme: Schutz durch Kleinspannung mittels SELV oder PELV [411.1]

Der Schutz durch Kleinspannung (ELV) – Erklärung der Kunstworte in Großbuchstaben siehe nächste Seite – besteht prinzipiell darin, dass die Spannung auf vergleichsweise niedrige Werte begrenzt wird und damit weniger gefährlich ist. Durch die sichere Trennung zu anderen Systemen, die nicht durch Kleinspannung mittels SELV oder PELV geschützt sind, wird verhindert, dass höheren Spannungen auf die Stromkreise mit SELV oder PELV übertreten können. SELV-Systeme haben zum Erdpotential eine einfache Trennung durch Basisisolierung. Bei PELV-Systemen dürfen die Stromkreise und/oder die Körper geerdet bzw. mit geerdeten Schutzleitern verbunden sein.

Wie bereits auch im Abschnitt 6.2 dieses Buchs ausgeführt, werden die Schutzmaßnahmen Schutz durch Kleinspannung mittels SELV oder PELV nicht mehr als Maßnahmen bezeichnet, die sowohl den Schutz gegen direktes Berühren als auch den Schutz bei indirektem Berühren erfüllen. Sie gelten nun, wie z. B. der Schutz durch automatische Abschaltung der Stromversorgung, als „Schutzmaßnahmen", bei denen der Basisschutz und der Fehlerschutz erfüllt werden müssen. Darüber hinaus sind diese Schutzmaßnahmen nicht mehr in ihrer Reihenfolge in der Norm in den Vordergrund gestellt worden, sondern – weil diese Schutzmaßnahmen für die Errichtung von geringerer Bedeutung sind – in der Norm hinter den Schutz durch automatische Abschaltung der Stromversorgung, der am häufigsten zur Anwendung kommenden Schutzmaßnahme, verschoben worden. Und, vorweg gesagt, der Schutz durch SELV ist nur noch bedingt mit der in früheren Normen, z. B. DIN VDE 0100-410 (VDE 0100-410):1983-11, enthaltenen Schutzkleinspannung vergleichbar. Trotzdem ist in der Fachwelt noch immer anstelle des Kürzels „SELV" der Begriff Schutzkleinspannung gebräuchlich, obwohl nicht wirklich die ehemalige Schutzmaßnahme Schutzkleinspannung, sondern SELV gemeint ist.

10.1 414.1 Allgemeines

10.1.1 *414.1.1 Schutz durch Kleinspannung ist eine Schutzmaßnahme, die aus einer von zwei unterschiedlichen Kleinspannungssystemen besteht:*
– *SELV oder*
– *PELV*

Streng genommen ist nicht die „Kleinspannung" die Schutzmaßnahme, sondern das Kleinspannungssystem „SELV" oder das Kleinspannungssystem „PELV".

Die Kunstworte (Akronyme) SELV und PELV werden nach wie vor in der Norm nicht in Langformen aufgelöst, sondern werden als Kürzel angewendet.

Im Ursprung stammen die in den Kunstworten verwendeten Buchstaben aus dem Englischen:

S – **S**afety (Sicherheit)

P – **P**rotective (Schutz)

ELV ist abgeleitet aus der englischen Bezeichnung: **E**xtra **L**ow **V**oltage (besonders kleine Spannung).

Vielleicht werden auch aus dem Grunde die Kürzel weiterverwendet, weil man keine passende Übersetzung findet. „Safety" müsste ja mit „Sicherheit" übersetzt werden. Somit würde die Schutzmaßnahme „Sicherheitskleinspannung" lauten. Das Wort „Sicherheit" ist jedoch schon für Sicherheitsbeleuchtung/Sicherheitsstromkreise in Verwendung, was zu Missverständnissen führen würde. Auch der „alte" Begriff Schutzkleinspannung bietet sich nicht an, wegen der doch sehr großen inhaltlichen Unterschiede. Außerdem würde sich dann auch wieder eine Kollision mit PELV ergeben, da „protective" ja „Schutz" bedeuten würde, somit wäre PELV dann die „Schutzkleinspannung".

Mit Kleinspannung werden Spannungen bezeichnet, die das Spannungsband I (siehe nachfolgende, grau schattierte Tabellen 1 und 2 der Norm DIN VDE 0100-410 (VDE 0100-410):2007-06) nicht überschreiten. Kleinspannung als Begriff ist in DIN VDE 0100-200 (VDE 0100-200):2006-06, Abschnitt 826-12-30, wie folgt definiert (siehe auch Kapitel 1 dieses Buchs):

Spannung, die die in IEC 60449 für den Spannungsbereich I festgelegten Spannungsgrenzwerte nicht überschreitet

Kleinspannung, für die die Abkürzung ELV (abgeleitet aus der englischen Bezeichnung: **E**xtra **L**ow **V**oltage) verwendet wird, ist eine Untermenge der Niederspannung. Zur den Kleinspannungen gehört auch der Sonderfall FELV, auch wenn es sich bei diesem nicht um eine eigenständige Schutzmaßnahme wie bei SELV und PELV handelt, siehe auch Abschnitt 411.7 der DIN VDE 0100-410 (VDE 0100-410):2007-06 bzw. Abschnitt 7.7 dieses Buchs.

Bei dieser Schutzmaßnahme ist gefordert:

– *Begrenzung der Spannung im SELV- oder PELV-System bis zur oberen Grenze des Spannungsbereichs I, AC 50 V oder DC 120 V (siehe IEC 60449), und ...*

Die notwendigen Maßnahmen für die Begrenzung der Spannungen auf AC 50 V bzw. DC 120 V, die sowohl für SELV als auch für PELV zutrifft, werden in den nachfolgenden Abschnitten noch ausführlich behandelt. Die Werte des Spannungsbandes I sind aus dem HD 193 hierher als grau schattierte Anmerkung, d. h. als

ANMERKUNG Spannungsbereiche siehe Tabellen 1 und 2.

Tabelle 1 Spannungsbereiche für Wechselstromsysteme
[nach IEC 60449:1973 + A1:1979, übernommen in CENELEC HD 193 S2:1982]

Spannungsbereich	geerdete Netze		isolierte und nicht wirksam geerdete Netze*)
	Außenleiter – Erde	zwischen Außenleitern	zwischen Außenleitern
I	$U \leq 50\ V$	$U \leq 50\ V$	$U \leq 50\ V$
II	$50\ V < U \leq 600\ V$	$50\ V < U \leq 1000\ V$	$50\ V < U \leq 1000\ V$

U Nennspannung des Netzes
ANMERKUNG Diese Einteilung der Spannungsbereiche schließt nicht aus, dass für besondere Anwendungen dazwischenliegende Werte gewählt werden.

*) Wenn ein Neutralleiter mitgeführt ist, sind elektrische Betriebsmittel, die zwischen Außenleiter und Neutralleiter angeschlossen sind, so auszuwählen, dass ihre Isolation der Spannung zwischen den Außenleitern entspricht.

Tabelle 10.1 Tabelle 1 der DIN VDE 0100-410 (VDE 0100-410):2007-06; Spannungsbereiche I und II (teilweise auch als Spannungsbänder bezeichnet) für Wechselstromsysteme

Tabelle 2 Spannungsbereiche für Gleichstromsysteme
[nach IEC 60449:1973 + A1:1979, übernommen in CENELEC HD 193 S2:1982]

Spannungsbereich	geerdete Netze		isolierte und nicht wirksam geerdete Netze*)
	Leiter – Erde	zwischen beiden Außenleitern	zwischen beiden Außenleitern
I	$U \leq 120\ V$	$U \leq 120\ V$	$U \leq 120\ V$
II	$120\ V < U \leq 900\ V$	$120\ V < U \leq 1500\ V$	$120\ V < U \leq 1500\ V$

U Nennspannung des Netzes
ANMERKUNG 1 Die Werte dieser Tabelle beziehen sich auf oberschwingungsfreie Gleichspannung.
ANMERKUNG 2 Diese Einteilung der Spannungsbereiche schließt nicht aus, dass für besondere Anwendungen dazwischenliegende Werte gewählt werden.

*) Wenn ein Mittelleiter mitgeführt ist, sind elektrische Betriebsmittel, die zwischen einem Außenleiter und dem Mittelleiter angeschlossen sind, so auszuwählen, dass ihre Isolation der Spannung zwischen den Außenleitern entspricht.

Tabelle 10.2 Tabelle 2 der DIN VDE 0100-410 (VDE 0100-410):2007-06; Spannungsbereiche I und II (teilweise auch als Spannungsbänder bezeichnet) für Gleichstromsysteme

nationale Ergänzung, eingefügt, siehe Tabellen 10.1 und 10.2 dieses Buchs, die den grau schattierten Tabellen 1 und 2 der Norm DIN VDE 0100-410 (VDE 0100-410): 2007-06 entsprechen.

Bei dieser Schutzmaßnahme ist gefordert: (Fortsetzung)

...

– *sichere Trennung des SELV- oder PELV-Systems von allen anderen Stromkreisen, die nicht SELV- oder PELV- Stromkreise sind, und Basisisolierung zwischen dem SELV- oder PELV-System und anderen SELV- oder PELV-Systemen, und ...*

Anders als bei der Schutzmaßnahme „Schutz durch Schutztrennung" wird hierbei eine „sichere Trennung" des SELV- oder PELV-Systems (einschließlich der Stromquelle) von allen anderen Stromkreisen gefordert. Diese „sichere Trennung" ist nicht zu anderen SELV-Stromkreisen und auch nicht zu anderen PELV-Stromkreisen gefordert. Hierfür ist eine Basisisolierung (einfache Trennung) zwischen solchen (sicher von anderen Stromkreisen getrennten) Stromkreisen ausreichend. In der bisher gültigen Norm war auch eine sichere Trennung – was nicht ganz zu erklären war – zwischen SELV- und PELV-Stromkreisen gefordert, was nun klar verneint wird. Aber die sichere Trennung zu FELV-Stromkreisen, die auch zum Spannungsbereich I gehören, ist nach wie vor gefordert.

Bei dieser Schutzmaßnahme ist gefordert: (Fortsetzung)

...

– *nur für SELV-Systeme, Basisisolierung zwischen dem SELV-System und Erde*

Um die besonders hohe „Sicherheit" bei SELV aufrechtzuerhalten, muss auch gegen Erde zumindest eine Basisisolierung vorgesehen werden. Das bedeutet, dass **aktive Teile** des SELV-Stromkreises keine Verbindung mit Erde oder Schutzleitern oder geerdeten Körpern anderer Stromkreise haben dürfen, da sonst bei einem Fehler eines anderen nicht geerdeten Außenleiters des SELV-Stromkreises eine Spannung gegen Erde, z. B. an einem leitfähigen Gehäuse (wird häufig auch von den Autoren – was nicht ganz richtig ist – als Körper bezeichnet), von einem Menschen abgegriffen werden könnte, siehe **Bilder 10.1.1.1**. Zwar gelten Spannungen bis AC 50 V bzw. bis 120 V normalerweise nicht als gefährlich, jedoch muss berücksichtigt werden, dass SELV auch in besonders „kritischen" Bereichen – wenngleich meist mit Begrenzung der Spannung – zur Anwendung kommen darf. In solchen Bereichen, z. B. in Schwimmbecken, kann aber auch schon eine kleinere Spannung – aufgrund des dann reduzierten Körperwiderstands – zu einem gefährlichen Strom durch den menschlichen Körper führen.

10 414 Schutzmaßnahme: Schutz durch Kleinspannung mittels SELV oder PELV

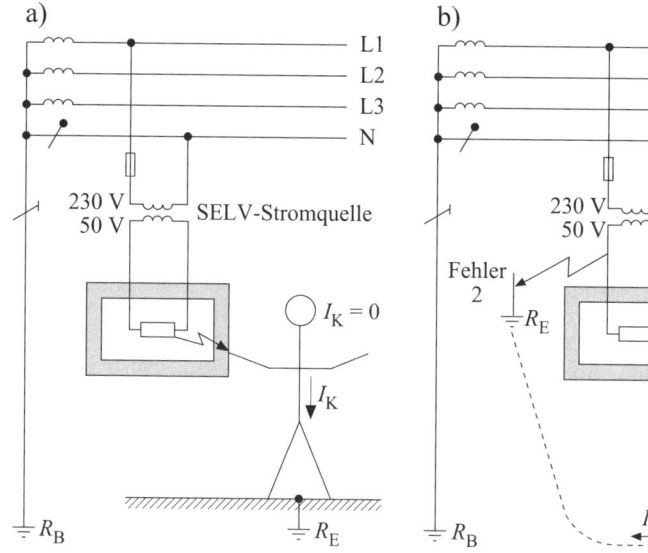

I_K Körperstrom
R_B Betriebserdung
R_E Standortübergangswiderstand

$I_K > 0$, es besteht jedoch noch keine Gefahr des Herzkammerflimmerns, da durch die sichere Begrenzung der Spannung des SELV-Stromkreises bei normaler Umgebungsbedingung kein gefährlicher Strom durch den Menschen fließen kann.

Bild 10.1.1.1 Prinzipdarstellung von SELV
a) Körperstrom bei Einzelfehler
b) Körperstrom bei Doppelfehler

Achtung: SELV-Stromquellen müssen eine sichere Trennung haben.

Hinweis: Bei der Darstellung handelt es sich, unabhängig vom System nach Art der Erdverbindung, um Prinzipdarstellungen, bei denen auf die Darstellung des primärseitigen Schutzleiters verzichtet wurde.

Kurzer Überblick

SELV und PELV-Systeme müssen sichere Trennung von allen anderen Stromkreisen, die nicht SELV- oder PELV-Stromkreise sind, aufweisen. Zwischen einem SELV- oder PELV-System und anderen SELV- oder PELV-Systemen genügt Basisisolierung.

Für SELV-Stromkreise muss gegen Erde eine Basisisolierung vorgesehen werden, bei PELV-Stromkreisen ist das nicht gefordert.

Die obere Spannungsgrenze ist AC 50 V und DC 120 V, wobei für die Ladespannung und innerhalb von Betriebsmitteln höhere Grenzwerte unter festgelegten Bedingungen zulässig sind.

10.1.2   414.1.2 *Die Verwendung von SELV oder PELV in Übereinstimmung mit Abschnitt 414 wird als eine Schutzmaßnahme für alle Situationen angesehen.*

Mit dieser Aussage wird die Eignung der Schutzmaßnahme „Schutz durch Kleinspannung" mittels SELV oder PELV für alle Situationen als zulässig erklärt. Im Detail gibt es dann aber durchaus noch Unterschiede für die mögliche Anwendung von SELV oder PELV, z. B. bei besonderen Risiken. Besondere Risiken bestehen z. B. nach DIN VDE 0100-702 (VDE 0100-702):2003-11, wo für die Bereiche 0, 1 und 2 SELV zugelassen ist, aber nicht PELV. Wenn jedoch in solchen Bereichen PELV zugelassen ist – z. B. in den Bereichen 1 und 2 (für Bereich 0 ist nur SELV zugelassen) von DIN VDE 0100-701 (VDE 0100-701):2002-02 oder auch in anderen Fällen, siehe auch Abschnitt 414.4.5 der DIN VDE 0100-410 (VDE 0100-410): 2007-06 bzw. Abschnitt 10.4.5 dieses Buchs –, werden die Grenzwerte, die für PELV erlaubt sind, zunehmend den zulässigen Grenzwerten von SELV angeglichen.

ANMERKUNG   In bestimmten Fällen ist in Gruppe 700 der Reihe DIN VDE 0100 (VDE 0100) der Wert der Kleinspannung auf einen Wert kleiner als AC 50 V bzw. DC 120 V begrenzt.

Durch diese Anmerkung wird nochmals auf die Möglichkeit hingewiesen, dass in den Normen der Gruppe 700 der Reihe DIN VDE 0100 (VDE 0100) die Spannungen in SELV-Stromkreisen, aber auch in PELV-Stromkreisen, auf kleinere Spannungswerte begrenzt werden dürfen. Auch wenn hier nicht erwähnt, gilt die Möglichkeit der Begrenzung auch für die Spannungswerte, bei denen ein Basisschutz an aktiven Teilen gefordert werden darf.

Kurzer Überblick

Die Schutzmaßnahmen Schutz durch Kleinspannung mittels SELV oder PELV gelten als besonders sichere Schutzmaßnahmen, die deswegen teilweise in Sonderbestimmungen als einzige Alternative, jedoch mit Einschränkungen, wie Forderung nach Basisschutz, unabhängig von der Spannung, zugelassen sind. Unter „normalen Umgebungsbedingungen" sind für den Schutz gegen elektrischen Schlag die Schutzmaßnahmen Schutz durch Kleinspannungen mittels SELV oder PELV immer zulässig.

10.2 414.2 Anforderungen an den Basisschutz (Schutz gegen direktes Berühren) und an den Fehlerschutz (Schutz bei indirektem Berühren) [neu]

Auch wenn die Überschrift und auch die Systematik der Schutzmaßnahmen auf jeweils getrennte Maßnahmen für den Basisschutz und dem Fehlerschutz hindeuten, so ergibt sich bei SELV und PELV doch wieder eine Zusammenfassung der beiden Schutzvorkehrungen, wie aus nachfolgenden Anforderungen zu ersehen ist.

Das Vorsehen von Basisschutz (Schutz gegen direktes Berühren) und Fehlerschutz (Schutz bei indirektem Berühren) ist erreicht, wenn:
- *die Nennspannung die obere Grenze des Spannungsbereichs I nicht überschreiten kann*
- *die Versorgung aus einer der in 414.3 aufgeführten Stromquellen erfolgt und*
- *die Bedingungen von 414.4 erfüllt sind*

Für die Erfüllung von sowohl Basisschutz als auch Fehlerschutz ist es demnach ausreichend, wenn die oben angeführten „gemeinsamen" Bedingungen erfüllt werden. Die Begrenzung der Spannungen auf Werte des Spannungsbereichs I wurde im vorigen Abschnitt schon ausführlich behandelt. Die Art der zulässigen Stromquellen für SELV- und PELV-Stromkreise ist Gegenstand des nächsten Abschnitts dieses Buchs bzw. der DIN VDE 0100-410 (VDE 0100-410):2007-06. Bleibt noch die Trennung der Stromkreise, wie sie im Abschnitt 414.4 noch ausführlich behandelt wird. Außerdem gibt es zusätzliche Anforderungen für den Basisschutz in Abhängigkeit von Umgebungsbedingungen und Spannungshöhe, siehe Abschnitt 10.4.5 dieses Buchs bzw. Abschnitt 414.4.5 der DIN VDE 0100-410 (VDE 0100-410):2007-06.

ANMERKUNG 1 Wenn das System von einem System höherer Spannung versorgt wird durch Betriebsmittel, bei denen mindestens einfache Trennung zwischen diesem System und dem Kleinspannungssystem vorhanden ist, die aber nicht die Anforderungen für SELV- oder PELV-Stromquellen in 414.3 erfüllen, dürfen die Anforderungen für FELV angewendet werden, siehe 411.7.

Mit dieser Anmerkung in der Norm wird nochmals klargestellt, dass in den Fällen, in denen die sichere Trennung durch die Stromquelle (z. B. durch den Transformator) nicht erfüllt werden kann, dann FELV angewendet werden darf, aber nur unter der Voraussetzung, dass dabei durch die Stromquelle zumindest eine einfache Trennung zwischen FELV-Stromkreisen (die als Stromkreise des Spannungsbereichs I gelten) und anderen Stromkreisen (d. h. mit Spannungen des Spannungsbereichs II) erfüllt wird; siehe auch Abschnitt 7.7 dieses Buchs bzw. 411.7 der Norm DIN VDE 0100-410 (VDE 0100-410):2007-06.

ANMERKUNG 2 Gleichspannungen für Kleinspannungsstromkreise, die durch Gleichrichtergeräte (siehe DIN EN 60146-2 (VDE 0558-2)) erzeugt werden, erfordern einen inneren Wechselspannungsstromkreis zur Versorgung des Gleichrichters. Die innere Wechselspannung überschreitet die Gleichspannung aus physikali-

schen Gründen. Dieser innere Wechselspannungsstromkreis wird nicht als Stromkreis höherer Spannung entsprechend diesem Abschnitt angesehen. Zwischen inneren Stromkreisen und externen Stromkreisen höherer Spannung ist sichere Trennung erforderlich.

Diese Anmerkung regelt endlich ein Problem, das bisher immer wieder zu Diskussionen geführt hat. Zwar wurde durch die Festlegungen in DIN EN 61140 (VDE 0140-1) das Thema schon etwas entschärft, kann aber nun erst jetzt als zulässiges Vorgehen betrachtet werden. Fakt ist, dass eine Gleichspannung von 120 V aus einer Wechselspannung nur erreicht werden kann, wenn hierfür eine Wechselspannung von mehr als 50 V (meist sogar mehr als AC 120 V) zur Verfügung gestellt wird, d. h. eine Spannung, die über den Grenzwerten, die bei Wechselspannungen für SELV und PELV gelten, liegt. Damit darf z. B. innerhalb eines Gleichrichtergeräts die Wechselspannung höher sein als 50 V, ohne dass gegen diesen Abschnitt der Norm verstoßen wird. Dass für die innere Spannung – auch wenn diese höher ist als AC 50 V – die sichere Trennung gegenüber anderen Stromkreisen erhalten bleiben muss, ist eigentlich selbstverständlich und ist durch die Betriebsmittel/Betriebsmittelkombination zu erfüllen. Somit ergeben sich für die Errichtung diesbezüglich keine besonderen zusätzlichen Anforderungen.

ANMERKUNG 3 In Gleichspannungssystemen mit Batterien überschreiten die Lade- und Entladespannung abhängig von der Bauart der Batterie die Nennspannung der Batterie. Dieses erfordert keine zusätzlichen Schutzvorkehrungen zu den in diesem Abschnitt spezifizierten. Die Ladespannung sollte abhängig von den Umgebungsbedingungen, die in IEC 61201:1992, Tabelle 1, enthalten sind, einen maximalen Wert von AC 75 V oder DC 150 V nicht überschreiten.

IEC 61201:1992, Tabelle 1 ist als Tabelle N.1 im nationalen Vorwort von DIN EN 61140 (VDE 0140-1):2007-03 wiedergegeben und lautet:

Tabelle N.1 – Grenzen der Spannung im Beharrungszustand

Umgebungs-bedingung	kein Fehler	einzelner Fehler	zwei Fehler
1	0 V	0 V	16 V Wechselspannung 35 V Gleichspannung
2	16 V Wechselspannung 35 V Gleichspannung	33 V Wechselspannung 70 V Gleichspannung [2]	nicht anwendbar
3	33 V Wechselspannung [1] 70 V Gleichspannung [2]	55 V Wechselspannung [1] 140 V Gleichspannung [2]	nicht anwendbar
4	besondere Anwendungen		

[1] Für ein nicht greifbares Teil mit einem Kontaktbereich kleiner als 1 cm^2 sind die Grenzen jeweils 66 V und 80 V.
[2] Zum Laden einer Batterie sind die Grenzen 75 V und 150 V.

Tabelle 10.3 Tabelle 1 der IEC 61201:1992

Tabelle 10.3 gibt Grenzen des Beharrungszustands bei Gleichspannungen und Wechselspannungen im Frequenzbereich 15 Hz bis 100 Hz für die Umgebungsbedingungen 1 bis 3 unter üblichen Bedingungen und unter Fehlerbedingungen an. Höhere Grenzwerte sind für einen Kontaktbereich kleiner als 1 cm^2 für nicht greifbare Teile gegeben.

In der IEC 61201:1992-08, Abschnitt 5, sind die vier angeführten Umgebungsbedingungen wie folgt erklärt:

Umgebungsbedingung 1
Die Widerstände der Haut und zu Erde sind vernachlässigbar (z. B. unter eingetauchten Bedingungen).

Umgebungsbedingung 2
Die Widerstände der Haut und zu Erde sind reduziert (z. B. bei Feuchtigkeit).

Umgebungsbedingung 3
Die Widerstände der Haut und zu Erde sind nicht reduziert (z. B. trockene Bedingung).

Umgebungsbedingung 4
Besondere Situation (z. B. Schweißen, Galvanisieren). Für die Festlegung der Situation sind die Technischen Komitees verantwortlich.

Wie schon bei den in der Anmerkung 2 weiter oben genannten Gleichrichtergeräten ergibt sich ein ähnliches Problem auch bei der Ladespannung von Batterien/Akkumulatoren. Solche Stromquellen brauchen während der Ladung eine Ladespannung, die höher sein muss als die spätere Nennspannung der Batterie/des Akkumulators. Bei einer Nennspannung von DC 120 V wird also eine Gleichspannung zum Laden benötigt, die höher ist als die Werte für SELV und PELV bzw. des Spannungsbereichs I, was zulässig ist, wenn bei der Ladung ein DC-Wert von 150 V nicht überschritten wird. Der zitierte Wechselspannungswert ist fragwürdig, da direkt mit Wechselspannung solche „Speicher" (Batterien/Akkumulatoren) nicht geladen werden können. Die eventuelle Wechselspannung muss in eine Gleichspannung umgewandelt werden. Wenn man aber einen Akkumulator für DC 120 V mit DC 150 V laden möchte, braucht man eine Wechselspannung vor dem Gleichrichter, die höher ist als die zulässige Wechselspannung im Spannungsbereich I.

10.3 414.3 *Stromquellen für SELV oder PELV* [411.1.2]

Die folgenden Stromquellen dürfen für SELV- oder PELV-Systeme verwendet werden:

10.3.1 *414.3.1 Ein Sicherheitstransformator in Übereinstimmung mit DIN EN 61558-2-6 (VDE 0570-2-6): Sicherheit von Transformatoren, Netzgeräten und dergleichen für allgemeine Anwendungen – Teil 2-6: Besondere Anforderungen an Sicherheitstransformatoren*

10 414 Schutzmaßnahme: Schutz durch Kleinspannung mittels SELV oder PELV

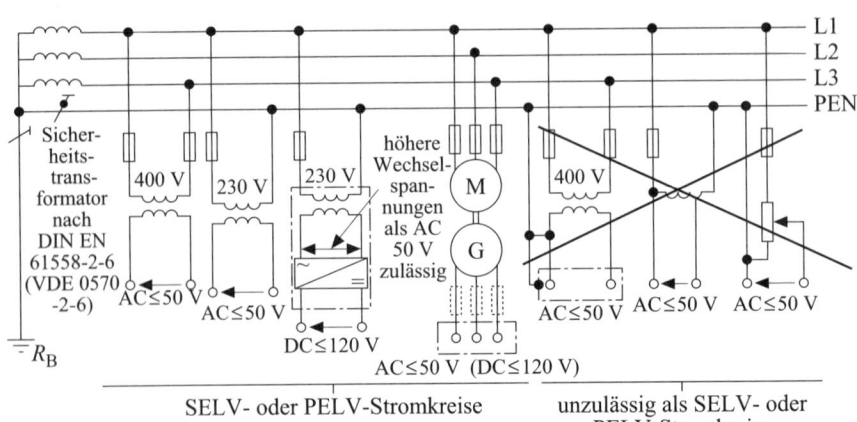

Bild 10.3.1.1 Zulässige und unzulässige Ausführung/Trennung von SELV- oder PELV-Stromkreisen zu Stromkreisen anderer Spannungen

Die angegebene Norm bezieht sich auf die „Sicherheit von Transformatoren und Netzgeräten", wobei der Teil 2-6 sich mit den für SELV- oder PELV-Stromkreise notwendigen Sicherheitstransformatoren befasst. Im **Bild 10.3.1.1** werden einige Beispiele, insbesondere die Ausführung von Transformatoren, die für die Versorgung von SELV und PELV anzuwenden sind, aufgezeigt.

10.3.2 414.3.2 *Eine Stromquelle, die denselben Grad an Sicherheit erfüllt wie ein Sicherheitstransformator nach 414.3.1 (z. B. ein Motorgenerator mit gleichwertig getrennten Wicklungen)* [411.1.2.2]

Bei einem (elektrisch angetriebenen) Motorgenerator dürften sich keine Probleme ergeben, da solche Einrichtungen durch die „Mechanik" diese Anforderungen analog von Sicherheitstransformatoren erfüllen.

10.3.3 414.3.3 *Eine elektrochemische Stromquelle (z. B. eine Batterie) oder eine andere Stromquelle, die unabhängig von einem Stromkreis höherer Spannung ist (z. B. Generator, der von einer Verbrennungsmaschine angetrieben wird).*

Bei von anderen Spannungsquellen unabhängigen Stromquellen ist die sichere Trennung immer erfüllbar, sodass nur bei den Spannungshöhen, z. B. bei den Leerlaufspannungen, die Anforderungen der Anmerkung 2 von 414.2 der DIN VDE 0100-410 (VDE 0100-410):2007-06 zu erfüllen sind.

10.3.4 414.3.4 *Bestimmte elektronische Einrichtungen, die entsprechend den für sie geltenden Normen gebaut sind und bei denen durch Vorkehrungen sichergestellt ist, dass auch bei Auftreten eines inneren Fehlers die Spannung an den Ausgangsklemmen nicht über die in 414.1.1 festgelegten Werte ansteigen kann. Höhere Spannungen an den Ausgangsklemmen sind jedoch zulässig, wenn sichergestellt ist, dass* *im Falle des Berührens eines aktiven Teils oder im Fehlerfall zwischen einem aktiven Teil und einem Körper die Spannung an den Ausgangsklemmen unmittelbar auf diese oder auf niedrigere Werte herabgesetzt wird.*

ANMERKUNG 1 Beispiele solcher Einrichtungen schließen Isolationsprüfgeräte und Isolationsüberwachungseinrichtungen ein.

Eine entsprechende Festlegung hatte es inhaltlich in der bisherigen DIN VDE 0100-410 (VDE 0100-410):1997-01 ebenfalls schon gegeben, jedoch mit dem sehr wesentlichen Unterschied, dass dieser Abschnitt nur bei PELV-Systemen gegolten hatte, was keinen Sinn machte. Nun gilt die „Erleichterung", dass im Innern einer elektronischen Einrichtung – allerdings gibt es nach wie vor eine Begrenzung, und zwar auf elektronische Einrichtungen – bei einem Fehler höhere Spannungen auftreten dürfen als nach Abschnitt 414.1.1 der DIN VDE 0100-410 (VDE 0100-410): 2007-06 zulässig. Das heißt, diese Spannungen, die zwischen den aktiven Leitern auftreten dürfen, dürfen AC 50 V bzw. DC 120 überschreiten, aber nur, wenn

- entweder die Spannung an den Ausgangsklemmen nicht über die zulässigen Werte von AC 50 V bzw. DC 120 V ansteigen kann (auch bei einem Fehler nicht, warum die Betonung auf inneren Fehler liegt, ist nur bedingt zu begründen, da bei einem Fehler an solch einer Stromquelle eben die Spannung die Grenzen nicht überschreiten darf)
- oder wenn beim direkten Berühren eines aktiven Teils – was bei SELV nicht relevant sein kann, da ohne Fehler bei SELV ein Potential nur gegen ein zweites aktives Teil abgegriffen werden kann – die Spannung an den Ausgangsklemmen auf AC 50 V bzw. DC 120 V oder niedriger sinkt. Anders ist das im angeführten Fehlerfall. Wenn ein „Körperschluss" eines aktiven Leiters (man beachte die Verwendung „Körper", was sicher bei SELV nicht zutreffend sein kann, nur bei PELV kann von einem Körper gesprochen werden) auftritt, könnte bei Berührung des anderen aktiven Leiters eine höhere Spannung als AC 50 V bzw. DC 120 V auftreten, was durch entsprechende Vorkehrungen verhindert werden muss.

Welche Vorkehrungen das verhindern sollen, ist nicht beschrieben. Nur durch die Anmerkung gibt es einen Hinweis, der jedoch nur schwer verständlich ist, da Isolationsüberwachungseinrichtungen und Isolationsprüfgeräte die Spannung nicht begrenzen können. Außerdem werden solche Einrichtungen gegen Erde angeschlossen, was sich jedoch bei SELV ausschließt, weil hierbei das SELV-System über diese Einrichtungen – wenn auch hochohmig – geerdet werden würde. Entsprechendes gilt auch für Isolationsprüfgeräte. Es stellt sich auch die Frage, wie der Mensch ein aktives Teil berühren kann, wenn, zumindest ab einer Nennspannung von AC 25 V und DC 60 V, bei SELV und PELV (bei PELV z. T. auch bei kleineren Spannungen) ein „zusätzlicher Basisschutz", d. h. ein Schutz gegen direktes Berühren, notwendig ist, siehe Abschnitt 414.4.5 der Norm DIN VDE 0100-410 (VDE 0100-410):2007-06 bzw. Abschnitt 10.4.5 des Buchs.

Außerdem handelt es sich vermutlich bei diesem normativen Abschnitt, einschließlich der Anmerkung, um ein Überbleibsel aus der Zeit, zu der DIN VDE 0100-410

10 414 Schutzmaßnahme: Schutz durch Kleinspannung mittels SELV oder PELV

(VDE 0100) noch Pilotfunktion auch für elektrische Betriebsmittel hatte. Fakt ist, dass der Errichter auch solche elektronischen Einrichtungen als Stromquellen für SELV oder PELV auswählen darf, die entsprechend ihrer Betriebsmittelnorm als Stromquellen für SELV und PELV verwendet werden dürfen. Er muss nicht die spezifischen Bedingungen der Produktnorm überprüfen.

ANMERKUNG 2 Wenn an den Ausgangsklemmen höhere Spannungen auftreten, darf eine Übereinstimmung mit diesem Abschnitt angenommen werden, wenn die mit einem Voltmeter mit einem inneren Widerstand von mindestens 3 000 Ω an den Ausgangsklemmen gemessene Spannung innerhalb der in 414.1.1 festgelegten Grenzen liegt.

Auch an dieser Anmerkung 2 hat sich gegenüber der bisherigen Norm DIN VDE 0100-410 (VDE 0100-410):1997-01 inhaltlich nichts geändert. Sie beinhaltet zumindest eine Hilfe für den Anwender solcher Einrichtungen – sozusagen die Anforderungen der Betriebsmittelnormen zu überprüfen, d. h. ob die ausgewählte Stromquelle „normenkonform" ist –, ob die Stromquelle eingesetzt werden kann.

10.3.5 *414.3.5 Ortsveränderliche Stromquellen, die mit Niederspannung versorgt sind, z. B. Sicherheitstransformatoren oder Motorgeneratoren, müssen in Übereinstimmung mit den Anforderungen der Schutzmaßnahme „Doppelte oder verstärkte Isolierung" (siehe Abschnitt 412) ausgewählt und errichtet werden.*

Auch diese Festlegung hat es in der bisherigen Norm DIN VDE 0100-410 (VDE 0100-410):1997-01 inhaltlich schon gegeben. Sie wurde nur ergänzt um die Möglichkeit, auch noch bei der Errichtung die doppelte oder verstärkte Isolierung zu errichten. Diese Forderungen gelten nicht für Stromquellen, die ohne Netzversorgung auskommen. Da die Norm nur für das Errichten gilt, kann es sich nur um fest angeschlossene ortsveränderliche Stromquellen handeln.

Nach Abschnitt 3.1.12 von DIN EN 61558-2-6 (VDE 0570-2-6) gilt Folgendes:

Ortsveränderlicher Transformator ist ein Transformator, der entweder während des Betriebs bewegt wird oder der leicht von einer Stelle zur anderen gebracht werden kann, während er an die Stromversorgung angeschlossen ist, oder weil es sich um einen steckbaren Transformator handelt.

Ob in der Praxis diese Anwendung verbreitet ist, sei dahingestellt. In der Produktnorm für Transformatoren und Netzgeräte gibt es allerdings nicht die Möglichkeit, die verstärkte oder doppelte Isolierung „bauseits" zu ertüchtigen.

> **Kurzer Überblick**
>
> Stromquellen für SELV- und PELV-Systeme müssen eine sichere Trennung zu Stromkreisen anderer Systeme, z. B. zwischen Primär- und Sekundärseite bei Transformatoren, aufweisen.
>
> Geeignet für diese „sichere Trennung" sind Sicherheitstransformatoren oder hinsichtlich der sicheren Trennung gleichwertige Stromquellen, Stromquellen, die unabhängig von Stromkreisen mit höheren Spannungen sind, elektronische Einrichtungen, bei denen bei Auftreten eines inneren Fehlers die Spannung an den Ausgangsklemmen nicht über die Grenzwerte für SELV und PELV steigen kann und Stromquellen mit höheren Spannungen an den Ausgangsklemmen, wobei die Spannungen bei direktem Berühren oder im Fehlerfall unmittelbar auf Werte begrenzt werden, die nicht über die Spannungsgrenzen von SELV und PELV hinausgehen.

10.4 414.4 Anforderungen an SELV- oder PELV-Stromkreise [411.3]

10.4.1 414.4.1 SELV- und PELV-Stromkreise müssen aufweisen:

- *Basisisolierung zwischen aktiven Teilen und anderen SELV- oder PELV-Stromkreisen und*
- *sichere Trennung von den aktiven Teilen anderer Stromkreise, die nicht SELV- und PELV-Stromkreise sind, durch das Vorsehen von doppelter oder verstärkter Isolierung oder durch Basisisolierung und Schutzschirmung für die höchste vorkommende Spannung*

Diese Forderungen in den beiden Aufzählungsstrichen nach Basisisolierung und sicherer Trennung sind inhaltlich auch schon im Abschnitt 414.1.1 der DIN VDE 0100-410 (VDE 0100-410):2007-06 enthalten. In diesem nun betrachteten Abschnitt gibt es jedoch eine Qualifizierung, wie die sichere Trennung erreicht werden kann. Die sichere Trennung wird demnach erreicht durch eine schon aus Funktionsgründen notwendige Basisisolierung zwischen aktiven Teilen unterschiedlichen Potentials eines SELV- oder eines PELV-Stromkreises. Die Basisisolierung muss auch zwischen unterschiedlichen Stromkreisen mit SELV oder PELV gegeben sein.

Bei allen andern Stromkreisen, abgesehen von SELV- oder PELV-Stromkreisen, genügt eine Basisisolierung nicht, sondern es muss eine sichere Trennung gegeben sein. Diese sichere Trennung kann vorwiegend durch eine doppelte oder verstärkte Isolierung erreicht werden (wie sie auch für die Schutzmaßnahme Schutz durch doppelte oder verstärkte Isolierung notwendig ist, siehe Kapitel 8 dieses Buchs bzw. Abschnitt 412 der DIN VDE 0100-410 (VDE 0100-410):2007-06). Die zweite Möglichkeit besteht darin, zwischen den unterschiedlichen Stromkreisen eine Schutzschirmung vorzusehen. Von dieser Möglichkeit wird häufig bei Transformatoren Gebrauch gemacht.

Da es sich um eine „Schutzschirmung" handelt, muss für diese Schutzschirmung auch eine Verbindung mit dem Schutzleitersystem der höheren Spannungen vorgesehen werden. Diese Verbindung mit einem Schutzleiter verstößt nicht gegen die geforderte „Erdfreiheit" bei SELV. Auch darf bzw. muss das Gehäuse des Transformators oder des Netzgerät mit einem Schutzleiter verbunden werden, ohne dass dies Einfluss auf SELV oder PELV hat, da ja zu diesen „geerdeten" Körpern eine Basisisolierung als einfache Trennung gegeben sein muss.

SELV-Stromkreise müssen Basisisolierung zwischen aktiven Teilen und Erde haben.

Auch diese Anforderung ist inhaltlich im Abschnitt 414.1.1 der Norm DIN VDE 0100-410 (VDE 0100-410):2007-06 schon vorhanden und brauchte hier nicht wiederholt zu werden.

Die PELV-Stromkreise und/oder Körper der durch die PELV-Stromkreise versorgten Betriebsmittel dürfen geerdet werden.

Eine wichtige Aussage, die es auch bisher schon inhaltlich gegeben hat, die aber immer wieder falsch interpretiert wird. Es wird behauptet, dass einerseits der PELV-Stomkreis geerdet sein muss (ein Außenleiter muss mit dem Schutzleiter des Primärstromkreises verbunden sein) und andererseits soll gefordert sein, dass die Körper der mit PELV versorgten Betriebsmittel/Verbrauchsmittel ebenfalls mit diesem Schutzleiter verbunden sein müssen. Diese Behauptung ist nicht richtig. In PELV-Stromkreisen darf ein Außenleiter mit Erde oder mit dem geerdeten Schutzleiter des Niederpspannungsnetzes verbunden werden, und/oder die Körper dürfen mit einem Schutzleiter verbunden werden. Es darf also das PELV-System für sich alleine geerdet werden, und es dürfen die Körper alleine geerdet werden. Beides darf aber auch gemeinsam geerdet werden. Allerdings macht die jeweilige Erdung nur der Körper bzw. nur des Stromkreises wenig Sinn. Außerdem ist von der Verbindung eines Außenleiters bei PELV mit der Haupterdungsschiene auch noch der Schutz gegen direktes Berühren abhängig, siehe Abschnitt 411.4.5 der Norm DIN VDE 0100-410 (VDE 0100-410):2007-06 bzw. Abschnitt 10.4.5 dieses Buchs. Diese Möglichkeit der Erdung (aktiver Leiter und Körper) wird vorwiegend in Steuerstromkreisen angewendet (zum Teil in einigen Normen fast ein Muss, z. B. in DIN EN 60204-1 (VDE 0113-1)), allerdings in Verknüpfung, d. h. sowohl ein Außenleiter wird mit dem geerdeten Schutzleiter verbunden als auch die Körper der elektrischen Betriebsmittel werden mit diesem Schutzleiter verbunden. Der Grund für dieses Vorgehen liegt darin, dass es in Steuerstromkreisen – ohne diese Maßnahmen – durch einen Doppelerd- oder Körperschluss (hier werden auch Doppelfehler betrachtet) zu gefahrbringenden Bewegungen kommen kann. Mit dem Schutz gegen elektrischen Schlag hat das dann nichts zu tun.

ANMERKUNG 1 Insbesondere ist sichere Trennung notwendig zwischen den aktiven Teilen der elektrischen Betriebsmittel wie Relais, Schütze, Hilfschalter und allen Teilen eines Stromkreises höherer Spannung oder eines FELV- Stromkreises. Diese Anmerkung gilt für die im SELV- oder PELV-Stromkreis zur Anwendung kommenden Betriebsmittel. Solche elektrischen Betriebsmittel werden gleichzeitig sowohl mit Stromkreisen des Spannungsbereichs I als auch mit Stromkreisen des Spannungsbereichs II (einschließlich FELV-Stromkreisen, die zum Spannungsbereich I gehören) verbunden. Bei nebeneinander liegenden Anschlussstellen oder Schaltkontakten, d. h. wenn an einer Anschlussstelle ein Leiter des Spannungsbereichs I angeschlossen ist und die daneben liegende Anschlussstelle mit einem Leiter des Spannungsbereichs II beaufschlagt ist, dann muss zwischen beiden Anschlussstellen/Kontakten eine sichere Trennung gegeben sein. Eine Anforderung, die sich an den Betriebsmittelhersteller richtet und nur von diesem erfüllt werden kann und muss. Daher muss auch der Betriebsmittelhersteller entsprechende Aussagen zur Eignung des von ihm hergestellten Betriebsmittels machen. Der Errichter kann diese Anforderung nur erfüllen, wenn er nur Betriebsmittel von Herstellern auswählt, für die diese Eigenschaft „sichere Trennung" zugesichert wird.

ANMERKUNG 2 Die Erdung von PELV- Stromkreisen kann durch eine Verbindung mit Erde oder mit einem geerdeten Schutzleiter in der Stromquelle selbst erreicht werden.

Dies ist eine Erläuterung ohne weitere Bedeutung, da andere Möglichkeiten nicht gegeben sind. Allerdings wird es kaum möglich sein, diese Erdung „in der Stromquelle" vorzunehmen. Eine Erdung am oder in unmittelbarer Nähe des Transformators oder einer anderen Stromquelle dürfte ausreichend sein. Dies entspricht der Festlegung in der bisherigen Norm DIN VDE 0100-410 (VDE 0100-410):1997-01.

10.4.2   414.4.2 *Sichere Trennung der Kabel- und Leitungsanlagen von SELV- und PELV-Stromkreisen von den aktiven Teilen anderer Stromkreise, die mindestens Basisisolierung haben müssen, darf durch eine der folgenden Anordnungen erreicht werden* [in etwa 411.1.3.2]:

– *Leiter von SELV- oder PELV-Stromkreisen müssen zusätzlich zur Basisisolierung von einem nicht metallischen Mantel oder einer isolierenden Umhüllung umschlossen sein*

– *Leiter von SELV- oder PELV-Stromkreisen müssen von Leitern der Stromkreise mit einer höheren Spannung als die von Spannungsbereich I durch einen geerdeten metallenen Mantel oder durch eine geerdete metallene Schirmung getrennt sein*

– *Leiter von Stromkreisen mit einer höheren Spannung als die von Spannungsbereich I dürfen in einem mehradrigen Kabel oder in einer anderen Gruppierung von Leitern enthalten sein, wenn die SELV- oder PELV-Leiter für die höchste vorkommende Spannung isoliert sind*

– *die Kabel- und Leitungsanlagen der anderen Stromkreise müssen 412.2.4.1 entsprechen*

Die oben genannten Forderungen von Abschnitt 412.2.4.1 in DIN VDE 0100-410 (VDE 0100-410):2007-06 beziehen sich auf den Abschnitt 412.2 in DIN VDE 0100-410 (VDE 0100-410):2007-06, in dem es um die Anforderungen für den Basisschutz (Schutz gegen direktes Berühren) und Fehlerschutz (Schutz bei indirektem Berühren) bei Kabeln und Leitungen geht, wie der Schutz durch doppelte oder verstärkte Isolierung bei diesen erfüllt werden kann.

– *räumliche Trennung*

Diese Festlegungen stimmen im Großen und Ganzen inhaltlich mit den bisherigen Anforderungen der DIN VDE 0100-410 (VDE 0100-410):1997-01 überein, nur die Reihenfolge wurde geändert. Die häufigste Variante, die sichere Trennung zu erfüllen, wird auch weiterhin dadurch erfüllt werden, dass Kabel/Leitungen oder auch Aderleitungen verwendet werden, bei denen die Basisisolierung der Adern (von Spannungsbereichen I und II) für die höchste in den „gemeinsam" geführten Stromkreisen vorkommende Spannung bemessen ist. Bei den üblicherweise zur Anwendung kommenden Kabeln/Leitungen ist diese Anforderung immer erfüllt.

Beachtet werden muss, dass auch „isolierte" Leiter von SELV- und PELV-Stromkreisen, auch solche mit zusätzlicher Umhüllung, wenn die Isolierung nur für den SELV- oder PELV-Stromkreis bemessen ist, nicht mit blanken aktiven Leitern anderer Stromkreise in Berührung kommen dürfen.

Hinweis: Nach Abschnitt 7.8.3.3 der Norm DIN EN 60439-1 (VDE 0660-500):2005-01 für Verteiler (Niedersapnnungs-Schaltgerätekombinationen) dürfen isolierte Leiter (gilt selbstverständlich auch für blanke Leiter) nicht auf blanken aktiven Teilen mit anderem Potential aufliegen.

Kurzer Überblick

Sichere Trennung zu allen Stromkreisen, die nicht selbst SELV-Stromkreise oder PELV-Stromkreise sind, ist eine wesentliche Voraussetzung für SELV- oder PELV-Systeme. Aktive Teile von SELV-Stromkreisen müssen eine Basisisolierung zur Erde haben, während PELV-Stromkreise (und auch die Körper) geerdet sein dürfen.

Körper von SELV-Stromkreisen dürfen nicht mit Erde oder mit Schutzleitern oder mit Körpern eines anderen Stromkreises verbunden werden.

10.4.3 *414.4.3 Stecker und Steckdosen für SELV- oder PELV- Systeme müssen mit folgenden Anforderungen übereinstimmen [411.1.3.3]:*

– *Stecker dürfen nicht in Steckdosen für andere Spannungssysteme eingeführt werden können*

– *in Steckdosen dürfen keine Stecker für andere Spannungssysteme eingeführt werden können*

10 414 Schutzmaßnahme: Schutz durch Kleinspannung mittels SELV oder PELV

– *Stecker und Steckdosen in SELV-Systemen dürfen keinen Schutzleiterkontakt haben*

Aus dieser Forderung, die inhaltlich bereits in DIN VDE 0100-410 (VDE 0100-410):1997-01 vorhanden war, ergibt sich, dass sich Stecker und Steckdosen mit unterschiedlichen Spannungssystemen nicht gegenseitig verwenden lassen dürfen. Zu den unterschiedlichen Spannungssystemen gehören auch SELV-Stromkreise mit unterschiedlichen Spannungen oder PELV-Stromkreisen mit unterschiedlichen Spannungen, d. h., auch hier darf es nicht möglich sein, diese Stecker/Steckdosen im Stromkreis mit einer anderen Spannung zu verwenden. Und diese Forderung bezieht sich auch darauf, dass Stecker von PELV-Systemem sich nicht in Steckdosen von SELV-Systemem gleicher Spannungshöhe einführen lassen dürfen und ebenso Stecker von SELV-Systemen nicht in Steckdosen von PELV-Sytemen passen dürfen.

10.4.4 *414.4.4 Körper von SELV-Stromkreisen dürfen nicht mit Erde oder mit Schutzleitern oder mit Körpern eines anderen Stromkreises verbunden werden.*

Auch hierbei handelt es sich um eine inhaltliche Wiederholung von Aussagen, die schon im Abschnitt 414.4.1 der DIN VDE 0100-410 (VDE 0100-410):2007-06 enthalten sind.

ANMERKUNG Wenn Körper von SELV-Stromkreisen mit den Körpern anderer Stromkreise entweder zufällig oder absichtlich in Berührung kommen können, ist der Schutz gegen elektrischen Schlag nicht allein vom Schutz durch SELV, sondern auch von den Schutzvorkehrungen der Körper der anderen Stromkreise abhängig.

Diese Anmerkung wiederholt praktisch die bisherigen Festlegungen. Somit bleibt weiter unklar, was zu tun ist, wenn ein „Körper" eines Betriebsmittels der Schutzklasse III, d. h. ein Betriebsmittel, das für die Verwendung in SELV-Stromkreisen geeignet ist, mit einem Körper eines Betriebsmittels in einem Schutzleiterstromkreis in Verbindung kommt. Die Autoren raten, dafür zu sorgen, dass eine derartige Berührung vermieden wird, zumindest sollte die Verbindung nicht als absichtlich geplant werden.

10.4.5 *414.4.5 Wenn die Nennspannung AC 25 V oder DC 60 V überschreitet oder wenn Betriebsmittel in Wasser eingetaucht sind, muss ein Basisschutz (Schutz gegen direktes Berühren) für SELV- und PELV-Stromkreise vorgesehen werden durch* [in etwa 411.1.4.3]:
– *eine Isolierung in Übereinstimmung mit Anhang A, Abschnitt A.1 oder*
– *Abdeckungen oder Umhüllungen in Übereinstimmung mit Anhang A, Abschnitt A.2*

Bis auf kleine Ergänzungen waren auch diese Anforderungen schon in der bisherigen Norm DIN VDE 0100-410 (VDE 0100-410):1997-01 inhaltlich enthalten. Ergänzt wurde nur, dass ein Basisschutz auch bei Spannungen AC < 25 V bzw. DC < 60 V gefordert wird, wenn Betriebsmittel/Verbrauchsmittel in SELV- oder PELV-

Stromkreisen in Wasser eingetaucht (gilt auch für untergetaucht) werden, aus Gründen des Schutzes gegen elektrischen Schlag ein Basisschutz vorgesehen werden muss. Häufig wird diese Forderung durch den notwendigen Wasserschutz mit erfüllt.

Ein Basisschutz (Schutz gegen direktes Berühren) ist im Allgemeinen nicht notwendig bei normalen, trockenen Umgebungsbedingungen für:
- *SELV-Stromkreise, deren Nennspannung AC 25 V oder DC 60 V nicht überschreitet*
- *PELV-Stromkreise, deren Nennspannung AC 25 V oder DC 60 V nicht überschreitet und deren Körper und/oder aktiven Teile durch einen Schutzleiter mit der Haupterdungsschiene verbunden sind*

Für die im Abschnitt 414.1.1 der Norm DIN VDE 0100-410 (VDE 0100-410): 2007-06 enthaltene, grundsätzliche Forderung, dass auch in SELV- oder PELV-Stromkreisen ein Basisschutz gefordert wird, gibt es hier nun eine Erleichterung. So darf in SELV-Stromkreisen bis AC 25 V bzw. DC 60 V auf den Basisschutz, d. h. auf den Schutz gegen direktes Berühren, verzichtet werden. Dies gilt allerdings nur, wenn die Umgebungsbedingungen als trocken betrachtet werden können und die Betriebsmittel nicht im Wasser sind. Trockene Umgebung wird es nur im Innenbereich geben. Für das Verwenden von Betriebsmitteln/Verbrauchsmitteln im Freien muss daher immer ein Basisschutz vorgesehen werden.

Für PELV-Stromkreise gibt es hierzu weitere Einschränkungen. So gilt der Verzicht auf den Basisschutz nur, wenn die Körper in solchen Stromkreisen und/oder ein aktiver Leiter über Schutzleiter mit der Haupterdungsschiene verbunden sind. Diese Verbindung muss nicht direkt sein, sondern wird auch dadurch erfüllt, dass sie mit dem Schutzleiter der Stromkreise mit Schutz durch automatische Abschaltung verbunden werden. Dieser Schutzleiter ist wiederum mit der Haupterdungsschiene verbunden, siehe Abschnitt 6.3.1.2 dieses Buchs bzw. Abschnitt 411.6.1.2 der Norm DIN VDE 0100-410 (VDE 0100-410):2007-06.

Eine ähnliche Forderung hat es im **Abschnitt 411.1.5.2 von DIN VDE 0100-410 (VDE 0100-410):1997-01** auch schon wie folgt gegeben:

Der Schutz gegen direktes Berühren nach Unterabschnitt 411.1.5.1 ist nicht gefordert, wenn sich die Betriebsmittel in einem Gebäude befinden, in dem gleichzeitig berührbare Körper und fremde leitfähige Teile mit demselben Erdungssystem verbunden sind, und wenn die Nennspannung folgende Werte nicht überschreitet:
- *AC 25 V Effektivwert oder DC 60 V oberschwingungsfrei bei Betriebsmitteln, die üblicherweise nur in trockenen Räumen oder an trockenen Orten benutzt werden und eine großflächige Berührung von aktiven Teilen durch menschliche Körper oder Nutztiere nicht zu erwarten ist*

Nun wurden die Anforderungen im zweiten Aufzählungsstrich von DIN VDE 0100-410 (VDE 0100-410):2007-06 insofern geändert, als jetzt nicht nur alle berührbaren Körper des PELV-Stromkreises mit demselben Erdungssystem (z. B. mit der Haupterdungsschiene) verbunden sein müssen, sondern man hat vermutlich die Festlegung aus 414.4.1 der DIN VDE 0100-410 (VDE 0100-410):2007-06

10 414 Schutzmaßnahme: Schutz durch Kleinspannung mittels SELV oder PELV

"Die PELV-Stromkreise und/oder Körper der durch die PELV-Stromkreise versorgten Betriebsmittel dürfen geerdet werden."

übernommen und als Alternative auch die Verbindung eines aktiven Leiters (mit oder ohne Verbindung der Körper) mit der Haupterdungsschiene als Voraussetzung für den Verzicht auf den Schutz gegen direktes Berühren aufgenommen hat, was aber so nicht stimmen kann. Einerseits ist diese Anforderung – Verbinden der Körper mit demselben Erdungssystem – physikalisch nicht mit dem direkten Berühren aktiver Teile zu begründen. Hier wird eher das Gegenteil erreicht, z. B. wenn ein aktives Teil des PELV-Stromkreises mit Erde verbunden ist und ein Mensch ein zweites aktives Teil desselben PELV-Stromkreises, für das unter der genannten Voraussetzung der Basisschutz entfallen darf, und gleichzeitig einen geerdeten Körper, z. B. den eines PELV-Stromkreises, oder außerhalb von Gebäuden ein „gut" geerdetes Teil berührt, u. U. eine wesentlich höhere Gefährdung erfährt. Für den Fehlerschutz mag diese Forderung nach Verbindung der Körper eines Betriebsmittels im PELV-Stromkreis mit der Haupterdungsschiene noch eine Reduzierung einer möglichen Berührungsspannung bei einem Körperschluss mit sich bringen, wenn auch alle fremden leitfähigen Teile mit diesem Punkt verbunden sind. Außerdem gibt es nun keine Einschränkung mehr auf „innerhalb von Gebäuden", da die Forderung „bei normalen, trockenen Umgebungsbedingungen" auch im Außenbereich (z. B. unter einer Überdachung) erfüllt sein kann.

In allen anderen Fällen ist ein Basisschutz (Schutz gegen direktes Berühren) nicht gefordert, wenn die Nennspannung des SELV- oder PELV-Systems AC 12 V oder DC 30 V nicht überschreitet.

Wenn also weder eine feuchte noch eine nasse Umgebung vorliegt und auch die Betriebsmittel/Verbrauchsmittel sich nicht im Wasser befinden, darf bei SELV und PELV bei Spannungen bis AC 12 V bzw. DC 30 V auf den Schutz gegen direktes Berühren verzichtet werden. Für diese Erleichterung, auf den Schutz gegen direktes Berühren zu verzichten, gilt für PELV-Stromkreise auch nicht die Forderung, dass deren Körper oder die aktiven Teile oder beides mit der Haupterdungsschiene verbunden sein muss/müssen.

Aber Achtung: Hier kann es über diese grundlegenden Anforderungen hinaus in konkreten Situationen einschränkende Anforderungen in der Gruppe 700 der Reihe DIN VDE 0100 (VDE 0100) geben, z. B.

- in Räumen mit Badewanne oder Dusche (DIN VDE 0100-701 (VDE 0100-701)
- in Bereichen von Becken von Schwimmbädern und anderen Becken (DIN VDE 0100-702 (VDE 0100-702)

Bei den beiden angeführten Beispielen ist grundsätzlich für jede Spannungshöhe ein Basisschutz vorgeschrieben. PELV ist nach DIN VDE 0100-702 (VDE 0100-702):2003-11 in den Bereichen 0, 1, 2 von Schwimmbädern und anderen Becken, unabhängig von der Spannungshöhe, unzulässig.

Da sich die Anforderungen für SELV und PELV bezüglich des Basisschutzes (Schutz gegen direktes Berühren) nicht einfach aus den normativen Anforderungen ablesen lassen, wurde von den Autoren nachfolgend die **Tabelle 10.4** eingefügt, die das Lesen der Anforderungen erleichtern soll.

Spannungshöhe	Basisschutz (Schutz gegen direktes Berühren)		
	SELV nach **Teil 410**	PELV nach **Teil 410**	Einschränkungen in der **Gruppe 700**
unabhängig von der Höhe der Spannung	**Basisschutz** im Wasser gefordert	**Basisschutz** im Wasser gefordert	Für SELV z. T. gefordert, muss ggf. angepasst werden an Teil 410, wo der Basisschutz immer gefordert ist. Für PELV z. T. gefordert, muss ggf. angepasst werden an Teil 410; PELV jedoch nicht immer zugelassen.
≤ AC 12 V; ≤ DC 30 V	**Basisschutz** nicht gefordert, außer im Wasser, siehe erste Zeile	**Basisschutz** nicht gefordert, außer im Wasser, siehe erste Zeile	Für SELV z. T. Basisschutz immer gefordert, z. B. aber keine Forderung im Teil 706. Für PELV z. T. gefordert, PELV jedoch nicht immer zugelassen.
≤ AC 25 V; ≤ DC 60 V	**Basisschutz** in **trockener** Umgebung nicht gefordert	**Basisschutz** in **trockener** Umgebung nicht gefordert, jedoch Körper und/ oder aktive Teile müssen mit der Haupterdungsschiene verbunden sein	Für SELV immer gefordert. Für PELV immer gefordert, PELV jedoch nicht immer zugelassen, z. B. gibt es keine Einschränkung im Teil 706.
> AC 25 V; > DC 60 V	**Basisschutz** immer gefordert	**Basisschutz** immer gefordert	Für SELV und PELV durch Teil 410 immer gefordert, da es in Gruppe 700 der Reihe DIN VDE 0100 (VDE 0100) diesbezüglich keine Abweichungen gibt, abgesehen von Teil 731.
Hinweis: Die Isolierung aktiver Teile kann aus Brandschutzgründen gefordert sein, auch wenn hinsichtlich des Schutzes gegen elektrischen Schlag die Erfordernis nicht besteht.			

Tabelle 10.4 Forderung nach Basisschutz in Abhängigkeit von der Spannungshöhe bei SELV und PELV

Kurzer Überblick

Für SELV- und PELV-Stromkreise ist unter trockenen Umgebungsbedingungen für Nennspannungen nicht über AC 25 V oder nicht über DC 60 V der Basisschutz entbehrlich, sodass aktive Teile „blank" (nicht isoliert) sein dürfen, wobei bei PELV die Körper und/oder die aktiven Teile mit der Haupterdungsschiene verbunden sein müssen.

Für SELV- und PELV-Stromkreise wird für Nennspannungen nicht über 12 V AC oder 30 V DC – außer im Wasser – ein Basisschutz nicht gefordert!

Achtung: Die 700er-Gruppe der Reihe DIN VDE 0100 (VDE 0100) enthält von diesen grundsätzlichen Aussagen Abweichungen! Die Isolierung eines oder aller aktiven Teile kann aus Brandschutzgründen gefordert sein, auch wenn hinsichtlich des Schutzes gegen elektrischen Schlag die Erfordernis nicht besteht.

10.6 Häufige Fragen und Antworten aus Sicht der Autoren

Sind SELV-Stromkreise, wie in DIN EN 60950-1 (VDE 0805-1):2006-11 angeführt, gleichzusetzen mit dem Schutz durch SELV nach DIN VDE 0100-410 (VDE 0100-410):2007-06?

Nein. Bei den im Abschnitt 2.2 von DIN EN 60950-1 (VDE 0805-1):2006-11 angeführten SELV-Stromkreisen handelt es sich in etwa um Schutz durch PELV, da dieser SELV-Stromkreis geerdet werden muss. Darüber hinaus gibt es auch andere Grenzwerte bezüglich der Spannungen.

Dürfen die grün-gelben Leiter von Kabeln/Leitungen in SELV-Stromkreisen – wo sie ja bestimmungsgemäß nicht als Schutzleiter verwendet werden dürfen – z. B. durch Umkennzeichnen für andere Zwecke verwendet werden?

Nein. Eine grün-gelbe Ader darf grundsätzlich nur für Schutzzwecke verwendet werden. Auch eine andersfarbige Umkennzeichnung, z. B. durch Schrumpfschlauch, ist nicht zulässig.

Dürfen für SELV- und PELV-Stromkreise auch Transformatoren mit getrennter Wicklung (Basistrennung) und einem geerdetem Schirm verwendet werden?

Ja. Nach Abschnitt 5.3.2 von DIN EN 61140 (VDE 0140-1):2007-03 kann auch mit einem geerdeten Schutzschirm eine sichere Trennung erreicht werden.

Wie kann an elektrischen Betriebsmitteln (z. B. an einem Schütz) die sichere Trennung zwischen den einzelnen Kontakten erreicht werden?

Aussagen hierzu waren früher in DIN VDE 0106-101 (VDE 0106-101) enthalten.

Diese Norm wurde ersetzt durch entsprechende Festlegungen der DIN EN 60947-1 (VDE 0660-100):1999-12 und sind nun im Anhang N von DIN EN 60947-1 (VDE 0660-100):2005-01.

Dürfen an elektrischen Betriebsmitteln (z. B. an einem Schütz) Stromkreise mit SELV oder PELV an Kontakte angeschlossen werden, wenn am benachbarten Kontakt eine andere Spannung als SELV oder PELV ansteht?

Ja, wenn der Betriebsmittelhersteller entsprechende Aussagen macht, ob an seinem Gerät und bis zu welcher Spannung eine sichere Trennung erfüllt ist.

Dürfen Kabel/Leitungen von Stromkreisen mit SELV oder PELV gemeinsam mit Mittel- oder Hochspannungskabel verlegt werden?

In den Normen der Reihe DIN VDE 0100 (VDE 0100) gibt es diesbezüglich keine Festlegungen. Festlegungen, die auch für SELV- und PELV-Stromkreise analog angewendet werden können (nach Meinung der Autoren angewendet werden müssen), sind in DIN VDE 0101 (VDE 0101) enthalten. Im Abschnitt 5.2.9.4 von DIN VDE 0101 (VDE 0101):2000-01 ist Folgendes festgelegt:

Kreuzungen und Näherungen

Zwischen HS-Kabeln/Leitungen und kreuzenden oder sich annähernden Fernmeldeanlagen ist ein geeigneter Abstand einzuhalten. Für den Fall eines langen parallelen Trassenverlaufs ist die im Kurzschlussfall in die Fernmeldeanlage induzierte Spannung zu berechnen (siehe z. B. CCITT/ITU-Empfehlungen). Es kann erforderlich sein, geeignete Maßnahmen anzuwenden (z. B. eine andere Trassenführung für die HS-Kabel/-Leitungen oder die Fernmeldeanlagen oder ein größerer Abstand zwischen Kabeln/Leitungen und Fernmeldeanlagen).

Da es zum Abstand keine Festlegungen gibt, empfiehlt es sich daher, die aus Gründen der EMV geforderten Abstände von mindesten 300 mm auch allgemein einzuhalten.

Sind die Spannungswerte für Stromkreise mit SELV oder PELV absolute Grenzwerte?

In der Anmerkung 3 von Abschnitt 414.2 der Norm DIN VDE 0100-410 (VDE 0100-410):2007-06 bzw. Abschnitt 10.2 dieses Buchs gibt es nun einen Hinweis, dass für das Laden von Batterien höhere Ladespannungen zugelassen sind. Diese höheren Spannungen sollen in Übereinstimmung mit Tabelle 1 von IEC 61201 sein und dürfen AC 75 V bzw. DC 150 V nicht überschreiten. Von den Autoren wurde diese Tabelle aus der IEC im Abschnitt 10.2 eingefügt, damit sie von den Anwendern der DIN VDE 0100-410 (VDE 0100-410) nicht mühselig gesucht werden muss. Auch wenn die Anmerkung 3 sich auf Ladespannungen bezieht, kann davon ausgegangen werden, dass die in dieser Tabelle enthaltenen Grenzwerte allgemein angewendet werden dürfen.

11   415 *Zusätzlicher Schutz* [teilweise 412.5]

ANMERKUNG Ein zusätzlicher Schutz kann zusammen mit den Schutzmaßnahmen unter bestimmten Bedingungen von äußeren Einflüssen und in bestimmten speziellen Bereichen festgelegt sein (siehe Gruppe 700 der Reihe DIN VDE 0100 (VDE 0100)).

Diese Anmerkung bezieht sich nur auf einen Aspekt des zusätzlichen Schutzes, nämlich auf die Möglichkeit, den zusätzlichen Schutz unter bestimmten Bedingungen von äußeren Einflüssen oder für spezielle Bereiche zu fordern, was nach den folgenden Abschnitten nur für den zusätzlichen Schutz durch Fehlerstrom-Schutzeinrichtungen (RCDs) mit einem Bemessungsdifferenzstrom nicht über 30 mA Berücksichtigung findet. Dagegen bezieht sich der zusätzliche Schutz durch einen zusätzlichen Schutzpotentialausgleich in den nachfolgenden Abschnitten nur auf die nicht erfüllte Abschaltzeit, und zwar unabhängig von den Umgebungsbedingungen. Der von den Umgebungsbedingungen abhängige zusätzliche Schutzpotentialausgleich wird zz. nur in den Normen der Gruppe 700 von DIN VDE 0100 (VDE 0100) behandelt, wo er (noch) als „zusätzlicher Potentialausgleich" bezeichnet wird.

Des Weiteren fehlt in der Anmerkung, nach Meinung der Autoren, auch der Hinweis, dass der zusätzliche Schutz durch Fehlerstrom-Schutzeinrichtungen (RCDs) mit einem Bemessungsdifferenzstrom nicht über 30 mA nun auch unter dem Abschnitt Fehlerschutz nach Abschnitt 411.3.3 der Norm DIN VDE 0100-410 (VDE 0100-410):2007-06 bzw. nach Abschnitt 7.3.3 dieses Buchs grundsätzlich für „fast" alle Steckdosen gefordert wird, und zwar in den meisten Fällen unabhängig von den äußeren Einflüssen.

Damit ergeben sich für diese Hauptüberschrift „Zusätzlicher Schutz" folgende Möglichkeiten:
- zusätzlicher Schutz durch Fehlerstrom-Schutzeinrichtungen (RCDs) mit einem Bemessungsdifferenzstrom von maximal 30 mA für bestimmte Steckdosenstromkreise
- zusätzlicher Schutz durch Fehlerstrom-Schutzeinrichtungen (RCDs) mit einem Bemessungsdifferenzstrom von maximal 30 mA für bestimmte Teile der Gruppe 700 der Normen der Reihe DIN VDE 0100 (VDE 0100), bestimmt durch die Festlegung für bestimmte Bereiche
- zusätzlicher Schutzpotentialausgleich für nicht erfüllte Abschaltzeit
- zusätzlicher Schutzpotentialausgleich für bestimmte Teile der Gruppe 700 der Normen der Reihe DIN VDE 0100 (VDE 0100), bestimmt durch die Festlegung für bestimmte Bereiche

In den nachfolgenden Abschnitten der Norm bzw. des Buchs wird daher nur der zusätzliche Schutz durch Fehlerstrom-Schutzeinrichtungen (RCDs) in Bezug auf den Basis- und/oder Fehlerschutz und der zusätzliche Schutz durch einen zusätzlichen Schutzpotentialausgleich bei nicht erfüllter Abschaltzeit (Fehlerschutz) behandelt.

Zur Erinnerung: Nach DIN VDE 0100-200 (VDE 0100-200):2006-06 Abschnitt 826-12-07; ist der „zusätzliche Schutz" eine Schutzmaßnahme zusätzlich zum Basisschutz und/oder Fehlerschutz.

> **Kurzer Überblick**
>
> Der zusätzliche Schutz kann durch Fehlerstrom-Schutzeinrichtungen (RCDs) mit einem Bemessungsdifferenzstrom nicht über 30 mA erfüllt werden oder durch einen zusätzlichen Schutzpotentialausgleich. In Teilen der Gruppe 700 der Reihe DIN VDE 0100 (VDE 0100) kann es zusätzliche konkretisierende Anforderungen hierfür geben. In DIN VDE 0100-410 (VDE 0100-410):2007-06 sind grundsätzliche Anforderungen enthalten für den zusätzlichen Schutz durch Fehlerstrom-Schutzeinrichtungen (RCDs) mit einem Bemessungsdifferenzstrom nicht über 30 mA für bestimmte Steckdosenkreise und für den zusätzlichen Schutzpotentialausgleich ergänzend für den Fehlerschutz „Schutz durch automatische Abschaltung der Stromversorgung" bei Nichterfüllung der Abschaltzeit.

11.1 415.1 Zusätzlicher Schutz: Fehlerstrom-Schutzeinrichtungen (RCDs)

11.1.1 *415.1.1 Das Verwenden von Fehlerstrom-Schutzeinrichtungen (RCDs) mit einem Bemessungsdifferenzstrom, der 30 mA nicht überschreitet, hat sich in Wechselstromsystemen als zusätzlicher Schutz beim Versagen von Vorkehrungen für den Basisschutz (Schutz gegen direktes Berühren) und/oder von Vorkehrungen für den Fehlerschutz (Schutz bei indirektem Berühren) oder bei Sorglosigkeit durch Benutzer bewährt.*

Vorweg gleich ein wichtiger Hinweis zu diesem Abschnitt. Der zusätzliche Schutz durch Fehlerstrom-Schutzeinrichtungen (RCDs) lässt sich in Gleichstromsystemen nicht einsetzen, da Fehlerstrom-Schutzeinrichtungen (RCDs) bei Gleichstrom nicht wirksam werden können. Diese Aussage darf nicht damit verwechselt werden, dass es möglich ist, auch bei reinen Gleich**fehler**strömen in Wechselstromsystemen mit Fehlerstrom-Schutzeinrichtungen (RCDs) vom Typ B eine Abschaltung zu erreichen.

Neu ist hierbei, wie bereits erwähnt, dass nun der zusätzliche Schutz durch Fehlerstrom-Schutzeinrichtungen (RCDs) – die normative Maßnahme lautet: „Zusätzlicher Schutz: Fehlerstrom-Schutzeinrichtungen (RCDs)" – nicht nur als zusätzlicher Schutz beim Versagen des Basisschutzes, sondern auch als zusätzlicher Schutz beim Versagen des Fehlerschutzes vorgesehen werden kann und darf. Auf diese mögliche (zwangsläufig sich ergebende) Schutzwirkung haben die Autoren schon in den ersten beiden Ausgaben von Band 140 hingewiesen. Auf den obigen Hinweis, dass durch Fehlerstrom-Schutzeinrichtungen (RCDs) auch eine Schutzwirkung bei Sorglosigkeit durch Laien gegeben sein kann, wurde bisher in der Norm verzichtet, um nicht indirekt dazu zu ermuntern, jegliche Sorgfalt außer Acht zu lassen. Nun gibt es nur den einschränkenden Hinweis im Abschnitt 415.1.2 der DIN VDE 0100-410 (VDE 0100-410):2007-06, siehe Abschnitt 11.1.2 dieses Buchs, dass dieser zusätzliche Schutz nicht als alleinige (Schutz)Maßnahme angewendet werden darf. Daher sollte niemand vergessen, dass auch durch Fehlerstrom-Schutzeinrichtungen (RCDs) mit einem Bemessungsdifferenzstrom nicht über 30 mA keine absolute Sicherheit gegeben sein kann, insbesondere beim Berühren von zwei aktiven Teilen mit beiden Händen, siehe auch **Bild 11.1.1.1**. Ein Schutz wäre in diesem Falle auch nicht durch eine Fehlerstrom-Schutzeinrichtung (RCD) mit einem Bemessungsdifferenzstrom von 10 mA gegeben.

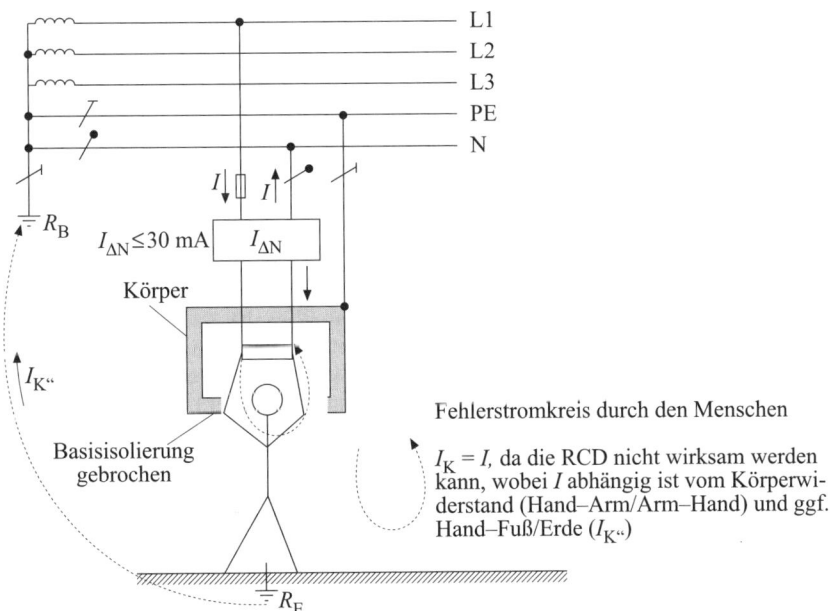

Bild 11.1.1.1 Der zusätzliche Schutz durch eine Fehlerstrom-Schutzeinrichtung (RCD) mit einem Bemessungsdifferenzstrom ≤ 30 mA kann nicht wirksam werden, wenn zwei aktive Teile unterschiedlichen Potentials, z. B. auf Grund eines defekten Basisschutzes oder Basis- und Fehlerschutzes, berührt werden können

Der Hinweis, dass der zusätzliche Schutz durch Fehlerstrom-Schutzeinrichtungen (RCDs) mit einem Bemessungsdifferenzstrom nicht über 30 mA beim Versagen des Basisschutzes wirksam wird, mag nicht sofort als relevant angesehen werden, weil beim Versagen des Basisschutzes immer noch der Fehlerschutz erhalten bleibt/bleiben muss. Das heißt, wenn durch eine Beschädigung des Basisschutzes, z. B. wenn die Isolierung einer Aderleitung verletzt wird und dadurch der aktive Leiter mit dem leitfähigen Gehäuse (Körper) eines Betriebsmittels in Berührung kommt, dann wird üblicherweise der Fehlerschutz durch automatische Abschaltung der Stromversorgung erfüllt. Da es sich in vielen Fällen (insbesondere im TT-System) um ein und dieselbe Schutzeinrichtung für den Fehlerschutz und den zusätzlichen Schutz handelt, werden also der Fehlerschutz und der zusätzliche Schutz beim Versagen des Basisschutzes in diesen Fällen durch ein und dieselben Fehlerstrom-Schutzeinrichtungen (RCDs) mit einem Bemessungsdifferenzstrom nicht über 30 mA wirksam, siehe auch **Bild 11.1.1.2a**. Sinnvoll, wenn auch in der Norm nicht gefordert, wäre es – insbesondere in Anlagen mit TT-Systemen, wo Überstrom-Schutzeinrichtungen weniger oder gar nicht zum Fehlerschutz beitragen können –, eine zweite Fehlerstrom-Schutzeinrichtung (RCD) in Reihe zu verwenden. Am besten ist es, wenn möglich, eine vorgeschaltete Fehlerstrom-Schutzeinrichtung (RCD) des Typs S mit einem Bemessungsdifferenzstrom von 100 mA oder 300 mA für den Fehlerschutz und nachgeschaltet eine oder mehrere Fehlerstrom-Schutzeinrichtungen (RCDs) des allgemeinen Typs mit Bemessungsdifferenzstrom 30 mA für den zusätzlichen Schutz vorzusehen.

Der zusätzliche Schutz durch Fehlerstrom-Schutzeinrichtungen (RCDs) mit einem Bemessungsdifferenzstrom nicht über 30 mA kann jedoch auch wirksam werden, wenn beide Schutzebenen – Basisschutz und Fehlerschutz – versagen, siehe **Bilder 11.1.1.2b, 11.1.1.2c1 und 11.1.1.2c2**. Schon aus diesem Grunde musste ein neuer Begriff für diese zusätzliche Maßnahme gewählt werden.

Beim Versagen nur des Fehlerschutzes alleine, d. h. ohne Versagen des Basisschutzes, kann und muss eine Fehlerstrom-Schutzeinrichtung (RCD) mit einem Bemessungsdifferenzstrom von maximal 30 mA nicht wirksam werden. Wirksam wird der Schutz durch Fehlerstrom-Schutzeinrichtungen (RCDs) erst, wenn auch der Basisschutz versagt. Auf kurzen Nenner gebracht, es müssen immer beide Schutzebenen versagen oder wirkungslos sein, wenn der zusätzliche Schutz durch Fehlerstrom-Schutzeinrichtungen (RCDs) mit einem Bemessungsdifferenzstrom nicht über 30 mA wirksam werden soll, siehe auch die Bilder 11.1.1.2b, 11.1.1.2c1 und 11.1.1. 2c2.

Nur bei Betriebsmitteln mit doppelter oder verstärkter Isolierung wird in den meisten Fällen schon „quasi" bei einem Fehler der zusätzliche Schutz durch Fehlerstrom-Schutzeinrichtungen (RCDs) mit einem Bemessungsdifferenzstrom von maximal 30 mA wirksam werden, wenn nämlich diese doppelte oder verstärkte Isolierung durch mechanische Einwirkung „versagt", dann wird in den seltensten Fällen nicht nur eine Ebene der doppelten Isolierung beschädigt werden, sondern immer beide Ebenen. Bei der verstärkten Isolierung wird es sowieso nicht möglich sein, zu differenzieren, wann ein Einzelfehler oder ein Doppelfehler vorliegt.

11 415 Zusätzlicher Schutz

Der zusätzliche Schutz mit Fehlerstrom-Schutzeinrichtungen (RCDs) mit einem Bemmessungsdifferenzstrom nicht über 30 mA wird auch bei „Sorglosigkeit der Benutzer" wirksam werden, wenn diese sich nicht um Beachtung und Beseitigungen von Beschädigungen kümmern, insbesondere wenn sie nicht ausreichend robuste Betriebsmittel/Verbrauchsmittel härteren Umgebungsbedingungen aussetzen. Unter „Sorglosigkeit von Benutzern" fällt auch die mangelhafte Beaufsichtigung von Kleinkindern, die mit metallenen Haarnadeln und ähnlichen dünnen Teilen in Steckdosen stochern, evtl. gleichzeitig in beiden Polen. Dann kann in bestimmten Fällen (aber nicht immer), die Fehlerstrom-Schutzeinrichtung (RCD) mit Bemessungsdifferenzstrom nicht über 30 mA die Lebensrettung sein. Hierbei wird allerdings ein größerer und damit gefährlicher Strom (der sich aus dem Widerstand des menschlichen Körpers und der Betriebsspannung ergibt) über den menschlichen Körper zum Fließen kommen. Die Fehlerstrom-Schutzeinrichtung (RCD) kann durch Abschalten nur wirksam werden, wenn genügend großer Differenzstrom zur Erde fließt. Insbesondere ist der Fehlerfall des zweipoligen Berührens kritisch, wenn durch wenig leitenden Standort der Differenzstrom zur Erde zur Auslösung der Fehlerstrom-Schutzeinrichtung (RCD) nicht ausreicht.

Bei Betriebsmitteln mit doppelter oder verstärkter Isolierung kann zwar durch die doppelte oder verstärkte Isolierung im hohen Maße verhindert werden, dass im „Normalfall" eine gefährliche Spannung (innerhalb der doppelten oder verstärkten Isolierung) berührbar wird. Bei einer mechanischen Beschädigung ist dieser Schutz nur noch bedingt erfüllt, sodass sich für solche Betriebsmittel der zusätzliche Schutz durch Fehlerstrom-Schutzeinrichtungen (RCDs) mit einem Bemessungsdifferenzstrom nicht über 30 mA sehr bewährt hat. Aber zu beachten ist, dass solche Fehler durch die Fehlerstrom-Schutzeinrichtung (RCD) nicht beseitigt werden, sondern nur bei einem „versehentlichen" Berühren eines aktiven Teils durch Menschen eine hoffentlich ausreichend schnelle Abschaltung erfolgt.

Anders als bei den übrigen „Fehler"-Schutzmaßnahmen (Schutzvorkehrungen für den Fehlerschutz) kann der Fehlerstrom über den Menschen eine Voraussetzung für die Abschaltung durch die Fehlerstrom-Schutzeinrichtung (RCD) und damit der Schutzwirkung durch die Fehlerstrom-Schutzeinrichtung (RCD) sein. Wie schon erwähnt, kann in den meisten Fällen die Fehlerstrom-Schutzeinrichtung (RCD) beim Berühren von zwei aktiven Teilen unterschiedlichen Potentials auch nicht wirksam werden, siehe Bild 11.1.1.1, insbesondere wenn der Standort isolierend zum Erdpotential ist und kein ausreichend großer Fehlerstrom auch über Erde wegfließen kann.

Auch wenn durch den zusätzlichen Schutz durch Fehlerstrom-Schutzeinrichtungen (RCDs) mit einem Bemessungsdifferenzstrom nicht über 30 mA eine hohe „zusätzliche" Schutzwirkung gegeben ist, sollte man nicht leichtsinnig mit elektrischen Betriebsmitteln/Verbrauchsmitteln umgehen. Keinesfalls sollte man dem Beispiel im Bild 11.1.1.2d folgen, egal ob noch ein zusätzlicher Schutzpotentialausgleich (bisher zusätzlicher Potentialausgleich) an der Wanne vorhanden ist oder nicht.

11 415 Zusätzlicher Schutz

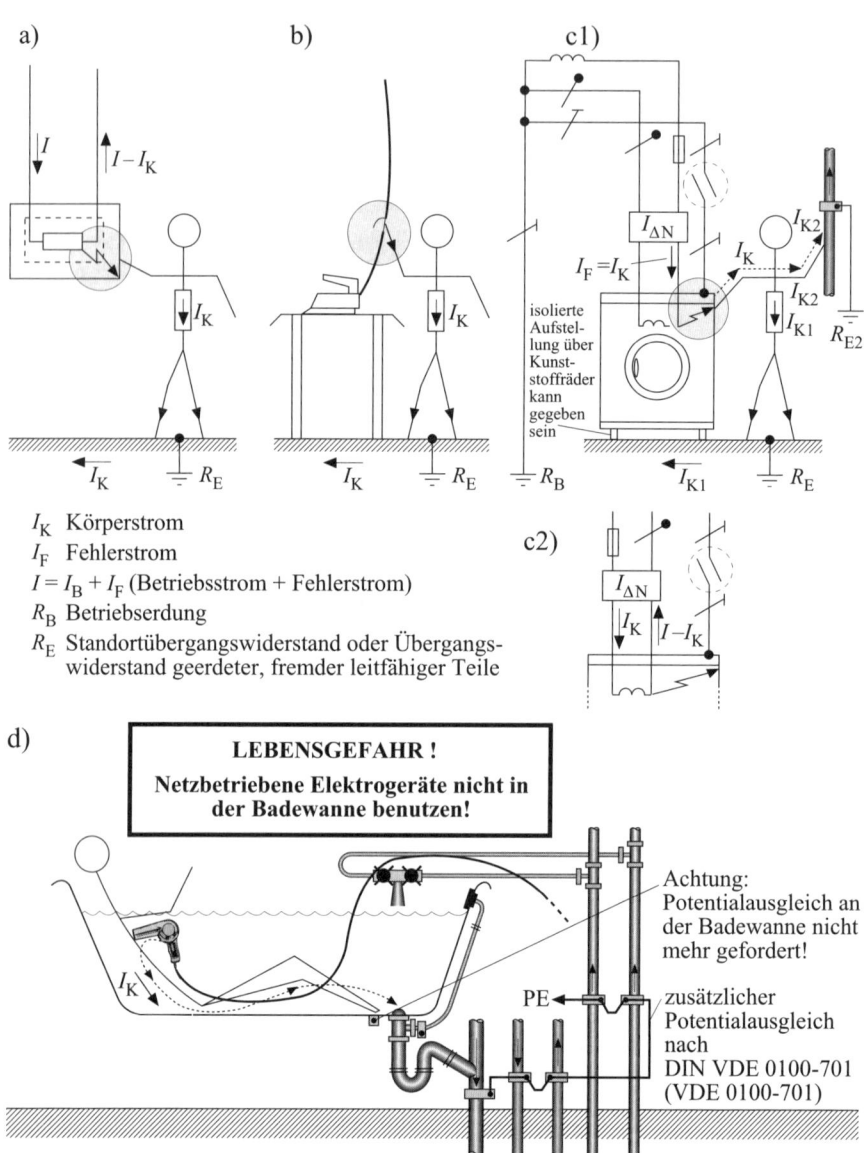

I_K Körperstrom
I_F Fehlerstrom
$I = I_B + I_F$ (Betriebsstrom + Fehlerstrom)
R_B Betriebserdung
R_E Standortübergangswiderstand oder Übergangswiderstand geerdeter, fremder leitfähiger Teile

Bild 11.1.1.2 Beispiele für den zusätzlichen Schutz (in der bisherigen Norm: Schutz bei direktem Berühren) durch Fehlerstrom-Schutzeinrichtungen (RCDs) mit einem Bemessungsdifferenzstrom $I_{\Delta N} \leq$ 30 mA

11 415 Zusätzlicher Schutz

zu Bild 11.1.1.2 (S. 282)
a) defekte Basisisolierung oder Einwirkung von Feuchtigkeit (Kriechwegbildung, verbunden mit Kriechströmen) bei Verbrauchsmitteln der Schutzklasse I
b) defekte Anschlussleitung – Berühren eines Außenleiters (oder mehrerer aktiver Leiter) beim Versagen des Basisschutzes und des Fehlerschutzes
c1) Verbrauchsmittel der Schutzklasse I bei unterbrochenem Schutzleiter, mit Körperschluss bei **gleichzeitiger Unterbrechung des Stromkreises** im Verbrauchsmittel
c2) Verbrauchsmittel der Schutzklasse I bei unterbrochenem Schutzleiter, mit Körperschluss **ohne Unterbrechung des Stromkreises**
d) Beispiel für leichtsinnige Nutzung: Badender mit Handhaartrockner, der in das Badewasser gefallen ist. Gefährlicher elektrischer Strom durch den menschlichen Körper kann, in Abhängigkeit von der Zusammensetzung des Badewassers (z. B. Anteile an Badesalzen), auftreten. Der zusätzliche (örtliche) Schutzpotentialausgleich an einer leitfähigen Wanne – der nun nicht mehr gefordert ist – kann in dieser Situation nicht wirksam werden. Gef. ergibt sich durch ihn sogar eine höhere Gefährdung. Im Bild d) wird die nach DIN VDE 0100-701 (VDE 0100-701):2002-02 verwendete alte Bezeichnung „zusätzlicher Potentialausgleich" statt zusätzlicher „Schutzpotentialausgleich" gewählt, da diese Norm erst noch an die Terminologie der neuen DIN VDE 0100-410 (VDE 0100-410):2007-06 angeglichen werden muss.

Nach DIN VDE 0100-701 (VDE 0100-701):2002-02 ist ein zusätzlicher Schutzpotentialausgleich (dort noch als zusätzlicher Potentialausgleich bezeichnet) an der Wanne nicht mehr gefordert. Dieser zusätzliche Schutzpotentialausgleich an dieser Stelle der Wanne ist nicht notwendig, da er nicht unbedingt zur Verbesserung der Gefahrensituation beitragen kann. Weitere Informationen zum zusätzlichen Schutzpotentialausgleich sind in den nachfolgenden Abschnitten angeführt.

11.1.2   415.1.2 *Das Verwenden solcher Einrichtungen ist nicht als alleiniges Mittel des Schutzes gegen elektrischen Schlag anerkannt und schließt nicht die Notwendigkeit aus, eine der Schutzmaßnahmen nach den Abschnitten 411 bis 414 anzuwenden.*

Zu diesem Abschnitt ist eigentlich schon alles gesagt. Auch wenn mit dem Schutz durch Fehlerstrom-Schutzeinrichtungen (RCDs) mit einem Bemessungsdifferenzstrom $I_{\Delta N} \leq 30$ mA eine sehr hohe Schutzwirkung gegeben ist, darf eine Fehlerstrom-Schutzeinrichtung (RCD) mit einem Bemessungsdifferenzstrom $I_{\Delta N} \leq 30$ mA nicht als alleinige Schutzmaßnahme, d. h. als Maßnahme sowohl für den Basisschutz als auch für den Fehlerschutz, angewendet werden, da, wie oben ausgeführt, der Schutz durch Fehlerstrom-Schutzeinrichtungen (RCDs) bei direktem Berühren zweier aktiver Leiter unterschiedlichen Potentials (und auch nicht immer bei Berührung nur eines aktiven Teiles) nicht immer gegeben ist. Das schließt nicht aus – wie auch schon an anderer Stelle erwähnt –, dass für den Fehlerschutz und den zusätzlichen Schutz ein und dieselbe Schutzeinrichtung – eine Fehlerstrom-Schutzeinrichtung (RCD) mit einem Bemessungsdifferenzstrom $I_{\Delta N} \leq 30$ mA – zur Anwendung kommen kann und darf. Auf jeden Fall ist es nicht im Sinne der Norm DIN VDE 0100-410 (VDE 0100-410):2007-06, bereits bei einem ersten Fehler den Strom über den Menschen bewusst zuzulassen, um eine Abschaltung der Stromversorgung zu erreichen. Der Strom über den Menschen ist aber nicht immer vermeidbar. Dies ist z. B. der Fall, wenn ein Mensch den Körper (eines elektrischen Betriebsmittels/Verbrauchsmitteln) während eines Körperschlusses (bis zur Abschaltung) zwischen einem aktivem Teil und dem Körper (des Betriebsmittels) im TN- oder TT-System berührt und gleichzeitig mit einem zweiten Potential, z. B. mit Erdpotential, in Berührung kommt.

ANMERKUNG Anforderungen an die Auswahl von Fehlerstrom-Schutzeinrichtungen (RCDs) für den zusätzlichen Schutz siehe DIN VDE 0100-530 (VDE 0100-530):2005-06, 531.3.6.

Diese nationale Anmerkung (daher grau schattiert) ist neu, da es zum Zeitpunkt der Herausgabe der früheren DIN VDE 0100-410 (VDE 0100-410):1997-01 noch keine DIN VDE 0100-530 (VDE 0100-530) gab und es einen solchen Hinweis deswegen in DIN VDE 0100-410 (VDE 0100-410):1997-01 nicht geben konnte. Da es sich bei DIN VDE 0100-530 (VDE 0100-530):2005-06 aber zz. nur um eine nationale, d. h. nicht europäisch harmonisierte, Norm handelt, ist diese Anmerkung auch nicht im HD 60364-4-41:2007 enthalten, sondern wurde nur national (in Deutschland) hinzugefügt. Die nationale, nicht harmonisierte DIN VDE 0100-530 (VDE 0100-530) wurde 2005-06 veröffentlicht und enthält Anforderungen für die richtige Auswahl von Fehlerstrom-Schutzeinrichtungen (RCDs). Der zitierte Abschnitt 531.6 lautet:

531.3.6 Anforderungen an die Auswahl von Fehlerstrom-Schutzeinrichtungen (RCDs) für den zusätzlichen Schutz

Die Anwendung von Fehlerstrom-Schutzeinrichtungen (RCDs) mit einem Bemessungsdifferenzstrom $I_{\Delta N} \leq 30$ mA ist als zusätzlicher Schutz gegen elektrischen Schlag im normalen Betrieb bei Versagen der anderen Schutzmaßnahmen oder Sorglosigkeit des Benutzers anerkannt.

Die Anwendung solcher Schutzeinrichtungen ist nicht als alleiniges Mittel des Schutzes anerkannt und schließt nicht die Notwendigkeit zur Anwendung der Schutzmaßnahmen zum Basisschutz und zum Fehlerschutz nach DIN VDE 0100-410 (VDE 0100-410) aus.

Der Fehlerschutz (Schutz bei indirektem Berühren) und der zusätzliche Schutz dürfen durch dieselbe Fehlerstrom-Schutzeinrichtung (RCD) erfüllt werden, vorausgesetzt der Bemessungsdifferenzstrom ist $I_{\Delta N} \leq 30$ mA.

Diese Fehlerstrom-Schutzeinrichtung (RCD) muss an der Einspeisung des Stromkreises errichtet werden.

Zur Schutzpegelerhöhung des Verbraucherstromkreises nach einer Steckdose darf auch eine in dieser Steckdose integrierte oder zusammen mit dieser fest installierten Steckdose in einer Einbaueinheit zusammengebaute Fehlerstrom-Schutzeinrichtung (RCD) eingesetzt werden.

Bei der Auswahl von Fehlerstrom-Schutzeinrichtungen (RCDs) ist zu beachten, dass auch der zusätzliche Schutz durch Fehlerstrom-Schutzeinrichtungen (RCDs) der ja auch für das Versagen des Fehlerschutzes zur Anwendung kommen darf,

11 415 Zusätzlicher Schutz

durch Gleichfehlerströme beeinflusst werden kann, daher müssen auch beim zusätzlichen Schutz durch Fehlerstrom-Schutzeinrichtungen (RCDs) in Fällen, in denen bei Fehlern auch Gleichfehlerströme auftreten können, „allstromsensitive" Fehlerstrom-Schutzeinrichtungen (RCDs), also vom Typ B, ausgewählt werden. Diese Festlegung gilt auch dann, wenn der Fehlerschutz durch eine andere Schutzeinrichtung (die keine Fehlerstrom-Schutzeinrichtung (RCD) ist) erfüllt bleibt. Da gerade in solchen Fällen Beeinträchtigungen anderer angeschlossener Fehlerstrom-Schutzeinrichtungen (RCDs) auftreten können, sind in den **Bildern 11.1.2.1** allgemeine Beispiele für zulässige und unzulässige Anordnungen von Fehlerstrom-Schutzein-

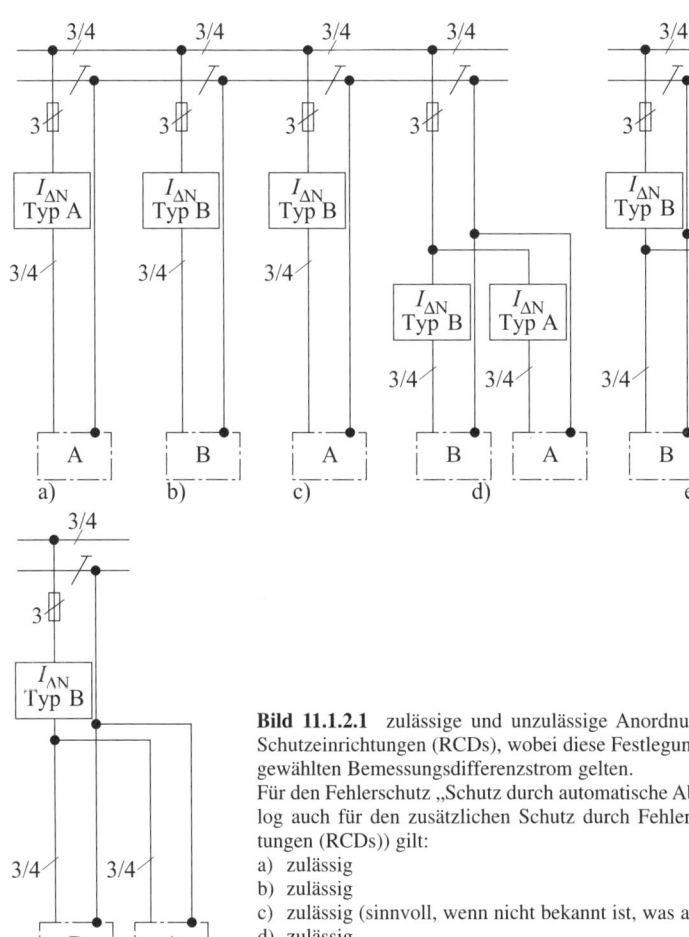

Bild 11.1.2.1 zulässige und unzulässige Anordnung von Fehlerstrom-Schutzeinrichtungen (RCDs), wobei diese Festlegungen unabhängig vom gewählten Bemessungsdifferenzstrom gelten.
Für den Fehlerschutz „Schutz durch automatische Abschaltung" (gilt analog auch für den zusätzlichen Schutz durch Fehlerstrom-Schutzeinrichtungen (RCDs)) gilt:
a) zulässig
b) zulässig
c) zulässig (sinnvoll, wenn nicht bekannt ist, was angeschlossen wird)
d) zulässig
e) zulässig
f) zulässig

11 415 Zusätzlicher Schutz

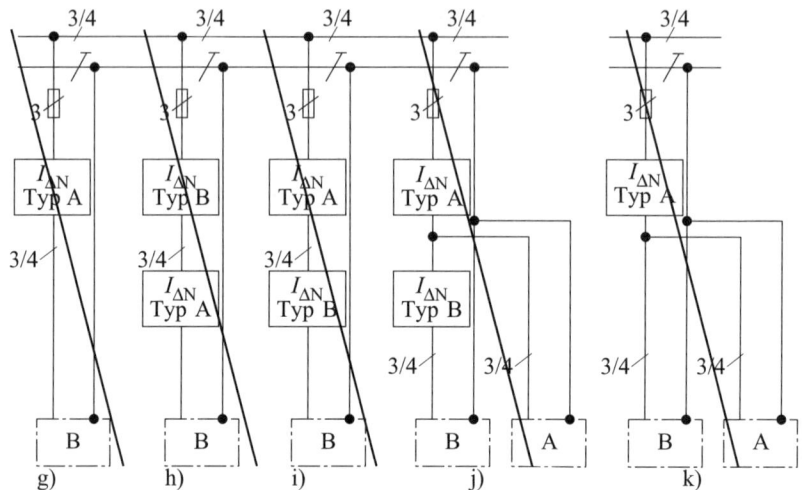

Betriebsmittel, die nur Wechselfehlerströme oder pulsierende Gleichfehlerströme erzeugen ⎡ A ⎤

Betriebsmittel, die hochfrequente Fehlerströme oder reine Gleichfehlerströme erzeugen ⎡ B ⎤

Bild 11.1.2.1 (Fortsetzung) zulässige und unzulässige Anordnung von Fehlerstrom-Schutzeinrichtungen (RCDs), wobei diese Festlegungen unabhängig vom gewählten Bemessungsdifferenzstrom gelten.
Für den Fehlerschutz „Schutz durch automatische Abschaltung" (gilt analog auch für den zusätzlichen Schutz durch Fehlerstrom-Schutzeinrichtungen (RCDs)) gilt:
g) **unzulässig**
h) **unzulässig** (siehe auch nachfolgenden Text)
i) **unzulässig**
j) **unzulässig**
k) **unzulässig**

richtungen (RCDs) aufgezeigt. Welche für den zusätzlichen Schutz erlaubt sind, ist im letzten Satz dieses Abschnittes ausgeführt.
Die Varianten in Bild 11.1.2.1 sind unter Berücksichtigung von Abschnitt 531.3.1 von DIN VDE 0100-530 (VDE 0100-530):2005-06 für zulässig oder unzulässig entschieden worden, in dem Folgendes festgelegt ist:
Es gibt verschiedene Ausführungen von Fehlerstrom-Schutzeinrichtungen (RCDs). Die Art des Fehlerstroms hat Einfluss auf die Funktion von Fehlerstrom-Schutzeinrichtungen (RCDs). Aus diesem Grund wird zwischen den folgenden Typen unterschieden:
– Typ AC zum Schutz bei sinusförmigen Wechselfehlerströmen

– *Typ A zum Schutz bei sinusförmigen Wechselfehlerströmen und bei pulsierenden Gleichfehlerströmen*

Aufgrund der hier aufgeführten normativen Festlegung und auch aus physikalischen Gründen wurde im Bild 11.1.2.1 nicht nur die Variante h), sondern auch die Variante i) von den Autoren ebenfalls für unzulässig erklärt. Letztlich ist es egal, in welcher Reihenfolge die Anordnung der beiden Typen (A und B) erfolgt, wenn dahinter Betriebsmittel angeschlossen sind, die reine Gleichfehlerströme erzeugen. Unterstützt wird diese Aussage der Autoren durch die Anforderungen in Abschnitt 531.3.2 von DIN VDE 0100-530 (VDE 0100-530):2005-06, wo Folgendes festgelegt ist:
Wenn Teile elektrischer Betriebsmittel, die auf der Lastseite einer Fehlerstrom-Schutzeinrichtung (RCD) fest errichtet werden, reine Gleich-Fehlerströme erzeugen können, muss die Fehlerstrom-Schutzeinrichtung (RCD) vom Typ B sein.

Für den zusätzlichen Schutz durch Fehlerstrom-Schutzeinrichtungen (RCDs) gilt:

Die Ausführungen a) bis f) können nicht nur den Fehlerschutz, sondern auch den zusätzlichen Schutz durch Fehlerstrom-Schutzeinrichtungen (RCDs) erfüllen, wenn ihr Bemessungsdifferenzstrom nicht größer als 30 mA ist.

Fehlerstrom-Schutzeinrichtungen (RCDs) mit Bemessungsdifferenzströmen, die größer sind als 30 mA, können und dürfen nicht für den zusätzlichen Schutz angewendet werden. Selbstverständlich dürfen aber solche mit 10 mA angewendet werden.

Für welche Bereiche/Stromkreise der zusätzliche Schutz durch Fehlerstrom-Schutzeinrichtungen (RCDs) mit einem Bemessungsdifferenzstrom nicht größer als 30 mA anzuwenden ist, ist im Abschnitt 411.3.3 der DIN VDE 0100-410 (VDE 0100-410):2007-06 bzw. im Abschnitt 7.3.3 dieses Buchs ausführlich behandelt. Dort sind in Tabelle 7.2 die derzeit zulässigen Fehlerstrom-Schutzeinrichtungen (RCDs) aufgeführt. Nicht klar zu erkennen ist jedoch – was auch in DIN VDE 0100-410 (VDE 0100-410):2007-06 nicht klargelegt ist –, ob für den Fehlerschutz und/oder den zusätzlichen Schutz nur Fehlerstrom-Schutzeinrichtungen (RCDs) vom normalen Typ ausgewählt werden dürfen oder auch solche vom Typ S und kurzzeitverzögerte Fehlerstrom-Schutzeinrichtungen (RCDs). Daher hier eine Zusammenfassung aus Sicht der Autoren in Bild 11.1.2.1.

Hinweis der Autoren: Kurzzeitverzögerte Fehlerstrom-Schutzeinrichtungen (RCDs) sind in den Normen DIN EN 61008/61009 (VDE 0664-10 und -20) derzeit nicht explizit erwähnt, da jedoch, trotz Kurzzeitverzögerung – maximal 10 ms –, eine Auslösung in den normativ maximal zulässigen Zeiten (wie sie für den allgemeinen Typ festgelegt sind) vom Hersteller gewährleistet wird, kann davon ausgegangen werden, dass es sich um Einrichtungen nach DIN EN 61008/61009 (VDE 0664-10 und -20) handelt. Etwas ungewöhnlich mag es erscheinen, dass es im Gegensatz zum Fehlerschutz beim zusätzlichen Schutz durch Fehlerstrom-Schutzeinrichtungen (RCDs) keine „Zeitvorgaben" gibt, sodass es nicht zulässig wäre, dass bei höheren Spannungen als 230 V der zusätzliche Schutz erst bei der produktspezifisch längeren Abschaltzeit auslöst, anders als beim Fehlerschutz.

	allgemeiner Typ	Typ S	kurzzeitverzögert
Fehlerschutz (alle Bemessungsdifferenzströme, im TT-System Abhängigkeit vom Anlagenerder)	Ja, bei 1 · $I_{\Delta N}$ bis U_0 ≤ 230 V; bei höheren Spannungen muss im Fehlerfalle der bis zu fünffache Bemessungsdifferenzstrom zum Fließen kommen. (Ggf. auch für IT-Systeme zutreffend, abhängig davon, ob der 2. Fehler zum TN- oder TT-System führt.) Nicht in Gleichspannungssystemen einsetzbar	Ja, aber nur bei 2 · $I_{\Delta N}$ bis U_0 ≤ 400 V im TN-System und bis U_0 ≤ 230 V, im TT-System, bei höheren Spannungen ist die Abschaltbedingung nicht erfüllbar. (Ggf. auch für IT-Systeme zutreffend, abhängig davon, ob der 2. Fehler zum TN- oder TT-System führt.) Nicht in Gleichspannungssystemen einsetzbar	Ja, wie „allgemeiner Typ", also bei 1 · $I_{\Delta N}$ bis U_0 ≤ 230 V; bei höheren Spannungen muss im Fehlerfalle der bis zu fünffache Bemessungsdifferenzstrom zum Fließen kommen. (Ggf. auch für IT-Systeme zutreffend, abhängig davon, ob der 2. Fehler zum TN- oder TT-System führt.) Nicht in Gleichspannungssystemen einsetzbar
Zusätzlicher Schutz Voraussetzung: Bemessungsdifferenzstrom ist nicht größer als 30 mA	ja	Nein, da nach Betriebsmittelnorm der Bemessungsdifferenzstrom von 30 mA nicht vorgesehen ist	ja
Brandschutz Voraussetzung: Bemessungsdifferenzstrom ist nicht größer als 300 mA	ja	ja	ja

Tabelle 11.1 Auswahl von Fehlerstrom-Schutzeinrichtungen (RCDs) für den zusätzlichen Schutz (mit Hinweisen zum Fehler- und Brandschutz)

> **Kurzer Überblick**
>
> Das Verwenden von Fehlerstrom-Schutzeinrichtungen (RCDs) mit einem Bemessungsdifferenzstrom nicht über 30 mA hat sich in Wechselstromsystemen als zusätzlicher Schutz beim Versagen von Vorkehrungen für den Basisschutz und/ oder von Vorkehrungen für den Fehlerschutz oder bei Sorglosigkeit durch Benutzer bewährt. Dieser zusätzliche Schutz ist aber kein Ersatz für Schutzmaßnahmen (Basis- und/oder Fehlerschutz) in Bezug auf den Schutz gegen elektrischen Schlag. Wenn Gleichfehlerströme auftreten können, sind auch für den zusätzlichen Schutz Fehlerstrom-Schutzeinrichtungen (RCDs) des Typs B zu verwenden. In Gleichspannungssystemen ist der zusätzliche Schutz mit Fehlerstrom-Schutzeinrichtungen (RCDs) nicht anwendbar.

11 415 Zusätzlicher Schutz

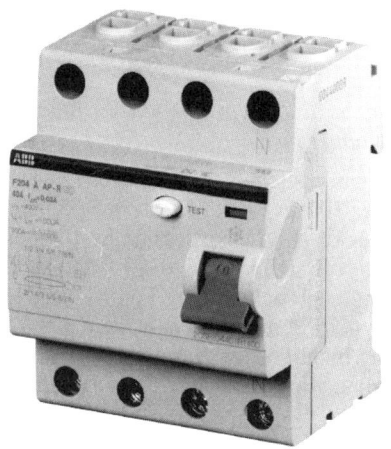

Bild 11.1.2.1a Beispiel einer kurzzeitverzögerten Fehlerstrom-Schutzeinrichtung (RCD) (RCCB Typ A (pulsstromsensitiv)) für die Verwendung als Fehlerschutz und/oder als Schutzeinrichtung für den zusätzlichen Schutz
(Foto: Firma ABB)

Hinweis:
Die Ausführung „kurzzeitverzögert" lässt sich aus der herstellerspezifischen, nicht genormten Typbezeichnung „AP-R" entnehmen.

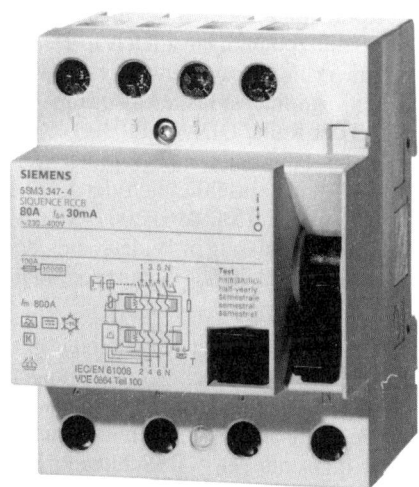

Bild 11.1.2.1b Beispiel einer kurzzeitverzögerten Fehlerstrom-Schutzeinrichtung (RCD) für die Verwendung als Fehlerschutz und/oder als Schutzeinrichtung für den zusätzlichen Schutz
(Foto: Firma Siemens AG)

Hinweis: Die Ausführung „kurzzeitverzögert" lässt sich aus der herstellerspezifischen, nicht genormten Typbezeichnung „5SM3 347-4" entnehmen. Einfacher zu erkennen aus dem Buchstaben „K" im Quadrat $\boxed{K}$.

11.2 415.2 Zusätzlicher Schutz: Zusätzlicher Schutzpotentialausgleich [teilweise 413.1.2.2]

ANMERKUNG 1 Zusätzlicher Schutzpotentialausgleich wird als ein Zusatz zum Fehlerschutz (Schutz bei indirektem Berühren) angesehen.

Anders als beim zusätzlichen Schutz durch Fehlerstrom-Schutzeinrichtungen (RCDs) mit einem Bemessungsdifferenzstrom nicht über 30 mA ist der zusätzliche Schutz durch einen „zusätzlichen Schutzpotentialausgleich" nur als Maßnahme für den Fehlerschutz wirksam. Im Abschnitt 411.3.2.6 von DIN VDE 0100-410 (VDE 0100-410):2007-06, siehe Abschnitt 7.3.2.6, und auch den Anfang von Kapitel 11 dieses Buchs wird in den Fällen, in denen die geforderten Abschaltzeiten für die automatische Abschaltung der Stromversorgung nicht erreicht werden können, ein „zusätzlicher Schutzpotentialausgleich" zusätzlich zum (nicht wirksamen) Fehlerschutz gefordert.

Der zusätzliche Schutzpotentialausgleich hat keinesfalls für einen fehlerhaften Basisschutz eine „Rettungsfunktion". Gegenüber der bisherigen Norm DIN VDE 0100-410 (VDE 0100-410):1997-01 ist diese zusätzliche Maßnahme kein „Unterpunkt" mehr vom Schutz durch automatische Abschaltung der Stromversorgung. Trotz der neuen Zuordnung wird der zusätzliche Schutzpotentialausgleich in der Norm DIN VDE 0100-410 (VDE 0100-410):2007-06 nur insoweit ausführlich behandelt, als es sich um den zusätzlichen Schutzpotentialausgleich bei nicht erfüllter Abschaltzeit handelt. Auf den zusätzlichen Schutzpotentialausgleich in Bereichen erhöhter Gefährdung wird nur in einer Anmerkung darauf hingewiesen, vermutlich auch aus dem Grunde, weil es sich dabei – zumindest bisher – nur um Anwendungsfälle handelt, für die in der Gruppe 700 der Reihe DIN VDE 0100 (VDE 0100) detaillierte Vorgaben enthalten sind. Es kann daher auch nur vermutet werden, dass alle Anforderungen, die hier aufgeführt sind (einschließlich der Forderung im Abschnitt 415.2.2 der DIN VDE 0100-410 (VDE 0100-410):2007-06 bzw. Abschnitt 11.2.2 dieses Buchs bezüglich des maximal zulässigen Widerstands der Schutzpotentialausgleichsverbindung) – nur für den zusätzlichen Schutzpotentialausgleich bei nicht erfüllter Abschaltzeit gelten.

Für den zusätzlichen Schutzpotentialausgleich bei nicht erfüllter Abschaltzeit gilt, ähnlich wie auch beim zusätzlichen Schutz durch Fehlerstrom-Schutzeinrichtungen (RCDs), dass diese Maßnahmen nicht als alleinige Maßnahmen angewendet werden dürfen. Daraus geht hervor, dass alle übrigen Maßnahmen des Schutzes durch automatische Abschaltung erfüllt sein müssen, d. h., es müssen z. B. Schutzeinrichtungen für die automatische Abschaltung vorhanden sein, auch wenn sie nicht in der vorgegebenen Zeit abschalten. Allerdings ergibt sich, dass der zusätzliche Schutzpotentialausgleich immer dann zur Anwendung kommt, wenn der Schutz durch automatische Abschaltung nicht erfüllt werden kann, d. h. der Fehlerschutz nicht wirksam ist, sodass, so betrachtet, der zusätzliche Schutz durch einen zusätzlichen Schutzpotentialausgleich die „alleinige" Maßnahme für den Fehlerschutz darstellt.

ANMERKUNG 2 Das Verwenden des zusätzlichen Schutzpotentialausgleichs schließt nicht die Notwendigkeit aus, die Stromversorgung aus anderen Gründen abzuschalten, z. B. aus Gründen des Brandschutzes, der thermischen Überbeanspruchung eines Betriebsmittels usw.

Der Verzicht auf die automatische Abschaltung der Stromversorgung in der in den Abschnitten 411.3.2.2 und 411.3.2.3 der DIN VDE 0100-410 (VDE 0100-410): 2007-06 geforderten Zeit bezieht sich entsprechend dem Anwendungsbereich der DIN VDE 0100-410 (VDE 0100-410):2007-06 nur auf den Schutz gegen elektrischen Schlag und dort auch nur auf den Fehlerschutz, da nur dafür der zusätzliche Schutzpotentialausgleich eine Schutzwirkung erbringen kann. Wenn es aber durch diesen Körperschluss zu einer „Überlastung" der elektrischen Betriebsmittel (Kabel/Leitungen und Verbrauchsmittel) kommen kann, dann kann es notwendig sein, diesen Fehler in möglichst kurzer Zeit abzuschalten, um einen Schaden, z. B. einen Brand, zu verhindern oder eine weitere Beschädigung der Kabel/Leitungen zu vermeiden. Dabei ist zu beachten, dass aus brandschutztechnischen Gründen nach DIN VDE 0100-482 (VDE 0100-482), z. B. für feuergefährdete Betriebsstätten, ein Schutz durch Fehlerstrom-Schutzeinrichtungen (RCDs) mit einem Bemessungsdifferenzstrom von nicht mehr als 300 mA gefordert sein kann. Mit dieser Fehlerstrom-Schutzeinrichtung (RCD) müsste sich eigentlich immer auch die Abschaltbedingung für den Schutz gegen elektrischen Schlag erfüllen lassen.

Dieser Schutz durch Fehlerstrom-Schutzeinrichtungen (RCDs) mit einem Bemessungsdifferenzstrom von nicht mehr als **300 mA** darf nicht mit dem zusätzlichen Schutz durch Fehlerstrom-Schutzeinrichtungen (RCDs) verwechselt werden, welcher nur mit Bemessungsdifferenzströmen nicht über **30 mA** erfüllt werden kann, siehe Abschnitt 415.1.1 der DIN VDE 0100-410 (VDE 0100-410):2007-06 bzw. Abschnitt 11.1.1 dieses Buchs.

Sollte es in solchen feuergefährdeten Bereichen aufgrund von Ableitströmen/Schutzleiterströmen durch Netzfilter usw. nicht möglich sein, die geforderte Fehlerstrom-Schutzeinrichtung (RCD) mit einem Bemessungsdifferenzstrom von nicht mehr als **300 mA** vorzusehen, bleibt nur die Möglichkeit, das Kabel/die Leitung erd- und kurzschlusssicher zu verlegen, was meist aber auch nur bedingt eine Alternative ist, weil dabei ein Körperschluss im/am Betriebsmittel selbst nicht ausgeschlossen werden kann. Die oft genannte Alternative, eine galvanische Trennung vorzusehen, ist keine Lösung, insbesondere wenn versucht wird, „Schutz durch Schutztrennung" zu realisieren. Wegen der hierbei geforderten „Erdfreiheit" wird die elektromagnetische Verträglichkeit (EMV) nicht zu erfüllen sein. Außerdem ist damit auch der Brandschutz nicht erfüllbar.

ANMERKUNG 3 Der zusätzliche Schutzpotentialausgleich darf die gesamte Anlage, einen Teil der Anlage, ein Gerät oder einen Bereich einschließen.

Diese Anmerkung hat es inhaltlich auch schon in der bisherigen Norm gegeben. Ob es sinnvoll sein kann, diesen zusätzlichen Schutz durch einen zusätzlichen Schutzpotentialausgleich für größere Bereiche, z. B. für eine gesamte Anlage, anzuwenden, mag dahingestellt sein. Vermutlich ist der zusätzliche Aufwand durch den zusätzlichen Schutzpotentialausgleich weit größer, als gleich entsprechend größere Querschnitte zu verwenden. Vermutlich gibt es spezielle Anlagen (Bereiche), in denen der zusätzliche Schutzpotentialausgleich Sinn machen kann; den Autoren sind solche Anlagen aber nicht bekannt. Es kann deswegen davon ausgegangen werden, dass der zusätzliche Schutzpotentialausgleich nur in besonderen Fällen für einzelne Stromkreise zur Anwendung kommen wird.

ANMERKUNG 4 Zusätzliche Anforderungen können für besondere Bereiche (siehe den entsprechenden Teil der Gruppe 700 der Reihe DIN VDE 0100 (VDE 0100) oder aus anderen Gründen notwendig sein.

Durch diese Anmerkung könnte man wieder ins Zweifeln kommen, da hier von „zusätzlichen Anforderungen" gesprochen wird, so als ob die übrigen Anforderungen auch in diesem Falle des zusätzlichen Schutzpotentialausgleichs (zz. in älteren Normen noch als zusätzlicher Potentialausgleich bezeichnet) in den Normen der Gruppe 700 der Reihe DIN VDE 0100 (VDE 0100) gelten würden. Solange es aber in den der Gruppe 700 der Normen der Reihe DIN VDE 0100 (VDE 0100) keine entsprechenden Hinweise gibt, kann davon ausgegangen werden, dass nur die Anforderungen in der betreffenden Norm der Gruppe 700 der Reihe DIN VDE 0100 (VDE 0100) anzuwenden sind. Die Autoren rechnen mit einer längeren Übergangsphase, bis die Gruppe 700 der Reihe DIN VDE 0100 (VDE 0100) an die neuen grundlegenden Normen, wie DIN VDE 0100-410 (VDE 0100-410) und DIN VDE 0100-540 (VDE 0100-540), angeglichen sind.

11.2.1 *415.2.1 Der zusätzliche Schutzpotentialausgleich muss alle gleichzeitig berührbaren Körper fest angebrachter Betriebsmittel und fremden leitfähigen Teile, inklusive, so weit praktikabel, die metallene Hauptbewehrung von Stahlbeton, einschließen. Die Schutzpotentialausgleichsanlage muss mit den Schutzleitern aller Betriebsmittel, eingeschlossen die Schutzleiter der Steckdosen, verbunden werden.*
[neu und 544.2 der DIN VDE 0100-540 (VDE 0100-540):2007-06]

Wenn hier gefordert wird, dass – bei nicht erfüllter Abschaltzeit – alle gleichzeitig berührbaren Köper und alle gleichzeitig berührbaren fremden leitfähigen Teile, einschließlich der metallenen Hauptbewehrung von Stahlbeton, mit dem zusätzlichen Schutzpotentialausgleich zu verbinden sind, dann ergeben sich eine Menge Fragen. Auch die Aussage, dass die Schutzpotentialausgleichsanlage (eine Begriffsbestimmung hierzu gibt es nicht) mit den Schutzleitern aller Betriebsmittel zu verbinden ist, dann ist das ein Widerspruch zum ersten Satz dieses Abschnitts der Norm, da es im zweiten Satz keine Einschränkung „auf gleichzeitig berührbar" gibt. Zum einen kann nicht gemeint sein, dass **alle** gleichzeitig berührbaren Körper und **alle** gleichzeitig berührbaren fremden leitfähigen Teile einbezogen werden müssen, sondern nur alle solchen Körper von Betriebsmitteln/Verbrauchsmitteln, die sich im Handbereich ($\leq 2,5$ m) zu diesem Betriebsmittel/Verbrauchsmittel befinden, für dessen

Stromkreis die Abschaltzeit nicht erfüllt werden kann. Entsprechendes gilt auch für die fremden leitfähigen Teile. Auch hier sind nur die fremden leitfähigen Teile gemeint, die sich im Handbereich zum Körper befinden, für den die Abschaltzeit nicht erfüllt werden kann.

In der Norm DIN VDE 0100-410 (VDE 0100-410):2007-06 ist aber leider nicht angegeben, welche fremden leitfähigen Teile einbezogen werden müssen, denn Beispiele sind nicht genannt. Damit sind definitionsgemäß (siehe Abschnitt 1.1 dieses Buchs) all diejenigen leitfähigen Teile einzubeziehen, die nicht zur elektrischen Anlage gehören, die jedoch ein elektrisches Potential, einschließlich des Erdpotentials, einführen können. Dies sind nach Ansicht der Autoren vor allem solche fremden leitfähigen Teile, die üblicherweise ihren Ursprung außerhalb von Gebäuden haben; dann wären das in etwa die gleichen fremden leitfähigen Teile, wie sie beim Schutzpotentialausgleich über die Haupterdungsschiene festgelegt sind. Sicher aber dürfte sein, dass solche Teile auch dann zusätzlich einbezogen werden müssen, wenn sie bereits in den Schutzpotentialausgleich über die Haupterdungsschiene einbezogen sind. Unklar ist auch, was unter „metallene Hauptbewehrung von Stahlbeton" zu verstehen ist. Dafür gibt es keine Begriffserklärung. Damit ist es also nicht klar, was unter Hauptbewehrung zu verstehen ist. Und es ist auch nicht klar gelegt, ob die Bewehrung auch dann einbezogen werden muss, wenn der Stahlbeton mit „isolierendem" Material (z. B. Holzfußboden) verkleidet ist und somit nicht berührbar ist, weil diese Einschränkung fehlt.

Auch bei Steckdosen könnten sich Probleme ergeben, da nicht bekannt ist, was später in diese Steckdosen eingesteckt wird und in welcher Lage sich Körper von Betriebsmitteln jenseits der Steckdosen in Bezug auf die gleichzeitige Berührbarkeit von Körpern und fremden leitfähigen Teilen befinden. So kann sich eine Steckdose außerhalb des Handbereichs befinden; die Verbrauchsmittel (wobei nur die Betriebsmittel/Verbrauchsmittel der Schutzklasse I zu betrachten wären), die eingesteckt werden, können aber in den „Handbereich" mit hineingenommen werden, z. B. wenn diese Verbrauchsmittel über Verlängerungsleitungen angeschlossen werden. Die Autoren empfehlen daher, möglichst wenig von der Maßnahme „zusätzlicher Schutzpotentialausgleich" Gebrauch zu machen, d. h., es sollten andere Möglichkeiten erwogen werden, z. B. Verwenden von Betriebsmitteln der Schutzklasse II.

ANMERKUNG Bemessung von Schutzpotentialausgleichsleitern für den zusätzlichen Schutzpotentialausgleich siehe DIN VDE 0100-540 (VDE 0100-540): 2007-06, 544.2.

Durch diesen sehr notwendigen Hinweis soll aufgezeigt werden, wo es Festlegungen zu den Querschnitten für diese Art des zusätzlichen Schutzpotentialausgleichs, d. h. den zusätzlichen Schutzpotentialausgleich für nicht erfüllte Abschaltzeiten, gibt. Auch wenn es sich nur um eine nationale Anmerkung handelt, gilt dieser Hinweis auch ganz allgemein, da es im Abschnitt 544.2 der DIN VDE 0100-540 (VDE 0100-540):2007-06 entsprechende Festlegungen gibt. Im Abschnitt 544.2 von DIN

VDE 0100-540 (VDE 0100-540):2007-06 ist hierzu Folgendes festgelegt:

544.2.1 Ein Schutzpotentialausgleichsleiter, der zwei Körper elektrischer Betriebsmittel verbindet, muss eine Leitfähigkeit besitzen, die nicht kleiner ist als die des kleineren Schutzleiters, der an die Körper angeschlossen ist.

544.2.2 Ein Schutzpotentialausgleichsleiter, der Körper elektrischer Betriebsmittel mit fremden leitfähigen Teilen verbindet, muss eine Leitfähigkeit besitzen, die mindestens halb so groß ist wie die des Querschnitts des entsprechenden Schutzleiters.
...

544.2.3 Der Mindestquerschnitt von Schutzpotentialausgleichleitern für den zusätzlichen Schutzpotentialausgleich muss 543.1.3 entsprechen.

Der aufmerksame Leser wird feststellen, dass sich hier eine kleine Änderung bei den Querschnitten ergibt. Bisher war mindestens der Querschnitt des Schutzleiters des betreffenden Betriebsmittels mit dem kleineren Schutzleiterquerschnitt, gefordert. Nun reicht es, die halbe **Leitfähigkeit** des kleineren Schutzleiters der im Handbereich befindlichen Körper zu erfüllen. Damit muss nicht mehr zwingend dasselbe Material wie für den Schutzleiter verwendet werden, sondern es dürfen auch andere Materialien verwendet werden, wenn die entsprechende „Leitwertgleichheit" gegeben ist. Zwar gab es auch schon in der bisher gültigen DIN VDE 0100-540 (VDE 0100-540):1991-11, im Abschnitt 9.1.2, folgende Aussage:

„ein zusätzlicher Potentialausgleich darf auch mit Hilfe von fest angebrachten fremden leitfähigen Teilen, wie z. B. Metallkonstruktionen oder zusätzlichen Leitern oder einer Kombination von beiden, ausgeführt werden"

Diese Aussage wurde jedoch nicht präzisiert. Hierbei ist zu beachten, dass nach Abschnitt 543.2.3 der neuen DIN VDE 0100-540 (VDE 0100-540):2007-06 die Verwendung von fremden leitfähigen Teilen und Konstruktionsteilen nicht mehr als Schutzpotentialausgleichsleiter (gilt auch für zusätzlichen Schutzpotentialausgleich) zugelassen ist.

Für die vereinfachte Anwendung dieser Forderung nach einem zusätzlichen Schutzpotentialausgleich empfiehlt sich, so wie auch im **Bild 11.2.1.1** aufgezeigt, auch weiterhin das gleiche Material wie für die betreffenden Schutzleiter und damit den Querschnitt des kleineren Schutzleiters für den Schutzpotentialausgleichsleiter zwischen zwei Körpern bzw. den halben Schutzleiterquerschnitt für den Schutzpotentialausgleichsleiter zwischen Körper und fremden leitfähigen Teilen anzuwenden. Nur wenn für den zusätzlichen Schutzpotentialausgleich andere Materialien verwendet werden, wie sie für den Schutzleiter zur Anwendung kommen, muss mit dem Leitwert gerechnet werden, um mindestens die geforderte „Leitwertgleichheit" zu erreichen.

Im Abschnitt 543.1.3, der im oben angeführten Abschnitt 544.2.3 von DIN VDE 0100-540 (VDE 0100-540): 2007-06 zitiert ist, ist Folgendes festgelegt:

543.1.3 Der Querschnitt eines jeden Schutzleiters, der nicht Bestandteil eines Kabels oder einer Leitung ist oder der sich nicht in gemeinsamer Umhüllung mit

11 415 Zusätzlicher Schutz

dem Außenleiter befindet, darf nicht kleiner sein als:
- 2,5 mm² Cu oder 16 mm² Al, wenn Schutz gegen mechanische Beschädigung vorgesehen ist
- 4 mm² Cu oder 16 mm² Al, wenn Schutz gegen mechanische Beschädigung nicht vorgesehen ist

Da Schutzpotentialausgleichsleiter Schutzfunktion haben, gelten die Anforderungen bezüglich der Mindestquerschnitte (die aus mechanischen Gründen so bemessen sind) von Schutzleitern auch für die Schutzpotentialausgleichsleiter für den zusätzlichen Schutzpotentialausgleich. In **Bild 11.2.1.1** wird aufgezeigt, welche Körper bzw. fremden leitfähigen Teile mit welchen Querschnitten in den zusätzlichen Schutzpotentialausgleich einbezogen werden müssen.

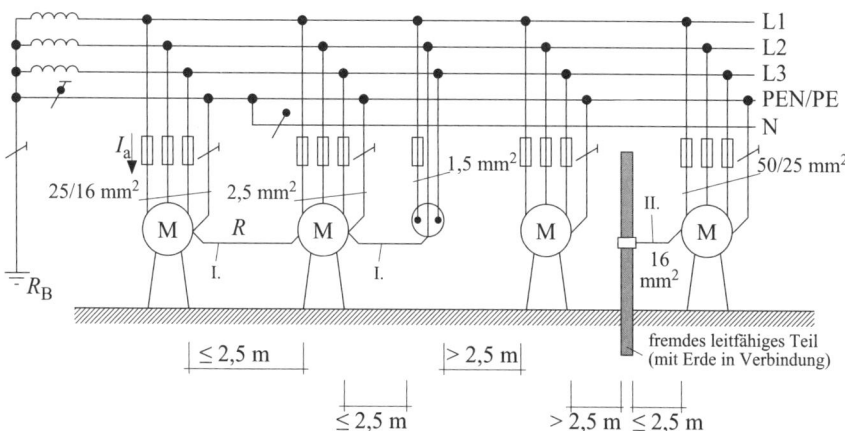

I. Schutzpotentialausgleichsleiter zwischen Körpern: Querschnitt des kleineren Schutzleiters, jedoch mindestens 2,5 mm² bei geschützter Verlegung bzw. 4 mm² bei ungeschützter Verlegung. Der Widerstand R dieser Verbindung ist mit der nachfolgenden Bedingung verknüpft.

II. Schutzpotentialausgleichsleiter zu fremden leitfähigen Teilen: halber Schutzleiterquerschnitt, hier 16 mm². Der Widerstand R dieser Verbindung ist mit der nachfolgenden Bedingung verknüpft.

Bild 11.2.1.1 Einbeziehen von Körpern elektrischer Betriebsmittel/Verbrauchsmittel und fremder leitfähiger Teile in den zusätzlichen Schutzpotentialausgleich bei nicht erfüllter Abschaltzeit

> **Kurzer Überblick**
>
> Der zusätzliche Schutzpotentialausgleich sollte als zusätzliche Maßnahme zum Fehlerschutz bei nicht erfüllter Abschaltzeit nur als „Notlösung" vorgesehen werden, wenn eine andere Lösung, z. B. der Einsatz von Fehlerstrom-Schutzeinrichtungen (RCDs) oder größere Leiterquerschnitte, nicht verwirklicht werden kann.

11 415 Zusätzlicher Schutz

11.2.2 415.2.2 *Wenn Zweifel an der Wirksamkeit des zusätzlichen Schutzpotentialausgleichs bestehen, muss bestätigt werden, dass der Widerstand R zwischen gleichzeitig berührbaren Körpern und fremden leitfähigen Teilen die folgende Bedingung erfüllt:*
in Wechselspannungssystemen

$$R \leq \frac{50\ V}{I_a}$$

in Gleichspannungssystemen

$$R \leq \frac{120\ V}{I_a}$$

Dabei ist
I_a der Strom in A, der das Abschalten der Schutzeinrichtung bewirkt:
– für Fehlerstrom-Schutzeinrichtungen (RCDs) $I_{\Delta N}$
– für Überstrom-Schutzeinrichtungen der Strom, der eine Abschaltung innerhalb von 5 s bewirkt

Unter R ist der Widerstand in Ω des zusätzlichen Schutzpotentialausgleichsleiters zwischen zwei Körpern oder zwischen einem Körper und einem fremden leitfähigem Teil zu verstehen.

Neu in DIN VDE 0100-410 (VDE 0100-410):2007-06 gegenüber der bisherigen Norm DIN VDE 0100-410 (VDE 0100-410):1997-11 ist, dass nun zwischen Wechsel- und Gleichspannung unterschieden wird und nicht mehr für beide Spannungsarten die für Wechselspannungen üblichen 50 V gelten.

Durch Auswahl der Querschnitte für Schutzpotentialausgleichsleiter nach DIN VDE 0100-540 (VDE 0100-540):2007-06 und durch Besichtigen, ob der Schutzpotentialausgleichsleiter den Querschnittsvorgaben entspricht und ob er ordnungsgemäß angeschlossen ist, sind zumeist die Zweifel an der Wirksamkeit beseitigt. Bei großen Leitungslängen und unübersichtlichen Verbindungen können jedoch Zweifel an der Wirksamkeit des zusätzlichen Schutzpotentialausgleichs bestehen. Dann helfen die in diesem Abschnitt aufgeführten Bedingungen für eine Entscheidung weiter. Sinnvollerweise werden die Schutzpotentialausgleichsleiter auf direktem und kurzem Wege ausgeführt. Bei „längeren" Schutzpotentialausgleichsleitern ist zu erwarten, dass die oben genannten Bedingungen nur mit größeren Querschnitten als den geforderten Mindestquerschnitten zu erfüllen sind, siehe auch **Bild 11.2.1.2** und **Bild 11.2.1.3**. Anderseits ist es doch sehr unwahrscheinlich, dass bei Verwendung von Fehlerstrom-Schutzeinrichtungen (RCDs) die Abschaltbedingung nicht erfüllt werden kann. Vielmehr sollten daher Fehlerstrom-Schutzeinrichtungen (RCDs) als Alternative zum zusätzlichen Schutzpotentialausgleich gesehen werden. Bei Gleichspannung entfällt die Möglichkeit, den $I_{\Delta N}$ für I_a in die Bedingung einzusetzen, da es für Gleichspannung keinen Schutz durch Fehlerstrom-Schutzeinrichtungen (RCDs) gibt.

11 415 Zusätzlicher Schutz

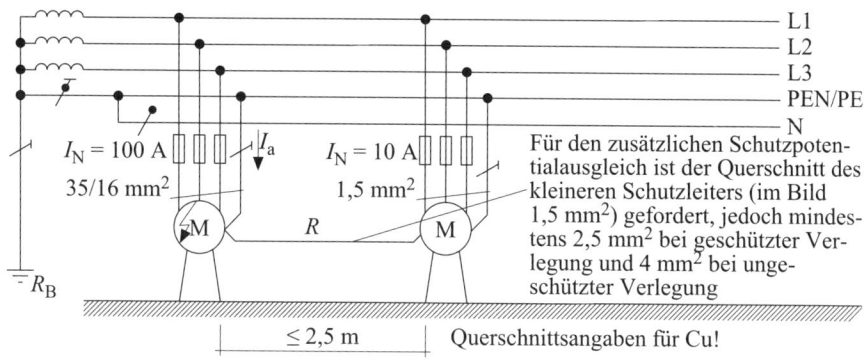

Bild 11.2.1.2 Einbeziehen von Körpern elektrischer Verbrauchsmittel in den zusätzlichen Schutzpotentialausgleich bei nicht erfüllter Abschaltzeit im Falle eines Körperschlusses; Bemessung des zusätzlichen Schutzpotentialausgleichsleiters

Die im Bild 11.2.1.2 gezeigte Potentialausgleichsverbindung für den zusätzlichen Schutzpotentialausgleich wäre entsprechend den Bedingungen nach dem Querschnitt des kleineren Schutzleiters, also 1,5 mm², zu bemessen. Da jedoch aus mechanischen Gründen mindestens 2,5 mm² (wenn Schutz gegen mechanische Beschädigung nicht vorgesehen ist, mindestens 4 mm²) auszuwählen (ggf. leitwertgleiches anderes Material) sind, dürfte unter Beachtung der Bedingung für die Wirksamkeit der Verbindung der Widerstand des zusätzlichen Schutzpotentialausgleichsleiters nur wie folgt sein:

$$R \leq \frac{50 \text{ V}}{580 \text{ A}} = 86 \text{ m}\Omega$$

Obwohl der Querschnitt des kleineren Schutzleiters (in diesem Falle aber aus mechanischen Gründen mindestens 2,5 mm²) ausgewählt werden darf, muss in die Bedingung der größere der beiden erforderlichen Abschaltströme eingesetzt werden. Bezogen auf die Sicherung 100 A wären das 580 A, siehe Tabelle 7.2 dieses Buchs.

Das heißt, der Widerstand des Schutzpotentialausgleichsleiters dürfte, um die Bedingung für Wechselspannung zu erfüllen, nur 86 mΩ betragen. Nach Tabelle NA.4 von DIN VDE 0100-610 (VDE 0100-610):2004-04 hat 1 m Cu-Leiter mit 2,5 mm² einen Widerstand von 7,5661 mΩ, woraus sich eine zulässige Länge von 11,3 m ergeben würden, sodass sich also keine Probleme ergeben dürften, es sei denn, es muss ein langer Leitungsweg gewählt werden.

Betrachtet man dasselbe Beispiel unter folgender Konfiguration, sodass der fehlerhafte Verbraucherstromkreis durch einen Leistungsschalter mit einem Bemessungsstrom von 630 A geschützt wird, siehe Bild 11.2.1.3. Der Auslöser für den Schutz bei Überlast ist auf den Motorstrom von 400 A eingestellt, was aber auf die Betrachtung kaum einen Einfluss hat, außer dass sich eventuell andere Querschnitte

11 415 Zusätzlicher Schutz

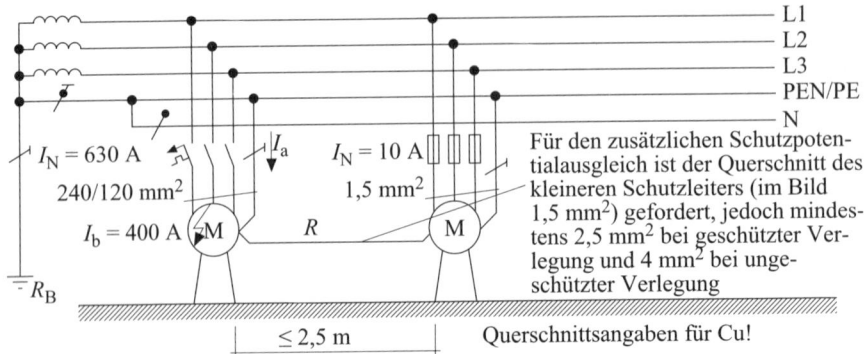

Bild 11.2.1.3 Einbeziehen von Körpern elektrischer Verbrauchsmittel in den zusätzlichen Schutzpotentialausgleich bei nicht erfüllter Abschaltzeit bei einem Körperschluss, Bemessung des zusätzlichen Schutzpotentialausgleichsleiters bei sehr unterschiedlichen Strömen und den damit verbundenen unterschiedlichen Querschnitten.

ergeben würden. Da jedoch der kleinere Schutzleiter maßgebend ist, ist das unbedeutend.

Nach der „allgemeinen" Regel wären für den zusätzlichen Schutzpotentialausgleichsleiter 1,5 mm² Cu oder Leitwertgleichheit erforderlich. Aus mechanischen Gründen müssen nach Abschnitt 543.1.3 von DIN VDE 0100-540 (VDE 0100-540): 2007-06 mindestens 2,5 mm² (geschützte Verlegung vorausgesetzt) verlegt werden. Unter Beachtung der Bedingung dürfte der Widerstand des zusätzlichen Schutzpotentialausgleichsleiters nur folgenden Wert aufweisen:

$$R \leq \frac{50\ \text{V}}{9072\ \text{A}} = 5,5\ \text{m}\Omega$$

Hinweis der Autoren: Der in die Bedingung eingesetzte Abschaltstrom I_a basiert auf einem Leistungsschalter, dessen Mindestauslösestrom bei $12 \cdot I_N$ liegt, zusätzlich muss die in den Normen geforderte Toleranz von 20 % berücksichtigt werden. Bei einem kleineren „Vielfachen" vom Nennstrom wird sich eine geringfügige Verbesserung ergeben.

Das heißt, der Widerstand des zusätzlichen Schutzpotentialausgleichsleiters dürfte nur 5,5 mΩ betragen. Nach Tabelle NA.4 der bisher gültigen DIN VDE 0100-610 (VDE 0100-610):2004-04 hat 1 m Cu-Leiter mit 2,5 mm² einen Widerstand von 7,5661 mΩ, sodass die Verbindung lediglich 0,72 m lang sein dürfte, was in der Praxis wohl nicht ausreichen würde. Es müsste also ein größerer Querschnitt für den zusätzlichen Schutzpotentialausgleich verwendet werden. Um eine realistische Länge von 5 m zu erzielen (der zusätzliche Schutzpotentialausgleich kann und darf nicht frei in Luft gespannt werden), wären 5,5 mΩ : 5 = 1,1 mΩ notwendig, was

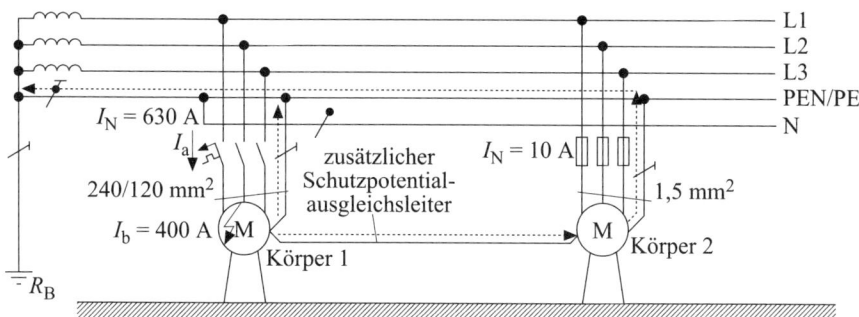

Bild 11.2.1.4 Stromfluss im Fehlerfalle über die „Parallelschaltung" Schutzleiter Körper 1 sowie Schutzpotentialausgleichsleiter und Schutzleiter Körper 2

einen Querschnitt von 25 mm² erforderlich machen würde. In diesem Falle würden sich ganz erhebliche Probleme beim Anschluss des Schutzpotentialausgleichsleiters mit 25 mm² am Verbraucher mit den kleineren Querschnitten ergeben. Ganz unrealistisch wäre die Verbindung mit dem Schutzleiter einer Steckdose.

Physikalisch ist diese Forderung nach Erfüllung der obigen Bedingungen nicht ganz nachvollziehbar, da der Abschaltstrom I_a der Schutzeinrichtung des zu betrachtenden Verbrauchsmittels ja nicht zum Fließen kommen kann, da ja sonst die Abschaltbedingung erfüllt wäre. Aber selbst wenn man vom „worst-case" (d. h. der ungünstigsten Möglichkeit) ausgeht, dass ein Strom zum Fließen kommt, der knapp unter dem erforderlichen Abschaltstrom I_a liegt, würde dieser Strom ja nie in voller Höhe über den zusätzlichen Schutzpotentialausgleichsleiter zum Fließen kommen, da der zusätzliche Schutzpotentialausgleich zusammen mit dem Schutzleiter des anderen Verbrauchers einen „Parallelpfad" zum eigentlichen Schutzleiter darstellt, siehe **Bild 11.2.1.4**. Der Strom wird sich im Verhältnis der Widerstände aufteilen. Somit wäre diese Dimensionierung über die obigen Bedingungen eigentlich unrealistisch. Eine Dimensionierung nach DIN VDE 0100-540 (VDE 0100-540): 2007-06 (Querschnitt des kleineren Schutzleiters für den Schutzpotentialausgleichsleiter zwischen zwei Körpern bzw. halber Schutzleiterquerschnitt für den Schutzpotentialausgleichsleiter zwischen Körper und fremden leitfähigen Teilen) wäre nach Meinung der Autoren ausreichend. Man sollte also diese Möglichkeit des zusätzlichen Schutzes durch einen zusätzlichen Schutzpotentialausgleich so wenig wie möglich zur Anwendung bringen und nur auf „Sonderfälle" beschränken.

12 Anhang A *(normativ)* Vorkehrungen für den Basisschutz (Schutz gegen direktes Berühren) unter normalen Bedingungen [in etwa 412]

Die Bezeichnungen „Schutz gegen elektrischen Schlag unter normalen Bedingungen", „Schutz gegen direktes Berühren" und „Basisschutz" wurden bisher gleichrangig nebeneinander angewendet. Aufgrund der neuen DIN VDE 0100-410 (VDE 0100-410):2007-06 wird in Zukunft mehr (hoffentlich auch durch den Anwender) der Basisschutz als Begrifflichkeit zur vorrangigen Anwendung kommen. Teilweise ist auch die Benennung „1. Schutzebene" gebräuchlich, siehe Kapitel 3 dieses Buchs. Der grau schattierte Zusatz „unter normalen Bedingungen" provoziert die Fragestellung, ob es auch Vorkehrungen für den Basisschutz unter erschwerten Bedingungen gibt. Das ist nicht der Fall. Im Gegenteil, es gibt Erleichterungen bei den Vorkehrungen für den Basisschutz unter besonderen Bedingungen, wie noch Kapitel 13 dieses Buchs mit der Kommentierung von Anhang B der DIN VDE 0100-410 (VDE 0100-410):2007-06 zeigt.

Die Vorkehrungen „Basisisolierung aktiver Teile" und „Abdeckungen oder Umhüllungen" an aktiven Teilen dürfen in allen Fällen, in denen in einer elektrischen Anlage der Basisschutz (Schutz gegen direktes Berühren) sichergestellt werden muss, zur Anwendung kommen. Dagegen dürfen die Vorkehrungen für den Basisschutz „Hindernisse" und „Anordnung außerhalb des Handbereichs" nur unter besonderen (einschränkenden) Bedingungen angewendet werden, z. B. in Bereichen, die unter Überwachung stehen, siehe hierzu Anhang B der DIN VDE 0100-410 (VDE 0100-410):2007-06 bzw. Kapitel 13 dieses Buchs. Solche Bereiche sind üblicherweise elektrische Betriebsstätten oder abgeschlossene elektrische Betriebsstätten, wie sie z. B. in der nationalen deutschen Norm DIN VDE 0100-731 (VDE 0100-731), unter Beachtung der dort enthaltenen zusätzlichen Anforderungen, zur Anwendung kommen und deren Anwendung bis auf Weiteres zulässig ist.

> **Kurzer Überblick**
> Die erste Schutzebene, d. h. der Basisschutz, ist mit wenigen nationalen Ausnahmen, die in DIN VDE 0100-731 (VDE 0100-731) aufgeführt sind, immer gefordert. Diese Ausnahmen gelten z. B. in abgeschlossenen elektrischen Betriebsstätten, für die der abgeschrankte/abgeschlossene Bereich und die entsprechende Unterweisung der Elektrofachkraft bzw. der elektrotechnisch unterwiesenen Person quasi als erste Schutzebene angesehen werden könnte.

12 Anhang A (normativ)

ANMERKUNG Vorkehrungen für den Basisschutz (Schutz gegen direktes Berühren) sehen den Schutz unter normalen Bedingungen vor, und sie werden dort verwendet, wo sie als ein Teil der gewählten Schutzmaßnahme festgelegt sind.

Diese Anmerkung weist nochmals deutlich darauf hin, dass der Basisschutz nur unter normalen Bedingungen, d. h. im normalen Betrieb, wirksam sein kann. Wenn der Basisschutz bewusst entfernt wird, z. B. beim Öffnen eines Gehäuses mit Werkzeug oder Schlüssel, dann kann und braucht dieser Basisschutz nicht wirksam zu sein. Aus dem zweiten Teil dieser Anmerkung könnte abgeleitet werden, dass der Basisschutz nur dann erforderlich ist, wenn dies in den entsprechenden Abschnitten der jeweiligen Schutzmaßnahme gefordert ist. Da aber bei allen Schutzmaßnahmen ein Basisschutz gefordert ist, kann dies zu Irritationen führen, denn selbst bei SELV und PELV gibt es die grundsätzliche Forderung nach einem Basisschutz, der, um die Anforderungen vom Abschnitt 414 der DIN VDE 0100-410 (VDE 0100-410):2007-06, siehe auch Kapitel 10 dieses Buchs, in Erinnerung zu rufen, wie folgt lautet:

Das Vorsehen von Basisschutz (Schutz gegen direktes Berühren) und Fehlerschutz (Schutz bei indirektem Berühren) ist erreicht, wenn:
– die Nennspannung die obere Grenze des Spannungsbereichs I nicht überschreiten kann
– die Versorgung aus einer der in 414.3 aufgeführten Stromquellen erfolgt und
– die Bedingungen von 414.4 erfüllt sind

Der Unterschied liegt eigentlich nur darin, dass bei SELV und PELV nicht immer der „normale Basisschutz" durch Isolierung oder Abdeckung/Umhüllung gefordert ist, sondern der Basisschutz dadurch erreicht wird, dass die Spannung auf AC 50 V bzw. DC 120 V begrenzt wird, was z. B. durch eine entsprechende „sichere Trennung" (Stromquelle, Leitungsführung usw.) erreicht werden kann.

12.1 A.1 Basisisolierung aktiver Teile [412.1]

ANMERKUNG Die Isolierung ist dafür bestimmt, das Berühren aktiver Teile zu verhindern.

Eine Basisisolierung kann nur bedingt eine Berührung aktiver Teile verhindern. Einerseits müsste es sich um eine feste Isolierung (also z. B. nicht Luft) handeln und andererseits müsste auch im Anschlussbereich an elektrischen Betriebsmitteln/Verbrauchsmitteln (siehe nachfolgende Forderung der Norm) eine Basisisolierung vorgesehen werden, was nur bei wenigen elektrischen Betriebsmitteln/Verbrauchsmitteln der Fall ist. Die Basisisolierung aktiver Teile ist somit selten der alleinige Schutz gegen direktes Berühren, der deswegen häufig durch Abdeckungen oder Umhüllungen (siehe Abschnitt A.2 der DIN VDE 0100-410 (VDE 0100-410):2007-06 bzw. Abschnitt 12.2 dieses Buchs), z. B. im Anschlussbereich, ergänzt wird. Meist sind die Abdeckungen/Umhüllungen für das gesamte elektrische Betriebsmittel/Verbrauchsmittel wirksam.

Aktive Teile müssen vollständig mit einer Isolierung abgedeckt sein, die nur durch Zerstörung entfernt werden kann.

Für Betriebsmittel muss die Isolierung mit der entsprechenden Norm für das Betriebsmittel übereinstimmen.

Hier ist wieder die vollständige Abdeckung mit Isolierung, also eine Isolierung, die aktive Teile vollkommen umschließt, gefordert, die sich nur durch Zerstören entfernen lässt. Das „vollkommene Umschließen/vollständige Abdecken" mit Isolierung wird in der Praxis kaum zutreffen.

Genormte Betriebsmittel müssen hinsichtlich der Basisisolierung vorrangig die Anforderungen ihrer Produktnormen erfüllen, die aber meist keine abweichenden Festlegungen enthalten. Der Errichter muss sich deswegen um nichts kümmern, wenn er nach DIN VDE 0100-510 (VDE 0100-510) normenkonforme Betriebsmittel auswählt.

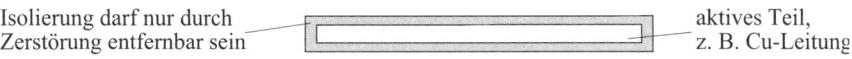

Isolierung darf nur durch Zerstörung entfernbar sein   aktives Teil, z. B. Cu-Leitung

Bild 12.1. Basisschutz durch vollständige Isolierung aktiver Teile

---

Kurzer Überblick

In der Praxis gibt es wenige Fälle, bei denen die vollständige Umhüllung aktiver Teile mit einer Basisisolierung erreicht werden kann. Insbesondere im Bereich der Anschlüsse werden ergänzend Abdeckungen oder Umhüllungen angewendet, um den Schutz gegen direktes Berühren zu erreichen. Basisisolierung darf nur durch Zerstörung entfernbar sein.

12.2   A.2 Abdeckungen oder Umhüllungen [412.2]

ANMERKUNG Abdeckungen oder Umhüllungen sind dafür bestimmt, das Berühren aktiver Teile zu verhindern.

Mit Abdeckungen oder Umhüllungen kann der Schutz gegen direktes Berühren – sofern die erforderliche Mindestschutzart von IP2X bzw. IPXXB erfüllt ist – immer erreicht werden. In manchen Fällen kann eine höhere Schutzart notwendig sein, siehe Abschnitt A.2.1 der DIN VDE 0100-410 (VDE 0100-410):2007-06 bzw. Abschnitt 12.2.1 dieses Buchs. Durch Abdeckungen oder Umhüllungen kann, anders als beim Schutz durch Isolierung (Basisisolierung), im normalen Gebrauch die Berührung aktiver Teile vollständig verhindert werden. Aber auch hierbei gilt, dass dieser Schutz nur gegeben ist, wenn Abdeckungen oder Umhüllungen nicht mit Werkzeug oder Schlüssel entfernt werden oder beschädigt sind.

Nach wie vor gibt es beim Basisschutz die Unterscheidung zwischen Abdeckungen und Umhüllungen. Man mag sich fragen, warum diese Unterscheidung zwischen Abdeckungen und Umhüllungen vorgesehen ist. Nun, klar dürfte sein, dass eine Umhüllung – wie der Name Umhüllung schon zum Ausdruck bringt – allseitig um die elektrischen Betriebsmittel/Verbrauchsmittel (insbesondere um die aktiven Teile) „umhüllend" vorhanden ist, um ein Berühren der (meist gefährlichen) aktiven Teile zu verhindern.

Als alternative Bezeichnung für Umhüllung ist im Normenwerk auch noch der Begriff „Gehäuse" gebräuchlich, z. B. auch bei der Festlegung der IP-Schutzarten in DIN EN 60529 (VDE 0470-1):2000-09, wo zum Begriff „Gehäuse" der Begriff „Umhüllung" in Klammer angegeben ist.

Auch in vielen Betriebsmittelnormen wird noch der Begriff Gehäuse verwendet, siehe nachfolgendes Beispiel aus DIN EN 60947-1 (VDE 0660-100):2005-01 mit den allgemeinen Anforderungen für Niederspannungsschaltgeräte:

2.1.16 Gehäuse
Teil, das eine festgelegte Schutzart für die Einbauten gegen bestimmte äußere Einwirkungen und eine festgelegte Schutzart gegen Annäherung an oder das Berühren von aktiven und sich bewegenden Teilen bietet

Die „Abdeckung" ist nach DIN VDE 0100-200 (VDE 0100-200):2006-06, 826-12-20, als „elektrische Schutzabdeckung" definiert als Teil, das Schutz gegen direktes Berühren aus allen üblichen Zugriffsrichtungen bietet. Bei einer Abdeckung kann man davon ausgehen, dass sie nicht allseitig wirksam ist, daher muss in solchen Fällen durch andere Maßnahmen erreicht werden, dass ein direktes Berühren aktiver Teile auch aus „unüblichen" Zugriffsrichtungen verhindert wird. Ein typischer Fall sind Auf-Putz-Verteiler und Installationsmaterial mit geringerer Schutzart (die Mindestschutzart IP2X wird nur im Bereich der Abdeckung – d. h. für die normalen Zugriffsrichtungen – erfüllt). Bei den Auf-Putz-Schaltern/-Steckdosen wird durch die Befestigung auf einer nicht leitfähigen Unterlage erreicht, dass ein direktes Berühren an der „offenen" Rückseite nicht möglich ist. Lediglich aus Brandschutzgründen ist nach DIN VDE 0100-510 (VDE 0100-510) darüber hinaus gefordert, dass diese Unterlage unter dem „offenen" Betriebsmittel nicht brennbar ist/sein darf. Im Falle der Befestigung auf einer leitfähigen Unterlage müssen solche Unterlagen als Körper betrachtet werden, weil durch einen einzelnen Fehler (z. B. Abspleißen eines Leiters) diese leitfähige Unterlage eine gefährliche Spannung annehmen kann. Dieser Körper muss daher mit dem Schutzleiter des betreffenden Stromkreises verbunden werden, siehe hierzu Abschnitt 515.1 von DIN VDE 0100-510 (VDE 0100-510):2007-06 und **Bild 12.2a** und **Bild 12.2b** sowie die Erläuterungen dieses Buchs in Kapitel 7 zur Schutzmaßnahme „automatische Abschaltung im Fehlerfall". Um diese Forderung zu erfüllen, muss z. B. auch in einer Schalterleitung für einen Auf-Putz-Schalter, der nach hinten offen ist, ein Schutzleiter für die Metallunterlage mitgeführt werden. Eine Forderung, die sich nun auch aus Abschnitt 411.3.1.1 der DIN VDE 0100-410 (VDE 0100-410):2007-06 ergibt, siehe auch Abschnitt 7.3.1.1 dieses Buchs.

12 Anhang A (normativ)

Schalter von vorne mit Abdeckung   Schalter mit der offenen Rückseite

Bild 12.2a Auf-Putz-Schalter mit offener Rückseite, der als Schutz gegen direktes Berühren nur eine vorderseitige Abdeckung besitzt.

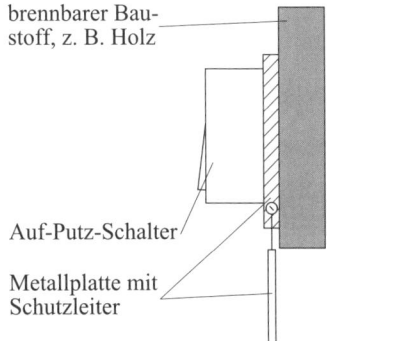 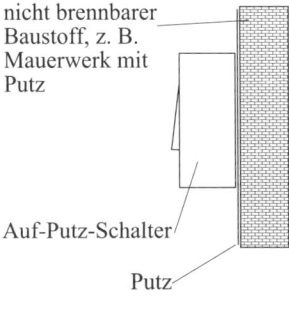

Bild 12.2b Auf-Putz-Schalter mit offener Rückseite; Befestigung auf brennbaren oder nicht brennbaren Materialien.

Daher dürfen auch Auf-Putz-Verteiler der Schutzklasse II nach hinten nicht offen sein, wenn sie auf einer brennbaren Unterlage befestigt werden sollen. Eine Metallplatte wäre nicht zulässig, da bei Schutzklasse II der Anschluss eines Schutzleiters an leitfähigen Teilen nicht erlaubt ist, was aber bei einer rückseitigen Metallunterlage notwendig wäre, wenn sie berührbar ist, es sei denn, die Platte könnte mit in die Schutzklasse II einbezogen werden, was eher praxisfremd ist. Die Anforderungen zum Brandschutz lassen sich auf einfachere Weise durch eine „vollständige" Umhüllung aus Isolierstoff erfüllen. Es dürfen aber auch andere, nicht brennbare Unterlagen verwendet werden, die nicht als „leitfähig" zu betrachten sind, z. B. eine Fibersilikat-Platte. Es sei allerdings darauf hingewiesen, dass in neueren Betriebsmittelnormen, z. B. in DIN EN 60439-3 (VDE 0660-504), durch die mitgel-

12 Anhang A (normativ)

tende DIN EN 60439-1 (VDE 0660-500) bei Verteilern der Schutzklasse II immer eine „vollständige" Umhüllung, also auch zur Befestigungsebene, gefordert wird. Siehe hierzu Abschnitt 7.4.3.2.2 von DIN EN 60439-1 (VDE 0660-500):2005-01, wo Folgendes festgelegt ist:

a) Das Betriebsmittel muss vollständig von Isolierstoff umhüllt sein. Die Umhüllung muss das Bildzeichen ☐ *tragen. Dies muss von außen erkennbar sein.*

12.2.1 A.2.1 *Aktive Teile müssen im Innern von Umhüllungen oder hinter Abdeckungen sein, die mindestens der Schutzart IPXXB oder IP2X entsprechen, ausgenommen die Fälle, wo während des Auswechselns von Teilen größere Öffnungen entstehen, wie z. B. bei Lampenfassungen oder Sicherungen, oder wo größere Öffnungen notwendig sind, um den ordnungsgemäßen Betrieb des Betriebsmittels entsprechend den zutreffenden Anforderungen für das Betriebsmittel zu ermöglichen. In diesen ausgenommenen Fällen:*

– *müssen geeignete Vorsichtsmaßnahmen getroffen werden, um unbeabsichtigtes Berühren aktiver Teile durch Personen oder Nutztiere zu verhindern und*

– *muss so weit wie praktisch möglich sichergestellt werden, dass Personen bewusst wird, dass aktive Teile durch die Öffnungen berührt werden können und nicht absichtlich berührt werden sollten und*

– *muss die Öffnung möglichst klein sein, wie es im Zusammenhang mit der ordnungsgemäßen Funktion und für das Auswechseln eines Teils erforderlich ist*

Bei den angegebenen Schutzgraden IP2X bzw. IPXXB (siehe hierzu auch Abschnitt 1.4 dieses Buchs) handelt es sich um Mindestschutzarten für den Basisschutz. Bei einigen Betriebsmitteln bzw. bei einigen Anwendungsfällen kann ein höherer Schutzgrad gefordert sein, z. B. bei

- Installationsverteilern, zu deren Bedienung Laien Zugang haben, IP2XC
- Installationsverteilern IP30
- Installationskleinverteilern IP30
- Zählerplätzen IP31

Für Verteiler nach DIN EN 60439-1 (VDE 0660-500):2005-01 gibt es hierzu keine Mindestanforderungen (außer IP2X bzw. IPXXB). Aber in der für die Ausrüstung von elektrischen Maschinen relevanten DIN EN 60204-1 (VDE 0113-1):2007-06 (identische Anforderungen sind auch schon in der Ausgabe von 1998-11 enthalten gewesen) gibt es im Abschnitt 6.2.1 noch eine Forderung nach einer höheren Schutzart, und zwar für elektrische Ausrüstungen, die so angeordnet sind, dass sie der allgemeinen Öffentlichkeit, einschließlich Behinderten und Kindern, zugänglich sind. In solchen Fällen ist eine Mindestschutzart für den Schutz gegen direktes Berühren von IP4X oder IPXXD gefordert. In der relativ neuen Norm DIN EN 60204-1 (VDE 0113-1):2007-06 wird noch auf die inzwischen ungültige IEC 60364-4-41: 2001 (und damit indirekt auf die VDE 0100-410 (VDE 0100-410) von 1997-01, verwiesen, da IEC 60364-4-41:2001 nicht übernommen wurde, da sachlich ohne Änderung zum früheren Stand IEC 60364-4-41:1992 + IEC 60364-4-47:1981 + A1: 1993), sodass der Begriff Basisschutz dort nicht zur Anwendung kommt.

Von der Erleichterung, die für Betriebsmittel/Verbrauchsmittel gilt, bei denen im normalen Betrieb für die ordnungsgemäße Funktion größere Öffnungen notwendig sind, wird heute bei den neueren Betriebsmitteln/Verbrauchsmitteln nach Wissensstand der Autoren nicht mehr Gebrauch gemacht. Zumindest gibt es bei den Verbrauchsmitteln, die unter die Normen der Reihe DIN EN 60335 (VDE 0700) fallen, solche Erleichterungen in ihren Normen nicht mehr. Bei der Erlaubnis für größere Öffnungen handelt es sich um Anforderungen, die in Betriebsmittelnormen festgelegt sind, dem Errichter soll damit aber aufgezeigt werden, dass solche Betriebsmittel (sofern es in den Normen so festgelegt ist) ausgewählt werden dürfen.

Lampenfassungen und Schraubsicherungen und ähnliche Betriebsmittel, bei denen durch „Herausschrauben/Herausnehmen" von „Einsätzen" ohne Werkzeug (was auch durch den elektrotechnischen Laien erlaubt ist) vorübergehend größere Öffnungen als IP2X oder IPXXB entstehen, dürfen ausgewählt und errichtet werden.

Es darf angenommen werden, dass Erwachsenen bekannt ist, dass sie:
- beim Lampenwechsel nicht in die Fassungen greifen dürfen
- beim Wechseln von Sicherungen nicht in die Sicherungsunterteile fassen oder
- nicht mit metallenen Gegenständen in Öffnungen von Steckdosen stochern dürfen

Dieser Wissensstand ist allerdings bei Kleinkindern grundsätzlich nicht und bei älteren Kindern nicht immer vorauszusetzen. Dort, wo Kinder anwesend sein können, z. B. in Wohnungen, Schulen, Kindergärten, sollten deshalb Fassungen mit Öffnungen, die größer sind als durch die Mindestschutzart IP2X vorgegeben, z. B. Fassungen mit Gewinde E27, nicht leicht zugänglich angeordnet sein und Steckdosen mit Kindersicherungen (Shutter) ausgestattet werden. Im Abschnitt 3.23 von DIN VDE 0620-1 (VDE 0620-1):2005-04 ist der Shutter wie folgt erklärt:

„In der Steckdose enthaltenes bewegbares Teil, das automatisch zumindest die aktiven Teile der Steckdose abdeckt, wenn der Stecker herausgezogen wird (erhöhter Berührungsschutz)."

Für Bereiche mit Kindern ist dieser erhöhte Berührungsschutz bei Steckdosen nicht zwingend gefordert – den Kindern zuliebe, aber nicht nur denen – sollte nach Ansicht der Autoren der erhöhte Berührungsschutz ausgeführt sein, und zwar nicht nur in Kindergärten, sondern auch im häuslichen Bereich. In einigen Bereichen/ Orten kann es – z. B. durch Dritte, wie Kommunen – zusätzliche Forderungen für Kindergärten und Schulen geben, solche Steckdosen mit Shutter verwenden zu müssen.

Neben den „fest" angebrachten Shuttern gibt es auch in die Steckdosenabdeckungen einklebbare oder einklemmbare „shutterartige" Einsätze, siehe **Bild 12.2.1.2**. Solche Einsätze fallen nicht unter die Errichtung elektrischer Anlagen, daher gibt

12 Anhang A (normativ)

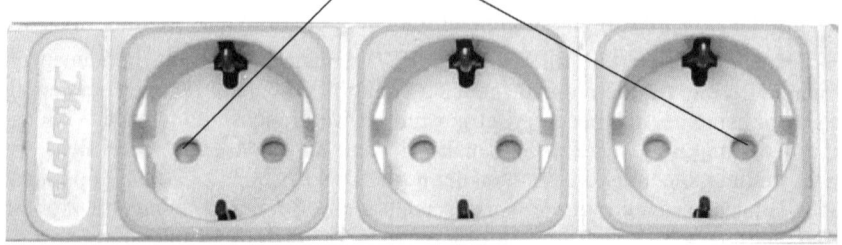

Bild 12.2.1.1 Schutzkontaktsteckdosen mit Shutter zur Erhöhung des Schutzes gegen direktes Berühren – besonderer Schutz für „spielende" Kinder (Foto: Fa. Kopp)

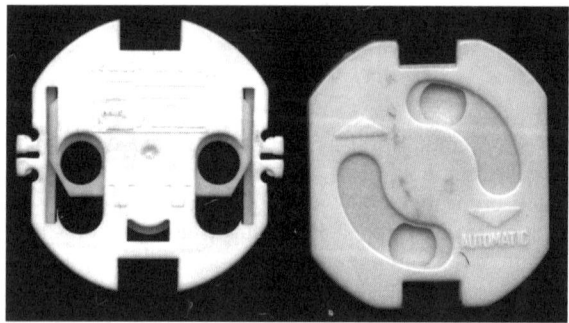

Bild 12.2.1.2 Shutterartige Einsätze für Schutzkontaktsteckdosen; ungeeignet für die Verwendung

es keine Festlegungen hierzu. Ob sie verwendet werden dürfen oder nicht, ist daher auch nicht geregelt, jedoch sollte beachtet werden, dass durch die Materialdicke ggf. eine schlechtere Kontaktierung zwischen den aktiven Kontakten der Steckdosen und den Steckerstiften auftreten kann, was eine Brandgefahr hervorrufen kann. Auch kann durch Laien beim Verwenden von „dickeren" Tapeten der Abstand noch zusätzlich vergrößert werden, wodurch die Gefahrensituation vergrößert wird.

Die vorgenannte Empfehlung der Autoren, einen erhöhten Berührungsschutz durch Shutter vorzusehen, bleibt auch unter dem Gesichtspunkt bestehen, dass nun alle Steckdosenstromkreise (mit kleinen Ausnahmen) bis 20 A (für die Versorgung von tragbaren Betriebsmitteln im Freien sogar bis 32 A), siehe hierzu Abschnitt 411.3.3 der DIN VDE 0100-410 (VDE 0100-410):2007-06 bzw. Abschnitt 7.3.3 dieses Buchs, mit Fehlerstrom-Schutzeinrichtungen (RCDs) mit einem Bemessungsdifferenzstrom nicht größer als 30 mA zu schützen sind, sofern der Schutz durch automatische Abschaltung zur Anwendung kommt.

12.2.2 *A.2.2 Horizontale Oberflächen von Abdeckungen oder Umhüllungen, die leicht zugänglich sind, müssen mindestens der Schutzart IPXXD oder IP4X entsprechen.* [412.2.2]

Wie auch schon in der bisher gültigen DIN VDE 0100-410 (VDE 0100-410):1997-01, wird für horizontale Abdeckungen an elektrischen Betriebsmitteln/Verbrauchsmitteln eine höhere Schutzart als die Mindestschutzart von IP2X bzw. IPXXB gefordert, um auch das „zufällige" Berühren mit z. B. Halsketten oder Armbändern zu verhindern, wenn sich Personen über die horizontale Oberfläche beugen. Die hierfür geforderte Mindestschutzart von IPXXD oder IP4X bedeutet, dass Gegenstände mit einem Durchmesser größer oder gleich 1 mm nicht mit aktiven Teilen in Berührung kommen können.

Nach wie vor gibt es aber keine Höhenangabe/Höhenbegrenzung dafür, was als leicht zugänglich zu betrachten ist. Geht man von dem Schutzgedanken aus, der in dieser Festlegung enthalten ist, dass z. B. Halsketten von Menschen beim Beugen über elektrische Betriebsmittel/Verbrauchsmittel nicht in größere Öffnungen eindringen können, würde sich eine Höhe von ca. 1,5 m ergeben. Da aber horizontale Abdeckungen dazu verführen, Gegenstände (auch kleinere Gegenstände) darauf abzulegen, empfiehlt es sich, alle horizontalen Abdeckungen in der höhern Schutzart auszuführen, um das Hineinfallen solcher Gegenstände, die im Innern ggf. einen Kurzschluss verursachen könnten, zu verhindern.

Bezüglich „Schutz gegen unabsichtliches direktes Berühren gefährlicher aktiver Teile", der ja eigentlich auch zum Schutz gegen direktes Berühren gehört, gibt es im Anhang B der DIN VDE 0100-410 (VDE 0100-410):2007-06 nur noch den Hinweis, dass dieser Schutz berücksichtigt werden muss. Wie dieser Schutz auszuführen ist, ist für die Errichtung nicht von Bedeutung, da diese Forderung beim Herstellen von Betriebsmitteln/Verbrauchsmitteln, insbesondere beim Herstellen von Schaltanlagen und Verteilern, zu beachten ist. Daher sind diese Anforderungen nun auch in der für Schaltanlagen relevanten Norm DIN EN 50274 (VDE 0660-514) enthalten.

12.2.3 A.2.3 *Abdeckungen und Umhüllungen müssen am Ort des Anbringens fest gesichert sein und ausreichende Stabilität und Dauerhaftigkeit haben, um die geforderten Schutzarten und eine geeignete Trennung von aktiven Teilen bei den bekannten Bedingungen des normalen Betriebs aufrechtzuerhalten, wobei zutreffende äußere Einflüsse zu berücksichtigen sind.* [412.2.3]

Diese Anforderungen hat es inhaltlich schon in der bisherigen DIN VDE 0100-410 (VDE 0100-410):1997-01 gegeben. Was als ausreichende Stabilität und Dauerhaftigkeit gilt, ist nicht festgelegt und von der Situation vor Ort abhängig. Wichtig hierbei ist, dass die Festigkeit zumindest so groß ist, dass beim „Anlehnen" oder „Festhalten" sowie beim bestimmungsgemäßen Gebrauch an solchen Vorkehrungen der Schutz gegen direktes Berühren aufrechterhalten bleibt. Bei den äußeren Einflüssen sollte besonders dem Korrosionsschutz Aufmerksamkeit geschenkt werden.

12.2.4 A.2.4 *In Fällen, in denen es notwendig ist, Abdeckungen zu entfernen oder Umhüllungen zu öffnen oder Teile der Umhüllungen zu entfernen, darf dieses nur möglich sein:*

- *durch das Verwenden eines Schlüssels oder Werkzeugs oder*
- *nach dem Abschalten der Versorgung aktiver Teile, vor deren Berühren die Abdeckungen oder Umhüllungen schützen; eine Wiederherstellung der Versorgung darf nur möglich sein, nachdem die Abdeckungen oder Umhüllungen wieder angebracht oder geschlossen sind oder*
- *wo eine Zwischenabdeckung mit mindestens der Schutzart IPXXB oder IP2X das Berühren aktiver Teile durch das Verwenden eines Schlüssels oder eines Werkzeugs zur Entfernung der Zwischenabdeckung verhindert* [412.2.4]

Auch diese Festlegungen waren inhaltlich schon so in der bisherigen DIN VDE 0100-410 (VDE 0100-410):1997-01 enthalten. Die grundsätzliche Forderung besteht darin, dass Abdeckungen oder Umhüllungen, die den Schutz gegen Berühren aktiver Teile verhindern müssen, nur mit einem Werkzeug oder mit einem Schlüssel (siehe hierzu auch die nachfolgenden Fragen und Antworten im Abschnitt 12.2.6 dieses Buchs) geöffnet oder entfernt werden dürfen.

Alternativ dürfen Abdeckungen oder Umhüllungen, die dem Schutz gegen direktes Berühren dienen, ohne Schlüssel oder Werkzeug geöffnet oder abgenommen werden, wenn dieser Vorgang mit der Stromversorgung so verriegelt ist, dass das Abnehmen oder das Öffnen der Abdeckungen oder Umhüllungen erst möglich ist, wenn die Stromversorgung abgeschaltet ist oder durch das Öffnen oder Abnehmen der Abdeckungen oder Umhüllungen die Stromversorgung zwangsläufig abgeschaltet wird. Dem entsprechend darf die Versorgung erst wieder zuschaltbar sein, wenn der Schutz gegen direktes Berühren wieder vollständig hergestellt ist.

12 Anhang A (normativ)

Eine weitere Alternative ist möglich, wenn die aktiven Teile durch eine weitere Abdeckung mindestens mit der Schutzart IP2X oder IPXXB gegen direktes Berühren geschützt bleiben, vorausgesetzt, diese Zwischenabdeckung lässt sich nur mit Schlüssel oder Werkzeug entfernen.

In der Praxis kommt überwiegend die erste Variante zur Anwendung. Nur bei Installationsverteilern werden häufig Türen vor den Schutzeinrichtungen und Schaltgeräten vorgesehen – meist aus optischen Gründen bzw. um ein versehentliches Betätigen zu vermeiden. Eine solche Tür kann auch von einem Laien ohne Werkzeug oder Schlüssel geöffnet werden, weil sich hinter der Tür eine Abdeckung befindet, die den vollständigen Schutz gegen direktes Berühren aktiver Teile verhindert und nur mit Schlüssel oder Werkzeug entfernt werden kann, siehe **Bild 12.2.4.1**. Somit ist es auch dem Laien möglich, Schutzeinrichtungen ohne Gefahr zu betätigen.

a) Tür geschlossen, Öffnen ohne Werkzeug möglich

b) Öffnen der Tür ohne Werkzeug möglich, weil die Zwischenabdeckung den Schutz gegen direktes Berühren erfüllt

Bild 12.2.4.1 Installationsverteiler; Gehäuse darf ohne Schlüssel oder Werkzeug geöffnet werden, da sich hinter der Türe eine „Zwischenabdeckung" befindet, die den Schutz gegen direktes Berühren erfüllt und nur mit Schlüssel oder Werkzeug entfernbar ist (Foto: Fa Siemens AG)

12.2.5 *A.2.5 Wenn hinter einer Abdeckung oder in einer Umhüllung Betriebsmittel errichtet sind, die nach ihrem Abschalten gefährliche elektrische Ladungen behalten (Kapazitäten usw.), ist eine Warnaufschrift erforderlich. Kleine Kapazitä-*

ten, wie sie zur Lichtbogenlöschung, zur Verlängerung der Ansprechzeit von Relais usw. verwendet werden, dürfen als nicht gefährlich angesehen werden.

ANMERKUNG Unbeabsichtigtes Berühren wird als nicht gefährlich angesehen, wenn die Spannung statischer Ladungen auf DC 120 V innerhalb von 5 s nach dem Abschalten der Stromversorgung absinkt. [neu]

Diese Anforderungen sind neu, wenngleich in der Praxis diese Gefährdungen durch Ladungen in verschiedenen Normen Berücksichtigung finden. Anforderungen, wie sie in der Anmerkung angeführt sind, sind z. B. in DIN EN 60439-1 (VDE 0660-500) enthalten, der Norm für Schaltgerätekombinationen, für die diese Festlegungen hauptsächlich zutreffend sein dürften. Diese Forderung als solche hat demnach für die Errichtung keine direkte Bedeutung, da die Anforderung jeweils von den Herstellern berücksichtigt werden muss. Die vorgeschlagenen 5 s und die Spannung von 120 V sind in Anlehnung an den Schutz gegen elektrischen Schlag festgelegt. Diese Werte sollten für den Errichter als Basis dienen, wann ein Warnhinweis notwendig wird. Wie dieser Warnhinweis auszusehen hat, ist nicht festgelegt.

In der für die Ausrüstung elektrischer Maschinen zutreffenden DIN EN 60204-1 (VDE 0113-1):2007-06, aber auch in deren früherer Ausgabe 1998-11, ist im Abschnitt 6.2.4 eine Begrenzung auf 5 s bei DC 60 V festgelegt. Außerdem gibt es noch eine Begrenzung von Ladungen auf 60 µC.

Kurzer Überblick

Abdeckungen oder Umhüllungen müssen mindestens die Schutzart IPXXB oder IP2X erfüllen. Ausnahmen davon gibt es für Fälle, bei denen Teile gewechselt werden müssen oder wo der ordnungsgemäße Betrieb größere Öffnungen erfordert. Leicht zugängliche horizontale Oberflächen von Abdeckungen oder Umhüllungen müssen mindestens die Schutzart IPXXD oder IP4X erfüllen.

Unterlagen oder Befestigungsflächen von nach hinten offenen Betriebsmitteln müssen bei leitfähigen Gebäudeoberflächen eine Spannungsverschleppung verhindern und zu brennbaren Gebäudeoberflächen eine feuersichere Trennung herstellen. Bei verputzten Wänden und anderen, nicht leitfähigen und nicht brennbaren Untergründen sind keine zusätzlichen Maßnahmen gefordert.

Abdeckungen oder Umhüllungen müssen für die vorgesehene Anwendung und Umgebung ausreichend stabil sein.

Das Entfernen von Abdeckungen oder das Öffnen von Umhüllungen darf nur mit Schlüssel oder Werkzeug möglich sein, es sei denn, es erfolgt eine Zwangsabschaltung beim Öffnen/Entfernen oder es ist eine Zwischenabdeckung, die nur mit Schlüssel oder Werkzeug entfernbar ist, vorhanden.

12.2.6 Häufig gestellte Fragen mit Antworten aus Sicht der Autoren

Was gilt als Schlüssel oder Werkzeug?

Zum Entfernen von Abdeckungen oder Umhüllungen, hinter denen sich gefährliche aktive Teile befinden, dürfen mehr oder weniger alle Arten von Hilfsmitteln verwendet werden, so kann sogar eine Münze ausreichend sein. Durch das alleinige Verwenden eines Fingers oder mehrerer Finger oder eines Fingernagels darf es nicht möglich sein, Abdeckungen oder Umhüllungen zu entfernen. Auch „Flügelmuttern und Rändelmuttern" erfüllen die Anforderung zur Befestigung von Abdeckungen oder Umhüllungen, hinter denen sich gefährliche aktive Teile befinden, nicht, denn solche Muttern sind ohne Werkzeug entfernbar.

Wie und mit welchem Schutzleiterquerschnitt müssen abnehmbare Abdeckungen oder Umhüllungen verbunden werden?

Die Anschlussstelle muss eine dauerhafte Verbindung sicherstellen, was üblicherweise durch die Hersteller von solchen Betriebsmitteln bzw. durch die Betriebsmittelnormen vorgegeben ist. Für Schaltanlagen und Verteiler sind Festlegungen in Tabelle 3A von DIN EN 60439-1 (VDE 0660-500):2005-01 enthalten; siehe **Tabelle 12.1**. Entsprechendes gilt auch für bewegliche Abdeckungen wie Türen oder Deckel.

Bemessungsbetriebsstrom I_e [A]	Mindestquerschnitt für die Verbindungen [mm²]
$I_e \leq 20$ A	Querschnitt des Außenleiters
20 A $< I_e \leq 25$ A	2,5
25 A $< I_e \leq 32$ A	4
32 A $< I_e \leq 63$ A	6
63 A $< I_e$	10

Tabelle 12.1 Schutzleiterquerschnitte für die Verbindung zu abnehmbaren Teilen an und in Schaltschränken entsprechend Tabelle 3A der DIN EN 60439-1 (VDE 0660-500):2005-01; Tabelle gilt auch für die Verbindung anderer Konstruktionsteile und für Körper eingebauter elektrischer Betriebsmittel

Für die Verbindungen sind vorzugsweise flexible Leiter zu verwenden, damit beim wiederholten Öffnen die Verbindung nicht abbrechen kann. Bei Massivleitern wäre bei häufigen Bewegungen auf Dauer das Abbrechen zu erwarten. Daher ist auch aus mechanischen Gründen unter Berücksichtigung von DIN VDE 0100-540 (VDE 0100-540) zu abnehmbaren Teilen mindestens ein Schutzleiterquerschnitt von 2,5 mm² notwendig, und zwar auch dann, wenn die Außenleiter einen kleineren Querschnitt aufweisen.

12 Anhang A (normativ)

Müssen alle leitfähigen Abdeckungen mit einem Schutzleiter verbunden werden?

Leitfähige Abdeckungen, die z. B. als mechanischer Schutz für Gehäuse der Schutzklasse II dienen, dürfen keine Schutzleiterverbindung haben, da sie zum Betriebsmittel der Schutzklasse II gehören und daher beim Einzelfehler bestimmungsgemäß keine Fehlerspannung annehmen können.

Welche mechanische Festigkeit müssen Abdeckungen oder Umhüllungen haben?

Hierzu gibt es derzeit noch keine genauen Vorgaben. Sie müssen jedoch mindestens so ausgeführt sein, dass bei Berühren sich diese nicht so weit durchbiegen, dass sie mit aktiven Teilen in Berührung kommen. Außerdem sollten sie den zutreffenden Umgebungsbedingungen für die bekannten Bedingungen des normalen Betriebs standhalten.

Müssen auf Abdeckungen oder Umhüllungen Warnschilder vorgesehen werden?

In Niederspannungsanlagen gibt es nach den Normen der Reihe DIN VDE 0100 (VDE 0100) keine Forderung, auf Abdeckungen oder Umhüllungen Warnschilder anzubringen, es sei denn, hinter den Abdeckungen oder Umhüllungen befinden sich Ladungen, die nach 5 s nicht unter DC 120 V reduziert sind.

Eine weitere Ausnahme ist im Abschnitt 462.3 von DIN VDE 0100-460 (VDE 0100-460):2002-08 enthalten, wo gefordert wird, dass in Fällen, in denen unter einer gemeinsamen Umhüllung aktive Teile enthalten sind, die mit mehr als einer Versorgung verbunden sind, ein Warnhinweis angebracht werden muss, dass Personen, die Zugang zu diesen aktiven Teilen haben, auf die Notwendigkeit der Trennung dieser aktiven Teile von den verschiedenen Versorgungen hingewiesen werden.

In beiden Fällen handelt es sich jedoch **nicht** um das Warnschild „Gelbes Dreieck mit schwarzem Blitz", sondern um ein Schild mit Text.

(grafisches Symbol 60417-IEC-5036, nicht gefordert)

Für den geforderten Warnhinweis könnte zum Beispiel folgender Text stehen:

Entladezeit
ist länger als 5 s

12 Anhang A (normativ)

Wenn gegenseitige Verriegelung besteht, die die Trennung aller betreffenden Stromkreise sicherstellt, ist ein solches Schild nicht gefordert. Nach DIN VDE 0100-510 (VDE 0100-510):2007-06, Abschnitt 515.2 ist auch durch wirksame Trennung die gegenseitige nachteilige Beeinflussung zu vermeiden. Darüber hinaus gibt es im Abschnitt 16.2.1 von DIN EN 60204-1 (VDE 0113-1):2007-06 (in der bisherig gültigen Norm von 1998-11 gab es diese Festlegung im Abschnitt 17.2) noch folgende Festlegung:

„Gehäuse, die nicht klar erkennen lassen, dass sie elektrische Betriebsmittel enthalten, müssen mit einem schwarzen Blitz auf gelbem Grund in einem schwarzen Dreieck gekennzeichnet sein (grafisches Symbol 60417-IEC-5036).

Dieses Warnschild muss auf der Gehäusetür oder einer abnehmbaren Abdeckung deutlich sichtbar sein. Das Warnschild darf entfallen für:

- *ein Gehäuse, versehen mit einer Netz-Trenneinrichtung*
- *eine Mensch-Maschine-Schnittstelle oder eine Bedienstation*
- *ein einzelnes Gerät mit eigenem Gehäuse (z. B. Wegfühler)"*

Somit ergibt sich, dass in den seltensten Fällen ein solches Warnschild notwendig ist, da jede Maschine mit einer Netz-Trenneinrichtung (Hauptschalter) versehen sein muss und daher auch die mit diesem Gehäuse im Verbund aufgestellten Schaltschränke keinen Warnhinweis benötigen.

12 Anhang A (normativ)

13 Anhang B *(normativ)*
Vorkehrungen für den Basisschutz (Schutz gegen direktes Berühren) unter besonderen Bedingungen
Hindernisse und Anordnung außerhalb des Handbereichs

13.1 B.1 Anwendung

Die Schutzvorkehrungen „Schutz durch Hindernisse" und „Schutz durch Anordnung außerhalb des Handbereichs" sehen nur den Basisschutz (Schutz gegen direktes Berühren) vor. Sie sind ausschließlich zur Anwendung in Anlagen mit oder ohne Fehlerschutz (Schutz bei indirektem Berühren) vorgesehen, die nur von Elektrofachkräften oder elektrotechnisch unterwiesenen Personen betrieben und überwacht werden, z. B. in abgeschlossenen elektrischen Betriebsstätten.

Die Bedingungen der Überwachung, bei der die Schutzvorkehrungen für den Basisschutz (Schutz gegen direktes Berühren) nach Anhang B als Teil der Schutzmaßnahme angewendet werden dürfen, sind in 410.3.5 angegeben.

Die wichtigste Aussage in den hier aufgeführten grundsätzlichen Anforderungen ist, dass diese beiden Maßnahmen (Schutzvorkehrungen) „Schutz durch Hindernisse" und „Schutz durch Anordnung außerhalb des Handbereichs" als „reduzierter" Basisschutz nur in „besonderen" Anlagen zur Anwendung kommen dürfen, was auch schon nach der bisher gültigen DIN VDE 0100-410 (VDE 0100-410): 1997-01 so festgelegt war. Das heißt, diese Schutzvorkehrungen (es handelt sich nicht um Schutzmaßnahmen, da es sich nur um Basisschutzvorkehrungen handelt) dürfen nur für Anlagen angewendet werden, in denen Elektrofachkräfte oder elektrotechnisch unterwiesene Personen (siehe hierzu die Begriffserklärungen im Abschnitt 1.1 dieses Buchs) die elektrische Anlage betreiben und dabei auch eine Überwachung vornehmen. Nicht festgelegt ist, in welchem Umfang diese Überwachung zu erfolgen hat. Auch der Hinweis auf Abschnitt 410.3.5 der DIN VDE 0100-410 (VDE 0100-410):2007-06 hilft nicht weiter, weil dort nur Festlegungen zu den Personen, für die die Anlagen ausschließlich zugänglich sein dürfen, festgelegt sind, und zwar
– *Elektrofachkräfte oder elektrotechnisch unterwiesene Personen oder*

13 Anhang B (normativ)

– *Personen, die von Elektrofachkräften oder elektrotechnisch unterwiesenen Personen beaufsichtigt werden*

Somit ergeben sich weder Art noch Umfang der Überwachung solcher elektrischer Anlagen aus dem oben angeführten Abschnitt. Schon allein aufgrund der Tatsache, dass eben nur bestimmte Personen zu solchen elektrischen Anlagen Zugang haben, scheint diese Anforderung von Art und Umfang der Überwachung ausreichend fixiert zu sein.

Aufgrund des zweiten Aufzählungsstrichs ergibt sich, dass auch andere als Elektrofachkräfte oder elektrotechnisch unterwiesene Personen Zugang zu solchen Anlagen mit „reduziertem" Basisschutz haben dürfen, wenn sie durch Elektrofachkräfte oder elektrotechnisch unterwiesene Personen beaufsichtigt werden, wenn sie solche Bereiche/Räume betreten. Damit sind nicht zwangsläufig elektrische oder abgeschlossene elektrische Betriebsstätten vorgeschrieben. Allerdings ist in Deutschland noch die nationale Norm DIN VDE 0100-731 (VDE 0100-731) gültig, wonach ein reduzierter Basisschutz für aktive Teile nur durch Hindernisse oder durch eine Anordnung außerhalb des Handbereichs nur in elektrischen oder abgeschlossenen elektrischen Betriebsstätten zugelassen ist. Ob und wann diese nationale Norm außer Kraft gesetzt werden wird, ist derzeit nicht bekannt. Die Notwendigkeit, auch nicht elektrotechnisch unterwiesenen Personen den Zugang zu solchen Bereichen/ Räumen zu erlauben, scheint nicht notwendig zu sein. Allenfalls für Reinigungskräfte oder Handwerker anderer Berufsgruppen, die sich nur selten in solchen Bereichen/Räumen aufhalten müssen, kann das sinnvoll sein. Daher empfiehlt es sich aber, auch wenn die nationale Norm DIN VDE 0100-731 (VDE 0100-731) einmal ungültig werden sollte, möglichst nur mindestens elektrotechnisch unterwiesenen Personen den Zugang zu erlauben, wenn als Vorkehrungen gegen den elektrischen Schlag lediglich Hindernisse und/oder Anordnung außerhalb des Handbereichs vorgesehen sind.

Die Aussage, dass die beiden Schutzvorkehrungen sowohl bei elektrischen Anlagen mit oder ohne Fehlerschutz (Schutz bei indirektem Berühren) angewendet werden dürfen, hat keine Bedeutung, da die Anwendungsfälle für den Verzicht auf den Fehlerschutz, die im Abschnitt 410.3.9 der DIN VDE 0100-410 (VDE 0100-410): 2007-06 beschrieben sind – siehe nachfolgende Aufzählungsstriche – für solche elektrische Anlagen, in denen eine der „reduzierten" Basisschutzvorkehrungen zur Anwendung kommt, nicht von Bedeutung sind. Auch im nationalen Bereich (in Deutschland) gibt es keine gravierenden zusätzlichen Ausnahmen. So darf (in Deutschland) ganz allgemein in solchen Bereichen nach Abschnitt 6.2 der DIN VDE 0100-731 (VDE 0100-731):1986-02 nur bis AC 50 V bzw. DC 120 V auf den Fehlerschutz verzichtet werden, sodass diese „Erleichterung" keine praktische Bedeutung hat:

Vorkehrungen für den Fehlerschutz (Schutz bei indirektem Berühren) dürfen bei den folgenden Betriebsmitteln entfallen:

- metallene Stützen von Freileitungsisolatoren, die am Gebäude befestigt sind und sich nicht im Handbereich befinden
- Stahlbewehrung von Betonmasten für Freileitungen, bei denen die Stahlbewehrung nicht zugänglich ist
- Körper, die auf Grund ihrer kleinen Abmessungen (ungefähr 50 mm × 50 mm) oder ihrer Anordnung nicht umfasst werden oder in bedeutenden Kontakt mit einem Teil des menschlichen Körpers kommen können, vorausgesetzt, die Verbindung mit einem Schutzleiter könnte nur mit Schwierigkeit hergestellt werden oder sie wäre unzuverlässig

ANMERKUNG Diese Ausnahme gilt zum Beispiel für Bolzen, Nieten, Typschilder und Kabelbefestigungen.

- Metallrohre oder andere Metallgehäuse, die Betriebsmittel nach Abschnitt 412 schützen

13.2   B.2 Hindernisse

ANMERKUNG Hindernisse sind vorgesehen, um unabsichtliches Berühren aktiver Teile zu verhindern, aber nicht absichtliches Berühren durch bewusstes Umgehen des Hindernisses.

Der Schutz durch Hindernisse hat also in erster Linie mehr oder weniger eine Signalwirkung, um Personen, die sich in solchen Anlagen oder in der Nähe solcher Anlagen aufhalten, auf spannungsführende Teile hinzuweisen. Bei bestimmten Hindernissen, z. B. bei Holzschutzleisten, kann auch ein unbeabsichtigtes „Annähern" verhindert werden. Hindernisse stellen aber keinen vollständigen Schutz gegen direktes Berühren dar, sodass Personen ohne große Bemühungen diese Hindernisse „umgehen" können, was durch die Anmerkung auch hervorgehoben wird. Auch wenn in diesem Abschnitt die Ausführung von Hindernissen nicht konkretisiert wird, wird im nächsten Abschnitt zumindest das Schutzziel präzisiert.

13.2.1   B.2.1 Hindernisse müssen im normalen Betrieb verhindern:

- unbeabsichtigte körperliche Näherung zu aktiven Teilen und
- unbeabsichtigtes Berühren von aktiven Teilen während des Bedienens von aktiven Betriebsmitteln

Eigentlich geht es um zwei völlig verschiedene Anforderungen, die aber – sofern auch Bedienelemente vorhanden sind – für den Schutz durch Hindernisse, d. h. dem „reduzierten" Basisschutz, gleichzeitig zu erfüllen sind. Dieser Basisschutz wird von den Autoren als „reduzierter" Basisschutz bezeichnet, weil diese Schutzvorkehrungen eine weit geringere Schutzwirkung darstellen als der „normale" Basisschutz. Im ersten Aufzählungsstrich geht es um einen „reduzierten" Basisschutz gegen direktes Berühren, wenn keine Bedienelemente vorhanden sind, und daher

13 Anhang B (normativ)

im Unterschied zum zweiten Aufzählungsstrich ein Schutz beim Bedienen nicht zu erfüllen ist. Der zweite Aufzählungsstrich muss berücksichtigt werden, wenn ein Bedienen notwendig sein kann, z. B. beim Betätigen eines Schalters. In diesen Fällen muss für den Bedienenden ein Schutz gegen zufälliges Berühren vorgesehen werden. Wie dieser Schutz auszuführen ist, ist nicht festgelegt. Dieser Schutz kann in vielen Fällen durch das Betriebsmittel, an dem „bedient" werden soll, selbst erfüllt sein, in anderen Fällen müssen zusätzliche Maßnahmen vorgesehen werden. Die Elektrofachkraft muss hierbei aufgrund der möglichen Gefahren die erforderlichen Maßnahmen auswählen.

Hinweis: „Bedienen" ist das normale Betreiben elektrischer Anlagen, d. h., darunter versteht man das „Schalten, Steuern, Einstellen oder Überwachen" von elektrischen Anlagen, für die normalerweise ein vollständiger Schutz gegen direktes Berühren notwendig ist.

Beim zweiten Aufzählungsstrich von Abschnitt B.2.1 der DIN VDE 0100-410 (VDE 0100-410):2007-06 handelt es sich aber, trotz der Ähnlichkeit, nicht um den Schutz gegen unabsichtliches direktes Berühren gefährlicher aktiver Teile, der in DIN EN 50274 (VDE 0660-514) behandelt wird und bei dem es um einen Schutz für Elektrofachkräfte geht, die eine Schaltanlage mit vollständigem Basisschutz mit Werkzeug oder Schlüssel öffnen, um in der nun offenen Schaltanlage (nun ohne Basisschutz) eine Sollfunktion wieder herzustellen. In diesem Fall nach DIN EN 50274 (VDE 0660-514):2002-11 handelt es sich also – anders als nach DIN VDE 0100-410 (VDE 0100-410):2007-06 – nicht um das normale Bedienen, wenngleich sowohl die Anforderungen im zweiten Aufzählungsstrich von B.2.1 der DIN VDE 0100-410 (VDE 0100-410):2007-06 als auch in DIN EN 50274 (VDE 0660-514): 2002-11 auf die gleiche Art und Weise erfüllt werden können. Allerdings ist in den beiden Aufzählungsstrichen in diesem Abschnitt, anders als in DIN EN 50274 (VDE 0660-514):2002-11, ein Schutzgrad nicht festgelegt.

DIN EN 50274 (VDE 0660-514):2002-11 ist nach dem Anwendungsbereich der Norm für folgende Anwendungsfälle zutreffend:

Diese Norm gilt für Niederspannungs-Schaltgerätekombinationen mit Bemessungsspannungen bis AC 1000 V und DC 1500 V. Sie zeigt zusätzliche Maßnahmen, die für den Schutz gegen elektrischen Schlag bei direkter Berührung mit berührungsgefährlichen aktiven Teilen für Elektrofachkräfte und elektrotechnisch unterwiesene Personen anzuwenden sind, wenn es erforderlich ist, von Hand Betätigungen in der Schaltgerätekombination vorzunehmen, und wenn der Grad des Schutzes geringer als IPXXB ist. Diese Einrichtungen sind nur zugänglich über eine Tür oder Abdeckung mit Schlüssel oder Werkzeug, oder die Schaltgerätekombination ist in einem Bereich angeordnet, der nur Elektrofachkräften oder elektrotechnisch unterwiesenen Personen zugänglich ist.

Unter Betätigungen wird diesbezüglich nach DIN EN 50274 (VDE 0660-514): 2002-11, Abschnitt 3.3 Folgendes verstanden:
Stellteil (z. B. Druckknopf, Kipphebel) und auswechselbare Melde- oder Schutzein-

13 Anhang B (normativ)

richtungen (z. B. Schraubsicherungen, Meldelampen), die dazu dienen, Betriebsmittel einer elektrische Anlage zu bedienen, zu schützen oder deren Betriebszustand anzuzeigen.

In diesem Zusammenhang spricht man vom „Wiederherstellen einer Sollfunktion". Der Mindestschutzgrad hierfür ist gestaffelt. Für das direkte Betätigen wird „Fingersicherheit", d. h. in einem Bereich mit einem Radius von 30 mm um die Betätigungseinrichtung bis zu einer Tiefe von 80 mm muss ein Berühren aktiver Teile mit einem geraden Prüffinger verhindert werden. Darüber hinaus muss in einem Bereich mit einem Radius von 100 mm um die Betätigung „Handrückensicherheit" (IPXXA) bis zu einer Tiefe von 25 mm erfüllt sein. Für spezielle Fälle gibt es noch zusätzliche Anforderungen, z. B. für Betriebsmittel, die an der Innenseite von Türen befestigt sind, und für seitlich angeordnete Betätigungselemente. Und es gibt folgende „Höhenbegrenzungen", die von der Körperhaltung abhängig sind: Mindesteinbauhöhe 200 mm (bei kniender Körperhaltung), maximale Einbauhöhe 2000 mm (bei stehender Körperhaltung).

Zur Erfüllung der Anforderungen im ersten Aufzählungsstrich kann auf die nationale Norm DIN VDE 0100-731 (VDE 0100-731):1986-02 Bezug genommen werden. Nach dieser Norm gilt als Hindernis z. B. eine Leiste (bekannt als Holzschutzleiste) oder Gitter. Auch Seile und Ketten können Anwendung finden, wenn sie trotz ihrer geringen „Stabilität" (Durchbiegen) helfen, den nötigen Abstand zu aktiven Teilen zu wahren. Klar ist, dass solche Vorkehrungen hauptsächlich eine Signalwirkung haben können. Bei Leisten, aber auch bei Seilen/Ketten, kann auch eine höhere Schutzwirkung gegeben sein, was aber voraussetzt, dass die Leisten und Seile/Ketten einen gewissen Abstand zu aktiven Teilen haben. Der Abstand ist nicht festgelegt. Nur im Abschnitt 6.2.1 der nationalen Norm DIN VDE 0100-731 (VDE 0100-731):1986-02 sind 200 mm festgelegt. In dieser Norm ist außerdem festgelegt, dass sich Hindernisse bei einer Belastung mit 500 N nur 20 mm durchbiegen dürfen. Durch diese Festlegung dürften sich Seile und Ketten nur bedingt verwenden lassen, es sei denn, sie sind in sehr kurzen Abständen befestigt und ausreichend straff gespannt. Der Abstand zu aktiven Teilen ergibt sich auch indirekt aus den Darstellungen in DIN VDE 0100-729 (VDE 0100-729):1986-11. Die Gangbreiten zwischen aktiven Teilen betragen 1300 mm, und die Mindest-Gangbreite zwischen Hindernissen muss 900 mm betragen, was einen Abstand der Hindernisse von 200 mm zu aktiven Teilen (Vorderseite Hindernis) ergibt, siehe auch **Bild 13.2.1**. Dieses Bild entspricht in etwa dem Bild 2 von DIN VDE 0100-729 (VDE 0100-729):1986-11.

Die Anordnung der Hindernisse in der Höhe ergibt sich ebenfalls aus Abschnitt 6.2.1 von DIN VDE 0100-731 (VDE 0100-731):1986-02, in denen eine Anordnungshöhe von 1100 bis 1300 mm über der Zugangsebene gefordert ist, siehe auch Bild 13.2.1.

13 Anhang B (normativ)

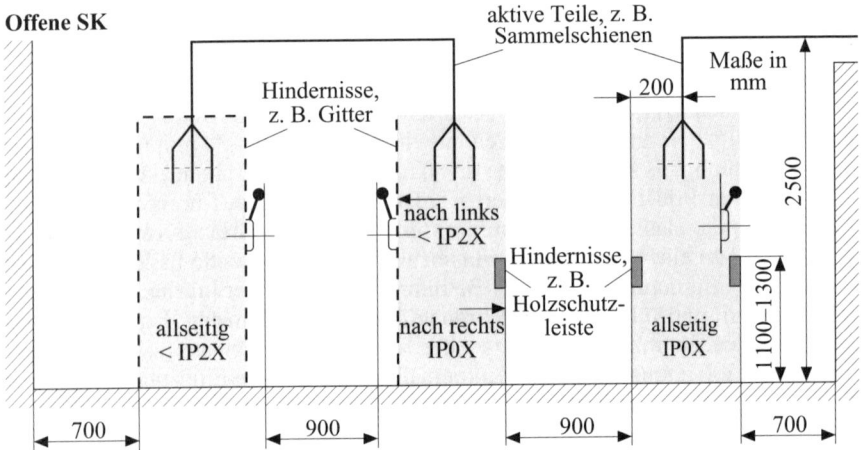

Bild 13.2.1 Anordnung von Hindernisse und Abstand (200 mm) der Hindernisse zu aktiven Teilen bei Schaltanlagen mit geringerer Schutzart als IP2X

13.2.2   B.2.2 *Hindernisse dürfen ohne Verwendung eines Schlüssels oder Werkzeugs entfernbar sein, sie müssen jedoch so gesichert sein, dass unbeabsichtigtes Entfernen verhindert ist.* [412.3.2]

Hindernisse, z. B. Gitter, Seile, Schutzleisten, Ketten, aber auch Abdeckungen, dürfen, anders als beim Basisschutz gefordert, ohne Werkzeug oder Schlüssel entfernbar sein. Die Anbringung muss jedoch so ausgeführt sein, dass ein unbeabsichtigtes oder versehentliches Entfernen, z. B. durch „Anstoßen", verhindert ist. Dies kann zum Beispiel durch Schrauben mit Flügelmuttern/Rändelmuttern erreicht werden oder durch „Einklipsen" oder „Aufschnappen". Die Größe der Hindernisse ist nicht vorgegeben und auch nicht das zu verwendende Material. Somit gibt es auch keine Forderung nach einer Mindestschutzart. Bevorzugt sollte jedoch für Hindernisse ein „nicht leitfähiges" Material verwendet werden, das den Vorteil hat, dass beim „Hantieren" (Wegnehmen, Anbringen) ein versehentlicher Kontakt des Hindernisses mit aktiven Leitern keine Gefahr darstellt.

> **Kurzer Überblick**
>
> Der Schutz durch Hindernisse ist nur sehr eingeschränkt anwendbar, und zwar nur dort, wo die elektrische Anlage unter der Aufsicht von Elektrofachkräften oder elektrotechnisch unterwiesenen Personen steht. Dieser Schutz hat hauptsächlich eine Signalwirkung und bietet keinen Schutz bei absichtlicher Umgehung dieser Schutzvorkehrungen.
>
> Dieser Schutz durch Hindernisse sollte nicht verwechselt werden mit dem „Schutz gegen unabsichtliches direktes Berühren gefährlicher aktiver Teile", wie er in DIN EN 50274 (VDE 0660-514) behandelt wird, auch wenn man in dieser Norm von einem „Schutz durch Hindernisse" spricht, aber diese Hindernisse nach DIN EN 50274 (VDE 0660-514) müssen mindestens den Zugriff zu aktiven Teilen mit dem Handrücken, zum Teil auch mit Fingern, verhindern, was bei den Schutzvorkehrungen „Schutz durch Hindernisse" nicht erfüllt sein muss.

13.3   B.3 Anordnung außerhalb des Handbereichs
[in etwa 412.4]

Diese Schutzvorkehrung wurde in der bisherigen DIN VDE 0100-410 (VDE 0100-410):1997-01 als „Schutz durch Abstand" bezeichnet. Geändert hat sich dabei aber nur redaktionell einiges, d. h., es wurde eine andere Wortwahl verwendet. Inhaltlich ergeben sich jedoch dieselben Anforderungen.

Der Schutz durch Anordnung außerhalb des Handbereichs wird dadurch erreicht, dass sich im Handbereich (Handbereich beträgt 2,5 m [siehe Bild B.1 der DIN VDE 0100-410 (VDE 0100-410):2007-06 oder Bild 13.3.1.1 dieses Buchs], was jedoch nur gilt, wenn keine Hilfsmittel verwendet werden) keine gleichzeitig berührbaren Teile unterschiedlichen Potentials befinden – z. B. ein leitfähiger Fußboden oder eine leitfähige Wand und ein gefährliches aktives Teil – oder aber, dass zwei oder mehr gefährliche aktive Teile (isolierender Fußboden/isolierende Wände vorausgesetzt) mit unterschiedlichem Potential nicht gleichzeitig berührt werden können.

Auch der Schutz durch Anordnung außerhalb des Handbereichs darf nur in Bereichen bzw. in elektrischen Anlagen angewendet werden, die von Elektrofachkräften oder elektrotechnisch unterwiesenen Personen betrieben und überwacht werden – was üblicherweise in elektrischen oder abgeschlossenen elektrischen Betriebsstätten der Fall sein dürfte –, insbesondere auch um sicherzustellen, dass sich Personen dem „reduzierten" Basisschutz in diesen Bereichen bewusst sind.

ANMERKUNG Schutz durch Anordnen außerhalb des Handbereichs ist nur dafür vorgesehen, ein unbeabsichtigtes Berühren aktiver Teile zu verhindern.

Ähnlich wie beim Schutz durch Hindernisse gilt auch hier, dass ein absichtliches

13 Anhang B (normativ)

direktes Berühren nicht verhindert werden kann, wenngleich sich hierbei ein etwas höherer Schutz ergibt, da der Mensch – unter normalen Umständen – immer nur ein aktives Teil berühren kann, was durch die Forderung im nächsten Abschnitt untermauert wird. Unter normalen Umständen kann also das Berühren eines leitfähigen Teiles als ungefährlich betrachtet werden, sofern die Anforderungen für das Anordnen außerhalb des Handbereichs vollständig erfüllt sind. So betrachtet kann es weder ein unbeabsichtigtes noch ein absichtliches Berühren aktiver Teile ergeben. Ein gleichzeitiges Berühren von zwei aktiven Teilen unterschiedlichen Potentials wäre nur bei Verwendung von Hilfsmitteln möglich.

13.3.1 B.3.1 *Gleichzeitig berührbare Teile unterschiedlichen Potentials dürfen nicht innerhalb des Handbereichs angeordnet sein.* [412.4.1]

Was unter „Handbereich" zu verstehen ist, wird in der nächsten Anmerkung zum Ausdruck gebracht.

ANMERKUNG Zwei Teile werden als gleichzeitig berührbar angesehen, wenn sie nicht mehr als 2,5 m auseinander angeordnet sind (siehe Bild B.1).

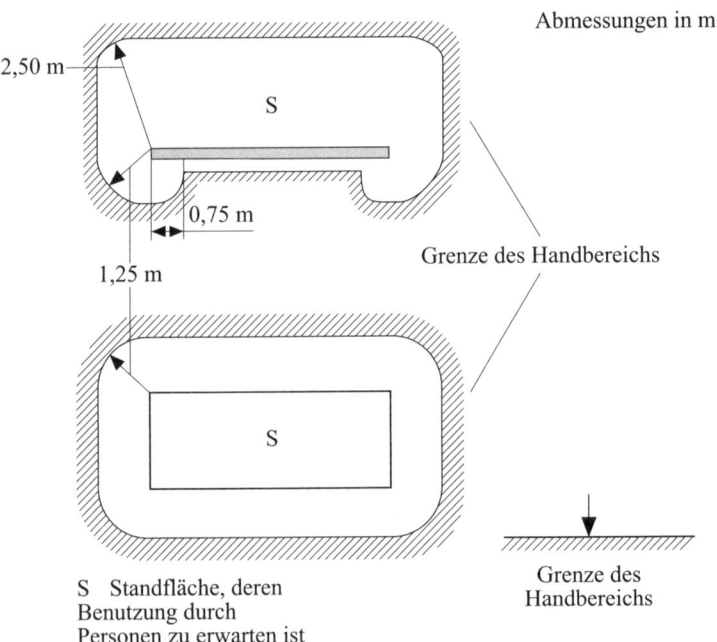

Bild 13.3.1.1 Bild B.1 der Norm – Verdeutlichung des Handbereichs 0,75 m, 1,25 m und 2,5 m

13 Anhang B (normativ)

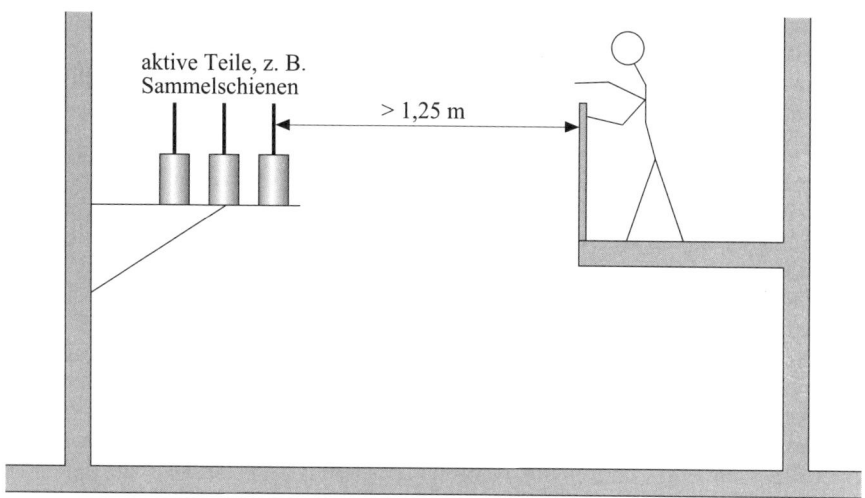

Bild 13.3.1.2 „Handbereich" 1,25 m

Die in der Anmerkung angegebenen Abstände „nicht mehr als 2,5 m" sind nur ein Teil des Handbereichs, da auch die 1,25 m relevant sind, siehe **Bild 13.3.1.1** und **Bild 13.3.1.2**. Nichts wird dagegen über den Bereich 0,75 m nach unten, d. h. unter die Standfläche ausgesagt, wie er im Bild B.1 der DIN VDE 0100-410 (VDE 0100-410):2007-06 dargestellt ist. Die Autoren haben versucht, aus ihrer Sicht diesen Handbereich im **Bild 13.3.1.3** zu verdeutlichen. Außerdem wird dabei davon aus-

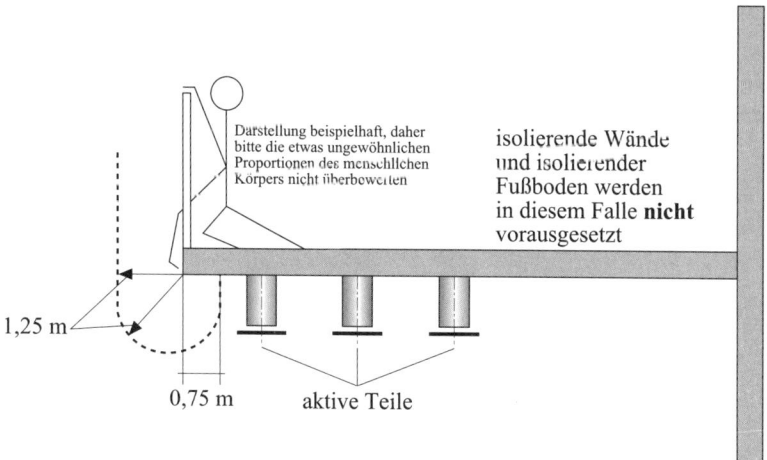

Bild 13.3.1.3 Handbereich nach unten 0,75 m

13 Anhang B (normativ)

gegangen, dass Personen üblicherweise nicht mit sperrigen oder langen leitfähigen Gegenständen (Hilfsmitteln), z. B. Leitern, hantieren. Wo dies der Fall ist, müssen die Abstände (Handbereich) entsprechend vergrößert werden. Wann welcher Abstand anzuwenden ist, wird am besten durch die nachfolgenden Bilder verdeutlicht.

Verwundern mag dabei nur, dass es so viele „unterschiedliche" Maße für den Handbereich gibt. Nun, das hängt einfach von den Situationen ab. Klar – wenn auch nicht mehr ganz im Einklang mit den menschlichen Köpermaßen in den letzten Jahrzehnten – ist das Höhenmaß von 2,5 m. Hierbei geht man davon aus, dass ein „normaler Mensch" ein aktives Teil, das höher als 2,5 m über der Zugangsebene angeordnet ist, ohne Hilfsmittel nicht berühren kann. Wenn die Menschen in Zukunft weiterhin im Durchschnitt immer größer werden, wird man über eine Vergrößerung des Handbereichs nachdenken müssen. In der Horizontalen sind die 2,5 m aus Gründen der Vereinheitlichung ebenfalls zur Anwendung gekommen, obwohl nicht erwartet werden darf, dass ein Mensch mit ausgesteckten Armen auch nur annähernd an die 2,5 m herankommt. Aus diesen 2,5 m lassen sich die 1,25 m in der „einseitigen" horizontalen Anordnung ableiten, weil es dabei nur um einen Arm geht. Bei einseitiger Armausstreckung wäre die mögliche Erreichbarkeit bei 1,25 m eher gegeben, weil sich ein Mensch schon mal über ein Geländer beugt, um etwas zu greifen.

Das dritte Maß von 0,75 m ist zwar auch wieder an der Grenze. Trotzdem kann man davon ausgehen, dass kaum ein Mensch ein aktives Teil, das wie im Bild 13.3.1.3

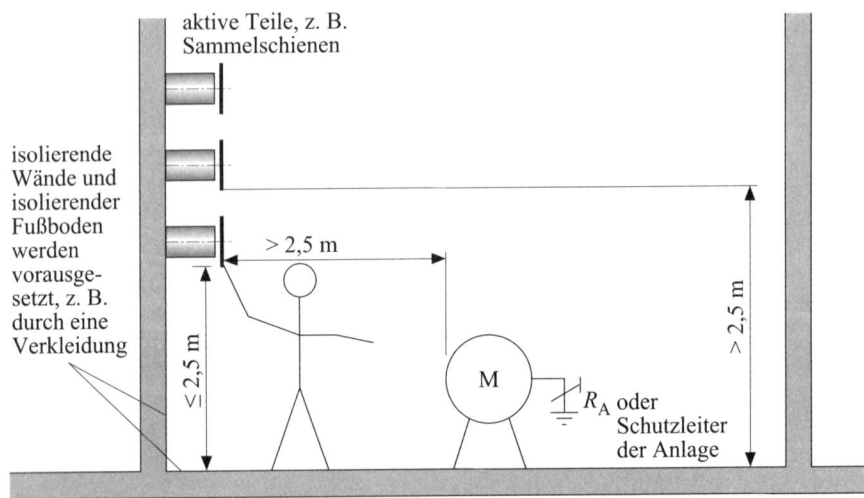

Bild 13.3.1.4 Zwei Teile unterschiedlichen Potentials (aktives Teil und Schutzleiterpotential/Erdpotential) außerhalb des Handbereichs von 2,5 m

angeordnet ist, mit bloßen Händen erreichen kann. Dass diese Maße auch von den Anforderungen in den Teilen 701 und 702 der Reihe DIN VDE 0100 (VDE 0100) – wo es um die Bereiche mit höheren oder einschränkenden Anforderungen geht – abweichen, kann damit erklärt werden, dass es in diesen Fällen nicht um das direkte Berühren aktiver Teile geht, sondern um die Berührung von Körpern elektrischer Betriebsmittel, an denen nur im Fehlerfall eine gefährliche Berührungsspannung nur kurzzeitig (bis zur Abschaltung) auftreten wird.

Da der Schutz durch Abstand darauf beruht, dass unterschiedliche Potentiale (einschließlich des Erdpotentials) nicht gleichzeitig berührt werden können/dürfen, müssen die Teile mit unterschiedlichem Potential so angeordnet werden, dass ein gleichzeitiges Berühren nicht möglich ist, was z. B. durch einen entsprechenden Abstand (> 2,5 m) erfüllt werden kann, siehe **Bild 13.3.1.4** und **Bild 13.3.1.5**.

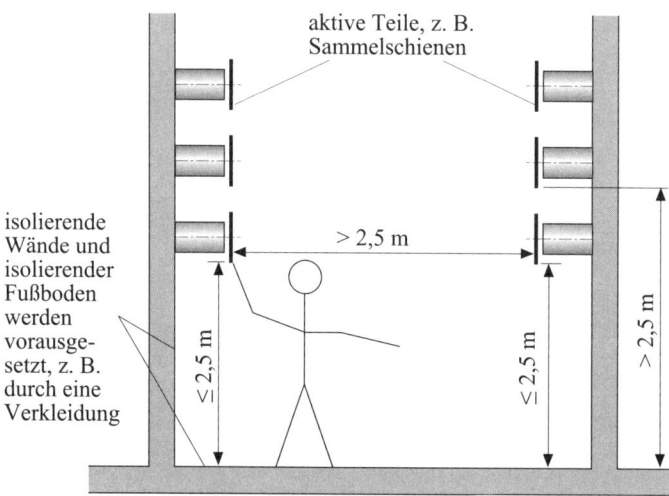

Bild 13.3.1.5 Zwei Teile unterschiedlichen Potentials (zwei aktive Teile) außerhalb des Handbereichs von 2,5 m zueinander, wobei jeweils ein aktives Teil erreichbar sein darf, d. h. im Handbereich zur Person errichtet sein darf

13.3.2 *B.3.2 Wenn eine normalerweise eingenommene Standfläche S in horizontaler Richtung durch ein Hindernis (z. B. Geländer, Maschengitter) mit einer Schutzart weniger als IPXXB oder IP2X begrenzt ist, dann muss der Beginn des Handbereichs ab diesem Hindernis gerechnet werden. In die Höhenrichtung reicht der Handbereich von der Oberfläche S bis in 2,5 m Höhe, ohne Berücksichtigung irgendeines dazwischen liegenden Hindernisses mit einer Schutzart von weniger als IPXXB.* [412.4.2]

13 Anhang B (normativ)

Bei Hindernissen, die eine geringere Schutzart als IPXXB oder IP2X aufweisen, wie es z. B. bei Maschengittern, Schutzleisten und Geländern der Fall ist, ergibt sich keine Reduzierung des Abstands, d. h., der Handbereich beginnt jeweils am Hindernis, wobei nur für das eine Teil mit einen Potential (einschließlich des Erdpotentials) die 2,5 m zu berücksichtigen sind, siehe **Bild 13.3.2.1**. Es ergibt sich keine Addition der Abstände. Nach oben haben Hindernisse mit geringerer Schutzart als IPXXB oder IP2X für eine mögliche Reduzierung des Abstands von 2,5 m zu aktiven Teilen bei einer leitfähigen Standfläche (z. B. mit Erdpotential in Verbindung stehende Standfläche aus einer Stahlkonstruktion) keinerlei Einfluss. Diese Hindernisse verkürzen also nicht den notwendigen Abstand.

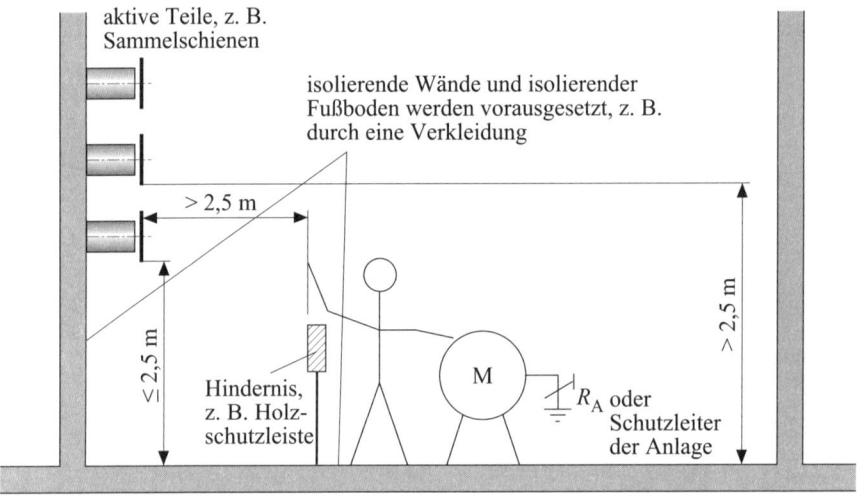

Bild 13.3.2.1 Handbereich von 2,5 m beginnt am Hindernis, alternativ wäre auch der Motor im entsprechenden Abstand von 2,5 m zum Hindernis auszuführen, wobei dann der Abstand zum ersten aktiven Teil kleiner sein dürfte

Im nachfolgenden **Bild 13.3.2.2** ist dargestellt, dass sich alle aktiven Teile außerhalb des Handbereichs (in der Höhe nicht erreichbar) befinden, sodass die elektrische Beschaffenheit des Fußbodens (isolierend) nicht von Bedeutung ist. Hierbei würde sich nur eine Gefahr ergeben, wenn in diesem Bereich häufig mit Hilfe von Leitern oder anderen sperrigen Gegenständen gearbeitet werden muss. Dies ist ein Hinweis, der für alle Bilder zutrifft und durch die folgende Anmerkung der DIN VDE 0100-410 (VDE 0100-410):2007-06 untermauert wird.

ANMERKUNG Die Werte des Handbereichs gelten für Berühren unmittelbar mit bloßen Händen ohne Hilfsmittel (z. B. Werkzeuge oder Leiter).

13 Anhang B (normativ)

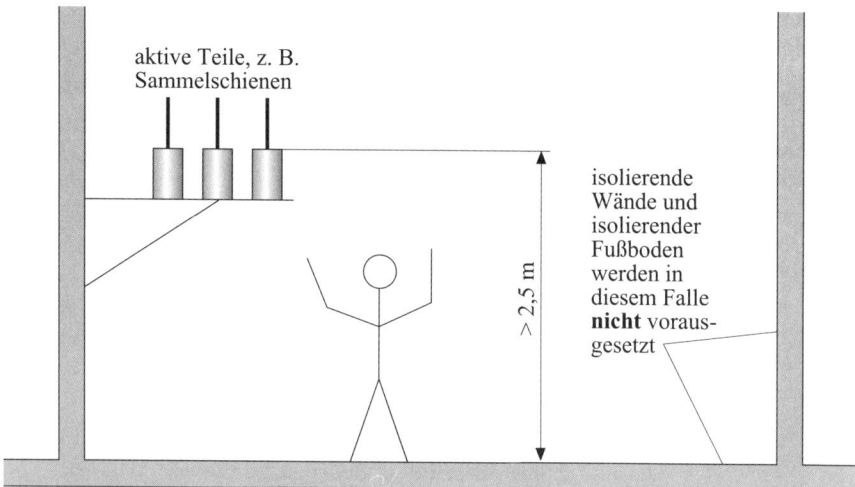

Bild 13.3.2.2 Mehrere aktive Teile unterschiedlichen Potentials außerhalb des Handbereichs, d. h. in einer Höhe größer als 2,5 m angeordnet

Sofern Hindernisse eine Schutzart aufweisen, die den Basisschutz erfüllen, also mindestens IPXXB oder IP2X entsprechen, so gelten solche Hindernisse/Trennungen als wirksame Begrenzung des Handbereichs, d. h. die Maße 2,5 m, 1,25 m und 0,75 m sind dann nicht von Bedeutung, siehe **Bild 13.3.2.3**. Hier muss allerdings vorausgesetzt werden, dass dieses Hindernis kein Erdpotential aufweist, d. h. nicht mit Erde oder geerdetem Schutzleiter in Verbindung steht. In Fällen mit Erdverbindung gelten wieder die Maße für den Handbereich, siehe **Bild 13.3.2.4** und **Bild 13.3.2.5**.

13.3.3 *B.3.3 An Stellen, an denen üblicherweise sperrige oder lange leitfähige Gegenstände gehandhabt werden, müssen die in B.3.1 und B.3.2 geforderten Abstände unter Berücksichtigung der anwendbaren Abmessungen solcher Gegenstände vergrößert werden.* [412.4.3]

Dieser „Gummiparagraph" müsste in allen Anlagen mit Schutz durch Anordnung außerhalb des Handbereichs berücksichtigt werden, da nicht ausgeschlossen werden kann, dass beim Arbeiten in solchen Bereichen diese Vorgaben zutreffen. Allerdings darf auch das „Wissen" der Personen, die Zugang zu solchen Bereichen/Anlagen haben, mit berücksichtigt werden.

Die erwähnte Voraussetzung „isolierender Fußboden und isolierende Wände" für den Schutz durch Anordnung außerhalb des Handbereichs ist zwar in diesem Abschnitt der Norm nicht gefordert und demnach auch nicht besonders beschrieben. Da ein isolierender Fußboden und isolierende Wände Voraussetzung für den Schutz durch Anordnung außerhalb des Handbereichs sind, muss dies aber mitberücksich-

13 Anhang B (normativ)

tigt werden, es sei denn, alle aktiven Teile sind außerhalb des Handbereichs angeordnet, siehe z. B. Bild 13.3.2.2.

Eine Hilfe bei der Beurteilung, ob ein Fußboden oder die Wand nicht isolierend oder eben ausreichend isolierend ist, bietet DIN VDE 0100-410 (VDE 0100-410): 2007-06 im Abschnitt C.1.5 für isolierende Wände und Fußböden beim Schutz durch nicht leitende Umgebung. Ein Fußboden wird als isolierend angesehen, wenn der Widerstand an keiner Stelle die folgenden Werte unterschreitet:

- 50 kΩ bei einer Nennspannung von ≤ 500 V
- 100 kΩ bei einer Nennspannung > 500 V

Liegt der Widerstand an irgendeiner Stelle unter den festgelegten Werten, gelten die Fußböden und Wände im Sinne des Schutzes gegen elektrischen Schlag als fremde leitfähige Teile.

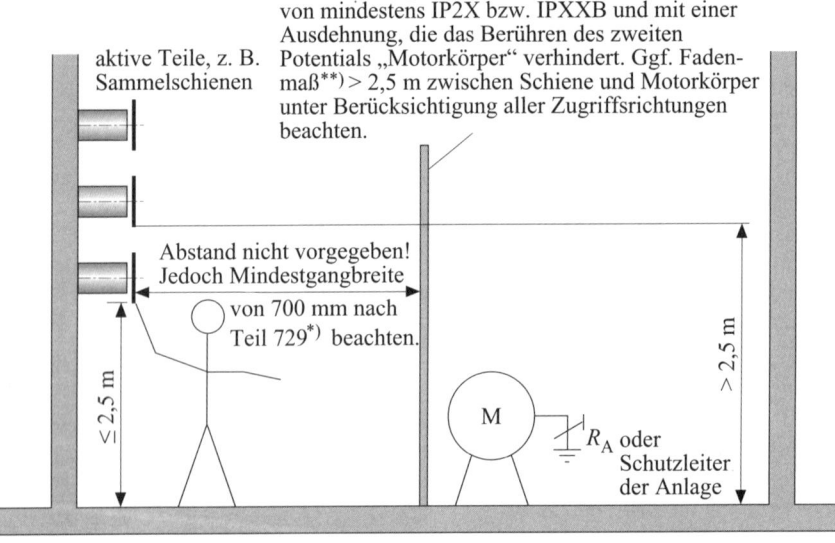

Bild 13.3.2.3 Hindernisse mit der Mindestschutzart (für den Basisschutz) von IPXXB oder IP 2X; hierbei sind jedoch die Gangbreiten zu beachten

Hinweis *:
DIN VDE 0100-729 (VDE 0100-729)

Hinweis **:
Der in Fachkreisen gebräuchliche Begriff „Fadenmaß" hat folgenden Ursprung: Bei der Feststellung von Bereichen, z. B. von Räumen mit Badewanne oder Dusche, Schwimmbecken und anderen Becken oder wie hier für den Handbereich, wird in der Praxis am einfachsten ein „Faden" benutzt, der an dem Teil befestigt wird, von dem ausgehend der Bereich bestimmt werden soll. Im gewünschten Abstand – hier 2,5 m – wird der Faden geknotet. Der Knoten beschreibt dann die Bereichsgrenzen. Bei ausgedehnten Teilen muss der Faden an den Stellen angebracht werden, die zur weitesten Auslenkung führen.

13 Anhang B (normativ)

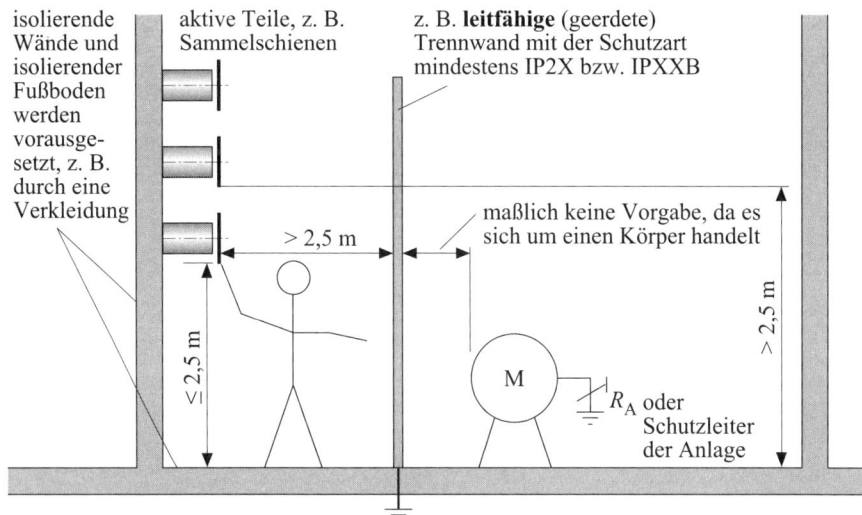

Bild 13.3.2.4 Hindernisse, die zwar die Mindestschutzart erfüllen, aber aufgrund ihrer Verbindung mit Erdpotential keinerlei begrenzende Wirkung haben

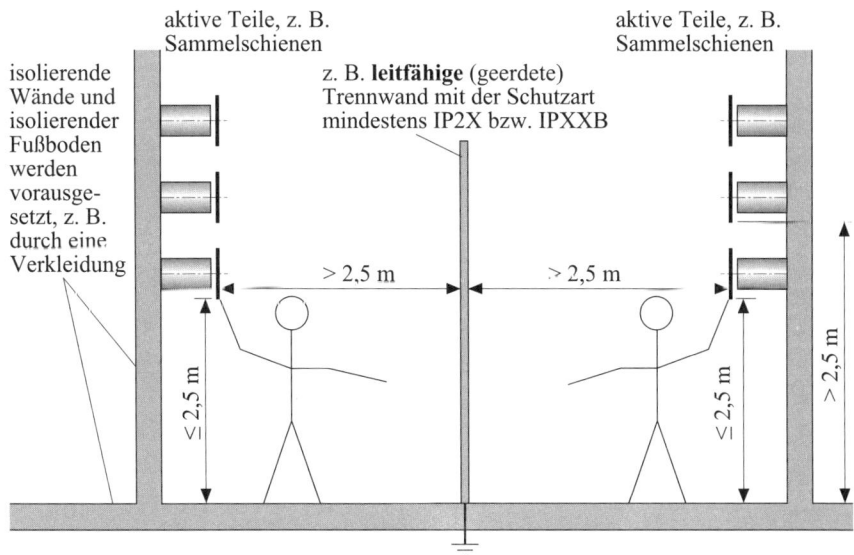

Bild 13.3.2.5 Hindernisse, die zwar die Mindestschutzart erfüllen, aber aufgrund ihrer Verbindung mit Erdpotential keinerlei begrenzende Wirkung haben, Variante zu Bild 13.3.2.4

13 Anhang B (normativ)

14 Anhang C (normativ)
Schutzvorkehrungen zur ausschließlichen Anwendung, wenn die Anlage nur durch Elektrofachkräfte oder elektrotechnisch unterwiesene Personen betrieben und überwacht wird

Im Gegensatz zum Anhang B, bei dem der **Basis**schutz mit „reduzierten" Anforderungen behandelt wird, sind im Anhang C nur Vorkehrungen für den **Fehler**schutz mit „reduzierten" Anforderungen aufgeführt. Diese Schutzmaßnahmen als solche hat es auch schon in der bisherigen DIN VDE 0100-410 (VDE 0100-410): 1997-01 gegeben, allerdings noch ohne die Zusatzfestlegungen, dass die elektrische Anlage nur durch Elektrofachkräfte oder elektrotechnisch unterwiesene Personen betrieben werden darf und die elektrische Anlage auch durch diese **überwacht** werden muss.

ANMERKUNG Die Bedingungen der Überwachung, bei der die Schutzvorkehrungen für den Fehlerschutz (Schutz bei indirektem Berühren) nach Anhang C als Teil der Schutzmaßnahme angewendet werden dürfen, sind in 410.3.6 angegeben.

Zur Erinnerung sind in dem oben zitierten Abschnitt 410.3.6 dieser Norm nur bedingt entsprechende Vorgaben aufgeführt, siehe nachfolgende Textwiederholung aus dem betreffenden Abschnitt:

Die im Anhang C festgelegten Schutzmaßnahmen:
– Schutz durch nicht leitende Umgebung
– Schutz durch erdfreien örtlichen Schutzpotentialausgleich
– Schutz durch Schutztrennung für die Versorgung von mehr als einem Verbrauchsmittel
dürfen nur angewendet werden, wenn die Anlage unter der Überwachung durch Elektrofachkräfte oder elektrotechnisch unterwiesene Personen steht, sodass unbefugte Änderungen nicht vorgenommen werden können.

In diesem Abschnitt 410.3.6 der DIN VDE 0100-410 (VDE 0100-410):2007-06 wird nur gefordert, dass die betreffenden elektrischen Anlagen unter Überwachung von Elektrofachkräften oder elektrotechnisch unterwiesenen Personen stehen müssen, damit nicht durch Unbefugte dauerhafte Änderungen vorgenommen werden können, die diese Schutzmaßnahmen unwirksam machen würden. Eine solche „unbefugte Änderung" wäre gegeben, wenn z. B. in einem Raum mit Schutz durch „nicht leitende Umgebung" ein leitfähiger Heizkörper einer Zentralheizungsanlage über leitfähige Rohre (fremde leitfähige Teile) eingebaut werden würde. Ohne die

14 Anhang C (normativ)

Überwachung dieser Anlage durch Elektrofachkräfte oder elektrotechnisch unterwiesene Personen würde durch solche nicht elektrotechnischen Arbeiten der Schutz gegen elektrischen Schlag durch Eingriffe von (elektrotechnischen) Laien aufgehoben werden können. Laien können kaum die dadurch entstehenden Gefahren erkennen.

Da bei diesen drei Schutzvorkehrungen der Basisschutz gegeben sein muss, weichen die Vorgaben für die Personen, die Zugang haben, auch von den Anforderungen für die Maßnahmen im Anhang B (siehe hierzu Kapitel 13 dieses Buchs) ab, wo gefordert wird, dass der Zugang nur Elektrofachkräften, elektrotechnisch unterwiesenen Personen oder Personen, die unter der Aufsicht von Elektrofachkräften oder elektrotechnisch unterwiesenen Personen stehen, erlaubt ist.

Damit ist für diese drei Schutzvorkehrungen – Schutz durch nicht leitende Umgebung, Schutz durch erdfreien örtlichen Schutzpotentialausgleich und Schutz durch Schutztrennung mit mehr als einem Verbrauchsmittel – eine elektrische oder abgeschlossene elektrische Betriebsstätte nicht die Voraussetzung für die Anwendung dieser Maßnahmen.

14.1 C.1 Nicht leitende Umgebung [413.3]

ANMERKUNG Diese Schutzmaßnahme ist dafür vorgesehen, ein gleichzeitiges Berühren von Teilen, die durch Fehler der Basisisolierung aktiver Teile ein unterschiedliches Potential haben, zu verhindern.

Der Schutz durch nicht leitende Umgebung besteht prinzipiell darin, dass zwei berührbare leitfähige, nicht aktive Teile oder mehrere elektrische Betriebsmittel mit mindestens vollständigem Basisschutz aufgrund ihres Abstands zueinander nicht gleichzeitig berührt werden können. Der notwendige Abstand kann auch durch Hindernisse (nicht leitfähige Hindernisse) erreicht werden. Entsprechendes gilt auch bei elektrischen Betriebsmitteln und fremden leitfähigen Teilen oder Erdpotential, was erst im Abschnitt C.1.2 der DIN VDE 0100-410 (VDE 0100-410): 2007-06, siehe auch Abschnitt 14.1.2 dieses Buchs, gefordert wird. Auch hier wird vorausgesetzt, dass diese fremden leitfähigen Teile nicht gleichzeitig mit den Körpern elektrischer Betriebsmittel berührt werden können, d. h. dass diese sich nicht im Handbereich zu Körpern elektrischer Betriebsmittel befinden dürfen.

Durch den geforderten Abstand (Handbereich) wird erreicht, dass bei einem Fehler in der Basisisolierung eines elektrischen Betriebsmittels/Verbrauchsmittels nur das Potential des fehlerhaften Betriebsmittels/Verbrauchsmittels, aber kein anderes Potential, berührt werden kann, sodass der Mensch eine gefährliche Spannung nicht überbrücken kann. Dabei spielt es keine Rolle, ob durch den Fehler in der Basisisolierung ein aktives Teil direkt berührbar wird oder ob durch den Fehler in der Basisisolierung ein Körper unter Spannung gerät und dieser Körper berührt werden kann.

Die vergleichbare Schutzmaßnahme nach DIN VDE 0100-410 (VDE 0100-410): 1997-01 hieß „Schutz durch nicht leitende Räume" und war technisch weitgehend gleich.

14.1.1 *C.1.1 Alle elektrischen Betriebsmittel müssen mit einer der in Anhang A beschriebenen Schutzvorkehrungen für den Basisschutz (Schutz gegen direktes Berühren) ausgestattet sein.* [neu]

Der im Anhang A der Norm, siehe auch Abschnitte 12.1 und 12.2 dieses Buchs, geforderte Basisschutz besteht bekanntlich aus einer Isolierung (Basisisolierung) oder aus einer Abdeckung oder Umhüllung.

14.1.2 *C.1.2 Körper müssen so angeordnet werden, dass Personen unter normalen Umständen nicht in gleichzeitige Berührung kommen mit:* [413.3.1]
– zwei Körpern oder
– einem Körper und irgendeinem fremden leitfähigen Teil
wenn diese Teile im Falle eines Fehlers der Basisisolierung aktiver Teile ein unterschiedliches Potential annehmen können.

Wie bereits erwähnt, müssen Betriebsmittel/Verbrauchsmittel, die einen „Körper" aufweisen (also Betriebsmittel der Schutzklasse I) mit entsprechendem Abstand zueinander und auch zu fremden leitfähigen Teilen errichtet sein, dass ein gleichzeitiges Berühren von zwei Körpern oder einem Körper und einem fremden leitfähigem Teil nicht möglich sein kann, siehe hierzu **Bild 14.1.2.1**. Diese Anforderungen gelten „unter normalen Umständen". Diese Einschränkung auf normale Umstände bedeutet, dass – anders als beim Schutz durch Anordnen außerhalb des Handbereichs – ein „vorübergehendes" Hantieren mit „langen" leitfähigen Teilen nicht explizit verboten ist, da ein solches Hantieren nicht sofort gefährlich sein muss. Ein Berühren von zwei Körpern oder einem Körper und einem fremden leitfähigen Teil ist nicht schon im fehlerfreien Fall gefährlich, sondern erst bei mindestens einem Fehler (Körperschluss). Daher wird das Hantieren mit langen leitfähigen Teilen in diesem Abschnitt der Norm DIN VDE 0100-410 (VDE 0100-410):2007-06 nicht ausdrücklich behandelt.

Gefährlich werden kann es aber immer bei einem Einzelfehler, der meist längere Zeit unerkannt bleibt, wenn sich ein fremdes leitfähiges Teil im Handbereich zu einem fehlerbehafteten Körper befinden würde. Beim gleichzeitigen Berühren dieses „fehlerbehafteten" Körpers und eines fremden leitfähigen Teils könnte ein Mensch eine gefährliche Berührungsspannung abgreifen. Sofern aber nur zwei Körper (an die ein Schutzleiter nicht angeschlossen ist) gleichzeitig berührt werden könnten, wäre erst bei zwei Körperschlüssen eine Gefährdung gegeben.

Beispiel 1: Ein Körperschluss am Körper 1 mit L1 und ein zweiter Körperschluss am anderen Körper mit L2 oder L3, was – bei zu geringem Abstand – die verkettete Spannung an den Körpern berührbar werden ließe.

Beispiel 2: Aber auch bei nur einem gemeinsamen Wechselstromkreis für zwei elektrische Betriebsmittel/Verbrauchsmittel könnte eine gefährliche Berührungs-

14 Anhang C (normativ)

spannung zwischen den beiden Körpern auftreten. Dies ist der Fall, wenn im ersten Körper L1 und im zweiten Körper N je einen Isolationsfehler gegen den jeweiligen Körper aufweisen. In beiden Fällen kann es nicht zu einer Abschaltung kommen, weil die beiden fehlerhaften Betriebsmittel nicht miteinander verbunden sein dürfen.

Durch den in diesem Abschnitt geforderten Abstand (größer Handbereich) wird aber verhindert, dass Teile unterschiedlichen Potentials (ohne Hilfsmittel) gleichzeitig berührbar sind und damit eine gefährliche Situation auftreten kann.

Durch die geforderte Überwachung durch Elektrofachkräfte oder elektrotechnisch unterwiesene Personen dürfte in der Praxis auch das gelegentliche Hantieren mit leitfähigen Gegenständen, mit denen der Handbereich überbrückt werden könnte, im Bereich des tolerierten Risikos liegen. In Kenntnis dieser Gefahrensituationen sollten – nach Ansicht der Autoren – die überwachenden Elektrofachkräfte oder elektrotechnisch unterwiesenen Personen vor betrieblichen Vorgängen, bei denen mit langen leitfähigen Teilen hantiert werden soll, prüfen, ob Körper in dieser nicht leitenden Umgebung ein Potential (d. h. einen Körperschluss) aufweisen. Körperschlüsse sollten dann selbstverständlich vorher beseitigt werden.

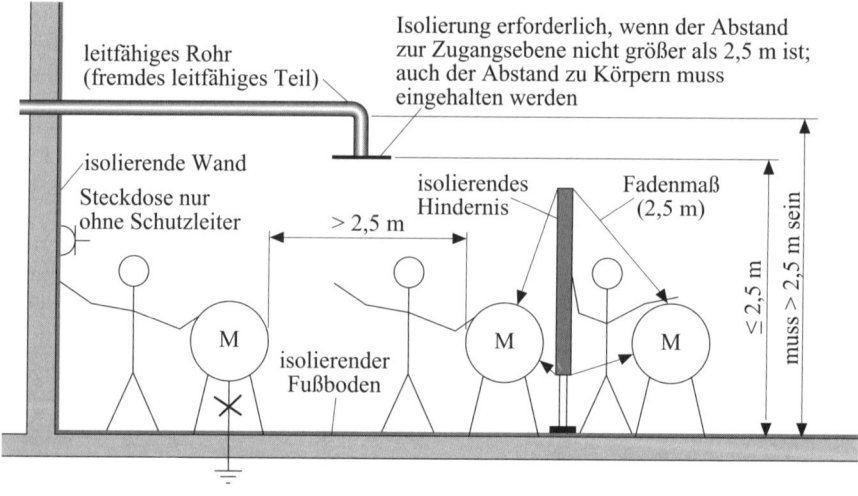

Bild 14.1.2.1 Schutz durch nicht leitende Umgebung; Darstellung des Handbereichs mit und ohne Hindernisse

14 Anhang C (normativ)

14.1.3 *C.1.3 In einer nicht leitenden Umgebung darf kein Schutzleiter vorhanden sein* [neu]

Das „Verbot" von Schutzleitern gilt für alle Körper elektrischer Betriebsmittel/Verbrauchsmittel, d. h., an den Körpern (bestehend aus leitfähigen Abdeckungen oder Umhüllungen) der Betriebsmittel der Schutzklasse I darf ein Schutzleiter nicht angeschlossen werden. Eigentlich dürfte sich das Verbot nur auf geerdete Schutzleiter beziehen, da die im nachfolgendem Abschnitt C.2 der Norm beschriebene Schutzvorkehrung, siehe auch Abschnitt 14.2 dieses Buchs „Schutz durch erdfreien örtlichen Schutzpotentialausgleich", zur Anwendung kommt, einen nicht leitenden Raum fordert (dort allerdings als potentialgleicher Raum bezeichnet). Das heißt, die Betriebsmittel/Verbrauchsmittel der Schutzklasse I müssen mit einem ungeerdeten Schutzpotentialausgleichsleiter verbunden sein. Schutzpotentialausgleichsleiter (auch die ungeerdeten) gehören zu den Schutzleitern. Außerdem müssten für den Schutz durch nicht leitende Umgebung auch Steckdosen – auch wenn sie ohne Schutzleiteranschluss sind – verboten sein. Zwar wird durch den nachfolgenden Abschnitt C.1.6 der DIN VDE 0100-410 (VDE 0100-410):2007-06 auf die Gefahr hingewiesen, die durch ortsveränderliche Betriebsmittel/Verbrauchsmittel entstehen kann, die in solche Steckdosen eingesteckt sein können, weil der jeweilige Handbereich unterschritten werden kann. Ein direktes „Steckdosenverbot" ist aber auch dort nicht aufgeführt. Sollte eine Steckdose in solchen Bereichen notwendig sein, wird die Elektrofachkraft darauf achten müssen, dass ggf. nur Betriebsmittel/Verbrauchsmittel verwendet werden, die der Schutzklasse II entsprechen, oder dass bei Betriebsmitteln/Verbrauchsmitteln der Schutzklasse I in jeder Position die notwendigen Abstände zu anderen Körpern oder fremden leitfähigen Teilen nicht unterschritten werden. Alternativ ließe sich die Schutztrennung mit einem Verbrauchsmittel für Steckdosen anwenden.

14.1.4 *C.1.4 Die Festlegungen in C.1.2 sind erfüllt, wenn die Umgebung einen isolierenden Fußboden und isolierende Wände hat und eine oder mehrere der folgenden Ausführungen angewendet sind* [413.3.3]

Für diese Schutzmaßnahme ist, wie auch der Name schon beinhaltet, Voraussetzung, dass auch die Fußböden und Wände nicht leitfähig ausgeführt sind, damit ein Potential, z. B. das Erdpotential, großflächig im Raum nicht vorhanden ist. Wann Fußböden und Wände leitfähig oder nicht leitfähig sind, wird im Abschnitt C.1.5 noch ausführlich beschrieben.

a) den Verhältnissen entsprechender Abstand zwischen Körpern und fremden leitfähigen Teilen, wie auch zwischen Körpern. Der Abstand ist ausreichend, wenn die Entfernung zwischen zwei Teilen nicht kleiner als 2,5 m ist; dieser Abstand darf außerhalb des Handbereichs auf 1,25 m verkleinert werden.

Ähnlich wie beim Schutz durch Anordnen außerhalb des Handbereichs ist der „Handbereich" für die „gleichzeitige" Berührung von zwei Körpern oder einem Körper und einem fremden leitfähigem Teil maßgebend. Hier ist aber nur die

14 Anhang C (normativ)

Abmessung von 2,5 m angeführt, was für diese Art von Raum normalerweise ausreichend ist. Die noch relevanten 1,25 m und die 0,75 m unterhalb der Zugangsebene dürften in solchen Räumen nicht wichtig sein, müssten aber nach Meinung der Autoren ggf. Berücksichtigung finden. Der hier angeführte Abstand von größer 1,25 m ist nicht eine Abweichung vom normalen Handbereich, sondern dieser Abstand gilt als zusätzliche Anforderung, siehe **Bild 14.1.4.1**. Normalerweise wird ein Mensch in einer Höhe von größer 2,5 m nicht gleichzeitig Teile unterschiedlichen Potentials berühren können, selbst wenn man von den in den letzten Jahren größer gewachsenen Menschen ausgeht. Aber hier hat man vermutlich eine gewisse Sicherheit vorgesehen, um auch beim Betreten einer Leiter durch eine Person noch eine Schutzwirkung zu haben. Selbst wenn die Person auf der Leiter die Höhe von 2,5 m überschreitet, wird es kaum wahrscheinlich sein, dass er zwei Teile unterschiedlichen Potentials in dieser Höhe erreichen wird, wenn sie mehr als 1,25 m auseinander sind. Eine gewisse Bedeutung hat diese Reduzierung des normal geforderten Handbereichs schon, man muss schließlich davon ausgehen, dass in einem solchen Raum auch eine Beleuchtung notwendig sein wird. Solche Leuchten müssten entweder der Schutzklasse II (Schutz durch doppelte oder verstärkte Isolierung) entsprechen oder in einem Abstand von mehr als 2,5 m angeordnet sein, weil ja jegliche Schutzleiter in solchen nicht leitenden Umgebungen unzulässig sind. Beleuchtungstechnisch dürften sich dabei große Probleme ergeben, sodass diese Erleichterung, die bei größerer Höhe vertretbar ist, eine betriebliche Notwendigkeit darstellt.

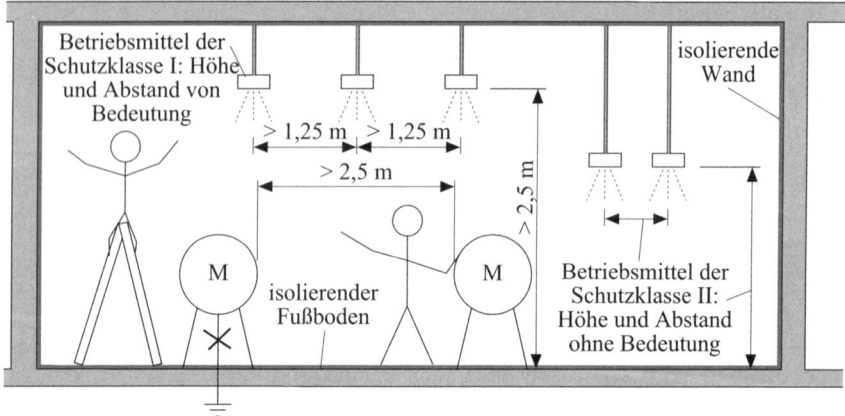

Bild 14.1.4.1 Reduzierung des Handbereichs auf größer 1,25 m in Höhen größer 2,5 m über Zugangsebene

b) Anbringen wirksamer Hindernisse zwischen Körpern und fremden leitfähigen Teilen. Solche Hindernisse sind ausreichend wirksam, wenn sie die überbrückbaren Entfernungen auf die in a) genannten Werte vergrößern. Sie dürfen nicht mit Erde oder Körpern verbunden werden; so weit wie möglich müssen sie aus elektrisch nicht leitendem Material bestehen.

14 Anhang C (normativ)

Auch diese Möglichkeit, das Anbringen von Hindernissen, ist analog zum Schutz durch Anordnung außerhalb des Handbereichs zu betrachten. Selbstverständlich dürfen die Hindernisse nicht nur zwischen Körpern und fremden leitfähigen Teilen angebracht werden, sondern auch zwischen Körpern, siehe auch Bild 14.1.2.1. Richtigerweise wird in diesem Abschnitt auf die „überbrückbare Entfernung" hingewiesen, d. h., es gilt das Fadenmaß (siehe zur Erklärung des Fadenmaßes unter Bild 13.3.2.3). Die Forderung, dass Hindernisse aus nicht leitendem (leitfähigem) Material sein müssen, wird durch das „so weit möglich" wieder abgeschwächt, sodass sich ein „Schlupfloch" ergibt. Leitfähige Hindernisse dürfen auf keinen Fall Potential haben, müssen also auch unbedingt frei von Erdpotential sein und dürfen damit keine fremden leitfähigen Teile und selbstverständlich auch keine mit Schutzleitern verbundenen Körper sein. In Fällen, in denen Hindernisse Kontakt mit Erdpotential haben, z. B. bei einer Befestigung im oder auf dem Beton, müssen diese Hindernisse aus elektrisch nicht leitendem (nicht leitfähigem) Material bestehen.

c) Isolierung oder isolierte Anordnung fremder leitfähiger Teile. Die Isolierung muss ausreichende mechanische Festigkeit haben und einer Prüfspannung von mindestens 2 000 V standhalten können. Der Ableitstrom darf unter den Bedingungen normaler Verwendung 1 mA nicht überschreiten.

Die in c) angeführte Möglichkeit, fremde leitfähige Teile zu „isolieren", macht Sinn. Dieser Hinweis wäre sicher auch bei Schutz durch Abstand eine mögliche Variante. Ob es allerdings vor Ort so einfach sein wird, eine solche Isolierung anzubringen, mag bezweifelt werden, insbesondere, wenn man den Messaufwand für die Spannungsprüfung berücksichtigt. Für diese Spannungsprüfung wäre auch eine Zeitangabe notwendig, z. B. die für solche Prüfungen üblichen 5 s. Allerdings ist es auch möglich, entsprechend geprüftes Isoliermaterial zu verwenden; ob allerdings an den Stoßstellen die Anforderungen so ohne Weiteres erfüllt werden können, ist fraglich.

14.1.5 *C.1.5 Der Widerstand von isolierenden Fußböden und Wänden darf unter den in DIN VDE 0100 610 (VDE 0100-610) festgelegten Bedingungen an keinem Messpunkt kleiner sein als [413.3.4]:*
– *50 kΩ, wenn die Nennspannung der Anlage 500 V nicht überschreitet*
– *100 kΩ, wenn die Nennspannung der Anlage 500 V überschreitet*

Um abzuklären, ob der Fußboden leitfähig oder isolierend ist, dürfen folgende Messverfahren nach DIN VDE 0100-610 (VDE 0100-610):2004-04, Anhang A, angewendet werden, siehe hierzu auch **Bild 14.1.5.1** und **Bild 14.1.5.2** und die nachfolgende Wiedergabe aus DIN VDE 0100-610 (VDE 0100-610):2004-04:

– *für Gleichstrom-Systeme:*
  Messung unter Verwendung einer Prüfelektrode und eines Isolationswiderstandsmessgeräts, welches mit einer Gleichspannung von mindestens der Nennspannung des Versorgungsnetzes betrieben wird

14 Anhang C (normativ)

– *für Wechselstrom-Systeme:*
  a) entweder eine Messung mit Wechselspannung von mindestens der Nennspannung des Versorgungsnetzes und mit zusätzlichen Schutzvorkehrungen, die entweder durch den Hersteller der Messeinrichtung oder durch eine kompetente Person, die für die Messung verantwortlich ist, vorgesehen werden, oder
  b) Messung mit einem Isolationswiderstands-Messgerät wie für Gleichstrom-Systeme, kombiniert mit einer Wechselspannungsmessung mit einer Spannung von mindestens 25 V und kleiner als 50 V

Für Wechselspannungsmessungen sind die Prüfelektroden 1 und 2 anwendbar. Die Messung der Fußbodenimpedanz Z_x ist mit der Strom-Spannungs-Methode durchzuführen.

Der Strom wird vom Außenleiter L oder von einer Wechselstromquelle mit sicherer Trennung über ein Strommessgerät auf die Prüfelektrode gegeben.

Die Spannung U_x an der Prüfelektrode wird mit einem Spannungsmessgerät gegen den Schutzleiter gemessen.

Die Impedanz des Fußbodenwiderstands ist dann: $Z_x = U_x/I$

ANMERKUNG Wenn der Widerstand an irgendeinem Punkt unter dem festgelegten Wert liegt, gelten die Fußböden und Wände für die Zwecke des Schutzes gegen elektrischen Schlag als fremde leitfähige Teile.

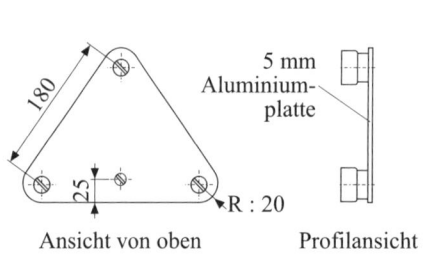

Ansicht von oben   Profilansicht

Schnitt eines Gummikontaktklotzes

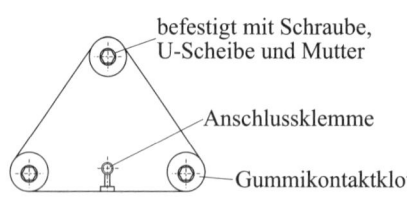

befestigt mit Schraube, U-Scheibe und Mutter
Anschlussklemme
Gummikontaktklotz

Hinweis: In DIN VDE 0100-610 (VDE 0100-610):2004-04 ist das obige Schnittbild um 180° gedreht dargestellt. Da es sich jedoch um einen Schnitt der Ansicht handelt, wurde von den Autoren diese Darstellung gewählt.

Ansicht von unten   Maße in mm

Bild 14.1.5.1 Prüfelektrode 1 nach DIN VDE 0100-610 (VDE 0100-610):2004-04, Anhang A

14 Anhang C (normativ)

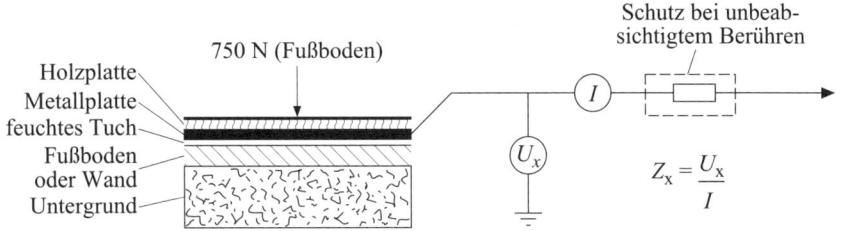

Bild 14.1.5.2 Prüfelektrode 2 nach DIN VDE 0100-610 (VDE 0100-610):2004-04, Anhang A

Die Anmerkung besagt nichts anderes, als dass ein solcher Raum für den Schutz durch nicht leitende Umgebung nicht anwendbar ist.

14.1.6 *C.1.6 Die getroffenen Anordnungen müssen dauerhaft sein, und es darf nicht möglich sein, sie unwirksam zu machen. Sie müssen den Schutz ebenfalls sicherstellen, wenn die Verwendung beweglicher oder tragbarer Betriebsmittel beabsichtigt ist.* [413.3.5]

Damit ist gemeint, dass sowohl die Hindernisse selbst als auch ggf. vorgesehene Isolierungen an Wänden, Fußböden und Hindernissen so angebracht sein müssen, dass sie dauerhaft sind, d. h., sie dürfen nicht so ohne Weiteres entfernbar sein. Der Bezug auf tragbare oder bewegliche Betriebsmittel betrifft nicht Hilfsmittel, sondern elektrische Betriebsmittel/Verbrauchsmittel und bezieht auch „steckerfertige" Betriebsmittel und damit auch Verbrauchsmittel mit ein.

ANMERKUNG 1 Es wird auf das Risiko hingewiesen, dass in Fällen, in denen die elektrische Anlage nicht unter einer wirksamen Überwachung steht, zu einem späteren Zeitpunkt weitere leitfähige Teile (z. B. bewegliche oder tragbare Betriebsmittel der Schutzklasse I oder fremde leitfähige Teile wie metallene Wasserrohre) eingebracht werden könnten, welche die Erfüllung der Anforderungen in C.1.6 aufheben können.

Diese Anmerkung macht der Elektrofachkraft oder der elektrotechnisch unterwiesenen Person deutlich, warum ein nicht leitender Raum/eine nicht leitende Umgebung als Vorkehrung gegen elektrischen Schlag nur zur Anwendung kommen darf, wenn solche Bereiche unter ständiger Überwachung stehen. Allerdings zeigt die Anmerkung auf, wie problematisch diese Schutzmaßnahme, auf längere Sicht gesehen, sein kann.

ANMERKUNG 2 Es ist wichtig sicherzustellen, dass die Isolierung von Fußböden und Wänden nicht durch Feuchtigkeit beeinträchtigt werden kann. [413.3.6]

Diese Forderung gilt auch für die „Aufbringung" von Isolierungen an fremden leitfähigen Teilen und nicht nur für isolierende Fußböden und Wände, d. h., sie gilt für

14 Anhang C (normativ)

alle „Isolierungen", außer denen, die an elektrischen Betriebsmitteln/Verbrauchsmitteln entsprechend ihrer Betriebsmittelnorm vorgesehen sind.

14.1.7 *C.1.7 Es müssen Vorsichtsmaßnahmen getroffen werden, um sicherzustellen, dass durch fremde leitfähige Teile keine Spannungen aus dem betreffenden Raum nach außen verschleppt werden können. [413.3.6]*

Das mag verwirrend klingen, da fremde leitfähige Teile üblicherweise nach Definition nur ein Potential einführen können. Ein Verschleppen eines Potentials nach außen wäre nur dadurch gegeben, wenn es sich um ein leitfähiges Teil handelt, dass sich sowohl im als auch außerhalb des Raumes erstreckt und das ohne Fehler weder Erdpotential noch ein anderes Potential aufweist, anderenfalls dürfte es sich nicht im Handbereich zu elektrischen Betriebsmitteln in Räumen mit nicht leitender Umgebung befinden. Wenn sich ein solches Teil aber nicht im Handbereich befindet, kann es kein Potential nach außen verschleppen. Geht man davon aus, dass es im fehlerfreien Betrieb (kein Körperschluss des betreffenden Betriebsmittels, zu dem es in Kontakt steht) kein Potential aufweist, dann müsste – um ein Potential nach außen zu verschleppen – dieses leitfähige Teil mit einem Körper eines Betriebsmittels in Kontakt sein, und das Betriebsmittel müsste einen Körperschluss haben. Nur dieses Potential könnte dann nach außen verschleppt werden. Außerdem müsste das Versorgungssystem im Raum mit Schutz durch nicht leitende Umgebung ein geerdetes System sein, da nur in diesem Fall ein Potential gegen Erde auftreten könnte.

Eine mögliche Konstellation der Potentialverschleppung wäre z. B. gegeben, wenn ein elektrisches Betriebsmittel im Raum mit Schutz durch nicht leitende Umgebung auf Fahrschienen, die auch nach außen führen, aufgestellt wäre. Unter der Voraussetzung, dass die Fahrschienen auch außerhalb des Raumes keinen Erdkontakt haben (z. B. gegen Erde isoliert), wäre es theoretisch möglich, das Fehlerpotential bei einem Körperschluss nach außen zu verschleppen. Dieser Fall kann eher als sehr konstruierter Fall betrachtet werden.

Kurzer Überblick

Der Schutz durch nicht leitende Umgebung besteht darin, dass

- elektrische Betriebsmittel mit mindestens vollständigem Basisschutz aufgrund ihres Abstands zueinander nicht gleichzeitig berührt werden können
- fremde leitfähige Teile und elektrische Betriebsmittel, die mindestens Basisschutz aufweisen müssen, aufgrund ihres Abstands zueinander nicht gleichzeitig berührt werden können.

Der notwendige Abstand kann auch durch Hindernisse erreicht werden, die möglichst nicht leitfähig sein sollten.

Der Schutz durch nicht leitende Umgebung dürfte eher eine „Ausnahme-Schutzmaßnahme" sein, die in der Praxis sicher kaum von Bedeutung sein wird.

14.2 C.2 Schutz durch erdfreien örtlichen Schutzpotentialausgleich [413.4]

Die Anforderungen für diese Schutzmaßnahme stimmen – bis auf den Abschnitt C.2.1 – fast wörtlich mit den Anforderungen in der bisherigen Norm DIN VDE 0100-410 (VDE 0100-410):1997-01 überein

Der Schutz durch erdfreien örtlichen Potentialausgleich besteht prinzipiell darin, dass alle gleichzeitig (d. h. im Handbereich zueinander befindlichen) berührbaren Körper elektrischer Betriebsmittel durch einen erdfreien örtlichen Schutzpotentialausgleichsleiter verbunden sind und damit im Raum „Potentialgleichheit" besteht. Bei einem Fehler nehmen alle (gleichzeitig berührbaren) Körper elektrischer Betriebsmittel durch die Verbindung mit dem ungeerdeten Schutzpotentialausgleichsleiter gleiches Potential an, sodass eine Berührungsspannung nicht abgegriffen werden kann. Ein Erdpotential als zweites Potential darf nicht vorhanden sein, was z. B. durch Isolierung sichergestellt werden kann, d. h., fremde leitfähige Teile darf es nicht geben.

ANMERKUNG Der erdfreie örtliche Schutzpotentialausgleich ist dafür vorgesehen, das Auftreten einer gefährlichen Berührungsspannung zu verhindern.

Der erdfreie örtliche Schutzpotentialausgleich alleine wird das Auftreten einer Berührungsspannung nicht verhindern können, hierzu bedarf es des potentialgleichen Raums, der im Abschnitt C.2.4 der DIN VDE 0100-410 (VDE 0100-410):2007-06 gefordert ist, oder ein ggf. leitfähiger Fußboden muss entsprechend isoliert gegen Erdpotential ausgeführt und ebenfalls mit dem ungeerdeten Schutzpotentialausgleich verbunden sein. Die Verbindung mit dem erdfreien Schutzpotentialausgleich ist gleichermaßen auch für leitfähige Wände ohne Erdpotential gefordert.

14.2.1 *C.2.1 Alle elektrischen Betriebsmittel müssen mit einer der in Anhang A beschriebenen Schutzvorkehrungen für den Basisschutz (Schutz gegen direktes Berühren) ausgestattet sein.* [neu]

Wie bereits erwähnt, handelt es sich hierbei um eine neue Festlegung. Diese Festlegung wurde notwendig, da der Aufbau des Teiles 410 der Reihe DIN VDE 0100 (VDE 0100) geändert wurde, d. h., der Basisschutz wird nicht mehr vor dem Fehlerschutz am Anfang der Norm behandelt, sondern ist nur noch in Anhängen (im Anhang A und ggf. im Anhang B) aufgeführt. Aber auch, weil nun bei allen Schutzmaßnahen differenziert der Basisschutz und der Fehlerschutz aufgeführt wurden, ist nun auch hier – was bei einer Schutzmaßnahme eigentlich selbstverständlich ist – auch der Basisschutz getrennt aufgeführt. Somit ergibt sich, dass auch bei dieser Schutzmaßnahme ein „vollständiger" Basisschutz nach Anhang A der DIN VDE 0100-410 (VDE 0100-410):2007-06 Voraussetzung ist. Daraus folgt – auch wenn diese Schutzmaßnahme nur unter Überwachung durch Elektrofachkräfte oder elektrotechnisch unterwiesene Personen angewendet werden darf –, dass ein „reduzierter" Basisschutz, wie er im Abschnitt B aufgeführt ist, nicht aus-

14 Anhang C (normativ)

reichend ist, sondern immer mindestens die Maßnahmen nach Anhang A – Basisisolierung oder Abdeckungen oder Umhüllungen – als Basisschutz zur Anwendung kommen müssen.

14.2.2 C.2.2 Alle gleichzeitig berührbaren Körper und fremden leitfähigen Teile müssen durch Schutzpotentialausgleichsleiter miteinander verbunden sein. [413.4.1]

Bei dem hier geforderten „Schutzpotentialausgleich" handelt es sich, wie eingangs gefordert, um einen **ungeerdeten** Schutzpotentialausgleich, und dieser ist – neben der nicht leitenden Umgebung bzw. der „Isolierung" der Umgebung gegen Erdpotential – die wesentliche Schutzvorkehrung, um zu verhindern, dass im Falle von einem Fehler oder mehreren Fehlern an (unterschiedlichen) elektrischen Betriebsmitteln/Verbrauchsmitteln eine gefährliche Berührungsspannung von einem Menschen überbrückt werden kann. Fakt ist, um den Schutz gegen elektrischen Schlag zu erfüllen, müssen alle Körper, die gleichzeitig berührbar sind (also sich im Handbereich befinden), und fremden leitfähigen Teile, die aber keine Erdverbindungen haben dürfen, die sich mit Körpern elektrischer Betriebsmittel/Verbrauchsmittel im Handbereich befinden, also gleichzeitig berührbar sind, über einen oder mehrere

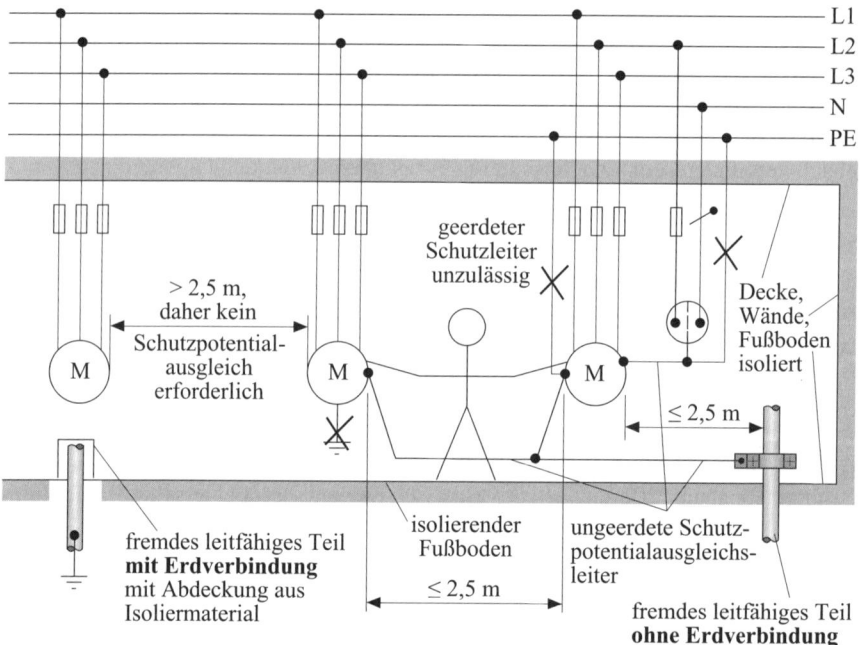

Bild 14.2.2.1 Schutz durch erdfreien (d. h. ungeerdeten) Schutzpotentialausgleich in einem „potentialgleichen" Raum

ungeerdete Schutzpotentialausgleichsleiter verbunden werden, siehe auch **Bild 14.2.2.1**. Damit wird die erwünschte Potentialgleichheit erreicht. Eine Verbindung mit geerdeten Schutzleitern ist dabei unzulässig, was durch folgenden Abschnitt festgelegt wird. Durch den Bezug auf fremde leitfähige Teile ergibt sich eigentlich ein Widerspruch, da fremde leitfähige Teile ja bestimmungsgemäß Erdpotential einführen können. Es wäre klarer von „leitfähigen, nicht aktiven Teilen" zu sprechen. Die Eingrenzung durch den Zusatz „örtlich" zeigt auf, dass es sich hierbei nicht um eine Schutzmaßnahme handelt, die in größeren Bereichen nicht zur Anwendung kommen kann. Der ungeerdete Schutzpotentialausgleich hat, ähnlich wie bei Schutztrennung mit mehr als einem Verbrauchsmittel, die Funktion, dass bei zwei Fehlern (z. B. zwei Körperschlüssen) an unterschiedlichen Betriebsmitteln/ Verbrauchsmitteln durch unterschiedliche aktive Leiter mindestens ein Fehler durch eine Überstrom-Schutzeinrichtung abgeschaltet wird, wozu selbstverständlich die entsprechenden Schutzeinrichtungen notwendig sind, auch wenn sie an dieser Stelle der Norm DIN VDE 0100-410 (VDE 0100-410):2007-06 nicht ausdrücklich gefordert sind. Die Zeit bis zur Abschaltung ist daher auch nicht festgelegt. Die Autoren empfehlen, sich an die Abschaltzeiten der Tabelle 41.1 der DIN VDE 0100-410 (VDE 0100-410):2007-06, siehe Tabelle 7.1 dieses Buchs, zu halten. Fehlerstrom-Schutzeinrichtungen (RCDs) können bei diesen Fehlern nicht wirksam werden, es sei denn, es würde für jedes Betriebsmittel/ Verbrauchsmittel eine eigene Fehlerstrom-Schutzeinrichtung (RCD) verwendet werden, wodurch jedoch die Überstrom-Schutzeinrichtungen nicht entbehrlich werden würden. Auch bei der Dimensionierung der Schutzpotentialausgleichsleiter kann nur auf die Anforderungen vom Abschnitt 415.2.2 der DIN VDE 0100-410 (VDE 0100-410): 2007-06 zurückgegriffen werden, siehe hierzu auch Abschnitt 11.2.2 dieses Buchs.

14.2.3 *C.2.3 Das örtliche Schutzpotentialausgleichssystem darf weder direkt noch durch Körper noch durch fremde leitfähige Teile mit Erde elektrisch verbunden sein.* [413.4.2]

Da es sich um einen erdfreien (also ungeerdeten) Schutzpotentialausgleich handelt, ist diese Forderung von erheblicher Bedeutung für die Wirkung dieser Schutzmaßnahme, da eine Erdverbindung (auch eine ungewollte) die Schutzmaßnahme unwirksam machen würde und sich damit eine erhebliche Gefährdung ergeben kann. Hier wird nochmals deutlich aufgezeigt, dass fremde leitfähige Teile, die im Allgemeinen per Definition (siehe Abschnitt 1.1 dieses Buchs) ein Erdpotential aufweisen können, auf keinen Fall mit dem örtlichen Schutzpotentialausgleich elektrisch verbunden werden dürfen. Wenn sie sich im Handbereich von Körpern befinden, müssen sie mit Isolierung versehen werden.

ANMERKUNG In Fällen, in denen diese Anforderung nicht erfüllt werden kann, ist der Schutz durch automatische Abschaltung der Stromversorgung anwendbar (siehe Abschnitt 411).

14 Anhang C (normativ)

Auch wenn diese Anmerkung in dieser Wortwahl schon so vorhanden war, d. h. wenn „Erdfreiheit" des Schutzpotentialausgleichssystems einschließlich der Körper der Betriebsmittel nicht erfüllt werden kann, muss Schutz durch automatische Abschaltung angewendet werden. Aufgrund dieser Anmerkung könnte nun der Eindruck entstehen, dass nur der Schutz durch automatische Abschaltung der Stromversorgung angewendet werden darf, was aber so nicht da steht, sondern es ist nur eine Option genannt.

14.2.4 *C.2.4 Es müssen Vorsichtsmaßnahmen getroffen werden, um sicherzustellen, dass Personen, die den potentialgleichen Raum betreten, nicht einem gefährlichen Potentialunterschied ausgesetzt werden können, insbesondere in Fällen, in denen ein leitender, gegen Erde isolierter Fußboden an das erdfreie, örtliche Schutzpotentialausgleichsystem angeschlossen ist. [413.4.3]*

Die Gefahren, die sich daraus ergeben, können gravierend sein, da der leitfähige Fußboden durch einen Körperschluss über den ungeerdeten Schutzpotentialausgleich ein Potential annehmen kann. Bei einer „geerdeten Stromversorgung" (TT- oder TN-System außerhalb des Raums/Bereichs) für diesen Raum/Bereich könnte der Mensch beim Betreten des Raums sowohl das Erdpotential als auch das Potential des leitfähigen Fußbodens überbrücken, und es könnte dabei eine gefährliche Berührungsspannung auftreten.

Kurzer Überblick

Der Schutz durch erdfreien örtlichen Schutzpotentialausgleich besteht prinzipiell darin, dass alle gleichzeitig berührbaren Körper elektrischer Betriebsmittel durch einen erdfreien, örtlichen Schutzpotentialausgleichsleiter miteinander verbunden sind und damit im Raum Potentialgleichheit besteht. Bei einem Fehler nehmen alle (gleichzeitig berührbaren) Körper elektrischer Betriebsmittel/Verbrauchsmittel durch die Verbindung mit dem ungeerdeten Schutzpotentialausgleichsleiter gleiches Potential an, sodass eine Berührungsspannung nicht abgegriffen werden kann. Ein Erdpotential als zweites Potential darf nicht vorhanden sein, was z. B. durch Isolierung sichergestellt werden kann, d. h., fremde leitfähige Teile mit Erdverbindung darf es bei dieser nur örtlich zur Anwendung kommenden Schutzmaßnahme nicht geben.

14 Anhang C (normativ)

14.3   C.3 Schutztrennung mit mehr als einem Verbrauchsmittel [teilweise 413.5.3]

Der Schutz durch Schutztrennung mit mehr als einem Verbrauchsmittel besteht prinzipiell darin, dass beim Anschluss mehrerer elektrischer Verbrauchsmittel hinter einer Stromquelle mit einfacher Trennung die Körper dieser Betriebsmittel hinter derselben Stromquelle gleiches Potential haben, was durch einen ungeerdeten Schutzpotentialausgleichsleiter (bisher Potentialausgleichsleiter) erreicht wird. Beim Anschluss mehrerer elektrischer Verbrauchsmittel an unterschiedlichen Außenleitern (z. B. in einem Einphasen-Zweileiter-Stromkreis oder in einem Einphasen-Dreileiter-Stromkreis – Drehstromkreis) muss eine Abschaltung mindestens einer der Schutzeinrichtungen beim zweiten Fehler (an unterschiedlichen aktiven Leitern) erfolgen.

Die wichtigste Änderung gegenüber DIN VDE 0100-410 (VDE 0100-410):1997-01 besteht darin, dass diese Schutzmaßnahme nun nur noch angewendet werden darf, wenn die Anlage durch Elektrofachkräfte oder elektrotechnisch unterwiesene Personen betrieben und überwacht wird.

Eine weitere, wesentliche Änderung gegenüber DIN VDE 0100-410 (VDE 0100-410):1997-01 besteht darin, dass in der früheren Ausgabe Schutztrennung mit einem oder mit mehr als einem Verbrauchsmittel als jeweils gleichwertige Schutzmaßnahme beschrieben war. Bisher waren Betriebsmittel angeführt, was so nicht gemeint war und was die Autoren schon in der ersten Auflage dieses Buchs richtig gestellt hatten. Allerdings ist Verbrauchsmittel alleine wiederum an einigen Stellen auch nicht zutreffend, da z. B. auch die Betriebsmittel – wie Abzweigdosen –, sofern sie der Schutzklasse I entsprechen, mit dem ungeerdeten Schutzpotentialausgleich verbunden sein müssten. In den Normen der Gruppe 700 der Reihe DIN VDE 0100 (VDE 0100) wird – wegen der meist höheren Gefährdungen in den Bereichen, in denen diese Normen zur Anwendung kommen – fast immer nur Schutztrennung mit **einem** Verbrauchsmittel zugelassen. In der neuen DIN VDE 0100-410 (VDE 0100-410): 2007-06 wird nun sehr differenziert: Schutztrennung mit einem Verbrauchsmittel darf nach wie vor „allgemein" in fast allen Fällen (außer wenn sich im Wasser Personen aufhalten können) angewendet werden.

Die Einschränkung für die Anwendung von Schutztrennung mit mehr als einem Verbrauchsmittel ist nach Meinung der Autoren eine notwendige Einschränkung, weil bei mehr als einem Verbrauchsmittel hinter einer Stromquelle mit einfacher Trennung eine wesentlich höhere Gefährdung – aufgrund der geringeren Übersicht – gegeben ist. Dies liegt daran, dass der erste Fehler meist nicht erkannt werden kann und daher die Wahrscheinlichkeit, dass ein zweiter Fehler auftritt, wesentlich größer ist, als wenn nur ein Verbrauchsmittel angeschlossen ist. Zwar muss bei zwei Fehlern, siehe nachfolgende Ausführungen im Abschnitt C.3.7 der DIN VDE 0100-410 (VDE 0100-410):2007-06 bzw. im Abschnitt 14.3.7 dieses Buchs, mindestens ein Fehler abgeschaltet werden, aber der erste Fehler kann auch in einer Ver-

14 Anhang C (normativ)

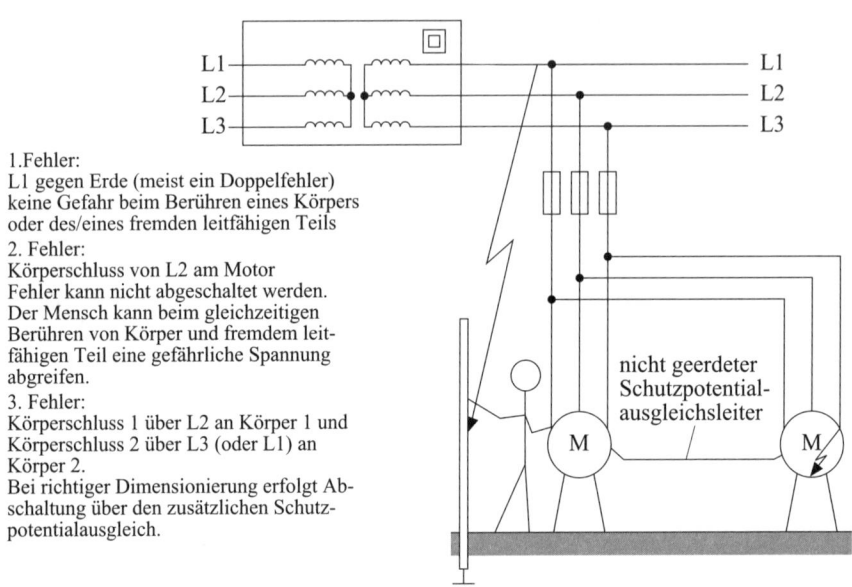

1. Fehler:
L1 gegen Erde (meist ein Doppelfehler) keine Gefahr beim Berühren eines Körpers oder des/eines fremden leitfähigen Teils
2. Fehler:
Körperschluss von L2 am Motor Fehler kann nicht abgeschaltet werden. Der Mensch kann beim gleichzeitigen Berühren von Körper und fremdem leitfähigen Teil eine gefährliche Spannung abgreifen.
3. Fehler:
Körperschluss 1 über L2 an Körper 1 und Körperschluss 2 über L3 (oder L1) an Körper 2.
Bei richtiger Dimensionierung erfolgt Abschaltung über den zusätzlichen Schutzpotentialausgleich.

Bild 14.3.1 Schutztrennung mit mehr als einem Verbrauchsmittel – zwei oder mehrere Fehler können gefährlich werden

bindungsleitung gegen Erde (z. B. gegen ein fremdes leitfähiges Teil, das mit Erde in Verbindung steht) auftreten. Somit wird auch beim zweiten Fehler (der dann eigentlich der dritte Fehler ist, wenn Kabel/Leitungen verwendet werden, die gleichwertig der doppelten oder verstärkten Isolierung sind) eine Abschaltung nicht erreicht werden können, was für Personen, die solche Betriebsmittel und gleichzeitig ein fremdes leitfähiges Teil berühren, gefährlich werden kann, siehe **Bild 14.3.1**. Eine Abschaltung kann aber erst stattfinden, wenn die zwei Fehler an zwei verschiedenen Verbrauchsmitteln mit unterschiedlichen aktiven Leitern auftreten. Somit erfolgt bei der im Bild 14.3.1 dargestellten Situation eine Abschaltung erst beim dritten Fehler. Zwei Fehler müssten aber – wie auch beim IT-System, mit dem Schutz durch Schutztrennung in etwa (abgesehen vom Bezug der Verbrauchsmittel zur Erde) vergleichbar ist – berücksichtigt werden, d. h., mindestens ein Fehler muss abgeschaltet werden.

Trotz der Einschränkung, dass Schutztrennung mit mehr als einem Verbrauchsmittel nun nicht mehr allgemein anwendbar ist, sondern nur noch, wenn die elektrische Anlage nur durch Elektrofachkräfte oder elektrotechnisch unterwiesene Personen betrieben und überwacht wird, handelt es sich um eine Schutzmaßnahme und nicht nur um eine Schutzvorkehrung.

14 Anhang C (normativ)

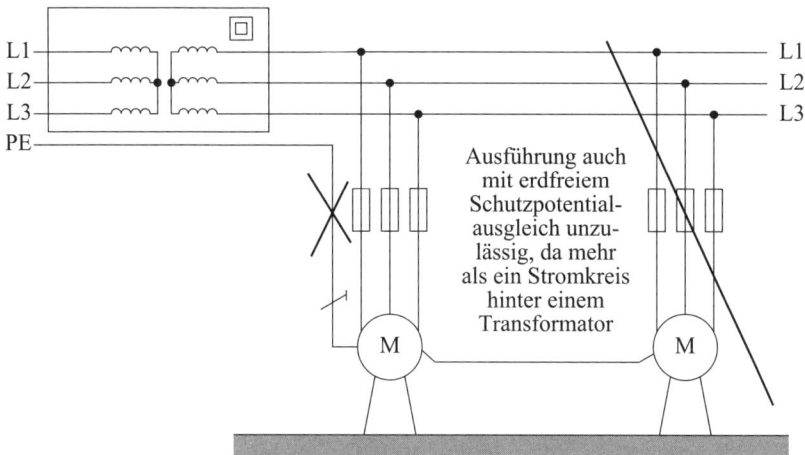

Bild 14.3.2 Schutztrennung mit mehr als einem Verbrauchsmittel in dieser Form unzulässig, da mehr als ein Stromkreis hinter dem Transformator mit einfacher Trennung angeschlossen

ANMERKUNG Schutztrennung eines einzelnen Stromkreises ist dafür vorgesehen, Ströme zu verhindern, die einen elektrischen Schlag bei Berühren von Körpern verursachen, die durch einen Fehler der Basisisolierung des Stromkreises unter Spannung stehen können.

Diese Anmerkung stimmt mit den Festlegungen in der bisher gültigen Norm DIN VDE 0100-410 (VDE 0100-410):1997-01 sachlich überein. Damit bleibt es nach wie vor bei der Forderung, dass nur „ein Stromkreis" zulässig ist. Aber an diesem Stromkreis dürfen mehrere Verbrauchsmittel angeschlossen werden, siehe hierzu auch **Bild 14.3.2**. Durch diese Begrenzung auf einen Stromkreis wird erreicht, dass die Ausdehnung der Anlage mit Schutztrennung nicht zu groß wird und auch einigermaßen übersichtlich bleibt.

14.3.1 *C.3.1 Alle elektrischen Betriebsmittel müssen mit einer der in Anhang A beschriebenen Schutzvorkehrungen für den Basisschutz (Schutz gegen direktes Berühren) ausgestattet sein. [neu]*

Auch hier gilt wieder, dass eine Schutzmaßnahme aus zwei Schutzebenen besteht, dem Basisschutz und dem Fehlerschutz. Für den notwendigen Basisschutz gelten dieselben Anforderungen wie bei fast allen anderen Schutzmaßnahmen auch, d. h., der Basisschutz muss vorgesehen werden durch eine Basisolierung oder durch Abdeckungen oder Umhüllungen. Ein reduzierter Basisschutz, wie er im Anhang B aufgeführt ist, ist nicht ausreichend.

14 Anhang C (normativ)

14.3.2 *C.3.2 Schutz durch Schutztrennung mit mehr als einem Verbrauchsmittel muss sichergestellt werden durch Erfüllen aller Anforderungen von Abschnitt 413, ausgenommen 413.1.2, und der folgenden Anforderungen.*

Die Anforderungen von Abschnitt 413 der DIN VDE 0100-410 (VDE 0100-410): 2007-06 beziehen sich auf den Basisschutz und den Fehlerschutz. Der Basisschutz wird durch Basisisolierung oder durch Abdeckungen oder Umhüllungen erfüllt. Der Fehlerschutz beinhaltet folgende Forderungen, die nachfolgend nochmals in Erinnerung gerufen werden sollen:

– Der Stromkreis muss von einer Stromquelle mit mindestens **einfacher Trennung** versorgt werden, und die Spannung des Stromkreises mit Schutztrennung darf nicht größer als **500 V** sein.

– **Aktive Teile** des Stromkreises mit Schutztrennung dürfen an **keinem Punkt** mit einem anderen Stromkreis oder **mit Erde oder mit einem Schutzleiter** verbunden werden.

– Flexible Kabel und Leitungen müssen an Stellen, die **mechanischen Beanspruchungen** ausgesetzt sind, über ihre gesamte Länge sichtbar sein.

– Die **Körper** des Stromkreises mit Schutztrennung dürfen **nicht** mit dem **Schutzleiter** oder mit den Körpern anderer Stromkreise oder mit **Erde verbunden werden**.

Zusätzlich müssen die Anforderungen der folgenden Abschnitte C.3.3 bis C.3.6 (in diesem Buch die Abschnitte 14.3.3 bis 14.3.6) erfüllt werden.

Auf die Anforderungen von Abschnitt 413 soll nicht mehr näher eingegangen werden, da sie bereits im Abschnitt 9.1 dieses Buchs ausführlich kommentiert sind.

14.3.3 *C.3.3 Es müssen Vorsichtsmaßnahmen getroffen werden, um den getrennten Stromkreis vor Beschädigung und Isolationsfehler zu schützen.* [413.5.3]

Eine beinahe gleiche Anforderung ist bereits im obigen dritten Aufzählungsstrich enthalten. Eine Forderung, die eigentlich immer und für alle elektrischen Betriebsmittel/Verbrauchsmittel eingehalten werden muss. Zum größten Teil wird das dadurch erreicht, dass die elektrischen Betriebsmittel/Verbrauchsmittel entsprechend den Umgebungsbedingungen auszuwählen sind. Daher dürften nur durch „abnormale" Beanspruchungen Schäden auftreten können, die üblicherweise nicht betrachtet werden müssen. Da jedoch der sonst übliche Hinweis auf die normalen Bedingungen fehlt, sollte auf alle Fälle auch auf Beschädigungen im abnormalen Betrieb geachtet werden.

14.3.4 *C.3.4 Die Körper des getrennten Stromkreises müssen miteinander durch isolierte, nicht geerdete Schutzpotentialausgleichsleiter verbunden werden. Solche Leiter dürfen nicht mit den Schutzleitern oder Körpern anderer Stromkreise oder mit irgendwelchen fremden leitfähigen Teilen verbunden werden.* [413.5.3.1]

14 Anhang C (normativ)

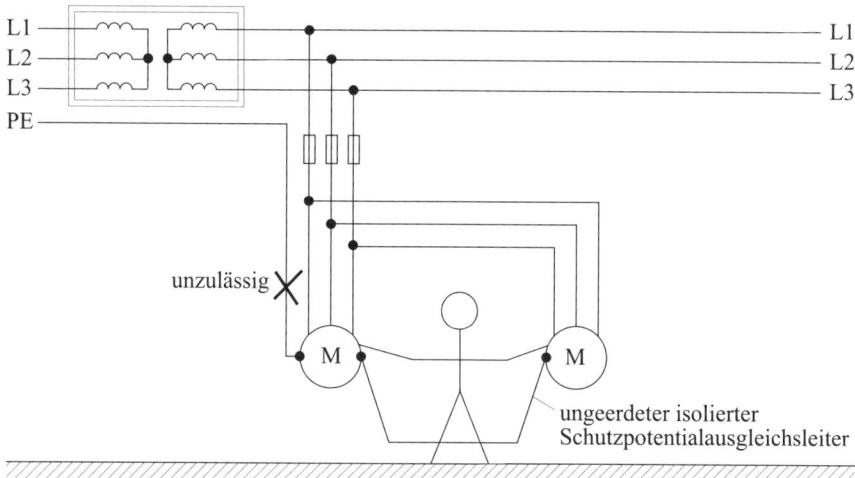

Bild 14.3.4.1 Schutztrennung mit mehr als einem Verbrauchsmittel, in dieser Form zulässig, da nur ein Stromkreis hinter dem Transformator mit einfacher Trennung angeschlossen ist

Diese Forderung war bereits in der bisherigen Norm DIN VDE 0100-410 (VDE 0100-410):1997-01 in dieser Form enthalten, d. h., alle Köper elektrischer Verbrauchsmittel (nach Meinung der Autoren einschließlich der Körper von Betriebsmitteln) der Schutzklasse I müssen über isoliert ausgeführte, ungeerdete Schutzpotentialausgleichsleiter untereinander verbunden werden, siehe **Bild 14.3.4.1**. Die Isolierung dieser Leiter ist notwendig, um ungewollte Erdverbindungen zu vermeiden. Dieser/diese Schutzpotentialausgleichsleiter hat/haben die Aufgabe, bei zwei Fehlern an unterschiedlichen Verbrauchsmitteln (Betriebsmittel müssen nach Meinung der Autoren mit betrachtet werden) der Schutzklasse I mit unterschiedlichen aktiven Leitern einen Kurzschluss herzustellen, d. h., dieser Leiter muss den Fehlerstromkreis schließen, siehe **Bild 14.3.7.1**, damit der entsprechende Abschaltstrom der vorgeschalteten Schutzeinrichtung dieses Stromkreises zum Fließen kommen kann.

Um die Erdfreiheit aufrecht zu erhalten, dürfen auch geerdete Schutzleiter und fremde leitfähige Teile mit diesen ungeerdeten Schutzpotentialausgleichsleitern **keine** Verbindung haben. Das Verbinden miteinander bedeutet nicht, dass alle Körper (jeder mit jedem direkt) zu verbinden sind, sondern die Verbindung darf „sternförmig" oder auch durch „Hintereinanderverbindungen" (Reihenschaltung) erfolgen. Üblicherweise wird dieser „Schutzpotentialausgleich" durch den im Kabel/in der Leitung mitgeführten grün-gelben Leiter erfüllt.

ANMERKUNG Siehe die Anmerkung zu 413.3.6

14 Anhang C (normativ)

Die Anmerkung, mit ihrem Verweis auf 413.3.6 der DIN VDE 0100-410 (VDE 0100-410):2007-06 (siehe auch Abschnitt 9.3.6 dieses Buchs) besagt nichts anderes als eben das, was im Bestimmungstext dieses Abschnitts schon gefordert ist, nämlich:

Die Körper des Stromkreises mit Schutztrennung dürfen nicht mit dem Schutzleiter oder mit den Körpern anderer Stromkreise oder mit Erde verbunden werden

14.3.5 *C.3.5 Alle Steckdosen müssen mit Schutzkontakten ausgestattet sein, die mit dem Schutzpotentialausgleichssystem in Übereinstimmung mit C.3.4 verbunden werden müssen.* [413.5.3.2]

Bei Schutz durch Schutztrennung mit mehr als einem Verbrauchsmittel dürfen auch Betriebsmittel wie Schutzkontaktsteckdosen oder Drehstromsteckdosen mit Schutzkontakt errichtet werden, bzw. es müssen – wenn Steckdosen errichtet werden – solche mit Schutzkontakt verwendet werden. Dieser Schutzkontakt muss mit einem im Kabel/in der Leitung mitgeführten grün-gelben Leiter verbunden werden, siehe auch **Bild 14.3.5.1**. Dieser grün-gelbe Leiter wird nicht als geerdeter Schutzleiter, sondern als nicht geerdeter Schutzpotentialausgleichsleiter verwendet und darf deshalb nicht mit dem (geerdeten) Schutzleiter der allgemeinen Stromversor-

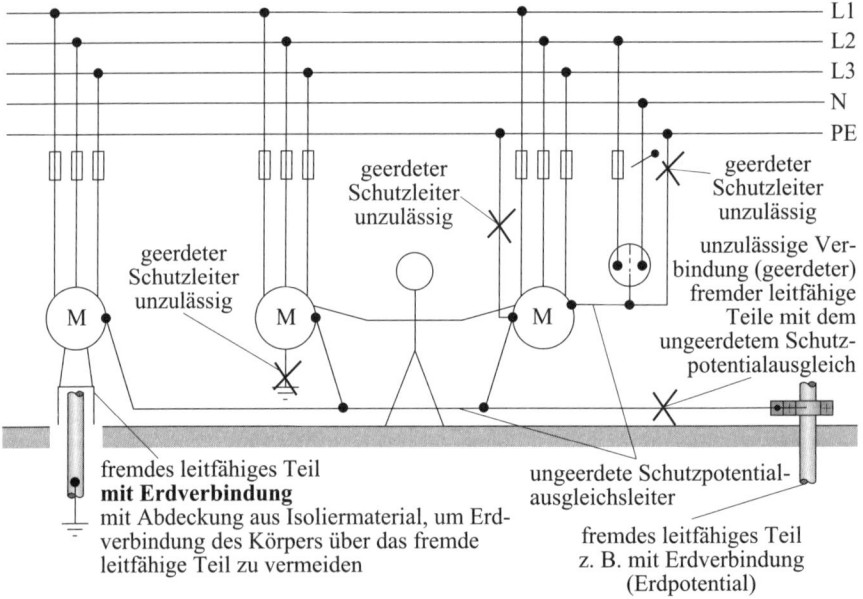

Bild 14.3.5.1 Steckdosen müssen mit Schutzkontakt ausgeführt sein, und der Schutzkontakt muss mit dem ungeerdeten Schutzpotentialausgleichsleiter verbunden werden, mit dem auch die Körper zu verbinden sind

gung verbunden werden und natürlich auch nicht geerdet werden. Letzteres ist durch den Verweis auf C.3.4 der DIN VDE 0100-410 (VDE 0100-410):2007-06, siehe oben, festgelegt.

14.3.6 *C.3.6 Alle flexiblen Anschlussleitungen, ausgenommen solche, die Betriebsmittel der Schutzklasse mit „doppelter oder verstärkter Isolierung" versorgen, müssen einen Schutzleiter enthalten, der als Schutzpotentialausgleichsleiter in Übereinstimmung mit C.3.4 verwendet wird.*

Hier ergeben sich Überschneidungen mit dem Betreiben elektrischer Anlagen bzw. mit dem Verwenden elektrischer Verbrauchsmittel, da flexible „Anschlussleitungen" überwiegend an steckerfertigen Verbrauchsmitteln (die dürften gemeint sein, und nicht Betriebsmittel) vorkommen und weniger in der festen elektrischen Anlage, wo kaum der Anschluss von Betriebsmitteln über flexible Leitungen erfolgt, allenfalls der Anschluss von ortsveränderlichen Verbrauchsmitteln. Für die Elektrofachkraft ergibt sich aber daraus der Hinweis, dass steckerfertige Betriebsmittel der Schutzklasse I normgerecht einen grün-gelben Leiter (als ungeerdeter Schutzleiter) in der Anschlussleitung haben müssen, der mit dem Körper des betreffenden Betriebsmittels/Verbrauchsmittels verbunden sein muss. Es sind also keine „besonderen" Betriebsmittel/Verbrauchsmittel gefordert, wobei selbstverständlich den Betriebsmitteln /Verbrauchsmitteln mit doppelter oder verstärkter Isolierung, d. h. Betriebsmitteln/Verbrauchsmitteln der Schutzklasse II, der Vorzug gegeben werden sollte. Solche Betriebsmittel/Verbrauchsmittel brauchen keinen Schutzleiter in der Anschlussleitung zu enthalten, da für solche Betriebsmittel/Verbrauchsmittel auch der ungeerdete Potentialausgleich entfällt.

14.3.7 *C.3.7 Es muss sichergestellt werden, dass beim Auftreten von je einem Fehler in zwei verschiedenen Betriebsmitteln in unterschiedlichen Außenleitern eine Schutzeinrichtung die Stromversorgung in einer Zeit abschaltet, die den Festlegungen in Tabelle 41.1 entspricht. [413.5.3.4]*

Formal muss auch ein Fehler im Neutralleiter – soweit im Stromkreis mit Schutztrennung vorgesehen – bei dieser Forderung, dass mindestens einer der beiden Fehler abgeschaltet werden muss, mit betrachtet werden. Es kann auch zum Ansprechen von zwei Überstrom-Schutzeinrichtungen kommen, sodass beide Fehlerstellen abgeschaltet werden, da es sich um einen Kurzschluss zwischen zwei Außenleitern handelt. Bei Fehlern mit einem Außenleiter und einem Neutralleiter muss auch im Neutralleiter eine Schutzeinrichtung vorgesehen werden, jedoch ist in solchen Fällen eine „allpolige" Schutzeinrichtung notwendig, da der Neutralleiter für sich alleine nicht schaltbar sein darf. Das gilt auch für die Verwendung von Überstrom-Schutzeinrichtungen. Bezüglich der geforderten Abschaltung ergeben sich Unklarheiten. Einerseits wird nur auf die Tabelle 41.1 verwiesen, die ja sowohl Abschaltzeiten für TT-Systeme als auch für TN-Systeme enthält. Da im Falle von Schutztrennung mit mehr als einem Verbrauchsmittel kaum ein TT-System nach

14 Anhang C (normativ)

dem ersten Fehler entstehen kann, weil dieser Fehler fast immer ein Körperschluss (ohne Erdberührung) sein dürfte, kann davon ausgegangen werden, dass die „längeren" Abschaltzeiten für das TN-System zur Anwendung kommen dürfen/müssen.

Aber auch die Fehlerphilosophie, dass die Fehler ja zwischen den unterschiedlichsten Betriebsmitteln/Verbrauchsmitteln auftreten können, wird nicht angeführt. Somit müssten ähnlich wie beim IT-System entweder alle unterschiedlichen Fehlerkonstellationen betrachtet werden oder es müsste zumindest der erforderliche Abschaltstrom in der Bedingung verdoppelt werden. Damit ergäben sich kürzere zulässige Leitungswege als bei einem Fehler im TN-System. Auch die Spannungshöhe ist undefiniert, da es ja keine Spannung gegen Erde gibt. Betrachtet man die Anforderungen in der bisher gültigen DIN VDE 0100-410 (VDE 0100-410):1997-01, dann war dort bei den Abschaltzeiten auf die Tabelle für das TN-System verwiesen worden, für deren Anwendung eine Stromgrenze nicht vorgegeben war.

Durch den Verweis auf Tabelle 41.1 ergibt sich nun gewissermaßen eine Begrenzung des Bemessungsstroms, weil die Tabelle 41.1 nur bis 32 A gilt. Da die Tabelle 41.1 (siehe Tabelle 7.1, aber auch Tabelle 14.3.1 dieses Buchs) nun sowohl für das TT-System als auch für das TN-System, allerdings mit unterschiedlichen Abschaltzeiten, anzuwenden ist, empfehlen die Autoren – wegen der Verweisung in der bisherigen DIN VDE 0100-410 (VDE 0100-410):1997-01 –, die Abschaltzeiten des TN-Systems anzuwenden. Schließlich sind die Verbrauchsmittel/Betriebsmittel untereinander mit einem – wenn auch ungeerdeten – Schutzleiter verbunden, was im Fehlerfall einem TN-System näherkommt. Damit gelten für Endstromkreise bis 32 A (Tabelle 41.1 gilt für Endstromkreise bis 32 A) für Schutztrennung mit mehr als einem Verbrauchsmittel folgende Abschaltzeiten:

50 V < U_0 ≤ 120 V		120 V < U_0 ≤ 230 V		230 V < U_0 ≤ 400 V		400 V < U_0 ≤ 500 V	
AC	DC	**AC**	DC	AC	DC	AC	DC
0,8 s	–	**0,4 s**	5 s	0,2 s	0,4 s	0,1 s	0,1 s

Tabelle 14.3.1 Abschaltzeiten für Stromkreise mit Schutztrennung mit mehr als einem Verbrauchsmittel; diese Tabelle wurde in Anlehnung an Tabelle 41.1 von den Autoren entwickelt

Bei Schutztrennung mit mehr als einem Verbrauchsmittel gibt es nur eine Spannungsbegrenzung (maximal 500 V), aber keine Strombegrenzung. Nach DIN VDE 0100-410 (VDE 0100-410):1997-01 ergab sich diese bisher indirekt über die geforderten Trenntransformatoren, weil deren Begrenzung bei 25 kVA für Einphasen-Transformatoren und bei 40 kVA für Mehrphasen-Transformatoren lag. Diese Strombegrenzung durch die Leistung der Transformatoren liegt aber wesentlich höher als die Begrenzung auf 32 A. Die Tabelle 41.1 gilt aber nur bis 32 A. Ob bei höheren Bemessungsströmen, also Bemessungsströmen über 32 A, trotzdem die Tabelle angewendet werden muss, bleibt unklar. Sinn würde es machen, bei größeren Strömen auch für Schutztrennung die für TN-Systeme zutreffende Abschaltzeit von 5 s anzuwenden. Bei den geforderten kurzen Abschaltzeiten wird sich eine „natürliche" Begrenzung der Ausdehnung ergeben, weil sich sonst eine zu große „Schleifenimpedanz" ergibt, insbesondere unter Beachtung der größeren Impedanz der Transformatoren oder anderer Stromquellen. Zwar dürften formal auch Fehlerstrom-Schutzeinrichtungen (RCDs) zur Anwendung kommen, allerdings auch hier mit der Einschränkung, dass für jedes Verbrauchsmittel eine eigene Fehlerstrom-Schutzeinrichtung (RCD) vorgesehen werden muss.

Auch wenn nicht besonders auf Gleichspannungen für den Schutz durch Schutztrennung mit mehr als einem Verbrauchsmittel hingewiesen wird, kann davon ausgegangen werden, dass Schutztrennung mit mehr als einem Verbrauchsmittel auch mit einer Gleichstromquelle angewendet werden kann und darf.

Bei Schutztrennung ohne Neutralleiter ist für U_0 die Spannung zwischen zwei Außenleitern – also U – auszuwählen. Bei Schutztrennung mit Neutralleiter ist für U_0 die Spannung zwischen Außenleitern und Neutralleiter auszuwählen.

14.3.8 *C.3.8 Es wird empfohlen, dass das Produkt aus der Nennspannung des Stromkreises in Volt und der Länge der Kabel- und Leitungsanlage in Meter den Wert 100 000 nicht überschreiten sollte und dass die Länge der Kabel- und Leitungsanlage 500 m nicht überschreiten sollte.* [413.5.1, Anmerkung]

Auch diese „empfehlende" Festlegung war in der bisher gültigen Norm so schon

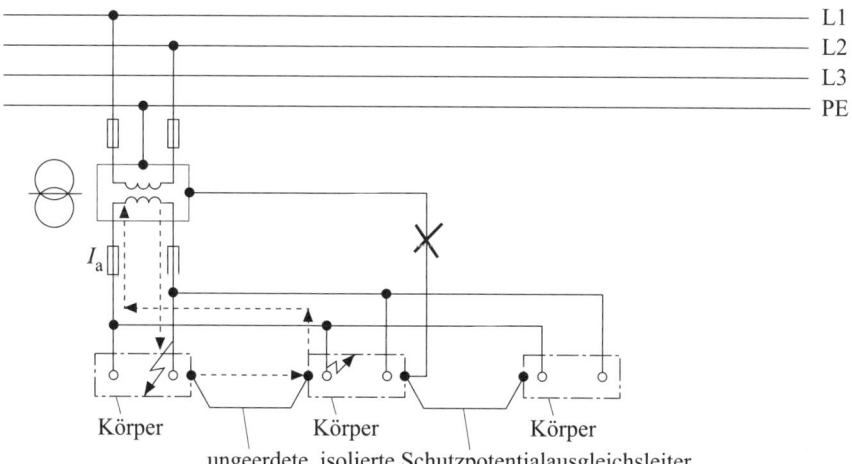

Bild 14.3.7.1 Schutztrennung mit mehr als einem Verbrauchsmittel/Betriebsmittel hinter einem Transformator mit einfacher Trennung und über ungeerdete isolierte Schutzpotentialausgleichsleiter untereinander verbunden – Fehlerstromkreis bei einem „Doppelfehler" und Abschaltung mindestens eines Fehlers durch Überstrom-Schutzeinrichtungen

enthalten. Diese Einschränkung dient einerseits der Übersichtlichkeit der Anlage mit Schutztrennung, andererseits werden damit auch die Ableitströme – die auf „langen" Kabel-/Leitungswegen auftreten werden – begrenzt, was der Hauptgrund für diese Festlegung ist.

Aus der angegebenen Begrenzung auf 100 000 ergeben sich für die gebräuchlichsten Spannungen folgende maximal zulässigen Leitungslängen:
- 230 V Leiter gegen Leiter oder gegen Neutralleiter   434,8 m
- 400 V Leiter gegen Leiter   250,0 m

Kurzer Überblick

Beim Schutz durch Schutztrennung mit mehr als einem Verbrauchsmittel müssen Körper elektrischer Betriebsmittel/Verbrauchsmittel hinter einer Stromquelle mit einfacher Trennung dasselbe Potential haben, was durch einen ungeerdeten Schutzpotentialausgleichsleiter erreicht wird. Beim Anschluss von mehr als einem elektrischen Verbrauchsmittel muss eine Abschaltung der oder des Stromkreises beim zweiten Fehler (an unterschiedlichen aktiven Leitern) erfolgen.

Es müssen Vorsichtsmaßnahmen getroffen werden, damit die Isolierungen nicht beschädigt werden.

15 Anhang D (informativ)

Tabelle D1 – Vergleich der Strukturen – Normen DIN VDE 0100-410 (VDE 0100-410):1997-01 + DIN VDE 0100-410/A1 (VDE 0100-410/A1):2003-06 + DIN VDE 0100-470 (VDE 0100-470):1996-02 mit vorliegender Norm DIN VDE 0100-410 (VDE 0100-410)

(Abschnittsnummern 47 beziehen sich auf DIN VDE 0100-470 (VDE 0100-470): 1996-02)

ANMERKUNG   Im Unterschied zum HD 60364-4-41:2007, wo mit dieser Tabelle ein Vergleich der Strukturen IEC 60364-4-41:2001 mit IEC 60364-4-41: 2005 wiedergegeben ist, werden hier die Strukturen der übernehmenden o. g. Deutschen Normen verglichen.

Die informative Tabelle D1 mit der Gegenüberstellung ist bereits im Abschnitt 2.4 dieses Buchs aufgeführt und kommentiert und wird daher hier nicht wiederholt, obwohl in DIN VDE 0100-410 (VDE 0100-410):2007-06 diese Tabelle erst in diesem Anhang D aufgeführt ist.

Die Tabelle D1 des HD 60364-4-41:2007 unterscheidet sich von der Tabelle D1 der DIN VDE 0100-410 (VDE 0100-410):2007-06 (siehe Tabelle 2.2 in Kapitel 2.4 dieses Buchs), denn im HD 60364-4-41:2007 werden nicht die Strukturen der Deutschen Normen DIN VDE 0100-410 (VDE 0100-410):1997-01 + DIN VDE 0100-410/A1 (VDE 0100-410/A1):2003-06 + DIN VDE 0100-470 (VDE 0100-470):1996-02 mit Norm DIN VDE 0100-410 (VDE 0100-410):2007-06 verglichen, sondern die strukturelle Übereinstimmung zwischen IEC 60364-4-41:2001 und IEC 60364-4-41:2005 aufgezeigt.

Diese Tabelle D1 des HD 60364-4-41:2007 ist nachfolgend in diesem Buch als Tabelle 15.1 wiedergegeben.

Bei der vergleichenden Tabelle D1 des HD 60364-4-41:2007, aber auch der DIN VDE 0100-410 (VDE 0100-410):2007-06, fällt auf, dass das ebenfalls ersetzte HD 384.4.46 S2:2001 (IEC 60364-4-46:1981, modifiziert) überhaupt keine Erwähnung findet. Das liegt daran, dass auf IEC-Ebene bereits mit IEC 60364-4-41:2001 die IEC 60364-4-46:1981 ersetzt wurde und daher die Folgeausgabe IEC 60364-4-41: 2005 nicht mehr darauf eingeht. Da bei CENELEC die Übernahme der IEC 60364-4-41:2001 übergangen wurde, weil die inhaltlichen Änderungen nicht groß waren, kommt es bei CENELEC erst mit HD 60364-4-41:2007 zum Ersatz des HD 384.4. 46 S2:2001, jedoch wird auf diesen CENELEC-spezifischen Ersatz nicht weiter eingegangen. Der Ersatz von HD 384.4.46 S2:2001 durch HD 60364-4-41:2007 bei

15 Anhang D (normativ)

IEC 60364-4-41:2001	IEC 60364-4-41:2005
Titel Elektrische Anlagen von Gebäuden – Teil 4-41: Schutzmaßnahmen – Schutz gegen elektrischen Schlag	**Titel** Errichten von Niederspannungsanlagen – Teil 4-41: Schutzmaßnahmen – Schutz gegen elektrischen Schlag
410 Einleitung	**410 Einleitung**
410.1 Anwendungsbereich	410.1 Anwendungsbereich
410.2 Normative Verweisungen	410.2 Normative Verweisungen
410.3 *(471)* Anwendung der Maßnahmen zum Schutz gegen elektrischen Schlag 410.3.1 *(470)* Allgemeines 410.3.2 *(471.1)* Anwendung der Maßnahmen zum Schutz gegen direktes Berühren 410.3.3 *(471.2)* Anwendung der Maßnahmen zum Schutz bei indirektem Berühren 410.3.4 Anwendung von Schutzmaßnahmen in Bezug zu äußeren Einflüssen	410.3 Allgemeine Anforderungen
411 Schutz sowohl gegen direktes als auch bei indirektem Berühren	**414 Schutzmaßnahme: Schutz durch Kleinspannung mittels SELV oder PELV**
411.1 SELV und PELV 411.1.1 Allgemeines 411.1.2 Stromquellen für SELV und PELV 411.1.3 Anordnung von Stromkreisen 411.1.4 Anforderungen an ungeerdete Stromkreise (SELV) 411.1.5 Anforderungen an geerdete Stromkreise (PELV)	414.1 Allgemeines 414.3 Stromquellen für SELV und PELV 414.4 Anforderungen an SELV and PELV Stromkreise
411.2 Schutz durch Begrenzung der Energie (keine Anforderungen)	Nicht enthalten
411.3 (471.3) FELV-Stromkreise 411.3.1 *(471.3.1)* Allgemeines 411.3.2 *(471.3.2)* Schutz gegen direktes Berühren 411.3.3 *(471.3.3)* Schutz bei indirektem Berühren 411.3.4 *(471.3.4)* Stecker und Steckdosen	**411.7 FELV** 411.7.1 Allgemeines 411.7.2 Anforderungen an den Basisschutz 411.7.3 Anforderungen an den Fehlerschutz 411.7.4 Stromquellen 411.7.5 Stecker und Steckdosen
412 Schutz gegen direktes Berühren	
412.1 Schutz durch Isolierung von aktiven Teilen	**Anhang A, Abschnitt A1:** **Basisisolierung aktiver Teile**

15 Anhang D (normativ)

IEC 60364-4-41:2001		IEC 60364-4-41:2005	
412.2	Schutz durch Abdeckungen oder Umhüllungen	Anhang A, Abschnitt A2: Abdeckungen oder Umhüllungen	
412.3	Schutz durch Hindernisse	Anhang B, Abschnitt B2: Hindernisse	
412.4	Schutz durch Abstand	Anhang B, Abschnitt B3: Anordnung außerhalb des Handbereichs	
412.5	Zusätzlicher Schutz durch Fehlerstrom-Schutzeinrichtungen (RCDs)	415.1	Zusätzlicher Schutz: Fehlerstrom-Schutzeinrichtungen (RCDs)
413	Schutz bei indirektem Berühren	411	Schutzmaßnahme: Automatische Abschaltung der Stromversorgung
413.1	Schutz durch automatische Abschaltung der Stromversorgung		
413.1.1	Allgemeines	411.1	Allgemeines
413.1.1.1	Abschaltung der Stromversorgung	411.3.2	Automatische Abschaltung im Fehlerfall
413.1.1.2	Erdung	411.3.1	Schutzerdung und Schutzpotentialausgleich
		411.3.1.1	Schutzerdung
413.1.2	Potentialausgleich	411.3.1.2	Schutzpotentialausgleich
413.1.2.1	Hauptpotentialausgleich		
413.1.2.2	Zusätzlicher Potentialausgleich	411.3.2.6	Zusätzlicher Schutzpotentialausgleich
413.1.3	TN-Systeme	411.4	TN-Systeme
413.1.4	TT-Systeme	411.5	TT-Systeme
413.1.5	IT-Systeme	411.6	IT-Systeme
413.1.6	Zusätzlicher Potentialausgleich	415.2	Zusätzlicher Schutz: zusätzlicher Schutzpotentialausgleich
413.1.7	Anforderungen unter den Bedingungen äußerer Einflüsse	Keine Anforderungen	
413.2	Schutz durch Verwenden von Betriebsmitteln der Schutzklasse II oder durch gleichwertige Isolierung	412	Schutzmaßnahme: Doppelte oder verstärkte Isolierung
413.3	Schutz durch nicht leitende Räume	Anhang C, Abschnitt C1: Nicht leitende Umgebung	
413.4	Schutz durch erdfreien örtlichen Potentialausgleich	Anhang C, Abschnitt C2: Schutz durch erdfreien örtlichen Schutzpotentialausgleich	
413.5	Schutz durch Schutztrennung	413	Schutzmaßnahme: Schutztrennung Anhang C, Abschnitt C3: Schutztrennung mit mehr als einem Verbrauchsmittel

Tabelle 15.1 Tabelle D1 – Vergleich der strukturellen Übereinstimmung zwischen IEC 60364-4-41: 2001 und IEC 60364-4-41:2005 (aus HD 60364-4-41:2007)
Hinweis: Die in dieser Tabelle in Klammern angegebenen Nummerierungen beziehen sich auf das CENELEC-HD 384.4.47 S2)

15 Anhang D (normativ)

CENELEC wird in Deutschland **nicht** mit dem Ersatz von DIN VDE 0100-460 (VDE 0100-460):2002-08 mit der Übergangsfrist bis 2009-02-01 (siehe Abschnitt 2.2 dieses Buchs) nachvollzogen. Vielmehr initiierte Deutschland die Herausgabe eines Corrigendums, mit dem der Ersatz von HD 384.4.46 S2:2001 zurückgenommen werden soll. Begründet wird dies damit, dass auf IEC-Ebene seinerzeit (2001) die Festlegungen des Kapitels 46 der IEC 60364 nicht nach Teil 4-41, sondern nach Teil 5-53 wie folgt überführt wurden:

neu	**alt**	
536	46	Trennen und Schalten
536.0	460	Einleitung
536.1	461	Allgemeines
536.2	462	Trennen
536.3	463	Ausschalten für mechanische Wartung
536.4	464	Handlungen im Notfall
536.5	465	Betriebsmäßiges Schalten (Steuern)

IEC 60364-5-53 ist aber noch nicht nach CENELEC übernommen worden. Erst wenn ein entsprechendes CENELEC-HD 60364-5-53 mit Anforderungen zum Trennen und Schalten vorliegt, darf – nach deutscher Auffassung – HD 384.4.46 S2:2001 zurückgezogen werden und damit auch DIN VDE 0100-460 (VDE 0100-460):2002-08. Das entsprechende CENELEC-Verfahren ist zum Zeitpunkt des Redaktionsschlusses dieses Buchs noch nicht abgeschlossen.

Somit bleiben die Anforderungen zum Thema „Trennen und Schalten"
- zum Trennen
- zum Ausschalten für mechanische Wartung
- für Handlungen im Notfall („Not-Aus", Not-Halt")
- betriebsmäßiges Schalten

vorerst in DIN VDE 0100-460 (VDE 0100-460):2002-08 erhalten.

16 Anhang ZA (normativ)
Besondere nationale Bedingungen

Für Anhänge ZA und ZB gilt, dass sie nur jeweils in den genannten Ländern von Bedeutung sind. Die Autoren warnen aus Ihrer Erfahrung grundsätzlich davor, lediglich anhand der Länderinformationen in den Deutschen Normen über die besonderen nationalen Bedingungen, A-Abweichungen oder B-Abweichungen im Ausland elektrische Anlagen zu errichten. Meist gibt es derzeit eine nicht übersehbare Anzahl von zusätzlichen Anforderungen, die nur in den einzelnen europäischen Ländern gelten. Solche zusätzlichen Anforderungen kann es auch in Deutschland geben, z. B. anhand von Restnormen. Es kann allen nur geraten werden, sich vorher mit den zuständigen nationalen Stellen in Verbindung zu setzen, um definitiv zu klären, was in dem betreffenden Land für die beabsichtigte elektrische Anlage zu berücksichtigen ist.

Da die CENELEC-Harmonisierungsdokumente von den 30 CENELEC-Mitgliedern durch Ankündigung oder in nationale Normen übernommen werden, empfiehlt es sich, bei der Geschäftsstelle des jeweiligen CENELEC-Mitglieds hinsichtlich der zu beachtenden Normen und weiteren Regeln nachzufragen, wenn in dem betreffenden Land eine elektrische Anlage errichtet werden soll. In **Tabelle 16.1** sind die Adressdaten der CENELEC-Mitglieder aufgeführt.

Belgien (BE)   **Comité Electrotechnique Belge (CEB)**
Belgisch Elektrotechnisch Comité
Boulevard Auguste Reyers 80
B - 1030 BRUSSELS
Tel: + 32 2 706 85 70 / Fax: + 32 2 706 85 80
E-Mail: centraloffice@bec-ceb.be
http://www.bec-ceb.be

Bulgarien (BG))   **Bulgarien Institute for Standardization (BDS)**
„Izgrev" Komplex, 165 Str., Nr. 3A
BG - 1797 SOFIA
Tel: + 359 2 8174 504 / Fax: + 359 2 873 5597
E-Mail: standards@bds-bg.org
http://www.bds-bg.org

16 Anhang ZA – Besondere nationale Bedingungen

Dänemark (DK)   **Danish Standards (DS)**
Kollegievej 6
DK - 2920 CHARLOTTENLUND
Tel: + 45 39 96 61 01 / Fax: + 45 39 96 61 02
E-Mail: dansk.standard@ds.dk
http://www.ds.dk

Deutschland (DE)   **DKE Deutsche Kommission Elektrotechnik Elektronik Informationstechnik im DIN und VDE**
Stresemannallee 15
D - 60596 FRANKFURT AM MAIN
Tel: + 49 69 63 08 0 / Fax: + 49 69 631 29 25
Mitarbeiter des DKE-Telefonservice:
Ing. W. Hörmann, Wendelstein
Tel./Fax-Nr.: 0 91 29 / 90 77 83
Dipl.-Ing. H. Olenik, Bühl
Tel./Fax-Nr.: 0 72 23 / 90 03 01
Ing. B. Schulze, Calvörde
Tel./Fax-Nr.: 03 90 51 / 98 39 99
E-Mail: dke@vde.com
http://www.dke.de

Estland (EE)   **Estonian Centre for Standardization (EVS)**
Aru Street, 10
EE - 10317 TALLIN
Tel: + 372 605 50 50 / Fax: + 372 605 50 70
E-Mail: info@evs.ee
http://www.evs.ee

Finnland (FI)   **Standardization in Finland (SESKO)**
Särkiniementie 3
P. O. Box 134
FIN - 00211 HELSINKI
Tel: + 358 9 696 391 / Fax: + 358 9 677 059
E-Mail: info@sesko.fi
http://www.sesko.fi

Frankreich (FR)   **Union Technique de l'Electricité (UTE)**
Tour Chantecoq
5, Rue Chantecoq
F - 92808 PUTEAUX Cedex
Tel: + 33 1 49 07 62 00 / Fax: + 33 1 44 78 73 51
E-Mail: ute@ute.asso.fr
http://www.ute-fr.com

16 Anhang ZA – Besondere nationale Bedingungen

Griechenland (GR)   **Hellenic Organization for Standardization (ELOT)**
313, Acharnon Street
GR - 111 45 ATHENS
Tel: + 30 210 212 01 00 / Fax: + 30 210 228 30 34
E-Mail: info@elot.gr
http://www.elot.gr

Irland (IR)   **Electro-Technical Council of Ireland Limited (ETCI)**
Unit H12, Centrepoint Business Park
Oak Road
IRL - DUBLIN 12
Tel: + 353 1 42 90 088 / Fax: + 353 1 42 90 090
E-Mail: info@etci.ie
http://www.etci.ie

Island (IS)   **Icelandic Standards (IST)**
Laugavegur 178
IS - 105 REYKJAVIK
Tel: + 354 520 7150 / Fax: + 354 520 7171
E-Mail: stadlar@stadlar.is
http://www.stadlar.is

Italien (IT)   **Comitato Elettrotecnico Italiano (CEI)**
Via Saccardo, 9
I - 20134 MILANO
Tel: + 39 02 21 00 61 / Fax: + 39 02 21 00 62 10
E-Mail: cei@ceiweb.it
http://www.ceiweb.it

Lettland (LV)   **Latvian Standard (LVS)**
K. Valdemara Street, 157
LV - 1013 RIGA
Tel: + 371 7371 308 / Fax: + 371 7371 324
E-Mail: lvs@lvs.lv
http://www.lvs.lv

Litauen (LT)   **Lithuanian Standards Board (LSD)**
T. Kosciuskos g., 30
LT - 01100 VILNIUS
Tel/Fax: + 370 5 212 62 52
E-Mail: lstboard@lsd.lt
http://www.lsd.lt

16 Anhang ZA – Besondere nationale Bedingungen

Luxemburg (LU) Service de l'Energie de l'Etat (SEE) –
Organisme Luxembourgeois de Normalisation
B. P. 10
L - 2010 LUXEMBOURG
Tel: + 352 46 97 461 / Fax: + 352 46 97 46 39
E-Mail: see.normalisation@eg.etat.lu
http://www.see.lu

Malta (MT) Malta Standards Authority (MSA)
Second Floor, Evans Building
Merchants Street
MT - VLT 03 VALLETTA
Tel: + 356 21 24 24 20
E-Mail: francis.farrugia@msa.org.mt
http://www.msa.org.mt

Niederlande (NL) Netherlands Elektrotechnisch Comité (NEC)
Vlinderweg, 6
Postbus 5059
NL - 2600 GB DELFT
Tel: + 31 15 269 03 90 / Fax: + 31 15 269 01 90
E-Mail: nec@nen.nl
http://www.nen.nl

Norwegen (NO) Norsk Elektroteknisk Komite (NEK)
Strandveien 18
P. O. Box 280
N - 1326 Lysaker
Tel: + 47 67 83 31 00 / Fax: + 47 67 83 31 01
E-Mail: nek@nek.no
http://www.nek.no

Österreich (AT) Österreichischer Verband für Elektrotechnik (ÖVE)
Eschenbachgasse 9
A - 1010 VIENNA
Tel: + 43 1 587 63 73 / Fax: + 43 1 586 74 08
E-Mail: ove@ove.at
http://www.ove.at

16 Anhang ZA – Besondere nationale Bedingungen

Polen (PL)	**Polish Committee for Standardization (PKN)** ul. Swietokrzyska, 14 P. O. Box 411 PL - 00 - 950 WARSZAWA Tel: + 48 22 55 67 755 / Fax: + 48 22 55 67 416 E-Mail: oinsekr@pkn.pl http://www.pkn.pl
Portugal (PT)	**Instituto Português da Qualidade (IPQ)** Rua António Gião, 2 P - 2829-513 CAPARICA Tel: + 351 21 294 81 00 / Fax: + 351 21 294 81 01 E-Mail: ipq@mail.ipq.pt http://www.ipq.pt
Rumänien (RO)	**Romanian Standards Association (ASRO)** Str. Mendeleev, 21–25 RO - 010362 BUCHAREST 1 Tel: + 40 21 211 32 96 / Fax: + 40 21 210 08 33 E-Mail: international@asro.ro http://www.asro.ro
Schweden (SE)	**Svenska Elektriska Kommissionen (SEK)** Kistagangen, 19 Box 1284 S - 164 29 KISTA Tel: + 46 84 44 14 00 / Fax: + 46 84 44 14 30 E-Mail: sek@sekom.se http://www.sekom.se
Schweiz (CH)	**Swiss Electrotechnical Committee (CES)** Luppmenstrasse, 1 CH - 8320 FEHRALTORF Tel: + 41 44 956 11 11 / Fax: + 41 44 956 11 22 E-Mail: info@electrosuisse.ch http://www.electrosuisse.ch
Slovenien (SI)	**Slovenian Institute for Standardization (SIST)** Smartinska, 140 SI - 1000 LJUBLJANA Tel: + 386 1 478 30 13 / Fax: + 386 1 478 30 94 E-Mail: sist@sist.si http://www.sist.si

16 Anhang ZA – Besondere nationale Bedingungen

Slowakei (SK)	**Slovak Electrotechnical Committee (SUTN)** **Slovak Standards Institution** Karloveska, 63 P. O. Box 246 SK - 840 00 BRATISLAVA 4 Tel: + 421 2 6029 4589 / Fax: + 421 2 6542 1272 E-Mail: reserse@sutn.gov.sk http://www.sutn.gov.sk
Spanien (ES)	**Asociación Española de Normalización y Certificación (AENOR)** C/ Génova, 6 E - 28004 MADRID Tel: + 34 902 102 201 (Info Service) E-Mail: norm.clciec@aenor.es http://www.aenor.es
Tschechische Republik (CS)	**Czech Standards Institute (CNI)** Biskupsky dvur 5 CZ - 110 02 PRAHA 1 Tel: + 420 221 802 802 / Fax: + 420 221 802 311 E-Mail: info@cni.cz http://www.cni.cz
Ungarn (HU)	**Hungarian Standards Institution (MSZT)** Ulloi ut, 25 H - 1091 BUDAPEST Tel: + 361 45 66 800 / Fax: + 361 45 66 884 E-Mail: mszt.electr.dept@mszt.hu http://www.mszt.hu
Vereinigtes Königreich (GB)	**British Electrotechnical Committee (BEC)** British Standards Institution 389, Chiswick High Road GB - LONDON W4 4 AL Tel: + 44 208 996 90 00 / Fax: + 44 208 996 70 01 E-Mail: mike.graham@bsi-global.com http://www.bsi-global.com

16 Anhang ZA – Besondere nationale Bedingungen

Zypern (CY)	Cyprus Organization for Standardization (CYS) Leoforos Lemesou and Kosta Anaxagora 30 Office 320 CY - 2014 NICOSIA Tel: + 357 22 411 411 / Fax: + 357 22 411 511 E-Mail: cystandards@cys.org.cy http://www.cys.org.cy

Tabelle16.1 Adressdaten der CENELEC-Mitglieder, alphabetisch nach Land sortiert

Besondere nationale Bedingungen

Besondere nationale Bedingungen: Nationale Gegebenheiten oder nationale Praktiken, die auch nicht über einen längeren Zeitraum geändert werden können, z. B. klimatische Bedingungen, elektrische Erdungsbedingungen.

ANMERKUNG Wenn sie die Harmonisierung beeinflusst, ist sie Teil des Harmonisierungsdokuments.

Für Länder, in denen die entsprechenden besonderen nationalen Bedingungen anzuwenden sind, sind diese Maßnahmen normativ, für die anderen Länder sind sie informativ.

Füge folgende besonderen nationalen Bedingungen hinzu:

Unterabschnitt	*Besondere nationale Bedingung*
	Deutschland
	ANMERKUNG Anstelle des eingearbeiteten, hier nicht wiederholten schattierten Textes, der nur für Deutschland gilt, enthält das HD 60364-4-41 den folgenden Text für die CENELEC-Mitglieder: Die Liste der besonderen nationalen Bedingungen weicht für Deutschland insoweit von HD 60364-4-41:2007 redaktionell ab, dass für Deutschland die besondere nationale Bedingung nicht an dieser Stelle angegeben ist, sondern vorn grau schattiert im Bestimmungstext. Der allgemeine Bestimmungstext der übrigen CENELEC-Mitglieder ist zur Information statt vorn im Bestimmungstext nach hier hinten (unter Rubrik Deutschland) geschoben worden.

16 Anhang ZA – Besondere nationale Bedingungen

Unterabschnitt	Besondere nationale Bedingung
411.4.1	**Text, der für die übrigen CENELEC-Mitglieder gilt:** ANMERKUNG Beispiele für notwendige Bedingungen sind: – der PEN-Leiter ist an einer Anzahl von Netzpunkten mit Erde verbunden und so installiert, dass das Risiko einer Unterbrechung des PEN Leiters möglichst klein ist – $R_B / R_E \leq 50 \text{ V} / (U_0 - 50 \text{ V})$
411.6.3.1	**Text, der für die übrigen CENELEC-Mitglieder gilt:** In den Fällen, in denen ein IT-System aus Gründen der Aufrechterhaltung der Stromversorgung verwendet wird, muss eine Isolationsüberwachungseinrichtung vorgesehen werden, die das Auftreten eines ersten Fehlers zwischen einem aktiven Teil und Körpern oder gegen Erde anzeigt. Diese Einrichtung muss ein hörbares und/oder sichtbares Signal bewirken, das solange andauern muss, wie der Fehler besteht.
	Italien
412.2.4.1	In Italien gilt für Kabel- und Leitungsanlagen, die in Übereinstimmung mit IEC 60364-5-52 in elektrischen Systemen mit Nennspannungen nicht größer als 690 V errichtet sind, dass die Anforderungen von Abschnitt 412.2 erfüllt sind, wenn folgende isolierte Kabel und isolierte Leiter verwendet werden: – Kabel und Leitungen mit einer nicht metallenen Umhüllung und mit einer um eine Stufe höheren Bemessungsspannung als die Nennspannung des Systems und ohne metallene Abdeckung oder – isolierte Leiter verlegt in isolierten Installationsrohren oder isolierten Kabelkanälen, die den zutreffenden Betriebsmittelnormen entsprechen oder – Kabel und Leitungen mit einer metallenen Umhüllung und mit einer Isolierung, die zwischen den Leitern und der metallenen Umhüllung und zwischen der metallenen Umhüllung und der äußeren Oberfläche der Nennspannung des elektrischen Systems standhält
	Niederlande
411.3.2.2	In den Niederlanden müssen die maximalen Abschaltzeiten von Tabelle 41.1 für alle Stromkreise, die Steckdosen versorgen, und für alle Endstromkreise bis 32 A angewendet werden.
411.5.1	In den Niederlanden muss der Widerstand des Erders so niedrig wie möglich sein und darf 166 Ω nicht überschreiten.

Unterabschnitt	Besondere nationale Bedingung
411.5.2	*Wenn in den Niederlanden eine Erdungsanlage für mehr als eine elektrische Anlage verwendet wird, muss die Erfüllung der Bedingungen in 411.5.3 wirksam bleiben im Fall von:* *– jeder Einzelunterbrechung in der Erdungsanlage* *– Fehler jeder Fehlerstrom-Schutzeinrichtung (RCD)*
	Norwegen
411.3.2.1	*In Norwegen muss in Anlagen, die Teil eines IT-Systems sind und von einem öffentlichen Netz versorgt werden, eine Abschaltung beim ersten Fehler erfolgen.*
411.6.1	*In Norwegen müssen in einer Anlage, die als IT-System ausgeführt ist und mit galvanischer Verbindung zu einem öffentlichen Verteilungsnetz, das als IT-System ausgeführt ist, und in Fällen, bei denen mehrere Anlagen eine galvanische Verbindung mit demselben Netzwerk haben müssen (oder haben), alle Endstromkreise im Falle eines Fehlers mit vernachlässigbarer Impedanz zwischen einem Außenleiter und einem Körper oder einem Schutzleiter eines Stromkreises oder eines Betriebsmittels in einer Zeit abgeschaltet werden, die für das TN-System in Tabelle 41.1 festgelegt ist.*
412.1.3	*In Norwegen ist in Stromkreisen/Anlagen, die nach 412.1.3 errichtet sind, das Errichten von Steckdosen für das Europa-Steckersystem erlaubt.*

17 Anhang ZB *(informativ)*
A-Abweichungen

Für Anhänge ZA und ZB gilt, dass sie nur jeweils in den genannten Ländern von Bedeutung sind.

A-Abweichung: *Nationale Abweichung, die auf Vorschriften beruht, deren Veränderung zum gegenwärtigen Zeitpunkt außerhalb der Kompetenz des CEN/CENELEC-Mitglieds liegt.*

Dieses Harmonisierungsdokument fällt nicht unter eine Europäische Richtlinie.

In den betreffenden CENELEC-Ländern ist die A-Abweichung an Stelle der Maßnahmen der Harmonisierungsdokumente gültig, bis sie zurückgezogen wird.

Füge folgende A-Abweichungen hinzu:

Unterabschnitt	**Abweichung**
	Belgien
	Entsprechend den belgischen Errichtungsbestimmungen (AREI-RGEI 80-03) ist Folgendes anzuwenden:
411.3.2.2,	*In Belgien ist die letzte Spalte U_0 > 400 V nicht anwendbar.*
Tabelle 41.1	*Für Spannungen über 400 V ist die belgische Sicherheitskurve in den belgischen Errichtungsbestimmungen enthalten.*
411.3.2.3	*In Belgien ist 411.3.2.3 nicht anwendbar. In den belgischen Errichtungsbestimmungen gibt es für die Zeiten beim automatischen Abschalten keinen Unterschied zwischen Verteilungsstromkreisen und Endstromkreisen.*
411.3.3	*In Belgien muss jede elektrische Anlage, die sich unter Aufsicht von elektrotechnischen Laien befindet, durch eine Fehlerstrom-Schutzeinrichtung (RCD) mit einem Bemessungsdifferenzstrom nicht größer als 300 mA geschützt sein. Für Stromkreise, die Badezimmer, Waschmaschinen, Geschirrspülmaschinen usw. versorgen, ist ein zusätzlicher Schutz mit Fehlerstrom-Schutzeinrichtungen (RCDs) mit einem Bemessungsdifferenzstrom nicht größer als 30 mA vorgeschrieben. Das Vorgenannte gilt für elektrische Anlagen, in denen der Erdungswiderstand kleiner als*

17 Anhang ZB – A-Abweichungen

Unterabschnitt	Abweichung
	30 Ω ist. In Fällen, bei denen der Erdungswiderstand größer als 30 Ω, aber kleiner als 100 Ω, ist, müssen zusätzlich Fehlerstrom-Schutzeinrichtungen (RCDs) mit einem Bemessungsdifferenzstrom nicht größer als 100 mA vorgesehen werden. Ein Erdungswiderstand über 100 Ω ist nicht erlaubt.
	Frankreich
	Nach den französischen Gesetzen gilt:
411.5.4	In Frankreich ist die Anwendung von Überstrom-Schutzeinrichtungen zum Fehlerschutz (Schutz bei indirektem Berühren) in TT-Systemen unzulässig, wenn der Erdungswiderstand nicht stabil ist und sehr niedrige Erdungswiderstände nicht sichergestellt werden können.
	Nach ministerieller französischer Verordnung 88-1056 (November 1988) gilt Folgendes:
411.6.3	In IT-Systemen muss eine Isolationsüberwachungseinrichtung vorgesehen werden, um das Auftreten eines ersten Fehlers zwischen einem aktiven Teil und einem Körper oder gegen Erde anzuzeigen. Diese Einrichtung muss ein hörbares und/oder sichtbares Signal erzeugen, das solange andauern muss, wie der Fehler besteht.

Die A-Abweichung für Frankreich zu Abschnitt 411.6.3 der DIN VDE 0100-410 (VDE 0100-410):2007-06 entspricht der besonderen nationalen Bedingung für Deutschland zu diesem Abschnitt.

	Finnland
Anhang B	Nach dem finnischen Gesetz „kauppa- ja teollisuusministeriön päätös sähkölaitteistojen turvallisuudesta (1193/1999) Liite, kohta1" gilt:
	Die Anwendung der Schutzmaßnahme „Hindernisse" ist in elektrischen Anlagen von Gebäuden nicht erlaubt. Die Anwendung der Schutzmaßnahme „Anordnung außerhalb des Handbereichs" ist nur auf Situationen begrenzt, in denen die Verwendung von Isolierungen, Gehäusen und Abdeckungen nicht praktikabel ist.
	Irland
411.3.3	Nach dem irischen Gesetz „Safety, Health and Welfare at Work (General Application) Regulations 1993. Part VIII Electricity Clause 28: Portable equipment" gilt:
	28 (1) Ein Stromkreis zur Versorgung transportabler Betriebs-

17 Anhang ZB – A-Abweichungen

Unterabschnitt	*Abweichung*

| | *mittel oder einer Steckdose, die dazu vorgesehen ist, solche transportablen Betriebsmittel zu versorgen und in dem Wechselspannungen größer 125 V, aber nicht größer als 1000 V, zur Anwendung kommen, muss durch eine oder mehrere Fehlerstrom-Schutzeinrichtungen (RCDs) mit einem Bemessungsdifferenzstrom nicht größer als 30 mA geschützt werden, die in einer solchen Zeit auslösen, dass der notwendige Schutz zur Erfüllung von Sicherheit, Gesundheit und Wohlbefinden der Personen, die dort arbeiten, sichergestellt ist.* |

Zusätzliche Information:
Die irischen Errichtungsbestimmungen fordern für alle Steckdosen und Stromkreise bis 32 A Bemessungsstrom Fehlerstrom-Schutzeinrichtungen (RCDs) mit 30 mA Bemessungsdifferenzstrom. Jedoch dürfen Stromkreise mit Steckdosen von 32 A nur in Bereichen, die durch die oben genannten Gesetze abgedeckt sind, also normalerweise nicht im häuslichen Bereich oder in anderen Bereichen durch elektrotechnische Laien verwendet werden, wo Steckdosen mit 13 A oder 16 A Bemessungsstrom die Norm sind.

Norwegen

411.3.3   *Nach dem norwegischen Gesetz:*
Vorschrift bezüglich der systematischen Gesundheit, Umgebungsbedingungen und Sicherheitsaktivitäten in Unternehmen (interne Kontrollbestimmungen). Festgelegt durch den königlichen Erlass vom 6. Dezember 1996 in Fortführung von Abschnitt 2, Unterabschnitt 8 von Gesetz Nr. 4 vom 4. Februar 1977 bezüglich Arbeitsschutz und Arbeitsumgebung usw.; Abschnitt 14 von Gesetz Nr. 39 vom 14. Juni 1974 für Sprengstoffe; Abschnitt 4 von Gesetz Nr. 26 vom 5. Juni 1987 für Feuerverhütung usw.; Abschnitt 52b von Gesetz Nr. 6 vom 13. März 1981 bezüglich Schutz vor Verschmutzung und Abfall; Abschnitt 8 von Gesetz Nr. 79 vom 11. Juni 1976 bezüglich Kontrolle von Produkten und Verbraucherdienstleistungen; Abschnitt 41 überführt in Abschnitt 48 von Gesetz Nr. 9 vom 17. Juli 1953 bezüglich Zivilschutz; Abschnitt 3 überführt in Abschnitt 9 von Gesetz Nr. 4 vom 24. Mai 1929 bezüglich Überwachung von elektrischen Anlagen und elektrischen Betriebsmitteln und Abschnitt 17 zweiter Absatz von Gesetz Nr. 38 vom 2. April 1993 bezüglich der Herstellung und Verwendung von genetisch veränderten Organismen (Gentechnik-Gesetz), ergänzt durch Artikel Nr. 1352 vom 17. Dezember

17 Anhang ZB – A-Abweichungen

Unterabschnitt	Abweichung
	1999, Gesetz Nr. 270 vom 9. März 2000 und Gesetz Nr. 127 vom 1. Februar 2002, gilt: *Abschnitt 1 Gegenstand* *Durch Anforderungen bezüglich systematischer Anwendung von Maßnahmen müssen diese Bestimmungen Bemühungen in Unternehmen fördern, die Bedingungen unter Berücksichtigung der Arbeitsumgebung und der Sicherheitsvorkehrungen bezüglich Gesundheitsschäden oder Umweltbelastungen durch Produkte oder Verbraucherdienste durch Schutz der äußeren Umwelt gegen Verschmutzung und verbesserte Behandlung von Abfall zu verbessern, um sicherzustellen, dass die Ziele der Gesundheits-, Umwelt- und Sicherheitsgesetze erreicht werden.* *Abschnitt 2 Anwendungsbereich und Umfang* *Dieses Gesetz gilt umfassend für Unternehmen und ist verknüpft mit:* *Gesetz zur Überprüfung elektrischer Anlagen und elektrischer Betriebsmittel (Gesetz Nr. 4 vom 24. Mai 1929);* *Abschnitt 48 überführt in Abschnitt 41 des Zivilschutzgesetzes mit Aufforderung von Unternehmen zu Sicherheits- und Notfallbereitschaftsmaßnahmen (Gesetz Nr. 9 vom 17. Juli 1953); Gesetz über brennbare Waren (Gesetz Nr. 47 vom 21. Mai 1971)[*];* *Gesetz über Sprengstoff (Gesetz Nr. 39 vom 14. Juni 1974)[*];* *Gesetz zur Produktüberwachung (Gesetz Nr. 79 vom 11. Juni 1976); Gesetz der Arbeitsumgebung (Gesetz Nr. 4 vom 4. Februar 1977); Gesetz zur Umweltverschmutzung, wenn der Unternehmer Mitarbeiter beschäftigt (Gesetz Nr. 6 vom 13. März 1981); Feuerschutzgesetz (Gesetz Nr. 26b vom 5. Juni 1987)[*]; Gesetz über Gentechnik (Gesetz Nr. 38 vom 2. April 1993). Diese Regelung ist nicht anwendbar in Svalbard oder für Unternehmen wie in Abschnitt 2, Unterabschnitt 3 des Arbeitsumgebungsgesetzes erwähnt, gemäß dem königlichen Erlass vom 27. November 1992, für den Arbeitsschutz und die Arbeitsumgebung bei Petroleumaktivitäten.* [*] *Inzwischen ersetzt durch Gesetz Nr. 20 vom 14. Juni 2002 bezüglich Feuer- und Explosionsverhütung)*
411.3.3	*In Norwegen gelten für alle gewerblichen und industriellen Gesellschaften Vorschriften mit Verfahren für die Qualifikation und Ausbildung von Beschäftigten. Ausgenommen in Bereichen, die der Öffentlichkeit zugänglich sind, sind Steckdosen in solchen*

17 Anhang ZB – A-Abweichungen

Unterabschnitt	Abweichung
	Bereichen normalerweise nicht dafür vorgesehen, dass sie allgemein durch Laien benutzt werden. Steckdosen in Wohnungen und an BA2-Standorten sind zum allgemeinen Gebrauch durch elektrotechnische Laien bestimmt.
411.4.3	In Norwegen ist die Verwendung eines PEN-Leiters hinter der Hauptverteilung nicht erlaubt.
	Spanien
411.3.3	Entsprechend den spanischen Bestimmungen „RD 842/2002 Vorschriften für Niederspannungsanlagen" ist Folgendes zu berücksichtigen: In Spanien muss ein zusätzlicher Schutz vorgesehen werden für Steckdosen mit einem Bemessungsstrom bis 32 A, die für die Verwendung durch elektrotechnische Laien vorgesehen sind.
	Schweden
Anhang C, Abschnitt C.1	Nach dem schwedischen Gesetz „ELSAK-FS 2004:1, 4. Kapitel, 2. Abschnitt gilt: In Schweden ist der Schutz durch nicht leitende Räume nicht erlaubt.
	Schweiz
411.4.3	Nach dem schweizerischen Gesetz „Verordnung über elektrische Niederspannungsinstallationen SR 734.27" ist Folgendes zu berücksichtigen: In der Schweiz ist die Haupt-Überstrom-Schutzeinrichtung des Gebäudes mit integrierter Trenneinrichtung im PEN-Leiter die Schnittstelle zwischen dem Netz und der Anlage des Gebäudes.

17 Anhang ZB – A-Abweichungen

18 Häufige Fragen und Antworten aus Sicht der Autoren

Müssen Schutzleiter bzw. PEN-Leiter durchgehend grün-gelb gekennzeichnet sein?

Ja und Nein. Entsprechende Festlegungen sind in DIN EN 60446 (VDE 0198) und „ganz neue" Festlegungen sind im Abschnitt 514.3 von DIN VDE 0100-510 (VDE 0100-510):2007-06 enthalten. Die neuen Festlegungen in DIN VDE 0100-510 (VDE 0100-510):2007-06 beinhalten eine erhebliche Aufweichung der bisherigen strengen Festlegungen bezüglich der farblichen Kennzeichnung von Schutzleitern, PEN-Leitern und Neutralleitern.

Für PEN-Leiter, deren Isolierung durchgehend grün-gelb gekennzeichnet sein muss, wird nach wie vor eine zusätzliche blaue Kennzeichnung an den Enden gefordert. Auf diese zusätzliche blaue Kennzeichnung an den Enden darf verzichtet werden in öffentlichen und damit vergleichbaren anderen Verteilungsnetzen, z. B. in der Industrie. Auch innerhalb von Schaltanlagen und Verteilern darf auf diese zusätzliche blaue Kennzeichnung verzichtet werden. Die Autoren empfehlen jedoch – wegen der besseren Übersichtlichkeit –, eine solche Kennzeichnung immer vorzunehmen. Alternativ darf in Schaltanlagen auch ein Klebeband „PEN" verwendet werden.

Basierend auf DIN VDE 0293-308 (VDE 0293-308):2003-01 und DIN EN 60446 (VDE 0198):1999-10 und DIN VDE 0100-510 (VDE 0100-510):2007-06 ergibt sich nun die Leiterkennzeichnung aller Leiter einschließlich Schutzleiter, PEN-Leiter, Neutralleiter und Mittelleiter, wie sie in **Tabelle 18.1** dargestellt ist. Der Inhalt der Tabelle 18.1 entspricht in etwa dem normativen Inhalt (mit kleinen Ergänzungen), wie er in DIN VDE 0100-510 (VDE 0100-510):2007-06 angeführt ist.

Die Autoren empfehlen, alle elektrischen Anlagen so auszuführen, dass Schutzleiter, einschließlich PEN-Leiter, soweit möglich – insbesondere im TN-System, zur leichteren Erfüllung der Abschaltbedingungen, weil sich anderenfalls bei getrennter Verlegung, aufgrund der größeren Induktionsfläche, die Schleifenimpedanz vergrößert – immer in den betreffenden Kabeln/Leitungen mitgeführt werden. Wo die Führung in gemeinsamen Kabeln/Leitungen nicht möglich ist, z. B. bei einadrigen Kabeln/Leitungen, sind Schutzleiter und PEN-Leiter im möglichst engen Kontakt mit den Außenleitern zu verlegen (gilt analog auch für den Neutralleiter).

Im Abschnitt 543.6 von DIN VDE 0100-540 (VDE 0100-540):2007-06 gibt es hierzu folgende Forderung:

Wenn Überstrom-Schutzeinrichtungen für den Schutz gegen elektrischen Schlag verwendet werden, muss der Schutzleiter im selben Kabel, in derselben Leitung gemeinsam mit den aktiven Leitern geführt oder in unmittelbarer Nähe zu diesen verlegt sein.

Daher sollten Schutzleiter einschließlich PEN-Leiter immer, soweit möglich, in gemeinsamer Unhüllung mit den Außenleitern verlegt werden. Zumindest aber sollten sie auf gleichem Wege und möglichst in geringem Abstand zu den betreffenden Außenleitern verlegt werden.

Bei Verlegung von Schutzleitern getrennt von den Außenleitern müssen immer mindestens die folgenden Mindest-Querschnitte aus Abschnitt 543.1 von DIN VDE 0100-540 (VDE 0100-540):2007-06 aus mechanischen Gründen (Bruchgefahr) eingehalten werden:

- *2,5 mm² Cu oder 16 mm² Al, wenn ein Schutz gegen mechanische Beschädigung vorgesehen ist*
- *4 mm² Cu oder 16 mm² Al, wenn ein Schutz gegen mechanische Beschädigung nicht vorgesehen ist*

Diese Mindestquerschnitte, die aus mechanischen Gründen gefordert sind, sind für PEN-Leiter nicht relevant, da für PEN-Leiter ohnehin größere Querschnitte (mindestens 10 mm² Cu oder 16 mm² Al) notwendig sind.

In TT- und IT-Systemen kann bei „Einzeladern" der Schutzleiter kaum im Kabel der Außenleiter geführt werden, da auch vor Ort eine direkte Verbindung der Körper mit der Erde hergestellt werden darf.

Manchmal wird auch noch behauptet, dass der Schutzleiter im TT-System nicht im Zuleitungskabel vom Hausanschluss/Zählerplatz bis zur ersten Verteilung mit den erforderlichen Schutzeinrichtungen, z. B. Fehlerstrom-Schutzeinrichtungen (RCDs), verlegt werden darf. Eine solche Festlegung gibt es in den Normen nicht (nicht mehr).

18 Häufige Fragen und Antworten aus Sicht der Autoren

	Art der Kabel/Leitung	Schutzleiter	PEN-Leiter[1), 2)]	Neutralleiter oder Mittelleiter	Sonstige Leiter (siehe auch Ausnahme 2)
1	mehradrige Kabel/Leitungen und flexible Leitungen **mit 2 bis 5 Adern**	durchgehend (im ganzen Verlauf) **grün-gelb**	durchgehend (im ganzen Verlauf) **grün-gelb**, mit zusätzlicher blauer Markierung an den Leiterenden (Anschlussstellen)	durchgehend (im ganzen Verlauf) **blau**	durchgehend (im ganzen Verlauf) **braun, schwarz oder grau**
2	mehradrige Kabel/Leitungen und flexible Leitungen mit **mehr als 5** Adern	durchgehend (im ganzen Verlauf) **grün-gelb**	durchgehend (im ganzen Verlauf) **grün-gelb**, mit zusätzlicher blauer Markierung an den Leiterenden (Anschlussstellen)	durchgehend (im ganzen Verlauf) **blau** oder eine „farbige" Ader mit beliebiger Zahl und zusätzlicher blauer Markierung an den Leiterenden (Anschlussstellen)	alle Farben oder farbige Adern mit Zahlenaufdruck (vorzugsweise schwarze Adern mit weißer Schrift), außer grün-gelb
3	ummantelte einadrige Kabel/Leitungen, die nach ihrer Produktnorm nicht mit entsprechend farbiger (nicht mit grün-gelber oder blauer) Isolierung verfügbar sind, z. B. große Querschnitte oder mineralisolierte Kabel/Leitungen	„beliebige" Ader mit grün-gelber Markierung an den Leiterenden (Anschlussstellen)	„beliebige" Ader mit grün-gelber und zusätzlicher blauer Markierung an den Leiterenden (an den Anschlussstellen, je zur Hälfte auf der gekennzeichneten Länge)	„beliebige" Ader, mit blauer Markierung an den Leiterenden (Anschlussstellen)	„beliebige" Ader mit entsprechenden farbigen (schwarz, braun oder grau) Markierungen an den Leiterenden (Anschlussstellen)
4	einadrige Aderleitungen, die nach ihrer Produktnorm nicht mit entsprechend farbiger (nicht mit grün-gelber oder blauer) Isolierung verfügbar sind, z. B. große Querschnitte oder mineralisolierte Aderleitungen	„beliebige" Ader mit grün-gelber Markierung an den Leiterenden (Anschlussstellen)	„beliebige" Ader mit grün-gelber und zusätzlicher blauer Markierung an den Leiterenden (an den Anschlussstellen, je zur Hälfte auf der gekennzeichneten Länge)	„beliebige" Ader mit blauer Markierung an den Leiterenden (Anschlussstellen)	„beliebige" Ader mit entsprechenden farbigen Markierungen (schwarz, braun oder grau) an den Leiterenden (Anschlussstellen)

Tabelle 18.1 Übersicht der Kennzeichnung von Außenleitern, Schutzleitern, Neutralleitern und Mittelleitern durch Farben bzw. möglicher Verzicht auf die durchgehend farbige Kennzeichnung in Deutschland

18 Häufige Fragen und Antworten aus Sicht der Autoren

Art der Kabel/Leitung	Schutzleiter	PEN-Leiter[1), 2)]	Neutralleiter oder Mittelleiter	Sonstige Leiter (siehe auch Ausnahme 2)
5 blanke Leiter, siehe Ausnahme 1	grün-gelb über die ganze Länge (Farbe, Klebeband) oder grüngelbe Markierung in jedem Feld eines Gehäuses bzw. an jeder gut zugänglichen Stelle	wie Schutzleiter, zusätzlich mit blauer Markierung an den Leitenden (Anschlussstellen)	blau über die ganze Länge (Farbe, Klebeband) oder blaue Markierung in jedem Feld eines Gehäuses bzw. an jeder gut zugänglichen Stelle	ohne zusätzliche Maßnahmen; zusätzliche Kennzeichnung an den Enden (Klebeband) mit L1, L2, L3 wird von den Autoren empfohlen

Ausnahme 1:
Von der Kennzeichnungspflicht sind ausgenommen:
- konzentrische Leiter von Kabeln/Leitungen, die als Schutzleiter verwendet werden
- metallene Schirme oder Bewehrungen von Kabeln/Leitungen, die als Schutzleiter oder PEN-Leiter verwendet werden
- blanke Leiter in Fällen, in denen eine Kennzeichnung auf Dauer aufgrund von Umgebungsbedingungen, z. B. aggressive Atmosphäre und Verschmutzung, nicht möglich ist
- metallene Konstruktionsteile von Schaltanlagen, die als Schutzleiter verwendet werden
- blanke Leiter von Freileitungen
- Leiter flexibler Flachleitungen ohne Umhüllung oder Kabel/Leitungen mit einer Isolierung, die nicht durch Farbe gekennzeichnet werden kann, z. B. mineralisolierte Kabel/Leitungen, jedoch müssen die Adern, die als Schutzleiter, PEN-Leiter, Neutralleiter oder Mittelleiter verwendet werden, mit entsprechend farbigen Markierungen an den Enden versehen werden, wie sie bei einadrigen Kabeln/Leitungen zur Anwendung kommen, siehe oben

Ausnahme 2:
Unter der Voraussetzung, dass kein Neutralleiter oder Mittelleiter benötigt wird und Verwechselungen mit Neutralleitern oder Mittelleitern ausgeschlossen werden können, darf ein blauer Leiter als Außenleiter verwendet werden oder für andere Zwecke. Eine Verwendung als Schutzleiter ist unzulässig.
In der Norm DIN VDE 0100-510 (VDE 0100-510):2007-06 gibt es hierzu eine Anmerkung, die wie folgt lautet: *ANMERKUNG Dies könnte beispielsweise zutreffen für eine Schalterleitung.* Dies bedeutet, dass z. B. ein dreiadriges Kabel mit Braun, Blau, Grün-Gelb für eine Ausschaltung verwendet werden darf, wobei für den betreffenden Außenleiter der braune Leiter und für den geschalteten Leiter der blaue Leiter verwendet werden darf.

[1)] Blaue Leiter dürfen als PEN-Leiter verwendet werden, wenn ein TT-System im Verteilungsnetz (öffentliche und vergleichbare Vereilungsnetze) auf ein TN-System umgestellt werden soll. Zusätzliche grün-gelbe Kennzeichnung an den Leiterenden ist notwendig. Für Endstromkreise gibt es diese Ausnahme nicht, weil auch in bisherigen TT-Systemen nach der Umstellung des Versorgungsnetzes diesbezüglich keine Notwendigkeit besteht. Allenfalls für die Verbindung Hausanschluss bis Zählerplatz.
[2)] Auf die zusätzliche blaue Kennzeichnung an den Leiterenden darf in öffentlichen und damit vergleichbaren anderen Verteilungsnetzen, z. B. in der Industrie, verzichtet werden.

Tabelle 18.1 (Fortsetzung) Übersicht der Kennzeichnung von Außenleitern, Schutzleitern, Neutralleitern und Mittelleitern durch Farben bzw. möglicher Verzicht auf die durchgehende farbige Kennzeichnung in Deutschland

Darf als PEN-Leiter auch eine blaue Ader mit zusätzlicher grün-gelber Kennzeichnung an den Enden verwendet werden?
Für allgemeine Anwendungsfälle ist das in Deutschland nicht zulässig. Ausgenommen sind solche Fälle, bei denen im Verteilungsnetz von TT-Systemen auf TN-Systeme umgestellt werden soll, siehe hierzu auch obige Frage/Antwort. Da in Kabeln/Leitungen in Systemen, die bisher als TT-System betrieben wurden, kein grün-gelber Leiter vorhanden ist, darf für den PEN-Leiter die in den Kabeln/Leitungen vorhandene blaue Ader (die bisher als Neutralleiter genutzt wurde) verwendet werden, wenn die blaue Ader an den Enden (auch wenn es sich um ein Verteilungsnetz handelt, für die nach obiger Aussage eine zusätzliche Kennzeichnung an den Enden sonst nicht gefordert ist) zusätzlich grün-gelb gekennzeichnet wird.

Welche farbliche Kennzeichnung muss für Leiter, die für den Potentialausgleich zur Anwendung kommen, ausgewählt werden?
„Potentialausgleich" ist nach DIN VDE 0100-200 (VDE 0100-200) der Oberbegriff für Funktionspotentialausgleich und Schutzpotentialausgleich. Daher muss unterschieden werden, ob es sich um einen
- **Funktions**potentialausgleich

oder um einen
- **Schutz**potentialausgleich

handelt.

Funktionspotentialausgleich
Für die Leiter, die für einen Funktionspotentialausgleich zur Anwendung kommen, gibt es normativ keine speziellen Festlegungen. Formal gehören sie zu den „sonstigen Leitern" wie sie in der Tabelle 18.1 angeführt sind und können daher mit beliebiger farblicher Isolierung ausgeführt werden. Nach Meinung der Autoren haben solche Leiter häufig – zumindest als „Nebeneffekt" – auch eine gewisse Schutzwirkung, sodass dann gegen einen isolierten, **durchgehend grün-gelben Leiter keine Bedenken** bestehen, sofern die Anforderungen für Schutzleiter erfüllt sind, z. B. Beachtung der Mindestquerschnitte von 2,5 mm^2 bei geschützter Verlegung bzw. 4 mm^2 bei ungeschützter Verlegung, und es dürfen keine Schalteinrichtungen und Impedanzen in solchen Leitern sein. Aber es dürfen auch andersfarbige Leiter (außer der Farbe Grün und der Farbe Gelb) zur Anwendung kommen. In einigen Normen gibt es aber Forderungen zu den Mindestquerschnitten, die weit höher liegen als die Querschnitte, die für Schutzleiter und Schutzpotentialausgleichsleiter nach DIN VDE 0100-540 (VDE 0100-540):2007-06 notwendig sind.

Schutzpotentialausgleich
Zu den Leitern für den Schutzpotentialausgleich gehören
- Leiter für den Schutzpotentialausgleich über die Haupterdungsschiene
- Leiter für den zusätzlichen Schutzpotentialausgleich bei nicht erfüllter Abschaltbedingung

- Leiter für den zusätzlichen (Schutz)Potentialausgleich in Bereichen besonderer Gefährdung, z. B. in Räumen mit Badewanne oder Dusche
- Leiter für den erdfreien örtlichen Schutzpotentialausgleich

Nach Abschnitt 826-13-24 von DIN VDE 0100-200 (VDE 0100-200):2006-06 ist ein Schutzpotentialausgleichsleiter ein **Schutzleiter** zur Herstellung des Schutzpotentialausgleichs, siehe nachfolgenden Text und auch Abschnitt 1.1.

826-13-24 Schutzpotentialausgleichsleiter
Schutzleiter *zur Herstellung des Schutzpotentialausgleichs*

Somit ergibt sich eindeutig, dass solche Leiter für den Schutzpotentialausgleich, wenn sie isoliert sind, mit einer durchgehend grün-gelben Isolierung ausgewählt werden **müssen**. Auch hierbei gilt, dass, wie oben angeführt, auch die anderen Anforderungen für Schutzleiter zu erfüllen sind.

Leiter für Blitzschutzpotentialausgleich, für den Schutz bei Überspannungen und der Potentialausgleich aus EMV-Gründen, die dem Zweck der Sicherheit dienen, sind Schutzleiter und gehören zu den Schutzpotentialausgleichsleitern, wenn sie zum Potentialausgleich zum Zwecke der Sicherheit beitragen, sodass die entsprechenden Anforderungen, wie oben beschrieben, zutreffend sind.

Darf ein gemeinsamer Schutzleiter für mehrere Stromkreise zugeordnet werden?

Ja, siehe Abschnitt 543.1.4 von DIN VDE 0100-540 (VDE 0100-540):2007-06. Dieser gemeinsame Schutzleiter muss in Abhängigkeit vom Querschnitt des größten Außenleiters bemessen werden, aber nicht für die Summe der Querschnitte aller Außenleiter, da nicht gleichzeitig mit Fehlern in allen zugehörigen Stromkreisen gerechnet werden muss, sondern nur mit **einem** Fehler (Körperschluss). Alternativ darf dieser gemeinsame Schutzleiter – wie Schutzleiter allgemein – berechnet werden, wobei der höchste zu erwartenden Fehlerstrom und die längste zutreffende Abschaltzeit der Schutzeinrichtungen zu berücksichtigen sind.

Wo muss im TN-System der PEN-Leiter einer Zuleitung angeschlossen werden, wenn an der Anschlussstelle Schutz- und Neutralleiter getrennt ausgeführt sind?

Wenn in der Versorgung einer Schaltanlage oder eines Verteilers in der Zuleitung ein PEN-Leiter vorhanden ist (oder auch bei einer neuen Anlage vorgesehen wird) und die Schaltanlage bzw. der Verteiler bereits mit getrennten Schienen/Anschlussstellen für Schutzleiter und Neutralleiter ausgeführt ist, stellt sich immer wieder die Frage, wo denn der ankommende PEN-Leiter angeschlossen werden soll. Da der Schutz gegen elektrischen Schlag immer Vorrang haben sollte, ist – nach Ansicht der Autoren – der PEN-Leiter an die bisherige PE-Schiene/Anschlussstelle anzuschließen, siehe **Bild 18.1**. Diese Anschlussstelle ist dann mit „PEN" zu bezeichnen, z. B. mit Aufschrift oder Klebeband, bzw. sind Schienen mit grün-gelber und

18 Häufige Fragen und Antworten aus Sicht der Autoren

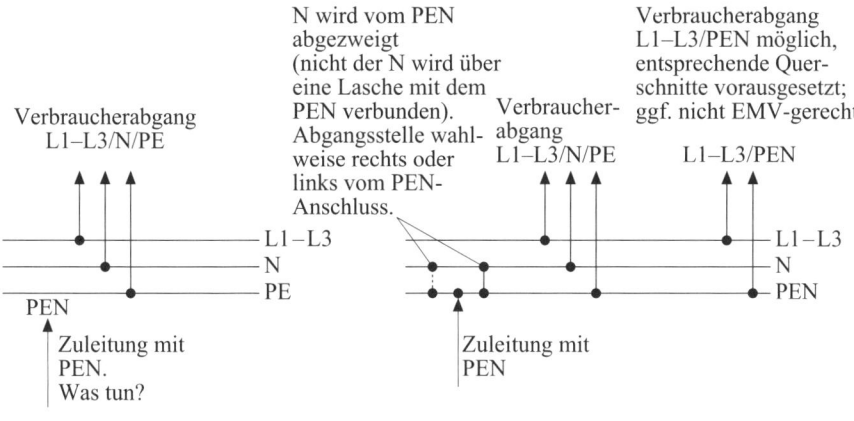

a) Ausgangssituation b) normgerechter PEN-Anschluss

Bild 18.1 Anschluss eines PEN-Leiters an einen Verteiler mit getrennter Schutzleiterschiene und Neutralleiterschiene

blauer Markierung/Klebeband zu versehen. Von der nun als „PEN" festgelegten Anschlussstelle/Schiene muss eine Verbindung zur Neutralleiteranschlussstelle/ -Schiene hergestellt werden, d. h. von der PEN-Schiene wird eine N-Schiene abgezweigt. Die abgehenden Kabel/Leitungen bleiben wie bisher vorgesehen, d. h., alle Neutralleiter werden an der Neutralleiterschiene/-Anschlussstelle, alle Schutzleiter und ggf. PEN-Leiter werden an der PEN-Schiene/-Anschlussstelle angeschlossen.

Kritiker behaupten, dass hierbei, bei einer Unterbrechung des „PEN-Leiters" (speisender PEN), der Unsymmetriestrom über die Körper elektrischer Betriebsmittel/ Verbrauchsmittel über den dort angeschlossenen Schutzleiter zum Fließen kommt. Das ist zwar richtig (entspricht in etwa derselben Problematik wie bei der klassischen Nullung), aber „bestimmungsgemäß" wird ein Bruch des PEN-Leiters, aufgrund seiner Bemessung (mindestens 10 mm² Cu oder 16 mm² Al) nicht angenommen. Aber selbst bei einer Unterbrechung des PEN-Leiters ergibt sich nur eine sehr geringe Gefährdung, da der Mensch im ungünstigsten Falle den Spannungsfall – der sonst auf dem Neutralleiter und PEN-Leiter bis zum Sternpunkt der Stromquelle auftritt – abgreifen kann. Diese Spannung kann aber nur abgegriffen werden, wenn zusätzlich ein leitfähiges Teil berührt werden kann, das mit dem Schutzpotentialausgleich über die Haupterdungsschiene (bisher Hauptpotentialausgleich) in Verbindung steht, siehe **Bild 18.2**. Alles in allem ist dies eine Spannung, die zwar wahrgenommen werden kann, aber unter normalen Umständen keine Gefährdung darstellt. Kritischer sehen die Autoren die Gefährdung, die sich ergibt, wenn der ankommende PEN auf den Neutralleiter geklemmt wird und die „Brücke" vergessen wurde oder absichtlich entfernt wurde, weil für die Verbraucheranlage ein TN-S-System gegeben ist. Bei dieser Ausführung könnte in einigen Fällen die Ab-

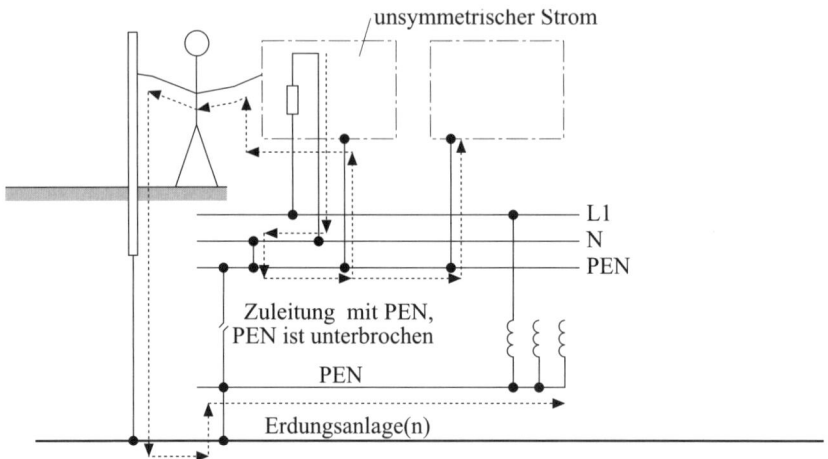

Bild 18.2 Der Betriebsstrom kann bei unterbrochenem PEN-Leiter der Zuleitung über den Menschen fliesen, wenn er gleichzeitig ein fremdes leitfähiges Teil berührt

schaltbedingung – aufgrund der Verbindung des Schutzleiters mit dem PEN-Leiter auf Umwegen, z. B. über die Haupterdungsschiene – nicht mehr erfüllt sein.

Wo (an welcher Stelle) muss im TN-System der Sternpunkt des Transformators geerdet werden?

Nach der bisherigen DIN VDE 0100-410 (VDE 0100-410):1997-11 musste eine Verbindung mit dem Betriebserder R_B am oder in der Nähe des Transformators hergestellt werden.

In der nun gültigen DIN VDE 0100-410 (VDE 0100-410):2007-06 ist im Abschnitt 411.4.2 (siehe hierzu auch Abschnitt 7.4.2 dieses Buchs) nur noch festgelegt, dass geerdet werden muss. Bezüglich des „Ortes" der Erdung gibt es keine Festlegung mehr. Damit besteht nun die Möglichkeit, so genannte zentral geerdete EMV-gerechte TN-Systeme zu realisieren.

In den Anmerkungen zu o. g. Abschnitt 411.4.2 der DIN VDE 0100-410 (VDE 0100-410):2007-06 wird darüber hinaus empfohlen, dass zusätzlich die Schutzleiter „wo immer möglich" mit wirksamen Erdern zu verbinden sind, wobei Erdungen an „möglichst gleichmäßig verteilten Punkten" das Potential der Schutzleiter im Fehlerfall möglichst wenig vom Erdpotential abweichen lassen. Schutzleiter an der Eintrittsstelle in Gebäude oder Anwesen zu erden, wird aus demselben Grund empfohlen, aber nicht zwingend gefordert. Die TAB der EVU bzw. der Verteilungsnetzbetreiber fordern dagegen für neue Kundenanlagen immer einen Erder, mit dem auch der Schutz- oder PEN-Leiter zu verbinden ist. Durch den Verweis auf DIN 18014 ergibt sich die Forderung nach einem Fundamenterder, der elektrisch parallel zum Betriebserder der Stromquelle bzw. des Netztransformators liegt und dazu beiträgt, den Wert von R_B insgesamt zu verkleinern.

Wie muss ein Fundamenterder ausgeführt werden, wenn unter dem Fundament eine Isolierschicht vorhanden ist?

Grundsätzlich sind Fundamenterder als Ring in das Streifenfundament einzubringen. Ob das Fundament mit oder ohne Bewehrung ausgeführt ist spielt dabei keine Rolle. Als Material wird üblicherweise verzinkter Bandstahl 30 mm × 3,5 mm verwendet, der nach DIN 18014 hochkant (bei unbewehrtem Beton) mit Abstandshaltern einzubringen ist (erleichtert auch die Ringbildung) und allseitig mindestens mit 5 cm Beton überdeckt sein muss.

Bei bewehrtem Beton darf der Banderder auch flach auf der untersten Bewehrung verlegt werden, wobei zur Fixierung der Banderder mit der Bewehrung verrödelt werden muss. Die Fundamente müssen dabei „Erdkontakt" haben. Bei Fundamenten, die unten, d. h. zum Erdreich, wärmegedämmt sind, muss der Banderder in die Sauberkeitsschicht, die mindestens aus Magerbeton bestehen muss, eingebracht werden. Entsprechendes gilt auch bei „wasserdichten" Betonwannen. Wo keine Sauberkeitsschicht aus Beton vorgesehen ist, muss ein Erder im Erdreich verlegt werden, der aus V4A bestehen muss.

Sofern unter der Bodenplatte nur eine PVC-Folie als „Wassersperre" für den frischen Beton eingebracht wird, ergibt sich keine negative Beeinflussung für die Ausführung des Fundamenterders, da die Folie schon nach kurzer Zeit verrottet. Dies gilt nicht für Noppenbahnen.

Weitere Ausführungen zur Einbringung des Fundamenterders und ggf. für notwendige Querverbindungen (z. B. wenn der Fundamenterder auch als Blitzschutzerder verwendet wird, müssen alle 20 m Querverbindungen hergestellt werden) sowie zur Anordnung/Ausführung der Anschlussfahnen können der DIN 18014 entnommen werden. Für den Blitzschutzerder ist zusätzlich DIN EN 62305-3 (VDE 0185-305-3) zu berücksichtigen.

Müssen Erder nachträglich (fertiges Gebäude) eingebracht werden, z. B. weil die leitfähigen Wasserleitungen nicht mehr als Erder genutzt werden dürfen, empfiehlt sich das Einbringen eines Ringerders, wie er im Abschnitt 5.4.3 von DIN EN 62305-3 (VDE 0185-305-3):2006-10 beschrieben ist, z. B. mindestens 0,5 m tief und ein Abstand von mindestens 1 m zu den Außenwänden.

Zum Zwecke des Schutzes gegen elektrischen Schlag können auch Strahlen- oder Tiefenerder eingebracht werden. Bei Tiefenerdern sollte eine Tiefe von ca. 10 m erreicht werden, um die beste Erderwirkung zu erreichen. Für Strahlen- oder Plattenerder ist eine Verlegetiefe von mindestens 0,5 m notwendig. Für die „Erdung" von Antennen reichen Tiefen zwischen 2,5 m bis 3 m aus. Für den Blitzschutzerder sind Tiefen- oder Strahlenerder nicht geeignet.

Wie groß darf der Erdungswiderstand sein, bzw. muss ein bestimmter Erdungswiderstand eingehalten werden?

Die Festlegung in der schon lange ungültigen DIN VDE 0100-410 (VDE 0100-410):1983-11, dass ein Betriebserdungswiderstand von 2 Ω einzuhalten ist, gibt es nicht mehr. Somit gibt es bezüglich des „Erdungswiderstands" keine Festlegung mehr.
Allerdings müssen von den Verteilungsnetzbetreibern – einschließlich der Netzbetreiber von Industrienetzen – die Bedingungen der „Spannungswaage" (siehe Abschnitt 7.4.1 dieses Buchs) erfüllt werden.
Auch für den Widerstand des Betriebserders der Stromquelle des TT-Systems gibt es keine Festlegungen. Jedoch gibt es für den Erder/Anlagenerder R_A von TT-Systemen Festlegungen. Der Wert des Erders/Anlagenerders hängt vom Abschaltstrom der Schutzeinrichtungen bzw. vom Bemessungsdifferenzstrom der Fehlerstrom-Schutzeinrichtung (RCD) ab – jedoch ist dies wegen der fast immer zur Anwendung kommenden Fehlerstrom-Schutzeinrichtungen (RCDs) weniger von Bedeutung, siehe hierzu auch Abschnitt 7.5.2 dieses Buchs. Auch für das IT-System kann der Widerstand des Erders (Anlagenerder, Erder der Betriebsmittel) wegen möglicher Ableitströme von Bedeutung sein; siehe Abschnitt 7.6.2 dieses Buchs.

Darf ein gemeinsamer Neutralleiter für mehrere Stromkreise verwendet werden?

Nein, jedoch dürfen aus einem Drehstromkreis Einphasen-Wechselstromkreise aus je einem Außenleiter und dem gemeinsamen Neutralleiter gebildet werden, wenn die Zugehörigkeit der Stromkreise durch ihre Anordnung erkennbar bleibt. Als nicht erkennbar durch die Anordnung gelten z. B. solche Stromkreise mit einem gemeinsamen Neutralleiter, die auf mehrere, getrennt angeordnete Wechselstromstromkreise, z. B. für Steckdosen oder Beleuchtung, verteilt sind.
Wechselstromkreise mit gemeinsamem Neutralleiter müssen durch einen Schalter freigeschaltet werden können, der alle aktiven Leiter gleichzeitig (gemeinsame, allpolige Abschaltung) abschaltet. Ein dreipoliger Leitungsschutzschalter (wenn der Neutralleiter, weil nicht wirksam geerdet, mitgeschaltet werden muss, ein dreipoliger Leitungsschutzschalter mit vier Schaltkontakten oder ein vierpoliger Leitungsschutzschalter) erfüllt diese Anforderungen, wobei es nach Ansicht der Autoren sinnvoll ist, immer (alle Stromkreise) allpolig (einschließlich des Neutralleiters) abzuschalten, um jegliche Rückspannung zu vermeiden. Auch mit einem Sicherungslasttrennschalter kann die Anforderung des gleichzeitigen Schaltens erfüllt werden, nicht jedoch mit Einzelsicherungen. Es ist jedoch zulässig, vor oder besser hinter diesen Einzelsicherungen einen Schalter, mit dem allpolig abgeschaltet werden kann, vorzusehen, der die geforderte Aufgabe des gleichzeitigen Schaltens aller aktiven Leiter erfüllt. Auch wenn in der Norm so nicht festgelegt, sollte nach Meinung der Autoren dieser Schalter, aus Gründen der Zweckmäßigkeit (geeignet für das Freischalten), eine Einrichtung zum Trennen nach DIN VDE 0100-537 (VDE 0100-537) mit der dort genannten ausreichenden Trennstrecke sein.

18 Häufige Fragen und Antworten aus Sicht der Autoren

Auch mit einer Fehlerstrom-Schutzeinrichtung (RCD) darf die Anforderung (auch bei Einzelsicherungen) der allpoligen Trennung (hierbei wird auch der Neutralleiter mit abgeschaltet) erfüllt werden. Bei Einzelsicherungen mit nachgeschalteter allpoliger Trennung muss jedoch im Verteiler ein Hinweis an den Einzelsicherungen vorhanden sein, mit dem auf die Notwendigkeit hingewiesen wird, dass die geforderte gleichzeitige Abschaltung des betreffenden Stromkreises nicht mit den Sicherungen erreicht werden kann, sondern dass zusätzlich der Schalter „xyz" abgeschaltet werden muss. Siehe Abschnitt 461.2 von DIN VDE 0100-460 (VDE 0100-460): 2002-08, Abschnitt 528.1.2 von DIN VDE 0100-520 (VDE 0100-520):2003-06 und

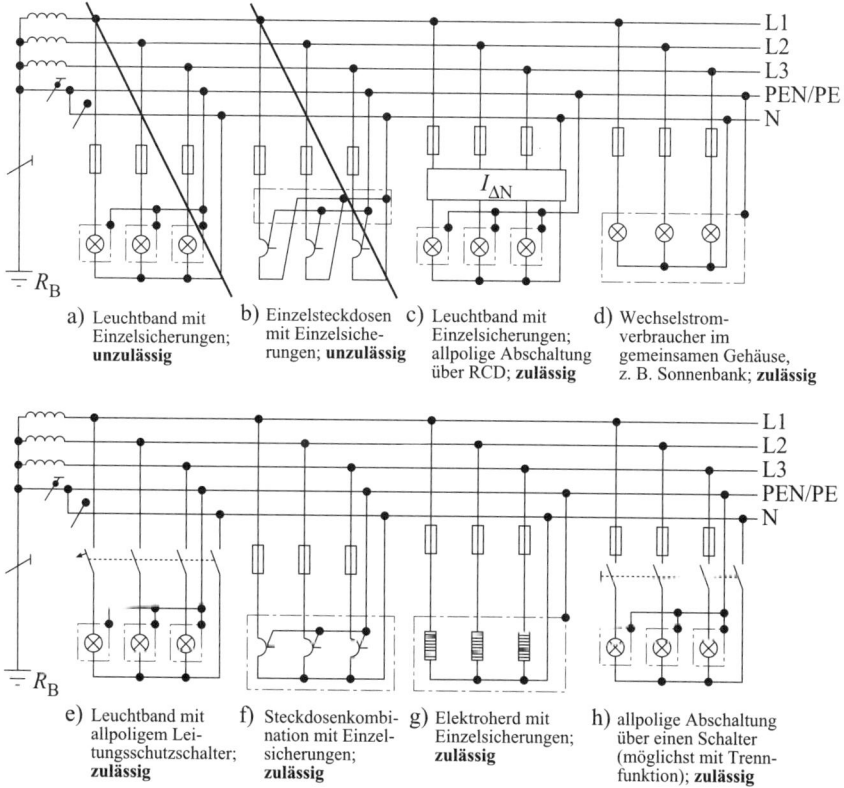

Bei den Ausführungen d), f), und g) ist eine klare Zuordnung (z. B. durch entsprechende Beschriftung) der Schutzeinrichtungen im Verteiler notwendig. Bei der Ausführung c) und h) ist ein Hinweis, dass die Trennung von der Versorgung nur durch die Fehlerstrom-Schutzeinrichtung (RCD) möglich ist, zu empfehlen.

Bild 18.3 Zulässige und unzulässige Ausführung von Drehstromkreisen, aufgeteilt in drei Wechselstromkreise mit gemeinsamem Neutralleiter (und gemeinsamem Schutzleiter, für diese Betrachtung ohne Bedeutung)

Abschnitt 559.6.4 von DIN VDE 0100-559 (VDE 0100-559):2006-06. Siehe hierzu auch **Bild 18.3**. In DIN VDE 0100-559 (VDE 0100-559):2006-06 wird nur noch eine Abschaltung der Außenleiter gefordert. Allerdings wird durch den Verweis in der Anmerkung 1 auf DIN VDE 0100-460 (VDE 0100-460) und DIN VDE 0100-537 (VDE 0100-537) indirekt die allpolige Abschaltung (mit Trennfunktion, einschließlich Abschalten des Neutralleiters, ausgenommen für Neutralleiter in den meisten TN-Systemen) gefordert.

Dürfen unter einer gemeinsamen Abdeckung von Unterputz-Schalter-/Steckdosenkombinationen Schutzkontaktsteckdosen, Schalter und Fernmeldesteckdosen/-einrichtungen vorhanden sein?

Ja, bedingt. In den Normen der Reihe DIN VDE 0100 (VDE 0100) gibt es diesbezüglich keine klaren Festlegungen. Im Abschnitt 462.3 von DIN VDE 0100-460 (VDE 0100-460):2002-08 gibt es Festlegungen, die bedingt dafür anwendbar sind. So ist dort Folgendes festgelegt:

Wenn ein Teil eines Betriebsmittels oder ein Gehäuse oder eine Umhüllung aktive Teile enthält, an die mehrere Versorgungen angeschlossen sind, muss ein Warnhinweis so angebracht sein, dass Personen, die Betriebsmittel, Gehäuse oder Umhüllung öffnen, auf die Notwendigkeit der Trennung von den verschiedenen Versorgungen hingewiesen werden, ...

Diese Trennung kann z. B. durch eine Verriegelung erreicht werden, die beim Trennen eines Stromkreises auch die Trennung aller anderen Stromkreise sicherstellt. Alternativ können die gefährlichen aktiven Teile hinter der gemeinsamen Abdeckung mit einer zusätzlichen Abdeckung (für jeden Stromkreis eine getrennte Abdeckung) versehen werden. Nach Abschnitt 515.2 von DIN VDE 0100-510 (VDE 0100-510):2007-06 ist auch durch wirksame Trennung die gegenseitige nachteilige Beeinflussung (z. B. durch EMV) zu vermeiden. Eine weitere Festlegung hierzu ist im Abschnitt 4.2.2 von DIN EN 50174-2 (VDE 0800-174-2):2001-09 enthalten. Danach müssen entweder
- getrennte Abdeckungen vorgesehen werden oder
- die aktiven Teile der Schalter und Steckdosen müssen fingersicher abgedeckt sein

Bei Schaltern ohne Schraubanschluss ist das erfüllt, bei Schutzkontaktsteckdosen kann diese Anforderung durch entsprechende Gestaltung der Steckdoseneinsätze durch den Hersteller erfüllt sein, siehe Beispiel im **Bild 18.4**.

Kann eine Forderung nach höherer Schutzart durch eine höherwertige Schutzmaßnahme (z. B. mit SELV, PELV, Fehlerstrom-Schutzeinrichtungen (RCDs) mit einem Bemessungsdifferenzstrom von maximal 30 mA, Schutztrennung mit einem Verbrauchsmittel) erfüllt werden?

Nein. Die höhere Schutzart ist wegen der Umgebungseinflüsse gefordert, sodass auch eine noch so kleine Spannung diese Forderung nicht aufheben/erfüllen kann.

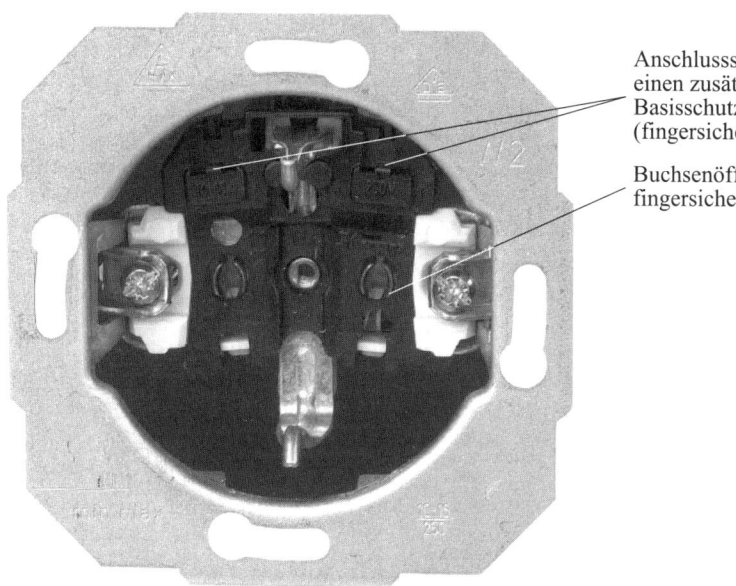

Bild 18.4 Steckdoseneinsatz in „fingersicherer" Ausführung

Die Erfüllung der Anforderung an den Fremdkörperschutz oder Wasserschutz von elektrischen Betriebsmitteln ist somit unabhängig von den gewählten Schutzmaßnahmen gegen elektrischen Schlag und unabhängig von der Höhe der Spannung.

Wie müssen Fehlerstrom-Schutzeinrichtungen (RCDs) bei Überstrom geschützt werden?

Fehlerstrom-Schutzeinrichtungen (RCDs) müssen, wie jedes andere elektrische Betriebsmittel auch, bei Überstrom (d. h. sowohl bei Überlast als auch bei Kurzschluss) geschützt werden. Im Abschnitt 512.1.2 von DIN VDE 0100-510 (VDE 0100-510):2007-06 ist hierzu Folgendes festgelegt:

Bei der Auswahl eines Betriebsmittels ist der Betriebsstrom (bei Wechselstrom der Effektivwert) zu berücksichtigen, den es bei Normalbetrieb führen soll.

Ein Betriebsmittel muss ebenfalls den Strom führen können, der unter anomalen Bedingungen während der durch die Ansprechkennlinien der Schutzeinrichtungen bestimmten Dauer fließen kann.

Bei diesem geforderten Schutz bei Überstrom muss jedoch unterschieden werden, ob es sich um Fehlerstrom-Schutzeinrichtungen (RCDs) ohne eingebautem Überstromschutz nach DIN 61008-1 (VDE 0664-10) bzw. nach DIN 61008-2 (VDE 0664-11), so genannte RCCBs, handelt oder um Fehlerstrom-Schutzeinrichtungen

18 Häufige Fragen und Antworten aus Sicht der Autoren

(RCDs) mit eingebauter Überstrom-Schutzeinrichtung nach DIN 61009-1 (VDE 0664-20) bzw. nach DIN 61009-2 (VDE 0664-21), so genannte RCBOs (auch als FI/LS bezeichnet). Bei Fehlerstrom-Schutzeinrichtungen (RCDs) mit eingebauter Überstrom-Schutzeinrichtung (RCBOs), die in Endstromkreisen eingesetzt werden, ist in Hausinstallationen üblicherweise kein weiterer Schutz bei Überstrom für diese Stromkreise notwendig. Bei industrieller Anwendung kann es aber notwendig sein – wegen des begrenzten Kurzschlussausschaltvermögens (maximal 25 kA) –, eine weitere Schutzeinrichtung für den Schutz bei Kurzschluss vorzuschalten.

Normwerte des bedingten Bemessungskurzschlussstromes sind wie folgt: 1 500 A, 3 000 A, 4 500 A, **6 000 A, 10 000 A**. Für Werte über 10 000 A bis einschließlich 25 000 A ist **20 000 A** ein Vorzugswert. Die üblicherweise zur Anwendung kommenden Werte sind fett gedruckt. Zum leichteren Erkennen der notwendigen Kriterien für die richtige Auswahl von Fehlerstrom-Schutzeinrichtungen (RCD) werden im **Bild 18.5** die möglichen Aufschriften aufgezeigt und beschrieben.

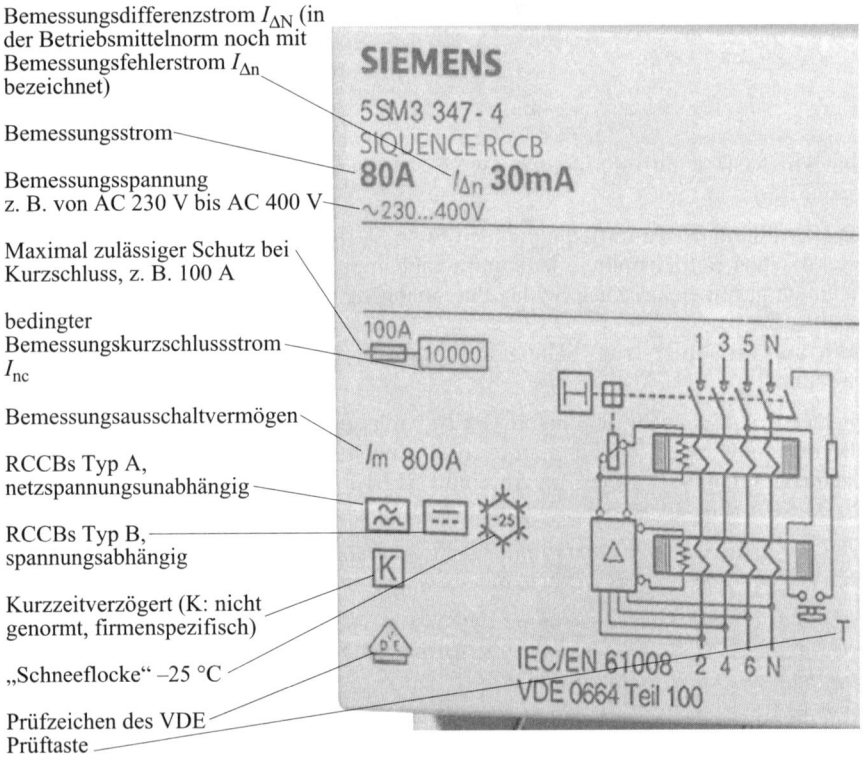

Bild 18.5 Erläuterung der Aufschriften auf RCCBs (gilt analog auch für RCBOs) (Foto: Siemens AG)

18 Häufige Fragen und Antworten aus Sicht der Autoren

Für die Errichtung von Fehlerstrom-Schutzeinrichtungen (RCDs) ohne eingebaute Überstrom-Schutzeinrichtung (RCCBs) werden von den Herstellern meist Überstrom-Schutzeinrichtungen – höher als der Bemessungsstrom/Nennstrom – vorgegeben, die aber nur den Schutz bei Kurzschluss bewirken können. In solchen Fällen darf die Summe der Nennströme der nachgeschalteten Überstrom-Schutzeinrichtungen nicht größer sein als der Nennstrom der Fehlerstrom-Schutzeinrichtung (RCD), es sei denn, es handelt sich um Stromkreise mit eindeutig definierter Last (Verbrauchsmittel, die keine Überlast erzeugen können, z. B. Beleuchtung, Heizung und Wassererwärmer, nicht aber Stromkreise mit Steckdosen oder motorischen Verbrauchern), für die diese Last zur Bemessung herangezogen werden darf. Wenn eine Überlastung der Fehlerstrom-Schutzeinrichtung (RCD) nicht ausgeschlossen werden kann, muss eine gesonderte Schutzeinrichtung für den Schutz bei Überlast (vorzugsweise eine Überstrom-Schutzeinrichtung) vorgesehen werden, deren Nennstrom kleiner oder höchstens gleich dem Nennstrom der Fehlerstrom-Schutzeinrichtung (RCD) ist. Aus Gründen der Versorgungssicherheit empfiehlt es sich, soweit möglich, gleich eine Fehlerstrom-Schutzeinrichtung (RCD) zu wählen, deren Bemessungsstrom mindestens dem möglichen maximalen Betriebsstrom der Überstrom-Schutzeinrichtungen entspricht.

Eine weitaus bessere und gezielte Möglichkeit, den Schutz bei Überstrom zu erfüllen, ergibt sich durch die Verwendung von RCBOs, d. h. Fehlerstrom-Schutzeinrichtungen (RCDs) mit eingebautem (und koordiniertem) Überstromschutz (FI/LS), siehe **Bild 18.6**.

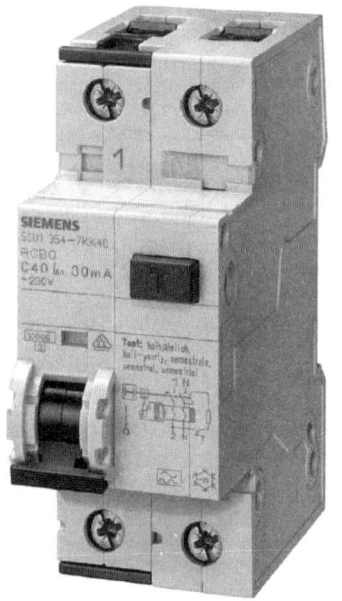

Bild 18.6 Kombination von Leitungsschutzschalter und Fehlerstrom-Schutzeinrichtung (RCD), normativ als FI/LS (RCBO = **R**esidual **c**urrent operated circuit-**b**reakers with integral **o**vercurrent protection and similar uses (RCBO's)) bezeichnet. Fehlerstrom-Schutzeinrichtung (RCD) vom Typ A, ein Außenleiter und der Neutralleiter; Leitungsschutzschalter der Charakteristik C, I_N 40 A.
(Foto: Siemens AG)

Der Vorteil von RCBOs liegt darin, dass auch der Gesamtplatzbedarf kaum größer ist als bei getrennt angeordneten Leitungsschutzschaltern und den dann notwendigen, übergeordneten Fehlerstrom-Schutzeinrichtungen (RCDs) mit zusätzlichem Schutz bei Überstrom für die Fehlerstrom-Schutzeinrichtungen (RCDs). Außerdem lassen sich durch diese Kombinationen auch viel einfacher die Anforderungen für den zusätzlichen Schutz durch Fehlerstrom-Schutzeinrichtungen (RCDs) mit einem Bemessungsdifferenzstrom nicht größer als 30 mA von Steckdosenstromkreisen bis 20 A oder ggf. 32 A erfüllen, und auch die nun geforderten kürzeren Abschaltzeiten für Endstromkreise lassen sich auf einfachere Weise erfüllen.

Gibt es besondere Anforderungen – bezüglich des Schutzes gegen elektrischen Schlag – für Großküchen, Bäckereien, Friseurgeschäfte, Sonnenstudios usw.?

Für diese Betriebsstätten gibt es in den Normen der Reihe DIN VDE 0100 (VDE 0100) keine besonderen zusätzlichen Festlegungen, d. h., es gibt keinen besonderen Teil 7XX. Somit gelten für die elektrischen Anlagen in solchen Bereichen die Anforderungen, wie sie in den Gruppen 100 bis 600 von DIN VDE 0100 (VDE 0100) enthalten sind. Aufgrund der neuen DIN VDE 0100-410 (VDE 0100-410): 2007-06 ergibt sich nun, dass – im Gegensatz zu den bisherigen Festlegungen in den relevanten Normen (Normenteilen) – für solche Bereiche nun auch Fehlerstrom-Schutzeinrichtungen (RCDs) mit einem Bemessungsdifferenzstrom $I_{\Delta N} \leq 30$ mA, für alle Steckdosen*) bis 20 A und für Endstromkreise bis 32 A, welche (über Steckdosen oder Festanschluss) tragbare Betriebsmittel im Außenbereich versorgen können, vorgesehen werden müssen. Damit ergibt sich – wie bereits an anderer Stelle erwähnt – nach Meinung der Autoren, dass alle Steckdosen bis 32 A mit Fehlerstrom-Schutzeinrichtungen (RCDs) mit einem Bemessungsdifferenzstrom $I_{\Delta N} \leq$ 30 mA zu schützen sind, über 20 A nur, wenn Versorgung von Betriebsmitteln im Freien/Außenbereich zu erwarten ist, siehe hierzu Abschnitt 411.3.3 der Norm DIN VDE 0100-410 (VDE 0100-410):2007-06 bzw. Abschnitt 7.3.3 dieses Buchs.

Nach wie vor gibt es aber keine Forderung, dass für Küchengeräte in Großküchen ein zusätzlicher Schutzpotentialausgleich notwendig ist, ausgenommen in den Fällen, in denen die Abschaltzeit nicht erfüllt werden kann. Dies gilt auch, obwohl in den Normen für solche Betriebsmittel enthalten ist, dass einige solcher Betriebsmittel eine äußere Anschlussstelle für einen zusätzlichen Schutzpotentialausgleichsleiter (in der relevanten Betriebsmittelnorm noch als Potentialausgleichsleiter bezeichnet) haben müssen.

So wird z. B. im Abschnitt 27.2 für ortsfeste Geräte in DIN EN 60335-2-47 (VDE 0700-47):2003-11 eine Anschlussstelle für einen Potentialausgleichsleiter (Schutzpotentialausgleichsleiter) – zusätzlich zur Anschlussstelle für den Schutzleiter – mit maximal 10 mm² gefordert. Warum diese Forderungen in den Gerätenormen ent-

---

*) Wenn dieselbe Fehlerstrom-Schutzeinrichtung (RCD) mit Bemessungsdifferenzstrom $I_{\Delta N} \leq 30$ mA sowohl für den Fehlerschutz als auch für den zusätzlichen Schutz vorgesehen wird, muss durch sie der Stromkreis geschützt werden.

halten sind, ist nicht mehr nachzuvollziehen. Für den oben genannten zusätzlichen Schutzpotentialausgleichsleiter für nicht erreichte Abschaltzeit könnte das bei Maschinen mit hohen Nennströmen zu wenig sein.

Auch in Bäckereien, Friseurgeschäften, Sonnenstudios usw. gibt es eine solche Forderung nach einem zusätzlichen örtlichen Schutzpotentialausgleich nicht.

Neben der Forderung nach Fehlerstrom-Schutzeinrichtungen (RCDs) mit einem Bemessungsdifferenzstrom $I_{\Delta N} \leq 30$ mA für Steckdosen bis 20 A (ggf. Stromkreise bis 32 A) muss nun auch beachtet werden, dass **für alle Endstromkreise** mit fest angeschlossenen elektrischen Verbrauchsmitteln **bis 32 A** jetzt die Abschaltzeiten der Tabelle 41.1 der DIN VDE 0100-410 (VDE 0100-410):2007-06 (siehe Tabelle 7.1 dieses Buchs) anzuwenden sind, was eine ganz erhebliche Einschränkung bedeutet, da bisher für fest angeschlossene Verbrauchsmittel unter normalen Umständen die einheitliche Abschaltzeit von 5 s für alle Systeme nach Art der Erdverbindung galt.

Hier sei nochmals darauf hingewiesen, dass diese kürzeren Abschaltzeiten (die nun für TT-und TN-Systeme und für Wechsel- und für Gleichspannung unterschiedlich sind) nun für alle elektrischen Anlagen berücksichtigt werden müssen. Und selbst für Endstromkreise über 32 A gilt jetzt im TT-System eine kürzere Abschaltzeit, nämlich 1 s. Im TN-System bleibt es aber für Stromkreise über 32 A bei den bisher schon zur Anwendung gekommen 5 s.

Müssen für den Schutzpotentialausgleich über die Haupterdungsschiene an fremden leitfähigen Teilen, z. B. an Rohrleitungssystemen, Lüftungskanälen, die Stoßstellen, wenn sie „isoliert" oder nicht ausreichend leitend sind, überbrückt werden?

Nein, eine solche Forderung gibt es in den Normen der Reihe DIN VDE 0100 (VDE 0100) nicht. Damit ergibt sich, dass z. B. verschraubte Rohre mit Dichtungen oder Hanf nicht überbrückt zu werden brauchen, und auch bei Lüftungskanälen müssen die Segeltuchstutzen und Faltbälge nicht mit Schutzpotentialausgleichsleitern überbrückt werden. Diese Aussage gilt für alle fremden leitfähigen Teile, die in den Schutzpotentialausgleich über die Haupterdungsschiene am oder in der unmittelbaren Nähe des Gebäudeeintritts einbezogen werden müssen. Begründet werden kann das damit, dass bei einer „isolierenden" Zwischenlage, sofern der dahinter liegende Abschnitt nicht mehr mit dem einbezogenen Abschnitt Kontakt hat, das dahinter liegende (getrennte Teil) kein Erdpotential übertragen kann und damit keine Gefährdung mit sich bringt. Auf der anderen Seite ist es nicht gefährlich, wenn eine leitfähige Kontaktierung gegeben ist, weil dann ja der Schutzpotentialausgleich über die Haupterdungsschiene wirksam ist. Daher müssen Stoßstellen **nicht durch** einen **Schutzpotentialausgleichsleiter/Schutzleiter überbrückt** werden.

Hierbei wurde nicht betrachtet, dass es ggf., z. B. bei leitfähigen Kabelkonstruktionen, bei denen aus EMV-Gründen ein Funktionspotentialausgleich hergestellt wird, sinnvoll sein kann, eine Überbrückung vorzunehmen.

Im Gegensatz zum Funktionspotentialausgleich, für den leitfähige Konstruktionsteile wie Kabelträgersysteme, Rohrleitungssysteme als Funktionspotentialausgleichsleiter zulässig sind, dürfen diese Teile nach Abschnitt 543.2.3 von DIN VDE 0100-540 (VDE 0100-540):2007-06 nicht als Schutzleiter verwendet werden, auch nicht, wenn sie die Stromtragfähigkeit eines relevanten Schutzleiters aufweisen.

Dürfen Kabel und Leitungen mit „alter" Farbkennzeichnung nach dem 01.04.2006 – dem Ende der Übergangsfrist der DIN VDE 0293-308 (VDE 0293-308):2003-01 – noch für Neuanlagen verwendet werden?

Neue Farbkennzeichnungen für Kabel/Leitungen gibt es in DIN VDE 0293-308 (VDE 0293-308):2003-01. DIN VDE 0293-308 (VDE 0293-308) ist für die Errichtung elektrischer Anlagen aber nur bedingt relevant, da DIN VDE 0293-308 (VDE 0293-308) eine Norm ist, die in erster Linie für die Kabel-/Leitungshersteller zutreffend ist. Da es nun aber in DIN VDE 0100-510 (VDE 0100-510):2007-06, in den Abschnitten 514.3.Z1 und 514.3.Z2 für die Kennzeichnung anderer Leiter (Außenleiter) nur noch einen Bezug auf DIN VDE 0293-308 (VDE 0293-308) gibt, dürfen nach Ablauf der Übergangsfrist der DIN VDE 0100-510 (VDE 0100-510): 2007-06 (nicht schon zum Ende der Übergangsfrist von DIN VDE 0293-308 (VDE 0293-308)), d. h. nach dem 01.09.2008 nur noch Kabel/Leitungen für Wechsel- und Drehstromkreise in elektrischen Anlagen angewendet werden, die die neue Farbkennzeichnung aufweisen. In der bisher gültigen Norm DIN VDE 0100-510 (VDE 0100-510):1997-01 war im nationalen Vorwort noch eine anderslautende Aussage (nicht nur für Kabel/Leitungen, sondern allgemein) enthalten, die wie folgt lautete:

Nationales Vorwort – Zu Abschnitt 511:
Die Betriebsmittel müssen somit den einschlägigen DIN-Normen und VDE-Bestimmungen entsprechen, also
*a) **zur Zeit der Herstellung normgerecht gewesen sein** und*
b) es darf bei Auswahl kein Widerspruch zu anderen Festlegungen der geltenden DIN VDE 0100 (VDE 0100) bestehen.
Herstellerangaben sind zu beachten.

Daraus konnte eindeutig abgeleitet werden, dass auch Kabel/Leitungen mit alter farblicher Kennzeichnung weiterverwendet werden durften.

In der neuen DIN VDE 0100-510 (VDE 0100-510):2007-06 gibt es diesen Abschnitt im nationalen Vorwort nicht mehr, sodass nach dem 01.09.2008, d. h. mit Ende der Übergangsfrist der DIN VDE 0100-510 (VDE 0100-510):2007-06, Kabel/Leitungen (und auch alle anderen Betriebsmittel), die in der elektrischen Anlage errichtet werden, den jeweils zum Zeitpunkt der Errichtung gültigen Betriebsmittelnormen – unter Beachtung deren Übergangsfrist – entsprechen müssen.

Qualifizierte Aussagen zur farblichen Kennzeichnung von Schutzleitern und Neutralleitern sind im Abschnitt 514.3.1 von DIN VDE 0100-510 (VDE 0100-510): 2007-06 durch den Bezug auf DIN EN 60446 (VDE 0198) enthalten, siehe hierzu auch die Tabelle 18.1 dieses Kapitels.

18 Häufige Fragen und Antworten aus Sicht der Autoren

In diesem Zusammenhang sei darauf hingewiesen, dass DIN VDE 0293-308 (VDE 0293-308):2003-01 für die Herstellung von Kabeln und Leitungen anzuwenden ist, somit dürfen seit dem 01.04.2006 (Ende der Übergangsfrist der DIN VDE 0293-308 (VDE 0293-308):2003-01) keine Kabel und Leitungen mehr mit den bisherigen Leiterfarben hergestellt werden, wenn sie normenkonform sein sollen.

Zusätzliche Information hierzu:
Da es sich bei DIN VDE 0293-308 (VDE 0293-308) **nicht** um eine Internationale Norm handelt, sondern „nur" um ein Europäisches Harmonisierungsdokument (HD), wird es auch weiterhin weltweit keine einheitliche Farbgebung für Kabel und Leitungen geben. HD gelten nur in den CENELEC-Ländern (siehe Tabelle 16.1) und müssen von diesen Ländern auch nur sachlich und nicht identisch übernommen werden, sodass es selbst in Europa bei den CENELEC-Mitgliedern weiterhin noch gewisse Unterschiede geben kann.

Die Verwendung „alter" Kabel und Leitungen für die Errichtung ist aber auch nach dem 1. April 2006 noch zulässig, d. h., „Reservebestände" dürfen aufgebraucht werden. **Aber nach dem 01.09 2008 dürfen nur noch Kabel und Leitungen errichtet** werden, die die **neuen Leiterfarben** enthalten, abgesehen vom Ersatzbedarf für bestehende Anlagen, in denen noch die „alten" Kabel/Leitungen verlegt waren.

Betriebsmittel nach alten Normen dürfen noch für den Ersatzbedarf verwendet werden, wenn sie nicht gegen relevante Sicherheitsfestlegungen in neueren Normen verstoßen. Ein solcher Verstoß wäre vermutlich gegeben, wenn das Kabel oder die Leitung ohne grün-gelb isolierten Schutzleiter ausgeführt wäre, aber für den Stromkreis ein Schutzleiter benötigt wird.

Gibt es einen Bestandsschutz für elektrische Anlagen?

Der Begriff Bestandsschutz ist in den VDE-Bestimmungen nicht enthalten, denn der Begriff ist missverständlich und könnte als besonderer Schutz des (bestehenden) Bestands aufgefasst werden, aber praktisch genau das Gegenteil ist der Fall. Es wird für die Fragestellung allgemein darunter verstanden, dass das bisher Bestehende trotz neuer Erkenntnisse und Sicherheitsmaßstäbe, die sich in neuen Normen als neue sicherheitstechnische Festlegungen niederschlagen, nicht an den neuen Stand dieser neuen Normen angepasst werden muss.

Das Thema „Bestandsschutz" ist angesichts der vielen, schon seit vielen Jahren bestehenden elektrischen Anlagen von großer Bedeutung.
Grundsätzlich gilt, dass eine elektrische Anlage, die zum Zeitpunkt ihrer Errichtung nach den damals gültigen Normen errichtet wurde – gilt auch für eine solche Anlage, die nach den Standards der früheren DDR errichtet wurde –, im Allgemeinen nicht nachgerüstet werden muss, d. h., sie muss nicht an neuere Normen angepasst werden. In früheren Jahren hatte es jedoch einige wenige Anpassungsforderungen in den Normen der Reihe DIN VDE 0100 (VDE 0100) gegeben. Diese Anpassungsforderungen können aus Beiblatt 2 zu DIN VDE 0100 (VDE 0100) entnommen

werden, wo diese Anpassungsforderungen aus der Vergangenheit in den alten Bundesländern für die neuen Bundesländer (Beitrittsgebiet), mit neuen Fristen versehen, zusammengefasst sind.

Somit gilt z. B, dass die Errichtung elektrischer Anlagen in Räumen mit isolierendem Fußboden (eine frühere Variante des heutigen Schutzes „nicht leitende Umgebung", eine Maßnahme, die aber nur noch zur Anwendung kommen darf, wenn die Anlage nur durch Elektrofachkräfte oder elektrotechnisch unterwiesene Personen betrieben und überwacht wird), in denen sich ursprünglich keine zufällig berührbaren, mit Erde in Verbindung stehenden Einrichtungen befanden, die jedoch in der Vergangenheit durch **nachträglichen Einbau** von zufällig berührbaren, mit Erde in Verbindung stehenden Einrichtungen, wie Wasser-, Gas- oder Heizungsanlagen, ihre frühere isolierende Beschaffenheit verloren haben, unverzüglich mit einem Schutz bei indirektem Berühren nachgerüstet werden müssen. Streng genommen ist dies keine Anpassungsforderung, denn in dem Moment, in dem Schutzmaßnahmen außer Funktion gesetzt werden, z. B. hier durch eine „Nutzungsänderung" der Räume, muss eine neue wirksame Schutzmaßnahme vorgesehen werden.

Achtung! Wenn eine solche Nutzungsänderung ab 01.06 2007 durchgeführt wird, müssen die Schutzmaßnahmen nach der neuen DIN VDE 0100-410 (VDE 0100-410):2007-06 zur Anwendung kommen. Und dies gilt auch, wenn aus „Unwissen" jetzt erst eine Schutzmaßnahme für eine vor längerer Zeit bereits stattgefundene Nutzungsänderung nachgerüstet wird.

Das Problem dabei war und ist, dass das Einbringen von fremden leitfähigen Teilen, wie Heizungs- und Wasserinstallationen, durch elektrotechnische Laien erfolgt, die die damit einhergehende Zerstörung einer Schutzmaßnahme (hier Schutz durch nicht leitende Umgebung) nicht erkennen.

Eine lupenreine Anpassungsforderung – also eine Forderung nach Änderung, ohne dass am Bestand geändert wurde – ist z. B., dass in bestehenden elektrischen Verteilungsnetzen und Verbraucheranlagen die Wasserrohrnetze nicht mehr als Erder, Erdungsleiter oder Schutzleiter verwendet werden dürfen, wenn dies nicht anders vereinbart wurde. Diese Anpassungsforderung zeigt einmal mehr, wie wenig diese Anpassung in den letzten Jahren/Jahrzehnten berücksichtigt wurde, weil erst jetzt, seit durch die Wasserversorger die leitfähigen Wasserrohrnetze gegen solche aus Kunststoff ausgewechselt werden, das „Erderproblem", das eigentlich schon seit Jahren gelöst sein sollte, zu Tage tritt. Das Verbot für leitfähige Wasserleitungen als Erder besteht seit dem 30. September 1990, dem Ende der 20-jährigen Anpassungsfrist aus VDE 0190:1970-10, zuletzt abgedruckt in DIN VDE 0190 (VDE 0190):1986-05. Seit dem 30.09.1990 mussten alle Anlagen angepasst sein.

In diesem Zusammenhang sei nochmals darauf hingewiesen, dass es für TN-Systeme auch in der neuen DIN VDE 0100-410 (VDE 0100-410):2007-06 diesbezüglich nur eine Anmerkung mit Empfehlung gibt, die wie folgt lautet:

*ANMERKUNG 2 Es wird empfohlen, Schutzleiter oder PEN-Leiter an der Eintrittsstelle **in jegliche Gebäude oder Anwesen zu erden**, wobei über Erde zurückfließende (vagabundierende) Neutralleiterströme berücksichtigt werden sollten.*

Von den Netzbetreibern werden aber in der TAB 2000 Fundamenterder nach DIN 18014 auch für TN-Systeme gefordert, zumindest für neu errichtete Anlagen.

Hinweis: Wenn in einem älteren Gebäude kein Erder vorhanden ist und nachträglich eine Antennenanlage errichtet wird/wurde bzw. eine Blitzschutzanlage, dann ist hierfür ein Erder notwendig.

Häufig gefragt wird, ob für einen Stromkreis, für den nach heutigen Normen der zusätzliche Schutz mit Fehlerstrom-Schutzeinrichtungen (RCDs) mit $I_{\Delta N} \leq 30$ mA gefordert wird, eine Anpassung gefordert ist. Ganz klar: Nein! Es gibt mit DIN VDE 0100-739 (VDE 0100-739) für Wohnungen lediglich eine Empfehlung, aber keinen Zwang, dies freiwillig vorzusehen bzw. nachzuholen. Somit muss ein Steckdosenstromkreis, z. B. im Raum mit Badewanne oder Dusche, der vor 1984-05 errichtet wurde und nach den damaligen normativen Forderungen nur mit der Schutzmaßnahme Nullung (auch nicht, wenn noch die „klassische Nullung" (mit PEN-Leiter < 10 mm^2) zur Anwendung kommt) geschützt ist, nicht nachgerüstet werden. Und auch die Forderung in der neuen DIN VDE 0100-410 (VDE 0100-410):2007-06, alle Steckdosen bis 20 A, ggf. auch solche bis 32 A – mit kleinen Ausnahmen –, durch Fehlerstrom-Schutzeinrichtungen (RCDs) mit $I_{\Delta N} \leq 30$ mA zu schützen, gilt nur für Neuanlagen und nicht für bestehende elektrische Anlagen.

Aber! Wenn bei einer Raumänderung/Nutzungsänderung, die die Erfüllung anderer Anforderungen an die notwendigen Schutzmaßnahmen fordert (Beispiel: Einbau einer Dusche im Schlafzimmer), die notwendigen Änderungen der Schutzmaßnahmen in der Vergangenheit nicht durchgeführt wurden, liegt ein Mangel vor, der unverzüglich zu beseitigen ist. Es handelt sich hierbei nicht um die Erfüllung einer Anpassungsforderung, sondern um ein Nachholen des Versäumten. Auch wenn die Nutzungsänderung schon längere Zeit zurückliegt, muss die elektrische Anlage beim „Nachholen" des Versäumten zum Zeitpunkt dieses Nachholens nach den zum Zeitpunkt des Nachholens gültigen Normen ausgeführt werden. Der Anteil der Anlage, der nicht von der Nutzungsänderung betroffen ist, braucht nicht geändert zu werden, wenn er ohne Mangel ist.

In vielen Fällen wird auch behauptet, dass bei Erneuerung eines Wohnungsverteilers die gesamte Wohnung – sofern noch nach alten Normen errichtet – neu installiert werden muss. Eine solche Forderung gibt es nicht, da es sich nur um „Ersatz" alter Betriebsmittel handelt. Jedoch muss bei dem dabei sicher notwendigen Ersatz der Sicherungen/Leitungsschutzschalter darauf geachtet werden, dass eine Schutzeinrichtung zum Einsatz kommt, die der bisherigen Schutzeinrichtung in ihren Schutzzielen gerecht wird. Gegebenenfalls muss geprüft werden, ob z. B. die Abschaltbedingung nach den Werten der alten Norm (die zum Zeitpunkt der Errichtung galt) noch erfüllt werden kann. Wo dies nicht der Fall ist, kann die Errichtung eines oder mehrerer Stromkreise nach den neuen Normen notwendig sein.

18 Häufige Fragen und Antworten aus Sicht der Autoren

Auch „alte" Kabel/Leitungen – auch mit „alten" Leiterfarben – brauchen – sofern der Isolationswiderstand noch den Anforderungen der DIN VDE 0105-100 (VDE 0105-100) entspricht – nicht ausgewechselt zu werden. Defekte Kabel/Leitungen dürfen durch neue Kabel/Leitungen ersetzt werden, sofern sich nicht der Weg der Verlegung ändert, auch wenn diese mit neuen Leiterfarben ausgeführt werden, siehe auch **Bild 18.7**.

Bei allem, was zum „Bestandschutz" aufgeführt wird, muss beachtet werden, dass in Fällen, in denen Gefahr in Verzug ist, es notwendig sein kann, dass an Altanlagen „Erneuerungen" vorgenommen werden müssen, z. B. wenn bei der Messung (wiederkehrenden Prüfung) ein zu geringer Isolationswiderstand festgestellt wird. Hierfür gilt DIN VDE 0105-100 (VDE 0105-100), siehe nachfolgende Frage/Antwort.

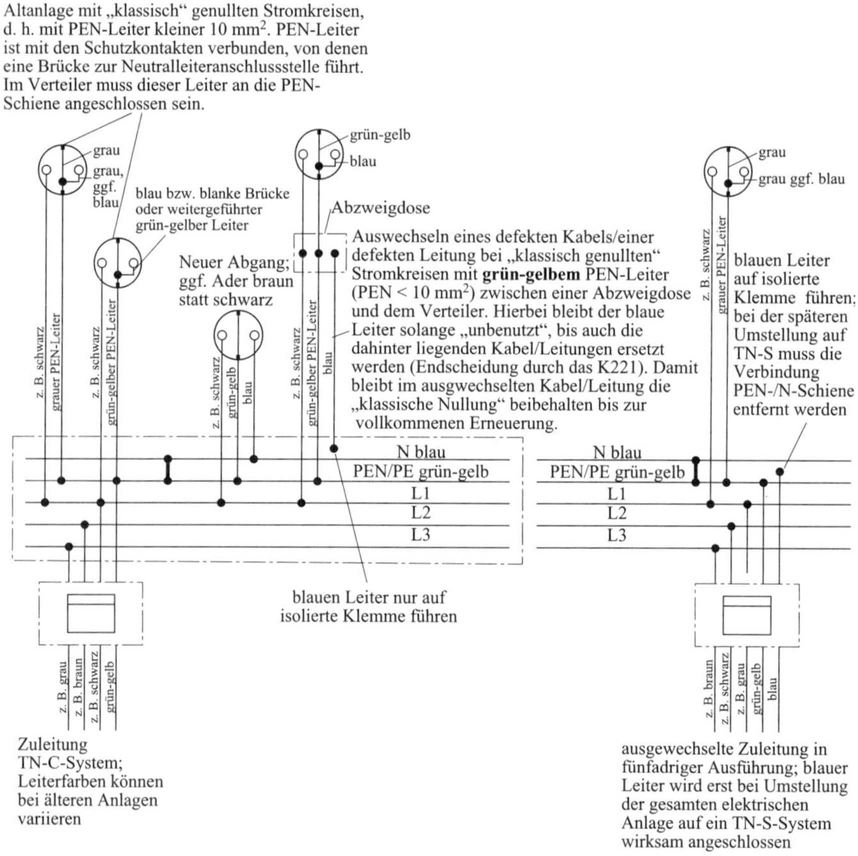

Altanlage mit „klassisch" genullten Stromkreisen, d. h. mit PEN-Leiter kleiner 10 mm². PEN-Leiter ist mit den Schutzkontakten verbunden, von denen eine Brücke zur Neutralleiteranschlussstelle führt. Im Verteiler muss dieser Leiter an die PEN-Schiene angeschlossen sein.

Bild 18.7 Altanlagen – Bestandsschutz beim Auswechseln von Betriebsmitteln, z. B. Kabel/Leitungen

Müssen im privaten Bereich Wiederholungsprüfungen/wiederkehrende Prüfungen durchgeführt werden?

Wiederholungsprüfungen, zutreffender „wiederkehrende Prüfungen", waren bis zum September 1997 nur für den gewerblichen und industriellen Bereich durch die VBG 4 (heute BGV A3, zwischenzeitlich BGV A2) zwingend vorgeschrieben. Seit der Veröffentlichung von DIN EN 50110 (VDE 0105-1):1997-07 sind wiederkehrende Prüfungen für private Wohnungen nicht mehr ausdrücklich ausgeschlossen. Somit galten DIN EN 50110 (VDE 0105-1):1997-10 und damit DIN VDE 0105-100 (VDE 0105-100):1997-10 sowie deren Folgenormen DIN EN 50110-1 (VDE 0105-1):2000-06 und DIN VDE 0105-100 (VDE 0105-100) mit Änderung DIN VDE 0105-100/A3 (VDE 0105-100/A3):2003-11, und heute gelten DIN EN 50110-1 (VDE 0105-1):2005-06 und DIN VDE 0105-100 (VDE 0105-100):2005-06 zumindest teilweise auch für Wohnungen.

Aber anders als für den gewerblichen/industriellen Bereich – für den die Prüffristen in der BGV A3 festgelegt sind – **ist für Wohnungen eine Prüffrist nicht festgelegt.**

Eine Verpflichtung für die Einhaltung der DIN VDE 0105-100 (VDE 0105-100) ergibt sich insbesondere für Vermieter von Wohnungen auch aus den §§ 536–538 des BGB, wonach der Vermieter verpflichtet ist, die vermietete Sache im gebrauchsgemäßen Zustand zu übergeben und auch während der Mietzeit zu erhalten. Auch wenn hierzu Prüffristen nicht festgelegt sind, sollte man sich – nach Meinung der Autoren – an die Vorgaben der BGV A3 halten, d. h. wiederkehrende Prüfungen mindestens alle vier Jahre durchführen lassen. Außerdem sollten auch bei einem Mieterwechsel die relevanten Prüfungen durchgeführt werden, um als Vermieter bei der Behauptung, eine unsichere Wohnung zu vermieten (mit allen zivil- und strafrechtlichen Konsequenzen), nicht in Beweisnot zu geraten. Letztendlich ist aber auch der Mieter nicht aus der Pflicht, insbesondere wenn er während der Mietzeit in „Eigenregie" unzulässigerweise Änderungen an der elektrischen Anlage durchgeführt hat.

Die Elektrofachkraft selbst kann jedoch den Betreiber/Benutzer einer elektrischen Anlage nicht zwingen, die gebotenen Prüfungen durchführen zu lassen.

Dürfen Verbindungen in Schutzleitern bzw. PEN-Leiter nur mit Werkzeug lösbar sein?

Unter dem Aspekt des Schutzes gegen elektrischen Schlag ist im Abschnitt 543.3.3 von DIN VDE 0100-540 (VDE 0100-540):2007-06 Folgendes festgelegt:

*Schaltgeräte dürfen in den Schutzleiter nicht eingefügt werden, jedoch dürfen Verbindungen, die für Prüfzwecke **mit Werkzeug** gelöst werden können, vorgesehen werden.*

Damit ergibt sich die eindeutige Festlegung, dass solche Verbindungen lösbar sein dürfen, aber nur mit Werkzeug gelöst werden dürfen.

Darüber hinaus muss eine Schutzleiterverbindung mindestens für die Kräfte ausgelegt sein, die bei Fehler(Kurzschluss)strömen auftreten können, d. h., ein Schutzleiter darf sich durch diese Kräfte nicht lösen. Somit ergibt sich in vielen Fällen die Notwendigkeit einer Schraubverbindung und nicht nur eine Steckverbindung. Eine „sichere" Schutzleiterverbindung kann aber auch durch einen Steckanschluss – wie er an vielen Betriebsmitteln heute schon vorhanden ist – erreicht werden, wenn diese Verbindung entsprechend geprüft ist. Flachsteckanschlüsse können diese Anforderungen auch erfüllen, allerdings sollte in den Bereichen, in denen eine solche Verbindung direkt zugänglich ist, z. B. beim Anschluss von Potentialausgleichsleitern mit Schutzfunktion (nach neuer Norm nun Schutzpotentialausgleichsleiter), ein Flachsteckanschluss mit Rastnase verwendet werden, damit zumindest eine bewusste Handlung für das Unterbrechen der Verbindung erforderlich ist und ein versehentliches Entfernen ausgeschlossen werden kann.

Muss beim geforderten zusätzlichen Schutz bei direktem Berühren – neue Terminologie: Zusätzlicher Schutz: Fehlerstrom-Schutzeinrichtungen (RCDs) – im Falle des Fehlerschutzes mit einer Fehlerstrom-Schutzeinrichtung (RCD) mit $I_{\Delta N} \leq 30$ mA eine zweite solche Fehlerstrom-Schutzeinrichtung (RCD) hintereinander geschaltet werden?

Zwei Fehlerstrom-Schutzeinrichtungen (RCD) mit einem Bemessungsdifferenzstrom $I_{\Delta N} \leq 30$ mA hintereinander zu schalten wäre konsequent, denn schließlich ist der zusätzliche Schutz dadurch definiert (siehe unter Begriffe im Abschnitt 1.1 dieses Buchs), dass er eine Schutzmaßnahme zusätzlich zum Basisschutz und/oder Fehlerschutz ist, wobei die vorgeschaltete Fehlerstrom-Schutzeinrichtung (RCD) besser eine vom Typ S sein sollte. In Deutschland ist es jedoch nach DIN VDE 0100-530 (VDE 0100-530):2005-06 zulässig, dass der Fehlerschutz (Schutz bei indirektem Berühren) und der zusätzliche Schutz (Schutz bei direktem Berühren) durch dieselbe Fehlerstrom-Schutzeinrichtung (RCD) erfüllt werden darf, vorausgesetzt der Bemessungsdifferenzstrom ist $I_{\Delta N} \leq 30$ mA. In solchen Fällen muss diese Fehlerstrom-Schutzeinrichtung (RCD) am Anfang des Stromkreises errichtet werden.

Dürfen mehrere Schutzleiter unter einer Klemme/Anschlussstelle geklemmt werden?

Hierzu gibt es in DIN VDE 0100-520 (VDE 0100-520):2003-06 im Abschnitt 526.5.4 folgende Festlegung:
Anschluss- und Verbindungsmittel müssen der Anzahl, dem Werkstoff und dem Querschnitt der anzuschließenden bzw. zu verbindenden Leiter sowie den Leiterarten entsprechen.

Somit können mehrere Schutzleiter unter einer Anschlussstelle erlaubt sein, wenn die Anschlussstelle dafür geeignet ist. Jedoch gibt es im Abschnitt 7.4.3.1.6 von DIN EN 60439-1 (VDE 0660-500):2005-01 und im Abschnitt 13.1.1 von DIN EN

18 Häufige Fragen und Antworten aus Sicht der Autoren

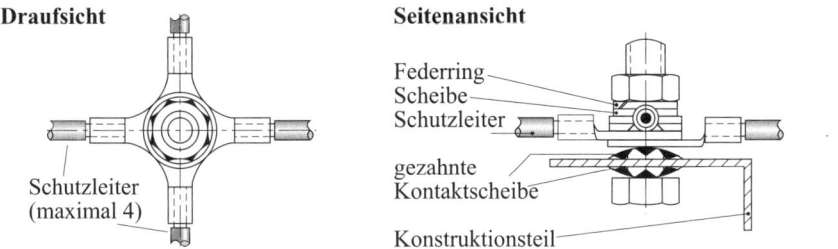

Bild 18.8 Fachgerechter Mehrfachanschluss innerhalb von elektrischen Betriebsmitteln. Die Begrenzung auf vier Schutzleiter ist eine Empfehlung der Autoren.

60204-1 (VDE 0113-1):2007-06 eine Forderung, dass nach außen abgehende Schutzleiter (z. B. Schutzleiter von Kabeln/Leitungen zu Verbrauchern) einzeln klemmbar sein müssen, d. h. dass nur ein Schutzleiter je Klemmenanschlusspunkt angeschlossen sein darf. Innerhalb von Schaltanlagen, Verteilern und elektrischen Betriebsmitteln wäre gegen einen „fachgerechten" Anschluss mehrerer Schutzleiter unter einer Anschlussstelle nichts einzuwenden. Allerdings sollte, nach Meinung der Autoren, ein solcher „Mehrfachanschluss" (siehe **Bild 18.8**) nicht an einem Betriebsmittel vorgenommen werden, da es bei einem eventuell notwendigen Wechsel der Betriebsmittel zu einer Unterbrechung des Schutzleiterstromkreises kommen kann. Mehrfachklemmungen von Schutzleitern sind auch in Abzweigdosen/Verteilerdosen und in anderen elektrischen Betriebsmitteln zugelassen.

Wo wird ein künstlicher Sternpunkt angewendet?

Ein künstlicher Sternpunkt kommt in einigen Fällen in IT-Systemen zur Anwendung. Da diese Ausführung – nach Kenntnis der Autoren – in Deutschland nicht zur

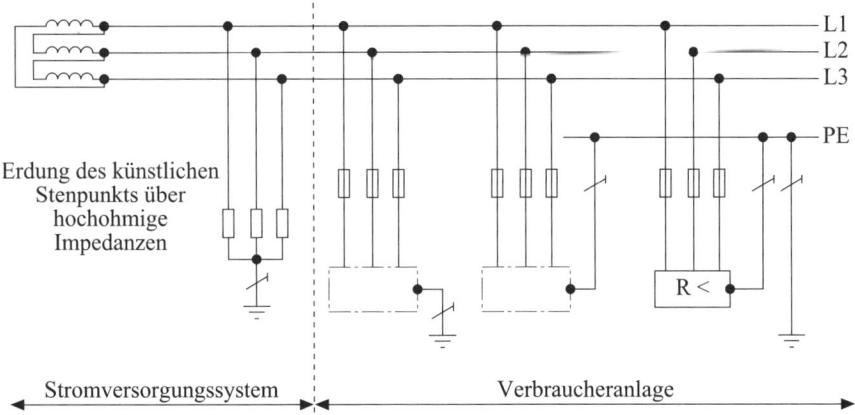

Bild 18.9 IT-System über einen künstlichen Sternpunkt hochohmig geerdet

Anwendung kommt, gibt es auch nur wenige Informationen dazu. Aber in Frankreich und in einigen französisch beeinflussten Ländern kommt diese Variante des IT-Systems zur Anwendung, daher soll mit **Bild 18.9** aufgezeigt werden, wie ein solches IT-System aussehen kann.

Dürfen Überspannung-Schutzeinrichtungen (ÜSE) in Gehäusen der Schutzklasse II mit einem Schutzleiter verbunden werden, ohne dass das Doppelquadrat entfernt werden muss?

Ja, da dieser „Schutzpotentialausgleich", nicht wie ein Schutzleiter, an einem Körper angeschlossen wird, sondern es wird eine Verbindung – über die Überspannung-Schutzeinrichtungen – mit den aktiven Leitern des Systems hergestellt. Wobei diese Verbindung mit den aktiven Leitern nur während des Ansprechens der Überspannung-Schutzeinrichtung erfolgt. Gegebenenfalls muss diese Verbindung, wenn die Überspannung-Schutzeinrichtung fehlerhaft „durchgezündet" bleibt, durch die vorgeschaltete Überstrom-Schutzeinrichtung abgeschaltet werden. Das heißt, ein möglicher Netzfolgestrom muss abgeschaltet werden.

Nach Abschnitt 412.2.2.4 von DIN VDE 0100-410 (VDE 0100-410):2007-06 dürfen nur Körper und leitfähige Teile innerhalb Umhüllung der Schutzklasse-II nicht mit einem Schutzleiter verbunden werden.

Bleibt die Frage offen, welche Farbe dieser „Schutzpotentialausgleichsleiter" haben muss. Aufgrund folgender Festlegungen gilt, dass diese Leiter grün-gelb sein müssen. Diese harte Forderung ergibt sich zum einen aus den Darstellungen/Bildern des normativen Anhangs der DIN V VDE V 0100-534 (VDE V 0100-534):1999-04 wo diese Verbindungen durch das Symbol ─╱─ als Schutzleiter bezeichnet sind. Somit sind diese Verbindungen, wenn sie isoliert sind, mit grün-gelber Isolierung, d. h. als Schutzleiter, auszuführen, siehe **Bild 18.10**. Die Ausführung als Schutzleiter setzt aber voraus, dass auch alle Anforderungen an Schutzleiter erfüllt sind, z. B. Mindestquerschnitte bei geschützter Verlegung 2,5 mm^2 Cu und bei ungeschützter Verlegung mindestens 4 mm^2 Cu. Außerdem dürfen keine Schalteinrichtungen und Impedanzen in solchen grün-gelb gekennzeichneten Schutzleitern sein. Bei der Festlegung dieser Querschnitte müssen der mögliche Netzfolgestrom und die vorgeschaltete Überstrom-Schutzeinrichtung berücksichtigt werden.

Zum anderen gibt es seit 1. Juni 2006 eine neue DIN VDE 0100-200 (VDE 0100-200). Im Abschnitt 826-13-22 von DIN VDE 0100-200 (VDE 0100-200):2006-06 ist, anders als in der bisherigen Norm, Folgendes festgelegt:

Schutzleiter
Leiter zum Zweck der Sicherheit, zum Beispiel zum Schutz gegen elektrischen Schlag [IEV 195-02-09]

Anders war das noch im Abschnitt 2.4.5 der früheren Ausgabe DIN VDE 0100-200 (VDE 0100-200):1998-06, in der die Definition des Schutzleiters noch auf einige Schutzmaßnahmen gegen gefährliche Körperströme wie folgt eingeschränkt war:

18 Häufige Fragen und Antworten aus Sicht der Autoren

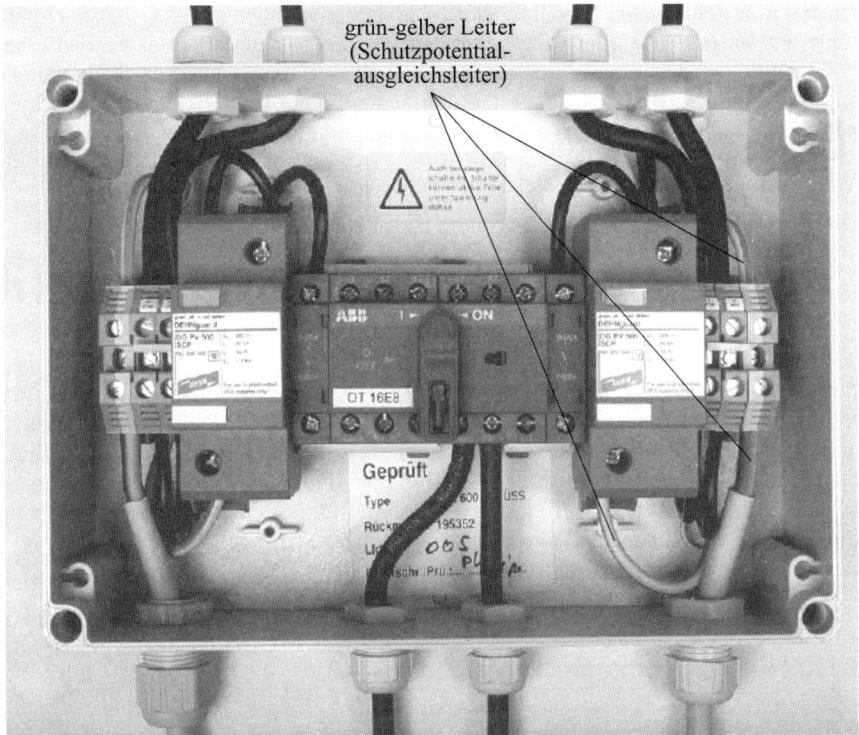

Bild 18.10 Grün-gelber Leiter für den Anschluss an einer Überspannung-Schutzeinrichtung. Diese Leiter sind Schutzleiter.

Schutzleiter
(Symbol PE) [826-04-05
Leiter, der für einige Schutzmaßnahmen gegen gefährliche Körperströme erforderlich ist, um die elektrische Verbindung zu einem der nachfolgenden Teile herzustellen:
– Körper der elektrischen Betriebsmittel
– fremde leitfähige Teile
– Haupterdungsklemme
– Erder
– geerdeter Punkt der Stromquelle oder künstlicher Sternpunkt

Die damalige Festlegungen für Schutzleiter hätten die Verbindung zum Zwecke des Schutzes bei Überspannungen nicht beinhaltet. Dennoch wurden diese Verbindungen auch mit grün-gelb isolierten Leitern ausgeführt, weil sie im gewissen Sinne auch eine Schutzfunktion hatten.

Dieser grün-gelbe Leiter darf entweder zusätzlich von außen in das Gehäuse eingeführt und an den Überspannung-Schutzeinrichtungen angeschlossen werden oder die Verbindung darf auch durch die Verbindung mit einer „inneren" Schutzleiteranschlussstelle, z. B. mit Schutzleiterklemmen auf einer Reihenklemmentragschiene (die als Schutzleiterschiene verwendet wird), hergestellt werden.

Wie kann ein TN-S-System bei Mehrfacheinspeisung realisiert werden?

Die Notwendigkeit für ein TN-S-System ist nur aus EMV-Gründen (ggf. bei Querschnitten < 10 mm² Cu) von Bedeutung.

Um derzeit im Einklang mit den gültigen Normen zu bleiben, muss bei Mehrfacheinspeisungen die Zusammenschaltung der einzelnen Stromquellen im TN-C-System (bzw. im TN-C-Teil eines TN-C-S-Systems) erfolgen, siehe **Bild 18.11a**).

Formal lässt sich derzeit „normativ" ein TN-S-System ab den Stromquellen bei Mehrfacheinspeisung nicht realisieren, da bei einem TN-S-System Neutralleiter und Schutzleiter ab Transformatorsternpunkt als getrennte Leiter auszuführen sind. Da bei jeder Stromquelle diese „Aufteilung" vorzunehmen wäre, würde sich ergeben, dass die getrennt ausgeführten Neutralleiter und Schutzleiter an der anderen Stromquelle oder an den anderen Stromquellen wieder miteinander verbunden werden würden, was nach Abschnitt 543.4.3 von DIN VDE 0100-540 (VDE 0100-

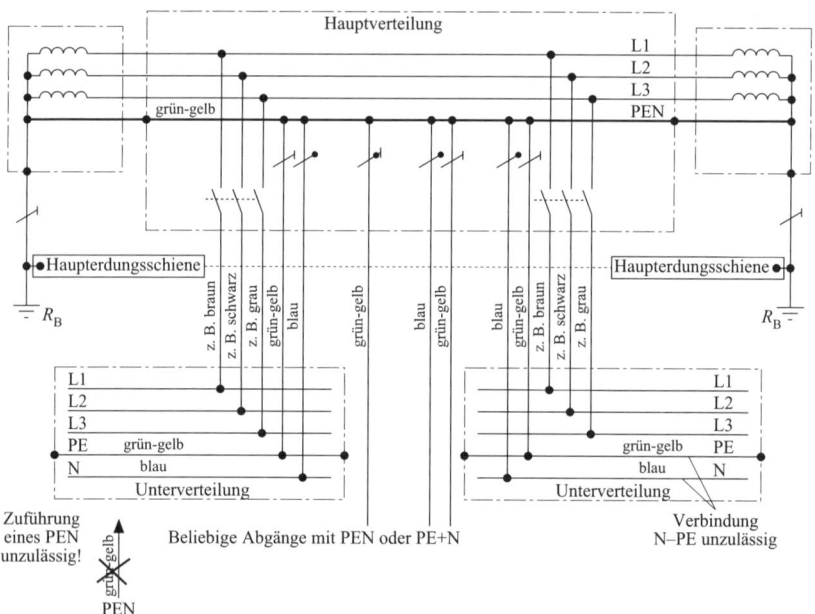

Bild 18.11a Normgerechte Mehrfacheinspeisung, derzeit nur im TN-C-System möglich

18 Häufige Fragen und Antworten aus Sicht der Autoren

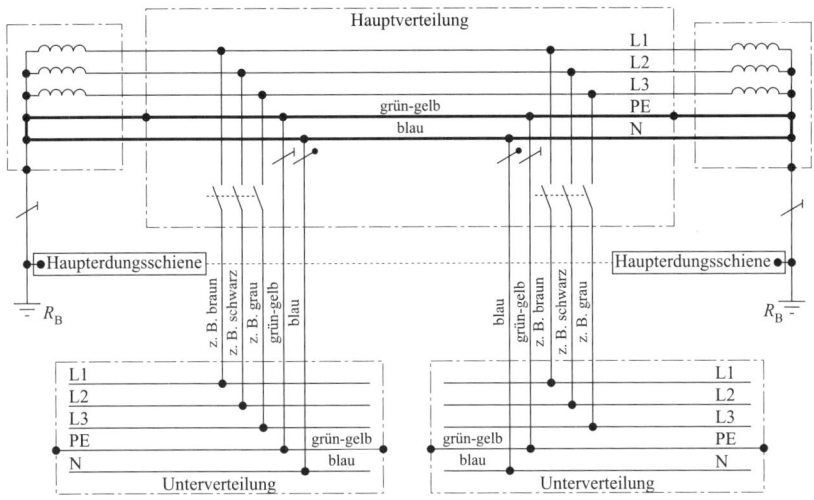

Bild 18.11b Vermeintliches TN-S-System bei Mehrfacheinspeisung, N und PE „parallel geschaltet"

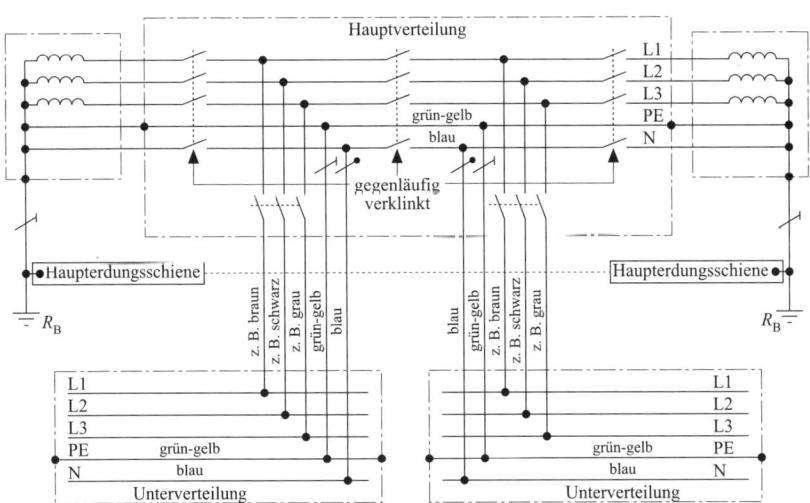

Bild 18.11c Mehrfacheinspeisung mit allpoliger Umschaltung zum Erzielen eines „normativen" TN-S-Systems

18 Häufige Fragen und Antworten aus Sicht der Autoren

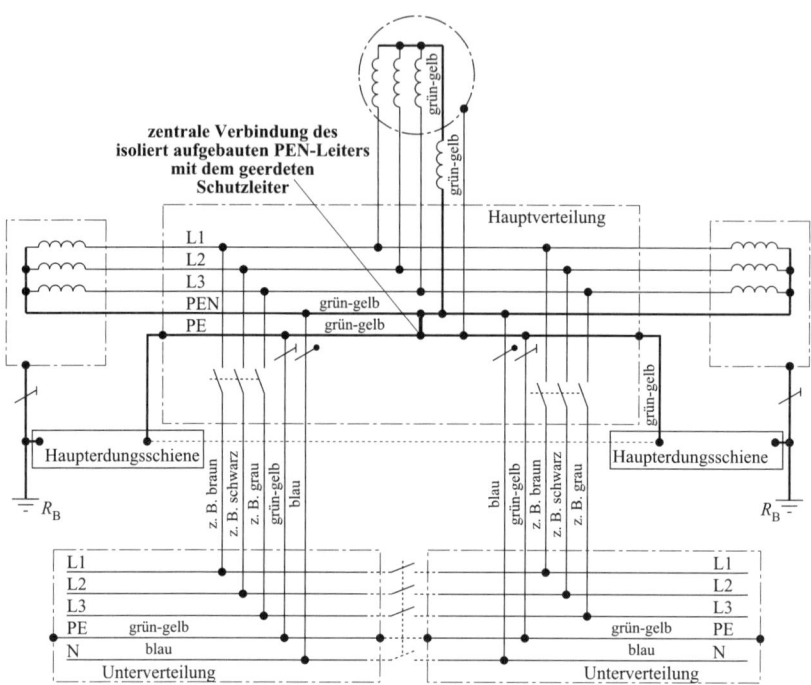

Bild 18.11d TN-S-System mit nur einer Verbindung aller isoliert aufgebauter PEN-Leiter mit dem geerdeten Schutzleiter („zentral geerdetes" TN-S-System)

540):2007-06 verboten ist. Außerdem würde sich dabei kein TN-S-System ergeben, weil es nur zu einer Parallelschaltung von N und PE kommen würde, siehe hierzu **Bild 18.11b**)

Ein normatives TN-S-System könnte bei zwei Einspeisungen/Stromquellen (bedingt auch bei mehreren Einspeisungen) realisiert werden, wenn man die Stromquellen über allpolige (einschließlich des Neutralleiters) Trenneinrichtungen voneinander trennt und in Verbraucherrichtung die einzelnen Verteilungsabschnitte allpolig auf eine Stromquelle schaltet, siehe hierzu **Bild 18.11c**.

In den letzten Jahren hat sich eine weitere Variante ergeben, die jedoch noch nicht in den Normen aufgeführt ist. Diese Variante wird im fachsprachlichen Jargon als „zentral geerdetes TN-S-System" bezeichnet, siehe hierzu **Bild 18.11d**, was aber physikalisch nicht zutrifft, weil es sich eigentlich um ein TN-System handelt, bei dem die PEN-Leiter von der Stromquelle kommend gegen Erde isoliert ausgeführt sind und an einer (möglichst) zentralen Stelle nur einmal mit dem geerdeten Schutzleiter verbunden sein dürfen. Für den oder die Schutzleiter gibt es keine Einschränkung bei der Erdung, d. h., sie dürfen und sollen an möglichst vielen Stellen

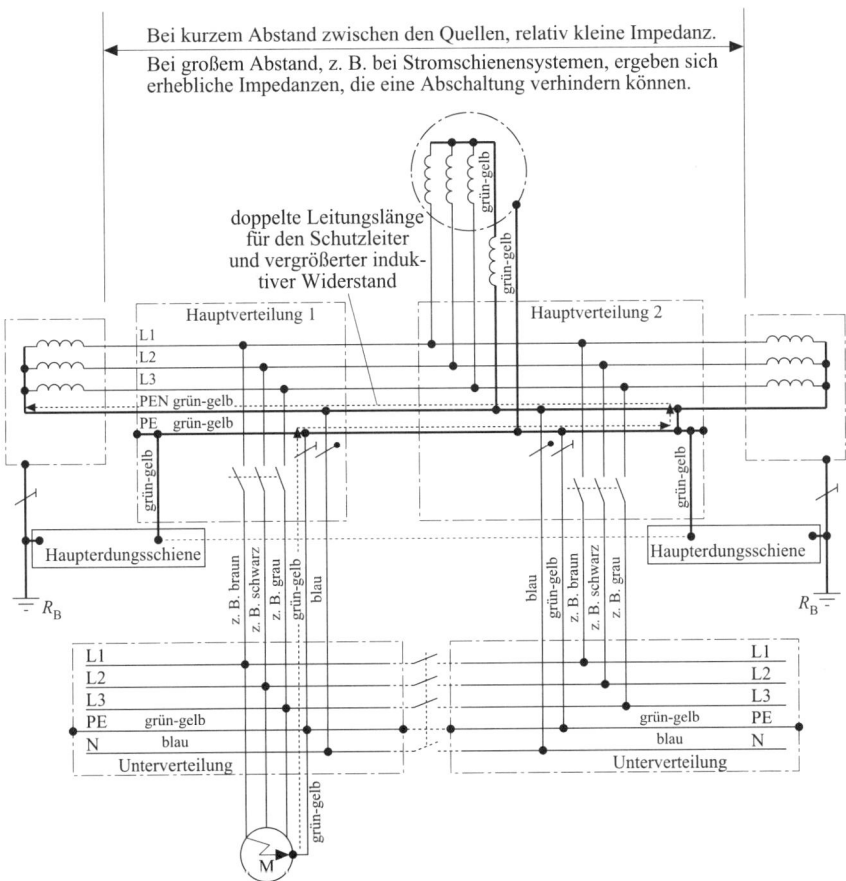

Bild 18.11e Große Schleifenimpedanz bei dezentraler Positionierung der Stromquellen

mit Erde, Erdern sowie geerdeten Teilen verbunden sein. Diese Ausführung hatte bisher in einigen Fällen, z. B. bei sehr dezentralen Stromquellen, siehe **Bild 18.11e**, sogar gegen DIN VDE 0100-410 (VDE 0100-410):1997-01 verstoßen. Der „Verstoß" lag darin, dass im Abschnitt 413.1.4 der DIN VDE 0100-410 (VDE 0100-410):1997-01gefordert war, dass der Sternpunkt der Stromquelle am Transformator/ Generator oder in der Nähe (was nahe ist, ist aber dehnbar) zu erden ist. In der nun gültigen DIN VDE 0100-410 (VDE 0100-410):2007-06 gibt es eine solche Forderung nicht mehr. Nach wie vor aber kann es durch die „zentrale" Verbindung mit dem Schutzleiter zu Problemen bei den Abschaltbedingungen kommen, weil sich eine größere – z. T. wesentlich größere – Schleifenimpedanz ergibt.

19 Literatur

19.1 Normen, Entwürfe, Beiblätter

Das nachfolgende Verzeichnis enthält alle Normen und Beiblätter der Reihe DIN VDE 0100 (VDE 0100) sowie in diesem Buch zitierte weitere Normen, Entwürfe und Beiblätter[*] (sortiert nach VDE-Nummer, dann DIN-Normen ohne VDE-Klassifikation, abschließend IEC-Publikationen).

VDE 0100:1973-05	Bestimmungen für das Errichten von Starkstromanlagen mit Nennspannungen bis 1000 V
VDE 0100g:1976-07	Bestimmungen für das Errichten von Starkstromanlagen mit Nennspannungen bis 1000 V – Änderung zu VDE 0100/05.73
Beiblatt 1 zu DIN VDE 0100 (**Beiblatt 1 zu VDE 0100**): 1982-11	Errichten von Starkstromanlagen mit Nennspannungen bis 1000 V – Entwicklungsgang der Errichtungsbestimmungen
Beiblatt 2 zu DIN VDE 0100 (**Beiblatt 2 zu VDE 0100**): 2001-05	Errichten von Niederspannungsanlagen – Verzeichnis der einschlägigen Normen und Übergangsfestlegungen
Beiblatt 3 zu DIN VDE 0100 (**Beiblatt 3 zu DIN VDE 0100**): 1983-03	Errichten von Starkstromanlagen mit Nennspannungen bis 1000 V – Struktur der Normenreihe
Beiblatt 5 zu DIN VDE 0100 (**Beiblatt 5 zu VDE 0100**): 1995-11	Errichten von Starkstromanlagen mit Nennspannungen bis 1000 V – Maximal zulässige Längen von Kabeln und Leitungen unter Berücksichtigung des Schutzes bei indirektem Berühren, des Schutzes bei Kurzschluss und des Spannungsfalls
DIN VDE 0100-100 (**VDE 0100-100**):2002-08	Errichten von Niederspannungsanlagen – Teil 100: Anwendungsbereich, Zweck und Grundsätze; (IEC 60364-1:1992, modifiziert); Deutsche Fassung HD 384.1 S2:2001

---

[*] Bezugsquellen für
  – Normen, Beiblätter und Entwürfe mit VDE-Klassifikation: VDE VERLAG GMBH, 10625 Berlin
  – DIN-Normen: Beuth Verlag, 10772 Berlin

19 Literatur

E DIN IEC 60364-1 (**VDE 0100-100**):2003-08	Errichten von Niederspannungsanlagen – Teil 100: Allgemeine Grundsätze, Bestimmungen allgemeiner Merkmale, Begriffe (IEC 64/ 1295/ CD:2003)
DIN VDE 0100-200 (**VDE 0100-200**):2006-06	Errichten von Niederspannungsanlagen – Teil 200: Begriffe (IEC 60050-826:2004, modifiziert)
DIN VDE 0100-300 (**VDE 0100-300**):1996-01	Errichten von Starkstromanlagen mit Nennspannungen bis 1 000 V – Teil 3: Bestimmungen allgemeiner Merkmale; (IEC 364-3:1993, modifiziert); Deutsche Fassung HD 384.3 S2: 1995
DIN VDE 0100-410 (**VDE 0100-410**):1983-11 (ersetzt)	Errichten von Starkstromanlagen mit Nennspannungen bis 1000 V; Schutzmaßnahmen; Schutz gegen gefährliche Körperströme [VDE-Bestimmung]
DIN VDE 0100-410 (**VDE 0100-410**):1997-01 (ersetzt)	Errichten von Starkstromanlagen mit Nennspannungen bis 1000 V – Teil 4: Schutzmaßnahmen – Kapitel 41: Schutz gegen elektrischen Schlag; (IEC 364-4-41:1992, modifiziert); Deutsche Fassung HD 384.4.41 S2:1996
DIN VDE 0100-410/A1 (**VDE 0100-410/A1**):2003-06 (ersetzt)	Errichten von Niederspannungsanlagen – Teil 4: Schutzmaßnahmen – Kapitel 41: Schutz gegen elektrischen Schlag; (IEC 364-4-41:1992/A2: 1999, modifiziert); Deutsche Fassung HD 384.4.41 S2:1996/A1:2002
DIN VDE 0100-410 (**VDE 0100-410**):2007-06	Errichten von Niederspannungsanlagen – Teil 4-41: Schutzmaßnahmen – Schutz gegen elektrischen Schlag (IEC 60364-4-41:2005-12, modifiziert); Deutsche Übernahme HD 60364-4-41:2007
DIN VDE 0100-420 (**VDE 0100-420**):1991-11	Errichten von Starkstromanlagen mit Nennspannungen bis 1 000 V – Schutzmaßnahmen – Schutz gegen thermische Einflüsse
DIN VDE 0100-430 (**VDE 0100-430**):1991-11	Errichten von Starkstromanlagen mit Nennspannungen bis 1000 V – Schutzmaßnahmen – Schutz von Kabeln und Leitungen bei Überstrom

DIN VDE 0100-442 (**VDE 0100-442**):1997-11	Elektrische Anlagen von Gebäuden – Teil 4: Schutzmaßnahmen – Kapitel 44: Schutz bei Überspannungen – Hauptabschnitt 442: Schutz von Niederspannungsanlagen bei Erdschlüssen in Netzen mit höherer Spannung; Deutsche Fassung HD 384.4.442 S1:1997
DIN VDE 0100-443 (**VDE 0100-443**):2007-06	Errichten von Niederspannungsanlagen – Teil 4-44: Schutzmaßnahmen – Schutz bei Störspannungen und elektromagnetischen Störgrößen – Abschnitt 443: Schutz bei Überspannungen infolge atmosphärischer Einflüsse oder von Schaltvorgängen (IEC 60364-4-44:2001 + A1: 2003, modifiziert); Deutsche Übernahme HD 60364-4-443:2006
DIN VDE 0100-444 (**VDE 0100-444**):1999-10	Elektrische Anlagen von Gebäuden – Teil 4: Schutzmaßnahmen – Kapitel 44: Schutz bei Überspannungen – Hauptabschnitt 444: Schutz gegen elektromagnetische Störungen (EMI) in Anlagen von Gebäuden; (IEC 60364-4-444: 1996, modifiziert); Deutsche Fassung CENELEC R064-004:1999
DIN VDE 0100-450 (**VDE 0100-450**):1990-03	Errichten von Starkstromanlagen mit Nennspannungen bis 1000 V – Schutzmaßnahmen – Schutz gegen Unterspannung
DIN VDE 0100-460 (**VDE 0100-460**):2002-08	Errichten von Niederspannungsanlagen – Teil 4: Schutzmaßnahmen – Kapitel 46: Trennen und Schalten; (IEC 60364-4-46:1981, modifiziert); Deutsche Fassung HD 384.4.46 S2:2001
DIN VDE 0100-470 (**VDE 0100-470**):1996-02 (ersetzt durch DIN VDE 0100-410 (VDE 0100-410):2007-06)	Errichten von Starkstromanlagen mit Nennspannungen bis 1000 V – Teil 4: Schutzmaßnahmen – Kapitel 47: Anwendung der Schutzmaßnahmen; (IEC 364-4-47:1981 + A1:1993, modifiziert); Deutsche Fassung HD 384.4.47 S2: 1995
DIN VDE 0100-482 (**VDE 0100-482**):2003-06	Errichten von Niederspannungsanlagen – Teil 4: Schutzmaßnahmen – Kapitel 48: Auswahl von Schutzmaßnahmen – Hauptabschnitt 482: Brandschutz bei besonderen Risiken oder Gefahren; Deutsche Fassung HD 384.4.482 S1: 1997 + Corrigendum 1997

19 Literatur

DIN VDE 0100-510 (**VDE 0100-510**):2007-06	Errichten von Niederspannungsanlagen – Teil 5-51: Auswahl und Errichtung elektrischer Betriebsmittel – Allgemeine Bestimmungen (IEC 60364-5-51:2001 modifiziert); Deutsche Übernahme HD 60364-5-51:2006
DIN VDE 0100-520 (**VDE 0100-520**):2003-06	Errichten von Niederspannungsanlagen – Teil 5: Auswahl und Errichtung elektrischer Betriebsmittel – Kapitel 52: Kabel- und Leitungsanlagen; (IEC 364-5-52:1993, modifiziert); Deutsche Fassung HD 384.5.52 S1:1995 + A1: 1998
Berichtigung 1 zu DIN VDE 0100-520 (**Berichtigung 1 zu VDE 0100-520**):2003-08	Berichtigungen zu DIN VDE 0100–520 (VDE 0100-520):2003-06
Beiblatt 1 zu DIN VDE 0100-520 (**Beiblatt 1 zu VDE 0100-520**): 1994-11	Errichten von Starkstromanlagen mit Nennspannungen bis 1000 V – Leitfaden für elektrische Anlagen – Auswahl und Errichtung von elektrischen Betriebsmitteln – Kabel- und Leitungssysteme (-anlagen) – Begrenzung des Temperaturanstiegs bei Schnittstellenanschlüssen; Deutsche Fassung R 064-002
Beiblatt 2 zu DIN VDE 0100-520 (**Beiblatt 2 zu VDE 0100-520**): 2002-11	Errichten von Niederspannungsanlagen – Zulässige Strombelastbarkeit, Schutz bei Überlast, maximal zulässige Kabel- und Leitungslängen zur Einhaltung des zulässigen Spannungsfalls und der Abschaltbedingungen
DIN V VDE V 0100-534 (**VDE V 0100-534**):1999-04	Elektrische Anlagen von Gebäuden – Teil 534: Auswahl und Errichtung von Betriebsmitteln – Überspannungs-Schutzeinrichtungen
DIN VDE 0100-537 (**VDE 0100-537**):1999-06	Elektrische Anlagen von Gebäuden – Teil 5: Auswahl und Errichtung elektrischer Betriebsmittel – Kapitel 53: Geräte zum Trennen und Schalten; (IEC 600364-5-537:1981 + A1:1989: modifiziert); Deutsche Fassung HD 384.5.537 S2:1998
DIN VDE 0100-540 (**VDE 0100-540**):1991-11 (ersetzt)	Errichten von Starkstromanlagen mit Nennspannungen bis 1000 V – Auswahl und Errichtung elektrischer Betriebsmittel – Erdung, Schutzleiter, Potentialausgleichsleiter

DIN VDE 0100-540 (**VDE 0100-540**):2007-06	Errichten von Niederspannungsanlagen – Teil 5-54: Auswahl und Errichtung elektrischer Betriebsmittel – Erdungsanlagen, Schutzleiter und Schutzpotentialausgleichsleiter; (IEC 60364-5-54:2002, modifiziert); Deutsche Übernahme HD 60364-5-54:2007
DIN VDE 0100-550 (**VDE 0100-550**):1988-04	Errichten von Starkstromanlagen mit Nennspannungen bis 1000 V – Auswahl und Errichtung elektrischer Betriebsmittel – Steckvorrichtungen, Schalter und Installationsgeräte
DIN VDE 0100-551 (**VDE 0100-551**):1997-08	Elektrische Anlagen von Gebäuden – Teil 5: Auswahl und Errichtung elektrischer Betriebsmittel – Kapitel 55: Andere Betriebsmittel – Hauptabschnitt 551: Niederspannungs-Stromerzeugungsanlagen; (IEC 364-5-551:1994); Deutsche Fassung HD 384.5.551 S1:1997
DIN VDE 0100-557 (**VDE 0100-557**):2006-07	Errichten von Niederspannungsanlagen – Teil 5: Auswahl und Errichtung elektrischer Betriebsmittel – Abschnitt 557: Hilfsstromkreise
DIN VDE 0100-559 (**VDE 0100-559**):2006-06	Errichten von Niederspannungsanlagen – Teil 5-51: Auswahl und Errichtung elektrischer Betriebsmittel – Allgemeine Bestimmungen (IEC 60364-5-51:2001 modifiziert); Deutsche Übernahme HD 60364-5-51:2006
DIN VDE 0100-560 (**VDE 0100-560**):1995-07	Errichten von Starkstromanlagen mit Nennspannungen bis 1 000 V – Teil 5: Auswahl und Errichtung elektrischer Betriebsmittel – Kapitel 56: Elektrische Anlagen für Sicherheitszwecke; (IEC 364-5-56:1980, modifiziert); Deutsche Fassung HD 384.5.56 S1:1985)
DIN VDE 0100-610 (**VDE 0100-610**):2004-04	Errichten von Niederspannungsanlagen – Teil 6-61: Prüfungen – Erstprüfungen (IEC 60364-6-61:1986 + A1:1993 + A2:1997, modifiziert); Deutsche Fassung HD 384.6.61 S2
DIN VDE 0100-701 (**VDE 0100-701**):2002-02	Errichten von Niederspannungsanlagen – Anforderungen für Betriebsstätten, Räume und Anlagen besonderer Art – Teil 701: Räume mit Badewanne oder Dusche

19 Literatur

DIN VDE 0100-701/A1 (**VDE 0100-701/A1**):2004-02	Errichten von Niederspannungsanlagen – Anforderungen für Betriebsstätten, Räume und Anlagen besonderer Art – Teil 701: Räume mit Badewanne oder Dusche – Änderung 1
DIN VDE 0100-702 (**VDE 0100-702**):2003–11	Errichten von Niederspannungsanlagen – Anforderungen für Betriebsstätten, Räume und Anlagen besonderer Art – Teil 702: Becken von Schwimmbädern und andere Becken
DIN VDE 0100-703 (**VDE 0100-703**):2006-02	Errichten von Niederspannungsanlagen – Teil 7-703: Anforderungen für Betriebsstätten, Räume und Anlagen besonderer Art – Räume und Kabinen mit Saunaheizungen (IEC 60364-7-703:2004); Deutsche Übernahme HD 60364-7-703:2005
DIN VDE 0100-704 (**VDE 0100-704**):2001-05	Errichten von Niederspannungsanlagen – Teil 7: Anforderungen für Betriebsstätten, Räume und Anlagen besonderer Art – Hauptabschnitt 704: Baustellen; (IEC 60364-7-704:1989, modifiziert); Deutsche Fassung HD 384.7.704 S1: 2000
DIN VDE 0100-705 (**VDE 0100-705**):1992-10	Errichten von Starkstromanlagen mit Nennspannungen bis 1000 V – Landwirtschaftliche und gartenbauliche Anwesen
DIN VDE V 0100-0705 (**VDE V 0100-0705**):2003–04	Errichten von Niederspannungsanlagen – Anforderungen für Betriebsstätten, Räume und Anlagen besonderer Art – Teil 0705: Elektrische Anlagen in landwirtschaftlichen und gartenbaulichen Betriebsstätten
DIN VDE 0100-706 (**VDE 0100-706**):1992-06	Errichten von Starkstromanlagen mit Nennspannungen bis 1000 V – Leitfähige Bereiche mit begrenzter Bewegungsfreiheit
DIN VDE 0100-708 (**VDE 0100-708**):2006-02	Errichten von Niederspannungsanlagen – Teil 7: Anforderungen für Betriebsstätten, Räume und Anlagen besonderer Art – Hauptabschnitt 708: Elektrische Anlagen von Campingplätzen (IEC 60364-7-708:1988, modifiziert + A1:1993, modifiziert); Deutsche Übernahme HD 384.7. 708 S2:2005

DIN VDE 0100-710 (**VDE 0100-710**):2002-11	Errichten von Niederspannungsanlagen – Anforderungen für Betriebsstätten, Räume und Anlagen besonderer Art – Teil 710: Medizinisch genutzte Bereiche
Beiblatt 1 zu DIN VDE 0100-710 (**Beiblatt 1 zu VDE 0100-710**):2004-06	Errichten von Niederspannungsanlagen – Anforderungen für Betriebsstätten, Räume und Anlagen besonderer Art – Teil 710: Medizinisch genutzte Bereiche – Informationen zur Anwendung der DIN VDE 0100-710 (VDE 0100-710): 2002-11
DIN VDE 0100-711 (**VDE 0100-711**):2003-11	Errichten von Niederspannungsanlagen – Anforderungen für Betriebsstätten, Räume und Anlagen besonderer Art – Teil 711: Ausstellungen, Shows und Stände; (IEC 60364-7-711: 1998, modifiziert); Deutsche Fassung HD 384. 7.711 S1:2003
DIN VDE 0100-712 (**VDE 0100-712**):2006-06	Errichten von Niederspannungsanlagen – Teil 7-712: Anforderungen für Betriebsstätten, Räume und Anlagen besonderer Art – Solar-Photovoltaik (PV) Stromversorgungssysteme (IEC 60364-7-712:2002, modifiziert); Deutsche Übernahme HD 60364-7-712:2005 + Corrigendum: 2006
DIN VDE 0100-714 (**VDE 0100-714**):2002-01	Errichten von Niederspannungsanlagen – Teil 7: Anforderungen für Betriebsstätten, Räume und Anlagen besonderer Art – Hauptabschnitt 714: Beleuchtungsanlagen im Freien; (IEC 60364-7-714:1996, modifiziert); Deutsche Fassung HD 384.7.714 S1:2000
DIN VDE 0100-715 (**VDE 0100-715**):2006-06	Errichten von Niederspannungsanlagen – Teil 7-715: Anforderungen für Betriebsstätten, Räume und Anlagen besonderer Art – Kleinspannungsbeleuchtungsanlagen (IEC 60364-7-715: 1999, modifiziert); Deutsche Übernahme HD 60364-7-715:2005
DIN VDE 0100-717 (**VDE 0100-717**):2005-06	Errichten von Niederspannungsanlagen – Teil 7: Anforderungen für Betriebsstätten, Räume und Anlagen besonderer Art; Hauptabschnitt 714: Beleuchtungsanlagen im Freien (IEC 60364-7-714:1996, modifiziert); Deutsche Fassung HD 384.7.714 S1:2000

19 Literatur

DIN VDE 0100-718 (**VDE 0100-718**):2005-10	Errichten von Niederspannungsanlagen – Anforderungen für Betriebsstätten, Räume und Anlagen besonderer Art – Teil 718: Bauliche Anlagen für Menschenansammlungen
DIN VDE 0100-721 (**VDE 0100-721**):1984-04	Errichten von Starkstromanlagen mit Nennspannungen bis 1000 V – Caravans, Boote und Jachten sowie ihre Stromversorgung auf Camping- bzw. an Liegeplätzen
DIN VDE 0100-722 (**VDE 0100-722**):1984-05	Errichten von Starkstromanlagen mit Nennspannungen bis 1000 V – Fliegende Bauten, Wagen und Wohnwagen nach Schaustellerart
DIN VDE 0100-723 (**VDE 0100-723**):2005-06	Errichten von Niederspannungsanlagen – Anforderungen für Betriebsstätten, Räume und Anlagen besonderer Art – Teil 723: Unterrichtsräume mit Experimentiereinrichtungen
DIN VDE 0100-724 (**VDE 0100-724**):1980-06	Errichten von Starkstromanlagen mit Nennspannungen bis 1000 V – Elektrische Anlagen in Möbeln und ähnlichen Einrichtungsgegenständen, z. B. Gardinenleisten, Dekorationsverkleidung
DIN VDE 0100-725 (**VDE 0100-725**):1991-11 (ersetzt durch DIN VDE 0100-557 (VDE 0100-557):2007-06)	Errichten von Starkstromanlagen mit Nennspannungen bis 1000 V – Hilfsstromkreise
DIN VDE 0100-729 (**VDE 0100-729**):1986-11	Errichten von Starkstromanlagen mit Nennspannungen bis 1000 V – Aufstellen und Anschließen von Schaltanlagen und Verteilern
DIN VDE 0100-731 (**VDE 0100-731**):1986-02	Errichten von Starkstromanlagen mit Nennspannungen bis 1000 V – Elektrische Betriebsstätten und abgeschlossene elektrische Betriebsstätten
DIN VDE 0100-732 (**VDE 0100-732**):1995-07	Errichten von Starkstromanlagen mit Nennspannungen bis 1000 V – Teil 732: Hausanschlüsse in öffentlichen Kabelnetzen
DIN VDE 0100-736 (**VDE 0100-736**):1983-11	Errichten von Starkstromanlagen mit Nennspannungen bis 1000 V – Niederspannungsstromkreise in Hochspannungsschaltfeldern
DIN VDE 0100-737 (**VDE 0100-737**):2002-01	Errichten von Niederspannungsanlagen – Feuchte und nasse Bereiche und Räume und Anlagen im Freien

DIN VDE 0100-739 (**VDE 0100-739**):1989-06	Errichten von Starkstromanlagen mit Nennspannungen bis 1000 V − Zusätzlicher Schutz bei direktem Berühren in Wohnungen durch Schutzeinrichtungen mit $I_{\Delta n} \leq 30$ mA in TN- und TT-Netzen
DIN VDE 0100-740 (**VDE 0100-740**):2007 (in Vorbereitung)	Errichten von Niederspannungsanlagen − Teil 7-740: Anforderungen für Betriebsstätten, Räume und Anlagen besonderer Art − Vorübergehend errichtete elektrische Anlagen für Aufbauten, Vergnügungseinrichtungen und Buden auf Kirmesplätzen, von Vergnügungsparks und für Zirkusse (IEC 60364-7-740:2000, modifiziert); Deutsche Übernahme HD 60364-7-740:2006
DIN VDE 0100-753 (**VDE 0100-753**):2003-06	Errichten von Niederspannungsanlagen − Teil 7: Anforderungen für Betriebsstätten, Räume und Anlagen besonderer Art − Hauptabschnitt 753: Fußboden- und Decken-Flächenheizungen; Deutsche Fassung HD 384.7.714 S1:2002
DIN VDE 0100-754 (**VDE 0100-754**):2006-02	Errichten von Niederspannungsanlagen − Teil 7: Anforderungen für Betriebsstätten Räume und Anlagen besonderer Art − Hauptabschnitt 754: Elektrische Anlagen von Caravans und Motorcaravans (IEC 60364-7-708:1988, modifiziert + A1:1993, modifiziert); Deutsche Übernahme HD 384.7.754 S1:2005
DIN VDE 0101 (**VDE 0101**):2000-01	Starkstromanlagen mit Nennwechselspannungen über 1 kV; Deutsche Fassung HD 637 S1:1999
DIN EN 50110-1 (**VDE 0105-1**):2005-06	Betrieb von elektrischen Anlagen; Deutsche Fassung EN 50110-1:2004
DIN VDE 0105-100 (**VDE 0105-100**):2005-06	Betrieb von elektrischen Anlagen − Teil 100: Allgemeine Festlegungen
DIN VDE 0106-100 (**VDE 0106-100**):1983-03 ersetzt durch DIN EN 50274 (**VDE 0660-514**):2002-11	Schutz gegen elektrischen Schlag − Anordnung von Betätigungselementen in der Nähe berührungsgefährlicher Teile [VDE-Bestimmung]

19 Literatur

DIN VDE 0106-101 (**VDE 0106-101**):1986-11 ersetzt durch DIN EN 61140 (VDE 0140-1):2001-08 + DIN EN 60947-1 (VDE 0660-100):1999-12	Schutz gegen gefährliche Körperströme – Grundanforderungen für sichere Trennung in elektrischen Betriebsmitteln
DIN EN 60204-1 (**VDE 0113-1**):2007-06	Sicherheit von Maschinen – Elektrische Ausrüstung von Maschinen – Teil 1: Allgemeine Anforderungen (IEC 60204-1:2005, modifiziert); Deutsche Fassung EN 60204-1:2006
DIN VDE 0115-1 (**VDE 0115-1**):2002-06	Bahnanwendungen – Allgemeine Bau- und Schutzbestimmungen – Teil 1: Zusätzliche Anforderungen
DIN EN 50122-1 (**VDE 0115-3**):1997-12	Bahnanwendungen – Ortsfeste Anlagen – Teil 1: Schutzmaßnahmen in Bezug auf elektrische Sicherheit und Erdung; Deutsche Fassung EN 50122-1:1997
DIN EN 61140 (**VDE 0140-1**):2007-03	Schutz gegen elektrischen Schlag – Gemeinsame Anforderungen für Anlagen und Betriebsmittel (IEC 61140:2001 + A1:2004, modifiziert); Deutsche Fassung EN 61140:2002 + A1: 2006
DIN IEC/TS 60479-1 (**VDE V 0140-479-1**):2007-05	Wirkungen des elektrischen Stromes auf Menschen und Nutztiere – Teil 1: Allgemeine Aspekte (IEC/TS 60479-1:2005)
DIN V VDE V 0140-479-3 (**VDE V 0140-479-3**):2001-04	Wirkungen des elektrischen Stromes auf Menschen und Nutztiere – Teil 3: Wirkungen von Strömen durch den Körper von Nutztieren; Identisch mit IEC-Report 60479-3:1998
DIN V VDE V 0140-479-4 (**VDE V 0140-479-4**):2005-10	Wirkungen des Stromes auf Menschen und Nutztiere – Teil 4: Wirkungen von Blitzschlägen auf Menschen und Nutztiere (IEC/TR 60479-4:2004)
DIN IEC 60038 (**VDE 0175**):2002-11	IEC-Normspannungen (IEC 60038:1983 + A1: 1994 + A2:1997); Umsetzung von HD 472 S1: 1989 + Corr. zu HD 472 S1:2002-02
DIN EN 50164-1 (**VDE 0185-201**):2003-05	Blitzschutzbauteile – Teil 1: Anforderungen für Verbindungsbauteile; Deutsche Fassung EN 50164-1:1999

19 Literatur

DIN EN 50164-2 (**VDE 0185-202**):2003-05	Blitzschutzbauteile – Teil 2: Anforderungen an Leitungen und Erder; Deutsche Fassung EN 50164-2:2002
DIN EN 62305-1 (**VDE 0185-305-1**):2006-10	Blitzschutz – Teil 1: Allgemeine Grundsätze (IEC 62305-1:2006); Deutsche Fassung EN 62305-1:2006
DIN EN 62305-2 (**VDE 0185-305-2**):2006-10	Blitzschutz – Teil 2: Risiko-Management (IEC 62305-2:2006); Deutsche Fassung EN 62305-2:2006
DIN EN 62305-3 (**VDE 0185-305-3**):2006-10	Blitzschutz – Teil 3: Schutz von baulichen Anlagen und Personen (IEC 62305-3:2006, modifiziert); Deutsche Fassung EN 62305-3:2006
DIN EN 62305-4 (**VDE 0185-305-4**):2006-10	Blitzschutz – Teil 4: Elektrische und elektronische Systeme in baulichen Anlagen (IEC 62305-4:2006); Deutsche Fassung EN 62305-4: 2006
DIN VDE 0190 (**VDE 0190**): 1986-05 ersetzt durch DIN VDE 0100-540 (**VDE 0100-540**):1991-11	Einbeziehen von Gas- und Wasserleitungen in den Hauptpotentialausgleich von elektrischen Anlagen; Technische Regel des DVGW
DIN EN 60446 (**VDE 0198**):1999-10	Grund- und Sicherheitsregeln für die Mensch-Maschine-Schnittstelle – Kennzeichnung von Leitern durch Farben und numerische Zeichen (IEC 60446:1999); Deutsche Fassung EN 60446:1999
DIN VDE 0293-308 (**VDE 0293-308**):2003-01	Kennzeichnung der Adern von Kabeln/Leitungen und flexiblen Leitungen durch Farben; Deutsche Fassung HD 308 S2:2001
DIN VDE 0298-3 (**VDE 0298-3**):2006-06	Verwendung von Kabeln und isolierten Leitungen für Starkstromanlagen – Teil 3: Leitfaden für die Verwendung nicht harmonisierter Starkstromleitungen
DIN VDE 0298-300 (**VDE 0298-300**):2004-02	Verwendung von Kabeln und isolierten Leitungen für Starkstromanlagen – Teil 300: Leitfaden für die Verwendung harmonisierter Niederspannungsstarkstromleitungen; Deutsche Fassung HD 516 S2:1997 + A1:2003

19 Literatur

DIN EN 61557-8 (VDE 0413-8):1998-05	Elektrische Sicherheit in Niederspannungsnetzen bis AC 1000 V und DC 1500 V – Geräte zum Prüfen, Messen oder Überwachen von Schutzmaßnahmen – Teil 8: Isolationsüberwachungsgeräte für IT-Netze (IEC 61557-8:1997); Deutsche Fassung EN 61557-8:1997
E DIN IEC 61557-8 (VDE 0413-8):2005-04	Elektrische Sicherheit in Niederspannungsnetzen bis AC 1000 V und DC 1500 V – Geräte zum Prüfen, Messen oder Überwachen von Schutzmaßnahmen – Teil 8: Isolationsüberwachungsgeräte für IT-Systeme (IEC 85/ 257/CD: 2004)
DIN EN 61557-9 (VDE 0413-9):2000-08	Elektrische Sicherheit in Niederspannungsnetzen bis AC 1 kV und DC 1,5 kV – Geräte zum Prüfen, Messen oder Überwachen von Schutzmaßnahmen – Teil 9: Einrichtungen zur Isolationsfehlersuche in IT-Systemen (IEC 61557-9:1999); Deutsche Fassung EN 61557-9:1999
DIN EN 60529 (VDE 0470-1):2000-09	Schutzarten durch Gehäuse (IP-Code); (IEC 529:1989 + A1:1999); Deutsche Fassung EN 60529:1991 + A1:2000
DIN EN 60034-1 (VDE 0530-1):2005-04	Drehende elektrische Maschinen – Teil 1: Bemessung und Betriebsverhalten (IEC 60034-1: 2004); Deutsche Fassung EN 60034-1:2004
DIN VDE 0550-1 (VDE 0550-1):1969-12	Bestimmungen für Kleintransformatoren; Teil 1: Allgemeine Bestimmungen
DIN VDE 0550-3 (VDE 0550-3):1969-12	Bestimmungen für Kleintransformatoren; Teil 3: Besondere Bestimmungen für Trenn- und Steuertransformatoren sowie Netzanschluss- und Isoliertransformatoren über 1000 V
DIN EN 60742 (VDE 0551):1995-09 ersetzt durch verschiedene Normen der Reihe DIN EN 61558 (VDE 0570)	Trenntransformatoren und Sicherheitstransformatoren – Anforderungen (IEC 60742:1983 + A1:1992, modifiziert); Deutsche Fassung EN 60742:1995
DIN EN 61558-1 (VDE 0570-1):2006-07	Sicherheit von Transformatoren, Netzgeräten, Drosselspulen und dergleichen – Teil 1: Allgemeine Anforderungen und Prüfungen (IEC 61558-1:2005); Deutsche Fassung EN 61558-1: 2005

DIN EN 61558-2-1 (**VDE 0570-2-1**):1998-07	Sicherheit von Transformatoren, Netzgeräten und dergleichen – Teil 2-1: Besondere Anforderungen an Netztransformatoren für allgemeine Anwendungen; (IEC 61558-2-1:1997); Deutsche Fassung EN 61558-2-1:1997
DIN EN 61558-2-4 (**VDE 0570-2-4**):1998-07	Sicherheit von Transformatoren, Netzgeräten und dergleichen – Teil 2-4: Besondere Anforderungen an Trenntransformatoren für allgemeine Anwendungen (IEC 61558-2-4:1997); Deutsche Fassung EN 61558-2-4:1997
DIN EN 61558-2-6 (**VDE 0570-2-6**):1998-07	Sicherheit von Transformatoren, Netzgeräten und dergleichen – Teil 2-6: Besondere Anforderungen an Sicherheitstransformatoren für allgemeine Anwendungen (IEC 61558-2-6:1997); Deutsche Fassung EN 61558-2-6:1997
DIN VDE 0620-1 (**VDE 0620-1**):2005-04	Stecker und Steckdosen für den Hausgebrauch und ähnliche Zwecke – Teil 1: Allgemeine Anforderungen
DIN VDE 0635 (**VDE 0635**):1984-02	Niederspannungssicherungen; D-Sicherungen E 16 bis 25 A, 500 V; D-Sicherungen bis 100 A, 750 V; D-Sicherungen bis 100 A, 500 V [VDE-Bestimmung]
DIN EN 60269-1 (**VDE 0636-10**):2005-11	Niederspannungssicherungen – Teil 1: Allgemeine Anforderungen (IEC 60269-1:1998 + A1: 2005); Deutsche Fassung EN 60269-1:1998 + A1:2005
DIN EN 60269-2 (**VDE 0636-20**):2002-09	Niederspannungssicherungen – Teil 2: Zusätzliche Anforderungen an Sicherungen zum Gebrauch durch Elektrofachkräfte bzw. elektrotechnisch unterwiesene Personen (Sicherungen überwiegend für den industriellen Gebrauch) (IEC 60269-2:1986 + A1:1995 + A2:2001); Deutsche Fassung EN 60269-2:1995 + A1:1998 + A2:2002
DIN EN 60269-3 (**VDE 0636-30**):2004-07	Niederspannungssicherungen – Teil 3: Zusätzliche Anforderungen an Sicherungen zum Gebrauch durch Laien (Sicherungen überwiegend für Hausinstallationen und ähnliche Anwendungen) (IEC 60269-3:1987 + A1:2003); Deutsche Fassung EN 60269-3:1995 + A1:2003

19 Literatur

DIN EN 60269-4 (VDE 0636-40):2003-11	Niederspannungssicherungen – Teil 4: Zusätzliche Anforderungen an Sicherungseinsätze zum Schutz von Halbleiter-Bauelementen (IEC 60269-4:1986 + A1:1995 + A2:2002); Deutsche Fassung EN 60269-4:1996 + A1:1997 + A2:2003
DIN VDE 0636-201 (VDE 0636-201):2006-01	Niederspannungssicherungen (NH-System) – Teil 2-1: Zusätzliche Anforderungen an Sicherungen zum Gebrauch durch Elektrofachkräfte bzw. elektrotechnisch unterwiesene Personen (Sicherungen überwiegend für den industriellen Gebrauch) – Hauptabschnitte I bis VI: Beispiele für genormte Sicherungstypen (IEC 60269-2-1:2004, modifiziert); Deutsche Fassung HD 60269-2-1:2005
DIN VDE 0636-301 (VDE 0636-301):2005-08	Niederspannungssicherungen – Teil 3-1: Zusätzliche Anforderungen an Sicherungen zum Gebrauch durch Laien (Sicherungen überwiegend für Hausinstallationen und ähnliche Anwendungen) – Hauptabschnitte I bis IV: Beispiele von genormten Sicherungstypen (IEC 60269-3-1:2004, modifiziert); Deutsche Fassung HD 60269-3-1:2004
DIN EN 60269-4-1 (VDE 0636-401):2003-02	Niederspannungssicherungen – Teil 4-1: Zusätzliche Anforderungen an Sicherungseinsätze zum Schutz von Halbleiter-Bauelementen; Hauptabschnitte I bis III: Beispiele für genormte Typen der Sicherungseinsätze (IEC 60269-4-1:2002); Deutsche Fassung EN 60269-4-1:2002
DIN EN 60898-1 (VDE 0641-11):2006-03	Elektrisches Installationsmaterial – Leitungsschutzschalter für Hausinstallationen und ähnliche Zwecke – Teil 1: Leitungsschutzschalter für Wechselstrom (AC) (IEC 60898-1:2002, modifiziert + A1:2002, modifiziert); Deutsche Fassung EN 60898-1:2003 + A1:2004 + Corrigendum 2004 + A11:2005
DIN EN 60898-2 (VDE 0641-12):2007-03	Elektrisches Installationsmaterial – Leitungsschutzschalter für Hausinstallationen und ähnliche Zwecke – Teil 2: Leitungsschutzschalter für Wechsel- und Gleichstrom (AC und DC) (IEC 60898-2:2000 + A1:2003 modifiziert); Deutsche Fassung EN 60898-2:2006

19 Literatur

E DIN VDE 0643 (VDE 0643):2003-09	Selektiver Haupt-Leitungsschutzschalter – netzspannungsabhängig (SHA-Schalter)
E DIN VDE 0645 (VDE 0645):2003-09	Selektiver Haupt-Leitungsschutzschalter – spannungsunabhängig (SHU-Schalter)
DIN EN 60947-1 (VDE 0660-100):2005-01	Niederspannungsschaltgeräte – Teil 1: Allgemeine Festlegungen (IEC 60947-1:2004); Deutsche Fassung EN 60947-1:2004 + Corrigendum 2004
DIN EN 60947-2 (VDE 0660-101):2007-04	Niederspannungsschaltgeräte – Teil 2: Leistungsschalter (IEC 60947-2:2006); Deutsche Fassung EN 60947-2:2006
DIN EN 60947-5-1 (VDE 0660-200):2005-02	Niederspannungsschaltgeräte – Teil 5-1: Steuergeräte und Schaltelemente – Elektromechanische Steuergeräte (IEC 60947-5-1:2003); Deutsche Fassung EN 60947-5-1:2004
DIN EN 60439-1 (VDE 0660-500):2005-01	Niederspannungs-Schaltgerätekombinationen – Teil 1: Typgeprüfte und partiell typgeprüfte Kombinationen (IEC 60439-1:1999 + A1: 2004); Deutsche Fassung EN 60439-1:1999 + A1:2004
DIN EN 50274 (VDE 0660-514):2002-11	Niederspannungs-Schaltgerätekombinationen – Schutz gegen elektrischen Schlag – Schutz gegen unabsichtliches direktes Berühren gefährlicher aktiver Teile; Deutsche Fassung EN 50274: 2002
DIN VDE 0661 (VDE 0661):1988-04	Ortsveränderliche Schutzeinrichtungen zur Schutzpegelerhöhung für Nennwechselspannung $U_n = 230$ V, Nennstrom $I_n - 16$ A, Nenndifferenzstrom $I_{\Delta n} \leq 30$ mA
E DIN VDE 0661-2 (VDE 0661-2):1993-08	Ortsveränderliche Schutzeinrichtungen zur Schutzpegelerhöhung zur Verwendung mit elektrischen Verbrauchsmitteln ohne Schutzleiter
E DIN VDE 0662 (VDE 0662):1993-08	Ortsfeste Schutzeinrichtungen in Steckdosenausführung zur Schutzpegelerhöhung
E DIN IEC 23E/214/CD (VDE 0662-10):1995-11 (zurückgezogen)	Fehlerstromschutzeinrichtungen ohne Überstromschutz ein- oder angebaut an ortsfeste Steckdosen (SRCD's) (IEC 23E/214/CD:1995)

19 Literatur

E DIN IEC 23E/386/CD (VDE 0662-10/A1):2000-07 (zurückgezogen)	Fehlerstromschutzeinrichtungen ohne Überstromschutz ein- oder angebaut an ortsfeste Steckdosen (SRCDs); Änderung zu IEC 61451 (IEC 23E/386/CD:1999)
DIN EN 62020 (VDE 0663):2005-11	Elektrisches Installationsmaterial – Differenzstrom-Überwachungsgeräte für Hausinstallationen und ähnliche Verwendungen (RCMs) (IEC 62020:1998 + A1:2003, modifiziert); Deutsche Fassung EN 62020:1998 + A1:2005
E DIN EN 62020/AA (VDE 0663/A2):2005-01	Elektrisches Installationsmaterial – Differenzstrom-Überwachungsgeräte für Hausinstallationen und ähnliche Verwendungen (RCMs); Deutsche Fassung EN 62020:1998/prAA:2004
DIN EN 61008-1 (VDE 0664-10):2005-06	Fehlerstrom-/Differenzstrom-Schutzschalter ohne eingebauten Überstromschutz (RCCBs) für Hausinstallationen und für ähnliche Anwendungen – Teil 1: Allgemeine Anforderungen (IEC 61008-1:1996 + A1:2002, modifiziert); Deutsche Fassung EN 61008-1:2004
E DIN EN 61008-1/AA (VDE 0664-10/AA):2006-06	Fehlerstrom-/Differenzstrom-Schutzschalter ohne eingebauten Überstromschutz (RCCBs) für Hausinstallationen und für ähnliche Anwendungen – Teil 1: Allgemeine Anforderungen; Deutsche Fassung EN 61008-1:2004/prAA: 2005
DIN EN 61008-2-1 (VDE 0664-11):1999-12	Fehlerstrom-/Differenzstrom-Schutzschalter ohne eingebauten Überstromschutz (RCCBs) für Hausinstallationen und für ähnliche Anwendungen – Teil 2-1: Anwendung der allgemeinen Anforderungen auf netzspannungsunabhängige RCCBs (IEC 61008-2-1:1990); Deutsche Fassung EN 61008-2-1:1994 + A11:1998 + Corrigendum März 1999
DIN EN 61009-1 (VDE 0664-20):2005-06	Fehlerstrom-/Differenzstrom-Schutzschalter mit eingebautem Überstromschutz (RCBOs) für Hausinstallationen und für ähnliche Anwendungen – Teil 1: Allgemeine Anforderungen (IEC 61009-1:1996 + Corrigendum 2003 + A1: 2002, modifiziert); Deutsche Fassung EN 61009-1:2004

DIN EN 61009-2-1 (VDE 0664-21):1999-12	Fehlerstrom-/Differenzstrom-Schutzschalter mit eingebautem Überstromschutz (RCBOs) für Hausinstallationen und für ähnliche Anwendungen – Teil 2-1: Anwendung der allgemeinen Anforderungen auf netzspannungsunabhängige RCBOs (IEC 61009-2-1:1991); Deutsche Fassung EN 61009-2-1:1994 + A11:1998 + Corrigendum März 1999
DIN EN 61543 (VDE 0664-30):2006-06	Fehlerstromschutzeinrichtungen (RCDs) für Hausinstallationen und ähnliche Verwendung – Elektromagnetische Verträglichkeit (IEC 61543:1995 + A2:2005); Deutsche Fassung EN 61543:1995 + Corrigendum 1997 + A11:2003 + Corrigendum 2004 + A12:2005 + A2:2006
E DIN IEC 62423 (VDE 0664-40):2005-11	Fehlerstromschutzschalter (RCD) Typ B mit und ohne eingebauten Überstromschutz für Hausinstallationen und für ähnliche Anwendungen (IEC 23E/583/CD:2005)
E DIN VDE 0664-100 (VDE 0664-100):2002-05	Fehlerstrom-Schutzschalter Typ B zur Erfassung von Wechsel- und Gleichströmen – Teil 100: RCCBs Typ B
DIN VDE 0664-101 (VDE 0664-101):2003-10	Fehlerstrom/Differenzstrom-Schutzschalter ohne eingebauten Überstromschutz für Hausinstallationen und ähnliche Anwendungen (RCCBs) – Teil 101: Anwendung der allgemeinen Anforderungen auf RCCBs für Wechselspannungen über 440 V bzw. Bemessungsströme über 125 A
E DIN VDE 0664-200 (VDE 0664-200):2003-07	Fehlerstrom-Schutzschalter Typ B mit eingebautem Überstromschutz zur Erfassung von Wechsel- und Gleichströmen – Teil 200: RCBOs Typ B
DIN EN 61347-2-2 (VDE 0712-32):2006-08	Geräte für Lampen – Teil 2-2: Besondere Anforderungen an gleich- oder wechselstromversorgte elektronische Konverter für Glühlampen (IEC 61347-2-2:2000 + A1:2005); Deutsche Fassung EN 61347-2-2:2001 + Corrigendum Juli 2003 + A1:2006

19 Literatur

DIN EN 50174-2 (**VDE 0800-174-2**):2001-09 mit Berichtigung 1:2002-03	Einrichtungen der Informationstechnik – Sicherheit – Teil 1: Allgemeine Anforderungen (IEC 60950-1:2001, modifiziert); Deutsche Fassung EN 60950-1:2001
DIN EN 60950-1 (**VDE 0805-1**):2006-11	Einrichtungen der Informationstechnik – Sicherheit – Teil 1: Allgemeine Anforderungen (IEC 60950-1:2005, modifiziert); Deutsche Fassung EN 60950-1:2006
DIN EN 60728-11 (**VDE 0855-1**):2005-10	Kabelnetze für Fernsehsignale, Tonsignale und interaktive Dienste – Teil 11: Sicherheitsanforderungen (IEC 60728-11:2005); Deutsche Fassung EN 60728-11:2005
DIN EN 50083 Beiblatt 1 (**VDE 0855 Beiblatt 1**):2002-01	Kabelnetze für Fernsehsignale, Tonsignale und interaktive Dienste – Leitfaden für den Potentialausgleich in vernetzten Systemen
DIN VDE 31000-2 (**VDE 31000-2**):1987-12 zurückgezogen 2005-04	Allgemeine Leitsätze für das sicherheitsgerechte Gestalten technischer Erzeugnisse – Begriffe der Sicherheitstechnik – Grundbegriffe
DIN 18014	Fundamenterder
DIN 18015-1:2002-09	Elektrische Anlagen in Wohngebäuden – Teil 1: Planungsgrundlagen
DIN 18015-2:2004-08	Elektrische Anlagen in Wohngebäuden – Teil 2: Art und Umfang der Mindestausstattung
DIN 18015-3:1999-04	Elektrische Anlagen in Wohngebäuden – Teil 3: Leitungsführung und Anordnung der Betriebsmittel
DIN EN 60417-1:2000-05	Graphische Symbole für Betriebsmittel – Teil 1: Übersicht und Anwendung (IEC 60417-1: 1998); Dreisprachige Fassung EN 60417-1:1998
E DIN IEC 60027-1/A2:2005-08	Formelzeichen für die Elektrotechnik – Teil 1: Allgemeines (IEC 25/297/CDV
IEC 60027-1:1995 + A1:1997	Letter symbols to be used in electrical technology

19 Literatur

IEC 60364-4-41:1992 + A1:1996 + A2:1999 (ersetzt)	Electrical installations of buildings – Part 4: Protection for safety – Chapter 41: Protection against electric shock *Hinweis 1: Ohne Änderung A1:1996 Basis der DIN VDE 0100-410 (VDE 0100-410):1997-01 + DIN VDE 0100-410/A1 (VDE 0100-410/A1): 2003-06* *Hinweis 2: Bei IEC überführt in IEC 60364-4-41:2001-08*
IEC 60364-4-41:2001-08 (ersetzt)	Electrical installations of buildings – Part 4-41: Protection for safety – Protection against electric shock *Hinweis 1: Redaktionelle Neustrukturierung ohne sachliche Änderungen des bisherigen Standes von* *IEC 60364-4-41:1992 + A1:1996 + A2:1999* *IEC 60364-4-46:1981* *IEC 60364-4-47:1981 + A1:1993* *IEC 60364-4-481:1993* *Hinweis 2: Diese neu strukturierte Fassung wurde bei CENELEC und auch in Deutschland nicht übernommen, da sie keine sachlichen Änderungen zum bis dahin von IEC übernommenen Stand enthielt.*
IEC 60364-4-41:2005-12	Low voltage electrical installations – Part 4-41: Protection for safety – Protection against electric shock *Hinweis: Das ist die Basis der DIN VDE 0100-410 (VDE 0100-410):2007-06, die in diesem Buch kommentiert wird.*
IEC 60364-4-46:1981 (ersetzt)	Electrical installations of buildings – Part 4: Protection for safety – Chapter 46: Isolation and switching *Hinweis:* *Bei IEC überführt in IEC 60364-4-41:2001-08 + IEC 60364-5-53:2001-08: Die bisherigen Inhalte sind in IEC 60364-5-53:2001-08 enthalten.*

19 Literatur

IEC 60364-4-47:1981 + A1:1993 (ersetzt)	Electrical installations of buildings – Part 4: Protection for safety – Chapter 47: Application of protective measures for safety – Section 470: General – Section 471: Measures of protection against electric shock *Hinweis:* *Bei IEC überführt in IEC 60364-4-41:2001-08*
IEC 60364-4-481:1993 (ersetzt)	Electrical installations of buildings – Part 4: Protection for safety – Chapter 48: Choice of protective measures as a function of external influences – Section 481: Selection of measures for protection against electric shock in relation to external influences *Hinweis:* *Bei IEC überführt in IEC 60364-4-41:2001-08*
IEC 60364-5-53:2001	Electrical installations of buildings – Part 5-53: Selection and erection of electrical equipment – Isolation, switching and control
IEC/TR 61201:1992-08	Extra-low voltage (ELV) – Limit values (deutsch: Kleinspannungen – Grenzwerte) *Hinweis:* *Bei IEC in Überarbeitung, Ende 2006: IEC 64/ 1541/CD mit dem Titel „Touch voltage threshold values for protection against electric shock" (deutsch: Berührungsspannungen und Grenzwerte für den Schutz gegen elektrischen Schlag).*

19.2 Weitere Literatur

BG-Information BGI 594 (bisherige ZH1/228)	Einsatz von elektrischen Betriebsmitteln bei erhöhter elektrischer Gefährdung: 1999-08 BGFE Berufsgenossenschaft der Feinmechanik und Elektrotechnik, Köln, www.bgfe.de
BG-Information BGI 608 (bisherige ZH1/271)	Auswahl und Betrieb elektrischer Anlagen und Betriebsmittel auf Bau- und Montagestellen BGFE Berufsgenossenschaft der Feinmechanik und Elektrotechnik, Köln, www.bgfe.de
BG-Vorschrift BGV A3 (war vorübergehend BGV A2) (vorherige VBG 4)	Unfallverhütungsvorschrift Elektrische Anlagen und Betriebsmittel BGFE Berufsgenossenschaft der Feinmechanik und Elektrotechnik, Köln, www.bgfe.de
Biegelmeier, G.	Schutz gegen elektrischen Schlag – Beurteilung der Grenzrisiken – Wertigkeitsvergleiche, 2001, ESF-Report Nr. 4/2001, Gemeinnützige Privatstiftung Elektroschutz, Wien, www.esf-vienna.at *Hinweis der Autoren: Kritische Auseinandersetzung mit der Konzeption der Schutzmaßnahmen*
Cichowski, R. R. Hörmann, W.	Elektrische Anlagen auf Baustellen – Erläuterungen zu DIN VDE 0100-704 (VDE 0100-704): 2001-05, BGI 608:2000-08, DIN EN 60439-4 (VDE 0660-501):2000-05, VDE-Schriftenreihe Band 42, VDE-VERLAG, Berlin u. Offenbach, 2002, www.vde-verlag.de
DKE (Hrsg.)	IEV Internationales Elektronisches Wörterbuch – CD-ROM – Deutsche Ausgabe, VDE-VERLAG, Berlin, www.vde-verlag.de
DVGW (Hrsg.)	G 600 Technische Regeln für Gas-Installationen (DVGW-TRGI 1986, Ausgabe 1996) inkl. Ergänzungen (August 2000) und Beiblatt (Dezember 2003) – Arbeitsblatt; Deutsche Vereinigung des Gas- und Wasserfaches e. V. Technisch-wissenschaftlicher Verein (DVGW), Bonn, www.dvgw.de

19 Literatur

Hörmann, W. Nienhaus, H. Schröder, B.	Errichten elektrischer Anlagen in Räumen mit Badewanne oder Dusche – Kommentar der DIN VDE 0100-701 (VDE 0100-701):2002-02 mit Änderung 1:2004-02, 2. Aufl. 2004, VDE-Schriftenreihe Band 67A, VDE VERLAG, Berlin u. Offenbach, www.vde-verlag.de
Hörmann, W. Nienhaus, H. Schröder, B.	Errichten von Niederspannungsanlagen in feuchter oder nasser Umgebung sowie im Freien, in Bereichen von Schwimmbädern, Springbrunnen oder Wasserbecken – Kommentar der relevanten Normen der Reihe DIN VDE 0100 (VDE 0100), insbesondere auch DIN VDE 0100-702 (VDE 0100-702):2003-11, DIN VDE 0100-737 (VDE 0100-737):2002-01 und DIN VDE 0100-714 (VDE 0100-714):2002-01; 1. Aufl. 2003, VDE-Schriftenreihe Band 67B, VDE VERLAG, Berlin, www.vde-verlag.de
Hofheinz, W.	Schutztechnik mit Isolationsüberwachung – Grundlagen und Anwendungen ungeerderter IT-Systeme in medizinisch genutzten Räumen, in der Industrie, auf Schiffen, in Elektro- und Schienenfahrzeugen und im Bergbau und andere mit Isolations-Überwachungsgeräten nach DIN EN 61557-8 (VDE 0413-8), 2003, VDE-Schriftenreihe Band 114, VDE VERLAG, Berlin u. Offenbach, www.vde-verlag.de
Hofheinz, W.	Fehlerstrom-Überwachung in elektrischen Anlagen – Grundlagen, Anwendungen und Techniken der Differenzstrommessung in Wechsel- und Gleichspannungssystemen DIN EN 61140 (VDE 0140-1) und DIN VDE 0100-410 (VDE 0100-410), 2002, VDE-Schriftenreihe Band 113, VDE VERLAG, Berlin u. Offenbach, www.vde-verlag.de
Hofheinz, W.	Protective Measures with Insulation Monitoring, VDE VERLAG, Berlin u. Offenbach, www.vde-verlag.de
Hofheinz, W.	Aufbau und Wirkungsweise von Schutzmaßnahmen im IT-Systemen; etz Elektrotech. Z. (2003) H. 23–24 Schutzmaßnahmen im IT-System – die Bedeutung des zusätzlichen PA, etz Elektrotech. Z. (2005) H. 10

	Der Erdungswiderstand und die Netzableitkapazitäten in IT-Systemen, etz Elektrotech. Z. (2006) H. 5 Berührungsspannungen in ungeerdeten IT-Systemen, etz Elektrotech. Z. (2007) H. 2 VDE VERLAG, Berlin u. Offenbach, www.vde-verlag.de
Kammler, M. Nienhaus, H. Vogt, D.	Prüfungen vor Inbetriebnahme von Niederspannungsanlagen – Besichtigen – Erproben – Messen nach DIN VDE 0100-610, VDE-Schriftenreihe Band 63, 2004, VDE VERLAG Berlin u. Offenbach, www. vde-verlag.de
Kiefer, Gerhard	VDE 0100 und die Praxis, 12. Auflage 2006, VDE VERLAG, Berlin u. Offenbach, www.vde-verlag. de
Loidiller, M.	Sicherheitsanforderungen für Antennen und Kabelnetze – Erläuterungen zu DIN EN 60728-11 (VDE 0855-1):2005 Kabelnetze und Antennen für Fernsehsignale, Tonsignale und interaktive Dienste – DIN VDE 0855-300 (VDE 0855-300):2002-07 Funksende-/-empfangssysteme für Senderausgangsleistungen bis 1 kW, 4. Aufl., 2005, VDE-Schriftenreihe Band 6, VDE VERLAG Berlin u. Offenbach, www.vde-verlag.de
Nienhaus, H. Thaele, R.	Halogenbeleuchtungsanlagen mit Kleinspannung – Planen, Auswählen und Errichten aus beleuchtungstechnischer Sicht und nach DIN VDE 0100, VDE-Schriftenreihe Band 75, VDE VERLAG Berlin u. Offenbach, 2002, www.vde-verlag.de
Nienhaus, H. Spindler, U. Vogt, D.	Schutz bei Überlast und Kurzschluss in elektrischen Anlagen – Erläuterungen zu DIN VDE 0100-430 und DIN VDE 0298-4, VDE-Schriftenreihe Band 143, VDE VERLAG Berlin u. Offenbach, 2006, www.vde-verlag.de
Rudolph, Wilhelm	Anpassung oder Bestandsschutz für bestehende elektrische Anlagen?; Netzpraxis „np", Jahrgang 42 (2003) H. 10, S. 36–44 und H. 12, S. 28–31, VWEW Energieverlag, Frankfurt am Main, www.vwew.de

Schröder, Bernd	Wo steht was in DIN VDE 0100? – Elektrische Anlagen von Gebäuden, VDE-Schriftenreihe Band 100, 3. Aufl. 2000, VDE-Schriftenreihe Band 100, VDE VERLAG, Berlin u. Offenbach, www.vde-verlag.de
VDE VERLAG	VDE-Schriftenreihe Band 1: Was steht im VDE-Vorschriftenwerk?; VDE VERLAG, Berlin, www.vde-verlag.de
VDE VERLAG	VDE-Schriftenreihe Band 2: VDE-Vorschriftenwerk – Katalog der Normen; VDE VERLAG, Berlin, www.vde-verlag.de
ZVH VSE VDE	Blitzschutz an Abgasanlagen – Blitzschutzsystem, Erdung, Potentialausgleich, 2005, Herausgeber: • Zentralverband Haustechnik (ZVH) • VSE Verband Schornstein Elemente e. V. • VDE Verband Elektrotechnik Elektronik Informationsstechnik e. V., www.vde.com

19.3 Bildnachweis

Die nachfolgend aufgeführten Fotos wurden den Autoren zur Veröffentlichung zur Verfügung gestellt. Die Autoren danken den genannten Bildquellen.

ABB	Bilder 7.3.3.3, 7.3.3.4a, 11.1.2.1a
Fa. Bender	Bilder 7.1.3, 7.6.3
Fa. Dehn + Söhne	Bilder 7.3.1.2.4b, 7.3.1.2.5
Fa. Kopp	Bild 12.2.1.1
Siemens AG	Bilder 1.3, 1.4, 1.5, 7.3.3.1, 7.3.3.2, 7.3.3.4b, 11.1.2.1b, 18.5, 18.6

20 Stichwortverzeichnis

A
A-Abweichung 361, 371
Abdeckung 14, 87, 215, 231, 242, 269, 301, 303
–, gemeinsame 388
–, isolierende 219, 229, 238, 267
–, leitfähige 314
abgeschlossene elektrische Betriebsstätte 317
Ableitstrom 14, 189, 191
–, kapazitiver 195
Abschaltbedingung 80, 119, 205
–, für das IT-System 186
–, für das TN-System 145, 161
–, für das TT-System 173, 178
Abschalteinrichtung 159, 169, 185
Abschaltstrom 114, 163
–, erforderlicher 163, 178
Abschaltung der Stromversorgung 87
–, im IT-System 186
–, im TN-System 145
–, im TT-System 169
Abschaltzeit 87, 114, 176, 183
–, geforderte 119, 160
–, kleinste 160
–, notwendige 160
Ader
–, grün-gelbe 274
Aderleitungen 236, 245
Akkumulatoren 243
aktives Teil 14, 248
allgemeiner Typ, Fehlerstrom-Schutzeinrichtung (RCD) 160, 288
allstromsensitiv, Fehlerstrom-Schutzeinrichtung (RCD) 136

alte Farbkennzeichnung 394
Anlagenerder R_A 95, 150, 157, 184
Anlagenerdungswiderstand 177, 190
Anordnung außerhalb des Handbereichs 317, 323
Anpassungsforderung 395
Anschlussmöglichkeiten für Schutzleiter 231
Ansprechstrom, vereinbarter 39
Antennenanlage 109
Antennenkabel 112
Antennenmast 109
Antennenverstärker 127
Auf-Putz-Schalter 304
Aufschriften 390
Aufteilung des PEN-Leiters 167
Ausbreitungswiderstand 14
Auslösen
–, ungewolltes 160
Auslöseschwelle 45
Auslösestrom 45, 145
ausreichende Stabilität 310
ausreichender Abstand 15
Außenbereich 122, 128, 140, 271
Außenleiter 15
Außenleiter-Erde-Spannung 177
Außenleitererdung 156
Außensteckdosen 129
äußere Einflüsse 277
Auswahl von Fehlerstrom-Schutzeinrichtungen (RCDs) 132, 284
automatische Abschaltung 87, 159, 185, 189
–, der Stromversorgung 15, 87, 173, 280

435

–, im IT-System 116
–, im TN-System 145
–, im TT-System 169
–, im Fehlerfall 113

B
B-Abweichung 361
Balkone 111
basisisolierte Leiter 245
Basisisolierung 15, 87, 146, 215, 216, 242
–, aktiver Teile 301, 302
–, vollständige 216
Basisschutz 15, 69, 93, 209, 215, 225, 241, 242, 247, 253, 259, 272
–, defekter 279
–, reduzierter 317, 319
Basisschutzvorkehrung 75
Beharrungsberührungsstrom 17
Basistrennung 216
Batterien 242, 260
Bauarten 226
Beeinflussung durch Gleichfehlerströme 136
Beharrungszustand 260
Bemessungs-Fehlerauslösestrom 45
Bemessungs-Stoßspannungsfestigkeit 238
Bemessungsdifferenzströme 45, 136, 160
–, nicht größer als 30 mA 127
–, von $I_{\Delta N} \leq 30$ mA 162
Bemessungsstrom 122
Benutzer 235
Berücksichtigung von I_d 195
Berührungsschutz
–, erhöhter 307
Berührungsspannung 16, 207
–, unbeeinflusste 39
–, zu erwartende 40

–, zulässige 151, 195, 206
besondere nationale Bedingung 196, 361
Bestandsschutz 395
bestimmte Betriebsmittel 124
bestimmte Steckdosenkreise 278
Betätigungselemente 321
Betriebserder R_B 95, 157, 184
Betriebserdung eines Netzes 16
Betriebserdungswiderstand R_B 150, 386
Betriebsmittel 16, 242
–, der Schutzklasse 0 34
–, der Schutzklasse I 34
–, der Schutzklasse II 34
–, der Schutzklasse III 35
–, elektrisches 18
–, fest angebrachtes 22, 23
–, ortsfestes 31
–, ortsveränderliches 31, 117
Betriebsstätte
–, abgeschlossene elektrische 317
Bewehrung von Betonteilen 101
BGI 594 245, 249
BGV A2 399
BGV A3 245, 249, 399
blaue Markierung 379
Blitzschutzerder 106, 385
Blitzschutzerdungsanlagen 106
Blitzschutzpotentialausgleich 382
Brandschutz 130

C
CENELEC-Mitglieder 361

D
Dauerhaftigkeit 310
dauerndes Untertauchen 48
Decken-Heizungen 142
Differenzstrom 45, 194, 208

Differenzstrom-Schutzeinrichtungen 41
Differenzstrom-Überwachungseinrichtungen (RCMs) 191
Differenzstrom-Überwachungsgeräte (RCMs) 45, 91, 198, 199
DIN 18015-1 114
direktes Berühren 17, 283
Doppelerd- oder Körperschluss 266
Doppelfehler 66, 102, 219, 244, 257, 266
Doppelquadrat 227
doppelte Isolierung 17, 229
Drehstromsteckdosen 123
dreipoligen Steckvorrichtungen 123

E
Effektivwerte 75
einfache Trennung 216, 217, 241, 259
Einflussbereich des Hauptpotentialausgleichs 168
einheitliche Farbgebung 395
Einphasensystem 155
Einzel- oder Gruppenerdung 208
Einzelerder 190
Einzelfehler 189, 221, 257
Einzelfehlerbedingungen 17
elektrisch unabhängige Erder 18
elektrische
– Anlage 17
– Ladung 311
– Schutzabdeckung 19, 304
– Schutztrennung 19
elektrischer
– Schlag 18
– Stromkreis 18
elektrisches
– Schutzhindernis 19
– Verbrauchsmittel 19
Elektrofachkräfte 19, 123, 317

Elektroinstallationsrohre 236
–, nicht-metallene 236
elektronische Einrichtungen 262
elektrotechnisch unterwiesene Person 20, 123, 317
elektrotechnische Laien 219
ELV 28, 253
Kleinspannung 253
EMV 157, 275
Endstromkreise 20, 87, 117, 120, 140
–, bis 32 A 392
–, mit Bemessungsströmen über 32 A 177
Energieversorgungskabel 112
erd- und kurzschlusssicher 115, 291
Erdberührung 248
Erde 20
Erden 21
Erder 21
–, der Stromquelle 184
–, elektrisch unabhängige 18
–, gemeinsamer 171
–, natürlicher 30
Erderwiderstand 151
Erdfreiheit 250
Erdoberflächenpotential 32
Erdpotential 32, 293
Erdschluss 21
Erdschlussstrom 21, 169
Erdübergangswiderstand 178
Erdung 21
–, der elektrischen Anlage 148
–, der Stromquelle 173
–, des PEN-Leiters/Schutzleiters 156
–, hochohmige 189, 190
Erdung über den Schutzleiter 94
Erdungsanlage 22, 201
Erdungsklemme 81, 97
Erdungsleiter 22, 99, 184
Erdungsschiene 81, 97

Erdungssystem 270
Erdungswiderstand 386
Erdverbindung 243
erforderlicher Abschaltstrom 163
Ersatz alter Betriebsmittel 397
erster Fehler 116
Erweiterungspunkt 158

F
Fadenmaß 339
Fangeinrichtung 107
Farbkennzeichnung 394
Fehler 117, 121
–, einzelner 260
–, erster 116, 186, 208
–, impedanzbehafteter 130
–, impedanzloser 148, 160, 181
–, zwei 260
–, zweiter 117, 186, 208, 244
Fehlerbetrachtung 160
Fehlerimpedanz 180
Fehlerort 159
Fehlerschleife 204
–, tatsächliche 204
–, zu berücksichtigende 204
Fehlerschleifenimpedanz 145
Fehlerschutz 22, 69, 165, 200, 209, 215, 225, 241, 242, 247, 253, 259, 290
Fehlerschutzvorkehrung 75
Fehlerspannung 22, 180
Fehlerspannungs-Schutzeinrichtungen 174
Fehlerstrom 22, 45, 160, 166, 182, 183, 207
–, höherfrequenter 136
–, typischer 182
Fehlerstrom-Schutzeinrichtungen (RCDs) 130, 132, 145, 165, 174, 191, 278
–, allstromsensitive 136, 285

–, des allgemeinen Typs 182
–, kurzzeitverzögerte 162, 287, 288
–, netzspannungsunabhängige 130
–, zeitverzögerte 135, 181
Fehlerstromweg 179
FELV-Stromkreise 209, 211, 259
Fernmeldeanlagen 275
feuchter Raum 23
feuchte und nasse Räume 23
FI/LS 130, 137, 391
Finger 46, 48
Fingersicherheit 321
Flächenheizelemente 142
flexible Kabel 248
Fragen und Antworten 274, 313, 377
fremdes leitfähiges Teil 23, 150, 292
Frequenzen 116
Fundamenterder 23, 151, 157, 190, 385, 397
Funktionserdung 27
Funktionskleinspannung 209
Funktionspotentialausgleich 381
Fußboden
–, isolierender 337
Fußbodenimpedanz 340
Fußbodenwiderstand 340

G
galvanische Trennung 216, 217
Ganzbereichsicherung 165
Gasleitung 100
Gebäudekonstruktion 100
geerdete Netze 255
geerdeter metallener Mantel 267
Gefahr 24
gefährliche
– Berührungsspannung 87
– Spannung 222
gefährlicher Körperstrom 24
gefährliches

– aktives Teil 24
– mechanisches Teil 24
geforderte Abschaltzeit 119, 160
Gehäuse 24, 228, 304
gemeinsam
– geerdet 190
– geerdete Schutzleiter 177
gemeinsame Schutzeinrichtung 171
gemeinsamer Erder 171
Gesamterdungswiderstand 24
Gesamtimpedanz 189, 191
–, gegen Erde 190, 191
getrennte
– Kabel- und Leitungsanlage 249
– Stromkreise 242
getrennter Schutzleiter 158
Gitter 321
Gleichfehlerströme 136, 285
–, pulsierende 287
Gleichrichtergerät 259
gleichwertig getrennte Wicklungen 262
gleichwertige
– Isolierung wie bei Schutzklasse II 226
– Schutzwirkung 219, 223
– Stromquellen 217
gleichzeitig berührbare
Körper 95, 189, 292
– leitfähige Teile 25
– Teile 25
Grenzrisiko 25
Grenzwert
–, vereinbarter 39
großer Prüfstrom 114, 115
größter Schutzleiterquerschnitt 106
grün-gelbe Ader 274

H
Handbereich 25, 292, 324
Handgerät 25

Handgerät der Schutzklasse I 117
Handrücken 46, 48
Handrückensicherheit 321
Hauptbewehrung 40
Hauptbewehrung von Stahlbeton 292
Haupterdungsanschlusspunkt 27
Haupterdungsklemme 27
Haupterdungsleiter 99
Haupterdungsschiene 27
Hauptpotentialausgleich 90, 98
Hauptpotentialausgleichsschiene 27
Hauptverteilungssysteme 161
Hausanschlusskasten 27
Heizungen 127
Hindernis 27, 317, 319, 327
hochohmige Erdung 189
höchste vorkommende Spannung 216, 267
höherfrequente Fehlerströme 136
Holzschutzleiste 319
hörbares Signal 198
horizontale Oberfläche 309

I
I_a 203
I_d 190
$I_{\Delta n}$ 45
IEV 13
IMD 45, 186, 192
Impedanz 184, 189
–, ausreichend hohe 188
–, der Fehlerschleife 159, 161, 184, 202, 206
–, in der elektrischen Anlage 199
–, maximal zulässige 206
impedanzbehafteter Fehler 130
impedanzloser Fehler 114, 122, 148, 176
indirektes Berühren 27
induktive Widerstände 161, 184

Innenwiderstand R_i 189
Installationsgeräte 27, 234
Installationskanäle
–, zu öffnende 236
Installationskleinverteiler 306
Installationsmaterial 242
Installationsverteiler 230, 306
Internationales Elektrotechnisches Wörterbuch 13
Isolationsfehler 199, 210
Isolationsfehler-Sucheinrichtung 191
Isolationsprüfgerät 263
Isolationsüberwachungseinrichtung (IMD) 187, 188, 191, 196, 263
Isolationsüberwachungsgeräte (IMDs) 45
Isolationswiderstand
–, unsymmetrischer 199
isolierende
– Trennung 230
– Umhüllung 219, 226
– Wände 330, 337
isolierender Fußboden 337
Isolierstück 103
Isolierumhüllung 239
isolierte und nicht wirksam geerdete Netze 255
Isolierung
–, doppelte 229
–, verstärkte 220, 238
–, zusätzliche 220, 228
IT-System 95, 97, 186

K
Kabel, flexible 248
Kabel sind geeignet für Schutzklasse II 226
Kabel und Leitungen 236
–, geschirmte 238
Kabel- und Leitungsanlage 28, 236, 267

–, getrennte 249
Kabel- und Leitungssystem 28
Kabelfernsehen 111
kapazitive Ableitströme 195
Kennwerte der Schutzeinrichtungen 159
Kennzeichnung 229
– von Außenleitern 379
Kessel 250
Kette 321
klassische Nullung 28
Kleinspannung 28, 253
Kleinspannungssystem 217
kleinste Abschaltzeit 160
Klimasysteme, metallene 109
Körper 28
–, einzeln geerdet 207
–, gemeinsam geerdet 192
–, in Gruppen geerdet 186
–, von Verbrauchsmitteln 157
Körpererdungswiderstand 178
Körperschluss 29, 114, 145, 221, 230
–, erster 186
–, im TT-System 180
Körperstrom
–, gefährlicher 24
Kreuzungen und Näherungen 275
künstlicher Sternpunkt 401
kurzes TN-S-System 169
Kurzschluss 29, 244

L
Lade- und Entladespannung 260
Ladung 17
Laie 29, 123
–, elektrotechnischer 219
Lampenfassungen 306
Lampensteckvorrichtung 125
Lastseite einer Fehlerstrom-Schutzeinrichtung (RCD) 287

Leistungsschalter 145, 162
Leiter
–, basisisolierte 245
–, mit Schutzfunktion 156
Leiterkennzeichnung 377
Leiterschluss 30
leitfähiger Standort 250
leitfähiges Teil 30
–, fremdes 23, 150, 292
Leitfähigkeit 294
Leitungsschutzschalter 145, 162

M
mechanische Festigkeit 314
mechanischer Schutz 236
mehrere Schutzleiter unter einer Klemme 400
Mehrfacheinspeisung 40
Messgeräte-Wechselstrominnenwiderstand Z_i 189
metallene
– Klimasysteme 109
– Zentralheizungssysteme 109
Metallkamin 109
Metallschrauben 230
Metallumhüllung 239
Metallverschraubungen 239
Mindestquerschnitt für PEN-Leiter 158
Mittelleiter 203
Mittelpunkt 30, 152, 155, 172, 188
Motorgeneratoren 242, 262

N
Nachrüsten eines Schutzleiters 235
nasse Umgebung 271
nasser Raum 30
natürlicher Erder 30
Nennauslösestrom 45
Nennfehlerstrom 45
Nenngleichspannung 119

Nennwechselspannung 119
Netzbetriebserdung 16
Netze
–, geerdete 255
–, isolierte und nicht wirksam geerdete 255
netzspannungsabhängig, Fehlerstrom-Schutzeinrichtung (RCD) 41
netzspannungsunabhängig, Fehlerstrom-Schutzeinrichtung (RCD) 41, 130
Neutralleiter 30, 203
–, gemeinsamer 386
–, im IT-System 201
Neutralleiterströme 157
Neutralpunkt 30, 152, 155, 172, 188
–, künstlicher 188, 189
nicht leitende Umgebung 334
nicht-metallener Mantel 236, 267
Niederspannungs-Schaltgerätekombinationen 158
normale Bedingungen 301
Nullimpedanz 188
Nullleiter 28
Nullung 31
Nutztiere 27, 71
Nutzungsänderung 396
Nutzungsbedingungen 71
Nutzwiderstand 29

O
oberschwingungsfrei 75
oberwellenfrei 75
ohne Werkzeug lösbare Verbindungen 158
optisches Signal 198
örtliche Erde 20
ortsveränderliche Betriebsmittel 117
ortsveränderliche Fehlerstrom-Schutzeinrichtungen 43
ortsveränderliche Transformatoren 250

P

PEL 156
PELV 28, 253
PELV-System 31, 253
PEM-Leiter 156
PEN-Leiter 31, 149, 152
Personenschutz 67
Photovoltaikanlage 111
Potentialausgleich 32, 110
–, aus EMV-Gründen 382
–, zusätzlicher 40
Potentialausgleichsleiter 27, 32
Potentialausgleichsschiene 27
Potentialgleichheit 32, 343
Potentialsteuerung 32
PRCD 131, 133
Prüffrist 399
Prüfungen
–, wiederkehrende 197, 399
Prüfstrom
–, großer 114, 115
pulsierende Gleichfehlerströme 42

R

Räume
–, feuchte und nasse 23
–, trockene 38
RCBO 131, 133, 391
RCCB 131, 134
RCD 32, 132, 165
RCM 45, 91, 131, 134, 198
Reduzierung des Handbereichs 338
Risiko 32

S

S-Typen 160
Sachschutz 119
Satellitenanlagen 111
Schaltanlagen 227
Schaltgerät 32

Scheinwiderstände 33
Schirmgeflecht 238
schleichender Isolationsfehler 131, 199
Schleifenimpedanz 33, 161, 185
–, zulässige 205
Schleifenwiderstand Z_S 173, 181
Schleifenwiderstandmessung 206
Schlüssel 231, 310, 313
Schraubsicherung 307
Schrumpfschlauch 274
Schutz
–, bei direktem Berühren 33
–, bei indirektem Berühren 33, 131, 165
–, bei Kurzschluss 390
–, bei Überlast und Kurzschluss 136
–, bei Überspannung 109, 156, 382
–, bei Überstrom 137, 389
–, durch Abstand 323
–, durch automatische Abschaltung der Stromversorgung 145
–, durch doppelte oder verstärkte Isolierung 76, 219, 234
–, durch erdfreien örtlichen Schutzpotentialausgleich 333, 343
–, durch Kleinspannung 253
–, durch nicht leitende Umgebung 333
–, durch Schutztrennung für die Versorgung von mehr als einem Verbrauchsmittel 333
–, durch Verwenden von Betriebsmitteln der Schutzklasse II oder mit gleichwertiger Isolierung 76
–, für Großküchen, Bäckereien, Friseurgeschäfte, Sonnenstudios 392
–, gegen direktes Berühren 33, 215, 247
–, gegen elektrischen Schlag 33, 291

–, mechanischer 236
–, von Personen und Sachen 199
Schutzebene 280
Schutzeinrichtung 206
Schutzerdung 94, 220, 228
Schutzerdungsleiter 34, 97
Schutzgrad 27
Schutzisolierung 34, 76, 219
Schutzklasse 0 34
Schutzklasse I 34
Schutzklasse II 34
–, gleichwertige Isolierung 226
–, Kabel sind geeignet für 226
Schutzklasse III 34, 269
Schutzklasse-II-Installation 225
Schutzkleinspannung 35, 253
Schutzleiter 35, 156, 159
–, farbliche Kennzeichnung 377
–, gemeinsam geerdeter 177, 187, 193
–, gemeinsamer 382
–, getrennter 158
–, grün-gelber 377
–, mehrere unter einer Klemme 400
–, wirksamer 88
Schutzleiter-Anschlussklemme 231
Schutzleiter-Schutzmaßnahmen 88
Schutzleiterquerschnitt 313
–, größter 106
Schutzleiterstrom 35
Schutzleiterverbindung 243
Schutzleiterwiderstand 178, 190
Schutzmaßnahme „Schutzerdung" 94
Schutzpegelerhöhung 43, 284
Schutzpotentialausgleich 35, 36, 94, 381
Schutzmaßnahme 75, 94, 242
–, über die Haupterdungsschiene 87, 98, 148, 149, 157
–, ungeerdete 241, 344

Schutzpotentialausgleichsleiter 36, 106, 293
–, nicht geerdeter 350
–, ungeerdeter 246, 347
Schutzpotentialausgleichssystem 150
–, örtliches 345
Schutzschirmung 265
Schutztrennung 36, 136, 241
–, mit mehr als einem Verbrauchsmittel 241, 246, 347
Schutzvorkehrungen 71, 81, 250
–, für den Fehlerschutz 281
–, verstärkte 75
Schutzwinkel 112
Selektivität 167, 181
SELV 28, 253
SELV-System 36, 253
Shutter 307
sichere Trennung 210, 211, 242, 256, 267
Sicherheit 36
sicherheitstechnische Festlegungen 36
Sicherheitstransformatoren 84, 217, 261
Signal 198
–, sichtbares 196, 198
–, hörbares 198
–, optisches 198
sinusförmige Wechselfehlerströme 286, 287
Spannungen 162
–, an den Ausgangsklemmen 263
–, gefährliche 222
–, gegen Erde 162
–, höchste vorkommende 216, 267
–, verkettete 202
Spannungsband 254
Spannungsbereich I 254
Spannungsbereich II 259
Spannungssysteme 218, 268

–, andere 218
Spannungsverschleppung 249
Spannungswaage 149, 150
Spartransformatoren 216, 217, 243
Speisepunkt 37
–, der elektrischen Anlage 155
Spitzenwert 75
SRCD 131, 133
Stahlkonstruktion 100
Stahlskelettbauweise 101
Standfläche 26, 327
Starkstrom-Hausanschlusskasten 103
Starkstromanlagen 37
Steckdose auf dem Dach 129
Steckdosen 142, 218
–, bis 20 A 392
–, zweipolige 123
Steckdosenkreise
–, bestimmte 278
Steckdosenstromkreise 121
Steckvorrichtungen
–, dreipolige.. 123
Stecker 218
Sternpunkt 30, 154
Steuererder 37
Steuergerät 32
Steuerstromkreise 210, 266
Strombegrenzung 122, 135
Stromerzeugungsanlagen 140
Stromkreis 37
–, innerer 260
Stromkreise mit Steckdosen 142
Stromkreisimpedanzen 159
Stromquelle 159, 216, 241
–, elektrochemische 262
–, für SELV 261
–, mit einfacher Trennung 347
–, ortsveränderliche 264
–, ungeerdete 245
Stromversorgungssystem 147

Stromverteilungsnetz 37
Summe der Widerstände 190
System nach Art der Erdverbindung
 95, 147, 170, 186

T
TAB 114
tatsächliche Fehlerschleife 204
technische Anschlussbedingungen der
 Netzbetreiber (TAB) 114, 157
TN-C-S-System 145, 147, 165
TN-C-System 165
TN-S-System 145, 147, 148
–, bei Mehrfacheinspeisung 404
–, kurzes 169
–, zentral geerdetes 407
TN-System 95, 96, 145
Transformatoren
–, ortsveränderliche 250
Trennen 37
Trennlaschen 158
Trennschalter 158
Trenntransformatoren 242
Trennung 241
–, einfache 241, 347
–, galvanische 216, 217
–, räumliche 268
–, sichere 242
Trennungsabstand 113
Treppengeländer 102, 111
trockener Raum 38
TT-Abgang 168
TT-System 95, 96, 169
–, Körperschluss im 180
Typ A 43, 165, 196, 287
Typ AC 145, 196, 286
Typ B 43, 160, 278, 285
Typ S 160, 162, 182, 280, 287, 288
Typen 42
–, allgemeine 280

–, selektive 42
–, typgeprüft 226

U
Überspannungen 160, 189, 190
Überspannung-Schutzeinrichtungen 107, 190, 401
Überspannungsableiter 102
Überspannungsfestigkeit 238
Überstrom 38
Überstrom-Schutzeinrichtungen 165, 174, 191
–, für den Fehlerschutz 184
Überwachung
–, unter wirksamer 223
Überwachungseinrichtungen 198
Umgebung
–, nasse 271
–, nicht leitende 334
Umgebungsbedingung 260, 261
–, trockene 270, 271
Umgebungstemperatur 38
Umhüllungen 38, 88, 215, 229, 242, 269, 301, 303
Umkennzeichnen 274
unbeabsichtigtes Berühren 306, 319
unbeeinflusster Kurzschlussstrom 29, 39
ungeerdete Stromquelle 245
ungeerdeter Schutzpotentialausgleichsleiter 246
ungeerdetes System 243
ungewolltes Auslösen 160
Untertauchen
–, dauerndes 48
–, zeitweiliges 48
unterwiesene Person 39

V
VBG 4 399

Verbindungen
–, ohne Werkzeug lösbare 158
Verbraucher 39
Verbraucheranlage 39
Verbrauchsmittel 39, 242
–, im Freien 168
–, wichtige 125
Verbrennungsmaschine 262
vereinbarter
– Ansprechstrom 39
– Grenzwert 39
– Wert des Auslösestroms 39
verkettete Spannung 202
Verrödeln 101
Versorgung eines elektrischen Verbrauchsmittels 245
Versorgungssystem 148, 172
verstärkte Schutzvorkehrung 75
Verteiler 227
Verteilungsnetz 39, 114
Verteilungsnetzbetreiber (VNB) 115, 148
Verteilungsstromkreis/Endstromkreis 147
Verteilungsstromkreise 87, 120, 147
Verzicht auf den vollständigen Basisschutz 85
Vielfacherdung 156
VNB 115
vollständige Basisisolierung 216
Vorkehrungen für den Basisschutz 301

W
Warnaufschrift 311
Warnschild 314
Wasserleitung 100
Wasseruhr 103, 111
Wechselfehlerströme 42
–, sinusförmige 286, 287
Wechselspannungssteckdosen 123

Wechselstromkreise mit gemeinsamem Neutralleiter 387
wechselstromsensitiv 136
Wechselstromsteckdosen 123
Werkzeug 46, 48, 231, 310, 313
Wicklungen
–, gleichwertig getrennte 262
Widerstand von isolierenden Fußböden 339
Wiederherstellen einer Sollfunktion 321
Wiederholungsprüfungen 399
wiederkehrende Prüfungen 197, 399
wirksamer Schutzleiter 88
Wirkwiderstand 161

Z

Zählerplätze 306
zeitverzögerte Fehlerstrom-Schutzeinrichtungen (RCDs) 135
zeitweiliges Untertauchen 48
zentral geerdetes TN-S-System 40
Zentralheizungssysteme, metallene 109
Z_s 201
zu berücksichtigende Fehlerschleife 204
Zugang zu gefährlichen Teilen 47
zulässige Berührungsspannung 151, 195, 206
zulässige Schleifenimpedanz 205
Zusatz zum Fehlerschutz 290
zusätzliche Isolierung 40, 20, 228
zusätzlicher
–, (örtlicher) Potentialausgleich 122
–, Potentialausgleich 40, 98, 277, 281
–, Schutz 40, 69, 122, 277
–, Schutz bei direktem Berühren 123
–, Schutz durch Fehlerstrom-Schutzeinrichtungen (RCDs) 122, 277
–, Schutzpotentialausgleich 40, 69, 98, 122, 277, 281, 290
zwei gleichzeitig auftretende Fehler 189
zwei Schutzebenen 215
zweipolige Steckdosen 123
zweiter impedanzloser Fehler 117
Zwischenabdeckung 310

VDE-Schriftenreihe – Normen verständlich

Krefter, K.-H.
VDE-Schriftenreihe Band 105
DIN VDE 0100
Daten und Fakten für das Errichten
von Niederspannungsanlagen
2. Aufl. 2006, 270 S., DIN A5, kart.
ISBN 978-3-8007-2846-6
22,– € / 38,60 CHF*

Kiefer, G.
VDE-Schriftenreihe Band 106
DIN VDE 0100 richtig angewandt
Errichten von Niederspannungsanlagen übersichtlich dargestellt
3. akt. und erw. Aufl. 2007
488 S., DIN A5, kart.
ISBN 978-3-8007-3000-1
28,– € / 47,40 CHF*

* = Persönliche VDE-Mitglieder erhalten beim Kauf von Fachbüchern des VDE VERLAGs unter Angabe der Mitgliedsnummer 10 % Rabatt.
Bestellungen über den Buchhandel bzw. direkt beim Verlag. Preisänderung und Irrtum vorbehalten.
Es gelten die Liefer- und Zahlungsbedingungen des VDE VERLAGs.

Weitere Informationen zu unserem Buchprogramm finden Sie unter: **www.vde-verlag.de**

VDE VERLAG GMBH · Berlin · Offenbach
Bismarckstraße 33 · 10625 Berlin
Telefon: (030) 34 80 01-0 · Fax: (030) 341 70 93
E-Mail: vertrieb@vde-verlag.de · **www.vde-verlag.de**

Werb-Nr. 070125